南海及邻域海洋地质系列丛书

# 南海及邻域新生代地层学与沉积学研究

高红芳　孙美静　聂　鑫　等　著

科学出版社
北　京

## 内 容 简 介

南海发育20多个类型多样的沉积盆地，地层和沉积样式复杂多样，长久以来缺乏系统的对比研究和统一的地层分区。本书基于近十多年来国家海洋地质保障工程实测的地质地球物理数据，结合以往国家专项、国际大洋钻探和南海周边国家油气公司的研究成果，在相对统一的原则和标准下，分析了南海及台湾岛东部海域新生代以来地层分区以及主要构造变革时期沉积作用、沉积模式、海侵过程和充填演化。地层分区在南海地层区分区的基础上概括反映了各区地层的总体特征、在时间上的发展交替和展布规律，实现了南海全海域整体性地层对比和分析。沉积作用及主要模式部分，在南海周缘不同的构造背景下，建立了南海不同沉积环境中碎屑岩、碳酸盐岩的综合沉积模式，可指导南海未来矿产资源勘探。海侵过程及充填演化部分刻画了全南海古新世以来的海侵路线和各主要沉积盆地的海侵过程，阐述了南海沉积充填演化历史，诠释了现今南海的形成过程。

本书适合海域基础地质研究、石油与天然气勘查的科技工作者和大专院校师生阅读。所呈现的南海及邻域新生代地层和沉积研究成果，可为政府、企业和公众提供更客观全面的南海新生代地质及环境基础信息。

审图号：GS京（2022）1534号

图书在版编目（CIP）数据

南海及邻域新生代地层学与沉积学研究 / 高红芳等著.
—北京 : 科学出版社, 2024.3
（南海及邻域海洋地质系列丛书）
ISBN 978-7-03-075464-6

Ⅰ.①南… Ⅱ.①高… Ⅲ.①南海－海域－新生代－地层学－研究 ②南海－海域－沉积学－研究 Ⅳ.①P53 ②P588.2

中国国家版本馆CIP数据核字(2023)第072963号

责任编辑：韦　沁　张梦雪/责任校对：何艳萍
责任印制：肖　兴/封面设计：中煤地西安地图制印有限公司

科 学 出 版 社 出版
北京东黄城根北街16号
邮政编码：100717
http://www.sciencep.com

中煤地西安地图制印有限公司印刷
科学出版社发行　各地新华书店经销

*

2024年3月第　一　版　开本：889×1194　1/16
2024年3月第一次印刷　印张：20 1/2
字数：492 000

定价：318.00元
（如有印装质量问题，我社负责调换）

# “南海及邻域海洋地质系列丛书”编委会


## 指导委员会

**主　任：** 李金发

**副主任：** 徐学义　叶建良　许振强

**成　员：** 张海啟　肖桂义　秦绪文　伍光英　张光学　赵洪伟　石显耀　邱海峻　李建国　张汉泉　郭洪周　吕文超

## 咨询委员会

**主　任：** 李廷栋

**副主任：** 金庆焕　侯增谦　李家彪

**成　员（按姓氏笔画排序）：**

朱伟林　任纪舜　刘守全　孙　珍　孙卫东　李三忠　李春峰　杨经绥　杨胜雄　吴时国　张培震　林　间　徐义刚　高　锐　黄永样　谢树成　解习农　翦知湣　潘桂棠

## 编纂委员会

**主　编：** 李学杰

**副主编：** 杨楚鹏　姚永坚　高红芳　陈泓君　罗伟东　张江勇

**成　员：** 钟和贤　彭学超　孙美静　徐子英　周　娇　胡小三　郭丽华　祝　嵩　赵　利　王　哲　聂　鑫　田成静　李　波　李　刚　韩艳飞　唐江浪　李　顺　李　涛　陈家乐　熊量莉　鞠　东　伊善堂　朱荣伟　黄永健　陈　芳　廖志良　刘胜旋　文鹏飞　关永贤　顾　昶　耿雪樵　张伙带　孙桂华　蔡观强　吴峧岐　崔　娟　李　越　刘松峰　杜文波　黄　磊　黄文凯

# 作 者 名 单

| | | | |
|---|---|---|---|
| 高红芳 | 孙美静 | 聂　鑫 | 李学杰 |
| 杨楚鹏 | 陈家乐 | 周　娇 | 杜文波 |
| 郭丽华 | 陈泓君 | 唐江浪 | 韩艳飞 |
| 姚永坚 | 钟和贤 | 张江勇 | 韩　冰 |
| 彭学超 | 徐子英 | 胡小三 | 汪　俊 |

# 丛 书 序

华夏文明历史上是由北向南发展的，海洋的开发也不例外。当秦始皇、曹操“东临碣石”的时候，遥远的南海不过是蛮荒之地。虽然秦汉年代在岭南一带就已经设有南海郡，我们真正进入南海水域还是近千年以来的事。阳江岸外的沉船“南海一号”，和近来在北部陆坡1500 m深处发现的明代沉船，都见证了南宋和明朝海上丝绸之路的盛况。那时候最强的海军也在中国，15世纪初郑和下西洋的船队雄冠全球。

然而16世纪的“大航海时期”扭转了历史的车轮，到19世纪中国的大陆文明在欧洲海洋文明前败下阵来，沦为半殖民地。20世纪，尽管我国在第二次世界大战之后已经收回了南海诸岛的主权，可最早来探索南海深水的还是西方的船只。20世纪70年代在联合国“国际海洋考察十年（International Decade of Ocean Exploration，IDOE）”的框架下，美国船在南海深水区进行了地球物理和沉积地貌的调查，接着又有多个发达国家的船只来南海考察。截至十年前，至少有过16个国际航次，在南海200多个站位钻取岩心或者沉积柱状样。我国自己在南海的地质调查，基本上是改革开放以来的事。

我国海洋地质的早期工作，是在建国后以石油勘探为重点发展起来的，同样也是由北向南先在渤海取得突破，到1970年才开始调查南海，然而南海很快就成为我国深海地质的主战场。1976年，在广州成立的南海地质调查指挥部，到1989年改名为广州海洋地质调查局（简称广海局），正式挑起了我国海洋地质，尤其是深海地质基础调查的重担，开启了南海地质的系统工作。

南海1：100万比例尺的区域地质调查，是广海局完成的一件有深远意义的重大业绩。调查范围覆盖了南海全部深水区，在长达20年的时间里，近千名科技人员使用10余艘调查船舶和百余套调查设备，完成了惊人数量的海上工作，包括30多万千米的测深剖面，各长10多万千米的重、磁和地震测量，以及2000多站位的地质取样，史无前例地对一个深水盆地进行全面系统的地质调查。现在摆在你面前的“南海及邻域海洋地质系列丛书”，包括其整套的专著和图件，就是这桩伟大工程的盈枝硕果。

近二十年来，南海经历了学术上的黄金时期。我国“建设海洋强国”，无论深海技术或者深海科学，都以南海作为重点。从载人深潜到深海潜标，从海底地震长期观测到大洋钻探，种种新手段都应用在南海深水。在资源勘探方面，深海油气和天然气水合物都取得了突破；在科学研究方面，“南海深部计划”胜利完成，作为我国最大规模的海洋基础研究，赢得了南海深海科学的主导权。今天的南海，已经在世界边缘海的深海研究中脱颖而出，面临的题目是如何在已有进展的基础上再创辉煌，更上层楼。

多年前我们说过，背靠亚洲面向太平洋的南海，是世界最大的大陆和最大的大洋之间，一个最大的边缘海。经过这些年的研究之后，现在可以说的更加明确：欧亚非大陆是板块运动新一代超级大陆的雏形，西太平洋是古老超级大洋板块运动的终端。介于这两者之间的南海，无论海底下的地质构造，还是海底上的沉积记录，都有可能成为海洋地质新观点的突破口。

就板块学说而言，当年大西洋海底扩张的研究，揭示了超级大陆聚合崩解的旋回，从而撰写了威尔逊旋回的上集；现在西太平洋俯冲带，是两亿年来大洋板片埋葬的坟场，因而也是超级大洋演变历史的档案库。如果以南海为抓手，揭示大洋板块的俯冲历史，那就有可能续写威尔逊旋回的下集。至于深海沉积，那是记录千万年气候变化的史书，而南海深海沉积的质量在西太平洋名列前茅。当今流行的古气候学从第四纪冰期旋回入手，建立了以冰盖演变为基础的米兰科维奇学说，然而二十多年来南海的研究已经发现，地质历史上气候演变的驱动力主要来自低纬而不是高纬过程，从而对传统的学说提出了挑战，亟待作进一步的深入研究实现学术上的突破。

科学突破的基础是材料的积累，“南海及邻域海洋地质系列丛书”所汇总的海量材料，正是为实现这些学术突破准备了基础。当前世界上深海研究程度最高的边缘海有三个：墨西哥湾、日本海和南海。三者相比，南海不仅面积最大、海水最深，而且深部过程的研究后来居上，只有南海的基底经过了大洋钻探，是唯一从裂谷到扩张，都已经取得深海地质证据的边缘海盆。相比之下，墨西哥湾厚逾万米的沉积层，阻挠了基底的钻探；而日本海封闭性太强、底层水温太低，限制了深海沉积的信息量。

总之，科学突破的桅杆已经在南海升出水面，只要我们继续攀登、再上层楼，南海势必将成为边缘海研究的国际典范，成为世界海洋科学的天然实验室，为海洋科学做出全球性的贡献。追今抚昔，回顾我国海洋地质几十年来的历程；鉴往知来，展望南海今后在世界学坛上的前景，笔者行文至此感慨万分。让我们在这里衷心祝贺“南海及邻域海洋地质系列丛书”的出版，祝愿多年来为南海调查做出贡献的同行们更上层楼，再铸辉煌！

中国科学院院士 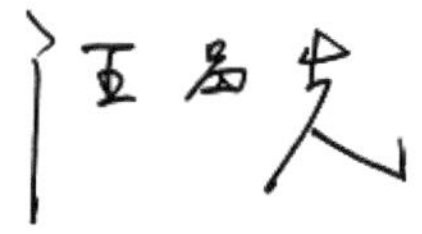

2023年6月8日

# 前　　言

南海作为西太平洋最大的边缘海，发育多个类型规模各异的沉积盆地，在地层沉积研究方面长久以来存在一些亟待解决的问题，包括盆地之间地层分析缺乏系统的研究比对、地层分组标准不统一、命名不一致、缺乏标准统一的地层区划以及基于南海形成演化机制控制下全南海沉积体系的沉积模式等，该书围绕这些问题深入挖掘南海及其邻域新生代地层和沉积特征，揭示地质历史的演化过程。

全书内容主要包括三个部分：前三章为总论，主要包括地质构造背景、新生代地震层序特征和地层空间区划概况；第四章到第八章为各地层分区各论，以各区盆地为中心，对盆地发育时代、地层与沉积特征等进行盆地之间的综合对比研究；第九章到第十一章为以整个南海为中心的规律及模式总结，包括新生代地层分区对比、展布规律、沉积作用、主要沉积模式、海侵过程及沉积充填演化。

编写思路首先以深入的地质背景研究为基础，海洋学和地质学基本原理为指导，根据海域地层和沉积的特色，广泛应用以反射地震数据为基础的地震地层学和层序地层学理论，综合运用现代地层学的最新理论，按照地球系统科学的思想进行地层划分对比、判断沉积环境、预测岩相岩性。使读者更加深入地理解在统一的地层分区的基础上，南海地层时空变化和沉积过程对新生代时期多次海侵和充填演化的响应。此次研究的科学意义在于，深化了对南海及邻域新生代地层和沉积特征的认识，拓展了我们的研究领域和研究深度，促进了地质学、地震地层学、生物学等领域的交叉研究，对于全球地质历史演化和资源开发利用都具有参考价值。

本书的特色和突破主要有三方面：一是首次在相对统一的原则和标准下，系统、完整地对南海及相邻海域主要沉积盆地进行地层学与沉积学研究，开展统一的地层区划和沉积作用、沉积模式研究，形成全海域的整体性认识；二是对南海海盆大型浊积扇及以海盆为汇入点的“源-渠-汇”系统进行了探讨；三是以南海形成演化机制为主线，建立全南海古新世以来的海侵路线和各主要沉积盆地的海侵过程，阐述了南海的沉积充填演化历史，从地层沉积学的角度，诠释了现今南海的形成发育过程。

作为海洋区域地质调查基础性工作成果的专著，本书由浅入深，先从单个盆地的地层沉积分析开始，之后扩展到同构造背景下多盆地间地层分区地层沉积比对，以地层柱状图-地震典型剖面图-沉积相平面图联合进行表述，再从全南海入手，深入探讨沉积作用模式、海侵过程和沉积充填演化，资料详实，内容比较全面，具有词典式的作用，可为对南海感兴趣的老师和学生提供参考和一定的指导。

本书是“南海及邻域海洋地质系列丛书”的组成部分，由高红芳教授级高级工程师牵头完成。全书共计十一章，第一、二、三章由高红芳、李学杰、杜文波共同编写；第四章由聂鑫负责编写，周娇、陈鸿君、徐子英、彭学超等参加编写；第五章和第八章由孙美静负责编写，李学杰、杨楚鹏、姚永坚等参加编写；第六章由陈家乐、杨楚鹏负责编写，姚永坚、郭丽华和张江勇参加编写；第七章由高红芳负责编写，周娇、郭丽华参加编写；第九、十、十一章由高红芳负责编写，李学杰、聂鑫、张江勇、唐江浪、韩艳飞等参加编写。全书由高红芳负责审核统稿。

本书的出版得到了许多专家的帮助，广州海洋地质调查局的黄永样教授、杨胜雄教授以及青岛海洋地质研究所的刘守全研究员对本书的编撰给予大力支持和热心指导，中国地质大学（武汉）的任建业教授、解习农教授、周江羽教授、姜涛教授和王龙樟教授等就书中许多科学问题与作者认真讨论交流并提出改进意见，中国科学院南海海洋研究所周蒂研究员对全书内容进行了细致审稿，提出了宝贵的修改意见和建议，在此一并表示衷心的感谢。

虽经众多专家学者精心研究努力编著，但仍然深感研究的深度还不够，还存在一些缺点和错误以及学术观点上有所偏颇，我们期盼着广大读者提出宝贵意见和批评，同时希望就不同的学术观点展开讨论，共同为海洋地质事业发展不断做出贡献。

著　者

2022年12月于广州

# 目　　录

第 / 一 / 章

# 绪　论

# 第一节　研究意义及主要内容

地层学是地质学中奠基性的基础学科（王鸿祯，1995，2006），它研究的主要范围是地层层序的建立及其相互间时间关系的确定，即地层系统的建立和地层的划分和对比，它的核心任务是为地质作用、地质过程和地质产物建立时间坐标。因此，地层学是一切地质工作的基石，是开展区域沉积分析、构造学研究、矿产勘查、编制地质系列图件的重要基础，许多重要矿层和有用岩石都直接属于地层的一部分。但是狭义的地层学已经不能涵盖地层学的全部研究对象和研究内容。现代地层学已经扩展到研究层状岩石及相关地质体的先后顺序、地质年代、时空分布规律及其物理化学性质和形成环境条件的地质学分科，更加适合日新月异的现代科学技术和地球系统科学的思想。

沉积学是地质学的分支学科，主要研究形成地层的沉积作用、解释沉积物源和环境地质条件、探讨沉积地层中的地质记录的特征及成因。海洋沉积学是在海洋学和地质学的基本原理指导下，研究海洋沉积物的特征、形成作用和变化过程，探索海洋沉积作用对构造运动、气候变化、资源环境和地质事件的响应，是海洋地质学的重要支柱，在地球系统科学系统中占有十分重要的地位（何起祥等，2006）。

海域地层和沉积由于受到水体的影响，其研究方法和手段都和陆地常规地层沉积研究有所不同，尤其是在深水海域，地质样品和数据获得难度较大，给研究带来一定难度。以反射地震数据为基础的地震地层学和层序地层学新分支学科在海域地层沉积研究中被广泛应用，以此进行地层划分对比、判断沉积环境、预测岩相岩性，并研究利用由间断面分开的、由沉积体系构成的地层层序划分和对比地层。

本书是关于南海及相邻海域新生代地层分析对比与主要构造变革时期沉积作用、沉积模式、海侵过程及沉积充填演化的一部专著，是海洋区域地质调查的基础性工作成果。本书主要基于近十年来国家“海洋地质保障工程”（729专项）实测的地质地球物理资料，结合以往国家“南沙海域油气勘查”专项和“我国专属经济区和大陆架勘测”专项（126专项）的研究，并充分借鉴吸收了国际大洋钻探计划（ocean drilling program，ODP）、综合大洋钻探计划（integrated ocean drilling program，IODP）和南海周边国家油气公司的勘查研究结果，在相对统一的原则和标准下，系统、完整地对南海及相邻的花东盆地进行地层学与沉积学研究。本书遵循的思路是：以地震地层学和层序地层学基本原理为基础，综合运用现代地层学的最新理论，按照钻井–地震剖面相互印证的原则，在欧亚板块大陆边缘及西太平洋边缘海的构造背景下，按照地球系统科学的思想，分析南海中生代以来的地层学和沉积学，开展统一的地层区划和沉积作用、沉积模式研究，形成全海域的整体性认识。

本书内容主要包括三个部分：新生代地层分区对比及展布规律、沉积作用及主要模式、海侵过程及沉积充填演化。

新生代地层分区对比及展布规律是本书的重点。为了概括地反映各区地层沉积类型的总体特征及其在时间上的发展交替，须要进行地层区划，即地层分区。地层学研究的基础工作是地层区划，即依据地层记录特征、属性在空间上的差异性和在时间上的阶段性所进行的空间划分（任纪舜和肖藜薇，2001）。地层分区的作用在于正确反映各区地层发育的总体特征，便于概括各地质时期地层沉积类型的空间分布及其在时间上的发展变化（王鸿祯，1987）。我国陆域地层的区划已经非常成熟，而海域地层研究相对滞后，地层区划还仅局限于局部区域的构造-地层综合划分。在对南海海域地质调查成果进行总结时，开展统一的地层区划是必不可少的。南海为处于欧亚板块、菲律宾海板块和印度-澳大利亚板块之间的大型边缘海，其北部为华南大陆，西部为中南半岛，东部为台湾岛-吕宋岛弧，南部为加里曼丹岛（婆罗洲）-巴拉望岛，地层发育具有多样性的特征。地层分区源自对区域地质演化的解译，是建立区域地层系统的具有指导作用的重要环节，一般分为地层大区、地层区和地层分区三级。根据南海及邻域地层发育及分布特征，按照基底与盖层发育演化阶段差异、地层序列与地层接触关系不同、古地理格局与古环境条件不同、生物群与生物古地理区系不同、大地构造相时空分布与演化序列差异等划分原则，将研究区及其周边相邻区域划分为欧亚地层大区和菲律宾海地层大区两个地层大区，并进一步将其划分为地层区和地层分区。将南海周缘欧亚地层大区划分为华南地层区、印支地层区、台湾-吕宋地层区、巴拉望地层区、婆罗洲地层区、南海海域地层区六个地层区，南海海域地层区以基底性质及新生界发育演化、区域构造应力、古环境和物源条件等为原则，进一步划分为南海北部地层分区、南海西部地层分区、南海海盆地层分区、南海南部地层分区四个次级地层分区；菲律宾海地层大区包括西菲律宾海板块地层区、四国-帕里西维拉海盆地层区和马里亚纳岛弧地层区，西菲律宾海板块地层区进一步划分为花东海盆地层分区和西菲律宾海盆地层分区。本书重点研究南海海域各地层分区和花东海盆地层分区，在地层分区对比分析的基础上，厘定了地层属性，建立了地层格架，揭示了不同时代地层的展布规律。

沉积作用及主要模式部分是在剖面和平面两个空间上对沉积作用进行分析。受周缘古陆和南海扩张的控制，南海新生代主要发育两种典型沉积体系模式：浅海三角洲-半深海水下扇-深海浊积扇模式和碳酸盐台地-生物礁模式。大型三角洲沉积体系广泛发育于陆架陆坡环境下。南海南部和西部的走滑、碰撞构造背景都表现为陆坡快速转折的构造地貌特征，即在上陆坡区域水下三角洲非常发育、下陆坡扇体不太发育的模式；而北部伸展构造背景为陆坡慢速转折的构造地貌特征，水下扇在上、下陆坡全区都比较发育；从早中新世开始，陆架和陆架边缘主要发育三角洲体系，陆坡以水道、碳酸盐台地-生物礁和水下扇体系为主，海盆区以浊积扇体系为主，平面上总体呈环形展布。碳酸盐台地-生物礁模式是南海海底扩张南北部共轭边缘发育的一系列碳酸盐台地，是南海沉积充填的一大特色。碳酸盐岩沉积从渐新世早期开始发育，至中中新世达到鼎盛。生物礁滩常发育在盆地碳酸盐岩上及盆地边缘，与台地共同构成碳酸盐岩隆，常具有明显的双层岩性结构，下部为台地灰岩，上部为礁灰岩。这两种综合沉积模式的建立，可指导南海油气勘探储集层的发现。

海侵过程及沉积充填演化是对海侵过程和盆地沉积充填演化的分析。南海的海侵过程是有迹可循的，本书以钻井资料为主，以精细的地震学和沉积学分析为辅，建立了全南海古新世以来的海侵路线和各主要沉积盆地的海侵过程。同时综合地层分析对比、沉积作用和海侵过程分析等特征，概述了南海的沉积充填演化历史，从地层沉积学的角度，诠释了现今南海的形成过程。

## 第二节　南海及邻域研究现状和存在问题

### 一、南海周边陆域地质调查与研究现状

南海周边陆域包括北部的中国华南沿海大陆和台湾岛、西部的中南半岛、南部的加里曼丹岛和巴拉望

岛等，以及东部的菲律宾群岛。

华南沿海地区包括广东、广西和海南，是我国基础地质调查程度较高的地区，已完成1：25万区域地质调查，完成大部分1：5万区域地质调查，2008年前后，广东省和广西壮族自治区对区域地质图进行了修编，基本综合了国土资源大调查中的一些新成果和认识。20世纪90年代，华南沿海各省对岩石地层进行了总结，出版了各省岩石地层丛书，之后编制了不同时代1：50万的岩相古地理系列图（广东省地质矿产局，1985；程裕淇，1994；马力等，2004；杜海燕和郑卓，2012），基本上为以岩石地层为主的多重地层划分和对比研究。华南沿海地区位于欧亚地层大区，属于二级地层分区的华南地层区，并且进一步由西向东可划分为湘桂赣地层分区、钦州地层分区、云开地层分区、东江地层分区、东南沿海地层分区和雷琼地层分区共六个地层分区，其中雷琼地层分区进一步划分出海口、五指山、三亚三个地层小区。

台湾岛属于欧亚地层大区，地质矿产调查工作起步较早、程度较高（福建省地质矿产局，1992）。《1：30万台湾地质图》（福建省地质矿产局，1992）把全区地层分为26单元。《1：25万台湾地质图》汇集了2012年以前的资料，将全岛分为西部山麓、中央山脉和海岸山脉三个区域，划分了29个地层单元、8个岩浆岩单元，并提出了一些新的地层单位。何春荪（1975，1982，1986）对地层进行重新厘定，并将恒春半岛从西部山麓带分出，另立一区进行详细研究。总体上，以台东纵谷为界，西部为台湾地层区，东部则为台湾东部地层区。台湾地层区进一步划分为西部山麓地层分区、中央山脉地层分区，中央山脉地层分区包括雪山山脉地层小区、脊梁山脉地层小区。

中南半岛属于欧亚地层大区的印支地层区，地质调查程度相对较高。1999年，越南完成全境56幅《1：20万矿产地质图》和接近国土面积40%的《1：5万地质图》，以及1：20万地球化学、航空磁测调查和1：50万重力测量。我国学者近年来在东南亚五国1：100万地理图、1：100万地质图和1：100万矿产图的基础上编制了中南半岛五国1：150万地质矿产系列图件和说明书，将东南亚划分为三个地层区、二十一个地层分区，为南海周边区域地质工作提供了重要的基础资料[资料信息来自于1996年、1998年、2002年东亚东南亚地学计划协调委员会（Coordinating Committee for Geo-science Progamme in East and Southeast Asia，CCOP）会议]。中南半岛一般分为长山地层分区、嘉域地层分区、昆嵩地层分区和大叻地层分区，对应于长山微陆块、嘉域地块、昆嵩地块以及大叻晚中生代活动陆缘带。

菲律宾群岛位于欧亚–巽他大陆与西菲律宾海板块之间的缝合带上，四周被边缘海盆和海沟环绕，其地质调查程度不均衡，偏重于对现代火山与地震活动、深成岩与岩浆岩、斑岩铜矿等的调查，矿区和油气田区调查研究程度相对较高。1984～1987年，菲律宾实施了油气田区域新生代层序对比特别研究计划。菲律宾矿产与地质局2010年出版了*Geology of the Philippines*，对菲律宾群岛的区域地球动力学背景、板块边界构造特征、地层与岩石学等进行了系统的总结（Aurelio et al.，2012）。菲律宾群岛分属于欧亚地层大区的台湾–吕宋地层区和巴拉望地层区，其东面菲律宾活动带发育晚中生代以来交错叠加的岩浆弧（Deschamps et al.，2000；Aurelio and Peña，2010）以及蛇绿岩（Yumul and Dimdanta，1997；Tamayo et al.，2004，2008），故火山和断裂活动活跃；其西面为菲律宾陆块和蛇绿岩，其中陆块包括由巴拉望岛、民都洛岛、朗布隆群岛和班乃岛西部构成的北巴拉望微陆块、三宝颜微陆块和哥打巴托微陆块，且呈现出蛇绿岩仰冲于微陆块之上（Yumul et al.，2003，2008），物质组成十分复杂。

加里曼丹岛因分属不同的国家，调查程度很不均衡。驻加里曼丹岛英属地质调查局至1966年完成了沙捞越及北加里曼丹岛大部分区域地质调查工作。印度尼西亚政府与澳大利亚政府合作，开展了印度尼西亚属加里曼丹岛的区域地质调查，并于1992年完成1：100万中、西北加里曼丹岛彩色地质图的填图，法国地质矿产局完成了沙捞越东部及沙巴南部约45000km$^2$的地区填图工作。文莱、马来西亚两国的地质调查主要是围绕文莱–沙巴盆地的油气勘探与开发而展开的，且主要集中于巴兰三角洲地区。马来西亚地质局2001年出版《1：50万加里曼丹岛地质图》，对该岛地质进行更新（Geological Survey of Malaysia，1995），2004年对东南亚地质及其演化进行了系统总结（丁清峰等，2004）。加里曼丹岛属于欧亚地层大区的婆罗洲地层区，具古生代陆核，周围被中生代蛇绿岩、岛弧和增生的微陆壳所环绕（李旭和杨牧，2002），发现含化石的最老地层为泥盆系，仅见于加里曼丹岛Sungei Telen河谷，称为Seminis组变质岩，出现在构造混杂岩中，原岩为含珊瑚陆架灰岩（颜佳新，2005）。

## 二、南海及邻域海域调查与研究现状

南海包含我国管辖海域中的主要深海区，面积辽阔、资源丰富，蕴藏着丰富矿产和油气资源，我国最早于20世纪50年代中期就开始了海洋地质调查。从20世纪80年代开始，随着海洋油气勘探步伐的加快，南海的海上调查与研究工作规模不断扩大，也成为全球边缘海科学研究的热点地区之一。

### 1. 我国南海海洋基础地质与油气、水合物调查研究现状

我国在南海开展了大量以探明油气和天然气水合物资源、查清地质灾害–工程地质、海盆形成演化、古海洋学等为目的的海洋地质调查和研究工作，包括“八五”国家科技攻关计划（85-904专项）、国家“南沙海域油气勘查”专项、“我国专属经济区和大陆架勘测”专项（126专项）、“海洋地质保障工程”（729专项）、“全国油气资源战略选区调查与评价”专项、“我国海域天然气水合物资源调查与评价”专项（118专项）、“天然气水合物资源勘查与试采工程”（127工程）、“我国近海海洋综合调查与评价”专项（908专项）、“外大陆架划界”专项（706专项）、“深海环境调查”专项（703专项）、“海气相互作用于全球变化”专项（530专项）、国家自然科学基金重大研究项目“南海深部计划”、两轮国家重点基础研究发展计划（973计划）三个项目、国家高技术研究发展计划（863计划）“深水油气地球物理勘探技术”等多个项目，此外，还有中国海洋石油集团有限公司的深海石油战略、国家科技部的深海高技术发展专项等，以及中日、中德、中法、中波等有关南海地质、地球物理探测国际合作项目等。这些项目在南海获取大量的地质–地球物理综合资料，对南海油气和天然气水合物、基础地质等领域取得一系列的研究成果和重大突破，使南海成了国际海洋研究的焦点。尤其是2006～2017年“海洋地质保障工程”（729专项）实现了全海域1：100万区域地质调查全覆盖，为南海基础地质研究提供了较为充足的数据资料，更新了南海基础地质认识，为全南海地层–沉积研究奠定了基础。

1999年、2014年和2017年在南海海盆及其边缘实施的ODP184、IODP349、IODP367和IODP368航次四次综合大洋钻探项目，包括十多口钻井，获取了大量的沉积物、岩石、生物化石等实物资料，为全南海地层属性的厘定和沉积学的研究提供了宝贵数据。

海区油气调查工作主要在沉积盆地或油气区块内开展。我国从1970年开始，先后在南海北部的北部湾盆地、莺歌海盆地、琼东南盆地、珠江口盆地开展了大量油气勘查和开发工作，并通过对外合作和对外招标，进行了大量的石油钻探，发现了近百个油气田或含油气构造。现今，南海北部已经成为我国主要的油气产区。中国海洋石油集团有限公司联合国内院校专家对珠江口盆地、琼东南盆地、莺歌海盆地和北部湾盆地的构造演化、层序地层、沉积充填、烃源岩、储集层（储层）以及油气成藏系统等都进行了理论性概括和总结。我国在南海南部和西部的工作始于1987年，迄今为止，以广州海洋地质调查局等国家公益性调查单位为主，以科研单位为辅，先后在曾母盆地、万安盆地、南沙海槽盆地、文莱–沙巴盆地北部、北康盆地、南薇西盆地、南薇东盆地、礼乐盆地、中建南盆地等含油气盆地区进行综合地球物理调查研究和地质取样，分析研究了各沉积盆地地层–沉积–构造特征，揭示了盆地属性及其演化历史，

进行了油气资源评价。

2. 周边国家南海海洋基础地质和油气地质调查研究工作现状

国外在南海南部和西部的油气调查十分活跃。最早的油气勘探始于20世纪初，主要在南沙海域。马来西亚和文莱境内发现米里油田和当时的远东第一大油田——诗里亚油田。20世纪50年代以后，随着地震勘探技术的迅速发展，大批油气田相继被发现，国外对南海油气的勘查逐步达到了高潮。印度尼西亚、马来西亚、越南、菲律宾等国家相继开始在曾母盆地、北康盆地、湄公盆地、万安盆地、礼乐盆地和西北巴拉望盆地发现油气田，并与国外石油公司合作实施石油勘探。越南的海洋地质工作起步较晚，从20世纪90年代开始实施“海洋地质测绘计划”，在南海西部进行1：50万地质地球物理综合调查，并编制了相关图件。近年来，越南地质矿产总局加强海洋区域地质调查，以开展大、中比例尺的区域地质调查为主，编制了地质图件。菲律宾地质调查局从20世纪70年代开始进行油气勘探和海岸带环境地质调查。重点在南海东部进行不同比例尺的海洋区域地质地球物理综合调查工作，编制了1：100万和1：50万的地质地球物理图件。印度尼西亚进行了以滨海砂矿资源调查和第四纪地质演化及其环境效应研究为主要内容的1：50万和1：100万海洋区域地质调查，已编制出版了部分海域1：50万地质地球物理图件。马来西亚的海洋地质调查以油气调查为主，作为东南亚国家重要的油气生产国，早在1910年发现米里油田；到1928年产量达历史最高纪录65.8万t/a；到20世纪60年代才发现海上西卢通、巴里等油田；20世纪70年代，石油工业得到迅速发展，新发现的油田数量显著增加，石油工业已经成为马来西亚最重要的碳氢化合物资源，构成国家经济的生命源。

这些含油气沉积盆地和油气区块的地层和沉积资料，以及石油勘探过程中获取的大量钻井数据，是进行全南海地层对比划分和沉积学分析重要基础。

## 三、存在的主要问题

南海发育20多个沉积盆地，盆地类型、规模、沉积厚度与油气潜力各不相同，存在很大的差异，勘探开发程度也很不一样。在地层和沉积分析研究方面主要存在以下几个问题。

（1）以往的地层厘定和分析因为主要以油气等矿产资源勘探开发为目的，研究范围局限在单个含油气沉积盆地或构造区块内，缺乏沉积盆地之间系统的对比研究，更缺乏南海全海域整体的研究比对，尤其是南海南北共轭边缘之间，浅水与深水盆地、低勘探程度与高勘探程度盆地间发育特征差异较大，更加需要进行发育时代、地层与沉积特征等综合对比研究；

（2）现有各区块地层分组标准不统一，命名不一致，同一个时间段的地层在全南海可能有十多个名称，不利于进一步的基础地质研究和油气资源成藏理论概括；

（3）目前南海没有全区统一的地层区划，急需开展覆盖全海区、标准统一、划分原则一致、充分考虑大地构造背景的综合地层学分析对比和划分工作；

（4）在沉积学分析研究方面，同样存在全南海整体性、全局性分析缺乏的问题，还缺少南海形成演化机制控制下，基于整个全南海沉积体系的沉积模式。

基于以上问题，本书将在西太平洋边缘海的构造背景下，充分考虑南海区域构造、演化特征、不同类型盆地的属性等，在沉积盆地对比分析研究的基础上，进行南海及相邻海域新生代地层分区对比研究、主要构造变革时期沉积作用分析、沉积模式总结、海侵过程及沉积充填演化研究的论述。

第/二/章

# 南海及邻域地质构造背景

# 第一节　南海大地构造背景

南海是西太平洋最大的边缘海之一（图2.1），北靠华南大陆，南至加里曼丹岛，东临台湾岛、菲律宾群岛，西接中南半岛，面积约为350万km²，相当于黄海、渤海和东海总面积的三倍。在大地构造位置上，南海位于欧亚板块、印度–澳大利亚板块与太平洋–菲律宾海板块相互作用的构造部位，是太平洋构造域与特提斯构造域的结合地带，其沉积、构造特征非常复杂，大规模的水平运动伴随大规模的垂直运动时有发生。因此，南海的形成演化与其周边板块在中新生代的构造活动密切相关。在地质历史上又受到特提斯构造域演化的制约，经历了复杂的地质演化过程。地壳类型属于介于大洋型地壳构造域与大陆型地壳构造域之间的过渡型地壳构造域（刘昭蜀，2000）。

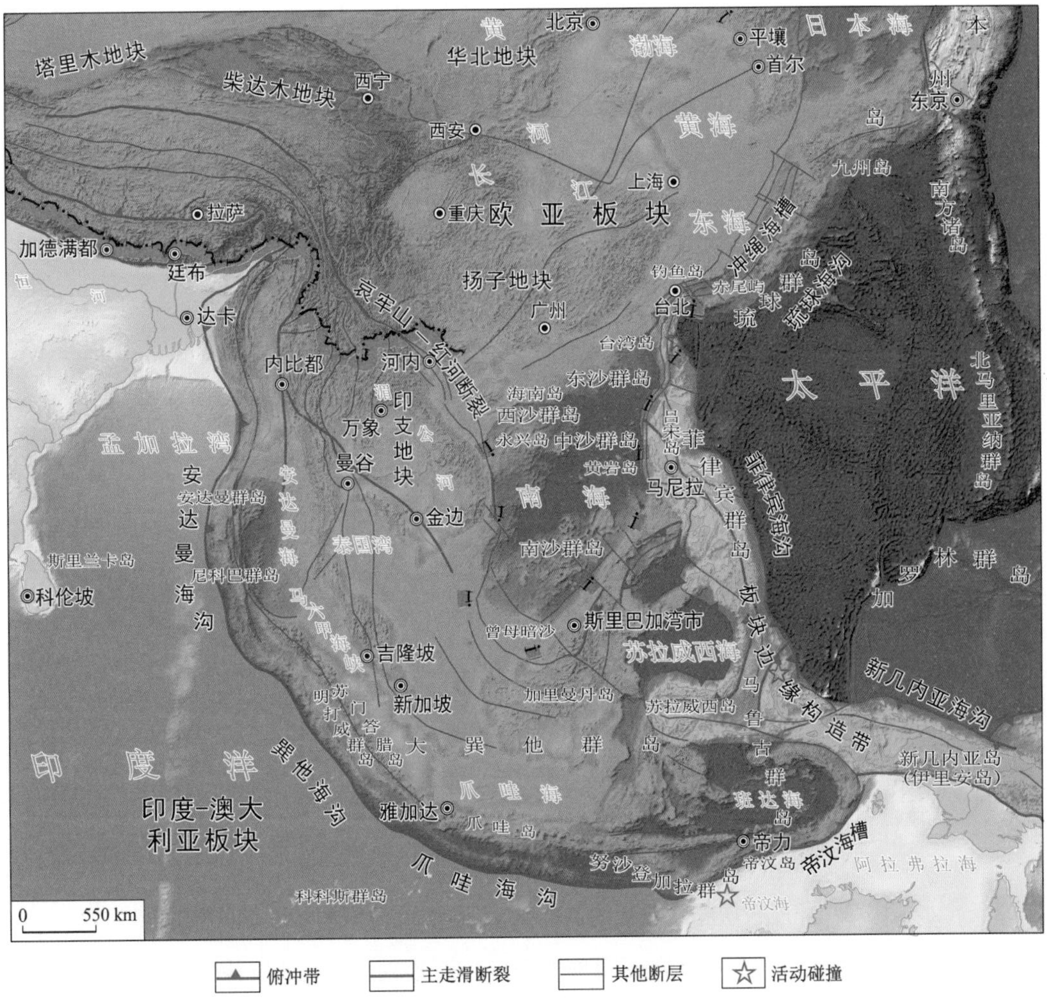


**图2.1　南海大地构造位置纲要图**（据李学杰等，2020）

## 一、环南海板块大地构造活动

### （一）印度板块向欧亚板块的碰撞活动

印度板块与欧亚板块自晚古新世开始碰撞，碰撞活动首先在大陆边缘之间进行，至中始新世（约44 Ma）时，刚性的印度板块与欧亚板块正面碰撞，随后向欧亚板块楔入（Lee and Lawver，1995）。根据印度板块与欧亚板块之间的汇聚速率及汇聚方向变化（图2.2），印度板块与欧亚板块的碰撞可以分为如下几个阶段（郭令智等，1983）。

（1）古新世晚期至始新世，印度板块沿北东–南西向与欧亚板块碰撞，印度板块和欧亚板块之间的汇聚速率迅速减小，由晚古新世时的170 mm/a左右减小至始新世末的60 mm/a左右（Lee and Lawver，1995）。这种汇聚速率的快速减小暗示了印度板块动能的快速衰减。由此，根据能量守恒原理可知，印度板块的能量损失必然要求碰撞带内发生大陆地壳的相互冲断叠置，或者由欧亚板块内部沿古老断裂带的走滑运动来吸收。由禅泰地块和印支地块等古陆块组成的中南半岛位于印度–欧亚碰撞带的东部。在这种地理背景下，印支地块沿北东–南西方向与欧亚板块碰撞，可能会引起当时呈岬角状凸出在欧亚板块南缘的中南半岛发生挤出运动。

（2）渐新世至中新世早期，印度板块和欧亚板块之间的汇聚速率在此期间基本保持不变，但是汇聚方向则由北东–南西向逐渐朝正北方向转变。在此期间主要表现为印度板块向欧亚板块逐渐楔入。由于印度板块的运动方向朝正北方向偏转，有利于碰撞带的岩石圈加厚，由此引起碰撞带下部的软流层向周围挤出。而青藏地区岩石圈加厚、升温的过程，将不利于中南半岛的挤出运动，可能会引起中南半岛挤出运动逐渐减弱。

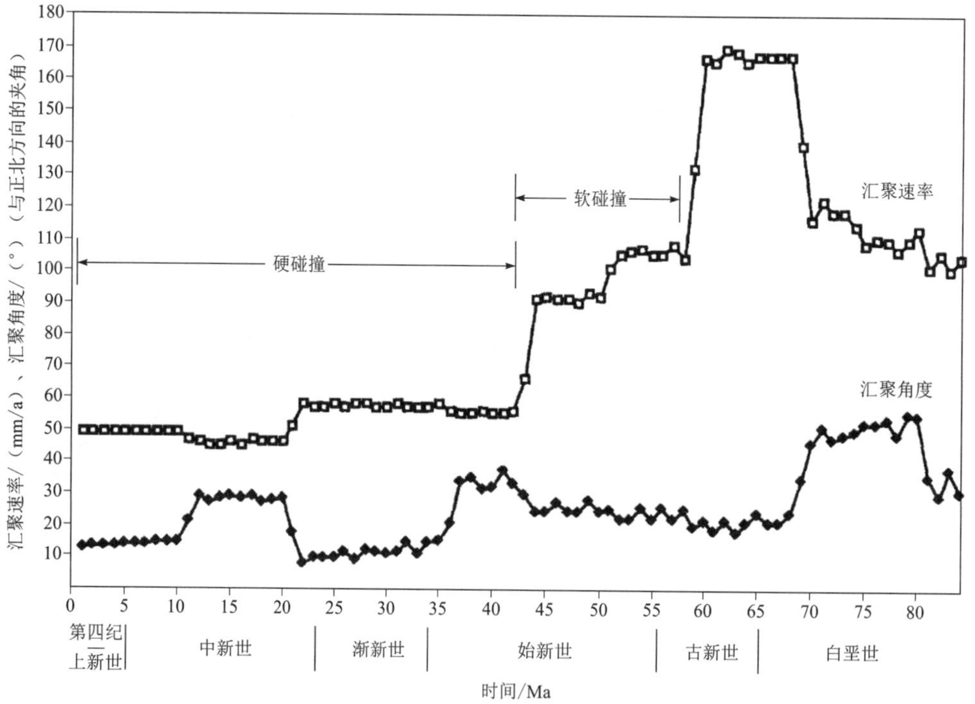


图2.2　印度板块和欧亚板块从80 Ma至今的汇聚速率和汇聚方向图

（3）中新世早期至中期，当造山带岩石圈加厚至一定程度时，下部岩石圈因热平衡而发生拆沉，软流圈地幔取代被拆沉的岩石圈。碰撞带地壳因为失去重的支撑物和被加热而发生了浮力回弹，隆升成为高峻的山脉（Dewey et al.，1988）。在青藏地区，山脉隆升始于25 Ma（Harrisson et al.，1992a，1992b）。因此，青藏地区在25 Ma前可能存在岩石圈加热过程。印度板块与欧亚板块的汇聚速率发生小幅度下降，由中新世初早期的60 mm/a降至45 mm/a，汇聚方向则再次向北东–南西方向偏转。Lee和Lawver（1995）认为印度地块这期运动方向改变已影响到华南地块，促使华南地块向东挤出。

（4）中新世晚期至第四纪，印度板块–欧亚板块汇聚速率在晚中新世再次稍有升高，从中中新世末的45 mm/a左右升至50 mm/a左右，汇聚方向也朝正北方向转变。印度板块–欧亚板块间的这期运动学特征与渐新世—早中新世相似。板块间的碰撞方式可能仍以地壳加厚为主，但是印度板块此时已经楔入欧亚板块内部，它对欧亚板块内部的陆块影响可能比对中南半岛的影响更强烈，由此引起华南板块的挤出运动速率逐渐超过中南半岛。然而，从陆块之间的相对运动来看，华南地块向东挤出运动是否比印支地块的挤出运动更快，促使红河断裂由左旋转变为右旋运动，仍然是个有待解决的问题。目前对红河断裂带的研究表明，右旋运动是在5.5 Ma以后才开始的（Leloup et al.，1995）。

### （二）太平洋板块向欧亚板块的俯冲运动

太平洋板块自晚白垩世开始向欧亚板块俯冲。两板块之间的汇聚速率在晚白垩世至始新世期间发生大幅度的降低，由晚白垩世的平均汇聚速率130 mm/a减小至始新世的38 mm/a。Northrup等（1995）指出，太平洋板块–欧亚板块汇聚速率显著降低可能与水平压应力在太平洋板块与欧亚板块间的传递减小有关，由此引起欧亚大陆东缘自晚白垩世开始伸展，并在始新世时发生广泛伸展活动。渐新世开始，太平洋板块–欧亚板块的汇聚速率上升。并以中等的平均速率（77～90 mm/a）持续至中新世，而在中新世早期至中期出现下降略降至69 mm/a以后，自中新世晚期至现代再次增大至106 mm/a。由于太平洋板块–欧亚板块汇聚速率的增高，欧亚板块东缘的伸展活动自渐新世开始减慢。

### （三）古南海及其向加里曼丹地块的俯冲

根据Taylor和Hayes（1980，1983）、Holloway（1982）提出的板片拖曳（slab-pull）模式，古南海向南海南部加里曼丹地块的俯冲与南海西缘断裂体系的活动关系密切。Hamilton（1979）首先提出北加里曼丹岛是古南海新生代发生俯冲的地方。根据该模式，向南俯冲的古南海微板块的拖曳力导致当时的南海地区处于引张状态，并驱使南海南北大陆边缘张裂及南海海盆的扩张。俯冲板块拖曳力来源于俯冲板块和软流圈的密度差，其量级可以达$10^{12}$～$10^{13}$ N/m（Bott et al.，1989；Fowler，1990）。这个量级的伸展应力很容易可以促使整个岩石圈发生拉张（Kusznir，1991）。

古南海向南俯冲的证据已经发现很多，如沙捞越的拉关群厚度很大（近15 km），是晚白垩世—晚始新世的浊流和蛇绿岩，为面向北的增生体（Hazebroek and Tan，1993；Hutchinson，1996）。沙巴北西的克洛克山，包括晚始新世—渐新世的浊积岩也解释为增生体。该套岩层在早中新世被碰撞、挤压，产生一系列逆冲、叠瓦状断裂带，上面被中中新世不整合所截（Rangin et al.，1990）。沙巴的蛇绿岩岩石地球化学特征揭示了大洋洋底沉积物和大洋地壳（洋脊型拉斑玄武岩）以及岩石圈地幔类型（Omang and Barber，1996）。沿北部从加里曼丹岛到沙巴北东部发育一条始新世—渐新世和中中新世的火山带，可能是俯冲岛弧火山带。面波层析层像显示在加里曼丹岛西北部存在非常陡的高速异常（Curtis et al.，1998），该异常类似于现代俯冲带出现的异常，可以解释为过去俯冲板块的残余。渐新世到中中新世古南海的南倾俯冲板块的拖曳力，驱使南海的扩张（吴世敏等，2005b）。

## 二、南海构造动力学简述

由于板块间相互作用的方式不同，决定了南海四周具有不同的边缘性质：北缘为华南地块的延伸部分，发育一系列阶梯状断层和不同规模的隆、拗构造带，属拉张型边缘；南缘北侧是与南海北缘相似的被动边缘，与现今南海的扩张有关，主要表现为拉张构造形态，南缘南侧是碰撞边缘，与古南海的消亡有关，发育一系列自南向北逆掩的叠瓦状构造，属挤压型边缘；西缘沿印支地块东侧延伸，具走滑活动性质，属剪切-拉张型边缘；东缘发育海沟和岛弧组合以及蛇绿岩套，为典型的沟-弧构造体系，属洋壳向陆壳俯冲挤压消亡型边缘（图2.3）。

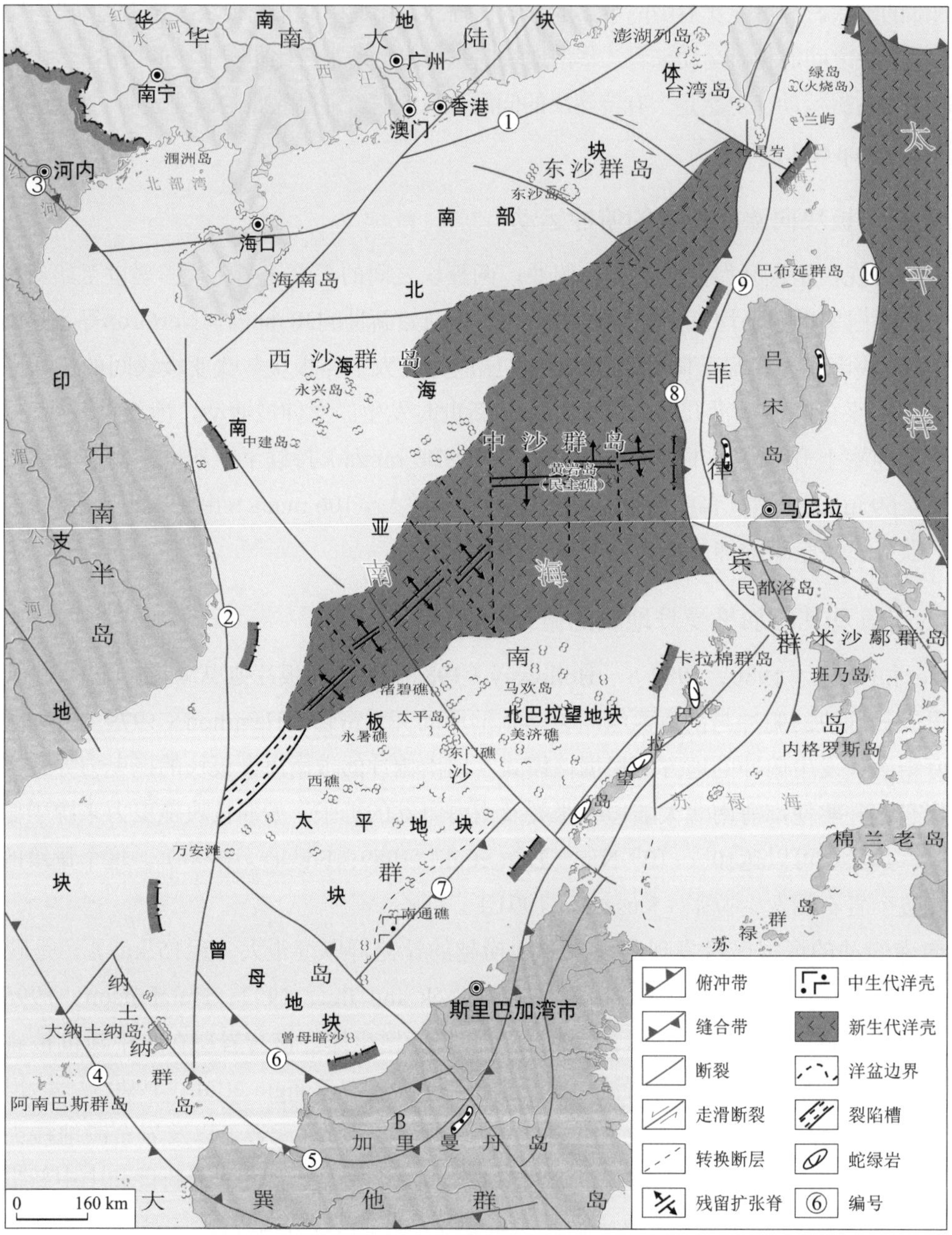


**图2.3　南海构造单元划分简图**（据曾维军，1995；李唐根，1998，修改）

①珠外-台湾海峡断裂带；②南海西缘断裂带；③黑水河-马江缝合带；④东马-古晋缝合带；⑤卢帕尔俯冲带；⑥武吉米辛俯冲带；⑦沙巴北俯冲带；⑧马尼拉-内格罗斯-哥达巴托海沟俯冲带；⑨吕宋海槽断裂带；⑩菲律宾海沟俯冲带

南海北部新生代主要处于拉张构造背景下（吴世敏等，2005a），以发育离散型盆地为特征。北部陆缘的张裂作用表现出自北向南、自东向西的传递，北部湾盆地张裂作用最早，大致开始于65 Ma，珠江口盆地张裂起始于晚古新世—早始新世（李平鲁，1994；秦国权，2000；陈长民等，2003），琼东南盆地张裂作用推测开始于早始新世（谢文彦等，2009）。南海北部陆缘主要发育有晚白垩世—早始新世北东向，中始新世—渐新世北东东、东西向以及晚中新世北西向三组断裂（李平鲁，1994；高红芳，2008）。

南海西部处于转换构造背景下，以发育走滑–拉张型盆地为特征（图2.2）（吴世敏等，2005；高红芳，2011）。西部边界由红河断裂、南海西缘断裂和万安东断裂构成，这些大型断裂系统在新生代的走滑–拉分作用下，形成了大型的走滑–拉分盆地，包括莺歌海盆地、中建南盆地和万安盆地。

南部构造背景复杂，既有离散型盆地，又有聚敛型盆地发育，盆地类型各异；东部为俯冲构造背景，发育马尼拉海沟。南海现存的俯冲和碰撞作用，主要发生在古近纪晚期和新近纪后期。古近纪晚期，南侧的加里曼丹地块由于受到南印度–澳大利亚板块向北的推挤作用而向北移动，使得南海地区与加里曼丹地块发生碰撞，产生近南北向的挤压作用（周蒂等，2011；李学杰等，2017）。新近纪后期，菲律宾岛弧向南海洋盆发生仰冲作用，以及太平洋板块向西北运动使得南海地区和菲律宾岛弧发生多次碰撞，产生近东西向的挤压作用，使得南海东侧发育南北纵贯上千千米的马尼拉海沟（臧绍先和宁杰远，2002）。这些俯冲、碰撞作用对南海大地构造格局的形成以及后期的改造作用具有一定的贡献。

新生代时期，南海经历了多次构造运动，与全球板块构造运动相协调的构造运动主要有四次（李平鲁，1992；姚伯初，1993，1998，1999；姚伯初等，1994，2004b；吴进民，1999），形成现今的南海面貌。

第一次构造运动称为神狐运动（又称礼乐运动）。发生在中生代末至新生代早期，部分地区一直延续到始新世，是一次张性构造运动。这次运动是由于燕山运动的造山带发生拆沉而引起的（邓晋福等，1996）。神狐运动使区域构造应力由北西–南东向挤压转为北西–南东向拉张，在南海北部和西部产生了一系列北东—北北东向张性正断层以及彼此分割的地堑和半地堑，并伴有火山岩的喷发，陆架盆地张裂阶段开始。这些断裂往往是基底断裂，同生性质明显，控制作用强烈。火成岩体通常规模较大，以侵入岩为主，构成了盆地沉积基底的一部分。该构造运动致使前新生代地层发生不同程度的褶皱变形，地震剖面上以界面$T_g$为代表，具有明显的区域不整合特征。

第二次构造运动称为西卫运动。发生在中始新世和晚始新世之间，可能与南海的第一次扩张有关（姚伯初等，1994），对南海很多盆地有重要影响。由于印度板块向北漂移，并于45 Ma与欧亚板块碰撞；印支地块旋转南移，太平洋板块在44～42 Ma对亚洲大陆的俯冲方向由北北西转为北西西，促使南海北部陆缘进一步拉张，也使南海西缘断裂产生南北向的剪切滑移运动。

第三次构造运动称为南海运动。发生于渐新世，具有明显的穿时性，界面特征是在前期裂谷基础上发生扩张作用的“破裂”不整合，沉积间断，中构造层上部地层部分缺失。这次构造运动是由区域板块运动引起的，是全球板块构造格局重新调整时期的产物，印度–澳大利亚板块与欧亚板块正面碰撞，太平洋板块运动方向发生变化，也是全球海平面急剧下降的低海面时期（Vail and Hardenbol，1979；Haq et al.，1987）。在东南亚主要表现为北北西–南南东至近南北向的伸展，产生一系列北东东—东西向断裂，并在南海东部发生第一次海底扩张（姚伯初等，1994）。扩张的结果是使礼乐、郑和等陆块从华南地块上分裂出来，并向南推移，在沙巴–南巴拉望一带发生岛弧和被动陆缘的碰撞。

第四次构造运动发生在中中新世晚期至晚中新世早期，局部地区可能延续到晚中新世末期，是南海西部及南部最强烈的一次构造运动，由走滑运动引起，在南海北部称为东沙运动，南海西部和南部称为万安运动，这次构造运动使区域构造应力场由张扭转为压扭，盆地隆升遭受剥蚀，产生花状、褶皱等构造（姚伯初，1994，1998；姚伯初等，2004a）。对盆地的构造演化具有重要影响，形成了一个区域不整合界面$T_3$，造成以此界面前后截然不同的构造格局。这次构造运动是由于南海西缘断裂–万安断裂的右旋走滑活动引起的（姚伯初，1999），大量新断层产生，并伴有中基性岩浆岩的喷发，一些早期的火成岩体再次活动。同时，万安运动也使得盆地多数局部构造形成和改造并最终定型。

总之，南海地区由于特殊的地理和构造位置，其形成和演化历史非常复杂，叠加了多个方向以及多期次的构造作用。

## 三、南海海盆早期形成演化模式

自Ludwig等1970年首次提出南海海盆为洋壳结构的认识以来，南海的形成和演化机制一直被国内外地质学家所关注。目前对南海海盆的扩张机制还存在很多不同的认识：主要有弧后扩张模式（Karig，1971；Ben Avraham and Uyeda，1973；郭令智，1983；李学杰，2020）和太平洋板块俯冲有关（Stern，2004）、构造挤出模式（Tapponnier et al.，1982，1986，1990；Briais et al.，1993；Leloup et al.，1995）、地幔柱活动模式（邓晋福等，1992；龚再升等，1997；李思田等，1998）、陆缘扩张模式（陈国达，1988，1997；徐义刚等，2002）、大西洋型海底扩张模式（Taylor and Hayes，1983；姚伯初，1994）、东亚陆缘右行裂解有关的扩张模式（许浚远和张凌云，2000；Zhou et al.，2002；周蒂等，2005）、东部次海盆至西南次海盆渐进式扩张模式（李家彪等，2011）等。

主要形成演化模式观点如下所述。

### （一）弧后扩张模式

Karig（1971）、Ben Avraham和Uyeda（1973）与郭令智等（1983）提出南海是菲律宾岛弧的弧后扩张盆地，其形成时代为晚白垩世—古近纪，并且指出南海的弧后扩张可能与古西太平洋的洋中脊俯冲作用有关。1979～1982年中美南海联合调研的资料显示，东部次海盆的扩张脊走向为近东西向，它与菲律宾岛弧呈大角度相交，这与典型的弧后扩张盆地的伸展应力模式存在较大区别，这可能是其存在的主要不足。

李学杰等（2020）提出弧后扩张-左旋剪切模型，认为南海是古南海往北俯冲的弧后盆地，菲律宾海板块往北漂移形成的大规模左旋走滑是南海扩张的触发因素。文章提出古南海北板片大约始新世开始往北俯冲至南沙和北巴拉望之下，俯冲板片推测达900 km；菲律宾海板块形成后，大规模往北移动，在其西缘形成大规模左旋走滑断裂，在弧后大扩张环境中，触发由西向东的南北拉张，导致海底扩张。

### （二）碰撞－挤出－拉张模式

Tapponnier等（1982，1986）通过实验研究，提出印藏碰撞引起中南半岛向南东方向发生大位移量的构造逃逸，南海是位于滑移带（红河断裂带）末端的拉分盆地，其形成与印度板块和欧亚板块碰撞所造成的印支地块侧向滑出有关（Tapponnier et al.，1986）；随后，Tapponnier 等（1990）、Briais 等（1993）、Leloup 等（1995）、Lacassin 等（1993）在哀劳山-红河剪切带、南海海盆的磁异常条带及青藏高原以东的走滑断裂带所进行的大量研究工作为"构造逃逸说"提供了大量的支持证据。碰撞挤出模式能够很好地解释南海西北部北西走向莺歌海盆地始新世—晚渐新世期间的断陷发育特征（郭令智等，2001；孙珍等，2007），然而，该模式将南海晚渐新世—早中新世期间直径近700 km规模的海底扩张归因于北西走向断裂的走滑作用，这种大位移量走滑变形在位于红河走滑变形带中的莺歌海盆地的同期沉积体系中未发育，这是目前挤出模式所存在的重要缺陷。

### （三）陆缘扩张模式

郭令智等（1983）提出南海属于燕山期东亚安第斯型陆缘地堑系的一个构造单元；刘昭蜀等（1988）认为，自新生代以来南海区域应力场从挤压转为松弛，大陆边缘由强烈挤压转为强烈拉张，地幔向大洋方向蠕散，导致陆缘断裂、解体并向大洋扩散，形成南海北部陆缘地堑系；陈国达（1997）和徐义刚等（2002）明确指出“陆缘扩张”是我国新生代以来东部陆壳拉伸过程中主要的构造作用，强调整个亚洲东部大陆边缘的形成都是由于陆缘扩张所致。南海的形成是岩石圈自北向南主动伸展扩张导致华南大陆边缘裂解的结果。

### （四）地幔柱活动模式和地幔上涌模式

龚再升等（1997）、李思田等（1998）、任建业和李思田（2000）根据南海北部大陆边缘的盆地及深部构造发育特征推测南海及其边缘盆地的形成可能与地幔柱及侧向地幔流有关，认为地幔柱引起的局部对流、加之与岩石层底部的摩擦力导致大面积的伸展，可以解释南海不同方向、不同构造部位的盆地在古近纪同期伸展的构造现象。

### （五）海底扩张模式

Taylor和Hayes（1980）提出的海底扩张模式，到目前为止，得到了大多数人的认可，但是，对于南海海底扩张的时间和期次却存在激烈的争论（表2.1）。主要代表观点包括以下几点。

**表2.1　南海海盆扩张年代不同观点列表**

| 研究者 | 年代 / Ma | 研究区域 | 发表年份 | 研究数据 |
|---|---|---|---|---|
| Taylor 和 Hayes | 32 ～ 17 | 东部次海盆 | 1980、1983 | 磁异常 |
| Ru 和 Pigott | 约 55 | 西南次海盆 | 1986 | 热流和水深 |
| | 36 ～ 35 | 西北次海盆 | | |
| | 约 32 | 东部次海盆 | | |
| Briais 等 | 32 ～ 16 | 东部次海盆 | 1993 | 磁异常 |
| 姚伯初等 | 42 ～ 35 | 西南次海盆 | 1994 | 磁异常 |
| Barckhausen 等 | 31 ～ 20.5 | 东部次海盆 | 2004 | 磁异常 |
| Li 等、宋晓晓和李春峰 | 33 ～ 16 | 东部次海盆 | 2014、2016 | 磁异常、大洋钻探 |
| | 24 ～ 16 | 西南次海盆 | | |

（1）Taylor和Hayes（1980）在南海东部次海盆鉴别出11-5d号磁异常条带，认为它们沿位于现今15° N 附近的近东西向残留扩张中心两侧呈对称分布，其时代为32～17 Ma，其中7a-5d号磁异常条带（分布在13° 30′ ～17° 30′ N）为27～17 Ma，11-7a号磁异常条带（分布于13° 30′ N 以南东部次海盆南段和17° 30′ N以北的深海盆北段）为32～27 Ma。

（2）Briais等（1993）则认为西南次海盆晚于东部次海盆和西北次海盆形成，认为在磁异常11-7号（32～21 Ma）期间，海底扩张活动主要发生在西北次海盆和东部次海盆，在磁异常7-6b号（26～24 Ma）期间，扩张脊南跃由近东西向转变为北东-南西向，西南次海盆开始扩张，随后东部次海盆和西南次海盆在磁异常6b-5c号（24～15.5 Ma）期间同时扩张。

（3）姚伯初等认为西南次海盆在始新世就开始扩张，扩张时间为42～35 Ma，东部次海盆扩张的时间为32～17 Ma（姚伯初等，1994；姚伯初，1996）。

（4）Barckhausen等（2004）认为东部次海盆的扩张时间为31～20.5 Ma。

（5）李春峰等认为东部次海盆的扩张时间为33～16 Ma，西南次海盆的扩张时间为24～16 Ma（Li et al., 2014；宋晓晓和李春峰，2016）。

虽然众说纷纭，但南海在古近纪—新近纪期间发生了西北西或近南北向的扩张作用，这是大家比较趋向一致的认识。这些模式的形成与印度-澳大利亚板块对欧亚板块的碰撞、太平洋板块与欧亚板块的相互作用和古南海向加里曼丹地块的俯冲密切相关。

### 四、关于南海海盆形成演化模式——弧后扩张-左旋剪切模型

李学杰等（2020）在综合以上各种形成演化模式的基础上，结合近十年来国家“海洋地质保障工程”的新数据，提出弧后扩张-左旋剪切模型。认为古南海往北俯冲导致的弧后扩张是现今南海形成的关键，菲律宾海板块往北漂移形成的大规模左旋走滑是南海扩张的触发因素。提出古南海北板片大约始新世开始往北俯冲至南沙和北巴拉望之下，俯冲板片推测达900 km；菲律宾海板块形成后，大规模往北移动，在其西缘形成大规模左旋走滑断裂，在弧后大扩张环境中，导致华南陆缘张裂，再致海底扩张。

## 第二节　南海周缘陆域地层特征

南海周边陆域分属不同构造单元和地层区，各区经历不同的沉积作用及后期改造，各自形成了独特的基底和地层特征。

### 一、华南地层区

南海北部陆域属华南地层区，各历史时期地层出露比较齐全，从中元古代至第四纪地层均有分布（杜海燕和郑卓，2012）。基底为前寒武纪到古生代地层。

#### （一）前中生代基底

1. 前寒武系

前寒武系经历多期变质作用，化石缺少，结构、构造复杂，分布零星，经历不同程度变质变形之余，现存特征与其沉积时已明显不同，为一套无序或部分有序的岩石体，符合非史密斯地层特征。

南华系为一套滨岸-浅海-半深海相碎屑岩-硅质岩相沉积，岩性为变质砂岩、石英岩、千枚岩、石英云母片岩，与下伏地层呈角度不整合或假整合接触。

震旦系为一套深海-半深海-浅海相沉积，岩性为碎屑岩及变质石英砂岩、千枚岩、云母石英片岩等。震旦系与下伏地层假整合或整合接触。

2. 古生界

古生界在华南地层区发育齐全，从寒武系到二叠系均有分布。

寒武系为浅海-深海相浅变质复理石碎屑岩沉积建造，区域变化较小，岩性包括长石石英砂岩、细砂岩、粉砂岩、粉砂质页岩、页岩、泥岩、硅质灰岩、浅灰色白云岩、灰岩，夹硅质岩薄层。在北海-梧州断裂带与吴

川–四会断裂带夹持区域或断裂带内及海南岛常出现轻微变质作用，形成千枚岩、板岩、变质砂岩等。在海南岛上部含丰富的三叶虫、腕足类、古介形类、小壳等化石。寒武系与下伏地层呈角度不整合或假整合接触。

奥陶系为一套浅海陆架–半深海–深海相复理石碎屑岩–碳酸岩沉积建造，局部浅变质。岩性为砂岩、含砾砂岩、细砂岩、粉砂岩、水云母质粉砂岩、水云母复矿质砾岩、水云母黏土岩、粉砂质页岩、页岩、硅质岩、硅质灰岩、泥质白云岩、白云岩、灰岩、大理岩化灰岩、钙质泥岩、变质砾岩、变质砂砾岩、绢云母板岩、绢云石英千枚岩等，富含笔石动物群。奥陶系与下伏地层呈假整合或整合接触。

志留系主要为一套滨浅海–半深海相碎屑岩沉积建造。岩性为块状砾岩、含砾砂岩、砂岩、长石石英砂岩、粉砂岩、泥质粉砂岩、页岩等，富含笔石群化石。志留系与下伏地层呈角度不整合–假整合–整合接触。

泥盆系除部分地区域缺失外，其他区域均有出露。该套地层共划分了37个地层组，层序完整，发育齐全，沉积类型多样，既有滨岸、海陆交互相的碎屑岩沉积，又有滨海或局限、开阔台地相泥灰岩、灰岩、白云岩及泥岩沉积，兼具台地边缘相的灰岩、白云岩沉积，发育生物礁及礁滩，局部地段为以深海盆地相硅质岩泥岩为主的沉积建造。泥盆系与下伏地层呈角度不整合或整合接触。

石炭系以海相碳酸盐岩沉积建造为主，局部为硅质岩沉积建造，次为海陆交互相碎屑建造，晚石炭世全区转为碳酸盐岩沉积环境。石炭系与下伏地层呈假整合接触。

二叠系为一套开阔台地–潟湖–潮坪沉积建造，岩性为灰岩、厚层块状灰岩、砾屑灰岩、泥晶灰岩、泥灰岩、条带灰岩、含燧石结核或硅质结核灰岩、硅质岩、页岩、泥岩、粉砂质页岩、粉砂岩、含煤层粉细砂岩、砂岩、含砾砂岩、砾岩等。与下伏地层呈角度不整合–假整合–整合接触。

### （二）沉积层

#### 1. 中生界

三叠系为一套深灰黑色灰岩、泥灰岩夹少量钙质泥岩、泥岩组合，属台地前缘斜坡环境沉积。其中下—中三叠统主要分布于钦州地区，岩性由下而上依次为泥质岩、灰黑色灰岩、泥灰岩、泥岩、粉砂质泥岩、泥质条带灰岩、白云岩、泥岩夹粉细砂岩；在东江地区零星见灰色灰岩、泥灰岩、砂质灰岩夹钙质泥岩；在雷琼地区仅在五指山小区出露下三叠统岭文组，其下部为砾岩、砂砾岩，上部为泥质岩、粉砂质泥岩、泥质粉砂岩，夹砾岩。下—中三叠统属台地前缘斜坡环境沉积，与下伏地层呈假整合或整合接触。上三叠统在东江地区为湖沼相淤积和河湖相堆积，岩性以砂砾岩、含砾砂岩、砂岩、页岩为主，夹煤层；在云开地区岩性为石英砂岩、岩屑石英砂岩，夹砂砾岩、泥岩、煤线；在钦州地区以砾质岩和粗碎屑岩组成旋回；在东南沿海地区、武夷地区下部为一套内陆盆地湖沼、河流相沉积，上部为滨海–潟湖相含煤细碎屑岩沉积。上三叠统与下伏地层呈角度不整合接触。

侏罗系为一套河湖–三角洲相碎屑岩沉积及中酸性火山喷发岩相。下侏罗统分布于钦州地区、东江地区、武夷地区和东南沿海地区，云开地区、雷琼地区缺失。东江地区、武夷地区和东南沿海地区下侏罗统下部为细粒石英砂岩、粉砂岩、粉砂质泥岩互层，夹劣煤；上部为中细粒长石石英砂岩及粉砂岩、泥岩不等厚互层。钦州地区下侏罗统为早期的山麓环境沉积往后期河湖相沉积演变，岩性以泥质粉砂岩、泥岩、石英砂岩为主。中侏罗统分布于钦州地区、湘桂赣地区和东南沿海地区，云开地区、雷琼地区缺失。中侏罗统在钦州地区、东南沿海地区下部为砂岩、凝灰质砂岩、粉砂岩、泥岩、凝灰质泥岩，上部为一套以安山岩为主的中酸性火山岩；在湘桂赣地区为砂砾岩、含砾砂岩、石英砂岩、岩屑砂岩。钦州地区、湘桂赣地区中侏罗统为一套形成于河湖环境的中细粒碎屑岩，与下伏地层呈角度不整合–假整合–整合接触。上侏罗统分布于钦州地区、东江地区、武夷地区和东南沿海地区，其余地区缺失。在东江地区、武夷地区和东南沿海地区以中酸性喷出岩为主，岩性包括英安质火山碎屑岩、流纹质火山碎屑岩、熔岩，夹少量火山碎屑沉积岩。在钦州地区为滨湖三角洲相细碎屑岩沉积，岩性包括砂岩、粉砂岩、泥质粉砂岩及含砾砂岩。上侏罗统与下伏地层呈角度不整合-假整合-整合接触。

白垩系主要为一套湖相砾岩、砂岩、泥岩夹中酸性火山碎屑岩、喷发岩。下白垩统分布于湘桂赣地区、东江地区、云开地区、钦州地区和雷琼地区。下白垩系在湘桂赣地区下部为火山岩和火山碎屑沉积岩，上部覆盖的一套杂色碎屑岩；在东江地区下部为一套杂色粗碎屑岩和火山碎屑沉积岩，上部为粉砂岩、泥质粉砂岩、粉砂质泥岩等；在云开地区、钦州地区均为一套以砾岩、砂岩为主的陆源碎屑建造；在雷琼地区为浅紫红色、浅灰白色砾岩、岩屑-长石粗-细砂岩、凝灰质砂岩、泥质粉砂岩、粉砂质泥岩，局部为流纹质火山岩夹少量玄武岩和安山岩。下白垩统与下伏地层呈角度不整合或整合接触。上白垩统分布于钦州地区、云开地区、东江地区、武夷地区和雷琼地区。上白垩统在东江地区为紫红色砂砾岩、含砾砂岩、砂岩与粉砂质泥岩互层，夹玄武岩及少量安山岩；在云开地区下部为火山碎屑沉积岩和火山岩，包括火山角砾岩、砾岩、粉砂岩、沉凝灰岩、凝灰岩、安山岩等，上部为紫红色砾岩、砂砾岩、含砾砂岩、砂岩；在钦州地区其下部为凝灰岩、凝灰质砂岩、凝灰角砾岩、凝灰熔岩，上部为湖相砂岩、砂质泥岩、泥质粉砂岩；在武夷地区下部为流纹质凝灰岩、流纹岩、流纹-英安质熔岩、玄武岩等火山岩，上部为一套具粗-细-粗变化趋势的碎屑岩，岩性以砾岩、粉砂岩、钙质粉砂岩、泥质灰岩、粉砂质泥岩，夹钙质泥岩和石膏薄层；在雷琼地区为浅紫红色、浅灰白色复成分砾岩、岩屑-长石粗-细砂岩、泥质粉砂岩、粉砂质泥岩、泥岩互层。上白垩统与下伏地层呈角度不整合-假整合-整合接触。

2. 新生界

古近系为一套河湖相陆源碎屑岩沉积建造，含煤层。古近系分布于钦州地区、云开地区、东江地区、武夷地区、东南沿海地区和雷琼地区。古近系在钦州地区岩性为砂岩、粉砂岩或钙质砂岩与泥岩、钙质泥岩互层，夹褐煤、含油砂岩、天然气及菱铁矿结核；在云开地区岩性以砂质黏土岩、黏土岩、泥质粉砂岩、粉砂岩、细砂岩为主，顶部油柑窝组为一套油页岩，夹褐煤；在东江地区为一套河湖相陆源碎屑建造夹基性火山岩；在武夷地区、东南沿海地区下部为复成分砂砾岩、含砾屑砂岩、岩屑砂岩、长石砂岩、长石石英砂岩，上部为深灰色薄层状白云质粉砂岩偶夹泥岩，大部分岩石富含白云石、方解石和钠长石，为半咸水湖沉积；在雷琼地区主要分布于福山盆地、长昌盆地、树德盆地，均为一套陆相断陷沉积，岩性以砂岩、泥岩为主，夹砾岩、页岩、油页岩、煤层，含植物及孢粉化石。古近系与下伏地层呈角度不整合或假整合、整合接触。

新近系为一套河湖-三角洲-滨海相碎屑岩沉建造积，含海相化石。新近系在陆地仅出露于云开地区和雷琼地区。北海盆地新近系岩性为灰绿色、灰白色黏土岩、砂岩、粉砂岩、砂砾岩、砾岩，夹数层褐煤、劣质油页岩，与上覆地层为平行不整合接触关系。茂名盆地新近系为一套三角洲相-河湖相碎屑沉积，自下而上岩性为含砾长石石英砂岩、粉砂质黏土岩-含有机质黏土岩-含砾长石石英砂岩、砂质黏土岩，夹粉砂岩-细砾杂砾岩砂砾岩、杂砂岩等。雷琼地区主要为一套以滨海相沉积为主的砂砾岩、砂岩、粉砂岩、砂质泥岩、泥岩、粉砂质黏土、黏土，夹少量砾石、碳质泥岩及褐煤，产有孔虫、介形虫、双壳类、腹足类及孢粉化石。新近系与下伏地层呈假整合或整合接触。

第四系多分布于现代近海岸线区域、河流冲积区域、地势低洼适合松散沉积物堆积区域。沉积成因类型包括残积、坡积、洪积、冲积、三角洲相堆积、海相堆积。其中海相和滨海三角洲相分布最广。根据各种松散堆积物的成因类型，将该区划分为内陆河谷区、海岸-河口区和雷琼地区。内陆河谷区沉积物的成因分类包括有湖沼相淤积、河流相冲积、山麓洪积坡积、早期的海陆交互相沉积等。沉积物为黏土质卵砾石层、黏土碎石层、黏土块石层、砾石层、砂砾层、砂土层、砂质黏土层、黏土层、淤泥、淤泥质黏土等。海岸–河口区沉积物则多为海陆交互相和海相环境下冲刷、淤积形成。沉积物为砾砂层、砂层、粉砂层、黏土层、亚砂土、亚黏土、淤泥层及含贝壳、珊瑚碎屑砂砾层。雷琼地区第四纪地层发育齐全，以更多的更新世火山活动为代表性特征。沉积物为黏土、亚黏土、粉砂质黏土、有机质黏土、砂层、砂砾层、砾石层、海滩岩等，局部地区夹玄武岩、玄武质火山碎屑岩、玄武质熔岩、玄武质角砾熔岩、玄武质凝灰岩。第四系与下伏地层呈假整合或整合接触。

## 二、印支地层区

印支地层区各地史期地层出露比较齐全，除泥盆系以外，从太古宇到第四系均有分布。印支地层区从北到南，分别由三岐缝合带、巴江缝合带、斯雷博河缝合带为界，可依次划分为四个地区：长山地区、嘉域地区、昆嵩地区和大叻（Da Lat）地区。

### （一）前中生代基底

1. 太古宇

太古宇发育非常复杂的康纳（Kan Nack）杂岩（Nguyen and Tran，1979），岩体出露于嘉域地区和昆嵩地区，在漫长的演化过程中发生了很大程度的变质和变形作用，主要由变质的高铁镁拉斑玄武岩、长英麻粒岩、变质泥岩以及大理岩组成（图2.4）。

(a)　　　　　　　　　　　　(b)

图2.4　太古宇辉铁镁质麻粒岩（a）和黑云母–石榴子石–夕线石片岩（b）图

2. 元古宇

古元古界发育玉岭（Ngoc Linh）杂岩，同样出露于昆嵩地块，岩体岩性为变质岩，以典型的角闪岩相矿物组合为特征，源于镁铁质火山岩和伴生的火山–沉积岩；玉岭杂岩广泛分布在嘉域地区，厚度为4000～6500 m，年龄为2300～2070 Ma（ESCAP，1990）。

中—新元古界发育禅德–诺域（Kham Duc-Nui Vu）杂岩，由角闪岩和绿片岩相变质岩组成，它主要分布于玉岭北部、昆嵩西部等地区，由许多岩石群组成，其岩性为角闪岩、角山片麻岩、辉长角山岩、紫苏花岗岩等。该岩体与镁铁质、超镁铁质的火成岩复合物密切相关，形成了洋壳的遗迹（蛇绿岩）。Kham Duc-Nui Vu杂岩由以下岩石群组成：Kham Duc角闪岩、茶同（Tra Don）角闪石片麻岩、前安（Tien An）黑云母片麻岩、兴让（Hung Nhuong）富铝结晶片岩、清美（Thanh My）变碳酸盐岩、协德（Hiep Duc）变超铁镁质火成岩、塔渭（Ta Vi）辉长角闪岩、南宁（Nam Nin）斜长花岗片麻岩和达布瑞（Dak Broi）

紫苏花岗岩（图2.5）（Tien，1991；Lepvrier et al.，2008）。

(a) (b)

图2.5 古元古界夹透镜体的角闪岩（a）和中—新元古界绢云母片岩（b）图

3. 古生界

1）下古生界

寒武系—志留系发育变质岩地层，如广南省的富含变质为绿片岩相的煤质片岩和石英片岩、白云质大理岩、绿帘石片岩。此外，还有一些泥板岩、黑色页岩、安山岩以及斑岩。地层不整合上覆于前寒武系变质岩层之上，并且不整合下伏于泥盆纪沉积物之下。它被延平（Dien Binh）杂岩的花岗岩侵入，侵入岩的年龄是418 ± 12 Ma和444 Ma，对应于志留纪（Tien，1991；Lepvrier et al.，2008）。

2）上古生界

石炭系—二叠系多发育于多乐省、昆嵩省，多乐省的地层由陆源沉积物夹喷出岩组成，其岩性为安山岩、玄武岩、砂岩及页岩。长山地区最北缘岩性主要为含石英-绢云母片岩夹层的大理岩、砂岩，并含生物化石，厚500 m以上。与下伏地层呈不整合接触。昆嵩地区的岩性为陆源沉积物夹喷出岩（Nguyen et al.，1982），厚550～620 m，可划分为三层：下部为页岩、粉砂岩、砂岩、硅质页岩、安山质玄武岩、斑状安山岩（5～15 m）和凝灰岩，厚约200 m；中部为斑状安山岩、细粒凝灰岩、燧石、泥岩和泥灰岩，该层中含有保存较差的腕足类化石、苔藓虫、海百合，厚150～170 m；上部为斑状安山岩、英安岩、流纹岩、安山质玄武岩、白云岩、灰岩（图2.6）、泥灰岩和红色碧玉，厚200～250 m。其中安山质凝灰岩中含有孔虫*Schwagerina* sp.、*Pseudofusulina* sp.、*Verbeekina* sp.、*Bradyina* sp.、*Parafusulina* sp.化石（Tien，1991；Janvier et al.，1997；Lepvrier et al.，2008）。

(a) (b)

图2.6 寒武系—志留系石英-绢云母片岩（a）和石炭系—二叠系灰岩夹泥灰质页岩薄层（b）图

## （二）沉积层

### 1. 中生界

据区域地质资料，印支地层区中生代地层与晚古生代地层一般为连续沉积，局部也有间断。中南半岛中南部的中生界在泰国称为呵叻群，在老挝、柬埔寨和越南称为印支群。印支群又分为中印支层组和上印支层组。地层时代从中—上三叠世到白垩纪。

中三叠统主要分布中部地区，由海相的长英质火山沉积地层组成（Nguyen，1985），厚约780 m，从下到上共分九层，包括夹有一些黏土硅质页岩的底砾岩和黄铁矿团块，厚80 m；斑状霏细岩、含灰色泥岩夹层的石英斑岩、黏土硅质页岩、石英砾岩和砂岩，厚25 m；灰色页岩、粉砂岩、含煤质泥灰岩与砂岩互层，厚25 m；厚层砂岩、砂岩、砾岩、凝灰质砾岩、流纹质凝灰岩和浅灰色斑状流纹岩，厚185 m；斑状流纹岩和凝灰岩，厚50 m；粉砂岩与石英砂岩互层，厚80 m；石英钠长斑岩，厚50 m；薄层状黏土硅质页岩、薄层泥灰岩，厚165 m；浅灰色石英砂岩，厚120 m。化石主要有双壳类，如*Palaeoneilo yanjiensis*、*Neoschizodus* sp.[江邦（Song Bung）地区]；三叠纪有孔虫，如*Trochaniminoides planispiralis*、*Ammodiscus* aff.aff. *Multivolutus*，*Glomospiranella* sp.。中三叠统与下伏古老基底和上覆侏罗纪地层均呈不整合接触关系（Tran，2002；Hanski et al.，2004；Lepvrier et al.，2008）。

上三叠统主要特征为大陆红层逐渐演变为农山（Nong Son）盆地中的含煤沉积物，它们局部分布在农山附近地区以及广南省内，厚约1060 m，包括两个部分：下部的粗粒陆相红层厚410 m，由复成分砾岩、角砾岩、红色砂岩（图2.7左图）、砂岩与红褐色粉砂岩互层组成；上部的煤系地层厚650 m，包括浅灰色薄–中厚层砂岩夹深灰色粉砂岩、页岩、砾岩以及一些粗砂岩的透镜体。碳质页岩中通常会发现植物化石，共计83种，其中最具特点的物种包括*Sphenozamites marioni*、*Cladophlebis ngockinensis*、*Podozamites rarinervis*、*Palissya brauni*，*Goeppertella vietnamica*。上三叠统与下伏古生代石英云母片岩或灰岩和上覆侏罗纪地层均呈不整合接触关系（Bourret，1925；Hanski et al.，2004；Lepvrier et al.，2008）。

(a)　　　　(b)

**图2.7　上三叠统大陆石英–红层红褐色砂岩（a）和下侏罗统含钙质结核紫灰色粉砂岩（b）图**

侏罗系发育八个组，其中分布在东奈（Dong Nai）盆地南部边缘区域是陆源地层，含有钙质成分，还发现很多菊石类和双壳贝类等生物化石。上侏罗统以火山沉积岩作为中间物质，在大陆环境下形成。该组岩性为砾岩、砂岩、粉砂岩、安山岩以及流纹岩等（Hanski et al.，2004；Lepvrier et al.，2008）；下侏罗统含钙质结核紫灰色粉砂岩野外露头可见（图2.7右图）。

白垩系发育火山沉积层和安山岩陆源碎屑。广泛分布于大叻地区的奔马（Bon Ma）、庆阳（Khanh Duong）等地区。大叻盆地中心地区由海湾沉积构成，通常是细粒带状含有大量的黄铁矿颗粒，在还原环境下形成并向滨海相的粗粒沉积物过渡（Vu Khuc et al.，1983）。出露在马达（Ma Da）地区的地层厚约410 m，包括三层：黑灰色页岩、深灰色薄层粉砂岩和细带状砂岩，厚220 m，含阿林阶（Aalenian）菊石*Pleydellia aalensis*、*Planammatoceras plcminsigne*、*Phymatoceras* cf. *Binodata*以及贝类*Pseudomytiloides* cf. *Marchaensis*化石；含2～3 mm或6～8 mm黄铁矿晶体的黑灰色页岩，夹深灰色粉砂岩与灰色细砂岩夹层，厚110 m；条带颜色从亮到暗的细带状砂岩和页岩，夹有中粒砂岩，厚120 m，含巴柔阶（Bajocian）菊石*Euhoploceras* cf. *crescenticostata*、*Fontannesia* sp.，以及双壳类*Modiolus imbricatus*、*Posidonia bronni*、*Bositra opalina*和*B. Buchi*化石（Tien，1991；Tran et al.，2001）。

在大叻盆地的中波（Trung Bo）中部沿海地区，厚度为250～350 m，包括流纹岩、粗面质流纹岩、斑状霏细岩并夹有斑状流纹英安岩和很多凝灰质细砂岩、凝灰质粉砂岩、页岩。在其他地区，其喷发岩的岩性组成并没有显著变化，其厚度在不同地区有所不同（Tien，1991）。

在大叻盆地地区下伏为下—中侏罗统（Nguyen，1979）。该地层的特征序列厚达1250～1350 m，包括砾岩、粗砾岩、凝灰质粗砂岩，夹有一些红褐色的粉砂岩或流纹岩以及斑状霏细岩层凝灰岩，厚250 m；烟灰色、灰绿色斑状英安岩，一些浅灰色的流纹岩、斑状霏细岩、凝灰质粉砂岩以及砂岩互层，厚350～450 m；红褐色中厚层凝灰质砂岩、粉砂岩、砂砾岩和凝灰质安山岩，含有孢子和*Lygodium*、*Schizosporiies*、*Picea*、*Cedrus*等花粉，厚150 m；灰绿色斑状英安岩、凝灰质英安岩、斑状流纹英安岩和斑状流纹岩，其中包含许多粉红色冰长石斑晶，厚500 m。该地层火山岩的比例变化较大，如在林同省单阳县（Don Duong）、德重县（Duc Trọng）等地相当丰富，但有些地方却以薄层夹层形式存在（Tien，1991；Tran et al.，2001）。

2. 新生界

局限分布于中西部河谷和东南沿海地带，缺失古近系，可能与中生代以后地块的隆起有关，仅见新近系的上新统和第四系（Tien，1991）。上新统—第四系分布在中西部，为河流沉积，岩性可与越南波来古东南部巴江河谷新近系页岩、砂岩和卵石对比；第四系普遍分布在沿海地带，由河谷和海岸次大陆型未固结的砾石、砂和黏土组成的沉积（图2.8）。

(a) (b)

图2.8　下更新统暗红色砂（a）和全新统海洋风成海沙丘（b）图

未划分的第四系（Q）：这些沉积主要发育在越南的山间洼地和沉积盆地，出露的厚度小（0.5～3 m），以河流洪积和洪积物的形式沿着大河和溪流以及在洞穴出现，主要分布于长山地区，并零星见于大叻地区。该地层沉积物主要为砾石、砂和粉砂。

## 三、台湾地层区

### （一）前新生界基底

前新生界主要集中分布于中央山脉东部的中南段，北起花莲铜门，南至台东加拿，向北延可至宜兰乌岩角，区内长约120 km，宽10～30 km，面积约2054 km$^2$，俗称大南澳片岩，是台湾岛上最古老的岩石基底，主要由黑色片岩、绿片岩、硅质片岩、大理岩组成，上被始新统角度不整合所覆盖。由于“大南澳片岩”变质较深、构造复杂、化石稀少，又缺乏足够的地质年龄资料，研究程度低，其岩石性质、地层层序、地质时代等都有待进一步研究（何春荪，1975，1982，1986；福建省地质矿产局，1992）。

### （二）沉积层

1. 始新统—下更新统

1）脊梁山脉地区

该地区主要集中分布于中央山脉西部中南段，以及恒春半岛一带，北起花莲乌帽，向南经丹大、向阳、北大武山、浸水营，达恒春半岛，向北延出，区内长约240 km，宽10～50 km，面积约5960 km$^2$。本区岩石以板岩和千枚岩为主，夹泥灰质或石灰质结核及粉砂岩、砂岩和砾岩夹层，其变质程度比雪山山脉地层略深些（何春荪，1975，1982，1986；福建省地质矿产局，1992）。

2）雪山山脉地区

该地区集中分布于雪山山脉的南段，北起埔里，向南经日月潭至玉山一带，向北延出，区内长约80 km，宽7～20 km，面积约935 km$^2$。

雪山山脉地区的地层特征是具有碳质岩层和白色厚层粗粒砂岩，其页岩沉积物大部分已经变质成泥质板岩，部分变质为板岩，以地利断层为界，地利–玉山口复式背斜的两翼地层有所差异，东翼的变质程度比西翼稍微深些。其东侧与脊梁山脉地区、西侧与西部麓山地区分别为梨山断裂和屈尺–荖浓断裂所隔（福建省地质矿产局，1992）。

3）西部麓山地区

该地区分布在台湾岛西侧南投至高雄间的山麓丘陵地区，北起南投草屯，向南沿阿里山脉延伸直达高雄一带，向北延出可至基隆，区内长约170 km，宽5～45 km，面积约3691 km$^2$。其东侧以屈尺–荖浓断裂与中央山脉地区为界，主要由滨海–浅海相的砂岩、粉砂岩、页岩或泥岩等组成，未发生变质（福建省地质矿产局，1992）。

4）海岸山脉地区

该地区主要分布于台东纵谷东侧的海岸山脉及东南侧的绿岛和兰屿两个岛屿，出露面积约1157.3 km$^2$；是菲律宾海板块吕宋弧的北延部分，以发育岛弧型安山岩为特征；主要由一套火山岩较多、分选性较差，以及混杂无层理的堆积岩组成；其中海岸山脉由中新世—上新世火山岛弧及上新世—更新世弧前盆地及弧上盆地浊流层组成（福建省地质矿产局，1992）。

2. 中更新统

台湾地区中更新统分布在台湾岛西部六龟至高雄间的山麓丘陵地区，是蓬莱造山运动后形成的磨拉石建造，以砾岩为主的粗碎屑沉积，只划岭口组一个岩石地层单位（何春荪，1986）。

海岸山脉地区中更新统分布在台湾岛东部的台东纵谷、海岸山脉地区，是蓬莱造山运动后形成的磨拉石建造，以砾岩为主的粗碎屑沉积，只划卑南山组一个岩石地层单位（何春荪，1986）。

3. 上更新统—全新统

主要分布于台湾岛西部麓山以西的低缓山丘和滨海平原地区，少部分零星分布在台东纵谷、恒春半岛以及一些山间盆地和外海岛屿（琉球屿、绿岛等）等地，面积约7882 $km^2$。由河流相、湖相和海相的红土、泥、砂、砾石、珊瑚礁及其灰岩等组成，包括冲洪积层、冲积层、海积层和生物堆积层等四种成因类型的沉积物（何春荪，1986）。

## 四、吕宋地层区

### （一）前新生界基底

吕宋地区目前未发现古生界，最老的地层为中生界侏罗系。在吕宋岛南部卡拉棉群岛出露二叠系，岩性主要为蚀变凝灰岩、砂岩、钙质砂岩、硅质岩和板岩，厚度为1500～45500 m，其中硅质岩厚约1000 m（Aurelio and Peña，2010）。

1. 侏罗系

侏罗系主要分布于马斯巴特陆地、民都洛岛西南翼和东南翼（Yumul et al.，2003；Tamayo et al. 2004）。其中马斯巴特陆地区地层岩性为燧石、砾岩、砂岩、粉砂岩、凝灰岩和玄武岩流；民都洛岛西南翼沉积有曼萨莱组，其岩性为砂岩、粉砂岩，少量灰岩和砾岩；民都洛岛东南翼发育有Halcon组。

2. 白垩系

白垩系主要分布于伊罗戈斯盆地、中央吕宋盆地东侧翼、北塞拉马德–卡拉巴罗、南马德雷山脉、马林杜克岛、邦多克半岛、南吕宋、马斯巴特的蒂卡尔岛、民都洛岛东南翼（Yumul and Dimalanta，1997；Yumul et al.，2003，2008）。

伊罗戈斯盆地白垩纪为蛇纹岩化橄榄岩、绿色片岩、蛇纹岩和燧石。中央吕宋盆地东侧翼发育岩性为具片理状的基性至中性火山流岩和夹变质沉积岩的碎屑岩。北塞拉马德–卡拉巴罗地层岩性为枕状玄武岩、远洋性灰岩，伊莎贝拉（Isabela）组的地层岩性为橄榄岩、辉长岩和玄武岩。南马德雷山脉波蒂略群岛的地层岩性为透闪石、阳起石、绿泥石片岩、长石绿泥石片岩和千枚岩；而南马德雷山脉陆地区的地层岩性为砂岩、页岩、灰岩、钙质砾岩、辉长岩、席状辉绿岩、枕状玄武岩和远洋沉积岩（Yumul et al.，2003，2008）。马林杜克岛上部为灰岩、大理岩；下部为安山岩、细碧岩、玄武岩和火山块。邦多克半岛地层的岩性为石英长石片岩、绿片岩和角闪岩。奎松城卡马里内斯北部的地层岩性为浊砂岩、细碧岩、安山岩、燧石、蛇纹石化橄榄岩、辉长岩、角闪石片岩和绿片岩。卡拉莫半岛发育地层主要为绿色片岩、大理岩、变质砾岩、火山喷发性砂岩、页岩、燧石、凝灰岩、橄榄岩、辉长岩、枕状玄武岩和远洋沉积层；卡坦端内斯群岛的地层岩性为火山岩块、含有浊砂岩基质的灰岩块、玄武岩、安山岩、火山碎屑岩和灰岩。卡格拉赖巴坦拉普–拉普（Rapu-Rapu）岛的地层岩性为凝灰岩、砾岩、火山岩流、浊砂岩和橄榄岩；Rapu-Rapu片岩地层岩性为绿色片岩和石英长片岩。南比科尔半岛的地层岩性主要为蛇纹岩化橄榄岩和辉石岩（Yumul and Dimalanta，1997）。蒂卡尔岛的地层岩性主要为石英片岩和绿色片岩。民都洛岛东南翼的地层岩性主要为硬砂岩、页岩、硅质岩和玄武岩，厚约600 m（Yumul and Dimalanta，1997；Yumul et al.，2008）。

### （二）新生界沉积层

1. 古近系

古近系几乎在全区均有分布（表2.2）。古新统主要为玄武岩、火山碎屑岩，砂岩、泥岩，局部含少量燧石，始新统下段为火山岩流、碎块、凝灰岩，上段为火山质砾岩、砂岩、凝灰岩；渐新统主要由砾岩、砂岩、页岩，以及少量灰岩和凝灰岩构成，其下为闪长岩混杂体（Yumul et al.，2008）。

2. 新近系

新近系几乎在全区均有分布（表2.2）。中新统岩性为是一种粗碎屑沉积岩为主的复成分砾岩夹砂岩、粉砂岩、页岩和灰岩透镜体序列，偶尔在的地方夹流角砾岩、火山碎屑岩的砾岩碎屑组成的火山岩，以及石英闪长岩和沉积岩，包括石灰石碎片。上新统岩性由粉砂岩、页岩、灰岩和钙质砂岩组成，夹层为砾岩和泥质灰岩（Yumul et al.，2008）。

3. 第四系

更新统岩性由砂岩、粉砂岩、泥灰岩、凝灰岩、凝灰质砂岩和砾石组成，常含有软体动物化石，部分区域以玄武岩、火山喷发岩为主（表2.2）。全新统发育规模不大，岩性主要有一系列松散的黏土、淤泥、砾石砂和凝灰质粉砂组成，为河流、三角洲和海相沉积物，部分区域主要为由熔岩流、角砾岩以及火山碎屑流组成的火山岩混杂体（Yumul et al.，2008）。

## 五、巴拉望地层区

巴拉望地层区南北地层有较大差异，故以乌鲁根断层为界，将巴拉望地区划分两个地层分区：北巴拉望地层分区和中南巴拉望地层分区（图2.9）。以下分别对北巴拉望地区和中南巴拉望地区的地层特征进行简述。

### （一）前新生界基底

1. 北巴拉望地区

北巴拉望地区发育晚古生代以来地层，主要分布有中生界三叠系—侏罗系、白垩系巴顿（Barton）群，以及新生界古新统—始新统碎屑岩、下渐新统—下中新统圣保罗（St. Pauls）灰岩和上新世—第四系碎屑岩［图2.9（b）、（c）］（Letouzey and Sage，1988）。

1）古生界

北巴拉望岛基底由二叠纪—早三叠世的变质岩组成（图2.10）。在巴拉望岛东北部，下二叠统中、下部为以燧石、硅质碎屑岩、长石杂砂岩为主的深水沉积；上部为碳酸盐岩和灰岩。在巴拉望岛北端分布二叠系—三叠统Minilog灰岩（Aurelio and Peña，2010；Suggate et al.，2014），其中二叠系主要由砾岩、砂岩组成，夹少量页岩、灰岩，一般被认为与广泛分布在沙巴、日本北部的朝鲜半岛等地的滑塌沉积属于同时代产物（Isozaki，1997）。

2）中生界

在三叠纪—侏罗纪地层中，广泛分布Liminangcong燧石硅质岩，代表了当时洋壳俯冲水体较深的沉积，属于大洋板块地层；礁灰岩形成于较浅的近海地区（陆架地区）。在三叠纪末期，所有这些岩石都增生在亚洲大陆边缘，成为巴拉望岛前白垩纪基底的一部分。

表2.2 吕宋地区岩石地层划分表

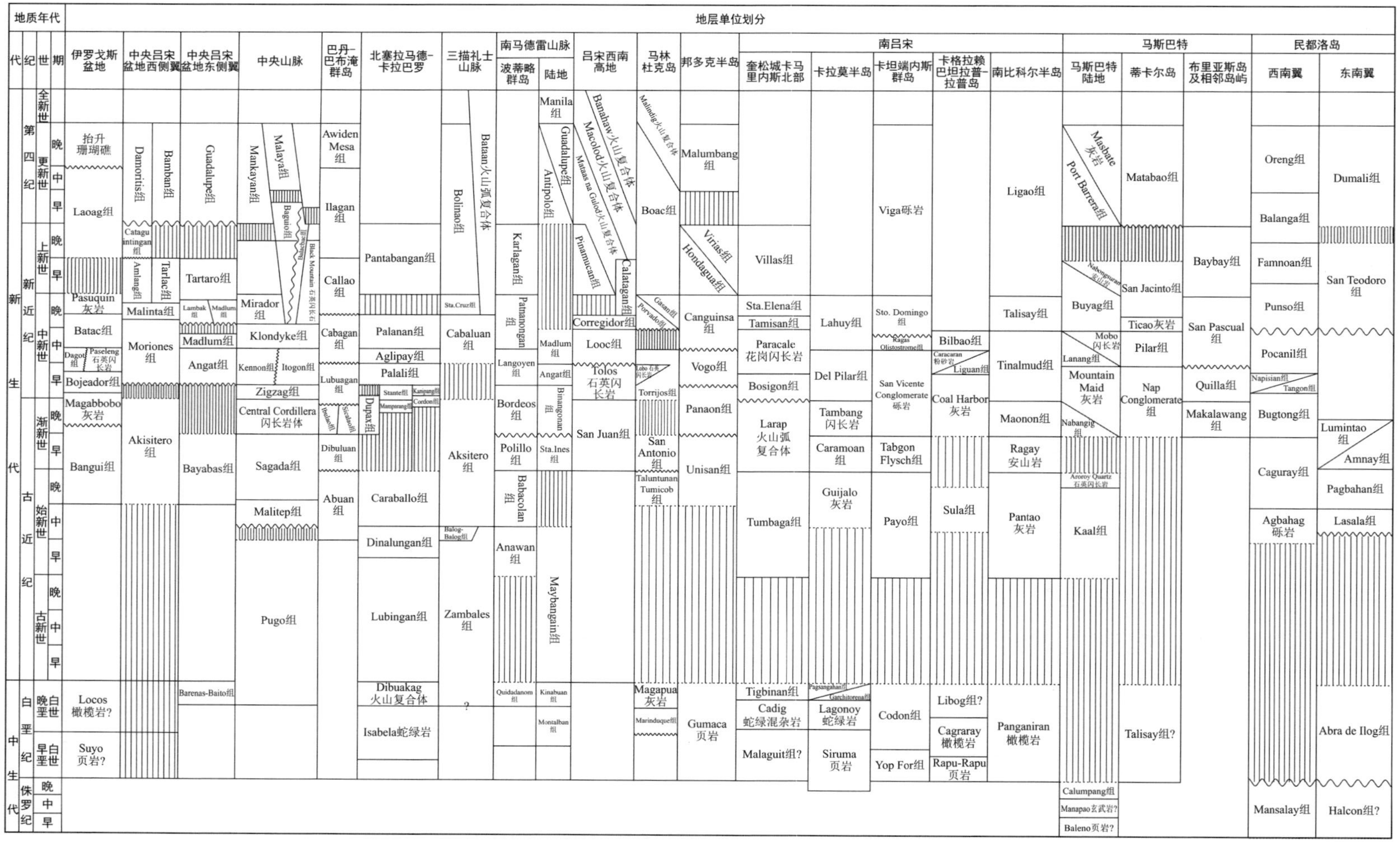

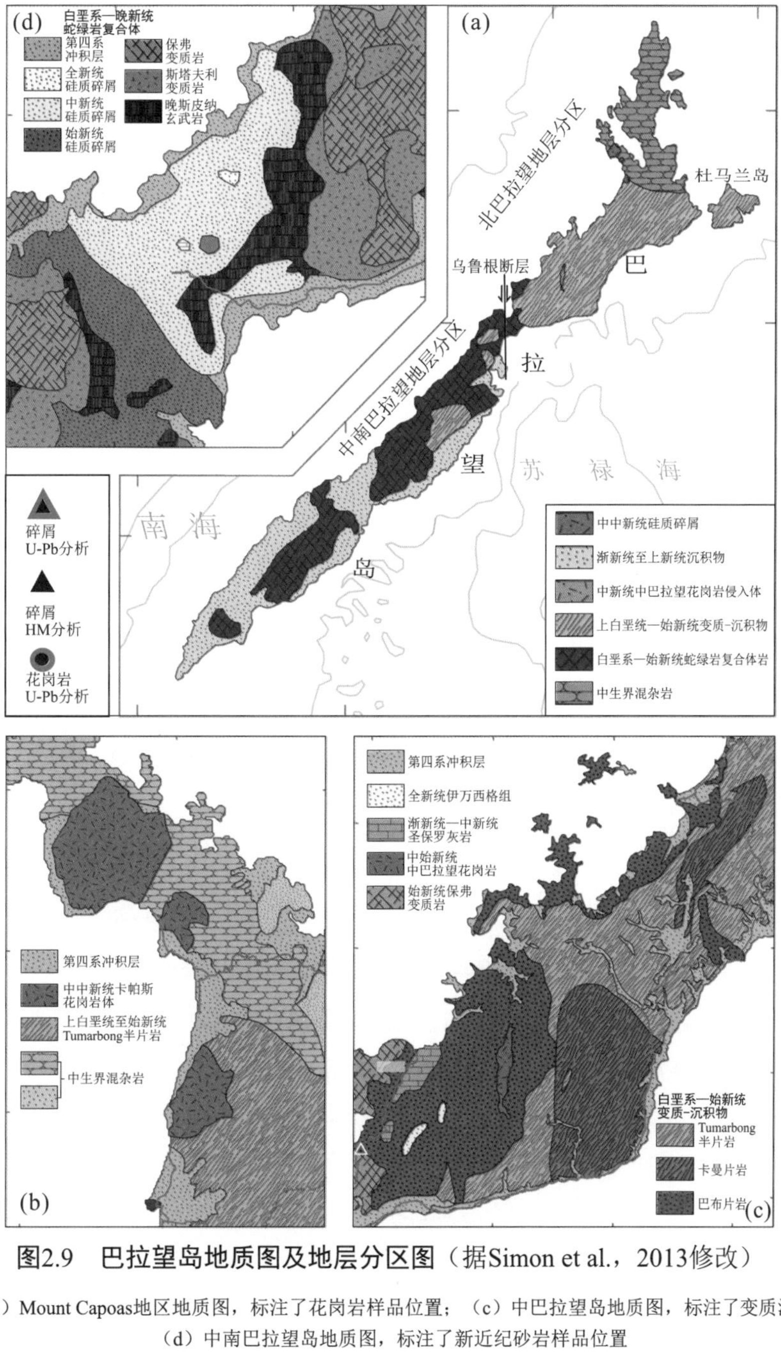


**图2.9　巴拉望岛地质图及地层分区图**（据Simon et al.，2013修改）

（a）巴拉望岛地质图；（b）Mount Capoas地区地质图，标注了花岗岩样品位置；（c）中巴拉望岛地质图，标注了变质沉积物和花岗岩样品位置；（d）中南巴拉望岛地质图，标注了新近纪砂岩样品位置

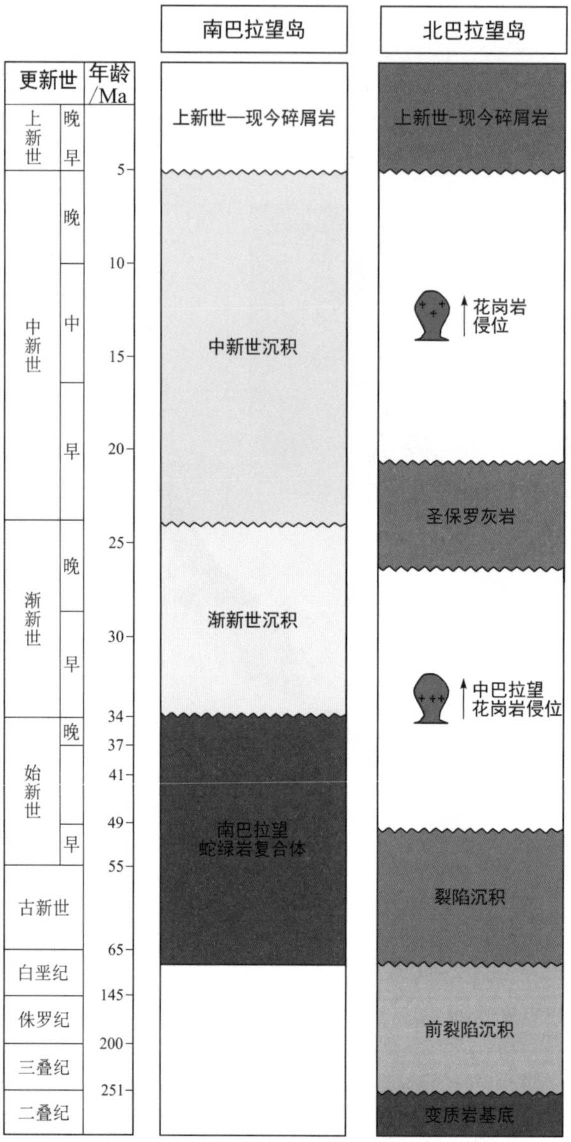


图2.10 北巴拉望岛和南巴拉望岛的岩性对比柱状图（据Suggate，2014修改）

白垩纪，亚洲东部大陆边缘遭受广泛的伸展裂陷作用，形成了地堑-半地堑，沉积了深水浊积岩和深水灰岩。巴顿（Barton）群覆盖在北巴拉望的中部和南部，由轻度变质的白垩纪岩石组成（Aurelio and Peña，2010）。它可进一步分为东部的Caramay片岩、云母片岩，Conception千枚岩、砂岩和泥岩。巴顿群主要发育在深海扇和盆地平原中，在北巴拉望地块和菲律宾岛碰撞时发生变形。从砂岩的成分可推测为陆源沉积，认为是来自于华南地区陆地（Suzuki et al.，2000）。

在巴拉望北部和卡拉棉群岛广泛出露中三叠统条带状燧石和放射虫岩，称为Liminangcong建造，不整合覆盖在二叠系碳酸盐岩之上。在礼乐滩附近的美济礁，德国太阳号调查船拖网采集到灰黑色、性脆、具细纹层的硅质页岩，发现可能是放射虫残余的小球状残留体（Kudrass et al.，1986），可与Liminangcong建造对比。另外，拖网获得浅褐灰色浅变质粉砂岩和砂岩富含格脉蕨属（*Clathropteris* cf. *meniscioides*）和苏铁杉属植物化石，推测为晚三叠世—早侏罗世三角洲沉积，暗灰色含有薄外壳双壳类印痕的岩石可能是开阔海环境下的黏土岩，其印痕与日本、西沙捞越和越南晚三叠世煤系中伴生的*Halobia*和*Daonella*类似（Kon'no，1972）。

在巴拉望-民都洛地区，侏罗纪地层未在北巴拉望发现，而在卡拉棉群岛晚侏罗世灰岩不整合上覆于中三叠世深海放射虫硅质岩之上。在巴拉望岛陆架区，有多口钻井钻遇中生代地层。在巴拉望岛南侧杜马兰岛近岸海域，杜马兰-1井钻遇晚白垩世泥岩层，下伏蛇纹岩化的超镁铁质岩。在西北巴拉望陆架区，在Cadlao-1（CDL-1）井钻遇最老地层为晚侏罗世—早白垩世，中下部为灰岩与页岩互层，夹火山岩、粉砂岩和砂岩，上部为含凝灰质页岩，其沉积环境为内浅海–外浅海。在Destacado A-1X井也见到可能为下白垩统的碎屑岩系。在Penascosa-1井钻遇早白垩世晚期黑灰色页岩，据微体动物和孢粉组合分析，其沉积环境为半深海。

2. 中南巴拉望地区

中南巴拉望岛由海相沉积为主导，类似加里曼丹岛西北部。基底由下伏白垩系蛇绿岩和始新统浊积岩组成（图2.11）。根据超微浮游生物化石和枕状熔岩的燧石夹层以及放射性年龄的确定，中南巴拉望岛已知最老的岩石是中生代的蛇绿岩。

中南巴拉望岛以及巴拉巴克岛的基底由白垩系Beaufort超基性复合体（蛇纹石化橄榄岩和纯橄岩）、Stavely辉长岩和枕状玄武岩和含燧石及远洋沉积的玄武岩流组成，与蛇绿岩和枕状玄武岩相关的最老沉积物年代为早白垩纪。埃斯皮纳组为高度硬化的含灰岩及细碧玄武岩的页岩与燧石互层（Wolfahrt et al., 1986）。该套地层广泛分布于巴拉望岛中部和南部，但是由于被蛇绿岩大面积的仰冲，导致只在巴拉望岛中部发现这些岩石的残留碎片。南巴拉望岛大范围保存该套地层。由放射虫测年得到地层下部的年龄为晚白垩世。

图2.11　沙邦（Sabang）海滩Boayan碎屑岩（巴布延河浊积岩）露头特征图
（据Geological Field Trip Guide POGI Conference，2014年）

## （二）新生界沉积层

1. 北巴拉望地区

白垩纪开始的伸展裂陷作用一直持续到始新世，始新世形成的地层为另一套浊积层序。在倾斜块体较浅部位，沉积物主要为来自大陆的厚层、粗颗粒、富含石英的砂岩层序（长石砂岩）。该套沉积在北巴拉望岛尚未发现。

北巴拉望岛上出露几百米厚的圣保罗灰岩，呈团块状礁类碳酸盐。基于有孔虫资料分析，灰岩的时代为早中新世（Wolfahrt et al.，1986）。在西北巴拉望陆架上，钻井常钻遇尼多（Nido）灰岩，在地震剖面上同样被识别解释。在近海，尼多碳酸盐发育比较早，形成了诸如Malampaya建造。来自南沙海域和礼乐滩南部的拖网样品揭示，从晚渐新世到中中新世早期均发育浅海碳酸盐（玄武质黏结灰岩）。

上新世—第四系的岩性为一套有花岗岩侵入的碎屑沉积岩。

2. 中南巴拉望地区

始新统—下渐新统的岩性为浊积岩（由砂岩夹页岩、泥岩组成）、粉砂岩、长石砂岩以及层状灰岩。

渐新统—中新统的岩性为互层状页岩与砂岩、团块状灰岩，含有孔虫和超微化石。

上新统至更新统的岩性为浅海相碎屑岩和相关的碳酸盐岩。

全新统为陆相碎屑岩沉积。

## 六、婆罗洲地层区

### （一）前新生界基底

1. 古生界

西南加里曼丹岛具古生代陆核，周围被中生代蛇绿岩、岛弧和增生的微陆壳所环绕（Hamilton，1979；Hutchison，1989；Metcalfe，1996）。古生界主要为前石炭纪，以及石炭纪至二叠纪的变质岩（Hall et al.，2008）。

加里曼丹岛发现含化石的最老地层为泥盆系，仅见于中加里曼丹岛Sungei Telen河谷，出现在构造混杂岩中，原岩为含珊瑚陆架灰岩。石炭纪—二叠纪分布在西加里曼丹岛中西部，出露于古晋带南、东南以及边界南30 km处，由局部碳质板岩、千枚岩、片岩、石英岩和少量灰岩、大理岩和燧石组成，属陆架环境沉积，总厚度估计超过1000 m。在西沙捞越，与加里曼丹岛Balaisebut群相当的石炭纪—二叠纪地层为含蠖钙质沉积，其分布局限在边界线附近，岩石大部分已发生重结晶、白云岩化和硅质岩化，由含化石灰岩夹高度剪切的薄层绢云母化页岩组成，其原岩为浅水陆架钙质岩与化石碎屑，总厚度为600 m（Tate and Hon，1991），沙巴地区未发现古生界。

2. 中生界

1）三叠系

在西沙捞越，上三叠统为浅海相沉积，与西连（Serian）火山岩伴生，由中等至陡倾褶皱页岩、长石砂岩、砾岩、凝灰质沉积与薄层煤、燧石和灰岩组成，砾石含片麻岩、云母花岗岩、云母片岩、碳质千枚岩、燧石碎屑。该套地层厚度至少有2300 m，在西连西南出现海岸线沉积，包括来自下二叠统Terbat组的燧石碎屑。在西沙捞越西南边界线附近Krusin，Sadong组底砾岩之上识别出晚三叠世卡尼期（Carnian）植物残片，植物组合具晚三叠世西南太平洋植物区特点，不存在欧洲或西伯利亚植物成分。Krusin植物不同于Bintan岛，但与越南北部东京植物相似（Kon’no，1972）。

在加里曼丹岛，Bengkayang群广泛出露于西北加里曼丹岛Sambas东南。Bengkayang群下部由砂岩和少量砾石组成，上覆在碳质砂岩和页岩之上，其底部为凝灰质和岩屑砂岩以及酸性凝灰岩。Bengkayang群上部局部为含化石凝灰质砂岩、粉砂岩和泥岩，具递变层理、低角度槽状交错层理、平行层理和包卷纹层，指示属浊流沉积。上部厚1500 m，为早侏罗世托阿尔期（Toarcian），下部厚度超过1000 m，可能为晚三叠世（诺利期），底部的凝灰质岩屑-碎屑、凝灰岩和黑色砂岩可与近岸海相砂岩对比。推测时代为三叠纪到侏罗纪，在其顶部见早侏罗世托阿尔期菊石，与特提斯动物群相似。

2）侏罗系—白垩系

在纳土纳群岛，侏罗纪岩性由页岩、砂岩和放射虫燧石岩组成，含蛇纹岩、辉绿岩、凝灰岩、辉长岩、闪长岩和苏长岩，被晚白垩世（73 Ma）花岗岩侵入（Haile，1970）。

在西沙捞越，下侏罗统为泥质滨海至浅海层序，含凝灰岩和碳酸盐，分布在西连西南，包括50 cm厚的凝灰岩层，覆盖在火山岩之上，下侏罗统含有放射虫。

在西沙捞越和西加里曼丹岛北部，上侏罗统不整合于三叠系之上，为厚层的陆架灰岩和深水碎屑岩，两者为同期异相沉积，类似岩石也见于加里曼丹岛东南的默腊土斯山脉。Bau灰岩在西沙捞越出露面积大约280 km$^2$，厚度达900 m，包括块状、差-中等含化石灰岩，底部附近为薄层钙质页岩和砾岩。倾角通常近水平，指示西沙捞越地区自白垩纪以来一直稳定。在边界线附近的Jagoi-Serikin地区，Bau灰岩形成Jagoi花岗岩周围的岸礁，具典型的后礁，礁杂岩和前礁排列，含生物礁滑塌块体，离开海岸线，快速变为深水沉积（Ting，1992）。在西沙捞越厚约4500 m，在加里曼丹岛厚度超过2000 m，包括厚层的海相页岩、泥岩和砂岩，其次为砾岩、灰岩、燧石和安山质至流纹质凝灰岩和熔岩。鲕粒灰岩指示形成于波浪底，可能是在孤立高地上形成，下部的水平层显示与Bau灰岩指状交错，而上部含丰富的远洋有孔虫。在距Bau灰岩不远处发现了浊积岩和滑塌角砾岩，表明其形成于深水，陆架边缘为陡峻的陆坡（Azhar，1992；Ting，1992）。

3）白垩系

在西北加里曼丹岛，白垩系整体呈东西向带状分布在中部，尤其是在以断裂为边界的Boyan带，在新当（Sintang）和Long Pahangai广泛出露，有厚层紧密褶皱的钙质泥岩夹含砾石的泥岩、递变砂岩、极少量灰岩和砾岩互层。砾岩含多种类型的岩石，包括石英岩、花岗岩、火山岩和极少量片麻岩。有些地区以浊积岩和（或）重力流沉积为主，包括钙质泥岩基质中的大型灰岩块（滑来层）。

北加里曼丹岛和东加里曼丹岛基底主要为蛇绿岩。北加里曼丹岛蛇绿岩基底时代主要为白垩纪，但岩浆岩和变质结晶基底K-Ar测年表明可能存在更老的地壳（Koopmans，1996；Hutchison，2005）。蛇绿岩基底受到闪长岩和花岗岩的侵入，这些侵入岩可能代表岛弧深成岩。东加里曼丹岛大部分基底没有出露，但在东南加里曼丹岛梅拉图斯山出露有蛇绿岩和岛弧岩体，时代也是白垩纪，与高压低温变质岩相关（Parkinson et al.，1998），记录白垩纪俯冲于加里曼丹岛之下（Hall et al.，2008）。

加里曼丹岛中北部、西沙捞越和沙巴地区，白垩系与古近系连续沉积，为一套厚度巨大的深海浊积岩，称为拉让（Rajang）群，呈东西-北东向条带状横贯加里曼丹岛中北部，并向东北延伸到巴拉望岛南部，向西北进入海区，延伸到纳土纳群岛（Hutchison，1992；Hall，2013）。

拉让群在不同地区岩性特征和群内划分有较大变化。西沙捞越中部总体砂质含量较高（Liechti et al.，1960），含基性岩（Haile et al.，1994），并出现香肠构造（Tan，1979）。东北加里曼丹岛可能与深水Belaga组相当，被看作拉让群的延伸（Hutchison，2010；Galin et al.，2017）。拉让群微体化石显示，在西沙捞越该群最老时代为圣通期—马斯特里赫特期，整个群时代范围导致为85～45 Ma（Hutchison，1996，2005）。已出露的最底部时代不老于晚白垩世早期（土伦期），结束于晚始新世，约45 Ma（Galin et al.，2017）。由于拉让群已高度变形，其厚度有较大争议。

### （二）新生界沉积层

古新统—早始新统在沙巴广泛发育，由厚层的深水浊积岩组成（图2.12），以砂质沉积为主，含钙质微化石。

深水始新统至早中新统（Van Hattum et al.，2006）沉积俯冲于西沙捞越、沙巴、卡加延弧、东南巴拉望之下，后来变形成褶皱逆冲带（Taylor and Hayes，1983；Rangin and Silver，1991；Tongkul，1991，1994；Hall，1996；Hall and Wilson，2000；Van Hattum et al.，2006）。

渐新统分布在西沙捞越与沙巴边界附近，从北部的哥打贝卢（Kota Belud）延伸到南部的丹南（Tenom），为一套弱成岩与弱变质的单调层序，以砂质沉积为主，其次为页岩，富含砂质微体动物。

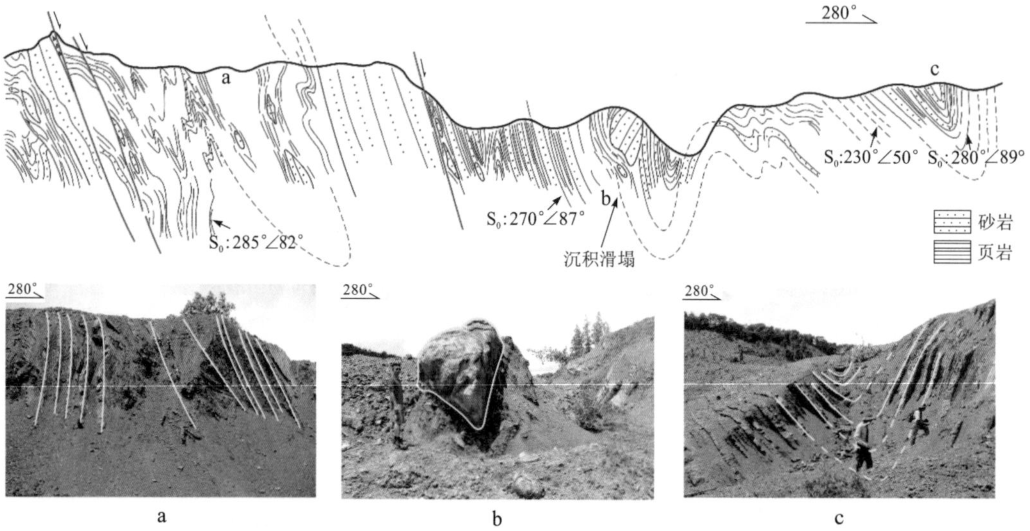


图2.12　West Crocker组深水浊流沉积野外露头地质剖面图（据Van Hattum et al.，2006）

# 第三节　南海海域中新生代沉积基底

## 一、前中生代基底

南海前中生代地层的发育及特征与南海周缘陆区地层的分布密切相关，这些地层部分已变质，形成了中新生代沉积盆地的基底，主要分布在南海北部、西部和南部。

南海北部陆缘主要是其北面华南陆区加里东、海西、燕山等构造旋回的褶皱带在南海北部海域的自然延伸。珠江口盆地西北海域，主要以加里东期变质岩为基底主体，属华南加里东褶皱系的一部分（姚伯初，1999），由下古生界变质岩系组成，包括震旦系—志留系，为一套变质程度不同的千枚岩、片岩、片麻岩和混合岩。阳江35-1-1（YJ35-1-1）井4311 m处及阳江36-1-1（YJ36-1-1）井3490 m处钻遇变质石英砂岩（龚再升等，1997）。在西沙隆起区，西永1（XY1）井在穿透1274 m的中新世至第四纪珊瑚礁沉积层（图2.13）后钻遇花岗片麻岩，基底地层时代Rb-Sr年龄约为627 Ma，以新元古代为主，甚至可能有前寒武纪地层（王崇友等，1979），说明中国南海存在前寒武纪古陆（任纪舜，1990）。

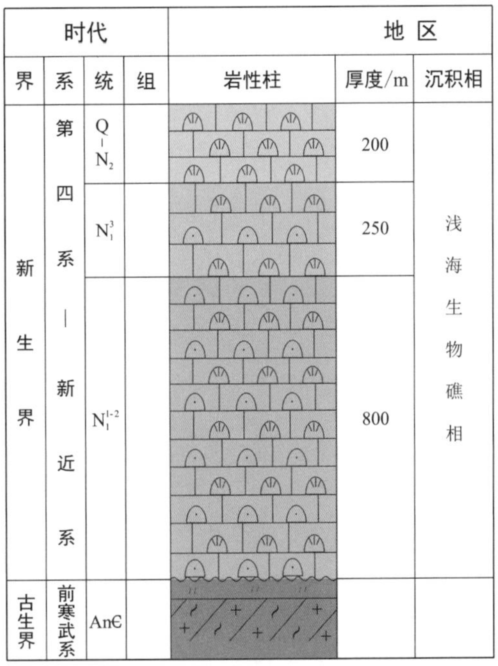
时代
地 区
界
系
统
组
岩性柱
厚度/m
沉积相
新生界
第四系—新近系
Q—N2
200
N1 3
250
N1 1-2
800
浅海生物礁相
古生界
前寒武系
An∈

图2.13　西永1井地层柱状图简图

岩性图例见附录，下同

珠江口盆地中部和西部为变质岩系，是华南加里东褶皱带向海洋一侧的海西褶皱带的延伸，属浅变质岩，推测由一套浅变质的复理石建造组成（图2.14、图2.15），属泥盆系至中、下石炭统，盖层为中、上石炭统到三叠系，相当于海南岛三棱山组灰岩或青天峡组灰岩，类似于海南岛早海西褶皱带或越南长山早海西褶皱带，褶皱活动西部略早于东部（金庆焕，1989）。珠江口盆地东南为燕山期华南大陆边缘的增生体，褶皱基底的下部为基性、超基性岩，上部为中生代沉积岩–火山岩，其基性、超基性岩可能为燕山期的蛇绿岩建造，上覆中生界形成时代为侏罗纪至早白垩世。位于珠江口盆地东部的陆丰（LF）2-1-1井在2480 m深度钻遇了二云母斜长片麻岩，现有的同位素K-Ar法全岩测年结果为100 Ma（李平鲁等，1999）。此外，盆地内还有中生代岩体的侵入，珠2（ZHU2）井2379 m深处获取的黑云母花岗岩K-Ar测年为70.5 Ma，对应于南海周缘陆上地区晚燕山晚中生代大规模的岩浆活动。琼东南盆地的基底是海南岛南部陆区地层的延伸，盆地边缘斜坡带的钻井揭示有混合岩类等变质岩[崖（Ya）13-1-2井]，古生代的白云岩、灰岩等碳酸盐岩（崖8-2-1井）以及中生代的闪长岩、花岗岩等中酸性侵入岩（崖19-1-1井、崖13-1-1井）、安山岩、流纹岩、泥质粉砂岩等火山碎屑岩（崖14-1-1井）和红层[岭头（LT）1-1-1井、岭头9-1-1井]（谢文彦等，2009）。

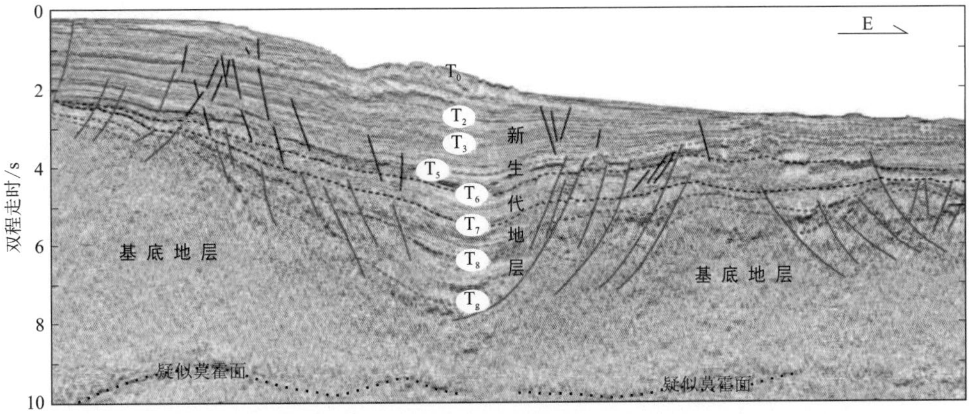


图2.14　珠江口盆地基底地层地震反射特征图（据张九园，2016，修改）

北部湾基底区属于云开地块的西段在北部湾海区的延伸。云开地块的基底主要由新元古界云开群和寒武系八村群组成，为一套中等变质-混合岩化的巨厚复理石碎屑岩（含中酸性火山岩）建造（广东省地质矿产局，1985）。基底之上的中生代盖层为海相沉积。南海西北部莺歌海盆地的基底由印支地块和华南地块之间晚古生代造山作用形成的褶皱带组成。褶皱带的地层包括寒武系—志留系复理石陆源沉积、下泥盆统红色磨拉石及泥盆统—下三叠统碳酸盐岩沉积（厚度为2000～2500 m）。这些寒武纪—三叠纪地层具有明显的华南型地壳特征（任纪舜，1990）。钻井揭示，主要岩性包括混合岩类、石英岩类、绿泥石绢云母片岩等变质岩系[莺（Ying）1井]以及古生代的白云岩、灰岩等碳酸盐岩[涠（WZ）6-1-2井]（图2.15）。

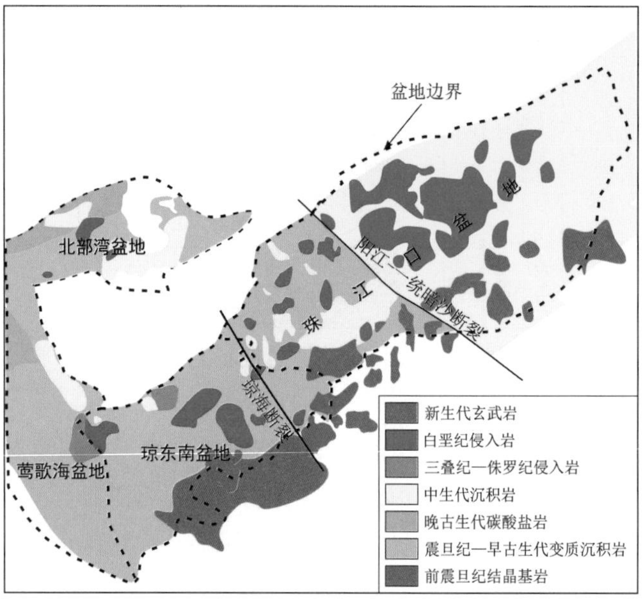


**图2.15　南海北部新生代盆地基底岩性分布图**（据孙晓猛等，2014）

南海西部基底地层为印支地块陆核的延伸，以昆嵩地块最大，长期以来一直处于相对稳定状态。岩性包括太古宙和元古宙的双辉石片麻岩、紫苏辉石、榴英硅浅变质岩、基性变粒岩、变质辉长苏长岩、紫苏花岗闪长岩、紫苏花岗岩和花岗岩、角闪石-黑云母片麻岩、角闪石混合岩和榴英硅浅变质岩组成。该陆核北部主要由寒武纪—奥陶纪变质陆源碳酸盐沉积和残留古洋壳（包括变质玄武岩、蛇纹岩化的基性、超基性变质蛇绿岩）、早奥陶世—志留纪的陆源碳酸盐沉积、早泥盆纪的磨拉石型红色粗碎屑沉积和石炭纪—二叠纪的陆源碳酸盐岩（Lepvrier et al.，2008）组成。

南海南部前中生代地层与加里曼丹岛-纳土纳群岛地层分布密切相关。加里曼丹岛为一个巨大的不对称的复背斜，核部为西印支断褶带的东南端和古晋燕山断褶带。纳土纳群岛为古晋燕山断褶带的西北端。古晋断褶带以北依次为西布断褶带和米里断褶带，以卢帕尔断裂和西布断裂为界。处于加里曼丹岛东部的东加里曼丹断褶带则以默纳土斯断裂为界，与西印支断褶带和古晋断褶带相接。出露最老的地层位于古晋断褶带-纳土纳岛泥盆世断褶带-早石炭世的老板岩系，强烈褶皱并变质为绿片岩相的云母片岩。不整合地覆盖于其上的石炭系—二叠系特尔巴特组由灰岩、硅质岩和页岩组成。再上的三叠系与下伏地层不整合接触，它有两种同期异相的岩石建造，一种为Sadong组，是典型的复理石建造，类似于马来西亚中部的哲莱组；另一种为西连（Serian）组的火山岩系，由基性到酸性和碱性的各种熔岩及凝灰岩组成（颜佳新和周蒂，2002；颜佳新，2005；周蒂等，2011），西南部万安盆地基底钻遇中生代花岗岩（图2.16）。

综上所述，前中生界基底各时代地层特征和分布如下。

元古宇主要分布在陆丰—东沙一线的广东陆架、北部湾、西沙群岛、南海西部陆架、南沙群岛礼乐滩北部等地，为深变质的花岗片麻岩、石英片岩、片麻岩。陆区九万大山和全州一带出露为一套浅变质的浅海相碎屑岩夹碳酸盐岩和细碧角斑岩。此外，在中南半岛红河流域和昆嵩高原区分布一套深变质岩，厚度不小于3000～5000 m（杜海燕和郑卓，2012）。

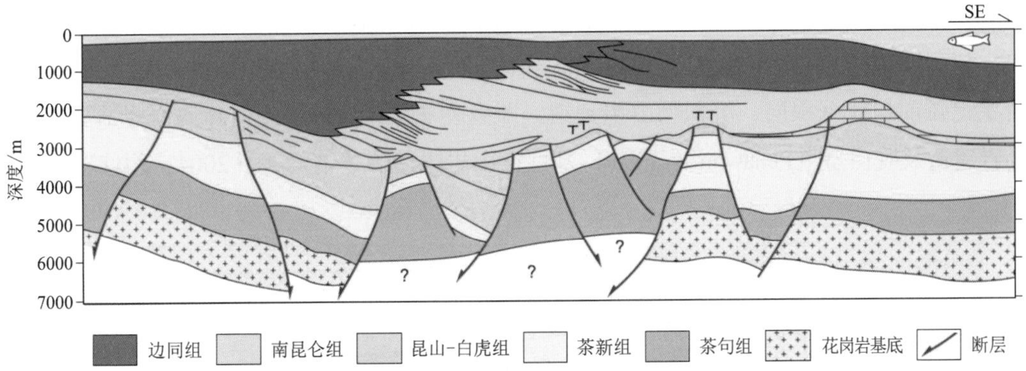


图2.16　南海西南部万安盆地地层格架及基底特征图

古生界在南海分布较为广泛，主要分布在闽粤沿海区、中建岛附近、北部湾、中南半岛周缘、马来半岛海域和加里曼丹岛部分区域。其中，寒武系主要发育在珠江口以西和以南的陆架区、中建岛附近和莺歌海盆地西部，为浅海类复理石碎屑岩建造、浅海碎屑岩夹碳酸盐岩，轻微变质，局部还有混合岩化。奥陶系主要分布在海南岛南部至东部约300 km的海域，为轻微变质碳酸盐岩。志留系散布于海南岛西北沿岸和广东陆架–陆坡区，为笔石页岩、砂岩、灰岩和硅质岩。泥盆系主要见于中南半岛周缘、马来半岛东海域，大多为浅海–滨海碎屑岩建造、砂页岩建造和碳酸盐岩建造。石炭系在海域分布广泛，包括浅海碳酸盐岩建造、浅海–滨海沼泽相含煤碎屑岩建造和硅质岩建造等。二叠系除深海盆外，广泛分布于南海海区及周缘陆区，以碳酸盐岩建造占主导，次为硅质岩建造。

## 二、南海中生界

中生界侏罗系—白垩系主要发育在南海北部的东部区域和南海南部的中东部区域，包括珠江口盆地、潮汕凹陷、台西盆地、台西南盆地及其周缘隆起区，以及加里曼丹岛西北部、礼乐盆地、巴拉望盆地及其紧邻周缘隆起和小盆地。台西、台西南拗陷、礼乐滩和巴拉望的探井中已证实有海相白垩纪、侏罗纪地层的存在。

三叠系主要分布于闽粤桂沿海、中南半岛周缘及加里曼丹岛等地，为浅海碳酸盐岩、碎屑岩（鲁宝亮等，2014）。台湾“中油”股份有限公司多年来在台西南盆地至少有十几口井钻遇中生界，地震资料和重力、磁力资料，对中生代沉积地层也有明显反映。潮汕凹陷中生界为一套早白垩世、早侏罗世—晚三叠世的海相沉积地层，厚度可达上万米（图2.17）。陆丰35-1-1井钻遇白垩纪、侏罗纪地层，以海相沉积为主（林鹤鸣和郝沪军，2002；邵磊等，2007）。

侏罗系岩性为含碳质灰黑色泥岩、砂岩、生物化石硅质岩、灰岩、鲕粒灰岩等，有花岗岩及花岗闪长岩侵入，地层上部有玻基玄武岩夹层，岩石中含有较多火山碎屑物质；白垩系岩性主要含泥岩、粉砂岩、砂岩、泥灰岩，可见玄武岩和玻基玄武岩等基性火山喷出岩、少量流纹岩、少量正长侵入体夹层，可见南海北部中生代地层曾经遭受多期岩浆活动破坏。

南海南部，礼乐盆地新生界之下发育一套大角度倾斜的地层，在盆地隆起和拗陷区都有发育（图2.18），桑帕吉塔-1（Sampaguita-1）井揭示为中生代海相地层（图2.19），上白垩统为含煤质的砂泥岩和页岩（张莉等，2007）。美济礁以东1900 m水深拖网获得含丰富的羊齿植物碎片浅棕色浅变质粉砂岩和砂岩，时代属晚三叠世—早侏罗世（Kudrass et al.，1986），此外还获得少量暗灰色黏土岩样品，可能是开阔海沉积黏土，内含双壳类印模，时代也属晚三叠世—早侏罗世。礼乐滩西南采集到副片麻岩和石英千枚岩，钾–氩（K-Ar）年龄分别为123～114 Ma和113 Ma；礼乐滩北侧采得石榴子石–云母片岩和角闪岩，钾–氩（K-Ar）年龄值别为146 Ma和113 Ma。推测上述变质岩的成因是晚侏罗世—早白垩世区域变质作用所致（刘以宣和詹文欢，1994；刘昭蜀等，2002）。加里曼丹岛–纳土纳群岛前燕山期地层所组成的基底之上不整合地覆盖着侏罗纪—白垩纪弧前盆地沉积层，沉积物由粗到细，即由晚侏罗统Kedawan组碎屑岩建造到早白垩世Bau灰岩的碳酸盐岩建造及晚白垩世Pedawan组硅质岩–基性火山岩建造（丁清峰等，2004；颜佳新，2005）。

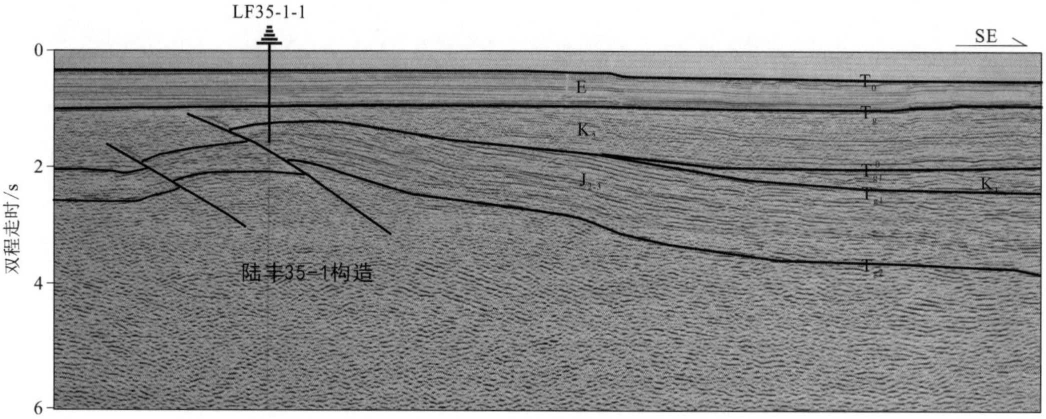


**图2.17　潮汕凹陷陆丰35-1构造中生代地层发育特征及井震对比图**

西北巴拉望地块与礼乐地块是连贯的大陆碎块，基底为陆壳。在西北巴拉望Cadlao-1（CDL-1）井中发现最老岩石的时代为晚侏罗世—早白垩世；中下部为灰岩与页岩互层，夹火山岩、粉砂岩和砂岩，上部为含凝灰质页岩，其沉积环境为内浅海–外浅海。在Destacado A-1X井也见到可能为下白垩统的碎屑岩系。在西巴拉望Penascosa-1井钻遇早白垩世晚期黑灰色页岩，据微体动物和孢粉组合分析，其沉积环境为半深海。

南海海域北、西、南部区域，中生代火成岩发育。在南海北部发现中生代的闪长岩、花岗岩等中酸性侵入岩[惠州（HZ）35-1-1井、白云（PY）3-1-1井、岭头35-1-1井、莺9井]，以及安山岩、流纹岩、泥质粉砂岩等火山碎屑岩（莺6井）和红层（岭头1-1-1井、岭头9-1-1井），可与海南岛的前新生代地层进行对比。在南海南部万安盆地、纳土纳盆地发现有中生代的闪长岩、花岗岩等中酸性侵入岩（DH-2X井、DH-3X井、AT-1X井等），在南沙群岛多处区域拖网调查也发现有中生代的闪长岩、花岗岩等中酸性侵入岩发育。

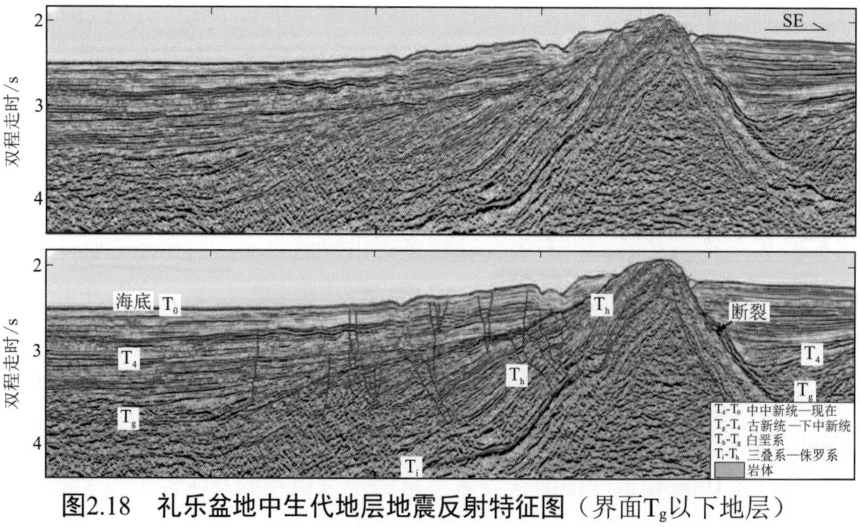


**图2.18　礼乐盆地中生代地层地震反射特征图**（界面$T_g$以下地层）

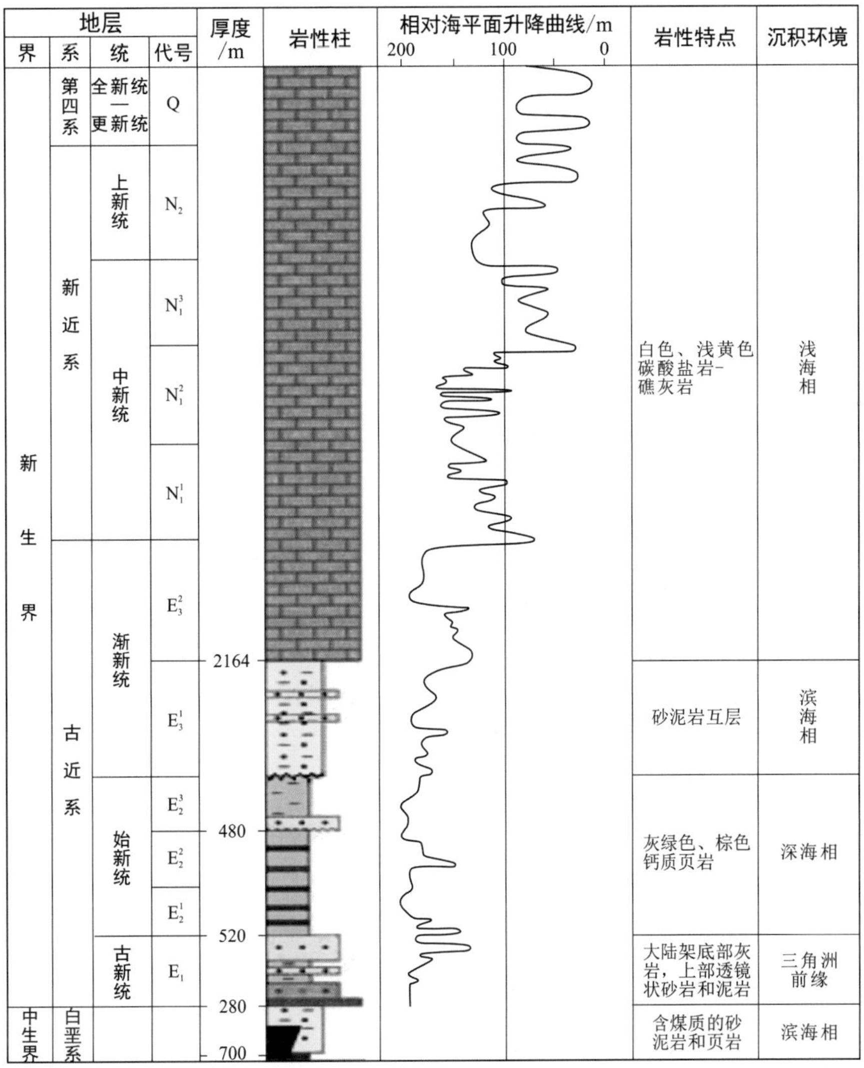


图2.19　桑帕吉塔-1井地层特征图

第 / 三 / 章

# 南海及邻域新生代地层划分

# 第一节　中新生代地震层序特征

海域与陆域的工作方法、调查手段存在较大差异，海域对地层和沉积的认识主要依靠钻井和地震数据，在南海中部、西部和南部大部分地区都主要以地震数据为主。本章结合高分辨率单道、多道地震剖面资料的特征，从地震反射界面、地震层序学、地震相等方面分析南海中新生代地层地震层序总体特征，为下文各地层分区的具体地层分析奠定基础。

## 一、地震反射界面特征

根据南海地震剖面反射特征，识别出了12个主要地震反射界面，自海底（$T_0$）而下分别命名为$T_1$、$T_2$、$T_3$、$T_5$、$T_6$、$T_7$、$T_8$、$T_9$、$T_g$、$T_{Mz}$和$T_{MH}$，各界面主要反射特征在南海不同构造单元区域略有差异（图3.1），现分别分析如下。

$T_0$：为海底地震反射界面，呈高频率、强振幅、高连续、双相位反射特征，随海底起伏而起伏；在断层错断面和陆坡陡坡处以及部分海山顶部等区域地震反射双相位特征不明显。

$T_1$：全南海均有分布，总体呈高频率、中振幅、高连续、双相位反射特征，反射同相轴总体上相对平直、稳定，可连续追踪。在陆坡区，界面之上可见地震反射波的上超与下超现象，界面之下局部有削截现象，部分地区遭受断层或滑塌体错断。局部受底流冲刷影响，界面缺失；在海盆区，该界面与上、下地震层序的地震波反射同相轴平行，反射同相轴的连续性好于陆坡，从南到北，频率增强、振幅变弱。

$T_2$：全海域均有分布，呈高频率、中–强振幅、中–高连续、1～2相位反射特征。界面上下反射波总体平行。在陆坡区，有大型水道下切现象，被断层错断频繁，局部地区由于坡度较陡、滑塌体发育、振幅较弱、连续性变差，较难追踪。海盆区为一套中–弱振幅、中–高连续反射层组的底面，频率高、振幅较强、连续性好，以双相位反射为主，易于追踪。

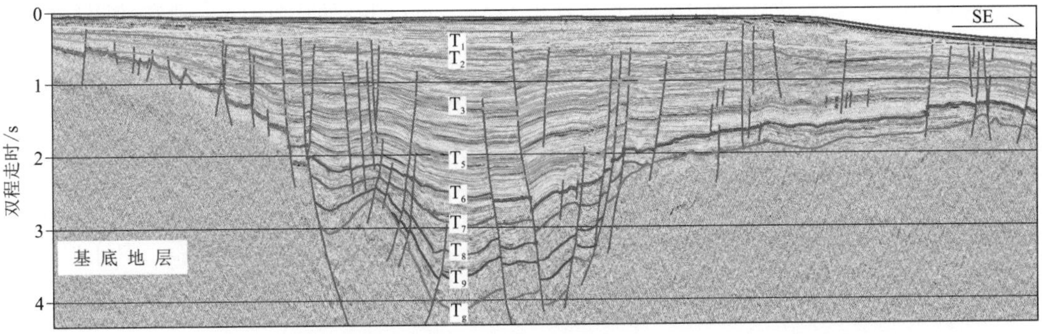


**图3.1　南海北部地震界面地震层序划分特征图**（以珠江口盆地为例）

$T_3$：全海域基本上均有分布，仅在局部高隆起区缺失。总体呈中频率、中–强振幅、中–高连续、双相位反射特征。西南部分区域可见对下伏地震层序有明显削截作用，界面之上可见上覆地层的上超现象，界面之下地层往往发生褶皱变形。界面上下地震反射特征明显不同，界面之上为一套中–弱振幅的反射层组，界面之下总体为一套中–强振幅的反射层组。在陆坡区，以中频率、强振幅、中–高连续反射特征为主，遭受断层频繁错断。在海盆区，该界面呈中–高频率、中–强振幅、高连续反射特征，大部分区域双相位反射特征明显，较易于追踪。北部陆坡及海盆南北边部区域下切谷发育。

$T_5$：主要分布在沉积盆地和海盆中。呈中频率、中振幅、中–高连续、双相位反射特征。上覆反射层呈平行或低角度斜交层，与下伏反射层组一般为平行或呈低角度削截接触关系。

$T_6$：主要分布在沉积盆地中和海盆局部区域。呈中频率、强振幅、高连续、单相位或双相位反射特征。在陆坡大部分区域，与下伏反射层主要以较大角度削截的接触关系为主，上覆反射层上超或下超其上；在海盆边缘发育，与下伏反射层主要以平行接触关系为主，上覆反射层平行或双向上超在界面之上。

$T_7$：主要发育于大型沉积盆地中和陆坡与海盆的过渡区。以中频率、强振幅、中–高连续、双相位反射特征为主，与下伏反射层为大角度的削截接触关系，在北部沉积厚度较大的凹陷区，为平行接触关系；上覆反射层上超或下超其上，海盆边部区域主要以上超或双向上超为主，易于识别。

$T_8$：主要发育于大型沉积盆地中，一般在陆架和陆坡深凹陷区分布。呈中–低频率、中振幅、中连续、单相位或双相位反射特征，局部呈强振幅、高连续或弱振幅、低连续反射特征。多处被基底断层错断，可见明显上超、削截现象。

$T_9$：主要发育于大型沉积盆地中，往往在陆架和陆坡深凹陷区分布，发育范围非常局限。以低频为主，呈中–强振幅、中连续、单相位或双相位反射特征（图3.2），局部呈弱振幅、低连续反射特征。多处被基底断层错断，与上覆反射层为上超或双向上超接触关系、与下伏反射层为角度不大的削截接触关系。

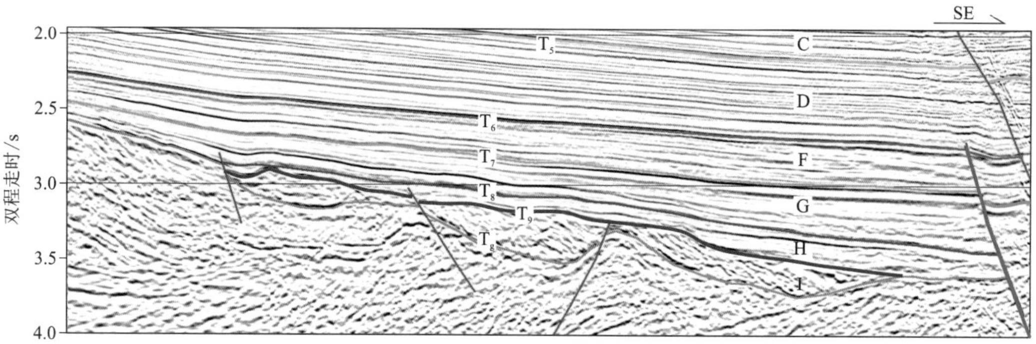


图3.2 南海北部陆坡低隆起区地震界面$T_9$及层序 I 地震反射特征图

$T_g$：全区分布。总体上呈低频率、中–强振幅、中–高连续、多相位反射特征，局部反射同相轴为中频、单相位。在陆坡区，该界面上部同相轴上超现象明显，而对下部地震层序，则有较明显削截现象；在海盆区，下伏乱岗状–杂乱状反射层，上覆反射层一般上超或双向上超于界面之上。

$T_{Mz}$：仅在图幅北部陆坡区之东沙群岛东南一带和台湾浅滩南部发现。呈低频率、强振幅、中–低连续、相位反射粗糙不平整的反射特征（图3.3）。其上覆层组与界面总体为平行接触；下伏地质体一般为低频率、中–强振幅、杂乱反射层组，与界面之间多以较大角度斜交相接触。

$T_{MH}$：在图幅海盆区大部分区域和陆坡部分区域可以识别。呈低频率、强振幅、中连续、强相位反射和断续出现的反射特征。一般出现在地震剖面8～10 s时间区（图3.4），在陆坡区出现深度较大，在海盆区明显变浅。

## 二、地震层序特征

根据地震剖面反射界面划分及反射层组内部特征，结合区域地质资料分析，对调查区地震地层进行了地震层序划分及特征分析。以$T_1$、$T_2$、$T_3$、$T_5$、$T_6$、$T_7$、$T_8$和$T_9$为界划分为A、B、C、D、E、F、G、H、

I共九个地震层序（图3.1～图3.3、图3.5～图3.7），在南海北部和南部地层分区中，将$T_0$～$T_{Mz}$之间的反射层组以$T_3$、$T_7$、$T_g$为界相应地划分出Ⅰ、Ⅱ、Ⅲ、Ⅳ四个超层序；在南海西部地层分区，将$T_0$～$T_g$之间的反射层组以$T_3$、$T_6$为界相应地划分出Ⅰ、Ⅱ、Ⅲ三个超层序；在南海海盆分区中，以$T_5$为界相应地划分出Ⅰ、Ⅱ两个超层序。各地震层序特征如下。

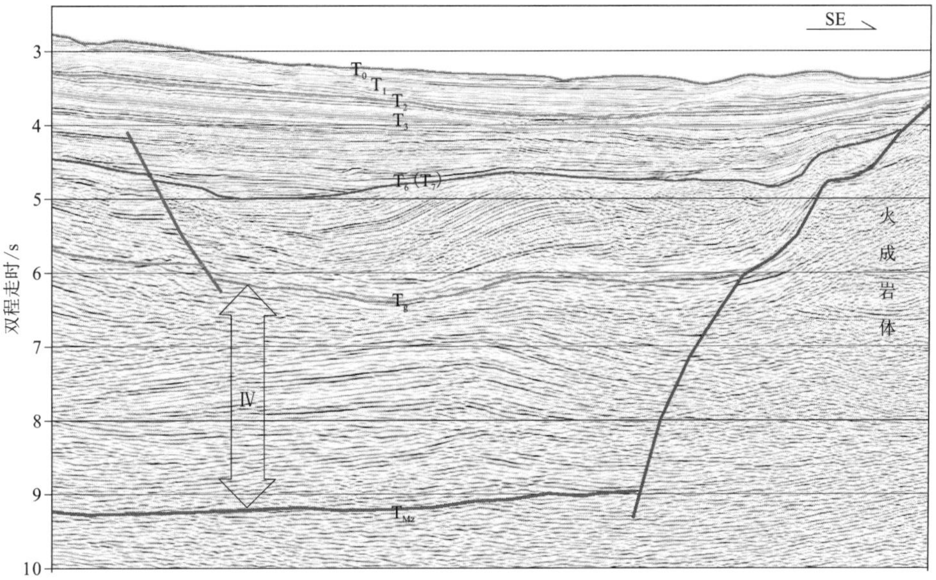


图3.3　南海北部陆坡地震界面$T_{Mz}$及层序 IV 地震反射特征图

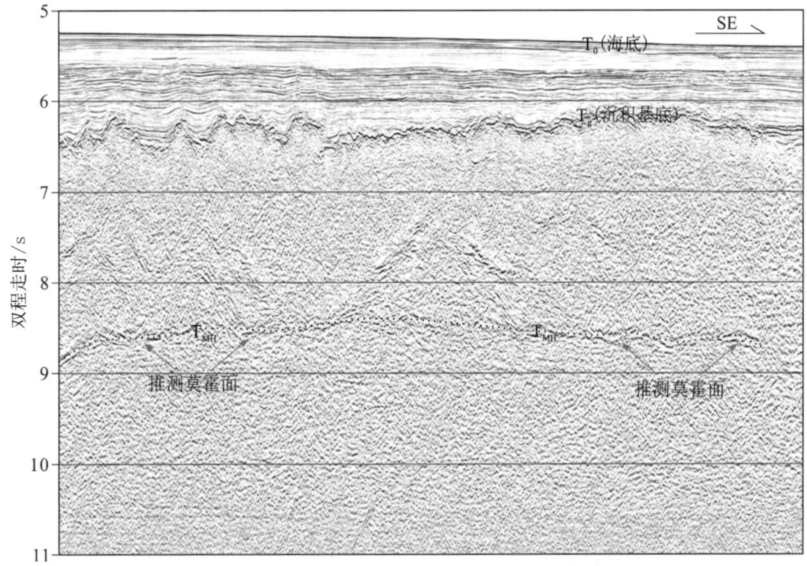


图3.4　南海地震反射界面$T_{MH}$地震反射特征图

### （一）超层序 I

一般包括地震层序A、B、C，南海海盆地层分区包括地震层序A、B、C、D。

*地震层序A*（$T_0$～$T_1$）：顶界为海底，底界为反射界面$T_1$，内部反射层组以高频率、变振幅、中-高连续为特征。陆坡区反射结构以亚平行-波状、发散及斜交或前积为主，楔形、席状披盖外形，局部见S形前积结构，上超、下超、谷形结构发育，部分区域因受到底流冲刷而缺失，甚至形成大型沟谷。在南海北部陆架和南部陆架部分，反射结构以平行-亚平行为主，席状外形，邻近坡折带区域发育大量下切水

道（图3.8），为充填结构，谷状外形；陆坡区局部区域由于断层活动强烈，以及重力滑塌作用，使得内部反射结构变形强烈，改变了原始沉积构造面貌。海盆区一般为平行结构，席状外形。

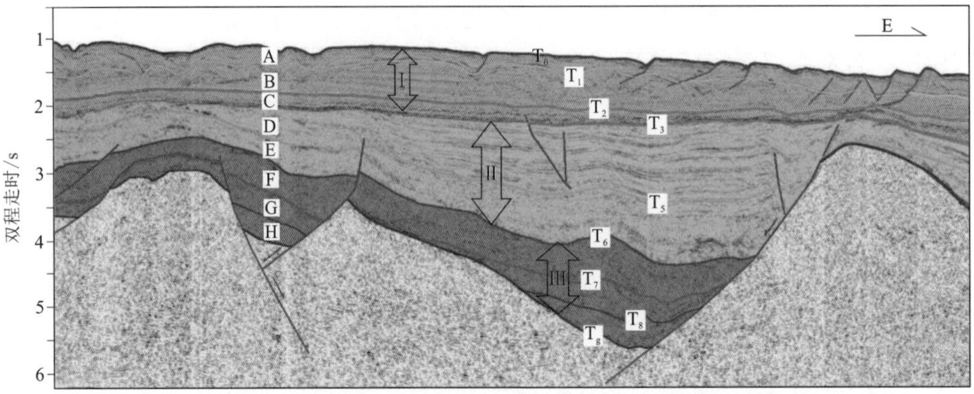


图3.5　南海西部地震层序地震反射特征图（以中建南盆地为例）

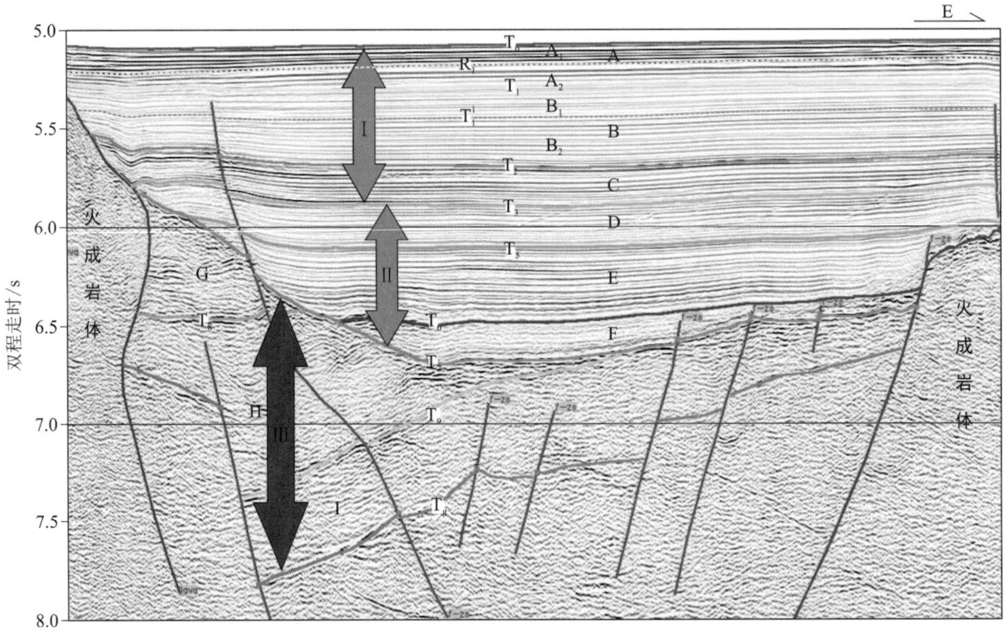


图3.6　南海陆坡-海盆转折区地震层序划分及其特征图

超层序Ⅰ、Ⅱ以海盆的特征划分，$T_7$与海盆基底$T_g$重合

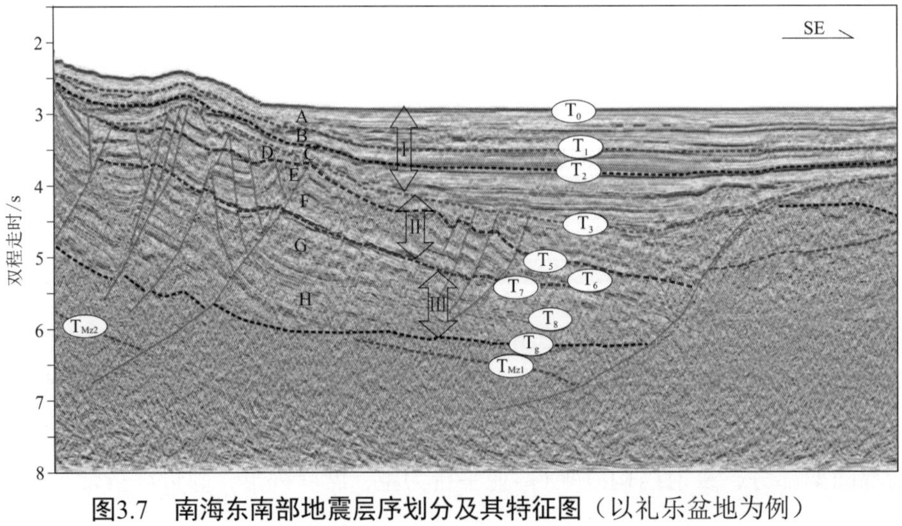


图3.7　南海东南部地震层序划分及其特征图（以礼乐盆地为例）

局部区域地震层序A内部发育一个或多个次级层序，陆架区受海平面变化影响，发育多个次级界面（图3.8）：$R_1$、$R_2$、$R_3$、$R_4$、$R_5$、$R_6$，其他区域一般仅发育1～2个次级界面。一般仅在沟谷发育区及剥蚀区缺失。总体呈高频率、中–强振幅、高连续、双相位反射特征，反射同相轴总体上相对平直、稳定，可连续追踪。在陆坡区，界面之上可见地震反射波的上超，界面之下局部有削截现象，多处地区遭滑塌体错断；海盆区，界面$R_1$与上、下地震波反射同相轴以平行整合接触为主。

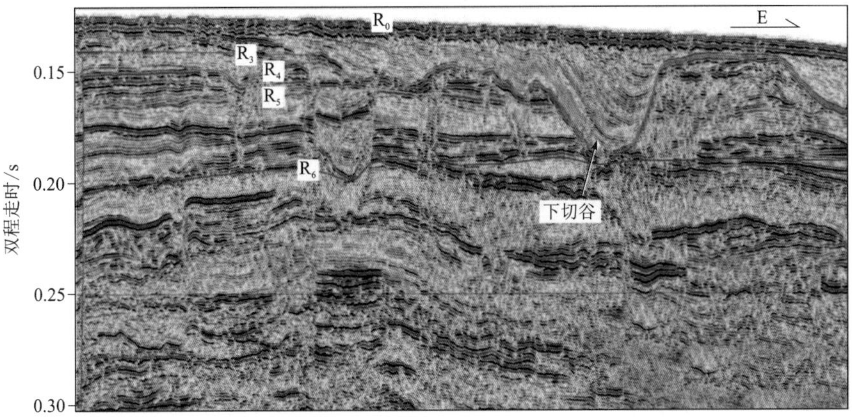


图3.8　南海西南部地震层序A内部次级层序及次级地震反射界面特征图

*地震层序*B（$T_1$～$T_2$）：总体表现为中–高频率、中–弱振幅、中–高连续反射层组，平行–亚平行结构，局部呈乱岗状，一般以席状披盖外形为主。海盆区为高频率、中–弱振幅、中–高连续反射层组，平行结构，席状外形。陆坡区局部区域层序内部可见杂乱、斜交或发散状地震反射结构，丘型、谷状充填型外形。

层序内部一般发育次级反射界面$T_1^1$，将地震层序B划分为$B_1$和$B_2$两个亚层序。$T_1^1$反射界面一般分布广泛，为高频率、中–强振幅、中–高连续，以双相位反射为主。界面上下反射波总体平行，局部区域有河谷下切和滑塌体错断现象。亚层序$B_1$（$T_1$～$T_1^1$）为高频率、弱振幅、高连续反射层组，局部区域振幅中等，席状外形为主；亚层序$B_2$（$T_1^1$～$T_2$）为高频率、中–弱振幅、高连续反射层组，层序下部较上部振幅强，平行结构，席状外形。

*地震层序*C（$T_2$～$T_3$）：该层序在陆坡区主要为中频率、中–弱振幅、中连续反射，具平行或亚平行结构，总体呈席状披盖或充填状外形。在海盆区为中频率、中–弱振幅、中–高连续反射，部分区域为中–强振幅，具平行–亚平行结构，总体呈席状披盖外形。

### （二）超层序 II

超层序Ⅱ在各区略有不同。在南海北部地层分区和南部地层分区，包括地震层序D、E、F；在南海西部地层分区，包括地震层序D、E；在南海海盆地层分区，包括地震层序E、F。

*地震层序*D（$T_3$～$T_5$）：海区大部分区域该层序主要表现为中频率、中振幅、中–高连续反射，局部反射特征为强振幅、高连续性；平行或亚平行反射层组，席状或席状披盖外形；在台地等隆起部位，顶部强振幅反射，内部以弱振幅杂乱反射为主。在南海西部和西南部，该地震层序特征明显不同，一般遭受褶皱变形，层序顶部被明显削截，并被断层错断。

*地震层序*E（$T_5$～$T_6$）：主要表现为中频率、中振幅、中–高连续反射，局部反射特征为中–低频、强振幅、高连续性；内部单向上超和双向上超现象常见；平行或亚平行反射结构，席状披盖或充填状外形，局部见发散结构及楔状外形。在台地等隆起部位，顶部强振幅反射，内部以弱振幅杂乱反射为主。

*地震层序*F（$T_6$～$T_7$）：以中–低频率、中振幅、中连续性为主，局部为变振幅、低连续性；亚平行或

发散反射结构，席状披盖或充填状外形。一般发育在地堑或半地堑的顶部，将小的地堑群连成了一体。从下往上特征逐渐变化，频率略有增大，连续性增强；下部以亚平行或发散反射结构、席状披盖或充填状外形为主，往上逐渐过渡到平行或亚平行反射结构，席状或席状披盖外形。

### （三）超层序Ⅲ

该超层序包括地震层序G（$T_7$～$T_8$）、地震层序H（$T_8$～$T_9$）和地震层序I（$T_9$～$T_g$），一般埋藏深，断层发育，构造变形明显。

*地震层序*G：一般分布在沉积盆地中，顶界削截、整一接触，底界上超、下超，为一套中-高频率、变振幅、中等连续性的反射层组，具平行-亚平行-波状反射结构，席状或充填状外形。

*地震层序*H：一般分布在沉积盆地中，顶界削截、整一接触，底界上超、下超，为一套中频率、中-低振幅、中-低连续反射层组，具平行-亚平行结构-波状反射结构，盆地边部一般为发散结构，楔状外形。

*地震层序*I：在南海分布比较局限，一般在沉积盆地发育较早、早期地堑沉积厚度较大的区域才有分布，主要属成盆初期地层。总体上以中-低频率、中-强振幅、中连续性、发散状或波状反射结构、楔状或透镜状外形为主。

### （四）超层序Ⅳ（$T_g$～$T_{Mz}$）

该超层序顶界为$T_g$，与下部层序呈明显的削截关系，底界为$T_{Mz}$，与上下地质层接触关系不明显。层序地震反射特征以中-低频率、中-强振幅为主、中连续性，局部层组为弱振幅。在上陆坡区域总体以平行和亚平行反射结构、席状披盖或发散状外形为主，在下陆坡区域被后期岩浆活动破坏，地震反射层组较杂乱。该超层序整体存在宽缓的褶皱变形现象，往往被大型逆断层错断（图3.3）。

# 第二节　新生代地层分区

## 一、南海新生代地层概况

新生界在南海全区广泛分布，主要分布在沉积盆地中。南海主要沉积盆地超过20个（图3.9），分布在南海北部、西部和南部，油气资源丰富，地层厚度较大，一般为2000～16000 m，时代主要为始新世—第四纪，古新世地层在珠江口盆地、礼乐盆地、万安盆地等地区有所揭示。在盆地外缘和岛礁等区域，新生界厚度小，一般小于2000 m；形成时代新，主要以晚渐新世以来的地层为主（金庆焕，1989；姚伯初，1998；金庆焕和李唐根，2000）。南海中部海盆区域一般地层沉积厚度在500～3000 m，马尼拉海沟北部区域的笔架南盆地地层厚度较大，最厚可超过6000 m；发育时代为渐新世—第四纪。

南海北部新生代沉积盆地发育，主要有莺歌海盆地、琼东南盆地、珠江口盆地、台西南盆地、台湾海峡盆地等（图3.10～图3.13），其中莺歌海盆地、琼东南盆地、珠江口盆地是南海北部最主要的含油气盆地，地层厚度在2000～15000 m。盆地的展布从西到东略有差异，西北角的莺歌海盆地位于陆架上，呈北西走向，狭长菱形分布，地层厚度最厚超过万米，在盆地东南部新近系—第四系沉积厚度超过6000 m；琼东南盆地和珠江口盆地都跨越了陆架和陆坡，北东-北东东走向分布，由多个坳陷组成，由于陆架区沉积盆地和陆坡区沉积盆地裂陷作用的差异，从西到东、从北到南各拗陷地层沉积建造有较大变化，各时代地层随沉积环境的变化，岩性各异。东部的台西南盆地和台西盆地（又称台湾海峡盆地）主体呈北东走向展布，台西南盆地为陆坡沉积盆地，沉积环境即受到南海发育演化的限制，又受到台湾隆升、马尼拉俯冲的影响，地层发育从中生界到新生界，以海相为主，岩性与周边盆地差别较大；台湾海峡盆地为陆架盆地，衔接了东海陆架盆地和南海北部盆地，沉积组构同东海陆架盆地较为类似。

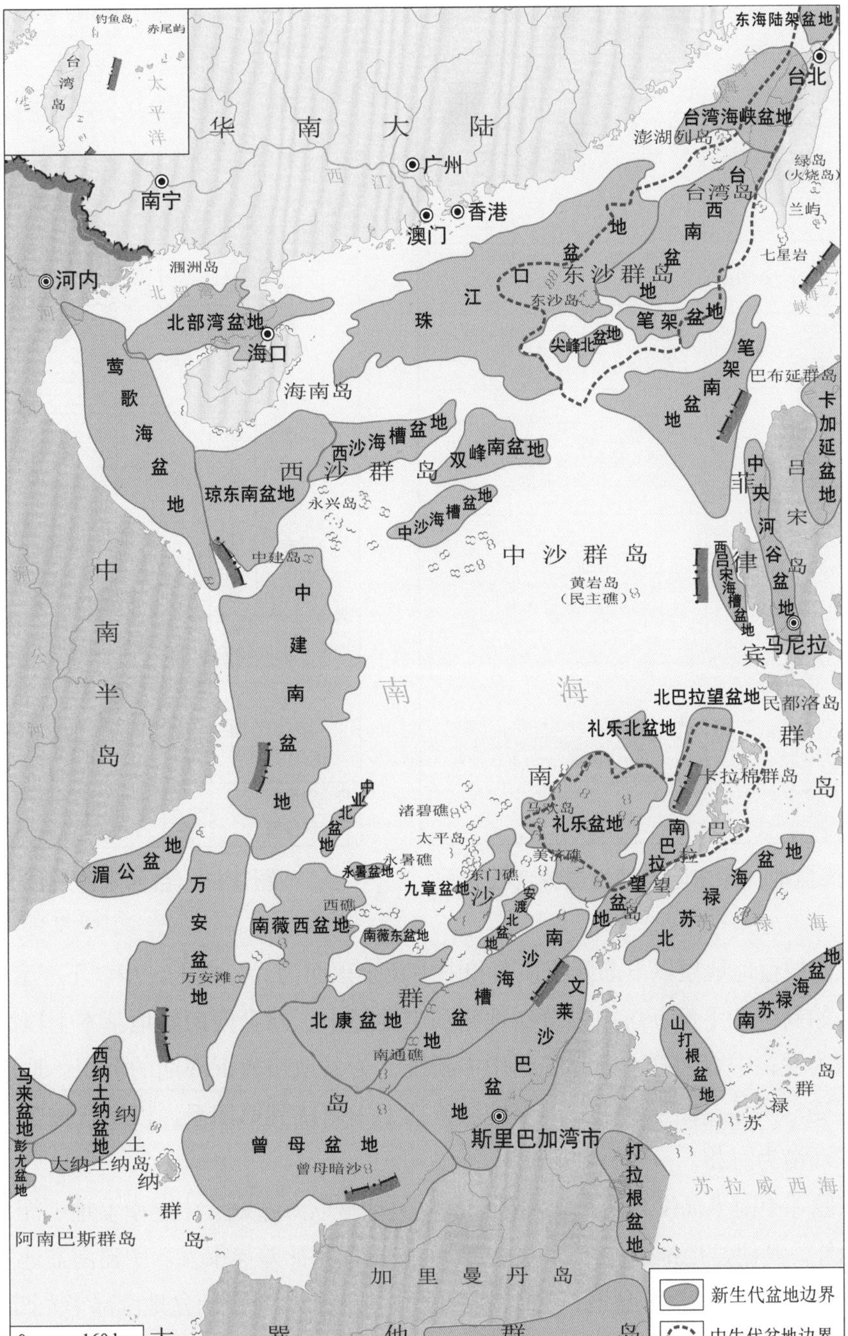


图3.9　南海新生代主要沉积盆地及中生界分布图

南海北部区域陆架盆地地层以渐新统顶面为界分成上、下两套地层（图3.1）。下部包括古新统、始新统和渐新统，发育在地堑和半地堑中，以陆相沉积为主，古新统分布局限，始新统是陆相沉积的主体，也是烃源岩的主要发育层段，渐新统覆盖于早期小地堑之上，在盆缘同沉积断层控制下，又形成新的宽缓地堑，将多个小地堑连成一体；上部地层以席状披盖为主，变形较弱，厚度变化一般不大，沉积环境为海相。

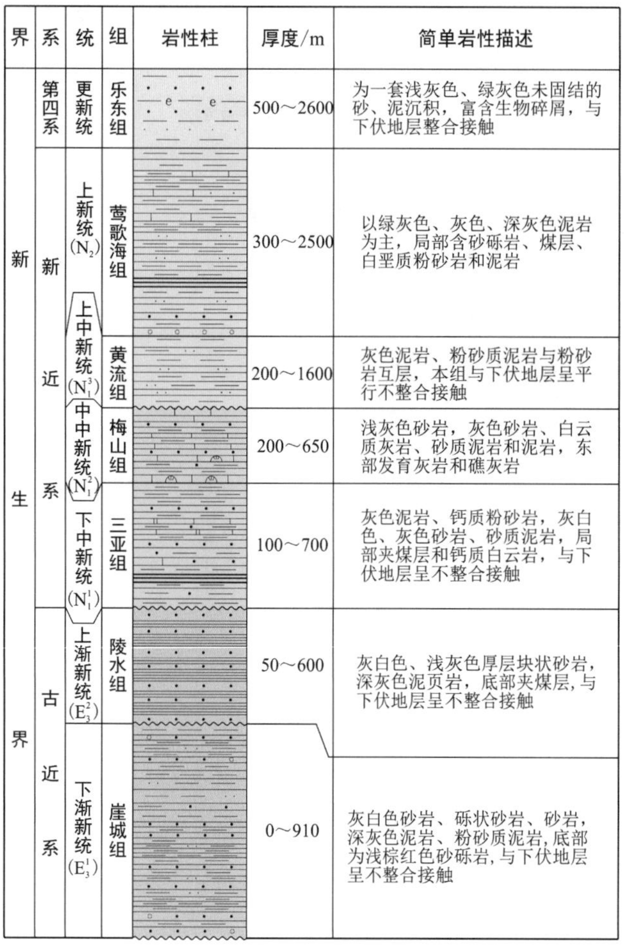

界
系
统
组
岩性柱
厚度/m
简单岩性描述
新生界
第四系
更新统
乐东组
500～2600
为一套浅灰色、绿灰色未固结的砂、泥沉积，富含生物碎屑，与下伏地层整合接触
新近系
上新统($N_2$)
莺歌海组
300～2500
以绿灰色、灰色、深灰色泥岩为主，局部含砂砾岩、煤层、白垩质粉砂岩和泥岩
上中新统($N_1^3$)
黄流组
200～1600
灰色泥岩、粉砂质泥岩与粉砂岩互层，本组与下伏地层呈平行不整合接触
中中新统($N_1^2$)
梅山组
200～650
浅灰色砂岩，灰色砂岩、白云质灰岩、砂质泥岩和泥岩，东部发育灰岩和礁灰岩
下中新统($N_1^1$)
三亚组
100～700
灰色泥岩、钙质粉砂岩，灰白色、灰色砂岩、砂质泥岩，局部夹煤层和钙质白云岩，与下伏地层呈不整合接触
古近系
上渐新统($E_3^2$)
陵水组
50～600
灰白色、浅灰色厚层块状砂岩，深灰色泥页岩，底部夹煤层，与下伏地层呈不整合接触
下渐新统($E_3^1$)
崖城组
0～910
灰白色砂岩、砾状砂岩、砂岩，深灰色泥岩、粉砂质泥岩，底部为浅棕红色砂砾岩，与下伏地层呈不整合接触


**图 3.10　莺歌海盆地－琼东南盆地地层综合柱状图**

岩性图例见附录，下同

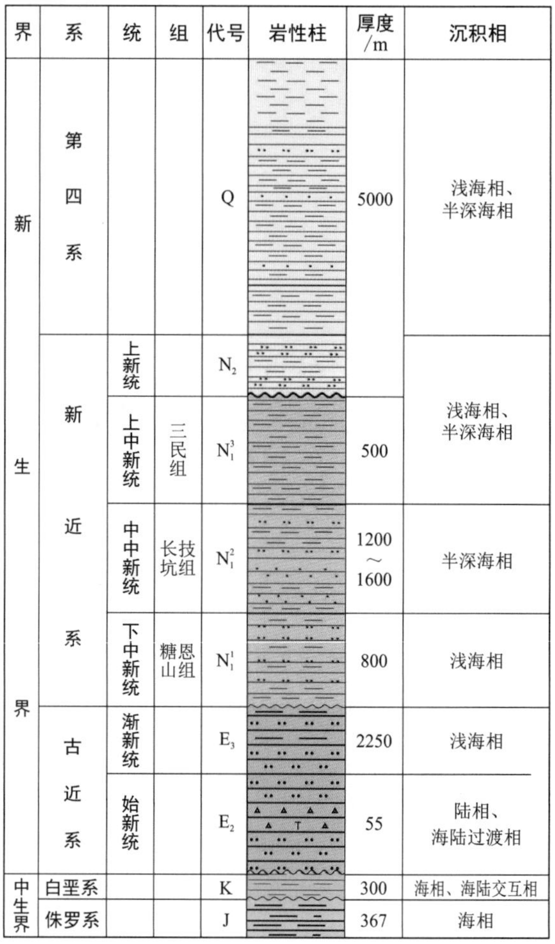

界
系
统
组
代号
岩性柱
厚度/m
沉积相
新生界
第四系
Q
5000
浅海相、半深海相
新近系
上新统
$N_2$
上中新统
三民组
$N_1^3$
500
浅海相、半深海相
中中新统
长技坑组
$N_1^2$
1200～1600
半深海相
下中新统
糖恩山组
$N_1^1$
800
浅海相
古近系
渐新统
$E_3$
2250
浅海相
始新统
$E_2$
55
陆相、海陆过渡相
中生界
白垩系
K
300
海相、海陆交互相
侏罗系
J
367
海相


**图 3.11　台西南盆地综合柱状简图**

岩性图例见附录，下同

南海北部区域陆坡盆地地层以下渐新统顶面和中中新统顶面为界分成上、中、下三套地层（图3.13）。下套包括古新统、始新统和下渐新统，发育在地堑和半地堑中，除台西南盆地基本上以海相沉积为主外，其他都以陆相沉积为主；中套包括上渐新统到中中新统，为盆地快速沉降期的沉积，地层厚度较大，沉积环境为海相，地层变形明显，断层发育；上套地层包括上中新统到第四系，以席状披盖为主，晚期调节性断层较发育，沉积环境为海相。

南海西部海域紧邻中南半岛发育的新生代沉积盆地包括莺歌海盆地、中建南盆地、湄公盆地和万安盆地等。除莺歌海盆地外，其他盆地都以北东走向为主，地层沉积特征差异很大。中建南盆地为北北东—北东走向，衔接了南海北部和南部海域沉积盆地；盆地北部沉积构造特征同琼东南盆地南部华光凹陷相类似，以变质基底、碳酸盐台地发育为特色，盆地南部与万安盆地北部地质特征相近，基底主要为晚中生代花岗岩，中中新统及以下地层褶皱变形明显，盆地陆架部分发育生物礁和碳酸盐台地；新生代地层最大厚度可达到上万米，厚度具有北薄南厚、东西薄中部厚的变化趋势。万安盆地位于中建南盆地南部，北东走向，最大沉积厚度超过12000 m，在盆地内的构造高位上油气勘探的数十口钻井中，钻穿了新近系较完整的地层层序，钻遇最早的地层为始新世晚期（大熊1、3井等），但根据地震资料和国外研究资料，在万安盆地内的深拗陷中，$T_5$界面之下还存在一套反射层组，可能为下—中始新统。Nguyen（1987）孢粉研究发现越南南部海岸茶句附近出露有厚800 m的始新统砾岩；Le Van Khy介绍，在越南南部陆架区呈北西向延伸的窄长地堑（深2～4 km、长20～50 km、宽10～15 km）中充填有晚始新世粗屑磨拉石堆积，厚逾3000 m，称为勇岛（Cu lao Dung）组，揭示出万安盆地西北部发育始新世地层。湄公盆地位于万安盆地西北部，新生界厚度大于6000 m（图3.14），其上始新统勇岛组，厚1000～3000 m，主要由粗粒砾岩、砂岩组成。下渐新统茶句（Tra Cu）组厚250 m，下部由砾岩、细砾岩和砂岩组成，向上部变细为砂岩、粉砂岩夹泥岩，茶句组不整合于勇岛组和声波基底（$T_g$）之上。上渐新统茶新（Tra Lan）组，厚2400～2500 m，与茶句组或声波基底呈不整合接触，多为砂岩、褐色泥岩和粉砂岩互层，往盆地中心变为灰色泥岩，夹含海相动物群的薄层灰岩。下中新统白虎（Bach ho）组厚2000 m，下部为夹海相灰岩薄层的碎屑岩，上部为砂岩和褐色泥岩、粉砂岩互层，具三角洲平原沉积特征，与茶新组不整合接触。中中新统由下部前江（Tien Giang）组和上部威古（Vam Co）组组成。前江组厚900～1400 m，下部为灰色泥岩、粉砂岩，富含海相化石，被称为“轮虫属泥岩”；中上部主要为褐色砂岩及钙质泥岩；上部含大量薄的潟湖、海湾相沉积。前江组与下伏各时代地层呈角度不整合接触。威古组厚300～400 m，下部为含海相动物群的灰色泥岩，上部为砂岩与粉砂岩互层。威古组在盆地西南部出露，不整合于Tra Cu组或声波基底之上。上中新统昆仑（Con Son）组厚150～200 m，由含海相动物群的灰色黏土和含褐煤的粗碎屑沉积组成，属浅海–三角洲沉积，与下伏地层呈不整合接触。下上新统边同组厚120～150 m，为含海相动物群的灰色黏土和含褐煤的粗屑沉积组成，上上新统丁安（Dinh An）组–更新统古毡–巴来（Co Chien-Ba Lai）组–全新统后江（Hau Giang）组为浅海砂泥岩，厚数百米（Lee et al.，2001）。

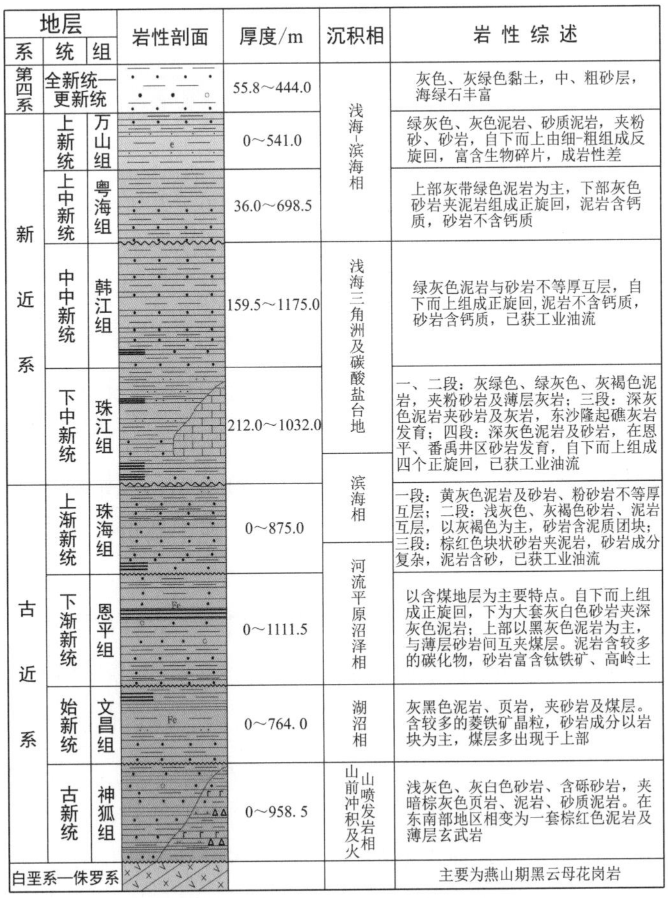
地层
系
统
组
岩性剖面
厚度/m
沉积相
岩 性 综 述
第四系
全新统—更新统
55.8～444.0
灰色、灰绿色黏土，中、粗砂层，海绿石丰富
新近系
上新统
万山组
0～541.0
浅海–滨海相
绿灰色、灰色泥岩、砂质泥岩，夹粉砂、砂岩，自下而上由细–粗组成反旋回，富含生物碎片，成岩性差
上中新统
粤海组
36.0～698.5
上部灰带绿色泥岩为主，下部灰色砂岩夹泥岩组成正旋回，泥岩含钙质，砂岩不含钙质
中中新统
韩江组
159.5～1175.0
浅海三角洲及碳酸盐台地
绿灰色泥岩与砂岩不等厚互层，自下而上组成正旋回，泥岩不含钙质，砂岩含钙质，已获工业油流
下中新统
珠江组
212.0～1032.0
一、二段：灰绿色、绿灰色、灰褐色泥岩，夹粉砂岩及薄层灰岩；三段：深灰色泥岩夹砂岩及灰岩，东沙隆起礁灰岩发育；四段：深灰色泥岩及砂岩，在恩平、番禺井区砂岩发育，自下而上组成四个正旋回，已获工业油流
古近系
上渐新统
珠海组
0～875.0
滨海相
一段：黄灰色泥岩及砂岩、粉砂岩不等厚互层；二段：浅灰色、灰褐色砂岩、泥岩互层，以灰褐色为主，砂岩含泥质团块；三段：棕红色块状砂岩夹泥岩，砂岩成分复杂，泥岩含砂，已获工业油流
下渐新统
恩平组
0～1111.5
河流平原沼泽相
以含煤地层为主要特点。自下而上组成正旋回，下为大套灰白色砂岩夹深灰色泥岩；上部以黑灰色泥岩为主，与薄层砂岩间互夹煤层。泥岩含较多的碳化物，砂岩富含钛铁矿、高岭土
始新统
文昌组
0～764. 0
湖沼相
灰黑色泥岩、页岩，夹砂岩及煤层。含较多的菱铁矿晶粒，砂岩成分以岩块为主，煤层多出现于上部
古新统
神狐组
0～958. 5
山前冲积及火山喷发岩相
浅灰色、灰白色砂岩、含砾砂岩，夹暗棕灰色页岩、泥岩、砂质泥岩。在东南部地区相变为一套棕红色泥岩及薄层玄武岩
白垩系—侏罗系
主要为燕山期黑云母花岗岩

**图3.12　珠江口盆地岩性柱状图**

岩性图例见附录，下同

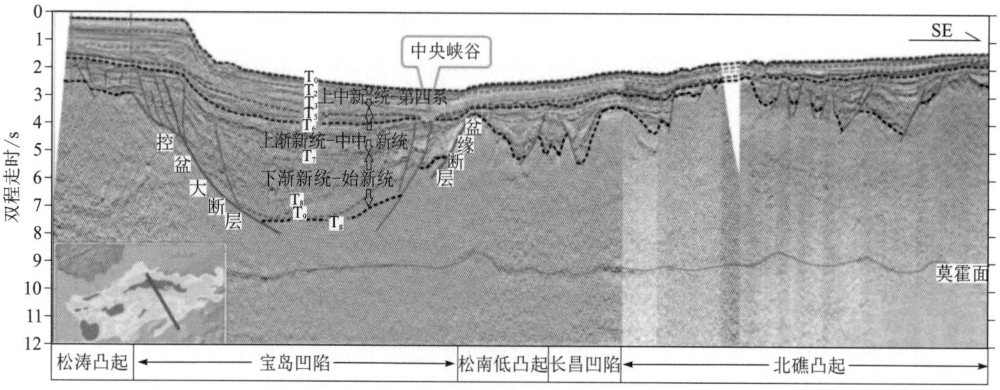


图3.13　琼东南盆地新生代地层地震特征图（据王亚辉等，2016）

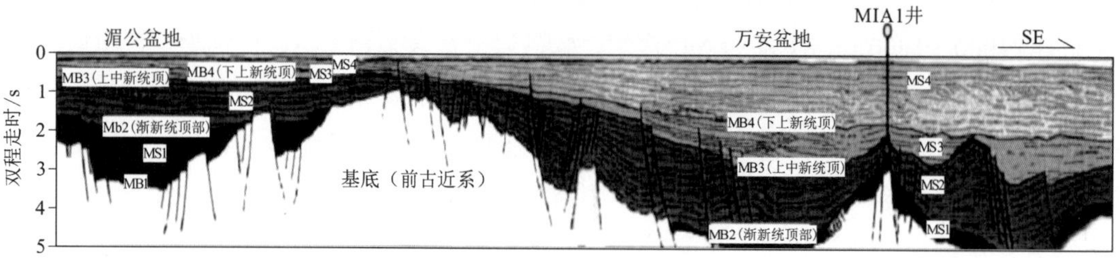


图3.14　南海西南部湄公盆地-万安盆地地层格架图（据Lee et al.，2001）

南海南部新生代沉积盆地有曾母盆地、西纳土纳盆地、南薇西盆地、北康盆地、南沙海槽盆地、礼乐盆地、文莱-沙巴盆地和西北巴拉望盆地等。

曾母盆地主体呈东西向展布，新生代沉积厚度巨大，古新统—中始新统初始沉积为一套深水碎屑岩，大部分区域已经发生变质。上始新统—中中新统厚度为3000～10000 m，是盆地烃源岩、储层和圈闭发育的主要层段。上中新统—第四系三角洲、浅海、半深海沉积体系发育，厚度变化大，为2000～7000 m。

南薇西盆地和北康盆地呈北东向展布，明显可划分成上、中、下三大构造层。下构造层为盆地裂陷初期阶段的产物，沉积物以粗碎屑物混杂堆积为主，沉积厚度2000～3000 m。中构造层下—中中新统沉积环境以海相浅海-半深海为主，沉积厚度为2000～6000 m。上构造层为盆地的区域盖层，在南薇西盆地沉积厚度一般在50～500 m，厚度较小。北康盆地厚度在500～4000 m。南沙海域中西部部分盆地中中新世末期受万安运动影响，地层发生大面积褶皱变形（图3.15），新生代早、中期地层结构遭到严重破坏。

南沙海槽盆地呈北东向走向，发育古新世—第四纪海相沉积物，岩性以砂泥岩、台地灰岩、砂岩等碎屑岩为主。盆地东南部发育由东南向西北逆冲的逆冲推覆体，在推覆体附近沉积厚度明显加大。古新世—中始新世地层为早期沉积物快速堆积的结果，厚度为3000～6000 m；晚始新世—中中新世形成的地层，呈充填状“添平补齐”于下构造层之上，厚度为1000～3000 m；晚中新世—第四纪，地层厚度从北到南逐渐加厚，为2000～6000 m。

礼乐盆地呈北东走向，发育一套古新世—第四纪海相沉积物，岩性以砂岩、泥岩、台地灰岩、碳酸盐岩等碎屑岩为主。古新统—中始新统厚600～3000 m；上始新统—中中新统沉积厚度为0～2500 m；上中新统—第四系沉积厚度200～2400 m，在基底隆起的礁滩区为白色、浅黄色碳酸盐岩，在拗陷区以碎屑岩沉积为主。

西纳土纳盆地位于纳土纳脊西部，南北夹于呵叻高地与阿南巴斯群岛之间。盆地走向北东，新生代沉积厚度大于5000 m（姚伯初，1999）。盆地在渐新世—早中新世期间，因张性断层作用开始发育，断陷期间形成了约3500 m的边缘海相沉积。在中中新世和后来阶段中持续沉降，并伴随有褶皱和断裂作用。盆地新生界由下而上为克拉斯（Keras）组、加布斯（Gabus）组、乌当（Wudang）组、巴拉特（Barat）组、阿兰（Arong）组和穆达（Muda）组。下渐新统克拉斯组又称伯鲁特组、特鲁布克组和卡卡普组，属于盆地初始充填的河湖相粗屑沉积，岩相变化大，厚度达5000 m左右；下部可能包括部分上始新统，上部为黑灰色和褐色页岩与薄层粉砂、细砂的互层。上渐新统加布斯组广泛分布，由细-中粒块状砂岩夹灰色、褐色粉砂质页岩组成；上部砂岩在频率和厚度上均有增加，局部厚度可达500 m左右。下中新统乌当组砂岩为低能曲流河、网状河沉积，盆地边缘不整合覆于克拉斯组之上。巴拉特组由湖相黑灰色和褐色黏土、粉砂岩和页岩组成，常见植物碎片，厚980～1500 m，上部为局部不整合面，具穿时性，时代为早—中中新世。中—上中新统阿兰组海侵超覆于巴拉特组之上，底部为海绿石砂岩与页岩互层段，中部为含粉砂和砂层的黑灰色、褐色页岩，与煤、褐煤互层，上部为细-中粒砂岩，与煤和褐煤互层。阿兰组沉积环境为河流-三角洲-海岸平原。上新统—第四系穆达组由浅海泥岩和砂岩组成，厚600 m，海侵超覆在阿兰组上。穆达组下部为灰色、褐色页岩与粉砂、细砂，含煤与褐煤，其时代为中新世末—早上新世；上部为浅灰色黏土与粉砂互层，偶夹煤层与灰岩层，其时代为上新世。

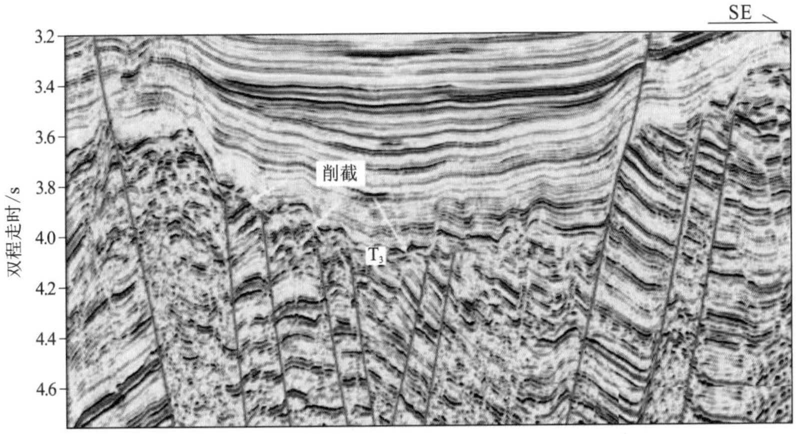


**图3.15　南海南部北康盆地地层褶皱变形地震反射特征图**

沙巴-文莱盆地位于西北沙巴岸外及文莱沿海一带，西北以南沙海槽为界，东面以克罗克加积棱柱体为界，东南界为滨线附近的穆卢剪切带，西南界为廷贾断裂。沙巴区的基底为变质褶皱的克罗克组，由深海复理石组成，其时代为白垩纪—渐新世（颜佳新，2005）。在变质基底上发育早、中中新世—第四纪沉积（图3.16）。文莱区的基底为曾母地块的碎块-克拉比特地体，它被拉让群同期的变质岩穆卢组包围。在克拉比特地体上发现的最老沉积岩是隆巴望组含盐红层，时代为晚白垩纪晚期—古近纪，其上的沉积由晚渐新世—早中新世梅利甘组三角洲平原沉积、浅水陆架相麦粒瑙灰岩和坦隆布组深水页岩组成。这些沉积以褶皱变形组成基底的一部分（丁清峰等，2004）。文莱三角洲区变形基底上的沉积也是从中中新世开始。沙巴盆地划分为四个地层单元：最老的地层单元Ⅰ和Ⅱ，由深水沉积岩组成，地质时代为白垩纪—渐新世；地层单元Ⅲ，时代为早—中中新世，南部沙巴区内为向西北进积的海岸沉积，在滨外区为深海页岩及浊积砂岩；地层单元Ⅳ进一步划分为中—上中新统的ⅣA～E段，上新统ⅣF段和第四系ⅣG段。沙巴盆地古近系、新近系充填厚达12 km硅质碎屑沉积物。早、中中新世以前的沉积主要为深海页岩，较年轻的陆架砂岩、页岩沉积物向西北进积，覆盖在下伏叠瓦状层序之上。

西北巴拉望地块上分布北巴拉望盆地和南巴拉望盆地，位于西巴拉望陆架，北东走向，宽30～100 km，长600 km。基地发育了晚侏罗世—早白垩世灰岩、页岩、粉砂岩和砂岩，夹火山岩，沉积环境为半深海。上覆地层以新生代浅海相碎屑岩和碳酸盐岩为主。民都洛岛地区的始新统发育较全，下始新统以富石英的长石砂岩为主，夹薄层碳酸盐岩和页岩，中—上始新统由藻灰结核灰岩和圆片虫灰岩组成，夹薄层页岩。海上Cadlao-1井中，上始新统与白垩系呈不整合接触，主要为极细–细粒砂岩，夹少量页岩、黏土岩与粉砂岩，其沉积环境为内浅海环境。在Nido-1井中，晚始新世地层为黑灰色黏土岩、粉砂岩和极细–中粒砂岩。在Penascosa-1井层序中包括上部页岩段，中部致密白云岩段和底部弱胶结燧石角砾，其沉积环境类似内浅海。渐新统—下中新统尼多灰岩与上始新统不整合接触。尼多灰岩相变明显，有深水灰岩、浅水台地灰岩和生物礁灰岩。渐新统—中中新统帕加萨（Pagasa）组整合于尼多组之上（图3.17），由厚层浅海–半深海泥岩，夹少量浊积粉砂岩和砂岩组成。下—中中新统为页岩和黏土岩，夹少量粉砂岩与砂岩，厚度大，属浅海相–半深海相沉积，与下伏下中新统碳酸盐岩呈整合接触。在西北和北巴拉望，中—晚中新世的内浅海–外浅海沉积主要为砾砂岩、泥灰岩、燧石和页岩互层，不整合覆于中新世层序上。上新统—更新统卡卡组，直到新近沉积的岩石由浅水灰岩组成，多孔，部分为礁及砂屑灰岩。更新统—新近沉积为浅水多孔灰岩。

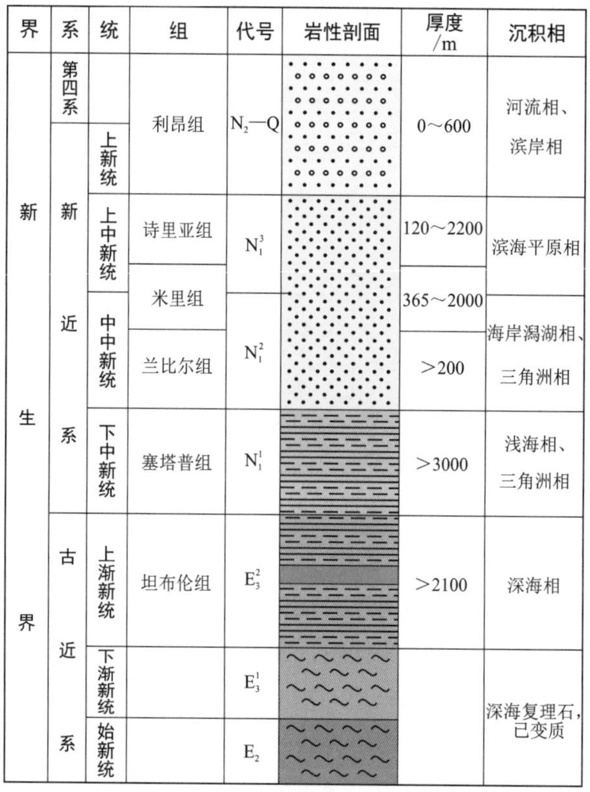

界
系
统
组
代号
岩性剖面
厚度/m
沉积相
新生界
第四系
新近系
古近系
上新统
上中新统
中中新统
下中新统
上渐新统
下渐新统
始新统
利昂组
诗里亚组
米里组
兰比尔组
塞塔普组
坦布伦组
$N_2$—Q
$N_1^3$
$N_1^2$
$N_1^1$
$E_3^2$
$E_3^1$
$E_2$
0～600
120～2200
365～2000
>200
>3000
>2100
河流相、滨岸相
滨海平原相
海岸潟湖相、三角洲相
浅海相、三角洲相
深海相
深海复理石，已变质


**图3.16　沙巴盆地地层柱状图**

岩性图例见附录，下同

南海东部吕宋中部河谷盆地充填了厚达6000 m的中新世—更新世火山碎屑岩和碳酸盐岩，覆盖在古近系火山岩和变质沉积岩基底之上，整个层序为中新世和更年轻的中性到酸性火山岩体所侵入。盆地的侧翼为礁灰岩，火山侵入体和粗碎屑岩组成盆地边缘相岩石，盆地中部为火山碎屑浊积岩、泥灰岩和少量的海底熔岩。整个岩石组合表明，在新近纪或早至始新世就存在有一个火山弧。含有颗石藻和有孔虫的始新世—渐新世凝灰岩层（阿克西特罗组）是盆地西侧的基底单元，阿克西特罗组与三描礼士蛇绿岩层顶部的枕状熔岩和玄武角砾岩呈沉积接触，并且越向上，碎屑越多。盆地西侧的阿克西特罗组的上覆层是中新世陆源浊积岩及有关的莫里奥涅斯组、马林塔组和达拉组沉积岩。最下部的早—中中新世莫里奥涅斯组在局部区域与阿克西特罗组呈不整合接触。

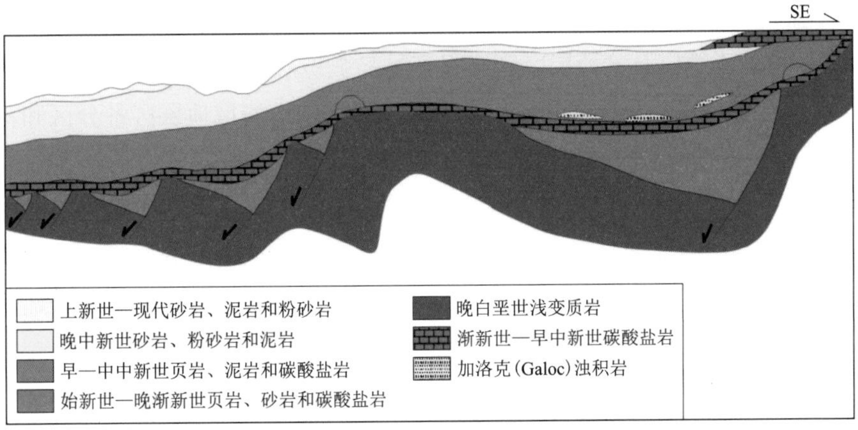


图3.17　西北巴拉望地层格架及各时代岩性分布图

南海中部为海盆区，由西北次海盆、西南次海盆和东部次海盆组成，呈菱形展布，地层由渐新统—第四系组成（图3.18），沉积物由深海浊流沉积、深海软泥、火山灰、火山碎屑等构成，总体属于深海堆积盆地。基底为洋壳，地层构造变形小，厚度为500～4000 m。渐新统一般在海盆南北两端发育，多发育于地堑或半地堑中，厚度一般不超过800 m。下—中中新统为100～2300 m，厚度变化缓慢，总体靠近海盆中部区变薄。晚中新世到上新世海盆区地层厚度分布特征为东厚西薄、北厚南薄；但整体上差别不大，厚度都在500～1200 m，显示出深海平原稳定沉积环境下的沉积特色。海盆区第四系厚度变化不大，为100～150 m，向东北地层厚度开始有所增厚，超过200 m。在海盆东侧马尼拉海沟区域，地层急剧加厚，最厚可超过6000 m；剖面上晚中新世地层由西向东呈楔形变化，沉积厚度由250 m逐渐过渡到2500 m左右，形成了海沟区特有的地层分布特征。

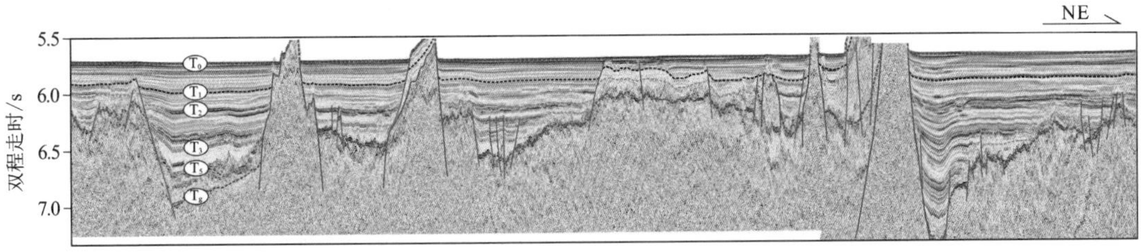


图3.18　南海西南次海盆东北部和东部次海盆中西部地层特征图

## 二、地层分区原则及划分

地层分区源自对区域地质演化的理解，是建立区域地层系统具有指导作用的重要环节。地层分区的作用在于正确反映各区地层发育的总体特征，便于概括各地质时期地层沉积类型的空间分布及其在时间上的发展变化（王鸿祯，1987）。地层分区是建立区域地层系统的重要环节，一般分为地层大区、地层区和地层分区三级。南海为处于欧亚板块、菲律宾海板块和印度-澳大利亚板块之间的大型边缘海，其北部为华南大陆，西部为中南半岛，东部为台湾岛-吕宋岛弧，南部为加里曼丹岛-巴拉望岛，地层发育具有多样性的特征。根据南海及邻域地层发育及分布特征，按照基底与盖层发育演化阶段差异、地层序列与地层接触关系不同、古地理格局与古环境条件不同、生物群与生物古地理区系不同、大地构造相时空分布与演化序列差异等划分原则，将研究区及其周边相邻区域划分为欧亚地层大区和菲律宾海地层大区两个地层大区，并进一步将其划分为地层区和地层分区。将南海周缘欧亚地层大区划分为华南地层区、印支地层区、台湾-吕宋地层区、巴拉望地层区、婆罗洲地层区、南海海域地层区六个地层区，南海海域地层区以基底性质及新生界发育演化、区域构造应力、古环境和物源条件等为原则，进一步划分为南海北部地层分区、南海西部地层分区、南海海盆地层分区、南海南部地层分区四个次级地层分区；菲律宾海地层大区包括西菲律宾海板块地层区、四国–帕里西维拉海盆地层区和马里亚纳岛弧地层区，西菲律宾海板块地层区进一步划分为花东海盆地层分区和西菲律宾海盆地层分区。本书重点研究南海海域地层区各分区和花东海盆地层分区（表3.1）。

海域受到海水覆盖层、调查程度和调查技术手段等限制，目前只是对中生代以来的海域地层有一定的揭示，尚不具备精细的、逐一断代的地层区划条件。因此，本书海域地层分区将在区域大地构造背景的基础之上，对南海地区整个新生代地质历史时期形成的地层记录分析对比后，开展综合地层区划，展示不同海域的沉积地层异同。

**表3.1　南海及邻域地层分区表**

| 一级 | 二级 | 三级 |
|---|---|---|
| 欧亚地层大区 | 华南地层区 | 湘桂赣地层分区 |
| | | 钦州地层分区 |
| | | 云开地层分区 |
| | | 武夷地层分区 |
| | | 东江地层分区 |
| | | 东南沿海地层分区 |
| | | 雷琼地层分区 |
| | | 台湾地层分区 |
| | 印支地层区 | 长山地层分区 |
| | | 嘉域地层分区 |
| | | 昆嵩地层分区 |
| | | 大叻地层分区 |
| | 台湾－吕宋地层区 | 台湾地层分区 |
| | | 吕宋地层分区 |
| | 巴拉望地层区 | 北巴拉望地层分区 |
| | | 中南巴拉望地层分区 |
| | 婆罗洲地层区 | 西婆罗洲地层分区 |
| | | 西南婆罗洲地层分区 |
| | | 北婆罗洲地层分区 |
| | 南海海域地层区 | 南海北部地层分区 |
| | | 南海西部地层分区 |
| | | 南海南部地层分区 |
| | | 南海海盆地层分区 |

续表

| 一级 | 二级 | 三级 |
|---|---|---|
| 菲律宾海地层大区 | 西菲律宾海板块地层区 | 花东海盆地层分区 |
| | | 西菲律宾海盆地层分区 |
| | 四国－帕里西维拉海盆地层区 | 四国盆地地层分区 |
| | | 帕里西维拉盆地地层分区 |
| | 马里亚纳岛弧地层区 | 马里亚纳岛弧地层分区 |

根据南海海域地层总体特征分析可知，海域中新生代地层特征具有一定的相似性，但区域差异也非常明显，主要有四大差异：一是地层基底性质不同；二是地层分布具不均匀性；三是沉积建造差异；四是生长发育环境差异。基底性质不同主要表现在基底地壳属性和基底岩性两方面，基底地壳属性包括陆壳、过渡壳、洋壳三种，南海中部海盆为洋壳，将南海分割开来，周边围绕过渡壳、洋壳基底；基底岩性的差异主要是沉积盆地处于不同的地质块体上造成的，有晚—中中生代花岗岩–花岗闪长岩，古生代—早中生代变质岩、新生代玄武岩等。地层分布的不均匀性体现在残余中生代地层主要分布在南海北部的东部和南海南部的东部区，各时代地层分布在一些区域也有差异，总体上海盆地层较新，两侧地层较老。沉积建造的差异主要表现在北部盆地以碎屑岩建造为主，南部和西南部盆地以碳酸盐岩建造和碎屑岩建造兼具为特征。生长发育环境差异主要是受到海侵时间的不同而造成的，一般东部和南部海侵早，因此海相环境影响时间较长，越往西部，陆相环境对盆地发育影响越大。

这些地层特征的差异和南海整体大地构造背景和应力机制是完全分不开的，构造控制了地层的发育和演化。海盆的扩张将南海分成南北两部分，南北部均与南海的张裂、海盆扩张密切相关，其主体构造线为北东—北东东向，主应力以伸展张应力为主；南海西部受到印支地块旋转、推移等活动的影响，主体构造线为北西或近北南向，沉积盆地发育明显受走滑应力控制。基于以上原因，在地层区域差异的基础上，按照四个总的原则：①基底性质及发育演化阶段差异；②区域构造应力的不同；③古地理格局与古环境条件不同；④新生代物源条件的差异，并考虑基底属性、构造区划、应力机制等综合因素，将南海海域地层区进一步划分成四个地层分区（图3.19），即南海北部地层分区、南海西部地层分区、南海海盆地层分区、南海南部地层分区。

在垂向上，根据构造对地层发育演化的控制作用，以三个区域构造转换面：盆地初始张裂不整合面$T_g$（对应神狐运动）、南海海底扩张的破裂不整合面$T_7$（陆架区和$T_6$重合，断陷转入拗陷，对应南海运动）以及海平面急剧下降时盆地从拗陷转入区域沉降的区域不整合面$T_3$（对应万安运动）为主线，将全南海各分区地层按照构造演化阶段联系起来，进行总体层序划分和对比（表3.2）。

南海中生界经过燕山运动末期和喜马拉雅运动早期构造事件的改造，经历了隆升剥蚀和岩浆作用侵入或混染，现存仅为残余地层。三叠纪以陆棚碳酸盐岩为主，晚侏罗纪—早白垩纪以海相碎屑岩为主，晚白垩世转为以河湖相等陆相沉积环境为主，由老到新，由海相过渡到陆相沉积环境。

新生代地层按照发育演化阶段和沉积环境的不同，一般经历了三个阶段，即古新世—始新世陆相湖盆地层发育、渐新世海陆过渡地层发育、新近纪—第四纪全南海海相地层发育的演化阶段，由老到新，由陆相到海相环境逐渐演变；按照构造演化阶段来分，大部分区域也是三个阶段，包括盆地断陷期地层、断拗期地层、拗陷期地层等发育阶段。

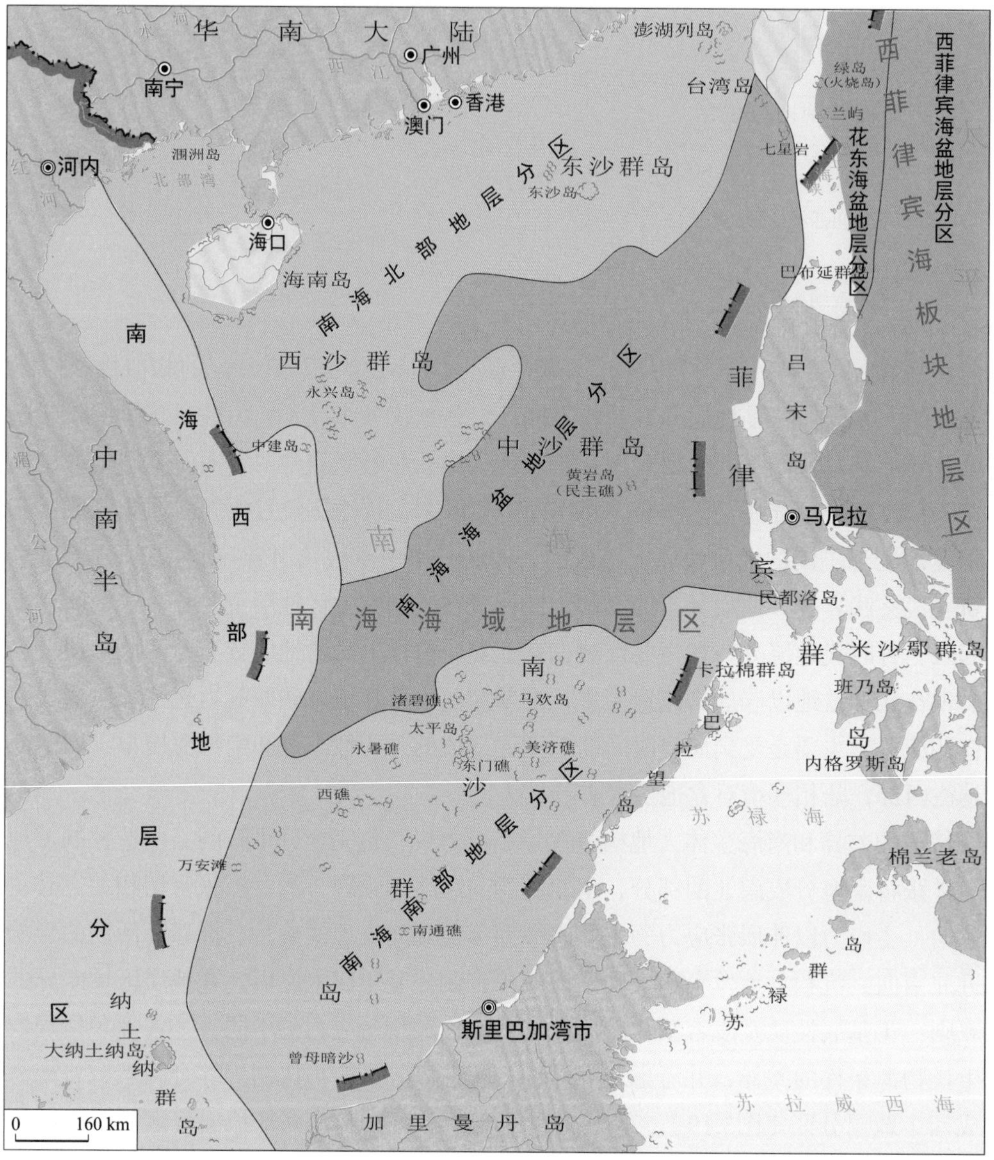


图3.19　南海及邻域地层分区简图

综上所述，南海各地层分区受构造背景、物源差异、地形地貌、应力环境等因素的影响，不同时期地层的关键地质界面、地震层序、地震相在不同地层分区和同一分区不同的构造单元都有不同的表现特征，衍生出了不同的地层分布、岩性差异和多种多样的沉积体系。以下将分章分别叙述南海各地层分区详细的地层属性和沉积特征。

表3.2　南海及邻域各地层分区地震层序界面、地震层序划分及对比简表

| 年代地层 | | | | 地震层序界面 | 层序-超层序划分与对比 | | | | | | | | | | 区域重大地质事件 | |
|---|---|---|---|---|---|---|---|---|---|---|---|---|---|---|---|---|
| 界 | 系 | 统 | | | 南海北部地层分区 | | 南海西部地层分区 | | 南海海盆地层分区 | | 南海南部地层分区 | | 花东海盆地层分区 | | | |
| 新生界 | 第四系 | 全新统 | | | A | I | A | I | A | I | A | I | A | I | | 喜马拉雅造山运动 |
| | | 更新统 | | $T_1$ | | | | | | | | | | | 台湾运动 | |
| | 新近系 | 上新统 | | $T_2$ | B | | B | | B | | B | | B | | | |
| | | 中新统 | 上 | $T_3$ | C | | C | | C | | C | | C | | 万安运动（东沙运动） | |
| | | | 中 | $T_5$ | D | II | D | II | D | | D | II | D | II | | |
| | | | 下 | $T_6$ | E | | E | | E | II | E | | E | | 白云运动 | |
| | 古近系 | 渐新统 | 上 | $T_7$ | F | | F | III | F | | F | | F | | 南海运动 | |
| | | | 下 | | G | III | G | | | | G | III | G | III | 埔里运动<br>西卫运动 | |
| | | 始新统 | 上 | $T_8$ | | | | | | | | | | | | |
| | | | 中 | | H | | H | | | | H | | | | | |
| | | | 下 | $T_9$ | I | | I | | | | I | | | | | |
| | | 古新统 | | $T_g$ | | | | | | | | | | | 神狐运动 | |
| 中生界 | 白垩系 | | | | | IV | | | | | | IV | | | 燕山运动 | |
| | 侏罗系 | | | | | | | | | | | | | | | |
| | 三叠系 | | | $T_{Mz}$ | | | | | | | | | | | 印支运动 | |
| 前中生界 | | | | | | | | | | | | | | | | |

注：地震界面 $T_7$、$T_8$、$T_9$、$T_g$ 为穿时界面，各地层分区都有所不同，表中所对应的时代适用于大部分区域，不是全部区域，具体情况可见各分区章节。

浅绿色区域代表盆地断陷期地层，以陆相沉积环境为主；浅蓝色区域代表断拗期地层，以海陆沉积环境为主；蓝色区域代表拗陷期地层，以海相沉积环境为主；

紫色区域代表海盆扩张阶段。

第/四/章

# 南海北部地层分区

# 第一节　主要盆地地层性质厘定及对比

南海北部陆缘处于太平洋板块、欧亚板块和印支地块相互作用区的欧亚板块东南缘一侧，南海北部大陆边缘盆地形成演化受区域大地构造背景的影响。新生代，在南海北部拉张应力环境下，发育了一系列阶梯状正断层及其所围陷的基底地堑和地垒，基底地堑南海北部新生代断拗盆地初步形成了基础。新生代以来，发育有北部湾盆地、琼东南盆地、珠江口盆地、台西南盆地、台西盆地、西沙海槽盆地、笔架盆地、笔架南盆地和台湾海峡盆地等多个陆缘盆地。整体上看，南海北部盆地的地层发育整体上有着一致性，由于南海北部东西构造特征的差异性，造成了各个盆地地层发育也存在着一定的差异，有着各自的特点，不同盆地的地层命名也不尽相同，因此盆地与盆地之间的地层需对比解释。我们利用高分辨率单道、多道地震数据和钻井数据，对南海北部的主要盆地地层性质进行分析，在基于主要盆地地层性质厘定的基础上，进行盆地间的对比，揭示各个盆地地层发育特点及其一致性与差异性，总结南海北部大陆边缘盆地的主要特性。

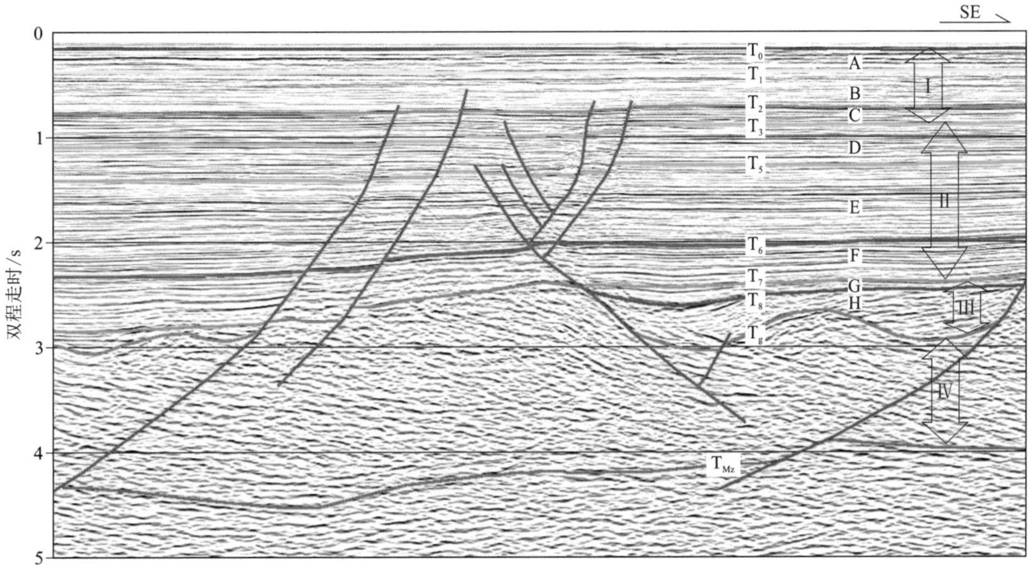


图4.1　南海北部地震界面地震层序划分特征图

## 一、主要盆地地层性质厘定

### （一）北部湾盆地

北部湾盆地位于粤桂隆起以南，海南岛以北，东跨雷州半岛，西接108° E经线，习惯上称雷州半岛以西约3.5万$km^2$面积的区域为北部湾盆地。北部湾盆地处在华南板块的西南边缘，区域构造单元归属华夏陆块–粤西隆起–北部湾拗陷，是一个新生代陆内裂谷盆地，盆地的演化经历了裂陷（张裂）和拗陷（裂后）两个阶段。以古近纪张裂阶段形成的构造格局为划分依据，平面上将北部湾盆地内部的构造单元分为企西隆起、流沙凸起和徐闻凸起三个正向构造单元和涠西南凹陷、海中凹陷、乌石凹陷、雷东凹陷、海头北凹陷、迈陈凹陷、最南部的福山凹陷七个主要负向构造单元（李春荣等，2012）（图4.2）。

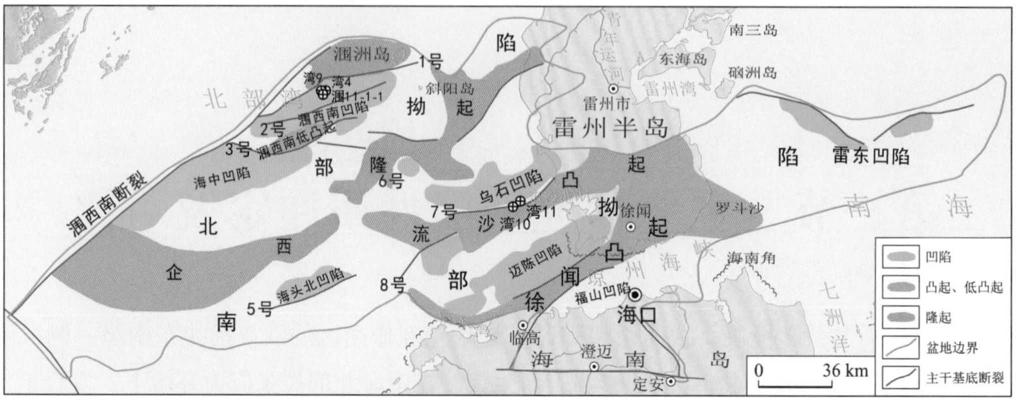

图4.2　北部湾盆地构造单元划分和基底主干断裂分布图（据李春荣等，2012修改）

北部湾盆地新生界发育较全，钻井钻遇了古近系、新近系和第四系（图4.3、图4.4），最老钻遇古新统，从下至上划分为长流组、流沙港组、涠洲组、下洋组、角尾组、灯楼角组和望楼港组以及第四系。在北部湾盆地的地震剖面上解释了$T_0$、$T_1$、$T_2$、$T_3$、$T_5$、$T_6$、$T_7$、$T_8$、$T_g$共十个反射界面（图4.5），相应地可划分八个地震层序。地震层序对应的沉积地层自下而上为$T_g$～$T_8$（古新统长流组、始新统流沙港组）、$T_8$～$T_7$（渐新统涠洲组二段、三段）、$T_7$～$T_6$（渐新统涠洲组一段）、$T_6$～$T_5$（下中新统下洋组）、$T_5$～$T_3$（中中新统角尾组）、$T_3$～$T_2$[上中新统灯楼角组（佛罗组）]、$T_2$～$T_1$（上新统望楼港组）、$T_1$～$T_0$（第四系）。盆地第四系及新近系遍布全区，古近系则大致限于20°～21° N之间及108° E线以东至雷东半岛（何家雄等，2008b）。

地层特征分述如下。

1. 前新生代基底

前新生界厚127～699 m，从钻井资料看，基底主要有早古生代寒武纪灰色、灰黑色页岩[具变质现象，见于湾5（Wan5）井、涠11-4-1（WZ11-4-1）井、涠11-4N-A（WZ11-4N-A）井、涠11-4N-B（WZ11-4N-B）井]、晚古生代石炭系灰岩[见于湾2（Wan2）井、湾4（Wan4）井、湾9（Wan9）井、涠11-1-1（WZ11-1-1）井、涠6-1-1（WZ6-1-1）井、涠浅1（WQ1）井]、古生代花岗岩[见于湾10（Wan10）井]、中生代花岗岩[见于涠12-3-1（WZ12-3-1）井]以及白垩纪紫色、棕红色泥岩、砂岩、泥灰质砂岩。在北部湾盆地中，钻遇了早古生代寒武纪地层（湾5井），为一套变质的灰色页岩、灰黑色碳质页岩、灰色变质细砂岩及细–粉砂岩。在湾4井、湾9井钻遇了晚古生代石炭纪地层，为浅灰色、深灰色灰岩，夹棕红色钙质泥质粉砂岩。北部湾盆地钻遇的中生代地层为白垩系，为一套灰紫色、暗棕红色泥岩，夹灰紫色粉砂岩、砂砾岩[见于湾10井（图4.3，表4.1）]（金庆焕等，1989；龚再升等，1997；何家雄等，2008b；徐建永等，2011）。

2. 古近系

盆内古近系从下到上为长流组、流沙港组、涠洲组，钻遇最厚为4777 m。从地震剖面上看，古近系断裂活动强，并控制沉积发育，沉积厚度变化大（图4.6、图4.7）。在凹陷边缘，上覆反射波组上超或下超于界面$T_g$，下伏反射波组可见削截现象；在沉积厚度较大的凹陷深部有分布，总体为低频率、中–弱振幅、中–低连续反射，多呈亚平行、发散、前积反射结构，以席状为主（图4.6），局部的凹陷边缘可见楔状和丘状外形（杨海长等，2011）。

长流组（$E_1ch$）（$T_g$～$T_8$）：该组地层厚0～840 m（部分钻井中缺失，乌石凹陷中的乌32-2-1井厚840 m，湾4井厚181.5 m，未见底，湾10井缺失），厚度变化大，在凸起处缺失，凹陷处发育良好，在福山凹陷处最厚。岩性主要为棕红色、暗棕红色、紫红色钙质泥岩与紫红色、灰白色、灰黄色、褐灰色泥质砂岩、砂砾岩互层，为洪（冲）积相沉积。含有丰富的介形类、轮藻类及孢粉化石。孢粉化石包括*Pentapollenites pentangulus*、*Ulmipollenties minor*、*Ulmoideipites tricostatus*、*Momipites coryloides*及*Nanlingpollis* sp.。与下伏前新生代地层呈不整合接触。

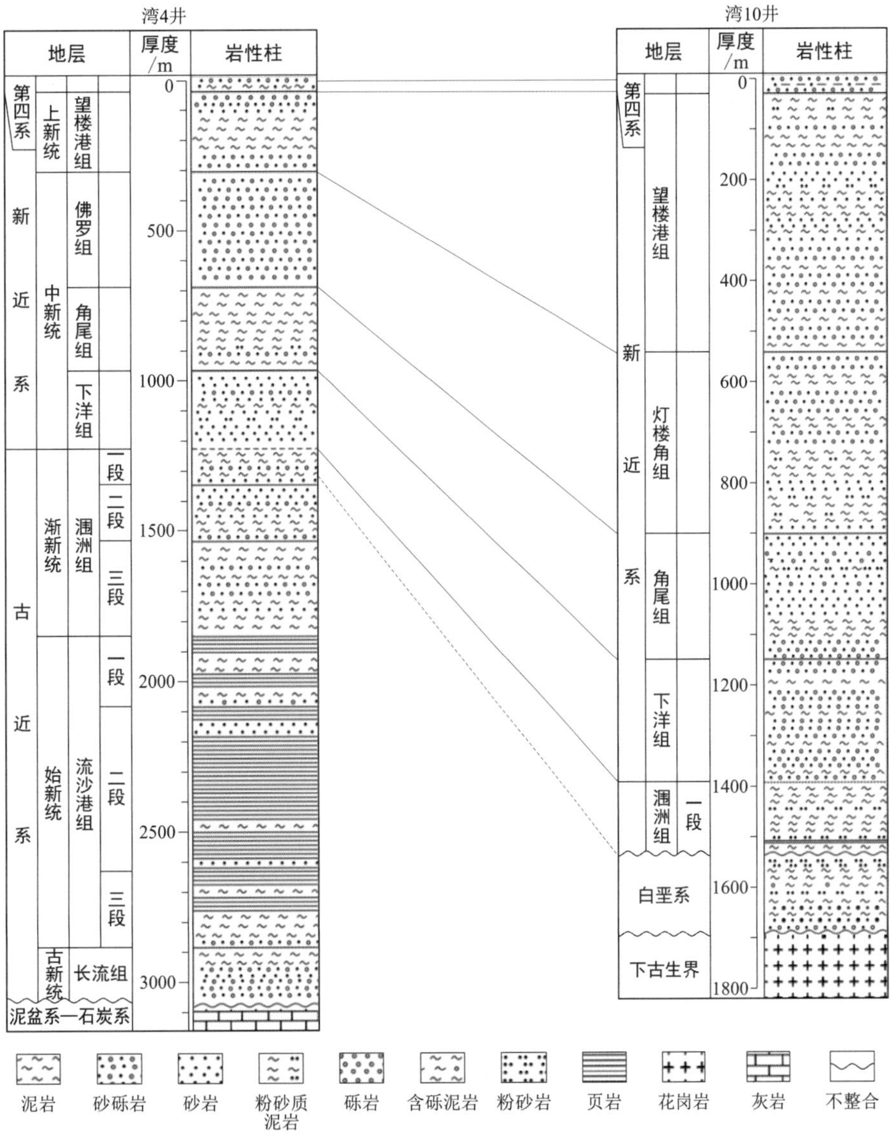


图4.3　北部湾盆地典型钻井岩性柱状图及地层对比图

流沙港组（$E_2l$）：该组地层厚0～1828 m（乌石凹陷中的乌16-1-2井厚1828 m，湾4井厚1035 m，湾10井缺失），在局部地区缺失，是北部湾盆地的主要生油岩和重要储集层之一。岩性为深灰色、灰黑色、灰绿色泥岩与灰白色中、细砂岩互层，为淡水湖泊相沉积。按岩性自下而上可将本组地层划分为三段，即流三段、流二段和流一段（图4.8）。流一段上部为棕褐色泥页岩与浅灰色粉砂岩、砂岩互层，下部为灰白色含砾砂岩，夹深灰色页岩、泥岩；流二段为褐灰色、黑灰色、深灰色泥岩、页岩，中部夹黑灰色菱铁矿页岩或灰白色含砾砂岩、砂岩，底部为褐灰色油页岩；流三段上部为深灰色泥岩、页岩，夹浅灰色、灰白色砂岩，底部为棕红色砂砾岩与粗砂岩。含孢粉、介形虫及藻类化石，孢粉自下而上共分为四个组合：①*Monocolpopollenites-Crassoretitriletes*组合；②*Salixipollenites-Momipites*组合；③*Quercoidites-Ulmipollenites-Alnipollenites*组合；④*Leiosphaeridia-Granodiscus*组合。介形虫以*Sinocypris*为主（刘恩涛等，2013）。据饱粉和介形虫鉴定分析结果，其时代属始新世。该组与下伏的长流组呈整合接触。

涠洲组（$E_3w$）：该组厚度为0～1115.5 m（涠西南凹陷中的涠10-3-1井缺失，乌石凹陷中的乌32-2-1井厚1115.5 m，湾4井厚623 m，湾10井厚144.5 m）。岩性主要为厚层杂色泥岩夹浅灰色、灰白色细砂岩，底部为灰白色细砂岩、钙质细砂岩、钙质含砾粗砂岩，夹薄层棕红色泥岩，底部见灰白色高岭土质粉砂岩与黑色碳质页岩接触。自上而下可划分为三段：涠三段顶部为杂色泥岩，中下部为灰色粉砂质泥岩与泥质粉砂岩、粉砂岩以及中砂岩不等厚互层；涠二段上部为杂色泥岩夹薄层浅灰色含砾砂岩，下部为大套灰色泥岩夹浅灰色泥质细砂岩以及少量薄煤层；涠一段为灰白、灰色含砾砂岩、细砂岩、粉砂岩与杂色泥岩不等厚互层。生物化石丰富，含介形虫*Chinocythere inflate*、*Disautitocypris trapezoidea*等，腹足类*Georgia pericarinata*、*Andrussowiella antique*、*Stenothyra nonbasicostata*、*Sinomelania leei*等，孢粉有*Magnastriatites-Trilobapollis-Verrutricolporites-Retitricolpites*组合。本组为河流–滨浅湖、沼泽相沉积，由下段的陆相沉积逐渐过渡到上段的海陆交互相沉积，与下伏流沙港组为整合或与更老地层呈平行不整合或角度不整合接触。

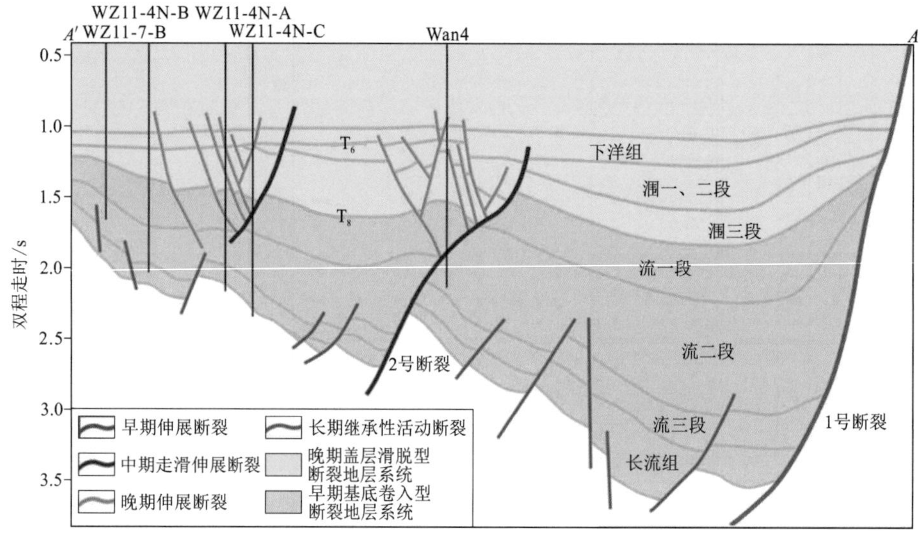


图4.4　北部湾过涠西南凹陷的过井剖面图（据李春荣等，2012）

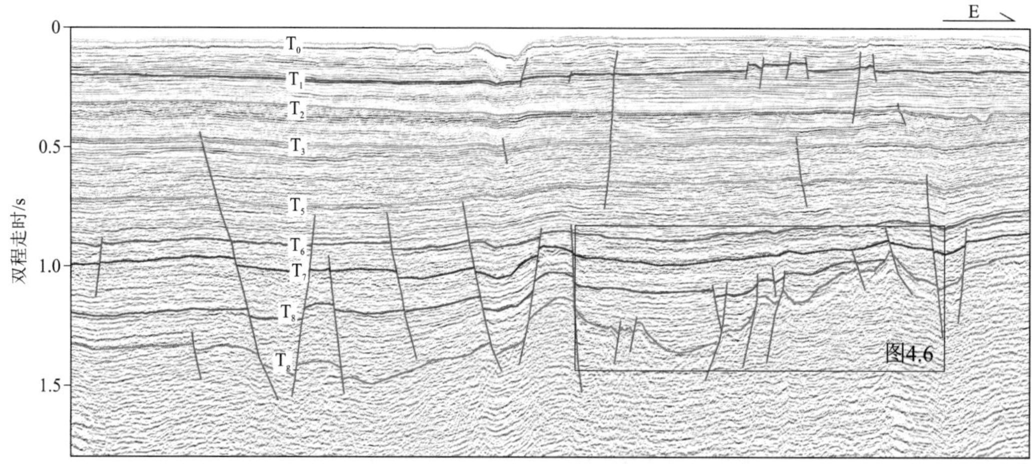


图4.5　北部湾盆地迈陈凹陷地震解释剖面图

3. 新近系

新近系普遍含海绿石，为滨浅海沉积。根据大量的有孔虫等古生物资料，下洋组、角尾组和灯楼角组分别属中新世的早期、中期和晚期沉积物，望楼港组时代为上新世。新近系厚度变化较大，在凹陷区为1200～2100 m，在隆起区一般为300～600 m。$T_6$是新近系与古近系的分界面，发生一次大规模的构造变动，即白云运动；$T_6$之后盆地进入拗陷期，凹陷区沉积加厚，表现为中频、中–强振幅、中–高连续反射，平行–亚平行或前积反射结构，呈席状–席状披盖和楔状、充填状外形（图4.9、图4.10）；隆起区厚度较薄，地震反射有明显变化，以中频、中–弱振幅、中–低连续、亚平行结构反射为主。

下洋组（$N_1x$）：该套地层厚62～439 m（涠西南凹陷中的湾5井厚62 m，乌石凹陷中的湾11井厚439 m，湾4井厚261.5 m，湾10井厚242.5 m），上部为灰白色砂砾岩夹灰色泥岩，下部为厚层灰白色砂砾岩，砂砾岩主要成分为石英，含较多的黄铁矿及少量海绿石，砂砾自上而下变粗。砂为粗砂，砾径一般为2.5～3 mm，最大为5 × 6 mm，分选差–中等，次棱角状，黄铁矿呈斑点状充填砂砾之中。斜层理、交错层理、搅动构造及虫孔发育。该组含有孔虫、介形虫、腹足类、双壳类、藤壶、孢粉和钙质超微化石。有孔虫主要有*Globigerina ciperoensis*、*Casigerinella chipolensis*、*Globigerinatella insueta*以及*Ammonia tepida*等，属于N4～N7带，钙质超微化石有*Helicosphaera ampliaperta*、*Discoaster deflandrei*、*Cyclicargalithus floridanus*等，相当于NN3～NN4带。该组时代为早中新世，为滨海相沉积，与下伏中新统角尾组呈整合接触。

表4.1　北部湾盆地钻遇前新生界基底岩性特征及时代表

| 井号 | 钻井深度/m | 基底岩性 | 地层代号 | 钻井位置 |
|---|---|---|---|---|
| 湾 5 | 1127.5 ～ 1501.69 | 变质页岩、变质砂岩 | € | 涠西南凹陷 |
| 涠 11-4-1 | — | 变质岩 | € | 涠西南凹陷 |
| 湾 2 | 3037.5 ～ 3046 | 灰色、杂色灰岩 | C | 涠西南凹陷 |
| 湾 4 | 3188.16 ～ 3226.05 | 灰色泥晶灰岩 | $C_1$ | 涠西南凹陷 |
| 湾 9 | 3053 ～ 3702.03 | 灰色灰岩、白云质灰岩 | C | 涠西南凹陷 |
| 涠 11-1-1 | 3382 ～ 3442 | 灰色、深灰色灰岩夹紫色泥岩 | C | 涠西南凹陷 |
| 涠 6-1-1 | 1899 ～ 2246.3 | 灰色灰岩 | C | 涠西南凹陷 |
| 涠浅 1 | 1146.5 ～ 1164 | 灰色灰岩 | C | 涠洲岛 |
| 湾 10 | 1741 ～ 1871.87 | 深红色粗晶花岗岩 | Pz | 流沙凸起 |
| 涠 12-3-1 | 1420 ～ 1490 | 花岗岩 | Mz | 涠西南凹陷 |
| 湾 5 | 1586.5 ～ 1644.5 | 棕红色泥岩、粉砂岩 | K | 流沙凸起 |

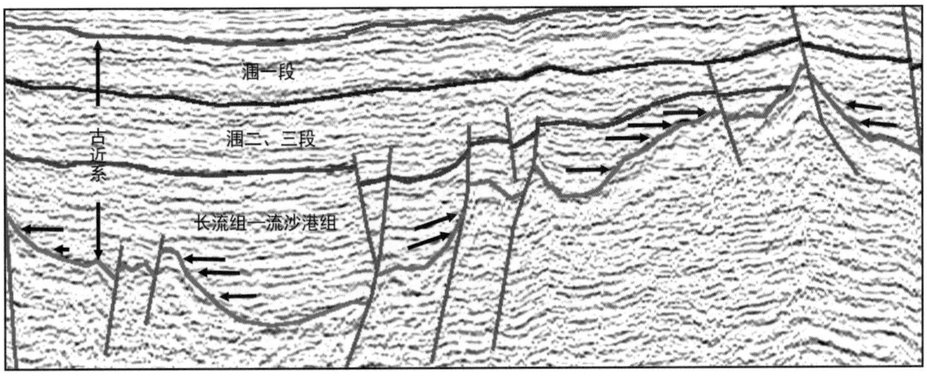


图4.6　北部湾盆地迈陈凹陷古近系地震特征图（图4.5方框放大部分）

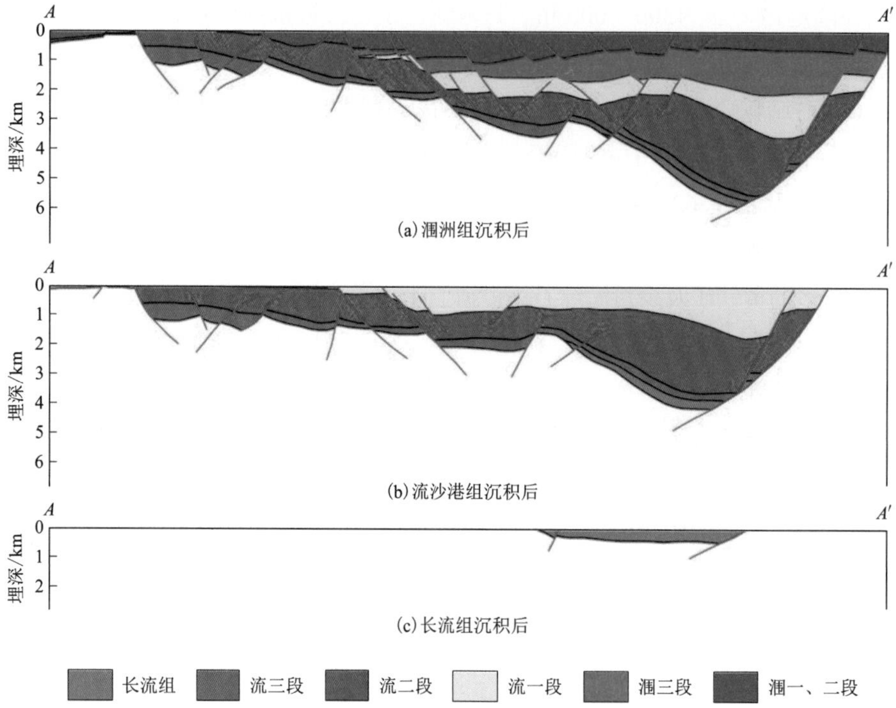


图4.7　北部湾乌石凹陷东洼古近系典型剖面不同时期伸展构造样式图（据杨海长等，2011）

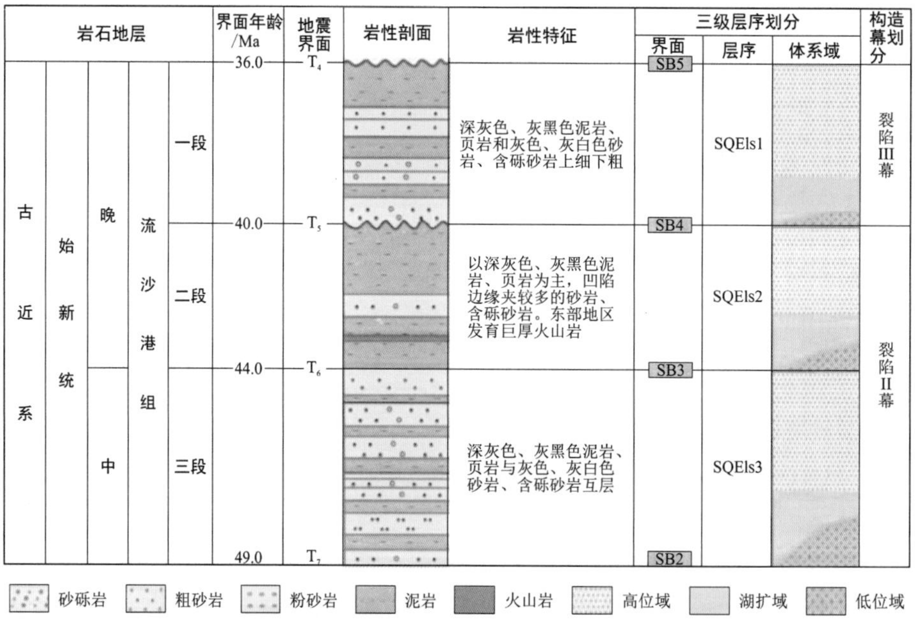


图4.8　福山凹陷始新统流沙港组地层层序特征图（据刘恩涛等，2013）

灯楼角组（$N_1d$）：等同于部分地区的佛罗组（如湾4井，厚384 m），该组地层厚145～596 m（涠西南凹陷的涠10-3-4井厚145 m，海中凹陷中的涠22-3-1井厚596 m，乌石凹陷中的湾10井厚359.5 m）。上部以灰黄色砂砾岩、浅灰色粉砂岩为主，夹灰色泥岩及少量浅灰色细砂岩、钙质细砂岩；中部为大套灰色泥岩、粉砂质泥岩，夹少量浅灰色钙质细-粉砂岩；下部以灰黄色含砾粗砂岩、砂砾岩为主，夹灰色泥岩、粉砂质泥岩。砂岩砾岩成分主要为石英，含少量暗色矿物及生物碎屑，砾径一般为1～1.5 mm，最大为5 mm，分选中等，次圆-次棱角状，泥质胶结，松散，泥岩微含钙，易水化。化石包括珊瑚、有孔虫等，有孔虫主要为*Ammonia altispira*、*turborotalia acostaensis*、*Orbulina suturalis*和*Ammonia inflata*。地层时代属于中新世晚期，该组地层与下伏角尾组呈不整合或假整合接触。

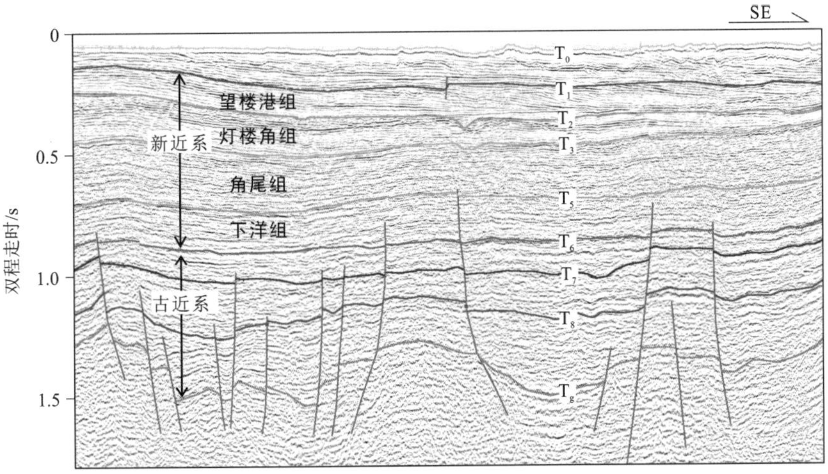


图4.9 迈陈凹陷地层地震反射特征图

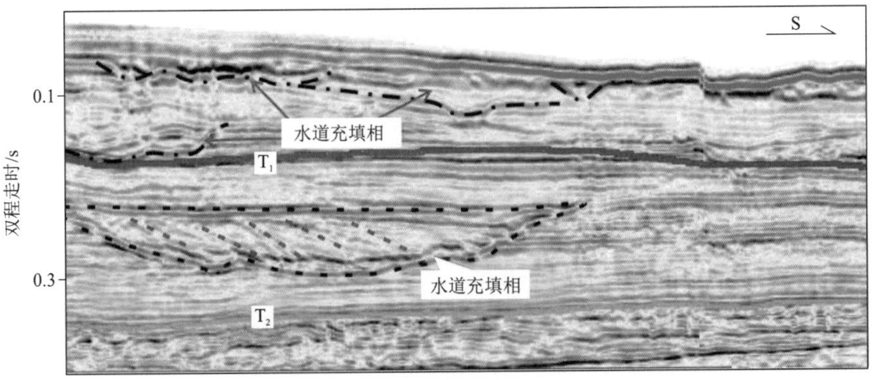


图4.10 福山凹陷上新统—第四系水道充填相地震反射特征图

望楼港组（$N_2w$）：该组地层厚185～511.5 m（乌石凹陷中的乌16-1-3井厚185 m，湾10井厚511.5 m，湾4井厚267.5 m）。上部岩性主要为浅灰色粉砂质泥岩、灰色泥岩及灰黄色砂砾岩；中部岩性以灰色泥岩与深灰色细砂岩互层为主；下部以灰色泥岩为主，夹深灰色粉砂岩及少量泥质粉砂岩；为滨海-浅海相沉积。砂砾岩成分主要为石英，砾径一般为1.1～1.5 mm，最大为5 mm，分选中等，泥质胶结，松散，粉细砂岩含较多的生物碎屑，泥岩成岩性差，易水化。本组地层化石丰富，含有孔虫、双壳类、腕足类、苔藓虫等，有孔虫主要为*Globigerinoides extremus*、*Globoquadrina altispira*、*Asterorotalia subtrispinpos*、*Globorotalia menatdii*和*Globigerina nepenthes*，该组与下伏灯楼角组呈整合接触。

从地震资料上看该套地层全区分布。层序内部反射层组凹陷区总体表现出高频率、中-强振幅、高连续、平行结构、席状外形的特征；东北部近岸一侧水体能量大，不稳定，呈中-弱振幅、中-低连续、亚平行结构反射特征。可见斜交前积、叠瓦结构，局部偶见断续反射，可见楔状外形、透镜状外形及充填状外形（图4.11）。该层序的沉积稳定，厚度也无大变化。顶界上超或整一接触，局部有削截现象，底界整一或上超接触，产状水平、变形微弱、断裂不发育。

4. 第四系

第四系在北部湾地区厚7～59 m（乌石凹陷中的湾11井厚7 m，涠西南凹陷中的In孔中厚约59 m）。自下而上划分为下更新统、中更新统、上更新统和全新统。各统的厚度、岩性、物性、生物种属及数量差异较大（杨胜明和寇新琴，1996）。

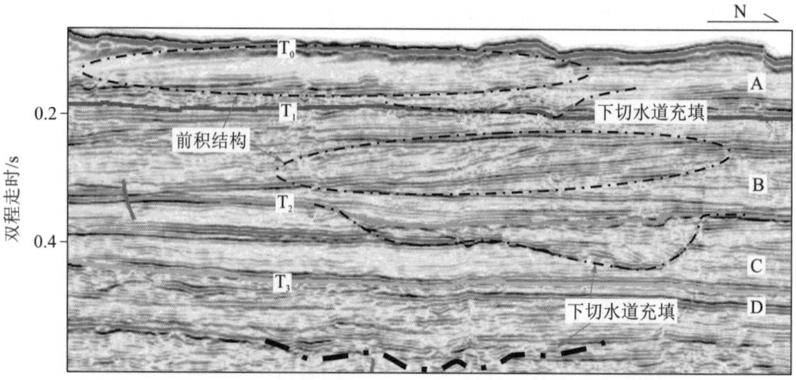


图4.11　福山凹陷层序A、B、C、D地震反射特征图

从地震资料上看该套地层全区分布。底界是反射界面$T_1$，顶界为海底$T_0$，层序内部反射层组总体呈中-高频率、中-强振幅、中-高连续，平行结构，席状外形的特征，亦可见前积结构（图4.11）、叠瓦结构，有透镜状、楔状和梭状外形。在隆起高地势区和近岸区域，反射特征有明显不同，表现为中频率、弱振幅、连续性变差，平行结构，席状外形，局部可见透镜状外形的断续反射。该层序水动力很强，水体不稳定，广泛发育呈U形、V形下切谷及"海鸥翼状"或是它们组合形式的下切水道、水道-堤岸，构成深浅不一、横向发育面积广的水道叠置群（图4.12）。顶界整一接触或是局部有冲刷现象（图4.12），底界整一或上超接触，产状水平、变形微弱、断裂不发育。

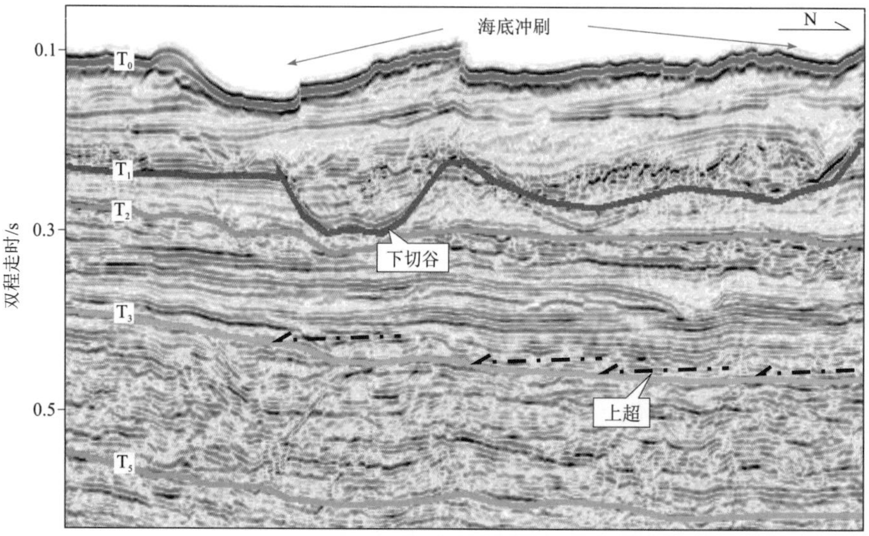


图4.12　福山凹陷典型地震反射界面特征图

湛江组（$Qp_1h$）：该组下部为灰白色砾质中粗砂，中部为深灰色粉砂，上部为灰色极细砂，含有生物化石有孔虫、硅藻、红树华粉、海胆刺、介壳等，为浅海相。

北海组（$Qp_2b$）：该组下部为灰黑色极细砂夹黏土，中部为灰白色中粗砂，上部为灰绿色硬黏土，含有生物化石红树花粉、有孔虫、苔藓虫、海胆刺等，为沿海平原相。

上更新统（$Qp_3$）：该组下部为灰色极细砂，中部为黄褐色砾质中粗砂，上部为黄灰色硬黏土夹粉砂，生物化石包括红树花粉、苔藓虫、有孔虫、介形虫、硅藻等，为陆相-滨海相。

全新统（Qh）：该组主要为灰色淤泥，有孔虫、介形虫、硅藻丰富，为浅海相沉积。

沉积特征：受资料所限，北部拗陷只有单道资料，沉积特征参考张佰涛等（2014）的文献，古近纪为断陷期，先后沉积了古新统长流组、始新统流沙港组和渐新统涠洲组，以湖相和河流相沉积体系为主，其中流沙港二段湖相泥页岩是北部湾盆地最主要的烃源岩（刘恩涛等，2012）。新近纪为拗陷期，以海相沉积体系为主。

综上所述，北部湾盆地地层以新生界为主，新生界发育较全，钻井钻遇了古近系和新近系，最老钻遇古新统。基底由古生界粤桂隆起区和中生界海南隆起区组成，古生代、中生代都有钻遇。古近纪盆地内发育断阶型、复合断阶型半地堑多个次级构造单元（于兴河等，2016），盆地的沉积特征表现为北部区域西深东浅，南部西浅东深，整体呈下断上拗特点。根据北部湾盆地新生界岩性柱状剖面、地震反射界面、地层年代、平均厚度、构造运动等综合特征，北部湾盆地主要地层及综合柱状图如下（表4.2，图4.13）。

**表4.2　北部湾盆地主要地层简表**

（据杨胜明和寇新琴，1996；何家雄等，2008b；郭飞飞等，2009；陈泓君等，2012 修改）

| 年代地层 | | | | 地震界面 | 厚度 /m | 岩性描述 | 沉积相 |
|---|---|---|---|---|---|---|---|
| 界 | 系 | 统 | 组 | | | | |
| 新生界 | 第四系 | 全新统 | | | 7～59 | 灰黄色砂砾层夹浅灰色黏土层 | 滨海－浅海相 |
| | | 更新统 上统 | | | | | |
| | | 更新统 中统 | 北海组 | | | | |
| | | 更新统 下统 | 湛江组 | | | | |
| | 新近系 | 上新统 | 望楼港组 | $T_1$ | 185～511.5 | 上部岩性主要为浅灰色粉砂质泥岩、灰色泥岩及灰黄色砂砾岩，中部岩性以灰色泥岩与深灰色细砂岩互层为主，下部以灰色泥岩为主，夹深灰色粉砂岩及少量泥质粉砂岩 | 滨海－浅海相 |
| | | 中新统 上统 | 灯楼角组 | $T_2$ | 145～596 | 上部以灰黄色砂砾岩、浅灰色粉砂岩为主，夹灰色泥岩及少量浅灰色细砂岩，钙质细纱岩，中部为大套灰色泥岩、粉砂质泥岩，夹少量浅灰色钙质细－粉砂岩，下部以灰黄色含砾粗纱岩、砂砾岩为主，夹灰色泥岩、粉砂质泥岩 | 滨海相 |
| | | 中新统 中统 | 角尾组 | $T_3$ | 248.5～573.6 | 上部为大套灰色泥岩，下部以浅灰色细砂岩、灰褐色钙质细砂岩、灰白色砂砾岩为主，夹少量浅灰色泥质粉砂岩、灰色泥岩及钙质粉砂质泥岩 | 浅海相 |
| | | 中新统 下统 | 下洋组 | | 62～439 | 上部为灰白色砂砾岩夹灰色泥岩，下部为厚层灰白色砂砾岩 | 滨海相 |
| | 古近系 | 渐新统 | 涠洲组 一段 | $T_5$ | 0～1115.5 | 上部为杂色泥岩、灰白色砂砾岩，中部为灰色泥岩、砂质泥岩，下部为砂、泥岩互层 | 浅湖湘－河流沼泽相 |
| | | | 涠洲组 二段 | | | 紫红色泥岩夹灰白色粉砂岩、砾状砂岩 | |
| | | | 涠洲组 三段 | $T_6$ | | 厚层灰白色中砂岩，少量含砾粗砂岩夹紫红色泥岩，底部见少量灰色泥岩 | |
| | | 始新统 | 流沙港组 一段 | | 0～1828 | 深灰色泥岩与灰白色细砂岩呈不等厚互层 | 浅湖湘 |
| | | | 流沙港组 二段 | $T_7$ | | 厚层深灰色、灰褐色页岩、泥岩，夹少量灰白色砂岩，其顶底均可见灰褐色油页岩，中部为含菱铁矿页岩 | 中深湖湘，夹浊流相 |
| | | | 流沙港组 三段 | $T_8$ | | 中上部为褐灰色砂岩与深灰色页岩互层，下部灰白色砂质砾岩 | 滨湖－三角洲相 |
| | | 古新统 | 长流组 | | 0～840 | 棕红色、暗棕红色、紫红色钙质泥岩与紫红色、灰白色、灰黄色、褐灰色泥质砂岩、砂砾岩互层 | 洪积－冲积相 |
| 前新生界 | | | | $T_g$ | 127～699 | 古生界灰岩、灰黑色页岩、花岗岩，中生界花岗岩、泥岩、砂岩 | |

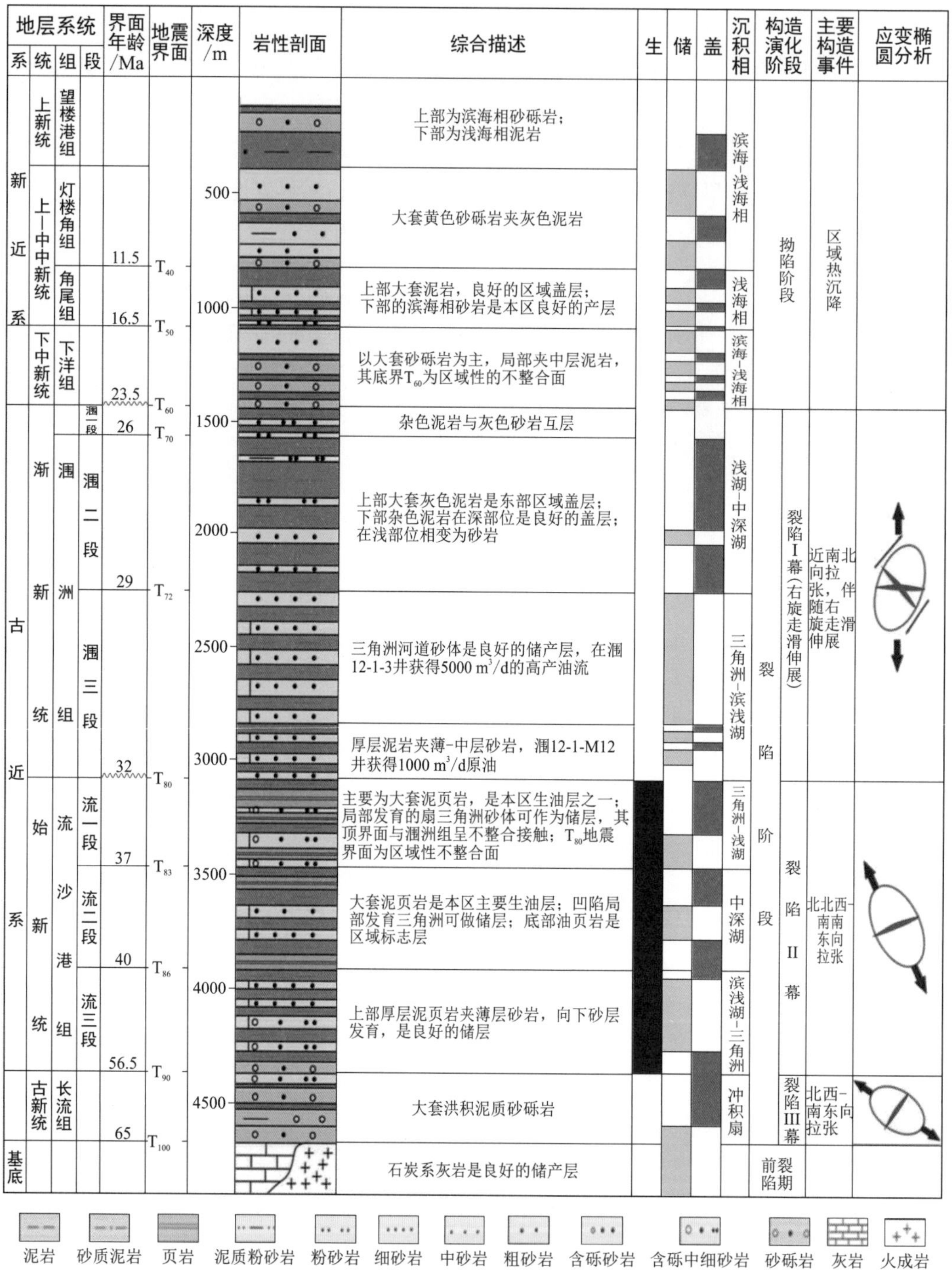

图4.13　北部湾盆地古近系、新近系综合柱状图（据李春荣等，2012）

## （二）琼东南盆地

琼东南盆地位于南海北部的海南岛和西沙群岛之间的海域，盆地结构具北断南超的特点。盆地总体呈北东走向，北部与海南隆起区以大断层相接；南部以斜坡超覆带向西沙隆起区过渡；西部以中建低凸起的东侧大断层与莺歌海盆地相接；东北部也以大断层与珠江口盆地相接。西部与莺歌海盆地为界，北东与珠江口盆地为邻，盆地面积为82993 km²，盆地海域水深为0～2000 m。

盆地从区划上可分为北部拗陷、中部隆起、中央拗陷、南部隆起四个一级单元，二级单元相间排列，划分出10个凹陷、7个凸起–低凸起，即崖北凹陷、松西凹陷、松东凹陷、崖南凹陷、乐东–陵水凹陷、松南–宝岛凹陷、北礁凹陷、长昌凹陷、甘泉凹陷、华光凹陷，以及崖城凸起、陵水低凸起、松涛凸起、崖南低凸起、陵南低凸起、松南低凸起和北礁凸起（图4.14）。

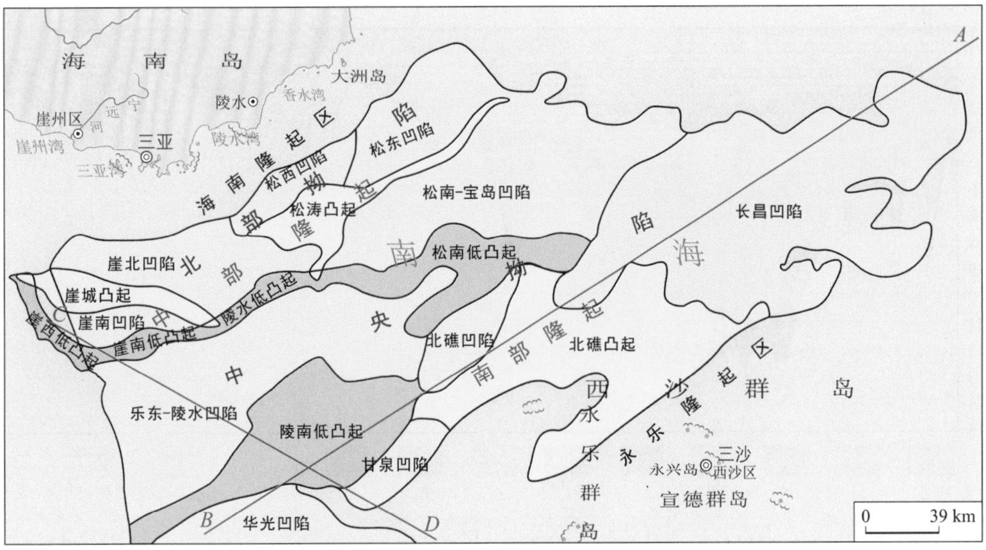


图4.14　琼东南盆地构造单元划分图

琼东南盆地地层以新生界为主，钻井资料揭示新生界自下而上发育了始新统岭头组、下渐新统崖城组、上渐新统陵水组、下中新统三亚组、中中新统梅山组、上中新统黄流组、上新统莺歌海组以及第四系乐东组。

在地震剖面上由下至上划分了$T_g$、$T_8$、$T_7$、$T_6$、$T_5$、$T_3$、$T_2$、$T_1$和$T_0$九个地震反射界面，相应地可划分八套地震三级层序，三级层序自上而下为层序A、层序B、层序C、层序D、层序E、层序F、层序G、层序H。从崖21-1-1井、崖13-1-4井、崖19-1-1井等钻井的微体古生物化石、岩性、测井（郝诒纯等，2000）和部分地震资料出发，划分出了三个二级层序：二级层序Ⅰ大致相当于上渐新统陵水组，井深为4880～4426 m，距今30～21 Ma，Ⅰ顶界相当于地震界面$T_6$；二级层序Ⅱ大致相当于下中新统至中中新统N15带三亚组和梅山组，井深为4426～3835 m，距今21～10.2 Ma，Ⅱ顶界相当于地震界面$T_3$；二级层序Ⅲ大致相当于上中新统至上新统黄流组和莺歌海组（N17～N21带顶部）（郝诒纯等，2000），井深为3835～1777 m，距今10.2～1.9 Ma，层序Ⅲ顶界相当于地震界面$T_1$。由于崖21-1-1井、崖13-1-4井、崖19-1-1井尚未钻遇始新统，故对于更老地层的时代主要通过剖面特征和区域地质资料加以综合分析并进行推断（图4.15～图4.19）。

通过从钻井上获得的认识，综合认为可将琼东南盆地地震地层自下而上分别为$T_g$～$T_8$（始新统岭头组）、$T_8$～$T_7$（下渐新统崖城组）、$T_7$～$T_6$（上渐新统陵水组）、$T_6$～$T_5$（下中新统三亚组）、$T_5$～$T_3$（中中新统梅山组）、$T_3$～$T_2$（上中新统黄流组）、$T_2$～$T_1$（上新统莺歌海组）和$T_1$～$T_0$（第四系）。

地层特征分述如下。

1. 前新生界基底

琼东南盆地的基底是海南岛南部陆区地层的延伸，盆地边缘斜坡带的钻井（龚再升等，1997；何家雄，2008a）揭示有混合岩类等变质岩（崖13-1-2井）、古生代的白云岩、灰岩等碳酸盐岩（崖8-2-1井）以及中生代的闪长岩、花岗岩等中酸性侵入岩（崖19-1-1井、崖13-1-1井），安山岩、流纹岩、泥质粉砂岩等火山碎屑岩（崖14-1-1井）（表4.3）和红层（岭头1-1-1井、岭头9-1-1井）。

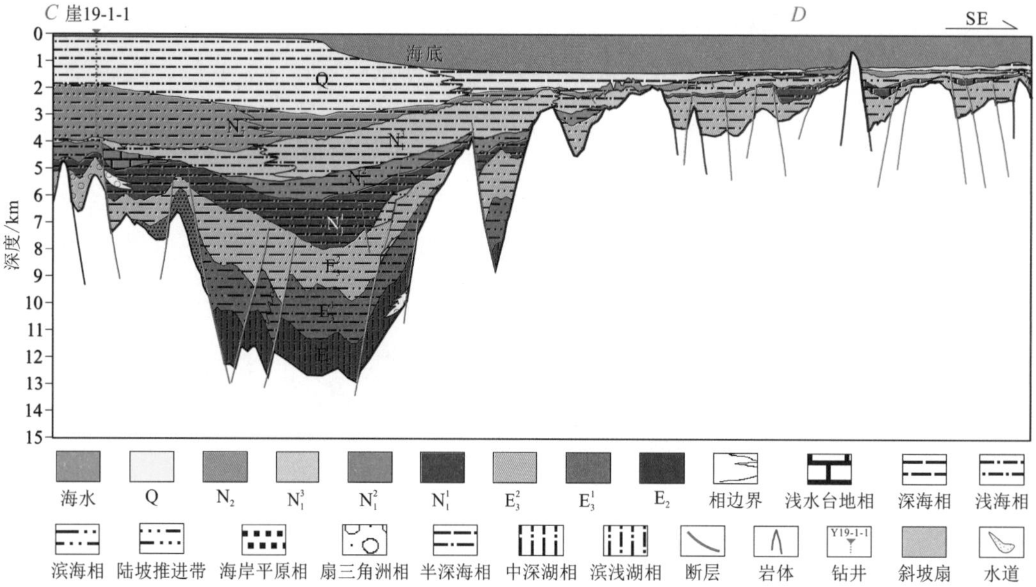


**图4.15　过琼东南盆地地震剖面*CD*地震相解译图**（剖面位置见图4.14）

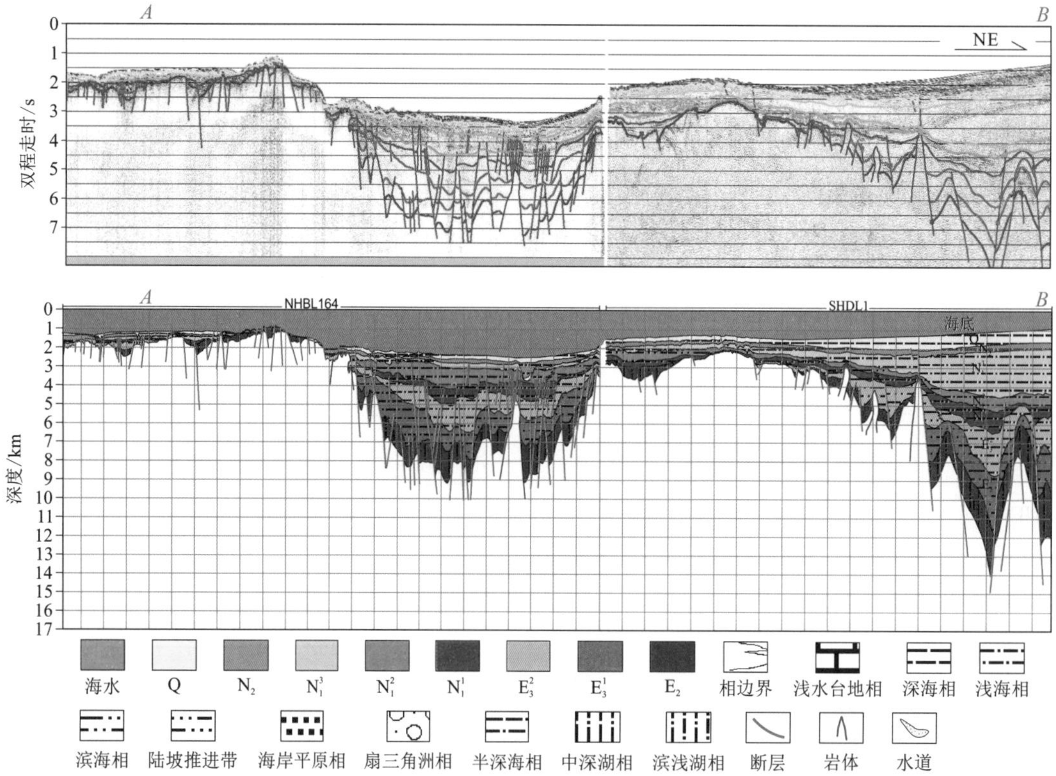


**图4.16　过琼东南盆地地震剖面*AB*及地震相解译图**（剖面位置见图4.14）

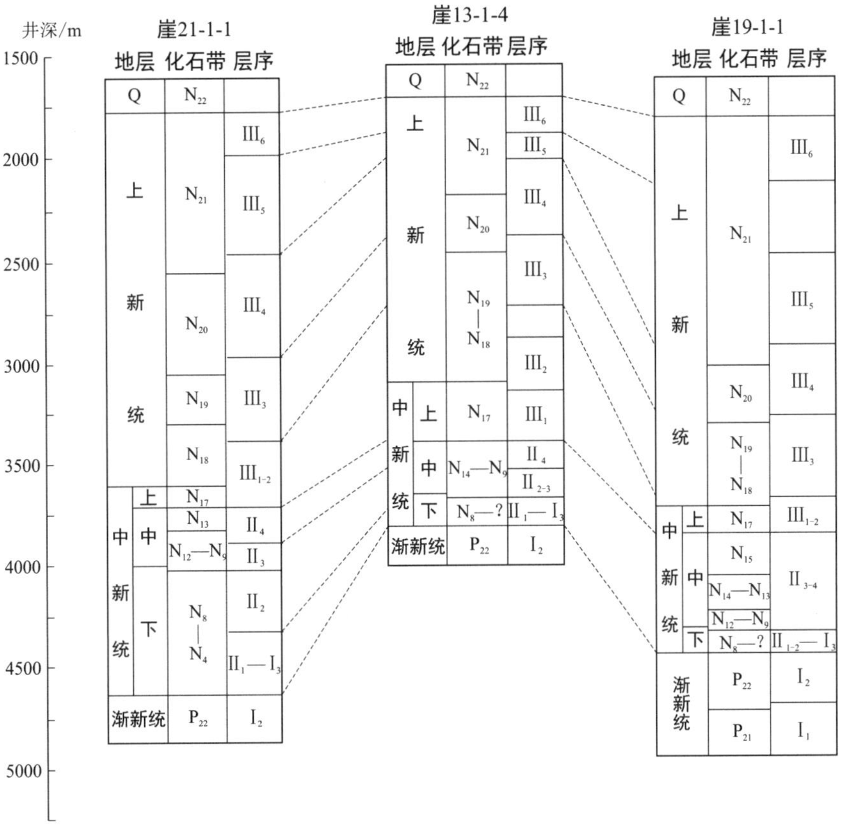


图4.17　崖21-1-1井、崖13-1-4井、崖19-1-1井有孔虫化石带及地层划分对比图（据郝诒纯等，2000）

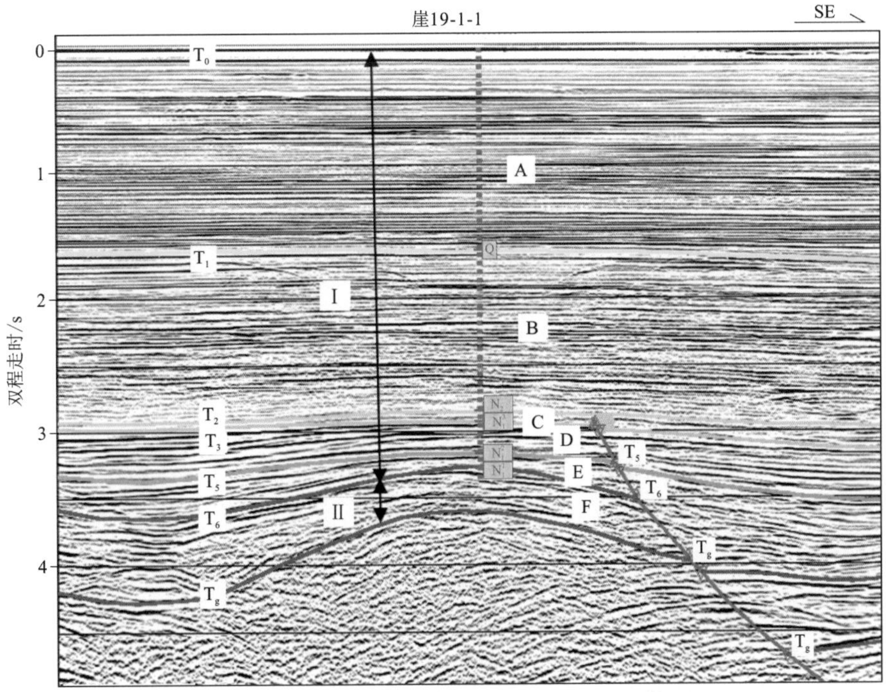


图4.18　琼东南盆地西部过崖19-1-1井剖面图

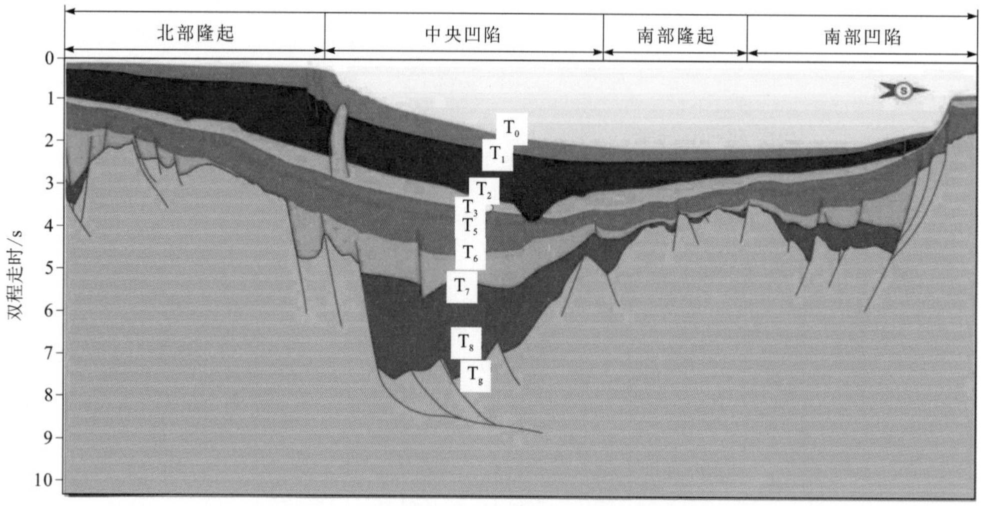


图4.19 琼东南盆地构造-地层解释图

表4.3 琼东南盆地基底岩性特征及同位素年龄（据何家雄，2008a）

| 盆地 | 井号 | 钻井深度 /m | 基底岩性 | 地层层位 | 同位素测年 /Ma |
|---|---|---|---|---|---|
| 琼东南盆地 | 崖 13-1-1 | 3822.2 | 花岗岩 | 三叠系 | 194 ～ 226 |
| | 崖 13-1-2 | 4295.6 | 角岩 | 上白垩统 | 112±3 |
| | 崖 14-1-1 | 3158.0 | 英安流纹岩 | 上白垩统 | 82.8±1.7 |
| | 陵水 2-1-1 | 2769.0 | 安山玢岩 | 白垩系 | 93.92 |
| | 莺 9 | 2850.0 | 花岗岩 | 白垩系 | 156 ～ 185/106.9 |
| | 宝岛 6-1-1 | 2133.0 | 火山集块岩 | 上白垩统 | 87 |

注：同位素年龄均采用 K-Ar、Rb-Sr 法测定。

2. 古近系

古近纪时期，在神狐运动的影响下，盆地内部则受基底断裂控制，形成了“两拗一隆”的盆地凹凸格局，张性断裂活动控制了盆地始新世—早渐新世的充填结构（钟志洪等，2004），而晚渐新世的盆地充填则受张性断裂活动与区域背景沉降的共同作用。盆地内形成众多半地堑，半地堑中的沉积充填物始新统推测为河湖湘、下渐新统崖城组为河流沼泽相、上渐新统陵水组为海陆过渡相。半地堑中的充填沉积厚度为3000～6000 m（图4.20）。

古新统和始新统岭头组，相当于H层序（$T_g$～$T_8$）：目前暂无钻井钻遇古新统。根据地震剖面，始新统下面还存在一套未有变质的地震层序，根据地震反射特征，声波基底位于该套地层之下，推测该套地层为古新统。始新统岭头组为一套陆相碎屑岩沉积，局限分布在彼此独立的凹陷的底部，始新统的湖相泥岩是凹陷重要的烃源岩，凸起带缺失，低凸起区零星发育。始新统没有钻井揭示，根据地震资料推测早期多个断陷存在中深湖相沉积。其沉积特征表现为受到湖盆发育历史控制的砂岩-泥岩-砂岩三重结构，即在湖盆初始形成期间，形成以近源快速堆积的坡积扇、冲积扇、扇三角洲等碎屑沉积物；在湖盆扩张时期，大套的中深湖相细粒碎屑岩发育；湖盆萎缩消亡期间，河流-三角洲相沉积的相对粗粒沉积再次发育。琼东南盆地浅水区已发现的油气部分来源于始新统湖相泥岩烃源岩。

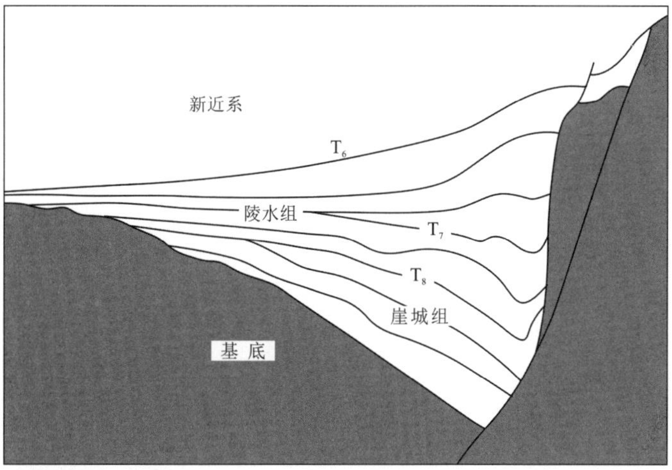


**图4.20　琼东南盆地北部拗陷带古近纪的地层结构图**（据钟志洪等，2004，修改）

中—下渐新世崖城组，相当于G层序（$T_8$～$T_7$）：有多口钻井钻遇崖城组，钻遇地层厚度910 m。最老层段崖三段，底部浅棕红色砾岩、砂砾岩等组成的冲积扇体系，向上逐渐变细，至顶部为海岸平原相的砂岩、泥岩互层，次级层序的叠加方式为加积–退积型（图4.21、图4.22）。未见有孔虫化石，具NP24～NP23钙质超微化石带组合和*Verrucatosporites*、*Leiotrilletes*、*Trilobapollis*孢粉化石。崖二段早、晚期发育透明钙质底栖有孔虫，以生长在海湾、河口和潟湖等半咸水环境的*Ammonia tepida*、*Ammonia beccariivar*等有孔虫为主，少量*Florilus* spp.、*Baggina minima*（郝诒纯等，2000）；介形虫属种单调，含*Cytherella beibuwanensis*、*Spinileberis* spp.等，中部浮游有孔虫丰度较高，可见*Homotryblium*、*Cordosphaeridium*和 *Cleistosphaeridium*等沟鞭藻孢囊化石，反映受海侵影响的近岸环境（刘晓峰等，2018）。崖一段底部为海岸平原相砂岩、泥岩互层，并通过加积或进积方式叠加，向上变粗为砂砾岩、含砾砂岩与砂质泥岩互层；上部由滨浅海相加积和退积型泥岩夹薄层砂岩组成，见极少量底栖有孔虫，以*Florilus* spp.、*Ammonia beccariivar*占优势，反映此时古近纪彼此分割的断凹已经逐渐连成一片，盆地遭受海侵且海侵范围逐渐扩大，为海湾–浅海相沉积（王振峰等，2014，2016）。崖城组海陆过渡相烃源岩与海相烃源岩为珠江口盆地的主力气源岩，深水钻井揭示的崖城组海陆过渡相烃源岩与海相烃源岩有机质丰度较高，有机质类型为$Ⅱ_2$–Ⅲ型，以生气为主。

上渐新统陵水组，相当于F层序（$T_7$～$T_6$）：又分陵水组（陵）一段、陵水组二段、陵水组三段。自下而上岩性特征为陵三段砂岩、厚层暗色泥岩与薄层砂岩互层；陵二段以深灰色泥岩为特征；陵一段以浅海相长石砂岩、石英砂岩夹薄层泥岩为主，岩层中含凝灰质，底部见紫灰色生物灰岩。古生物分析得出陵三段与陵二段含*Gaudryina linshuiensis*、*G. hayasakai*、*Globigerina ciperdensis*等底栖有孔虫化石，NN1～NP25超微化石组合，以及*Momipites*、*Pinuspollenites*、*Polypodiaceoisporites minutus*孢粉化石，属滨海相沉积（郝诒纯等，2000；王振峰等，2016）。

3. 新近系

下—中中新统三亚组，相当于E层序（$T_6$～$T_5$）：莺6井钻遇生物碎屑灰岩，富含有孔虫，厚499 m。岩性可分为两段：下段以灰色泥岩为主，上部棕色泥岩，下部泥岩夹薄层细砂岩与黄色泥岩，含黄铁矿与海绿石，属扇三角洲沉积相，盆地北部发育灰白色砂砾岩（局部为礁滩相沉积）；上段以浅灰色、灰白色粉–细砂岩、砾状砂岩为主，间夹薄层灰色泥岩、砂质泥岩，局部见黑色煤层，具有滨海相沉积特征。本组含*Globigernoides bisphericus*、*Globigerina enapertura*、*Uigerina somendaensis*等有孔虫化石组合，NN4～NN3超微化石带，*Cupuliferoipollenites*、*Liquidambarpollenites*孢粉化石成分（郝诒纯等，2000；刘晓峰等，2018）。

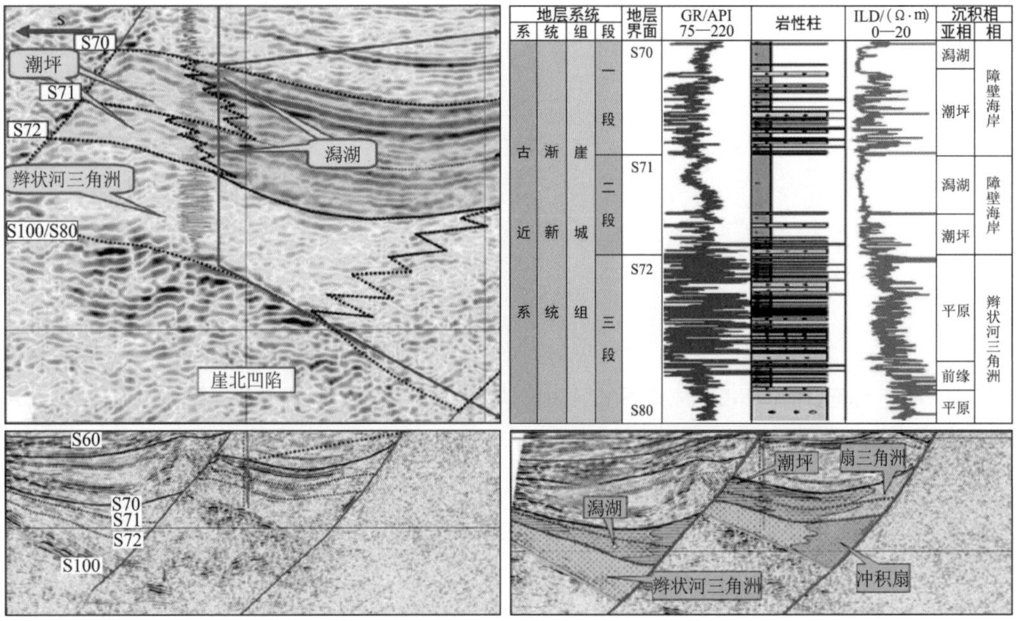


**图4.21　崖北凹陷崖8-2-1井下渐新统崖城组不同层段岩性特征及地震反射特征图**（据王振峰等，2014，2016修改）

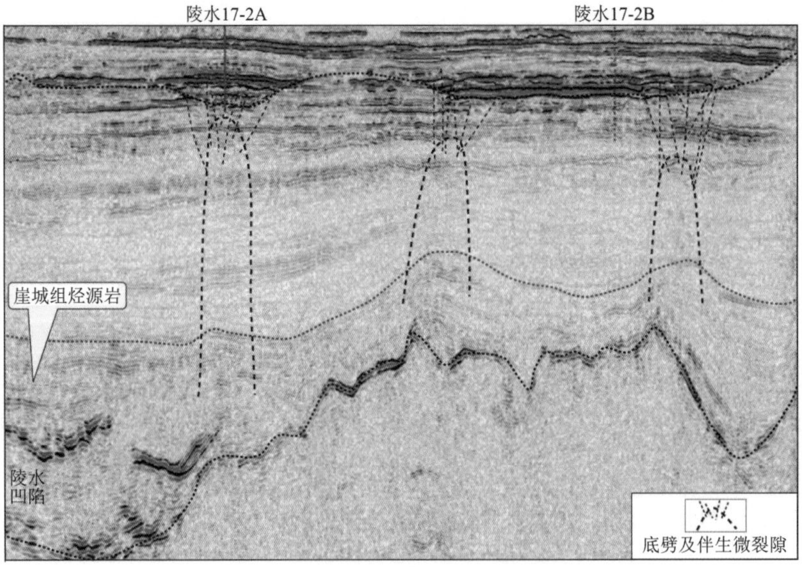


**图4.22　陵水17-2气田地震剖面显示崖城组烃源岩**（据王振峰等，2016修改）

中中新统梅山组，相当于D层序（$T_3$～$T_5$）：厚433～1010 m。岩性可分为两段，下段以浅灰白色有孔虫灰岩、礁灰岩和白色石英砂岩、细砂岩不等厚互层为主，局部见灰质砂岩、灰岩，北部拗陷部分钻井钻遇厚层砂质、泥质灰岩及白垩质砂、泥岩；上段以有孔虫砂质灰岩、灰色泥质粉砂岩、白垩质砂岩、粉-细砂岩和灰质泥岩互层为主，钻井揭示崖南凹陷缺失本段地层。古生物含*Globorotalia fohsirobusta*、*G. Siakensis*、*G. Mayeri*、*G. Menardii*、*G. peripheroacuta*、*Orbulina suturalis*、*Cycloclypeus*、*Praeorbulina glomerosa*等有孔虫化石，NN8～NN5超微化石组合，*Polypodiaceaesporites haardti*、*Taxodiaceaepollenites hiatus*、*Myrtaceidites*孢粉化石组合，属滨海、浅海相沉积（郝诒纯等，2000；姚哲等，2015）。

上中新统黄流组，相当于C层序（$T_3$～$T_2$）：岩性可分为两段，下段灰色砂质灰岩、褐灰色灰岩、灰黄色生物灰岩与灰色–深灰色泥岩、浅灰色粉–细砂岩不等厚互层，具滨海、浅海及盆底扇沉积特征，含*Globorotalia lenguaensis*、*G. acostaensis*有孔虫化石，NN8～NN5超微生物化石带，*Discoaster quinqueramus*、*Catinaster coalitus*等孢粉化石（郝诒纯等，2000；刘晓峰等，2018）；上段仅崖城35-1井钻遇，为浅灰色、灰白色细砂岩、泥质粉砂岩，夹薄层灰色、深灰色泥岩。黄流组浊积水道砂是琼东南盆地油气较好的储集层，在琼东南盆地中央峡谷中下部，黄流组有3～5层砂组，砂层之间由块体流泥岩分割，储层厚度一般为15～30 m，单层最大厚度达70 m，黄流组储层岩石类型主要为石英砂岩，其次为少量的岩屑石英砂岩、长石石英砂岩，岩屑含量少，储层砂岩分选中等，磨圆度为次棱状–次圆状，具有重力流远源搬运沉积的特点（姚哲等，2015）（图4.23、图4.24）。

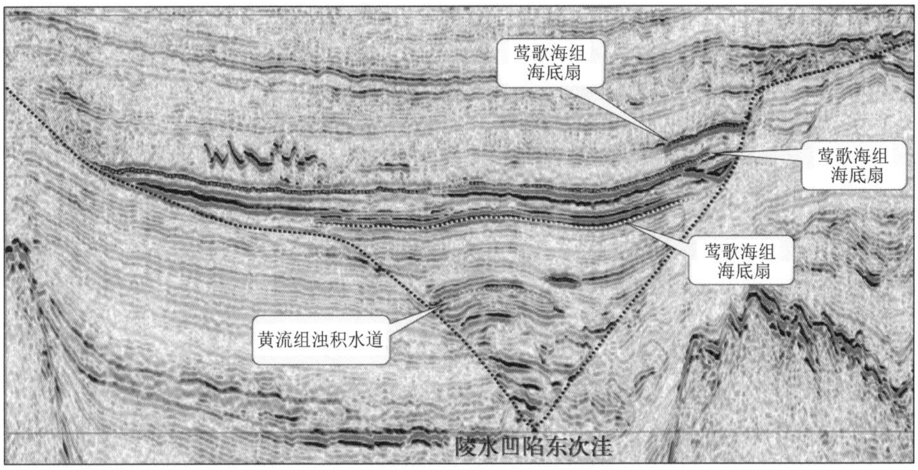


图4.23　琼东南盆地黄流组和浊积水道和莺歌海组海底扇地震剖面图

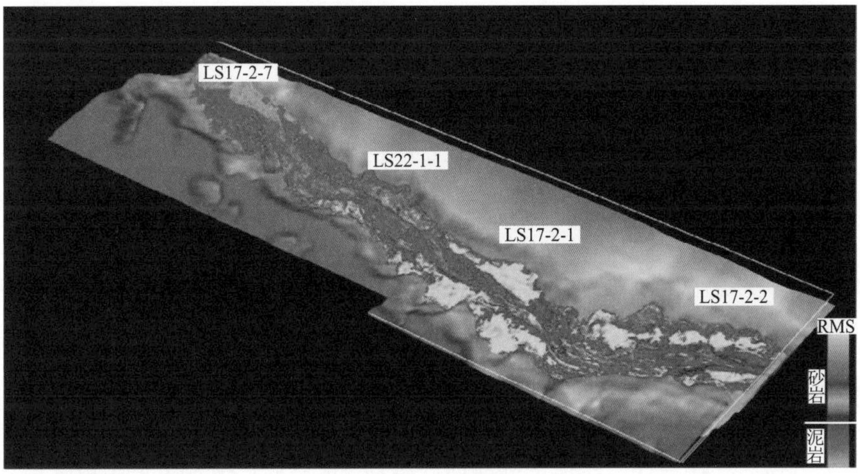


图4.24　琼东南盆地中央峡谷黄流组浊积水道砂体分布图（据姚哲等，2015，修改）

上新统莺歌海组与第四系可分为以下几个层组。

上新统莺歌海组，相当于B层序（$T_2$～$T_1$）：岩性分为两段，下段下部为棕黄色泥岩、绿色泥岩、深灰色及灰色泥岩，中部为黄色泥岩，上部为灰色泥岩、泥质粉砂岩、细砂岩组合，部分薄层泥岩中含生物碎屑，局部可见粒状砂岩、灰岩及薄煤层，为浅海–陆坡–半深海相沉积；上段底部为深灰色泥岩夹灰色砂质泥岩，中部为深灰色泥岩夹灰色生物碎屑泥岩，上部为灰色黄铁矿泥岩、灰色砂质生物碎屑泥岩与灰色泥质粉砂岩互层，具有浅海–陆坡相沉积特征（图4.23、图4.25）。微体古生物化石含*Globigerinoides* *extremus*、*Globoquadrina altispira*、*Globigerina nepenthes*、*Globoquadrina dehiscens*、*Globorotalia margaritea*、*G. multicamerata*等有孔虫化石和NN18～NN12超微化石组合（郝诒纯等，2000；王振峰等，2016，刘晓峰等，2018）。莺歌海组局部发育大型海底扇，陵水18-1-1（LS18-1-1）井钻遇莺歌海组海底扇，为受水道限制的浊积水道砂亚相，岩性为厚层粉砂岩。海底扇砂岩海底下埋深为1200～1500 m，孔隙度高达32%，渗透率因物性偏细、泥质含量高而略低。莺歌海组海底扇以粉砂岩为主，薄层细砂岩次之，砂岩单层厚度为10～30 m，常夹薄层泥岩。陵水17-2气田浅层T29A海底扇，扇体最大厚度达90 m，最大面积达500 km²（张道军等，2015）。

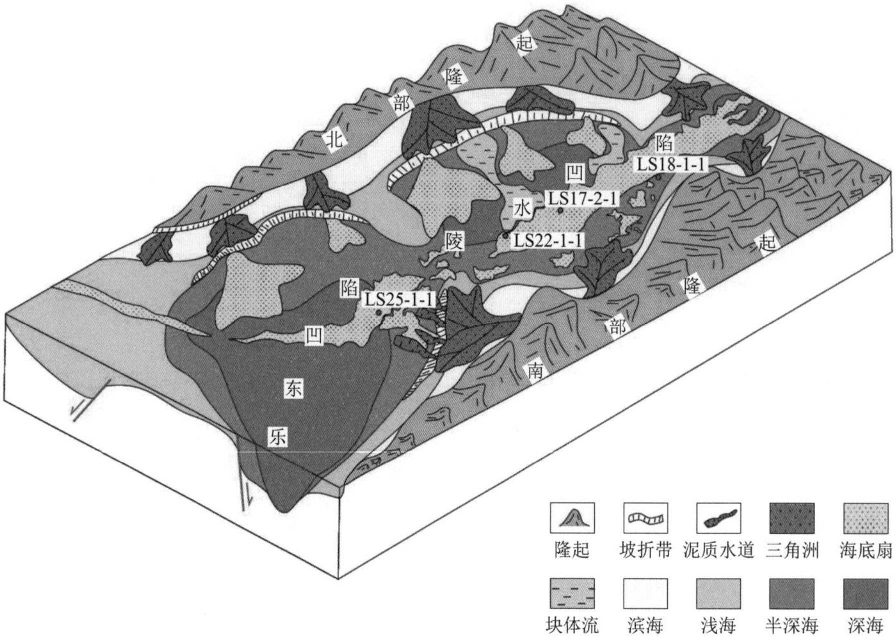


**图4.25　琼东南盆地中央峡谷莺歌海组海底扇分布图**（据王振峰等，2016）

4. 第四纪

第四系相当于A层序（$T_1$～$T_0$）。其中，更新统乐东组以松散-未成岩-灰色黏土为主，夹薄层浅灰色、绿灰色粉砂、细砂岩，上部见粒状砂层。富含生物碎屑，见*Globorotalia tosaensis*、*Globigerinoides tenellus*、*Globorotalia acostaensis*等有孔虫化石组合和NN21～NN19超微化石带（郝诒纯等，2000），为浅海相沉积。晚第四系为松散的砂泥质沉积，成岩性不好，厚384～1754 m。下部为泥岩，夹多层含砾砂岩，含底栖-浮游有孔虫；上部为黏土和砂质泥岩。

通过钻井和地震界面的对比，共同厘定了琼东南盆地新生界的八套地层。可以看出，琼东南盆地新生代沉积厚度最大达11000 m，其中古近系最大厚度超7000 m，新近系为3000～5000 m。盆地总体上表现为下断上拗的典型伸展型盆地的结构特征，盆地下部的地层序列（$T_g$～$T_6$）表现为受边界断层控制的小型地堑或半地堑，这套地层为一套楔形或梯形的充填体，靠近边界断层一侧地层厚度较大。这些早期的地堑或半地堑分布不连续，在盆地内孤立分布，以陆相沉积为主。盆地上部的地层序列（$T_6$～$T_0$）表现为中新统及之上地层都超覆叠置于早期的断陷盆地之上，由此形成了典型的“牛头式”的伸展型盆地结构样式。$T_6$～$T_3$沉积期早期活动的断层基本停止了发育，主要表现为拗陷型几何形态，局部有小规模的断层活动而表现为断拗型。$T_3$～$T_0$沉积期盆地的陆架-陆坡体系已经形成，由于琼东南盆地更靠近物源，沉积物供给充足，陆架边缘三角洲发育，表现为大规模的向海推进的沉积棱柱体。琼东南盆地岩性柱状剖面、地震反射界面、地层年代、平均厚度、沉积相、生-储-盖组合以及构造演化阶段等综合特征（张莉等，2019），如图4.26所示。

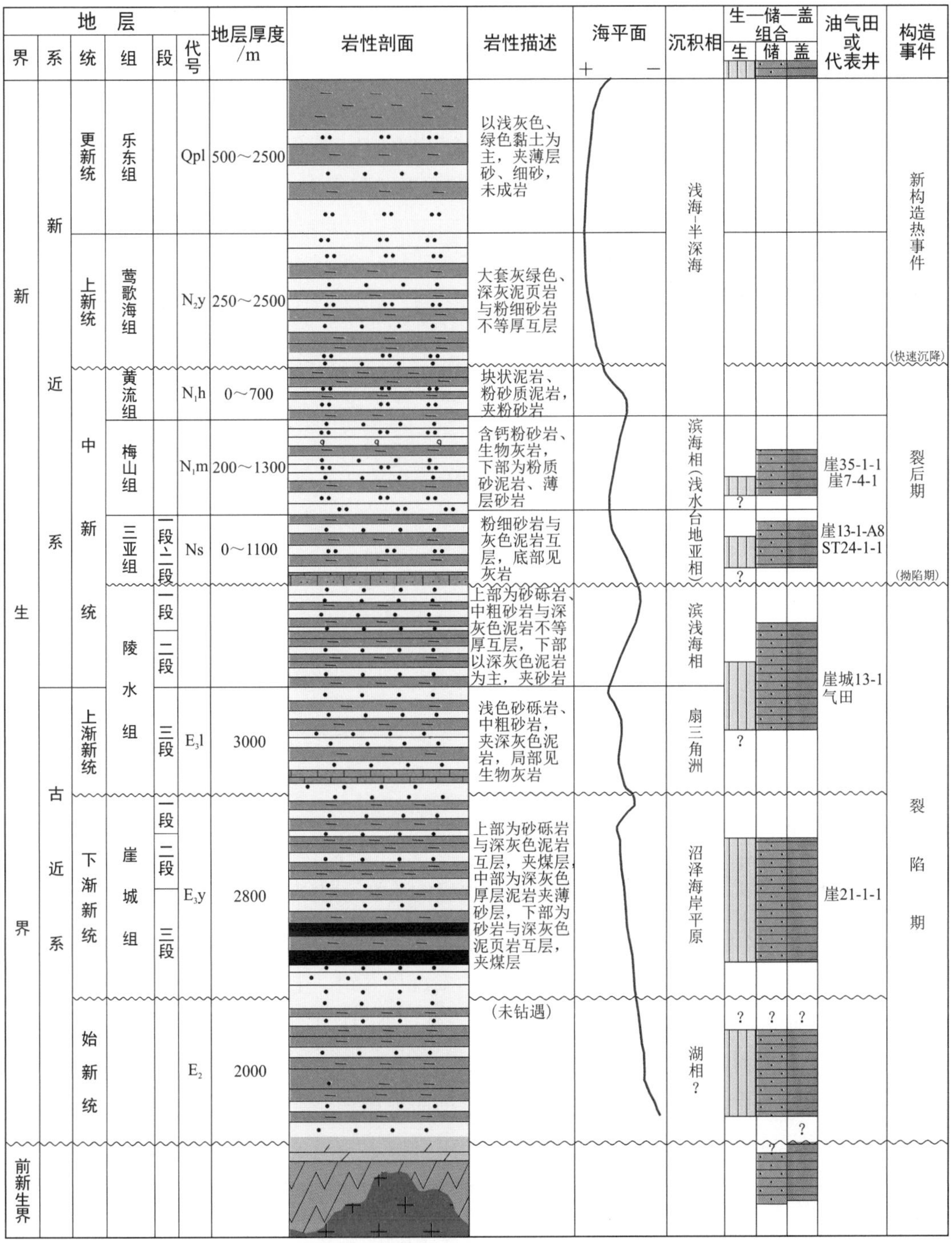


**图4.26　琼东南盆地地层及生-储-盖综合柱状图**（据张莉等，2019）

岩性图例见附录，下同

## （三）珠江口盆地

珠江口盆地是南海北部陆缘最大的沉积盆地，它在晚白垩世陆缘隆起，在地壳拉涨减薄、断裂作用发生的背景下开始形成一些地堑、半地堑式的断陷盆地上发展起来的。北邻华南大陆海岸带，东接台西南盆地，西连琼东南盆地，南与若干深水小盆地相毗邻，走向大致为北东向，面积约17.5万$km^2$，水深为60～300 m。

珠江口盆地可划分为四个一级构造带，即北部断阶带、北部拗陷带、中央隆起带和南部拗陷带。其中，北部断阶带包括海南隆起和北部断阶两个构造单元；北部拗陷带包括珠一拗陷和珠三拗陷两个构造单元；中央隆起带包括神狐暗沙隆起、番禺低隆起和东沙隆起三个构造单元；南部拗陷带包括珠二拗陷和潮汕凹陷两个构造单元。在珠一拗陷中，又可细分为惠州凹陷、恩平凹陷、陆丰凹陷、西江凹陷和韩江凹陷等一系列的次一级构造单元（陈斯忠等，1991）。在珠二拗陷中主要包括白云凹陷和荔湾凹陷。在珠三拗陷中，也可细分为文昌凹陷（包括A、B）、阳江凹陷和阳春凹陷等次一级构造（图4.27）。

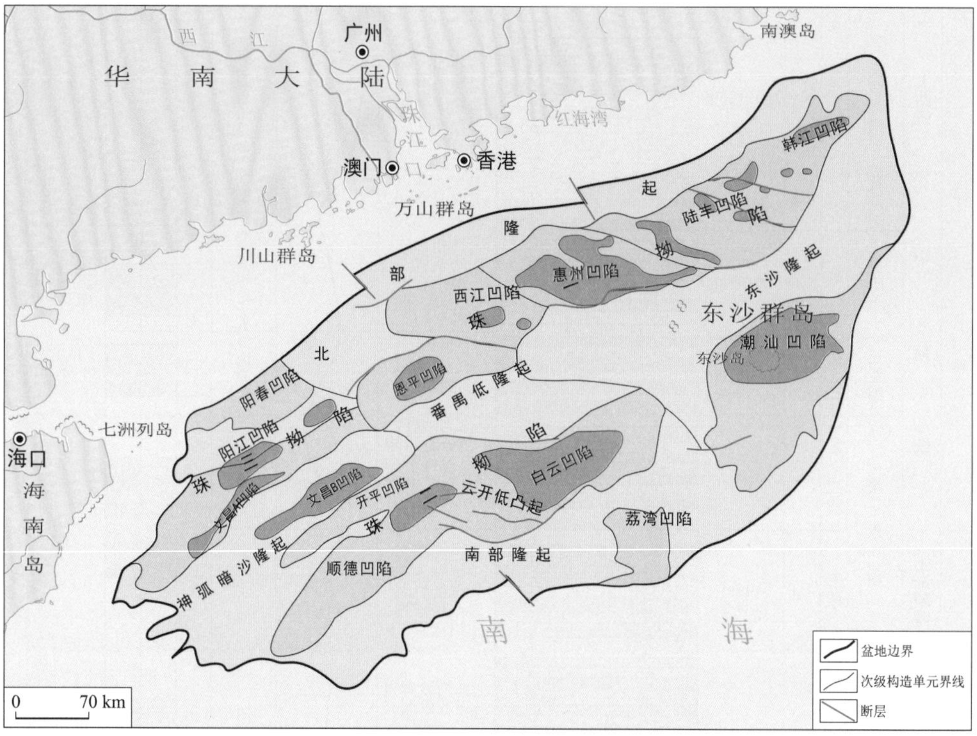


图4.27 珠江口盆地次级构造单元划分图

钻井资料揭示珠江口盆地新生界自下而上发育了古新统神狐组、始新统文昌组、下渐新统恩平组、上渐新珠海组、下中新统珠江组、中中新统韩江组、上中新统粤海组、上新统万山组和第四系。

在地震剖面上由下至上划分了$T_g$、$T_8$、$T_7$、$T_6$、$T_5$、$T_3$、$T_2$、$T_1$和$T_0$九个地震反射界面（图4.1），相应地可划分八套地震三级层序，三级层序自上而下为层序A、层序B、层序C、层序D、层序E、层序F、层序G、层序H。

荔湾3-1井区位于珠二拗陷白云凹陷东部，在地震剖面上用荔湾（LW）3-1-B和LW3-1-C确定了珠江组（$T_6$～$T_5$）的层位（图4.28）（王昌勇等，2011）。庞雄等（2005）、施和生等（2014）对珠江口盆地的新生界地层格架进行了确定，结合地震剖面，本研究对各层位的属性认识如下：$T_g$～$T_8$（古新统—中始新统）、$T_8$～$T_7$（上始新统—下渐新统）、$T_7$～$T_6$（上渐新统）、$T_6$～$T_5$（下中新统）、$T_5$～$T_3$（中中新统）、$T_3$～$T_2$（上中新统）、$T_2$～$T_1$（上新统）和$T_1$～$T_0$（第四系）。

图4.28 LW3-1-B、LW3-1-C井层序确定地震界面属性（据王昌勇等，2011，修改）

深水区域地层已基本揭示。潮汕凹陷以南已钻ODP1148站位，位于18° 50.17′ N，116° 33.94′ E，水深为3294 m，位于南海北部下陆坡（图4.29）。

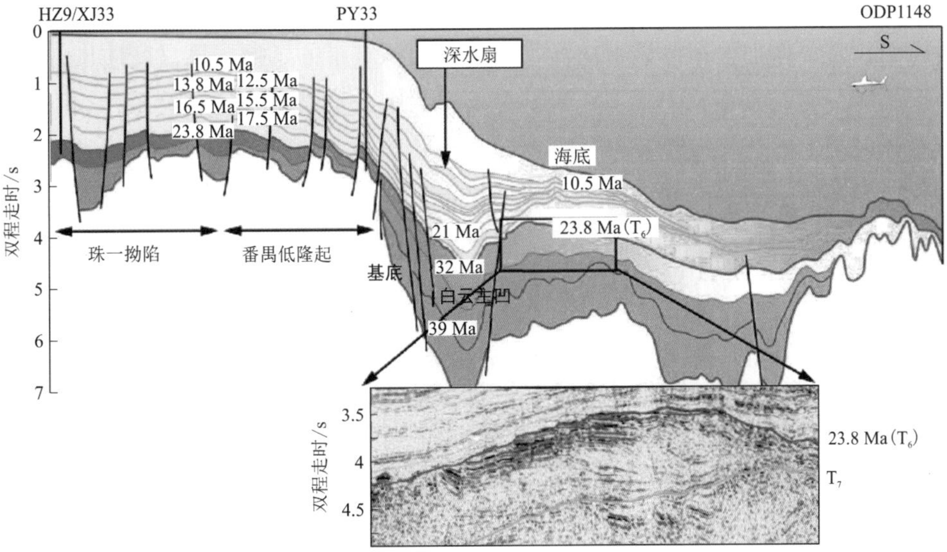


**图4.29 珠江口盆地过钻井地层格架图**（据庞雄等，2005；施和生等，2014，修改）

ODP1148站位下渐新统—更新统沉积物已经鉴别出39个超微化石带和29个浮游有孔虫化石带，缺失超微化石带NP25，表明渐新世最晚期存在1～3 Ma的沉积间断。渐新世—中新世界线是南海北部新生代地层最明显的界线之一。在该时段，珠江口盆地经历了从裂谷期到广泛沉降的转变。在ODP1148站位，渐新统（475～852 m）沉积物总体上是一套被生物强烈扰动的、富含石英的灰绿色超微化石黏土层，该层段丰富的生物扰动遗迹被强烈压实，造成沉积物层作用的假象。测井参数特征反映了快速堆积的渐新统从上向下，碳酸盐含量降低和黏土含量的增高。渐新统底部发现碎屑流的证据，偶尔出现条带状砂层，主要由石英、岩屑、黑云母、海绿石和有孔虫碎片组成，无证据表明这些早渐新世沉积物是在水体较浅的区域沉积（邵磊等，2004）。

上渐新统在458～472 m（时代为25.5～23.8 Ma）的岩心表现为滑塌变形沉积带，具明显变形沉积结构，包含较多的砂级沉积物（邵磊等，2004），它由重力搬运再沉积的生物碳酸钙黏土沉积物组成层内包卷层理，揉皱变形等滑塌构造十分发育，浅色的碳酸钙灰泥还显示出明显的再改造特征，表明渐新统和中新统界面为构造不整合面。

中新统沉积物（190～475 m）由黄灰色和红棕色含超微化石黏土、浅灰绿色黏土质超微化石软泥、含绿色软泥等其他黏土混合组成。中新统沉积物中无任何证据显示再沉积作用，是连续的半深海沉积作用的产物。下中新统出现一些薄的碳酸盐岩层和浊积岩（邵磊等，2004；李前裕等，2005）。

上新世—更新世沉积物（0～190 m）由生物强烈扰动的、含石英和超微化石的黏土组成。上部的黏土含量较高，下部的超微化石含量丰富。上新统与中新统界线位于184.5～193.8 m，以浅色富含碳酸盐的超微化石黏土层的增加和黄铁矿团块的消失为标志。更新统与上新统界线在125.8～135.5 m，上更新统硅质微体生物含量丰富，但在上新统快速降低至0（邵磊等，2004，2007a；李前裕等，2005）。

对珠江口盆地地层特征分述如下。

### 1. 前中生界基底

珠江口盆地东南为燕山期华南大陆边缘，褶皱基底的下部为基性、超基性岩，可能为燕山期的蛇绿岩建造。珠江口盆地西北海域，主要以加里东期变质岩为基底主体，属华南加里东褶皱系的一部分，由下古生界变质岩系组成，包括震旦系—志留系，为一套变质程度不同的千枚岩、片岩、片麻岩和混合岩。阳江35-1-1井4311 m处及阳江36-1-1井3490 m处所钻遇变质石英砂岩（李思田等，1997）。珠江口盆地中央为变质岩系，是华南加里东褶皱带向洋一侧的海西褶皱带的延伸，属浅变质岩，推测为一套浅变质的复理石建造组成，属泥盆系至中、下石炭统，盖层为中、上石炭统到三叠系，相当于海南岛上石碌矿区不整合于石碌群之上的三棱山组灰岩或不整合于岳岭群之上的青天峡组灰岩，类似于海南岛早海西褶皱带或越南长山早海西褶皱带，褶皱活动西部略早于东部。珠江口盆地东南为燕山期华南大陆边缘的增生体，褶皱基底的下部为基性、超基性岩（金庆焕，1989；李平鲁等，1998；高红芳，2008；谢锦龙等，2010）（表4.4）。

**表4.4　珠江口盆地钻遇前新生界基底岩性特征及时代表**

（据金庆焕，1989；李平鲁等，1998；高红芳，2008；谢锦龙等，2010）

| 井号 | 钻井深度 / m | 基底岩性 | 同位素年龄 / Ma | 地层代号 | 钻井位置 |
|---|---|---|---|---|---|
| 阳江 23-1-1 | 1865.0 ~ 1874.5 | 花岗闪长岩 | 47 ~ 55 | $E_2$ | 北部隆起 |
| 阳江 21-1-1 | 1620.0 ~ 1656.0 | 流纹岩 | 51.6 | $E_2$ | 北部隆起 |
| 珠 3 | — | 粗粒黑云母花岗岩 | 69 ~ 70.5 | $K_2$ | 珠一拗陷 |
| 珠 1 | 1846.0 ~ 1847.0 | 花岗岩 | 73 ~ 76 | $K_2$ | 珠一拗陷 |
| 阳江 26-1-1 | 1700.0 ~ 1702.0 | 流纹斑岩 | 89.2 ± 1.58 | $K_2$ | 珠三拗陷 |
| 恩平 18-1-1A | 3448.3 | 花岗岩 | 100.38 ± 1.46 | $K_1$ | 珠三拗陷 |
| | | | 94.38 ± 1.89 | | |
| 文昌 2-1-1 | 3594.0 ~ 3641.3 | 闪长岩 | 118 | $K_1$ | 珠三拗陷 |
| 阳江 32-1-1 | 2502.0 | 变质石英砂岩 | — | Pz | 珠三拗陷 |
| 阳江 35-1-1 | 4345.0 | 变质石英砂岩 | — | Pz | 珠三拗陷 |
| 阳江 36-1-1 | 3582.0 | 变质石英砂岩 | — | Pz | 珠三凹陷 |

注：除恩平 18-1-1A 井年龄 94.38±1.89 Ma 采用的是 Rb-Sr 等时线法定年外，其他年龄均采用 K-Ar 定年法。

2. 中生界

2003年，中国海洋石油集团有限公司与海外石油公司在珠江口盆地东南部潮汕凹陷北坡实施了LF35-1-1钻井，揭示海底下1003～2422 m为中生代地层（未钻穿基底），证实了南海北部海域中生界的存在，但LF35-1-1井中生代顶部地层遭受剥蚀，且完钻层位浅，未能完整揭示整个中生代地层序列（图4.30）。其钻井岩性结合地震剖面特征描述如下。

晚三叠世—早侏罗世，未钻遇，地震剖面显示均呈平行-亚平行连续反射特征，推测当时处于开阔、稳定的半深海沉积环境，主要沉积了一套半深海相泥页岩沉积。

中—上侏罗统底部，940～1423 m为一套含有机质的砂泥岩互层沉积，间夹杂火山喷发岩及鲕粒灰岩，存在海相生物化石以及富含有机质，表明当时为滨浅海环境。中—晚侏罗世早期接受了一套富含有机质的砂泥岩互层沉积，夹火山喷出岩及鲕粒灰岩，部分泥岩中含有孔虫等海相生物化石，从砂岩中常含海绿石、灰岩中鲕粒发育、含海相生物化石以及富含有机质等特征分析，当时的沉积环境应为水深不大的滨浅海沉积环境。

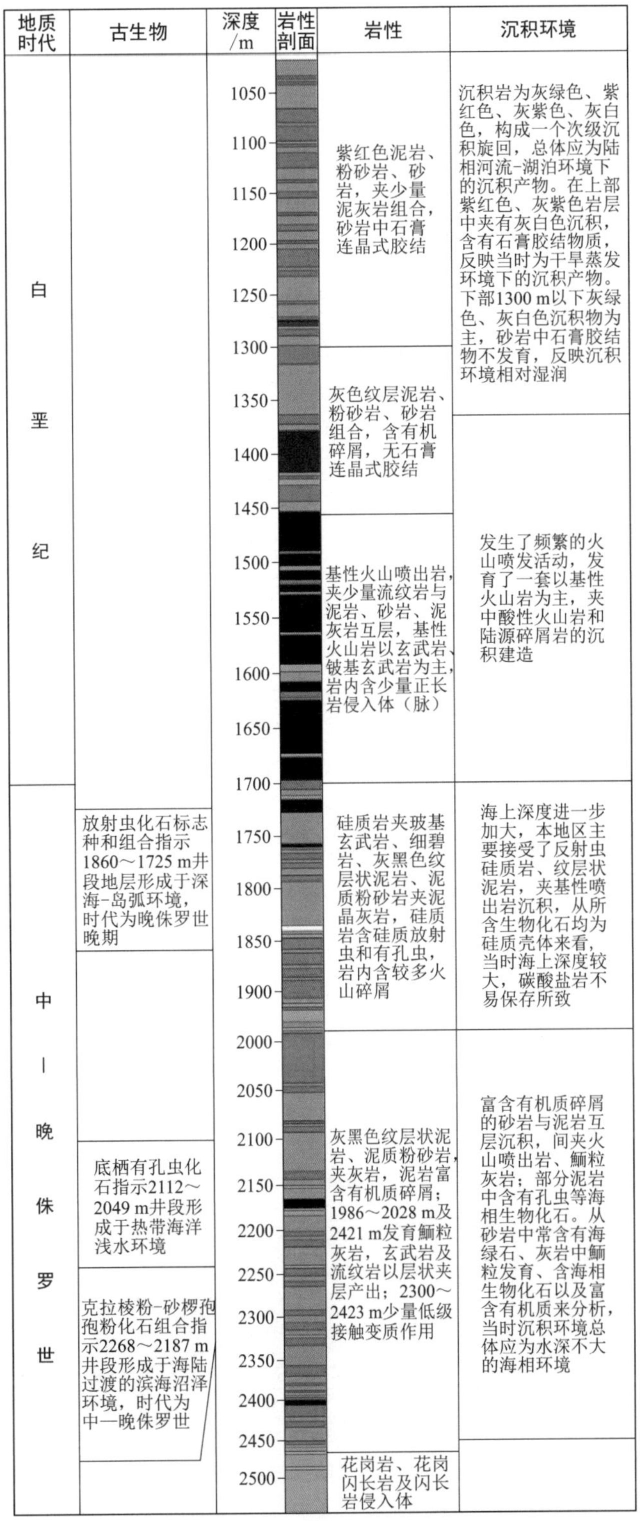

地质时代
古生物
深度/m
岩性剖面
岩性
沉积环境
白垩纪
中—晚侏罗世
1050
1100
1150
1200
1250
1300
1350
1400
1450
1500
1550
1600
1650
1700
1750
1800
1850
1900
2000
2050
2100
2150
2200
2250
2300
2350
2400
2450
2500
紫红色泥岩、粉砂岩、砂岩，夹少量泥灰岩组合，砂岩中石膏连晶式胶结
沉积岩为灰绿色、紫红色、灰紫色、灰白色，构成一个次级沉积旋回，总体应为陆相河流-湖泊环境下的沉积产物。在上部紫红色、灰紫色岩层中夹有灰白色沉积，含有石膏胶结物质，反映当时为干旱蒸发环境下的沉积产物。下部1300 m以下灰绿色、灰白色沉积物为主，砂岩中石膏胶结物不发育，反映沉积环境相对湿润
灰色纹层泥岩、粉砂岩、砂岩组合，含有机碎屑，无石膏连晶式胶结
基性火山喷出岩，夹少量流纹岩与泥岩、砂岩、泥灰岩互层，基性火山岩以玄武岩、钺基玄武岩为主，岩内含少量正长岩侵入体（脉）
发生了频繁的火山喷发活动，发育了一套以基性火山岩为主，夹中酸性火山岩和陆源碎屑岩的沉积建造
放射虫化石标志种和组合指示1860～1725 m井段地层形成于深海-岛弧环境，时代为晚侏罗世晚期
硅质岩夹玻基玄武岩、细碧岩、灰黑色纹层状泥岩、泥质粉砂岩夹泥晶灰岩，硅质岩含硅质放射虫和有孔虫，岩内含较多火山碎屑
海上深度进一步加大，本地区主要接受了反射虫硅质岩、纹层状泥岩，夹基性喷出岩沉积，从所含生物化石均为硅质壳体来看，当时海上深度较大，碳酸盐岩不易保存所致
底栖有孔虫化石指示2112～2049 m井段形成于热带海洋浅水环境
克拉梭粉-砂椤孢孢粉化石组合指示2268～2187 m井段形成于海陆过渡的滨海沼泽环境，时代为中—晚侏罗世
灰黑色纹层状泥岩、泥质粉砂岩，夹灰岩，泥岩富含有机质碎屑；1986～2028 m及2421 m发育鲕粒灰岩，玄武岩及流纹岩以层状夹层产出；2300～2423 m少量低级接触变质作用
富含有机质碎屑的砂岩与泥岩互层沉积，间夹火山喷出岩、鲕粒灰岩；部分泥岩中含有孔虫等海相生物化石。从砂岩中常含有海绿石、灰岩中鲕粒发育、含海相生物化石以及富含有机质来分析，当时沉积环境总体应为水深不大的海相环境
花岗岩、花岗闪长岩及闪长岩侵入体

**图4.30　潮汕凹陷LF35-1-1井中生界综合柱状图**

上侏罗统，940～720 m层段，主要为放射虫硅质岩、纹层状泥岩夹基性喷出岩沉积，其所含生物化石均为硅质壳体，表明了当时海水深度较大。

下白垩统（720～461 m）为一套基性火山岩，夹中酸性火山岩和陆源碎屑岩，其岩石组合及沉积特征表明了当时为海陆过渡沉积环境。早白垩世南海北部陆架及陆坡区发生海侵，发育了海陆交互相沉积。

上白垩统（461～300 m）为灰色纹层状泥岩、粉砂岩及砂岩组合，含较丰富的有机质碎屑，反映当时

相对湿润的气候环境；上部（300～5 m）则为紫红色泥岩、粉砂岩及砂岩，夹少量泥灰岩，为干旱蒸发的气候环境，总体上反映了河湖相沉积。

由于LF35-1-1井未钻穿侏罗系，地震剖面显示LF35-1-1井揭示的中生界仅对应地震反射剖面上识别的$T_{m2}$～$T_g$反射层组上部（图4.31）。地震剖面上$T_{m2}$～$T_g$反射层组明显由两套地层组成，LF35-1-1井岩心资料表明中生界分为上部白垩系及下部侏罗系，白垩系对应$T_{m1}$～$T_g$地震反射层组，侏罗系对应$T_{m2}$～$T_{m1}$地震反射层组。

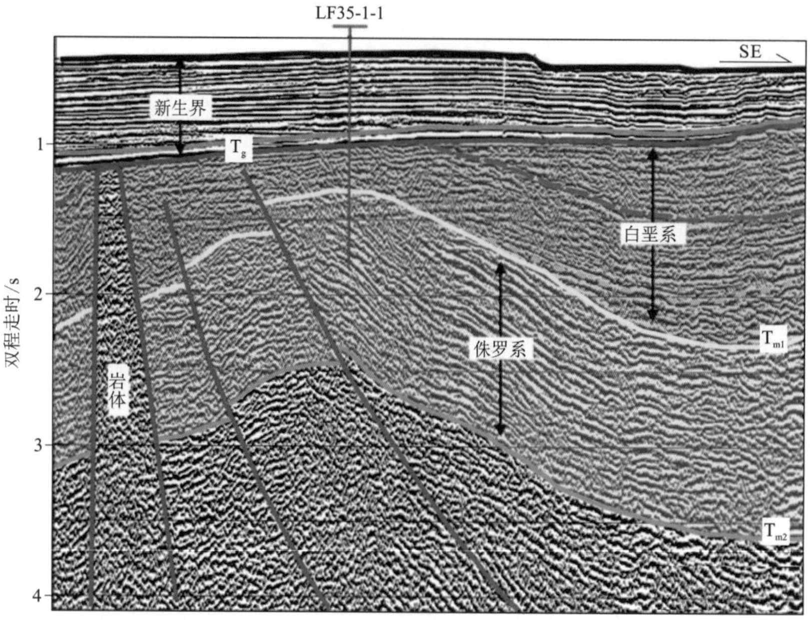


图4.31 潮汕凹陷地震反射剖面图（据钟广见等，2011）

中生界与新生界接触关系总体有两种特征：其一，中生界上部地层大致平行于新生界基底，并随同新生界基底地形起伏，呈平行假整合关系；其二，上倾的中生界被上覆的新生界削蚀，呈角度不整合接触（图4.32）。

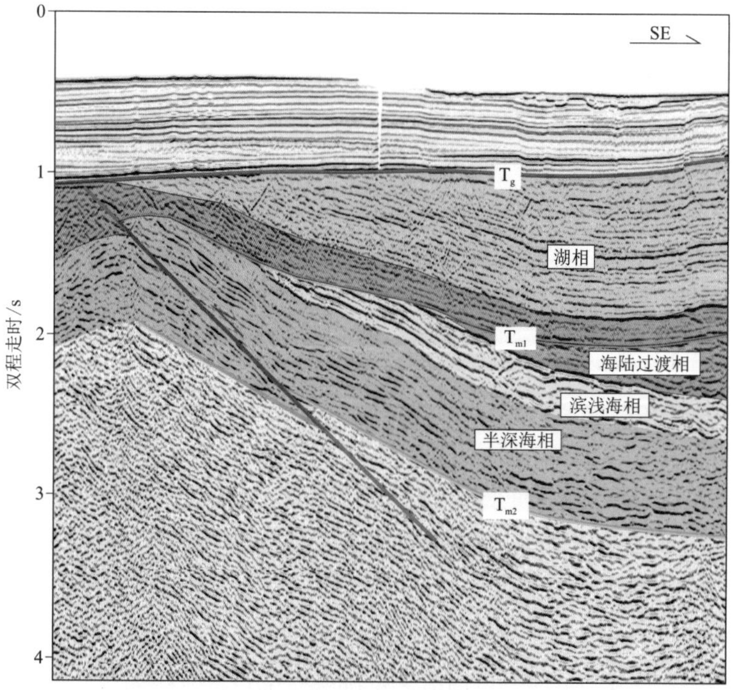


图4.32 潮汕凹陷中生代沉积相分析剖面图

过珠江口盆地潮汕凹陷的地震剖面显示，珠江口盆地中生界的地震响应为一套强振幅、高频、连续、倾角大的反射层，与上覆新生界反射层呈角度不整合接触，中生界被剥蚀现象明显。发育中生界的大部分区域，缺失古近纪甚至新近纪早期沉积，导致新近系直接覆盖在中生界之上。根据地震资料解释结果，珠江口盆地中生界分布范围较广，厚度不均，总体呈南北分带，中部厚、周边薄的特征。残留厚度介于0～5700 m，潮汕凹陷中生界分布面积最大，厚度分布在700～5700 m（图4.33），为最大厚度分布区，整体呈南西-北东向展布。

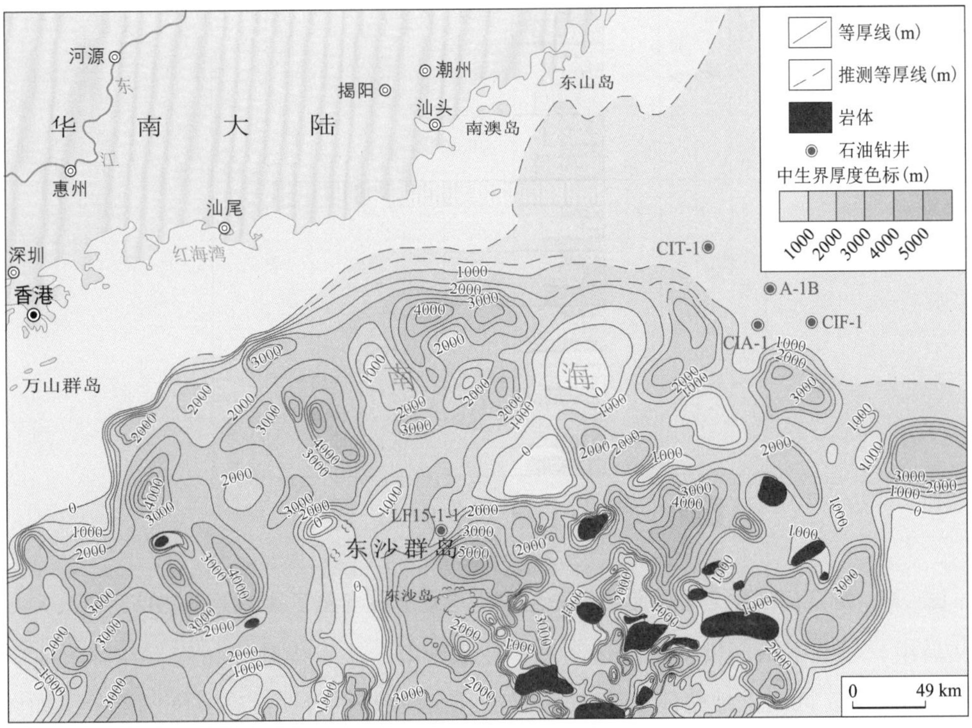


图4.33　珠江口盆地西部中生界等厚度图

3. 新生界

1）古近系

珠琼运动二幕是珠江口盆地古近纪最主要构造运动之一，其发生在晚始新世与早渐新世之间，距今39～36 Ma，其延续时间长，造成的抬升剥蚀量大，并伴有断裂和岩浆活动，随后的张裂导致珠江口盆地南部与海连通，北部拗陷带湖盆范围进一步扩大。珠琼运动二幕在地震剖面上表现为区域性不整合面$T_8$，其显著程度在研究区仅次于新生代盆地基底不整合面$T_g$（据王家豪等，2011）（图4.34、图4.35）。在珠琼运动二幕的影响下，神狐组、文昌组及恩平组为一套以陆相为主的碎屑岩建造沉积，珠海组是一套海陆过渡沉积。

古近系各地层组的沉积特征如下。

古新统神狐组和始新统文昌组（图4.36），相当于H层序（$T_g$～$T_8$）。

神狐组，主要分布在惠州凹陷、陆丰凹陷、韩江凹陷和惠陆低凸起中部，其岩性主要为棕红色、灰白色块状砂岩、火山碎屑岩和熔岩，厚0～958.5 m。陆丰探井揭示的神狐组一类型为一套火山岩沉积（包括熔岩、紫红色凝灰岩及火山碎屑岩），有时含较多砂岩与泥岩地层。另一类型为棕色、灰色砂岩夹棕褐色泥岩，顶部有厚层火山喷发岩，这是断陷早期火山活动较强烈的产物，其旋回性不明显。该组地层在地震剖面上反射连续性差，局部呈杂乱状，为洪积-冲积相粗碎屑充填沉积。神狐组与前新生代基底呈不整合接触。

| 地层 系 | 地层 统 | 地层 组 | 地质年龄/Ma | 岩性剖面 | 层序 三级 | 层序 二级 | 主要沉积相 | 演化阶段 | 构造运动 |
|---|---|---|---|---|---|---|---|---|---|
| 新近系 | 中新统 | 珠江组 | 23.9 | | | | | | |
| 古近系 | 渐新统 | 珠海组 | 30 | | SQEz¹ / SQEz² | V | 三角洲、浪控滨海 | 拗陷阶段 | 南海运动 |
| | | 恩平组 | 36 | | SQEe¹ / SQEe² / SQEe³ | IV | 辫状河三角洲、滨浅湖 | 断拗转化阶段 | 珠琼运动二幕 |
| | 始新统 | 文昌组 | 49 | | SQEw¹ / SQEw² | III | 扇三角洲、三角洲、浅湖-深湖 | 断陷阶段 | |
| | | | | | SQEw³ / SQEw⁴ | II | | | |
| | | | | | SQEw⁵ / SQEw⁶ | I | | | 珠琼运动一幕 |

图例：■ 砾岩　　含砾中-粗砂岩　　含砾细砂岩　　细砂岩　　粉砂岩　　泥岩

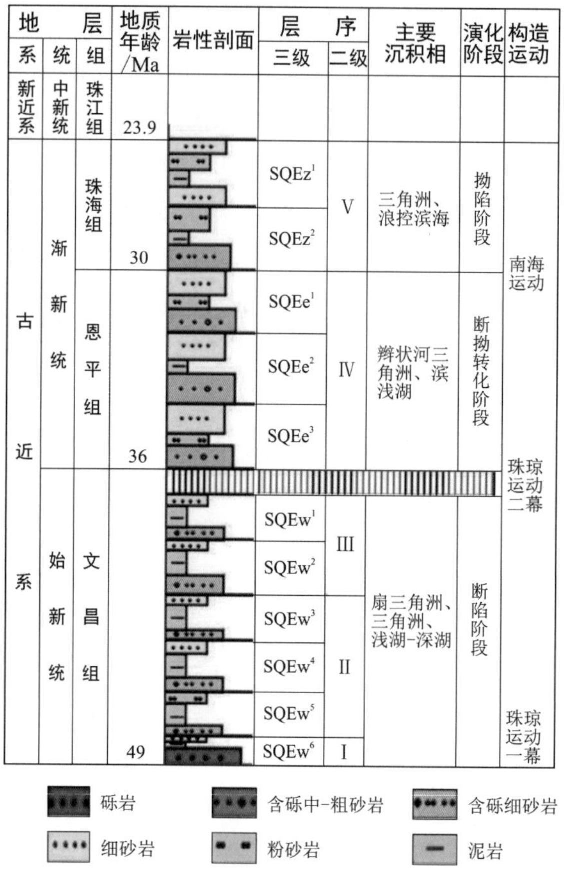

**图4.34　珠江口盆地恩平凹陷古近系层序地层划分图**（据王家豪等，2011，修改）

始新统文昌组，早—中始新世，珠琼运动一幕使盆地第二次发生陆缘拉张，在继承前期的断裂构造作用下，断陷拉张扩大。同时盆地整体抬升并遭剥蚀，隆、拗格局分明，在其深凹部分，如珠二拗陷、珠一拗陷、珠三拗陷南部，接受深湖相文昌组沉积。始新统文昌组在恩平、西江、惠州、陆丰、韩江等凹陷及番禺27-2洼陷均有分布。钻探揭露文昌组地层厚度为0～764 m。以大套灰黑色泥岩为主，夹少量灰色砂岩，部分地区夹煤层，代表有机质含量较高的湖相沉积，分布于分割的断陷盆地中。泥岩质纯不含钙，含较多的菱铁矿晶粒及少量炭化植物碎屑；砂岩为长石岩屑砂岩，成分以岩屑为主，分选及磨圆度均差，长石大多风化为高岭土，表明是在潮湿气候条件下碱性介质中由硅酸盐矿物分解而成。重矿物中电气石、锆石、绿帘石、榍石含量较高。本组以三孔沟（*Tricolporate*）、三沟粉（*Tricolpollenites*）等孢粉化石占优势，其他化石极其稀少（李振雄和马俊荣，1992），为浅湖-半深湖相及潟湖相沉积，与下伏地层呈不整合接触（图4.37）。

下渐新统恩平组，相当于G层序（T$_8$～T$_7$）。其为一套含煤地层，岩性为灰黑色泥岩与灰白色砂岩互层，夹煤层，属河湖沼泽相沉积（李振雄和马俊荣，1992）。晚始新世—早渐新世，北部陆缘发生珠琼运动二幕张裂运动，盆地再次受到拉张，断陷继续扩大，并向拗陷转化，在其深凹部分，接受恩平组湖泊相、沼泽相沉积，给盆地的烃源岩形成再次创造了条件。恩平组的分布比始新统文昌组广泛，但厚度在各凹陷变化较大。以文昌凹陷、白云凹陷和恩平凹陷的厚度最大，可达1115 m。恩平组岩性为一套灰黑色泥岩及砂岩互层间夹煤层，是一套河湖沼泽相沉积，自下而上组成三个正旋回（刘明辉等，2015）。下部为大套砂岩、含砾砂岩夹泥岩；上部为砂岩、泥岩互层，局部夹煤层。该组超微化石极度贫乏，绝大部分样品未见化石，为湖相、湖沼相及河流平原相沉积，与下伏岩层呈不整合接触。地震剖面显示，惠州凹陷从裂陷期的文昌期到恩平期，沉降作用增强且趋于统一，沉降中心减少并发生由东向西和由北向南的双向迁移（图4.38）。

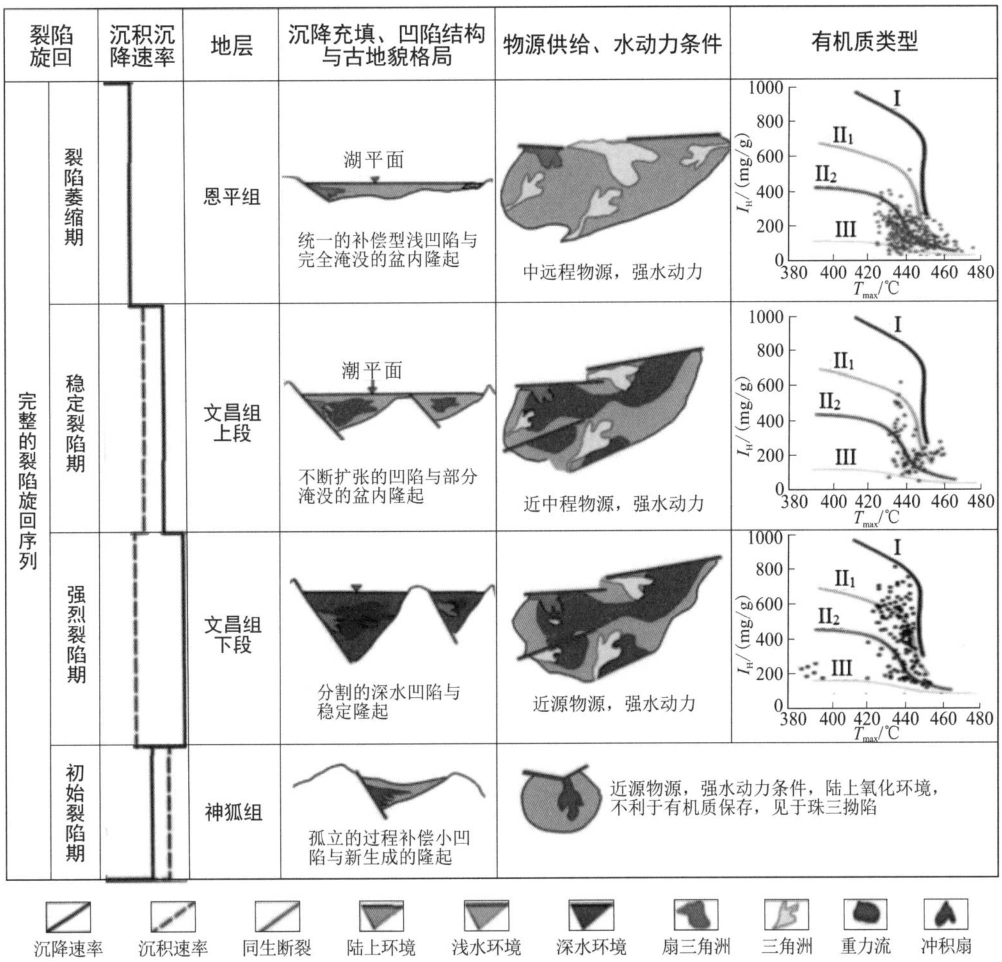


**图4.35　珠江口盆地（东部）构造背景演化图**（据施和生等，2014，修改）

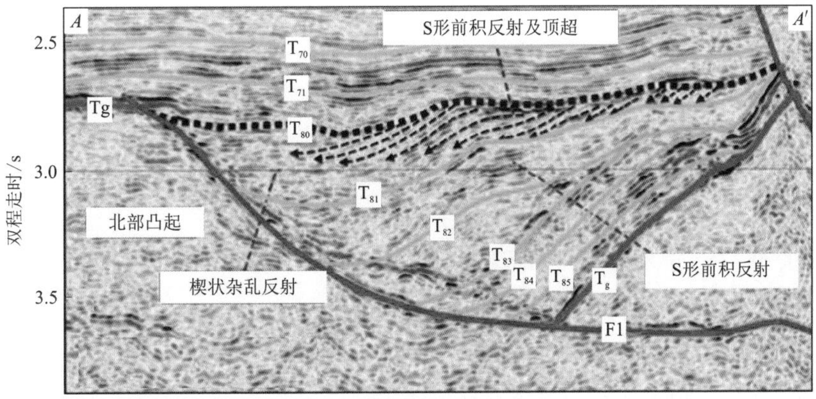


**图4.36　恩平凹陷神狐组和文昌组地震反射特征图**（据王家豪等，2011）

渐新世末期，南海运动发生，盆地开始进入裂后阶段，构造上以热沉降为主，前期形成的断陷、断拗快速沉降。由断陷、断拗转化为拗陷，接受大范围的海侵。拗陷连续下沉，除中央隆起部分地区露出水面之外，大部分拗陷地区沉没于水中，三大拗陷相互连通，广泛接受了珠海组、珠江组及韩江组的滨、海浅海相和三角洲相沉积。

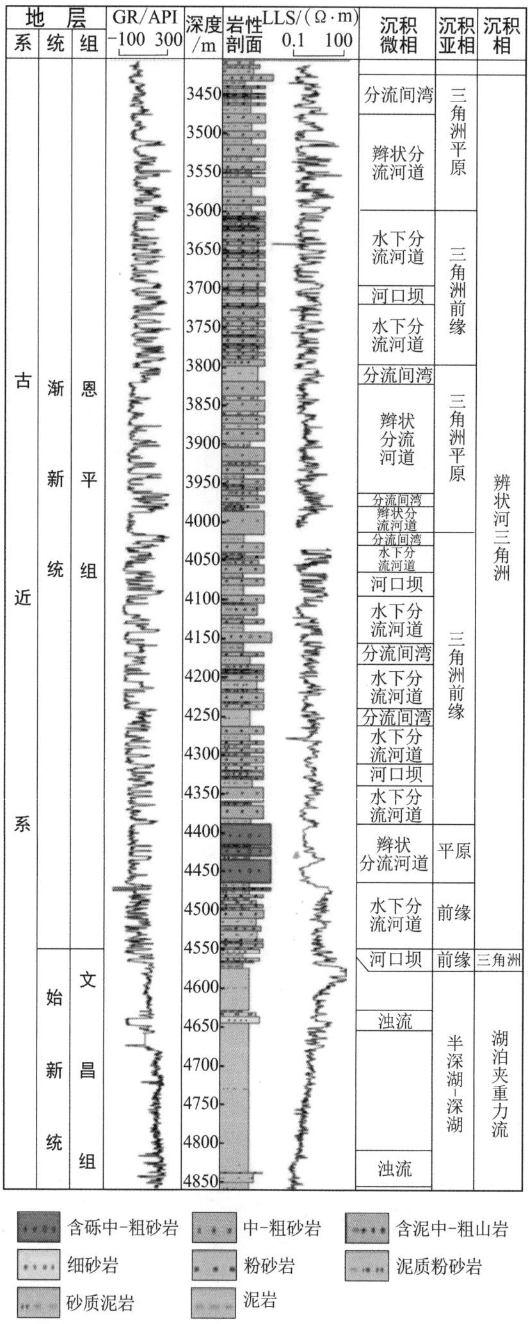


**图4.37　恩平凹陷W1井文昌组和恩平组沉积序列图**（据李振雄和马俊荣，1992；王家豪等，2011）

上渐新统珠海组，相当于F层序（$T_7$～$T_6$）。珠海组的顶底界对应着珠江口盆地发育演化的重要事件。距今约32.0 Ma（$T_7$）时（南海运动），南海海盆开始扩张，古珠江水系很可能也同时形成。在渐新世末期，距今约23.8 Ma（$T_6$）时（白云运动），使得白云凹陷在距今约23.8 Ma时发生了强烈沉降，由浅海陆架环境骤然演变为深水陆坡环境。珠海组处于断–拗转换期，断裂的活动较强，形成了以西江凹陷、惠州凹陷为沉积中心，番禺低隆起为远端薄层沉积的沉积分布格局（祝彦贺等，2009）。所以，上渐新统珠海组是一套由陆到海的过渡沉积，岩性为以灰色、灰白色砂岩间夹杂色（棕红色、灰绿色、灰褐色、灰黄色等）泥岩，主要为三角洲及滨岸相沉积。自下而上可分三个岩性段（以西江36-3-1井、惠州21-1-1井、番禺27-1-1井、恩平18-2-1井、文昌19-1-2井为代表），下部的珠三段及珠二段以厚层浅灰色砂岩为主，前者夹棕红色、褐色、灰绿色、灰色泥岩，后者泥岩呈灰褐色，上部的珠一段则以黄灰色砂岩与泥岩互层为主。该组地层发育广泛，除珠三拗陷的文昌19-1-3井、阳江21-1-1井、阳江23-1-1井、阳江26-1-1井、开平1-1-1井和珠一拗陷北部的珠1井、西江17-3-1井、韩江15-1-1井中该地层缺失以外，其余地区均有分布，但厚度变化大，为34～875 m，以恩平凹陷厚度最大。该组除含有丰富的孢粉化石外，还见有NN1带下部及NP25～NP24带钙质超微化石（柳保军等，2007）。珠海组为珠江口盆地主要含油层系之一（刘志峰等，2013），与下伏地层不整合接触（图4.39）。

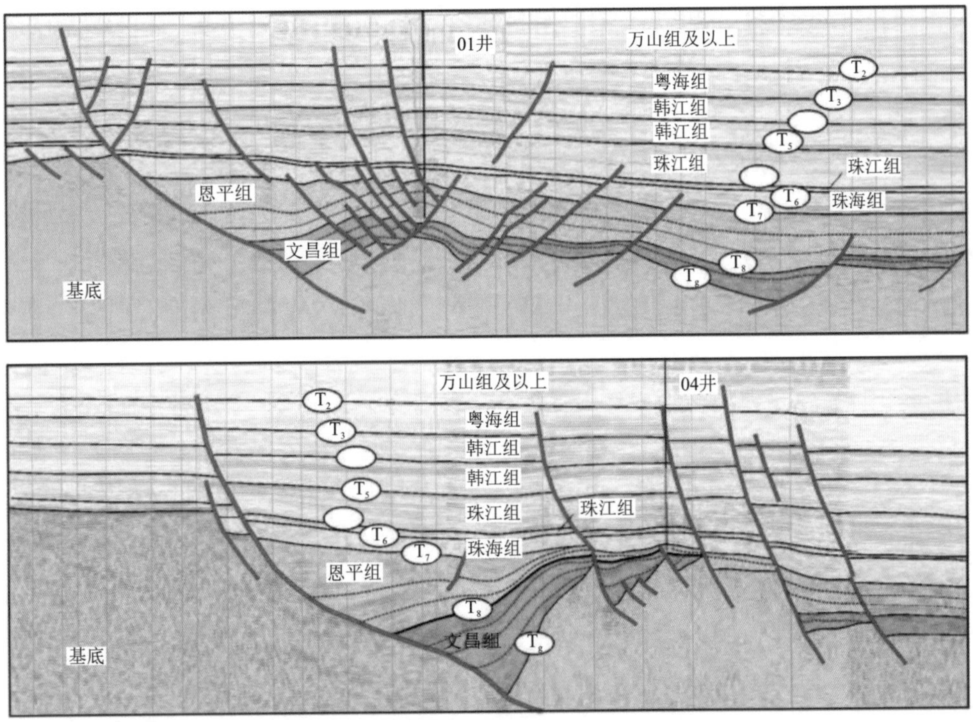


图4.38　珠江口盆地珠一拗陷惠州凹陷恩平组和文昌组地层特征图（据刘明辉等，2015，修改）

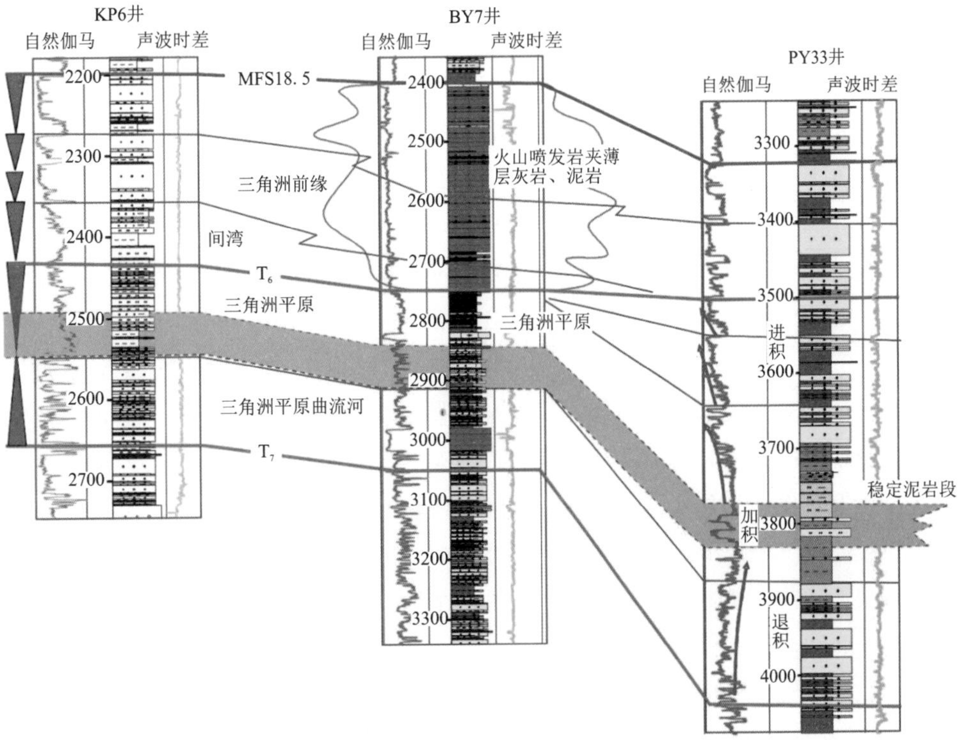


图4.39　白云凹陷西北部三口井珠海组地层对比剖面（据柳保军等，2007）

岩性图例见附录，下同

在珠海组沉积期间（32～23.8 Ma），海平面下降到达白云凹陷的南部，陆架坡折带从北向南迁移至白云凹陷南侧，此时白云凹陷属南海北部大陆架的一部分，发育浅海沉积，而白云凹陷南缘至ODP1148站位之间的地域发育深水扇沉积体系。

2）新近系一第四系

新近纪调查区北部以滨浅海沉积为主，东南部接受半深海沉积。主要发育陆架边缘下切谷、斜坡扇和等沉积体系。

新近系可分为四个组，从老到新依次为下中新统珠江组、中中新统韩江组、上中新统粤海组以及上新统万山组。中新统及上新统在该区均为裂后拗陷期及热沉降期沉积的一套海相地层。

下中新统珠江组，相当于E层序（$T_6$～$T_5$）：底部为不整合面$T_6$，$T_6$形成以后，大型的海侵使沉积中心向陆地方向迁移，陆架地区发育厚层的海侵滨岸砂岩，而陆架边缘发育三角洲沉积，厚度较大。之后随着海侵的不断扩大，沉积中心再次退回到西江凹陷、惠州凹陷内，并继续三角洲沉积，直到各个断陷中心连接形成统一的凹陷沉积，珠江组沉积结束。所以，珠江组的沉积经历了沉积中心来回迁移，以下切谷、深水扇为主要的沉积体系，是典型的海相沉积。由于受不同物源区影响，有三种剖面类型。

（1）全粗类型，即全段岩性较粗，以砂岩、砂砾岩为主夹极薄层泥岩，主要见于盆地北部古珠江三角洲区的珠1—珠7井、西江17-3-1井一带。

（2）粗细相间类型，即由3～4个旋回的砂泥岩组成，砂岩较细，一般由中砂、粉砂组成，夹有多层薄层灰岩，主要发育于古珠江三角洲区的恩平、番禺、西江井区及海、陆丰一带的滨海沉积区。

（3）下粗上细类型，即上部以大段泥岩为主，间夹少量砂岩、粉砂岩，中部发育灰岩及生物礁滩灰岩，下部为厚层砂岩夹薄层泥岩。此类型主要分布于惠州凹陷、惠陆低凸起南部及东沙隆起上，特别是东沙隆起上的生物礁滩灰岩十分发育，其厚度达562 m以上。该组含丰富有孔虫、超微及孢粉化石，其中有孔虫属N8～N5带，超微化石为NN4～NN1带上部。属海陆过渡相-三角洲复合体沉积环境，是相对海平面持续上升时期沉积，与下伏地层呈平行不整合接触。

珠江组砂岩主要为长石石英砂岩和石英砂岩。岩屑含量低，泥质胶结物少，矿物成熟度较高，石英次生加大和岩石成岩后生作用均不明显，颗粒胶结松散，多为颗粒支撑点接触，次生孔隙发育。海相生物化石较丰富，包括有孔虫、棘皮动物、苔藓虫、腕足类和软体动物碎片，原生海绿石也较为常见（李云等，2011）（图4.40）。

中中新统韩江组，相当于D层序（$T_5$～$T_3$）：沉积时期受持续海侵影响，滨海范围缩小，浅海范围扩大并向北推进。这一时期的显著特征开始发育大型三角洲———古珠江三角洲（图4.41）。由于区域上古珠江三角洲分布较为广泛，在珠一拗陷的恩平、惠州、陆丰等凹陷，珠二拗陷的白云、荔湾等凹陷中均有发现。自下而上由一个或多个沉积旋回构成，局部地区偶夹灰岩或白云岩。泥岩为浅灰绿色、灰色，不含或微含钙，含较多粉砂岩；砂岩为灰白、浅灰色，以石英为主，泥质胶结，分选及磨圆度均较好，局部含砾，常见海绿石，普遍含钙。地层中富含海相有孔虫和钙质超微化石、孢粉等。有孔虫为N15～N19带，为海陆过渡相-滨海-河口沉积环境，钙质超微化石为NN9～NN5带（刘志峰等，2013）。

上中新统粤海组，相当于C层序（$T_3$～$T_2$）（图4.42）：根据岩电组合特征，大致亦可划分为三种剖面类型：①顶底粗中间细类型，即顶底均有厚层砂岩，含砾砂岩发育，中部砂泥岩呈互层，如惠州21-1-1井、恩平18-1-1A井；②上细下粗类型，即上部以泥岩为主，下部砂岩较发育，多为中-厚层状砂岩夹泥岩，如恩平17-3-1井、文昌19-1-2井；③粗细间互类型，即砂泥岩呈不等厚互层，纵向上旋回性不清，如番禺33-1-1井。该组地层泥岩为灰色、灰绿色，普遍含钙，而砂岩为灰色不含或微含钙质，但富含海绿石。

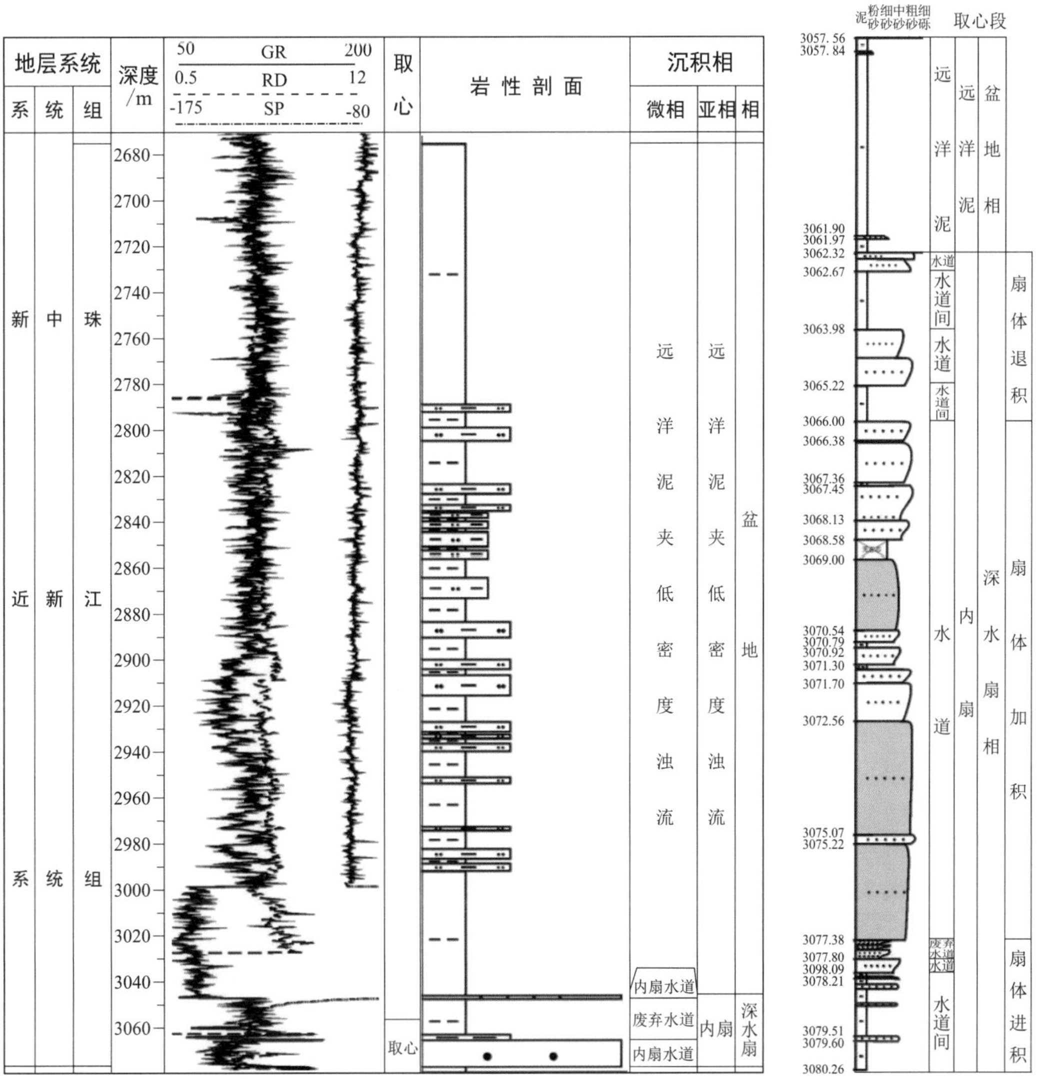


**图4.40　荔湾3-1气田X-1井珠江组综合地层柱状示意图**（据李云等，2011）

岩性图例见附录，下同

上新统万山组，相当于B层序（$T_2$～$T_1$）：岩性为灰色、绿灰色泥岩、粉砂质泥岩，夹砂岩。含钙强，含较多生物碎屑和少量海绿石，成岩性差，自上而下显细–粗–细旋回（西江24-3-1X井、开平1-1-1井及阳江36-1-1井）或细–粗反旋回（恩平18-1-1A井、番禺27-2-1井），也有些地区旋回性不明显，如恩平12-1-1井、恩平17-3-1井。该组在盆地内岩性变化不大，珠一坳陷至珠二坳陷有由北往南、从东向西变细的趋势，但珠三坳陷的文昌凹陷较粗。在东沙隆起惠州35-1-1井相变为礁灰岩。化石有N21～N18带有孔虫、NN18～NN12带超微化石（张莉等，2019）。为滨海–浅海相沉积环境，与下伏地层为平行不整合–整合接触（图4.42）。

第四系琼海组，相当于A层序（$T_1$～$T_0$）：第四纪琼海组广泛分布，地层为广海相的砂砾岩、粉砂质黏土、含海相化石。

新近系以来，珠江口盆地开始接受海相沉积，陆架坡折带从白云凹陷南边移到了白云凹陷北边，位于陆坡的珠二坳陷同位于陆架的珠一坳陷和珠三坳陷沉积样式出现分化。珠二坳陷白云凹陷位于陆坡深水区，表现为典型的三段式地层结构（图4.43）：$T_g$～$T_7$（$T_6$）发育断陷期沉积，为陆相沉积；$T_7$～$T_3$期间沉积过渡期，发育断拗转换期地层；$T_3$以后整个南海区域性沉降，发育海相拗陷期地层。其中，下渐新统下部主要分布在断陷中，同古新统—始新统一样，都属于盆地裂陷期的产物，但该时期地震相显示，层序连续性和频率已经明显增强，说明地层成层性变好，盆地水体加深。断陷期地层厚度以沉积中心处最厚，向边部逐渐变薄岩性还是以湖相碎屑岩类为主，从断陷边部向中部地层粒度变细。下渐新统上部—上渐新统（$T_7$～$T_6$）分布不太均匀，其发育与构造沉降密切相关，主要发育在发生构造沉降的部位，在隆起区不发育，地层厚度与沉降量的大小和物源的远近关系密切。

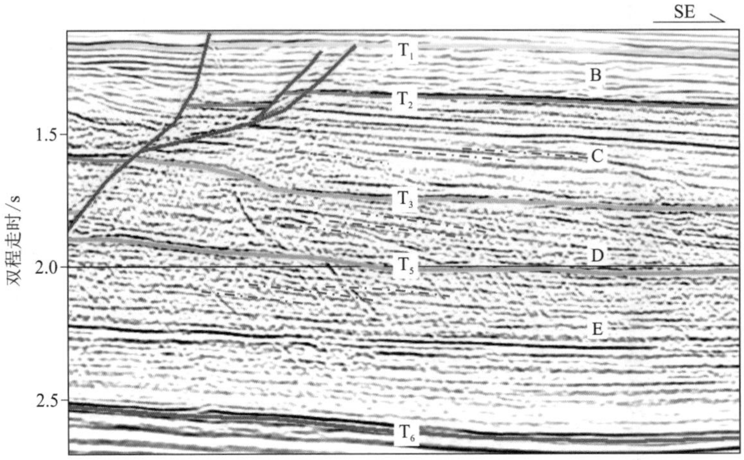


图4.41　珠江组、韩江组和粤海组三角洲相地震剖面图

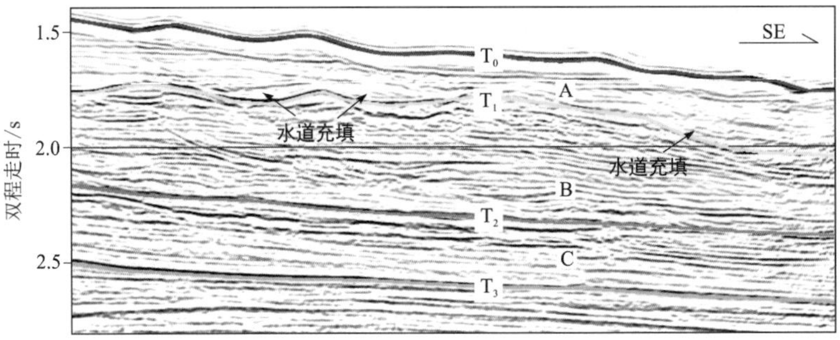


图4.42　珠江口盆地粤海组、万山组、琼海组地震反射特征图

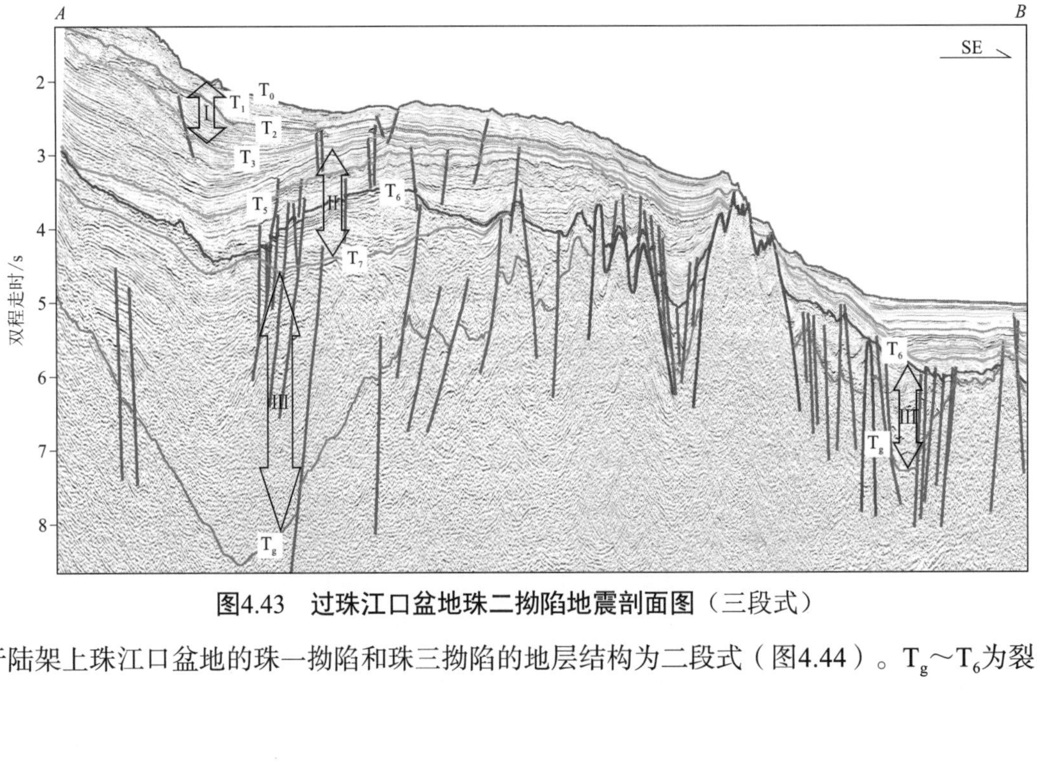


图4.43　过珠江口盆地珠二拗陷地震剖面图（三段式）

位于陆架上珠江口盆地的珠一拗陷和珠三拗陷的地层结构为二段式（图4.44）。$T_g$～$T_6$为裂陷期的陆

相沉积，发育断层控制下的半地堑；$T_6$～$T_0$为拗陷期沉积，为海相披覆沉积，沉积平稳，水动力不强，$T_6$界面是该盆地区内的最大的一个不整合面也是断拗转换界面。在$T_6$发育的中新统—第四系（$T_6$～$T_0$）总体上属于拗陷型盆地，虽然盆地的多数断层可以断至上新世—第四系，但其活动强度很小，基本不控制沉积，盆地的几何形态表现为中间厚两边薄的碟形，$T_3$之上的地层在越过陆架坡折后，可见发育有三角洲进积体向陆坡深水斜坡区推进。

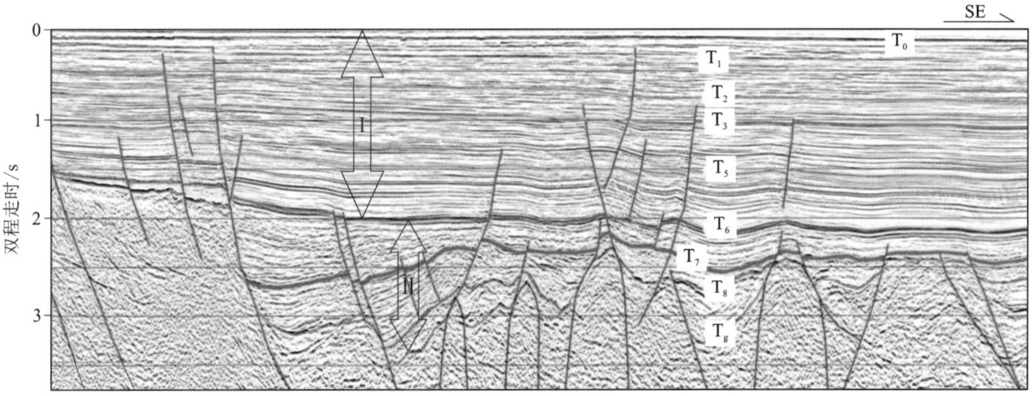


**图4.44　珠江口盆地珠一拗陷地震界面反射特征图**（二段式）

总的来说，珠江口盆地主要发育在中生代褶皱基底之上，从古近纪始新统到第四纪期间，地层发育完全，其地层厚度为2～15 km。由于盆地在形成过程中经历了多期区域构造运动，形成了盆地下断上拗、下陆上海、陆生海储等一系列特征（图4.45）。盆地内发育众多的张性断层，不仅控制了盆地的形成发展，而且对局部构造（圈闭）起重要作用，盆地钻遇的新生界可分为九个层组，从老到新依次为古近系古新统神狐组、始新统文昌组、下渐新统恩平组、上渐新统珠海组，新近系下中新统珠江组、中中新统韩江组、上中新统粤海组、上新统万山组以及第四纪琼海组。相比其西部的琼东南等盆地，珠江口盆地更早进入裂陷阶段，也更早进入裂后拗陷盆地的演化阶段，这可能与南海的扩张过程有关。

## （四）台西南盆地

台西南盆地属于南海北部大陆架边缘沉积盆地链上的中新生代叠合盆地之一，地跨台湾岛西南、南海东北部陆架和陆坡，位于台湾岛西南海域，其北以澎湖–北港隆起为界，南与南海海盆相接，东以台湾岛台南–高雄浅海陆缘区为界，西与珠江口盆地潮汕凹陷相连，面积超过6000 km²。盆地从北至南可划分为北部拗陷、中部隆起及南部拗陷三个构造单元（图4.46）。根据中部隆起中部探井的钻探显示，台西南盆地钻遇地层主要有中生界侏罗系、下白垩统，新生界上渐新统、中新统及上新统和全新统，缺失上白垩统、古新统、始新统及下渐新统。

通过过台西南盆地的地震剖面及钻井分析，台西南盆地发育较好的中生代沉积，中部隆起缺失古近系，但南部拗陷发育的新生代地层序列完整，由下至上划分了$T_g$、$T_7$、$T_6$、$T_3$、$T_2$和$T_0$（图4.47）。结合收集到的位于北港隆起的北港（PK）-2井（图4.48）、位于北部拗陷的A-1B井和位于中部隆起的CFS-1井的柱状图（图4.49）结合地震反射剖面特征，对台西南盆地地层做以下认识。

### 1. 前中生界基底

台西南盆地的基底与西面的珠江口盆地的基底有密切的关系，即有古特提斯域的成分，古特提斯主洋盆的遗迹——琼南缝合带即通过该盆地区而向东延伸与台湾岛东部寿丰古特提斯缝合带相接；又有中特提斯域的成分，与中特提斯海域有关联的中生代海相地层已有钻遇；同时，珠盆东南燕山期褶皱带亦从本区经过而成为新生代沉积之基底。

2. 中生界

台西南盆地发育的中生界是该盆地发育的一大特点，位于北港隆起的PK-2井在1590～2120 m段岩心含530 m下白垩统海侵序列。上部160 m为页岩，富含有机质；向下为360 m的细砂岩，夹薄层海相页岩；细砂岩中含大量变质岩碎屑（板岩、片岩、片麻岩、花岗岩等）；底部为10 m厚底砾岩，砾石主要为石英，含少量燧石、结晶灰岩、片岩和板岩。地层倾角为4°～12°，与上古新统呈角度不整合。

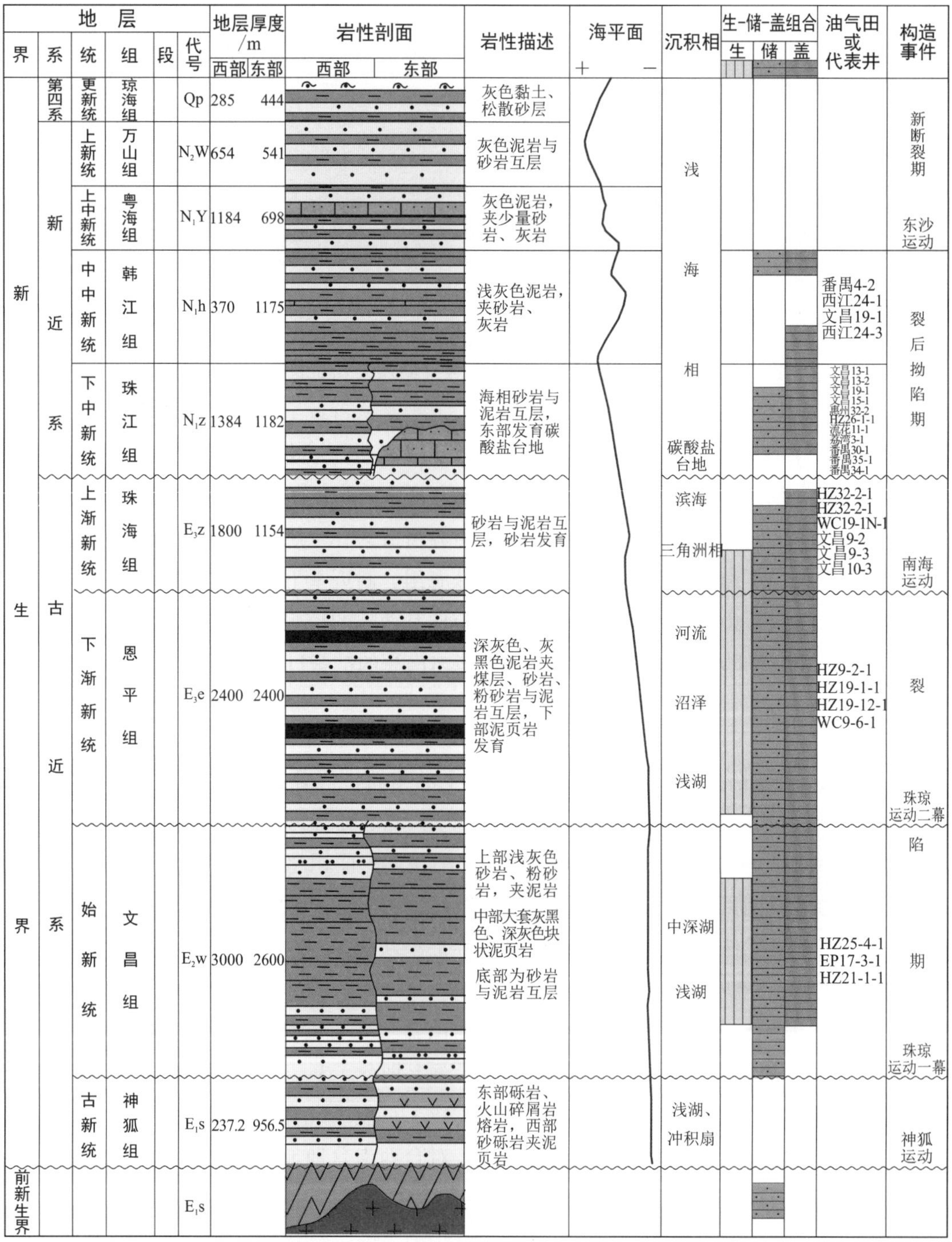


图4.45 珠江口盆地地层及生-储-盖综合柱状示意图（据张莉等，2019）

Matsumoto将PK-2井的白垩纪化石分为上、中、下三个化石带：上带和中带的海相页岩分别含*Cheloniceras*（*Epicheloniceras*）aff. *Orientale*、*Cucullaea* aff. *Acuticarinata*等和*Holcophylloceras caucasicum* *taiwanum* Lin et Huang，上带和中带化石均属下白垩统上阿普特阶下部；下带（1978～2066 m）含双壳类*Costocyrenan* sp.和*Tetoria*（*Paracorbicula*）sp.，指示半咸水环境，可能属早白垩纪尼欧可木阶（图4.47）。

在2120～2172 m段岩心见前白垩系，厚52 m，未穿透，地层倾角为40°，与上覆白垩系呈高角度不整合（图4.47）。岩性为高度固结并碎裂的暗色砂页岩，向下过渡为暗灰色，部分含钙质的砂岩，未见化石（周蒂，2002）。

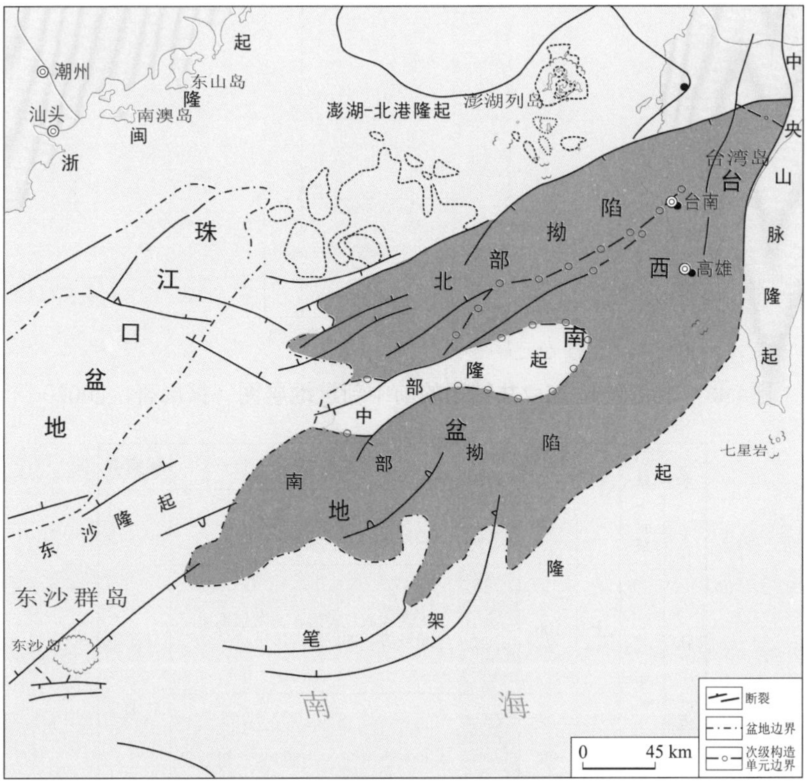


图4.46　台西南盆地构造单元划分图

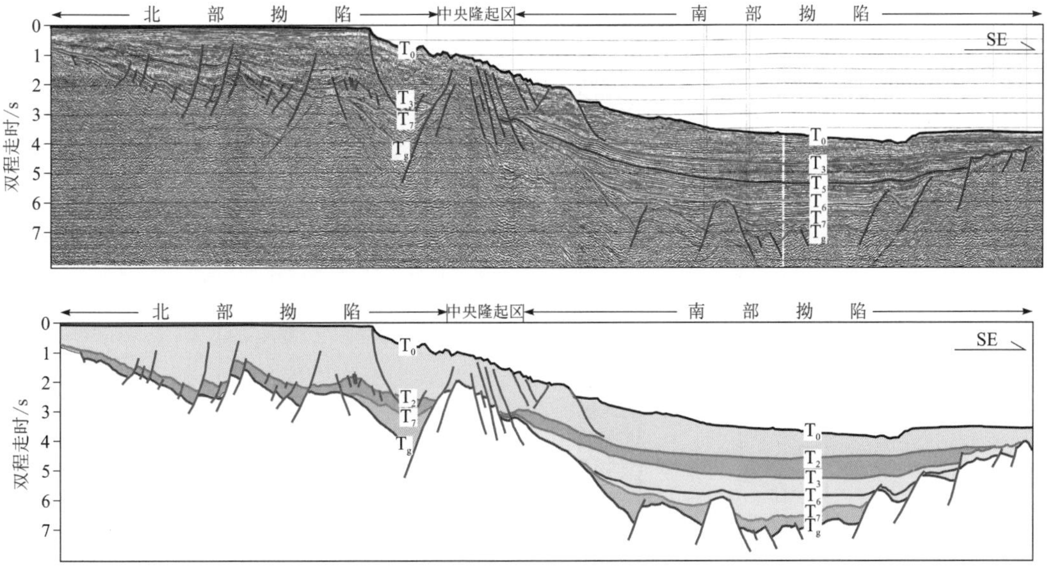


图4.47　台西南盆地新生代沉积地层地震解释剖面图（据易海等，2007）

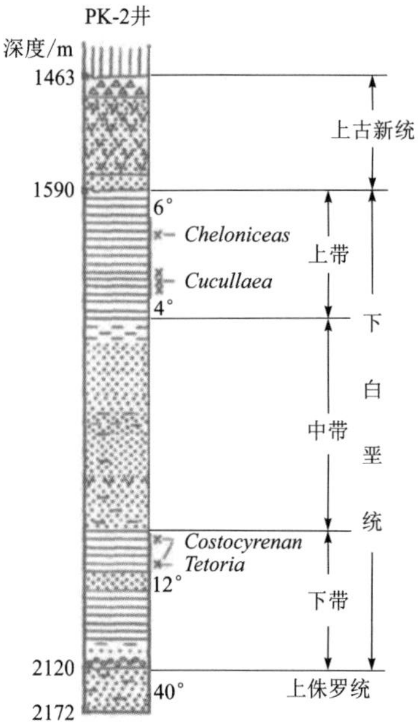


**图4.48　北港隆起PK-2井钻遇的前中新世地层图**（据周蒂，2002）

| 地层 系 | 地层 统 | 地层 组 | 钻厚/m | 岩性剖面 | 岩性描述 | 代表井 |
|---|---|---|---|---|---|---|
| 新近系 | 上新统 | | 1150 | | 大套浅灰色泥岩，夹薄层泥质粉砂岩，含生物碎片 | A-1B井 |
| | 中新统 | 上 | 100 | | 大套浅灰色泥岩，夹薄层泥质粉砂岩、细砂岩 | |
| | | 中 | 520 | | 大套灰色泥岩，夹细砂岩、粗砂岩 | |
| | | 下 | 630 | | 上部灰色页岩夹细砂岩，下部以块状细砂岩为主，夹灰色页岩，底部为薄层灰岩 | |
| 古近系 | 渐新统 | | 220 | | 深灰色至浅灰色块状致密砂岩夹薄层页岩，下部见薄层灰岩，裂缝发育 | CFS-1井 |
| 白垩系 | | | 109 | | 浅灰色块状致密砂岩夹薄层页岩，裂缝非常发育 | |

**图4.49　台西南盆地中部隆起综合地层柱状图**（据何家雄等，2006，修改）

台湾“中油”股份有限公司在台西南盆地至少有十几口井钻遇中生界，即下白垩统和侏罗系两套地层，与北港隆起所见相同。其中台西南盆地内中部隆起的CFC-1井，在3252～3550 m段见近300 m下白垩统砂页岩，含孢粉化石，与上覆渐新统砂岩呈角度不整合；其上覆渐新统为一套砂岩、砂页岩夹煤层，见N2带超微化石，属滨浅海相沉积。其下3550～3917 m段（井底）为367 m暗色页岩，未见化石，与下白垩统呈角度不整合，推测为侏罗系。电测井显示下白垩统倾角变化大且倾向杂乱，厚度变化也大（几十至500余米），为高能陆相沉积的特征（曹昌桂等，1992）。

台西南盆地YTN-1井和YPT-1井的白垩纪孢粉鉴定结果如下，YTN-1井在3700.7～3722.3 m、YPT-1井在1717～2942 m见白垩纪标准化石*Classopollis*、*Cicatricosisporites*，晚白垩世塞诺曼期—土伦期的标准化石*Aequitriradites*和*Impardecispora*，早白垩世阿普特期到早阿尔布期的被子植物*Confertisulcites*和*Tricolpopollenites*。一套以角度不整合下伏于白垩系之下的暗色页岩，有两口井发现孢粉化石，以*Classopollis*占优势，属种单调，个数少，缺乏指示化石，时代暂定为晚侏罗世（Shaw and Huang，1996）。另据报道，台西南盆地北部拗陷A-1B井深2461 m，见晚白垩世地层（邵磊等，2007）。

总结上述钻井资料可知，台西南盆地中生界主要发育中、下侏罗统和下白垩统两套海相与海陆交互相沉积地层，缺失上侏罗统和上白垩统。中、下侏罗统以暗色页岩为主，下白垩统以砂页岩为主，两者之间为角度不整合接触。中生界分布面积较大，厚度分布范围为500～4800 m，向北东方向逐渐减薄。

3. 新生界

古新统—始新统，在地震反射上以$T_g$为底，以$T_7$为顶，地震反射特征为低–中频率、弱–中振幅、连续性较差，层速度为3～4 km/s，具有发散式充填结构。盆地在古新世为陆相沉积，但其后又发生短暂的抬升剥蚀，始新世开始再次沉降接受沉积。古新统局部发育，但沉积较厚，为陆相沉积环境，始新统岩性为陆相碎屑岩，夹火山碎屑、玄武质凝灰岩，也属陆相沉积。在盆地北部的北港隆起上，钻遇长石岩屑砂岩与页岩互层，夹鲕粒灰岩、火山碎屑岩、煤层等，钻井揭示古新统厚55～1500 m，岩性为火山碎屑岩、火山岩及砂质泥岩，见有浮游有孔虫，发现NP5～NP9超微化石带。WG-1井钻遇始新统砂页岩，属滨海、浅海沉积，CFC-1井揭示一套砂泥岩、煤线、少量灰岩，以及火山碎屑岩、凝灰岩等，属海相、海陆过渡相。西部东沙群岛以东大部地区缺失该套地层，但有些地区仅缺失始新统，发育古新统。

渐新统，在地震反射上以$T_7$为底、以$T_6$为顶，地震反射特征为中频率、中振幅、连续性较好的平行或亚平行反射结构，层速度为2.8～3.5 km/s，断陷边缘有明显的上超尖灭现象。据地震反射特征显示，渐新统不整合覆盖于下伏地层之上，除了在盆地边缘和隆起区缺失外，渐新统分布范围比下伏古新统广泛，其沉积中心位于南部拗陷，厚度为0～2250 m。渐新统地层仍为断陷充填沉积，据CFC-1井揭示，渐新统底部为砂岩，中部为砂岩、页岩夹煤层，厚约55 m，含N2带浮游有孔虫化石，属浅海相沉积。澎湖隆起南部及台南地区，渐新统底部砂岩之上含NP23及NP25带钙质超微化石（金庆焕，1989），在时代上属晚渐新世，可见该区的渐新统自西北向东南由海陆过渡相向浅海相过渡。有些地区渐新统直接覆于白垩系碎屑岩系之上。

中新统，在地震反射上以$T_6$为底、以$T_2$为顶，地震反射特征为席状披盖的平行状结构，反射层较高频率、中振幅、连续性较好，层速度为2.2～2.8 km/s。据钻井揭示，中新统地层岩性主要为页岩夹粉、细砂岩。含浮游有孔虫N4～N17带化石，其中局部缺失N10～N13带（中中新统），顶底均为区域不整合接触，属浅海–半深海相沉积。中新统厚度在盆地西部达2500 m左右，往盆地东部厚度增加，其沉积中心位于南、北拗陷内，可三分为唐恩山组、长技坑组和三民组。

下中新统（唐恩山组）：厚800 m，不整合超覆于上渐新统或中生界之上，由浅海页岩夹粉砂岩、细砂岩、灰黑色块状砂岩夹页岩组成，含浮游有孔虫N4～N8带化石。

中中新统（长技坑组）：厚1200～1600 m，为半深海相沉积。岩性可分两部分，下部页岩夹粉砂岩、灰色细砂岩，局部缺失N10～N13带有孔虫；上部页岩，夹玄武岩质凝灰岩，含N8～N15有孔虫化石带。

上中新统（三民组）：厚1200 m，浅海、半深海沉积。岩性以页岩为主，为深灰色页岩、薄层泥质砂岩，见薄煤层、碳质页岩，含煤层系分布很广。

从总体上看，台西南盆地中新统具有东厚西薄、下粗上细及沉积中心向东迁移的特点。

上新系及第四系，在地震反射上以$T_2$为底、以$T_0$为顶，地震反射特征为高频率、强振幅、连续性较好的平行结构，层速度为2.1 km/s。在陆架坡折区常见有不规则、乱岗状结构的反射特征，属陆坡浊流、冲积扇或滑塌沉积的表征。上新统岩性主要是页岩夹粉砂岩，含N19～N21带有孔虫化石，浅海、半深海沉积环境。因中新世末期的区域构造运动，局部地区可能缺失上中新统。第四系以泥岩为主，夹粉砂岩和砂岩，为浅海、半深海相沉积。该层系地层与下伏中新统呈区域性不整合接触，在东沙隆起一带该层系地层完全缺失，其他区域该地层厚度一般为600～1600 m，且自西向东逐渐增加。

台西南盆地新生代沉积比较厚，可达3000～5000 m，根据钻井、地质地球物理资料综合分析解释，并结合及区域地质资料的综合分析研究，台西南盆地岩性柱状剖面、地层年代、平均厚度、沉积相等综合特征如图4.50所示。

| 界 | 系 | 统 | 组 | 代号 | 岩性剖面 | 厚度/m | 沉积相 |
|---|---|---|---|---|---|---|---|
| 新生界 | 第四系 | | | Q | | 5000 | 浅海相、半深海相 |
| | 新近系 | 上新统 | | $N_2$ | | | 浅海相、半深海相 |
| | | 上中新统 | 三民组 | $N_1^3$ | | 500 | |
| | | 中中新统 | 长技坑组 | $N_1^2$ | | 1200～1600 | 半深海相 |
| | | 下中新统 | 糖恩山组 | $N_1^1$ | | 800 | 浅海相 |
| | 古近系 | 渐新统 | | $E_3$ | | 2250 | 浅海相 |
| | | 始新统 | | $E_2$ | | 55 | 陆相、海陆过渡相 |
| 中生界 | 白垩系 | | | K | | 300 | 海相、海陆交互相 |
| | 侏罗系 | | | J | | 367 | 海相 |

图4.50　台西南盆地综合柱状示意图

岩性图例见附录，下同

## 二、主要盆地地层对比

南海北部陆缘西部和东部各构造单元和地层之间具有一定的共性也具有比较明显的差异。南海北部地层综合柱状图和各个盆地的地层划分见图4.51和表4.5。

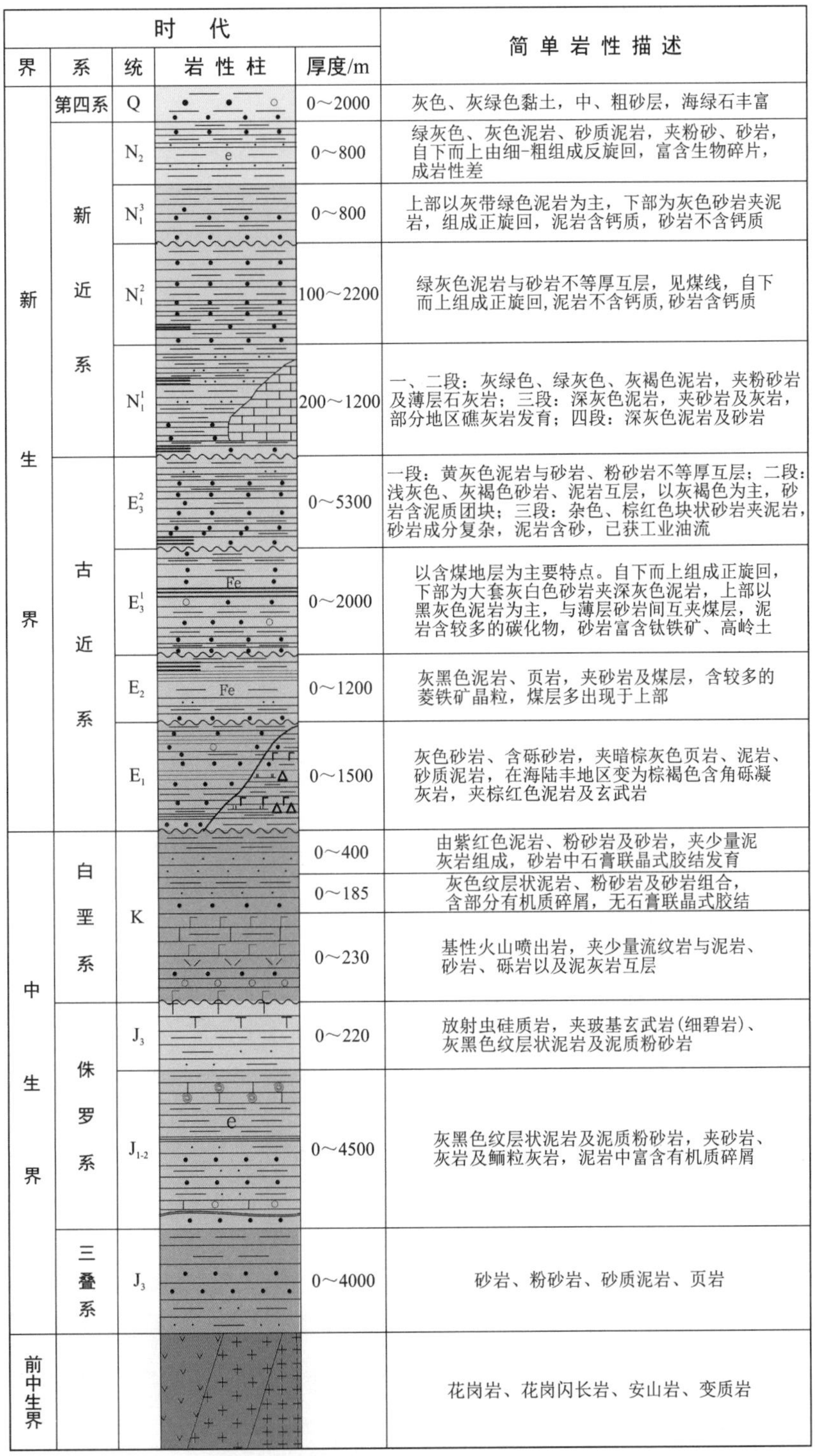
时　代
简单岩性描述
界
系
统
岩性柱
厚度/m
新生界
中生界
前中生界
第四系
新近系
古近系
白垩系
侏罗系
三叠系
Q
0～2000
灰色、灰绿色黏土，中、粗砂层，海绿石丰富
N2
0～800
绿灰色、灰色泥岩、砂质泥岩，夹粉砂、砂岩，自下而上由细-粗组成反旋回，富含生物碎片，成岩性差
N1 3
0～800
上部以灰带绿色泥岩为主，下部为灰色砂岩夹泥岩，组成正旋回，泥岩含钙质，砂岩不含钙质
N1 2
100～2200
绿灰色泥岩与砂岩不等厚互层，见煤线，自下而上组成正旋回，泥岩不含钙质，砂岩含钙质
N1 1
200～1200
一、二段：灰绿色、绿灰色、灰褐色泥岩，夹粉砂岩及薄层石灰岩；三段：深灰色泥岩，夹砂岩及灰岩，部分地区礁灰岩发育；四段：深灰色泥岩及砂岩
E3 2
0～5300
一段：黄灰色泥岩与砂岩、粉砂岩不等厚互层；二段：浅灰色、灰褐色砂岩、泥岩互层，以灰褐色为主，砂岩含泥质团块；三段：杂色、棕红色块状砂岩夹泥岩，砂岩成分复杂，泥岩含砂，已获工业油流
E3 1
0～2000
以含煤地层为主要特点。自下而上组成正旋回，下部为大套灰白色砂岩夹深灰色泥岩，上部以黑灰色泥岩为主，与薄层砂岩间互夹煤层，泥岩含较多的碳化物，砂岩富含钛铁矿、高岭土
E2
0～1200
灰黑色泥岩、页岩，夹砂岩及煤层，含较多的菱铁矿晶粒，煤层多出现于上部
E1
0～1500
灰色砂岩、含砾砂岩，夹暗棕灰色页岩、泥岩、砂质泥岩，在海陆丰地区变为棕褐色含角砾凝灰岩，夹棕红色泥岩及玄武岩
K
0～400
由紫红色泥岩、粉砂岩及砂岩，夹少量泥灰岩组成，砂岩中石膏联晶式胶结发育
0～185
灰色纹层状泥岩、粉砂岩及砂岩组合，含部分有机质碎屑，无石膏联晶式胶结
0～230
基性火山喷出岩，夹少量流纹岩与泥岩、砂岩、砾岩以及泥灰岩互层
J3
0～220
放射虫硅质岩，夹玻基玄武岩(细碧岩)、灰黑色纹层状泥岩及泥质粉砂岩
J1-2
0～4500
灰黑色纹层状泥岩及泥质粉砂岩，夹砂岩、灰岩及鲕粒灰岩，泥岩中富含有机质碎屑
J3
0～4000
砂岩、粉砂岩、砂质泥岩、页岩
花岗岩、花岗闪长岩、安山岩、变质岩
Fe
e

**图4.51　南海北部地层综合柱状示意图**

岩性图例见附录，下同

表4.5　南海北部地层划分表

| 界 | 系 | 统 | | 地震反射界面（底界） | 厚度范围/m | 北部湾盆地 | 琼东南盆地 | 珠江口盆地 | 台西南盆地 | 台湾海峡盆地 西部拗陷 | 台湾海峡盆地 东部拗陷 | 沉积相 | 南海北部构造演化阶段 |
|---|---|---|---|---|---|---|---|---|---|---|---|---|---|
| 新生界 | 第四系 | | | $T_1$ | 0～2000 | | 乐东组 | 琼海组 | | 东海组 | 头料山组 | 陆架边缘三角洲相、水道-堤岸复合相、水道充填相 | |
| | 新近系 | 上新统 | | $T_2$ | 0～800 | 望楼港组 | 莺歌海组 | 万山组 | | 三潭组 | 卓兰组<br>锦水组 | 水道-堤岸复合相、陆架三角洲相 | 台湾造山运动 |
| | | 中新统 | 上 | $T_3$ | 0～800 | 灯楼角组 | 黄流组 | 粤海组 | 三民组 | | 桂竹林组<br>南庄组 | 火山碎屑岩相、浊积扇相、斜坡扇、浊积水道相 | 东沙运动 |
| | | | 中 | $T_5$ | 0～2200 | 角尾组 | 梅山组 | 韩江组 | 长枝坑组 | | 南港组 | 盆底扇相、斜坡扇、水道充填相、三角洲相 | |
| | | | 下 | $T_6$ | 0～1200 | 下洋组 | 三亚组 | 珠江组 | 糖恩山组 | | 石底组<br>大寮组<br>木山组 | 滨浅海相、半深海相、陆架边缘三角洲相、碳酸盐台地相 | 白云运动 |
| | 古近系 | 渐新统 | 上 | $T_7$ | 0～5300 | 涠洲组 | 陵水组 | 珠海组 | 珠海组 | 华港组 | 五指山组 | 海陆过渡相、滨海相、三角洲相、湖相 | 南海运动 |
| | | | 下 | $T_8$ | 0～2000 | | 崖城组 | 恩平组 | 下渐新统 | | | | |
| | | 始新统 | 上<br>中<br>下 | $T_9$ | 0～1200 | 流沙港组 | 岭头组 | 文昌组 | 始新统 | 平湖组<br>瓯江组 | 双吉组 | 中深湖相、海陆过渡相-海相、火山碎屑岩相 | |
| | | 古新统 | | $T_g$ | 0～1500 | 长流组 | 古新统 | 神狐组 | 古新统 | 明月峰组<br>灵风组 | 王功组 | 滨浅湖相、扇三角洲相、火山碎屑岩相 | 神狐运动 |
| 中生界 | 白垩系 | 上白垩统 | | | 0～500 | | | 白垩系 | 白垩系 | 白垩系 | 白垩系 | 河湖-盐湖相、河湖-沼泽相、火山碎屑岩相 | |
| | | 下白垩统 | | | 0～250 | | | | | | | 海陆过渡相 | |
| | 侏罗系 | 上侏罗统 | | | 0～5600 | | | 侏罗系 | 侏罗系 | | 侏罗系 | 深海-半深海相、火山碎屑岩相 | |
| | | 中侏罗统 | | | | | | | | | | 滨浅海 | |
| | | 下侏罗统 | | | | | | | | | | 陆棚浅海相 | |
| | 三叠系 | 上三叠统 | | | | | | | | | | | |
| | | 中三叠统 | | | | | | | | | | | |
| | | 下三叠统 | | | | | | | | | | | |

### （一）一致性

南海北部的大陆边缘盆地的地层发育与其所在的区域大地构造背景有着密切的成因联系。南海北部盆地所在的区域不仅在中生代经历过多次的拉张、挤压、扭动，发生多期断裂、沉降、隆起剥蚀和火山活动，而且在新生代受三大板块活动和重组事件的影响，以及与南海的张裂、海盆扩张密切相关，其主体构造线为北东—北东东向，主应力以伸展张应力为主。因此，从区域上看，新生代沉积时期，南海北部各盆地的地层发育都不乏相似之处（图4.51）。

#### 1. 基底

北部湾基底属于云开地块西段在北部湾海区的延伸；琼东南盆地的基底是海南岛南部陆区地层的延伸；珠江口盆地中部和西部是华南加里东褶皱带向海洋一侧海西褶皱带的延伸；珠江口盆地东南为燕山期华南大陆边缘的增生体；台西南盆地基底与西面珠江口盆地的基底有密切关系，有古特提斯域的成分，也有珠江口盆东南燕山期褶皱带的部分。总的来说，南海北部各个盆地的新生代沉积基底主要是北面的华南陆缘区加里东、海西、燕山等构造旋回的褶皱带在南海北部海域的自然延伸，主要由花岗岩、花岗闪长岩、安山岩和变质岩组成。

#### 2. “下陆上海”地层结构

南海北部各个盆地的古近系大部分发育在早期裂谷作用形成的、彼此分割的断陷盆地中，沉积厚度变化大，为湖相、河流–三角洲相沉积。新近系大多属浅海沉积，主要为砂页岩、砂泥岩、火山碎屑岩和碳酸盐岩等沉积建造，厚度相当可观。上中新统—第四系覆盖整个南海，地层厚度为100～3800 m，是一套相对稳定的区域盖层；其中第四系多为松散砂泥质沉积，成岩性较差，沉积环境分布陆架区一般为滨–浅海相，陆坡区多为陆坡–半深海相，第四系不仅覆盖全海区，且在莺歌海盆地和琼东南盆地北部沉积巨厚。大部分盆地古近系和新近系之间具典型的“下陆上海”二层结构，两者之间为不整合界面，部分盆地“下陆上海”中间发育海陆过渡相沉积，为三层结构。

#### 3. “下断上拗”地层结构

南海北部各盆地均属于断陷裂谷盆地，经历了三个重要发育阶段：晚白垩世末—早渐新世裂谷、断陷发育阶段，晚渐新世—中中新世断拗、拗陷发育阶段和晚中新世—第四纪断块升降、披覆沉积阶段，形成典型的下断上拗的结构。

### （二）差异性

#### 1. 岩性

南海北部新生界盆地地层以碎屑岩建造为主，其中古近系为一套河湖相陆源碎屑岩建造，含煤层，新近系为一套河湖–三角洲–滨海相碎屑岩沉积，含海相化石。北部湾盆地主要岩性为碎屑岩，不含碳酸盐沉积；珠江口盆地主要岩性为碎屑岩，下中新统沉积时期，东沙隆起区发育生物礁灰岩，有碳酸盐沉积。琼东南盆地主要岩性为碎屑岩，在上渐新统陵水组盆地内部的凸起区发育碳酸盐。

#### 2. 新生代地层厚度

新生代南海北部各盆地地层厚度差异较大，厚度范围为250～17000 m，其中各凹陷是沉积厚度中心，如珠江口盆地的白云凹陷、西江凹陷、惠州凹陷、陆丰凹陷、韩江凹陷、潮汕凹陷等，以及琼东南盆地、台西南盆地的南部拗陷沉积厚度最大，其中，北部湾盆地最大厚度位于海中凹陷，达8000 m；琼东南盆地中央裂陷带最大厚度达12000 m，珠江口盆地白云凹陷白云主拗厚度为南海北部最大，可达17000 m；台西南盆地最大厚度达8000 m。

3. 沉积中心变迁

在新生代整个地质历史时期，南海北部各个盆地沉积中心发生了多次的迁移并有着不同的特点。北部湾在断陷期以数个狭小分割的半地堑为特征，断裂活动控制了沉积沉降中心的迁移，北部湾盆地涠西南凹陷在古近系沉积期间，从长流组到流沙港组，再到涠洲组，随着主干断裂的南移，沉积中心随之南移，古近系整体表现为迁移型沉积中心模式（徐建永等，2011；张智武等，2013）（图4.52）。

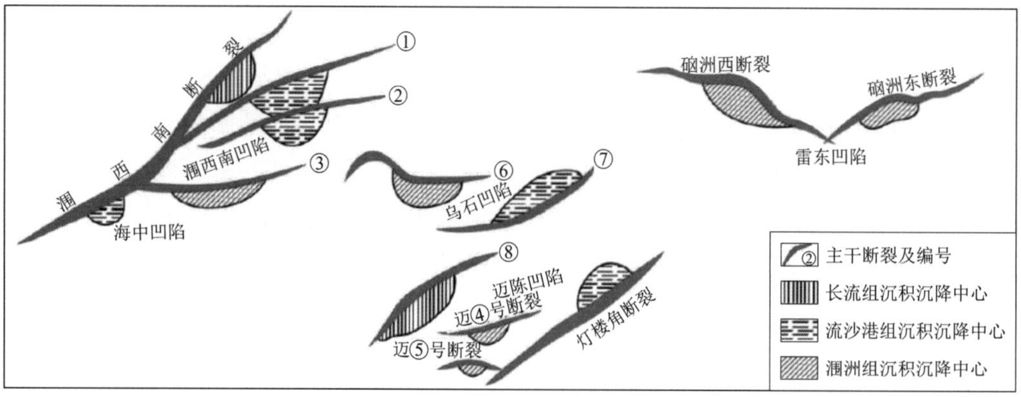


**图4.52　北部湾盆地裂陷期沉降中心迁移分布图**（据徐建永等，2011；张智武等，2013）

珠江口盆地古近系初期，由多个湖相小凹陷组成，分布在陆架和陆坡上，南部有荔湾凹陷、东部有惠州凹陷、西部有恩平凹陷，整个古近系期间，珠江口盆地的沉积中心表现为分散型沉积中心模式。

琼东南盆地位于北部湾盆地和珠江口盆地之间，盆地发育初期，琼东南盆地的沉积中心靠近现在莺东斜坡带的位置，最早的凹陷是乐东–陵水凹陷，随着盆地的发育，出现了西部的松南–宝岛凹陷和长昌凹陷等，盆地的早期沉积中心略有分散，后期沉积中心虽有迁移，但是迁移程度不大。

4. 中生界残留

南海北部中生界经过燕山运动末期和喜马拉雅运动早期构造事件的改造、隆升剥蚀和岩浆作用混染，原始面貌已经基本上不复存在，残余地层在南海南北两部分都有分布，北部主要存在于东北部区域。南海北部盆地从西往东，地层的发育特征变化较大，西部北部湾盆地、琼东南盆地和珠江口盆地西部地层主要以新生界为主；至珠江口盆地东部、东沙群岛南部和潮汕凹陷中生界十分发育，厚度远远超过新生界；至东部台西南盆地则新生界和中生界都比较发育。南海北部的中生代地层分布在陆架和陆坡的中部和东部，以珠江口盆地的韩江凹陷、潮汕凹陷和笔架–台西南盆地区为主，最大厚度在潮汕凹陷，厚度超过8000 m。

5. 陆坡、陆架地层结构

南海北部区域陆架盆地地层以渐新统顶面为界分成上下两套地层。下部包括古新统、始新统和渐新统，发育在地堑和半地堑中（图4.19、图4.38），陆相沉积为主，古新统分布局限，始新统是陆相沉积的主体，也是烃源岩的主要发育层段，渐新统覆盖于早期小地堑之上，在盆缘同沉积断层控制下，又形成新的宽缓地堑，将多个小地堑连成一体；上部地层以席状披盖为主，变形较弱，厚度变化一般不大，沉积环境为海相。

南海北部区域陆坡盆地地层（图4.53）一般以下渐新统顶面和中中新统顶面为界分成上、中、下三套地层，以珠江口盆地珠二拗陷为代表。下套包括古新统、始新统和下渐新统，发育在地堑和半地堑中，除台西南盆地基本上以海相沉积为主外，其他都以陆相沉积为主；中套包括上渐新统到中中新统，为盆地快速沉降期的沉积，地层厚度较大，沉积环境为海相，地层变形明显，断层发育；上套包括上中新统到第四系，以席状披盖为主，晚期调节性断层较发育，沉积环境为海相。

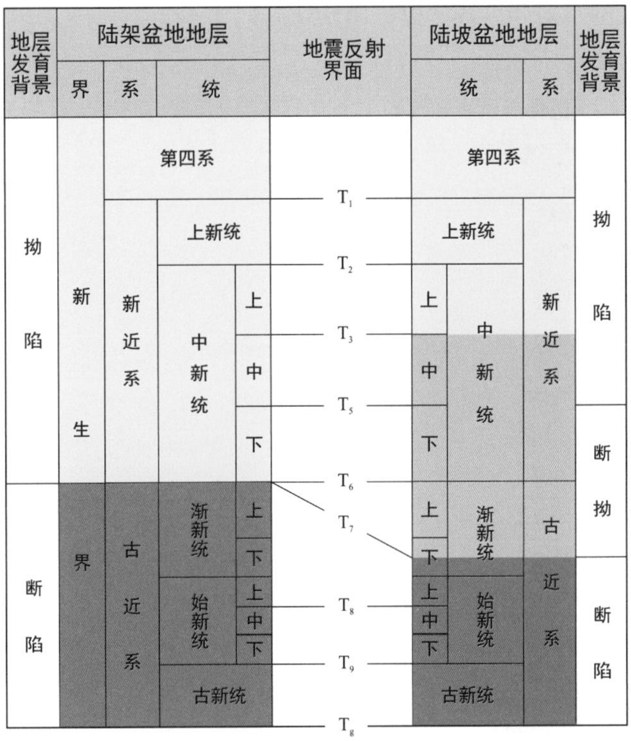

地层发育背景
陆架盆地地层
界
系
统
地震反射界面
陆坡盆地地层
统
系
地层发育背景
第四系
上新统
中新统
渐新统
始新统
古新统
新生
界
新近系
古近系
上
中
下
拗陷
断陷
断拗
$T_1$
$T_2$
$T_3$
$T_5$
$T_6$
$T_7$
$T_8$
$T_9$
$T_g$


图4.53　南海北部陆坡、陆架地层划分差异对比图

# 第二节　主要盆地沉积特征及充填演化

## 一、中生界沉积特征及沉积充填演化

南海北部中生界的分布和沉积特征与所处构造环境和当时的海平面变化密切相关。中生界属于中生代特提斯构造域的一部分，紧邻古太平洋构造域，根据整个华南大陆中生界的发育特征，南海北部中生代为特提斯的远海部分（张莉等，2014），因此总体上为海相沉积环境（图4.54）。

中生代地层在南海北部分布比较局限，面积约10万$km^2$，主要分布在北部陆架和陆坡中部和东部，以珠江口盆地的韩江凹陷、潮汕凹陷和笔架–台西南盆地区为主，为潮汕凹陷和台西南盆地中生界向南部的延伸，越过洋陆转换带（continent-ocean transition，COT），至海盆区消失。据地层对比和钻井揭示的结果，潮汕凹陷残留厚度最大，主要残留晚三叠纪到白垩纪的地层，凹陷中心最大残留厚度超过8000 m，厚度大于3000 m的区域主要分布在凹陷区域。

潮汕凹陷LF35-1-1等钻井钻遇白垩系、侏罗系，侏罗系岩性含灰黑色泥岩、含碳质泥岩、砂岩、生物化石硅质岩、灰岩、鲕粒灰岩等，常有花岗岩及花岗闪长岩侵入，地层上部有玻基玄武岩夹层，岩石中含有较多火山碎屑物质；白垩系主要含泥岩、粉砂岩、砂岩、泥灰岩，可见玄武岩和玻基玄武岩等基性火山喷出岩，少量流纹岩和正长侵入体夹层。LF35-1-1井未钻穿侏罗系，图4.54以LF35-1-1井为代表展示了南海北部海域中生代地层充填序列，未有井岩心部分为地震剖面和露头剖面对比结果。结合地震剖面分析，白垩系对应$T_g$～$T_{m1}$间的地震反射层组，主要为陆相和海陆过渡相沉积环境，侏罗系对应$T_{m1}$～$T_{m2}$间的地震反射层组，主要为海相和海陆过渡相沉积环境（图4.32）。

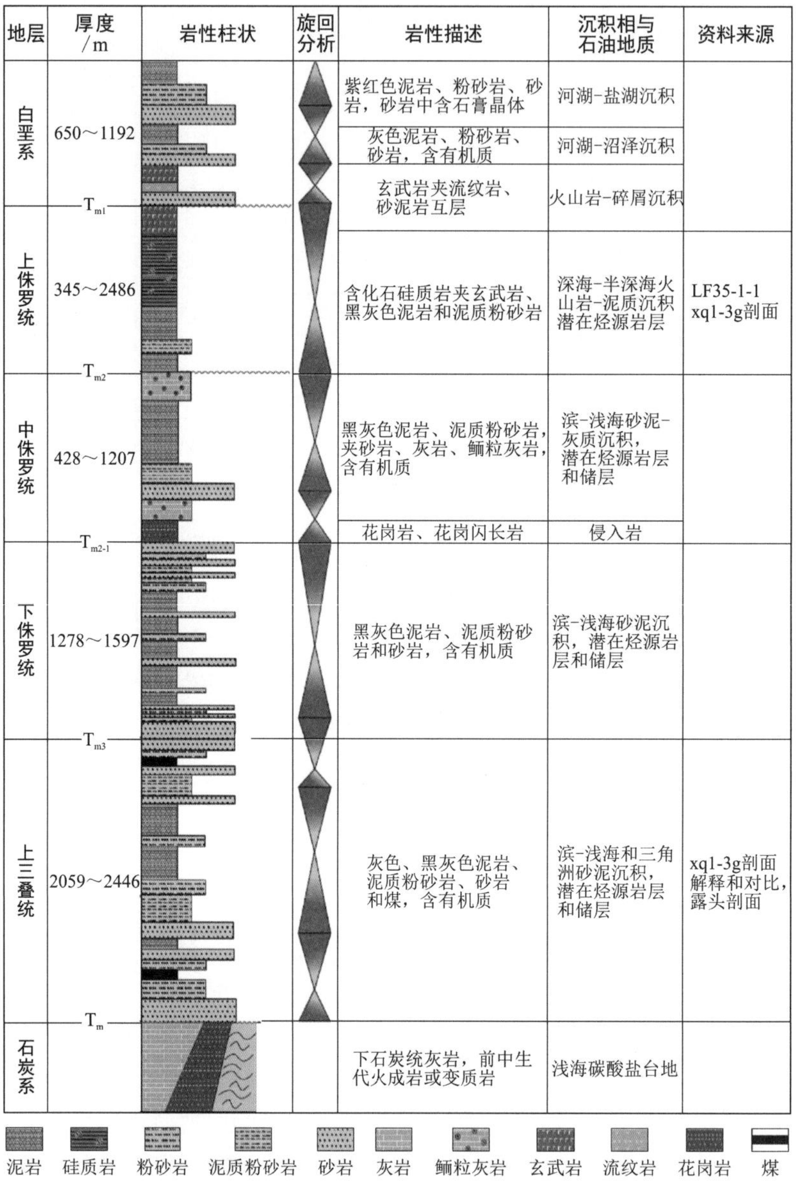


图4.54　南海北部海域中生代地层充填序列图（据张莉等，2014）

## （一）上三叠统

晚三叠世处于较远海沉积环境，为陆棚浅海沉积环境，沉积环境稳定，以海进和高位沉积体系域为主，主要发育细粒泥岩相。晚三叠世末期，发生持续海侵，海水覆盖范围扩大至整个盆地，形成轴线为北西向的陆缘开阔海盆地。盆地边缘为退积式沉积充填，盆地内广大地区为广海陆棚环境的加积式沉积充填。

## （二）中—下侏罗统

LF35-1-1井在中侏罗统底部为一套含有机质的砂泥岩互层沉积，中间夹杂火山喷发岩及鲕粒灰岩，存在海相生物化石，且富含有机质，表明当时为滨浅海环境。从地震资料来看，中侏罗世海域盆地从广海陆棚向深水盆地过渡，广泛发育了一套广海陆棚深水沉积，而潮汕凹陷中心区域则长期处于深水环境，发育页岩夹浊积岩沉积。

早侏罗纪地层中可见鲕粒灰岩，泥岩中富含有机质碎屑，发现孢子花粉化石。鲕状灰岩的发育，显示出相对海平面的下降，水体变浅；有机质碎屑和孢子花粉化石的出现说明水体比较动荡，距离陆区较近，为滨浅海环境。

### （三）上侏罗统—白垩系

LF35-1-1井在晚侏罗世晚期主要为放射虫硅质岩、纹层状泥岩夹基性喷出岩沉积，其所含生物化石均为硅质壳体，表明了当时海水深度较大。下白垩统为一套基性火山岩，夹中酸性火山岩和陆源碎屑岩，其岩石组合及沉积特征表明了当时为海陆过渡沉积环境。上白垩统为灰色纹层状泥岩、粉砂岩及砂岩组合，含较丰富的有机质碎屑；上部则为紫红色泥岩、粉砂岩及砂岩夹少量泥灰岩组合，总体上反映了河湖相沉积。

从地震剖面上看，南海北部晚侏罗世—早白垩世早期为高连续平行结构地震相，岩石组合为硅质岩夹玻基玄武岩-黑色纹层状泥岩-泥灰岩组合，发现了放射虫化石，为典型的深水欠补偿沉积环境，伴生有海底火山喷发，为半深海-深海沉积环境。

早白垩世后期出现基性喷出岩夹少量流纹岩-泥岩砂岩砾岩-泥灰岩组合，说明海水再度变浅，岩石组合变为以滨岸砂体组合为主，而且基性喷出岩夹少量流纹岩的出现，以及地震剖面大量火成岩体对地层的侵染现象，揭示调查区该时期处于火山岛弧环境中，为海陆过渡环境。

晚白垩世地层下部为灰色纹层状泥岩-粉砂岩-砂岩组合，含部分有机质碎屑，无石膏联晶式胶结，为湿润陆相沉积环境；而地层上部为紫红色泥岩、粉砂岩及砂岩，夹少量泥灰岩组合，砂岩中石膏联晶式胶结发育，为干旱炎热陆相环境。总体来说，上白垩统主要发育一套陆相、海陆过渡相断陷盆地充填沉积，沉积作用主要发生在潮汕凹陷及以南地区。潮汕凹陷总体表现为先上超后前积的充填沉积，白垩纪末期，前积充填沉积物则推进到陆缘海盆地边缘。

总的来说，晚三叠世、侏罗纪和白垩纪三套地层沉积具有一定的继承性，晚三叠世陆缘海盆地开始发育，地层分布范围较窄，面积仅为4.1万$km^2$，总体上沉积厚度较薄，最大沉积厚度达到4000 m，地层主要分布于潮汕凹陷和韩江凹陷。早侏罗世—中侏罗世，经历了早侏罗世的最大海泛期，盆地范围扩至最大，沉积面积约为6万$km^2$，最大残余厚度位于潮汕凹陷，可达到4500 m，此时，笔架盆地、潮汕凹陷和韩江凹陷三个北东向沉积凹陷基本形成，并且地层广泛分布于笔架盆地、白云凹陷、惠州凹陷、西江凹陷和台西南盆地西南等地区。晚侏罗世—白垩纪，地层分布范围逐渐收缩，但最大沉积面积仍约为6万$km^2$，地层分布与上一时期具有相似性，最大地层厚度可达到5000 m以上。

## 二、新生界沉积特征及沉积充填演化

### （一）古近系湖相-海陆过渡相沉积特征

南海北部古新统—下渐新统分布相对局限，主要分布于盆地断陷中，凸起上缺失，未连片发育，上渐新统广泛分布。据钻井和沉积相分析，沉积环境以陆相湖泊沉积环境为主。断陷底部发育盆底扇，边部发育斜坡扇，沉积特征及其体系域组合总体反映了水动力条件由动荡趋于稳定，水体不断加深，由浅湖相逐渐过渡到半深湖相，形成一个明显的水进旋回。

1. 古新统

古新统目前在北部陆坡尚未钻遇，根据地震资料揭示，分布范围较局限，仅在盆地深断陷底部以及陆坡与海盆过渡地带的局部残留小断陷中有所分布，厚度一般不超过2000 m。沉积相主要为滨浅湖沙泥岩相，夹带洪积–冲积相粗碎屑充填沉积，反射连续性差，内部呈杂乱反射。岩性以陆相碎屑岩类为主，粒度较粗，含火山碎屑物质。与前新生代基底呈不整合接触。

古新统在北部湾盆地称长流组，在珠江口盆地称神狐组。在地震剖面上显示为一套中–低频、中–强振幅、低–中连续的反射层组，多呈亚平行结构、席状外形，局部可见发散结构和前积结构，为楔状或丘状外形。振幅横向变化大，亦可见强振幅与弱振幅互层（图4.55）。总体为滨湖–浅湖–半深湖环境，靠近凹陷边缘，物源较充足，在层序底部发育有顺沿斜坡沉积的斜坡扇和断层下降盘一侧发育有扇三角洲沉积，凹陷和隆起区的火山多发地区均有发育火山碎屑岩相（图4.56）。

北部湾盆地古新统长流组为一套红色及杂色粗碎屑岩，表明该套地层曾长期遭受过风化剥蚀。说明在该时期北部湾盆地受神狐运动影响大，沉积物在动荡背景下快速堆积，形成了一套陆相粗碎屑沉积。始新统盆地整体格局为凹凸相间（何家雄等，2008b），隆起区物源四处扩散，地层主要分布于深凹部位的地堑或者半地堑内，以陆相粗碎屑沉积为主。

珠江口盆地神狐组由冲积扇、山麓河流相、局部湖相的杂色砂岩、泥岩夹凝灰岩组成。主要分布在一系列孤立的小型箕状断陷内。厚度变化大，与基底不整合接触。黄正吉等（1996）利用神狐2-1-1井、神狐14-1-1井、神狐19-1-3井，并根据孢粉、藻类化石群（表4.6）对珠江口盆地西部古近系沉积环境的分析，神狐期（古新世）已有小湖盆形成，水系不活跃，湖盆据物源近，形成粗粒冲积沉积物与细粒湖相泥岩交互成层的沉积特色（黄正吉等，1996；黄正吉，1998）。

**表4.6　古近系孢粉、藻类化石群分异度统计表**（据黄正吉等，1996）

| 地层 | | | 复合分异度 [*H*(*S*)] | 优势度（dm） | 简单分异度（*S*） | 代表井 |
|---|---|---|---|---|---|---|
| 统 | 组 | 段 | | | | |
| 渐新统 | 珠海组 | 一段 | 2.3（17） | 22（a、b） | 19.06（17） | 神狐 2-1-1 |
| | | 二段 | 2.46（5） | 19.5（a、g、c） | 21.6（5） | 神狐 2-1-1 |
| | 恩平组 | 一段 | 1.93（12） | 36.9（a、g） | 16.2（12） | 神狐 14-1-1 |
| | | 二段 | 1.99（4） | 30.21（a、b、d） | 15.5（4） | 神狐 14-1-1 |
| | | 三段 | 1.83（2） | 37.7（a） | 15（2） | 神狐 2-1-1 |
| | 文昌组 | 一段 | 2.43（1） | 20.7（e） | 21（1） | 神狐 19-1-3 |
| 始新统 | | 二段 | 1.64（18） | 45.7（a、f、g） | 12.8（18） | 神狐 19-1-3 |
| | | 三段 | 1.7（25） | 42.5（f、g、a、h） | 14.36（25） | 神狐 19-1-3 |
| 古新统 | 神狐组 | | 1.8（10） | 39.8（a、g） | 15.3（10） | 神狐 19-1-3 |

注：() 内为样品数；a 为栎粉，b 为水龙骨光面单缝孢，c 为松粉，d 为哈氏粗肋孢，e 为柯克双沟粉，f 为盘星藻，g 为栗粉，h 为无突肋纹孢。

2. 始新统

始新统在北部湾盆地称为流沙港组，在琼东南盆地称为岭头组，在珠江口盆地称为文昌组。在地震剖面上主要显示为中频、中–强振幅，夹杂弱振幅、中连续，平行–亚平行结构，席状披盖外形，局部呈中–

高频，夹杂楔状、丘状和前积型地震相。反映沉积环境较稳定，推测为中深湖相沉积。

北部湾盆地始新统流沙港组为水退型河流相沉积；琼东南盆地始新统岭头组为彼此独立的凹陷陆相碎屑岩系，岩性为浅棕色泥质砂岩与浅灰色含砾砂岩。珠江口盆地文昌组为浅湖–半深湖、潟湖相沉积，岩性以灰黑色泥岩为主，夹少量灰色砂岩，部分地区上部夹煤层，含孢粉化石。台西南盆地始新统属陆相碎屑岩夹火山碎屑、玄武质凝灰岩沉积，北港隆起钻遇鲕粒灰岩夹层。可见该盆地在古近纪时期已普遍遭受海侵，接受了一套海陆过渡相–海相沉积。

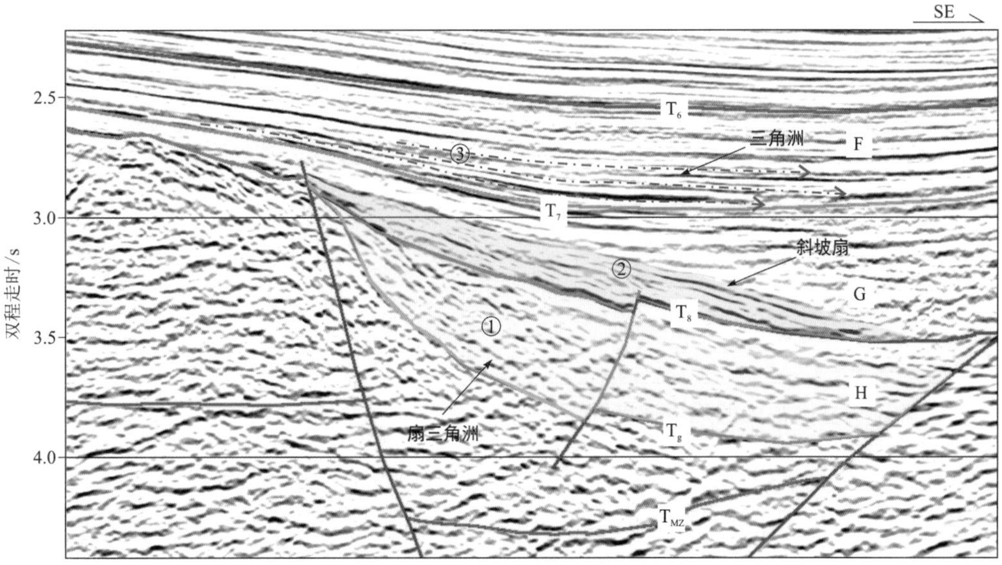


图4.55　珠江口盆地神狐组地震反射特征图

①扇三角洲相；②斜坡扇相；③三角洲相

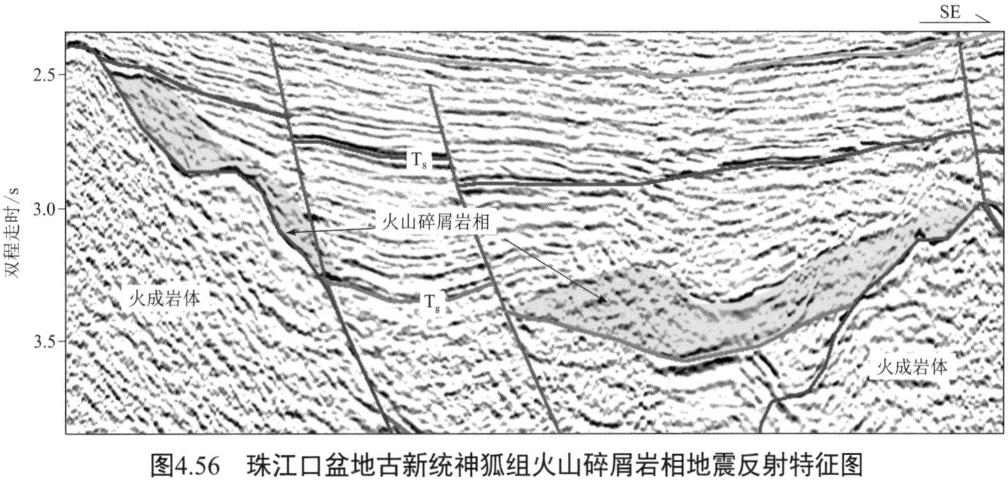


图4.56　珠江口盆地古新统神狐组火山碎屑岩相地震反射特征图

北部湾盆地始新世流沙港组整体为一套巨厚的湖相三角洲沉积（石彦民等，2007），发育辫状河三角洲、浊积扇、扇三角洲和湖相泥岩沉积体系，各沉积时期物源继承性发育，但沉积体系展布范围明显不同。流三段对应于凹陷扩张断陷期（图4.57），构造活动强烈，物源供给充分，低位体系域以下切谷和大型低位扇为特征。流二段对应于断陷稳定期（图4.57），该时期湖盆范围最大，湖水最深，以巨厚泥岩沉积为主，三角洲沉积体系发育范围减小。流一段处于凹陷萎缩阶段（图4.57），水体变浅，物源供给充分，砂体向湖盆中心推进，岩性上以砂岩和泥岩薄互层为特征。油气统计显示，油气主要赋存于流三段高位体系域、流一段高位体系域和流二段低位体系域（刘恩涛等，20132）。

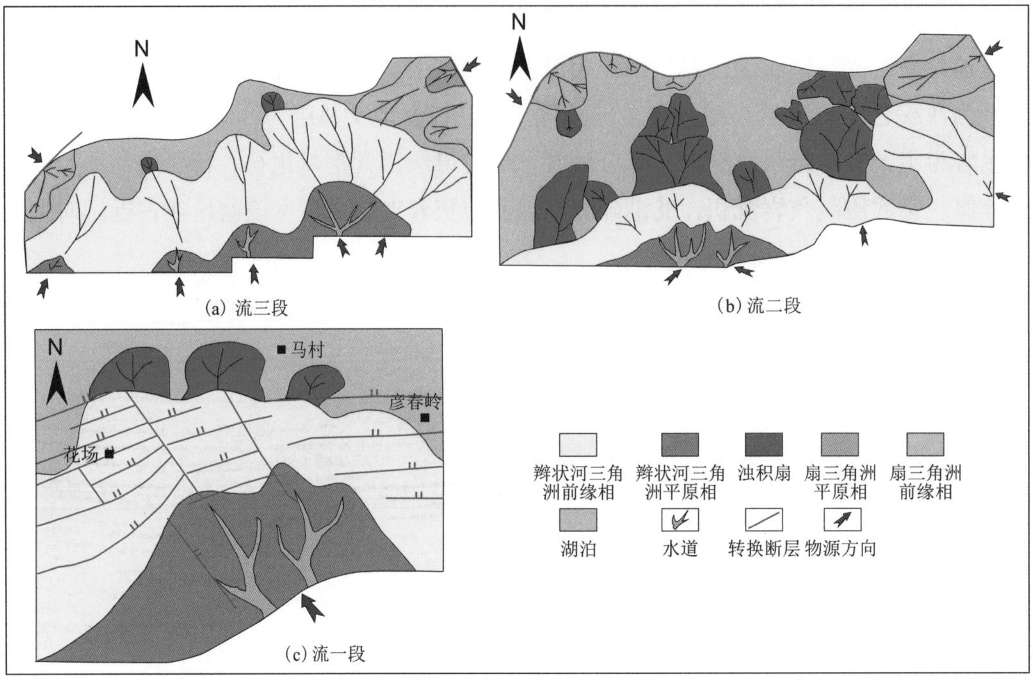


**图4.57 北部湾盆地福山凹陷流沙港组沉积模式图**（据石彦民等，2007；刘恩涛等，2012）

琼东南盆地始新统岭头组在琼东南盆地中未钻遇，但是可以从钻井的油-源对比和地震剖面分析证实其存在。该组地层局限分布于琼东南盆地的主要断陷内，在凸起带缺失，低凸起区推测为一套湖相为主的地层，其沉积特征表现为受到湖盆发育历史控制的砂岩-泥岩-砂岩三重结构，即在湖盆初始形成期间，形成以近源快速堆积的坡积扇、冲积扇、扇三角洲等碎屑沉积物；在湖盆扩张时期，大套的中深湖相细粒碎屑岩发育；在湖盆萎缩消亡期间，河流-三角洲相沉积的相对粗粒沉积再次发育（钟志洪等，2004）。

珠江口盆地文昌组化石分异度显示了始新世湖盆稳定、封闭性好的独特环境，适宜生物生长，利于有机质保存，形成了优质烃源岩。此外存在较多搬运能力较强的异地孢粉说明该期沉积物具有相当远的搬运距离。因此，文昌期的湖泊已由神狐期近物源的小湖盆演变为远离物源、水域宽广的平原性稳定湖泊（黄正吉等，1996）。文昌组沉积相主要为浅湖-深湖相、扇三角洲相、三角洲相。文昌组局限分布于小洼陷中，彼此之间为凸起分隔，基底沉降直接受边界断裂控制，沉降中心紧邻边界断裂。在恩平凹陷中发育的边界断裂产状较陡，地层受强烈的断块掀斜作用而明显翘倾，导致缓坡带地层遭受抬升剥蚀，是文昌组顶部不整合面多表现为角度不整合的首要原因（图4.58；王家豪等，2011）。

### 3. 渐新统

渐新统在北部湾盆地称为涠洲组，在琼东南盆地称为崖城组（下渐新统）和陵水组（上渐新统），在珠江口盆地称为恩平组（下渐新统）和珠海组（上渐新统），在台西南盆地称为珠海组（上渐新统）。在地震剖面上表现为一套中频率、中-强振幅、中-高连续，亚平行结构，席状披盖外形，内部从下向上频率增高、振幅相对变弱、连续性变好，顶界削截，与底界呈整一或上超接触的反射层组。反映出水体开阔，构造活动减弱，由于海水的侵入，从底部到上部地震反射特征有明显的变化，推测为陆相到海陆过渡相沉积。最大厚度位于珠江口盆地珠二拗陷的白云凹陷内。岩性从西向东，由一套湖相的杂色、棕红色泥岩、粉砂岩，以及灰白色砂岩、砂砾岩，过渡到一套近岸的滨浅海相沙泥岩互层，再到一套沼泽相含煤地层和砂泥岩互层的陆到海的过渡沉积。岩性为以灰色、灰白色砂岩间夹棕红色、褐色、灰绿色泥岩为主，再往东为一套三角洲-滨海相灰白色粗粒石英砂岩，夹薄层深灰色页岩和煤层。

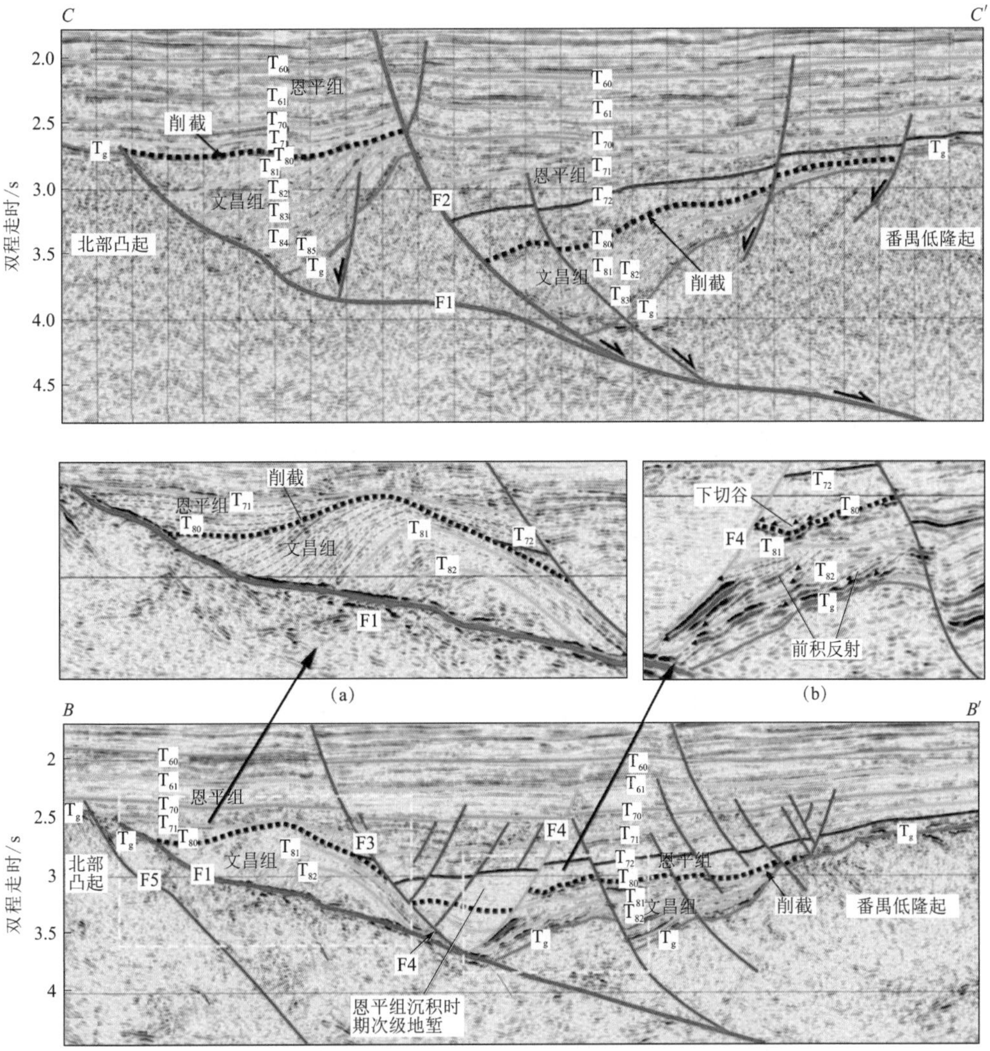


**图4.58　珠江口盆地恩平凹陷文昌组和恩平组沉积特征图**（据王家豪等，2011，修改）

北部湾盆地下渐新统涠三段、涠四段普遍厚度小于1000 m，整体发育河流–湖湾相，在盆地西部涠洲组多为煤系，其暗色泥岩与煤可作烃源岩；晚渐新世，北部湾盆地的沉降中心发生了转移，沉降的速率减缓，由于处于盆地裂陷期末，断裂活动强度减弱，西北部海中凹陷沉积地层厚度达3000 m，发育碎屑岩沉积，可见煤系地层（钟志洪等，2004）。晚渐新世晚期开始发生海退，涠洲组顶部发育明显的反韵律序列。该时期是平均沉积速度最大的时期。

琼东南盆地下渐新统崖城组发育海陆过渡相–浅海相沉积，基本连片分布。在崖北凹陷，该组地层发育了砂岩–泥岩–砂岩的三重沉积结构序列（图4.59）。崖三段底部的冲积扇体系向上变细为海岸平原相，次级层序的叠加方式为加积–退积型；崖二段为加积的浅海相厚层泥岩；崖一段下部由底部的海岸平原相砂岩、泥岩互层通过加积–进积方式叠加而向上变粗为砂砾岩、含砾砂岩与砂质泥岩互层，上部则由滨浅海相的加积–退积型泥岩夹薄层砂岩组成（钟志洪等，2004）。

上渐新统陵水组以浅海相沉积为主，水体相对较深，多为外浅海环境。在崖北凹陷，陵水组底部为三角洲相沉积，向上加积变细为滨岸环境的粉–中砂岩夹泥岩；中部泥岩为滨浅海相沉积；顶部由滨海环境的砂泥互层向上变粗为砾状砂岩、含砾砂岩夹砂质泥岩组成（钟志洪等，2004）。

珠江口盆地下渐新统恩平组化石群分异度高于文昌组，但优势度明显降低。与文昌组沉积期相比，湖泊趋于开张，动荡程度加强，影响水生生物的繁衍和保存，并开始出现少量与海水有关的藻类。说明盆地沼泽化程度增强，开始逐渐结束陆相沉积环境，慢慢向海靠近。上渐新统珠海组化石群分异度居古近系之首，而优势度最低。反映出水体开阔而动荡，周围水系活跃，环境频繁更替。同时在钻井BY7-1-1上渐新统顶部发现了三层浮游有孔虫富集层，揭示出三次海侵，说明当时调查区北部处于海岸带附近。据地震相–沉积相分析为海陆过渡相，该结论与钻井化石环境指示相吻合。由于水体动荡，水动力强度大，该时期形成的砂体是极有利的储集层系（黄正吉等，1996）

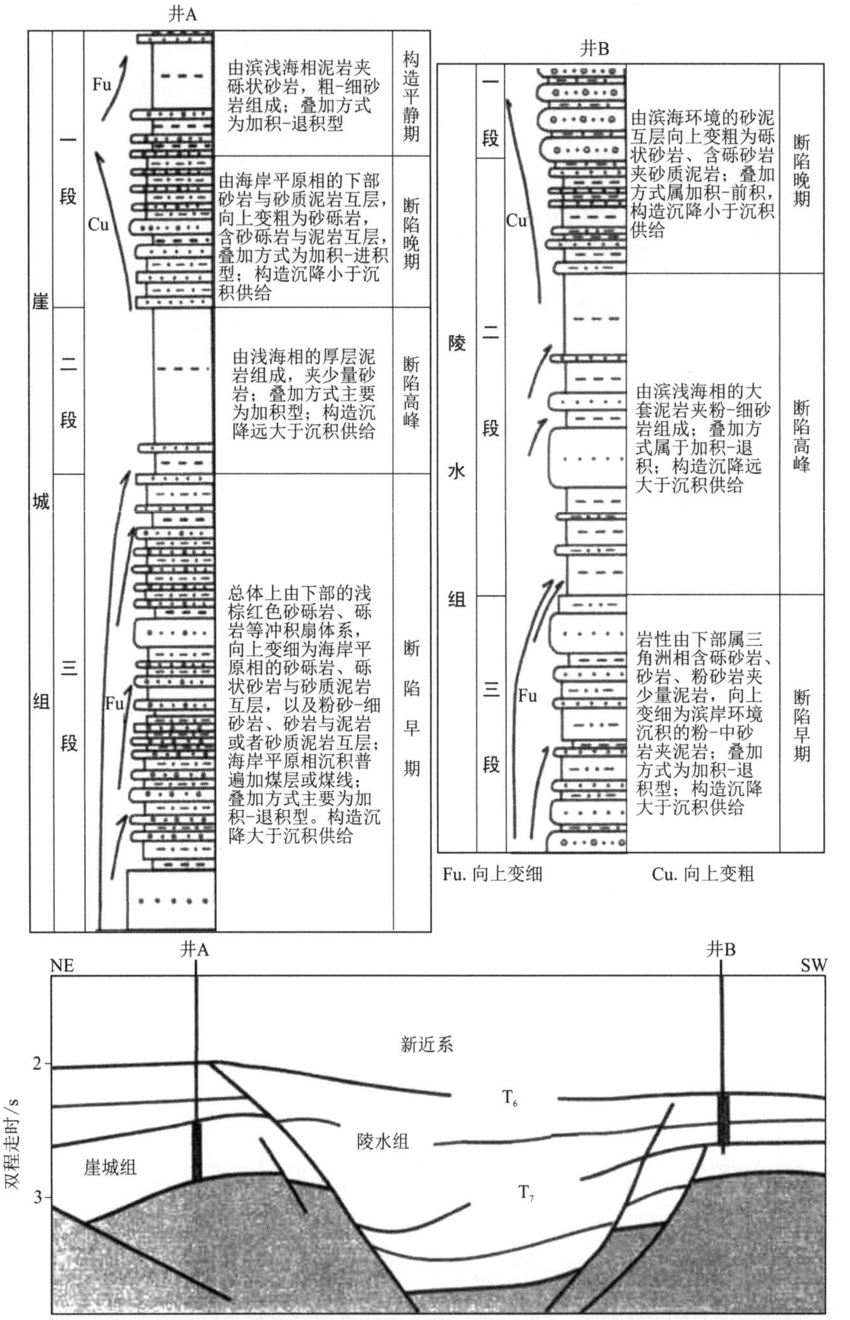


**图4.59　琼东南盆地古近纪的崖城组—陵水组沉积充填结构图**（据钟志洪等，2004）

珠海组在白云凹陷南坡以北的浅水陆架区发育了古珠江三角洲沉积（图4.60）。由于珠江流域面积广、物源供给充分，古珠江三角洲在南海北部影响范围非常广泛，发育时间长、三角洲朵叶体摆动频繁，形成了以白云凹陷为沉积中心，番禺低隆起为远端薄层沉积的沉积分布格局。珠海组的珠江三角洲是浅海陆架环境下形成的陆架三角洲，三角洲前缘砂体类型多，水下分流河道、天然堤、河口坝、远砂坝都具有尖灭条件，为形成地层岩性圈闭提供了有利条件（柳保军等，2007）。

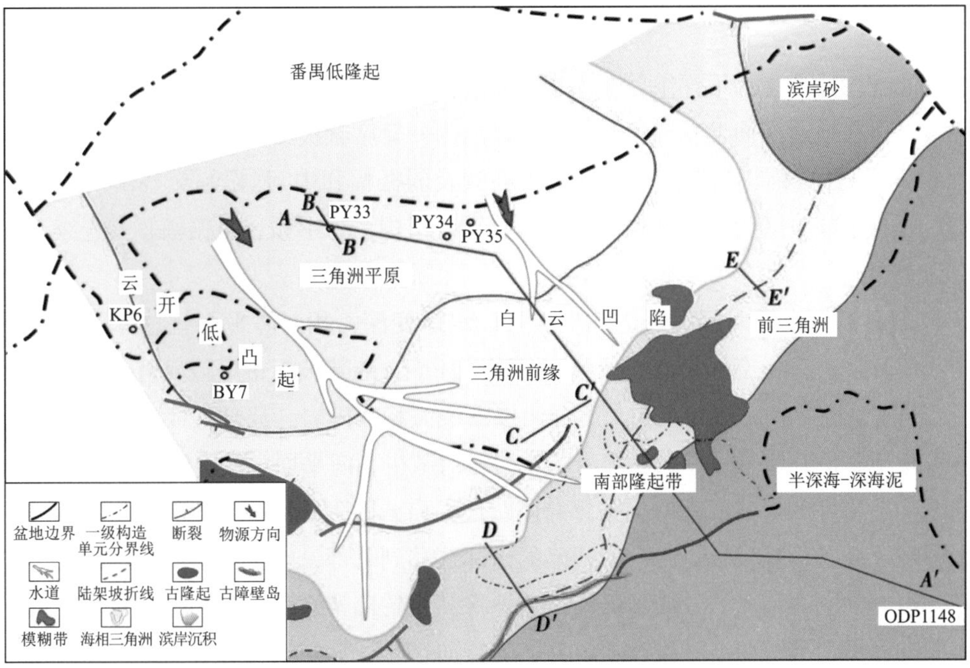


**图4.60　珠江口盆地白云凹陷珠海组古珠江三角洲沉积相图**（据柳保军等，2007）

总的来说，南海北部的新生界古近系古新统—下渐新统均是在同一构造背景发育的断陷陆相沉积，以河、湖相沉积为主，见潟湖、沼泽和三角洲相，底部发育洪积、冲积相沉积。中—上渐新统在北部湾盆地为河、湖相沉积，在珠江口盆地、琼东南盆地中为滨、浅海相–海陆过渡相沉积，向东在台西南盆地逐渐过渡为海相沉积。西部东沙群岛以东大多缺失古新统—始新统（图4.61）。

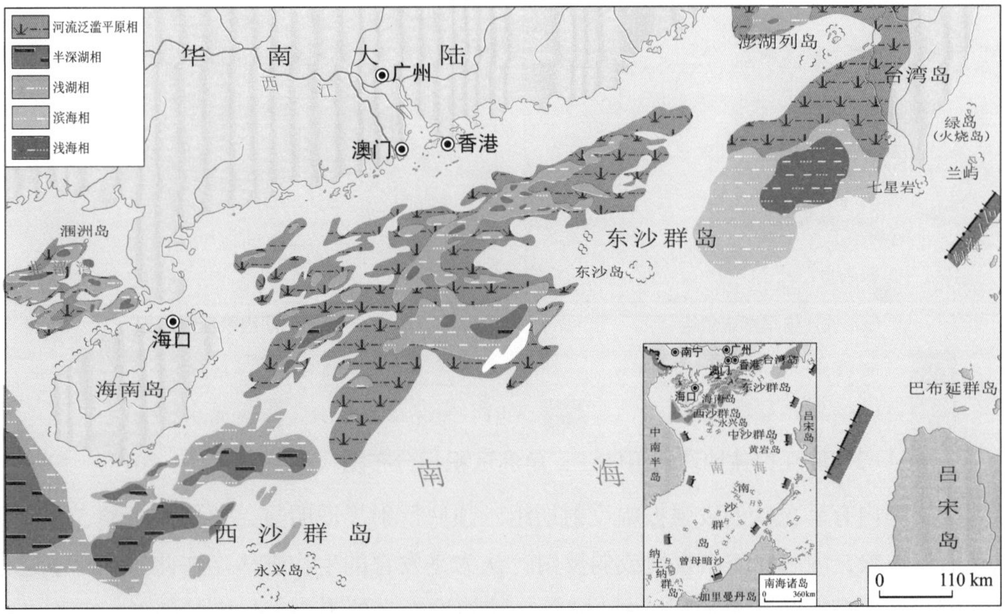


**图4.61　南海北部古近系主要沉积相分布图**（以上始新统为例）

## （二）新近系以来海相沉积特征

南海北部新近系普遍发育，厚度较大，最厚处位于台西南盆地，厚度可达5000 m，沉积环境主要为滨浅海–半深海环境。

1. 中新统

1）下中新统

下中新统在北部湾盆地称为下洋组，在琼东南盆地称为三亚组，在珠江口盆地称为珠江组，在台西南盆地称为糖恩山组。在地震剖面上发育于凹陷区，显示为一套席状披盖外形，大多为平行结构，局部呈亚平行结构，中频、中–强振幅、高连续，局部可见高频及弱振幅和中–强振幅交替出现的反射层组，推测为浅海相沉积。发育于陆坡区为一套席状披盖外形、平行结构，为中频、强振幅、高连续反射，推测为浅海–半深海相沉积。

下中新统沉积时期，南海北部海侵进一步扩大，水体变深，相对海平面呈总体上升趋势，陆架区大部分区域为滨浅海环境，只在南部小范围区域为半深海环境；陆架坡折带区域发育了陆架边缘三角洲沉积（图4.62）。北部湾盆地始发育海相沉积，下洋组以滨浅海相砂砾岩、局部夹泥岩不等厚互层为特征。该时期沉积速率较晚渐新世有所减缓，陆源碎屑的供给相对减少，海平面缓慢上升。

伴随着白云构造事件的形成，南海扩张脊向南跃迁，白云凹陷深部地幔上隆产生强烈的热沉降，演变为上陆坡深水环境。此时，陆架坡折由白云凹陷的南部迁移到北部，在珠江组形成过程中，相对海平面呈持续上升阶段，可容纳空间增大，致使了珠江口盆地珠江组的陆架边缘三角洲、深水扇、滨岸和碳酸盐台地的形成。大型的海侵使沉积中心发生改变，并向陆方向迁移，珠江组物源变弱，珠江组低位期的三角洲前缘越过坡折带沉积，形成陆架边缘三角洲，并与陆架外的峡谷水道相连；三角洲进积、加积的碎屑沉积物向上陆坡内的白云凹陷内沉积，形成深水扇。随着海侵的不断扩大，水进域、高位域演化为陆架三角洲且沉积中心，再次退回到西江凹陷、惠州凹陷内，并继续三角洲沉积，直到各个断陷中心连接形成统一的凹陷沉积，珠江组沉积结束。

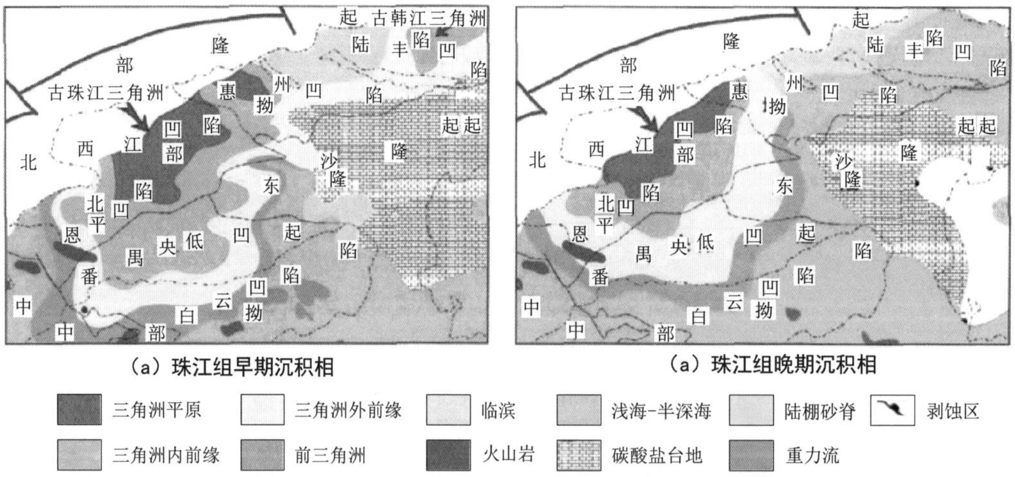


**图4.62　珠江口盆地珠江组珠江三角洲沉积相分布图**（据杜家元等，2014）

东沙隆起区层序内有呈丘状的较强振幅反射层组，顶底反射界面明显，顶部呈中频、强振幅，连续性很好，两侧有上超现象，内部见空白反射或弱反射，认为是发育的生物礁体。在此时期海水逐渐淹没东沙隆起，但总体较浅，发育碳酸盐台地相（图4.63）。陆架坡折带处为一套呈楔状外形，前积结构，显示为以中–高频、中–高连续、中–强振幅为主的反射层组。反映出水动力条件相对较强，沉积物供应充足，并不断由陆架区向坡折带推进前积，推测为陆架边缘三角洲。岩性为滨海、浅海相砂岩、砂砾岩、泥岩、砂质泥岩，夹少量黑色煤层、碳酸盐岩，从西往东岩性变细。

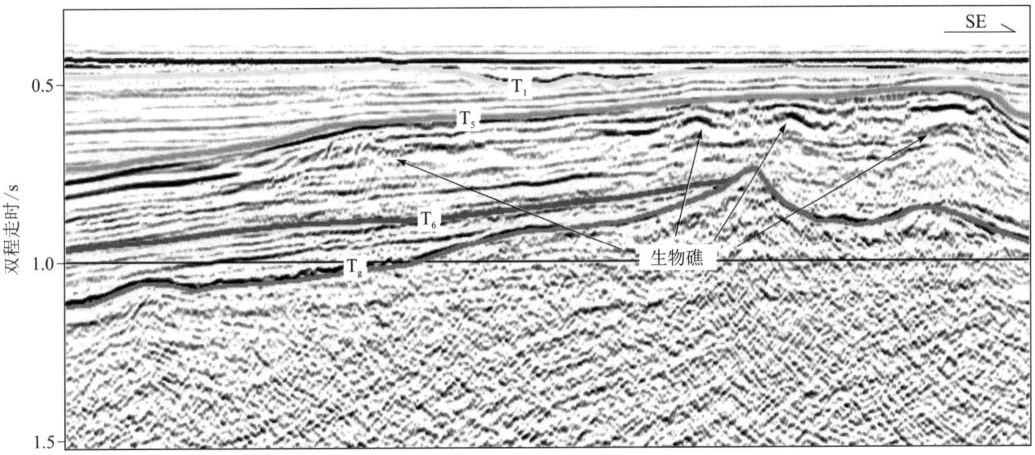


图4.63　东沙隆起区下中新统生物礁地震反射特征图

下中新统沉积时期，约从20 Ma开始，东沙隆起上的生物礁滩灰岩十分发育，发育了台地相、生物礁滩相及潟湖相，其厚度达562 m以上。该组含丰富有孔虫、超微及孢粉化石。其中有孔虫属N8～N5带，超微化石为NN4～NN1带上部。珠江三角洲沉积与东沙隆起碳酸盐岩沉积一起发育，古珠江三角洲向东一直延伸到东沙隆起碳酸盐岩沉积区，在两者交互的过渡区域砂岩尖灭发育。属海陆过渡相–三角洲复合体沉积环境，是相对海平面持续上升时期沉积，与下伏地层呈平行不整合接触。

2）中中新统

中中新统在北部湾盆地称为角尾组，在琼东南盆地称为梅山组，在珠江口盆地称为韩江组，在台西南盆地称为长技坑组。

在地震剖面上，$T_5$为中中新统的底界，为南海停止扩张的界面，中中新统在陆架区总体显示为一套席状外形，平行–亚平行结构，中–低频率、中–弱振幅、中连续地震相，推测为浅海–半深海相沉积，同时普遍发育有斜交或双向上超形结构，充填状外形，中–低频率、中–弱振幅、中–低连续地震相，显示为水道充填相沉积（图4.64）。陆坡上发育有透镜状变振幅地震相和楔状中频变振幅地震相，推测为盆底扇相和斜坡扇相；陆架和陆坡转折带发育复合前积结构中–高连续地震相，推测为三角洲相沉积（图4.65）。岩性为砂岩、细砂岩、粉砂岩、泥岩、页岩为主，富含海相有孔虫和钙质超微化石、孢粉等，从西往东，从浅海相沉积过渡到半深海相沉积。

南海北部中中新统沉积期间，海平面持续上升，仅在局部时段有一个下降再上升的过程，之后海进范围扩大，早期发育低水位海进沉积体系，中晚期开始发育海退沉积体系，显示出相对海平面变化从上升到逐渐下降，然后再上升的一个变化。北部陆架区主要发育浅海相，只在南部小范围发育半深海相沉积；局部水体能量较强，水流冲刷，发育水道充填相沉积；在南部的陆架破折带区域，水动力条件较强，发育陆架边缘三角洲沉积。

3）上中新统

上中新统在北部湾盆地称为灯楼角组，在琼东南盆地称为黄流组，在珠江口盆地称为粤海组，在台西南盆地称为三民组。陆架区在地震剖面上显示为一套席状外形–席状披盖，平行–亚平行结构，高频率、中–强振幅、高连续，局部呈与弱振幅互层的反射层组，推测为滨浅海相沉积。陆坡区主要为平行–亚平行结构，中频率、中–弱振幅、中–低连续地震相，推测为浅海–半深海相。下陆坡靠近海盆附近，发育丘状叠瓦型地震相、透镜状杂乱–波状地震相和楔状发散形地震相，为浊积扇相。下陆坡区和中沙群岛区，大片发育杂乱状结构，中–低频率、变振幅、低连续的反射层组，为火山碎屑岩相。

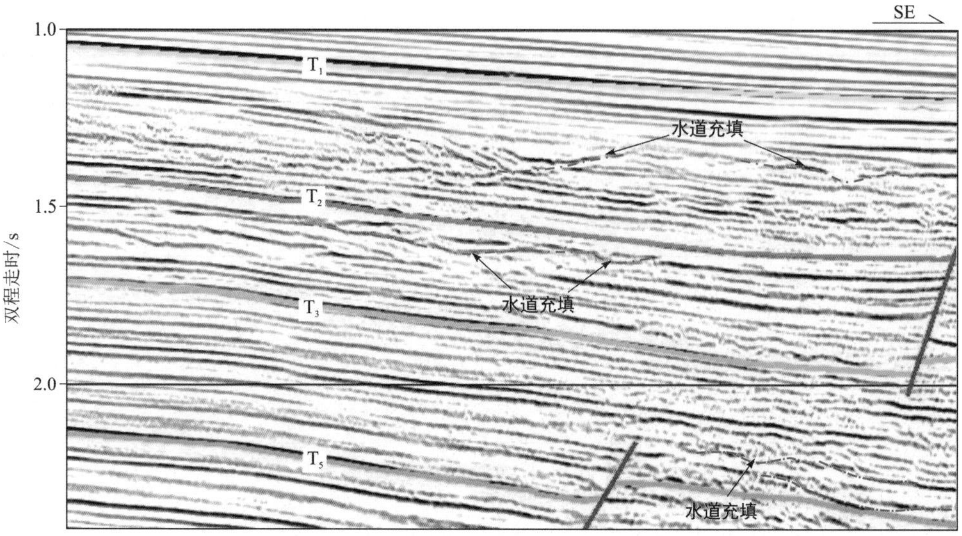


图4.64 水道充填相地震反射特征图

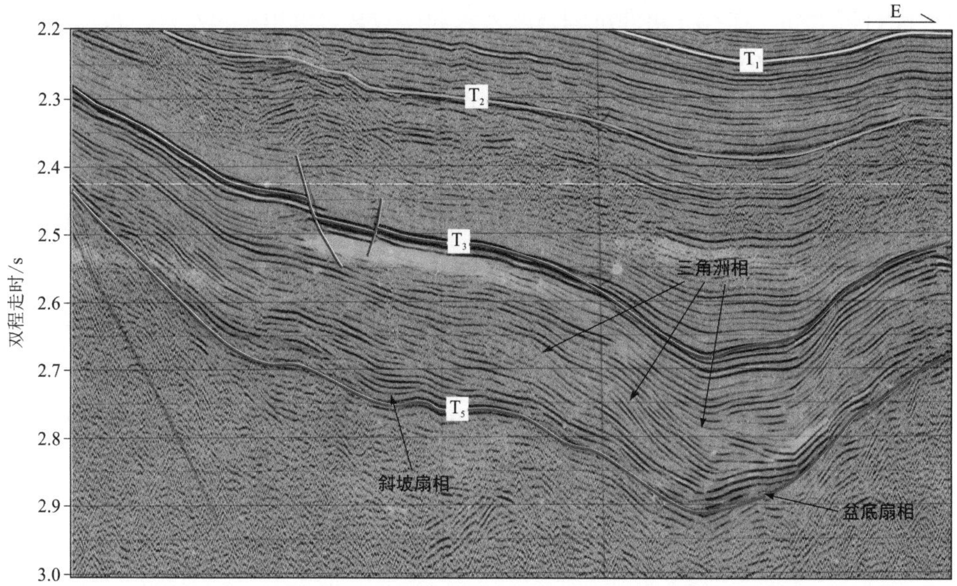


图4.65 中中新统三角洲相前积、叠瓦状结构地震反射特征图

南海北部上中新统沉积时期经历了多次相对海平面升降变化，但水动力条件较稳定的中北部陆架区，主要发育浅海相沉积，南部地区发育了半深海相沉积；在凹陷边缘和南部的陆架边缘区域，多发育侵蚀水道；同时在南部的陆架坡折带区域发育了陆架边缘三角洲沉积。下陆坡靠近海盆区浊积扇沉积相和大量浊积水道发育。岩性以泥岩、砂岩、灰岩、页岩为主，见薄煤层、碳质页岩，从西往东，沉积环境由滨浅海环境过渡到半深海环境，琼东南盆地具有盆底扇沉积特征。

中新统沉积期间，西沙隆起区发育碳酸盐台地，位于永兴岛的西永1井的资料，揭示了这套地层的岩性特征，自下而上可划分中新统为以下几组。

下中新统西沙组：不整合覆于基岩之上，厚401 m。岩性可分两段，下段为灰白色钙藻白云岩，含孢粉化石；上段为灰白色生物碎屑灰岩，含有孔虫。

中中新统宣德组：白色中白垩虫碎屑灰岩，由粉–细砂级的生物碎屑和显晶–隐晶质方解石组成，生物碎屑以中白垩虫占优势，厚190 m（图4.66）。

上中新统永乐组：厚290 m，岩性为白云质生物礁灰岩。

除西永1井外，位于西沙岛礁的还有西琛1井、西科1井、西永2井和西石1井，可共同对比研究西沙隆起区碳酸盐台地的发展。

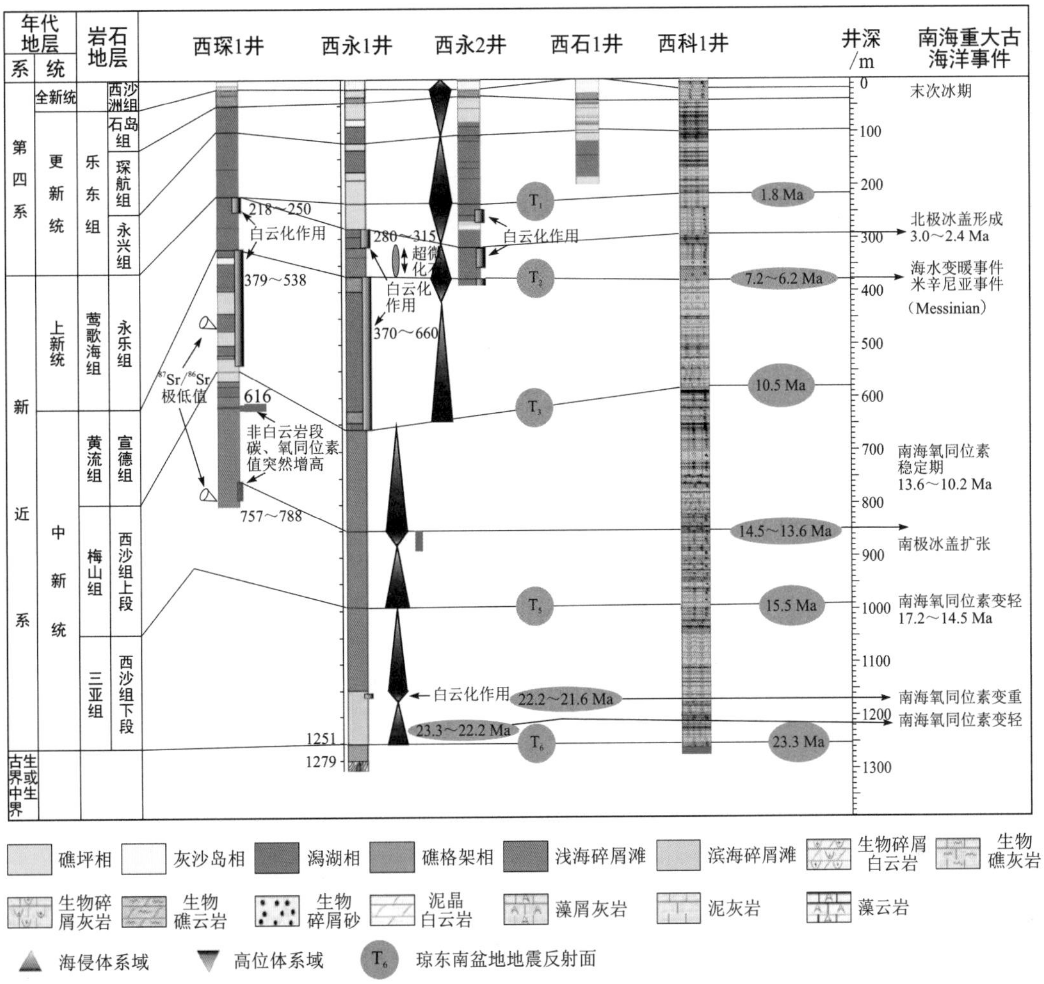


**图4.66　西沙隆起区四孔钻井沉积相显示碳酸盐格架图**（据赵强，2010，修改）

2. 上新统

上新统在北部湾盆地称为望楼港组，在琼东南盆地称为莺歌海组，珠江口盆地称为万山组。在地震剖面上显示为一套高频率、中–强振幅、高连续，平行结构，席状外形的反射层组，推测为浅海相，分布在中北部陆架区；在南部区域，为一套强振幅席状地震相，推测为半深海相；陆架坡折带发育高连续前积型地震相，为陆架三角洲沉积（图4.67）；陆架坡折带附近发育弱振幅填充地震相，推测为水道–堤岸复合体沉积。岩性以砂岩、粉砂岩、泥岩、页岩为主，具下细上粗特征，为浅海–陆坡–半深海相沉积。上新世北部湾盆地区域沉降明显，海平面继续上升，海侵平面推进速率最高达到25.3 km/Ma，昌化凹陷、海头北凹陷、企西隆起西部和海中凹陷均被海水淹没，主要发育滨浅海相体系。

上新统沉积期间，相对海平面稳定上升，水体开阔，以发育浅海、半深海相为主，多见水道冲刷现象，发育了水道充填相和水道–堤岸复合沉积体，南部陆架坡折带附近发育陆架边缘三角洲沉积，该三角洲成为沉积物由陆架向陆坡和海盆区运移的重要通道。

总的来说，南海北部新近系大多属滨、浅海环境，自北而南依次发育平原河流相、三角洲相以及滨浅海相；陆坡以半深海相为主（图4.68）。

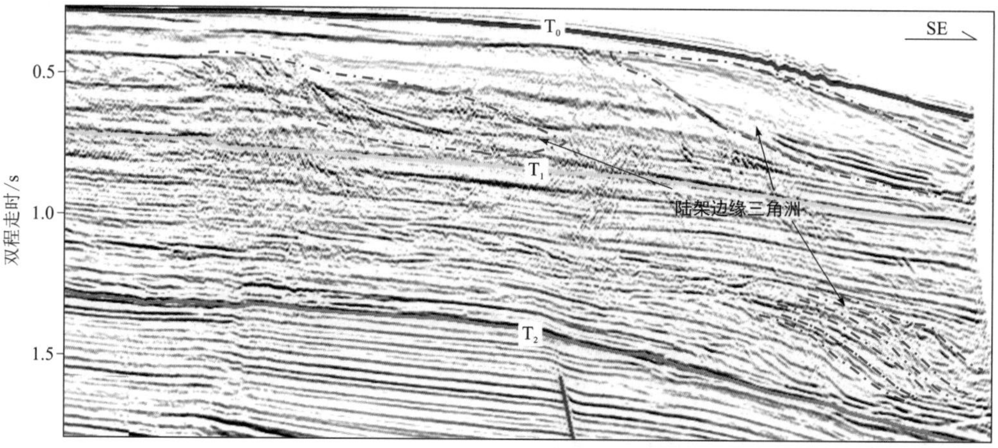


图4.67　陆架边缘三角洲沉积相地震反射特征图

北部湾盆地以滨海、浅海相为主，下中新统下洋组为滨海、浅海相，下部夹碳酸盐岩薄层，中中新统角尾组以浅海相沉积为主，沿岸发育滩坝，上中新统灯楼角组为局限性浅海相沉积。

台西南盆地中新统为海陆过渡相、浅海相，上新统—第四系以浅海、半深海相环境为主，高雄以东地区以浅海相为主。

莺歌海盆地下中新统三亚组含大量未经搬运、分选很差的混合岩，显然属于陆相近源沉积，至中中新统梅山组水体明显变深，为半深海相，上新统莺歌海组上部为近千米的浅海相沉积，下部为半深海相，局部含浊流沉积，第四系乐东组厚度极大，为浅海相。

琼东南盆地上渐新统陵水组局部发育滨海相；下–中中新统三亚组上部为滨海、浅海相，下部属浅海相，北部斜坡局部发育礁滩相；中中新统梅山组亦为滨海、浅海相；上中新统黄流组为滨海、浅海相，局部发育三角洲相；上新统莺歌海组与第四系水体略微加深，为浅海–半深海相。

珠江口盆地新近纪早期大部地区以平原河流相和三角洲相为主，新近纪晚期则以滨浅海相为主。由于珠江流域带来丰富的陆缘物质，该区发育面积可观的建设性三角洲相，三角洲砂体发育且沉积巨厚，分布范围较大，东沙群岛一带台地碳酸盐岩和生物礁相颇为发育。

### （三）第四系

第四系南海北部普遍发育，厚度差异大。琼东南盆地西边最厚，可达2000 m，东沙隆起处几乎没有，地震剖面上可直接见海底新近系斜层。

琼东南盆地称为乐东组，珠江口盆地称为琼海组。在地震剖面上显示为一套为席状外形，以平行结构为主，呈中–强振幅，局部可见弱振幅夹层，呈高频率，局部显示为中频率，呈高连续。表明此时期沉积区水体开阔，沉积环境稳定，水动力较弱，分析推测为浅海相沉积。内部可见前积或双向上超结构，充填状外形，中频率、变振幅、中连续地震相，为水道充填相，时常为多期水道充填（图4.69）。珠江口盆地陆坡区和陆架边缘发育前积结构地震相，推测为陆坡三角洲相和陆架边缘三角洲相（图4.70）。岩性以松散–未固结成岩–灰色黏土为主，含砂砾岩、泥岩、粉砂岩和砂岩。

珠江河口–陆架区第四纪海平面大幅下降时导致陆架区暴露水上，进而形成各种规模的下切河谷，通常来说，下切河谷底部会在低位期充填一些粗粒的河道滞留沉积，而大部分的沉积充填是在海侵期进行，甚至持续到下一个海平面旋回。复杂的充填历史导致其内部的地震反射也非常复杂多变，可以划分为简单充填和多期复合充填（图4.69）等两种主要的类型。

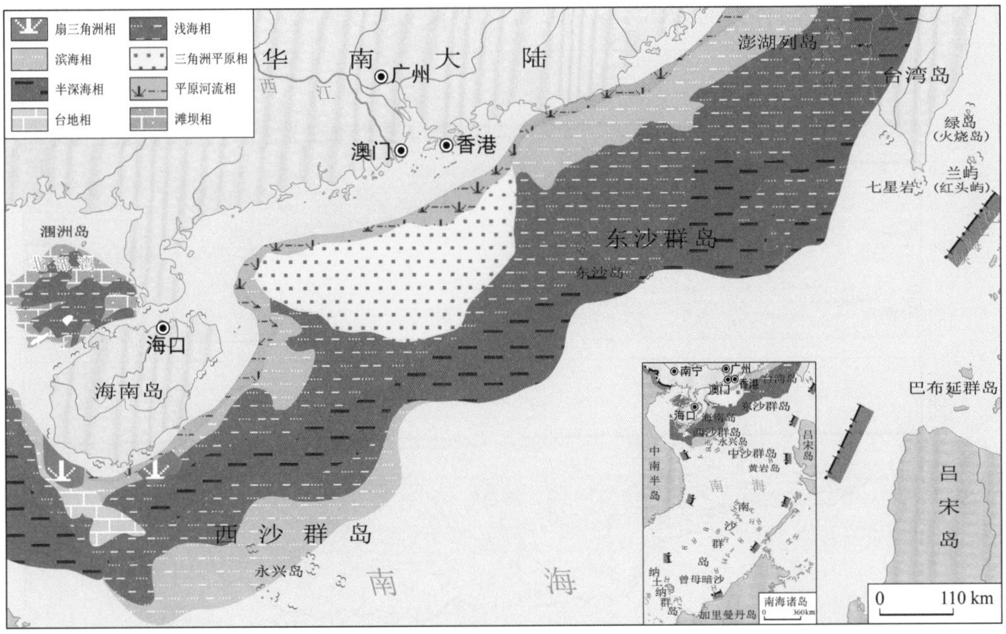


图4.68　南海北部新近系主要沉积相分布图（以中中新统为例）

南海北部第四系和上新统有一定的相似性，但也有其独特特征。陆架总体为滨浅海相，陆坡总的沉积环境为浅海–半深海相，南部为深海平原相。受局部应力的影响，陆坡中部重力滑塌变形较发育，对原始沉积环境影响较大，大型陆架边缘三角洲发育，从老到新，由陆向海推进。

### （四）海侵顺序

南海北部陆缘地质构造复杂，西部和东部各构造单元具有比较明显的差异，使得地层的分布也差异明显。海南岛将北部湾盆地和琼东南盆地分开，使得不同盆地的海侵时间有所不同，北部湾盆地接受海侵的时间远晚于其他盆地。

古近纪沉积环境主要以陆相（主要为河湖相）为主，晚渐新世以后，除北部湾地区外普遍受南东向北西方向推进的海侵影响，大部分地区接受了滨浅海相、海陆过渡相与三角洲相的陆源碎屑以及部分礁灰岩的沉积。中新世早期，海侵由南向北进一步扩大，并进入珠江口盆地的西北部。至早中新世晚期，南海北部的海侵首次达到高潮，并持续到中中新世早期，沉积了以细碎屑岩为主的浅海相地层（如珠江组），海侵也首次到达了北部湾地区。中中新沉积期间，北部陆架主要发育浅海相并发育陆架边缘三角洲沉积。

中中新世中晚期，南海北部出现海退一直持续到晚中新世早期。至晚中新世中晚期，南海北部再次发生更大规模的海侵，一直处于隆起状态的东沙地区接受沉积。此海侵一直持续到上新世早期。在这一时期南海北部很多地区都处于水深较深的环境之下。上中新统沉积时期，北部陆架发育浅海相沉积，南部地区发育了半深海相沉积；在凹陷边缘和南部的陆架边缘区域，多发育侵蚀水道；同时在南部的陆架坡折带区域发育了陆架边缘三角洲沉积。下陆坡靠近海盆区浊积扇沉积相和大量浊积水道发育。到上新世晚期，南海北部发生海退，使一些原先隆起的地区重新露出水面（如东沙隆起和神狐隆起），珠江口盆地与北部湾盆地部分地区的滨海相沉积有所扩大，而在莺歌海、琼东南等盆地受海退影响相对较小。第四纪时期陆架总体为滨浅海相，陆坡总的沉积环境为浅海–半深海相，南部为深海平原相。

总体来说，根据盆地所处的地理位置以及海侵方向，南海北部各个盆地海侵顺序为台西南盆地最早，其次为珠江口盆地的珠二坳陷，再次为珠江口盆地陆架上是珠一坳陷和珠三坳陷，然后是琼东南盆地接受海侵，最后为北部湾盆地，总体方向为由东南到西北逐步接受海侵。

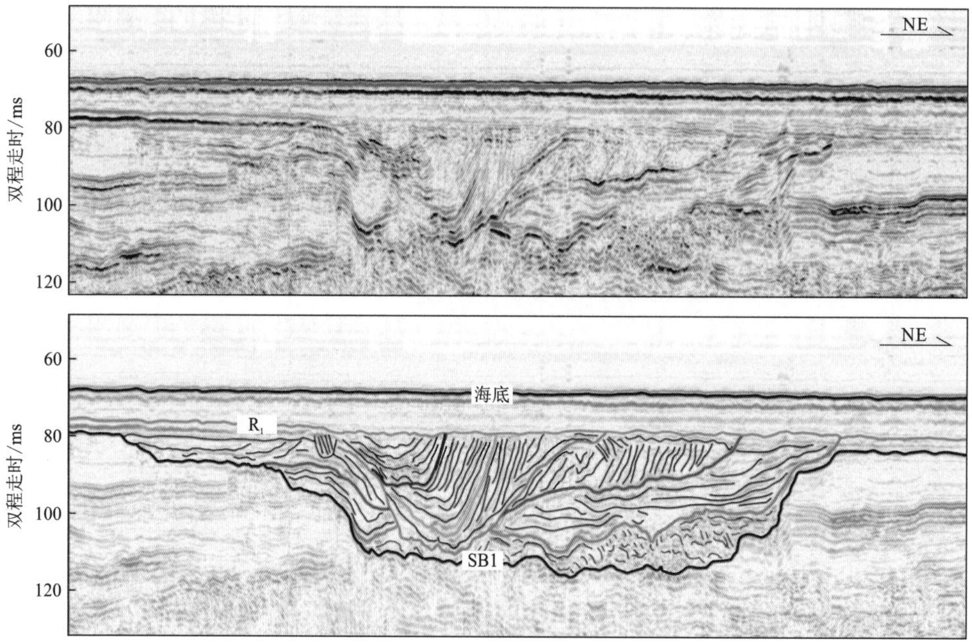


图4.69　珠江口第四纪内陆架区复合下切河谷特征图

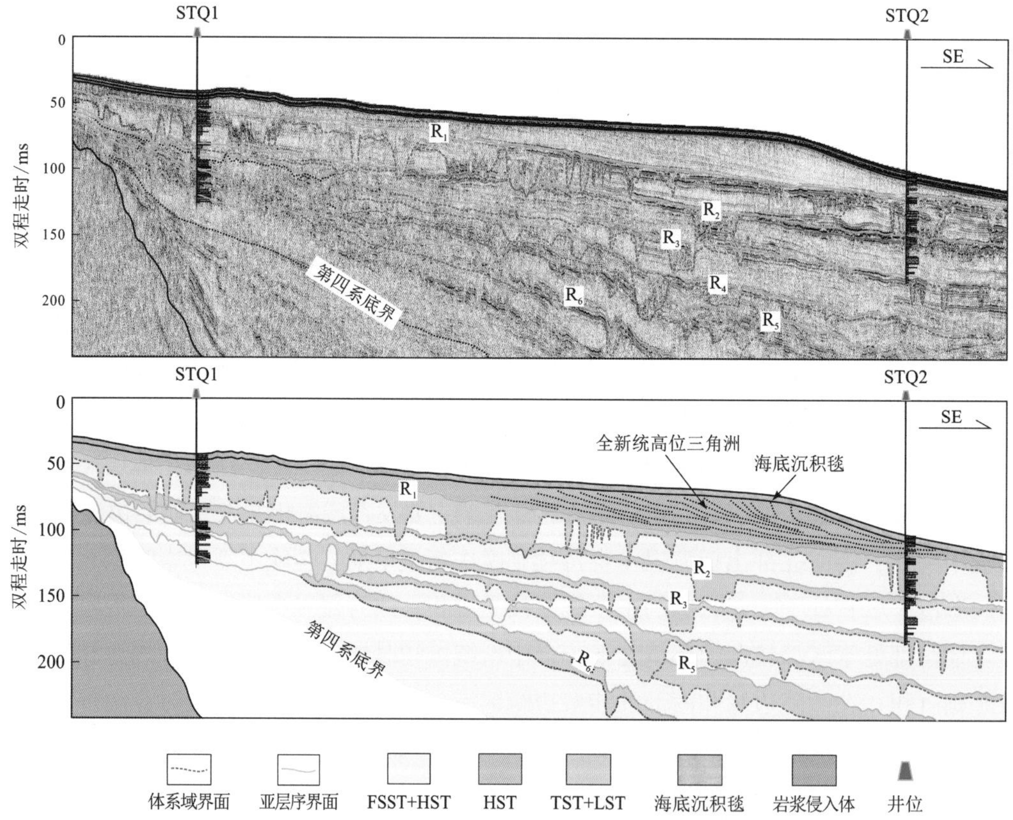


图4.70　珠江口陆架区北西—南东向剖面显示出典型陆架下切河谷特征图

FSST.强制海退体系域，又称下降期体系域（falling stage systems tract）；HST.高位体系域（highstand systems tract）；TST.海侵体系域（transgressive systems tract）；LST.低位体系域（lowstand systems tract）

第 / 五 / 章

# 南海西部地层分区

第一节　主要盆地地层属性及对比

第二节　主要盆地沉积特征

# 第一节　主要盆地地层属性及对比

中新生代时期，印度洋的扩张和印度-欧亚板块的碰撞导致印支地块旋转南移，印支地块与华南地块相互作用产生走滑拉张运动，使得南海西部边缘毗邻印支地块发育南北向的深大断裂——南海西缘断裂，在西部边缘形成一系列走滑盆地，包括莺歌海盆地、中建南盆地和万安盆地等，它们的形成演化均受南海西缘南北向断裂的走滑、拉分、扭动等作用的影响（邱燕和王英民，2001）。构造活动对盆地形成和地层发育产生直接的控制作用，南海西部盆地受到同一应力背景构造性质的走滑拉张作用影响，它们地层的发育存在很多共同性，但其构造作用发生时间、强度和周缘地质背景等又存在一定差异性，致使盆地的发育有所差异。因此，下面对南海西部各盆地进行详细的地层性质厘定和对比。

## 一、地层属性

### （一）莺歌海盆地

莺歌海盆地（越南称为红河盆地，Song Hong Basin或BACBO Basin），位于南海北部西侧，是发育在印支地块和华南地块缝合带上一个新生代大型拉张走滑盆地，盆地整体形态呈北西向延伸，面积为7.6万$km^2$。盆地东北部以北部湾盆地为邻，东南部接琼东南盆地，南部与中建南盆地相连。盆地中部拗陷沉积厚度大，基底埋藏深，仅上新近系和第四系厚度即可达8 km。根据地球物理探测结果，盆地内前新生代基底埋深可达14～17 km。

莺歌海盆地新生代的构造应力场演化受太平洋板块、印度板块与欧亚板块之间相互作用控制，其中，印度板块与欧亚板块碰撞作用所导致的印支地块与华南地块之间的相对运动，是决定莺歌海盆地新生代构造运动应力场变化的主控因素。莺歌海盆地构造演化主要受控于红河断裂的左旋走滑和印支地块相对于华南地块的顺时针旋转作用，在此背景条件下，莺歌海盆地新生代以来的构造演化经历了三个阶段，即左旋走滑-伸展裂陷阶段、中下地壳韧性伸展-热沉降阶段和加速沉降阶段。盆地由东南部的中央拗陷（又称莺歌海拗陷）、西北部的河内拗陷、两拗陷间的临高低凸起、盆地东缘的河内斜坡、莺东斜坡（仅指上升盘）和盆地西缘的莺西斜坡六个二级构造单元组成（图5.1），盆地具有凹凸相间的特点，即东西为斜坡，中间为拗陷（尤龙等，2014；张道军等，2015；雷超，2012）。

钻井资料揭示新生界自下而上发育了始新统岭头组、下渐新统崖城组、上渐新统陵水组、下中新统三亚组、中中新统梅山组、上中新统黄流组、上新统莺歌海组以及第四系乐东组。在地震剖面上解释了$T_g$、$T_7$、$T_6$、$T_5$、$T_4$、$T_3$、$T_2$、$T_1$七个地震界面（图5.2、图5.3），相应划分为七套地震层序，对应沉积地层自下而上分别为$T_g$～$T_7$（始新统岭头组—下渐新统崖城组）、$T_7$～$T_6$（上渐新统陵水组）、$T_6$～$T_5$（下中新统三亚组）、$T_5$～$T_3$（中中新统梅山组）、$T_3$～$T_2$（上中新统黄流组）、$T_2$～$T_1$（上新统莺歌海组）、$T_1$～$T_0$（第四系乐东组）（图5.4）。地震资料显示，莺歌海盆地新生代沉积层巨厚，近年勘探证明，最大厚度超过16000 m。古近系陆相断陷沉积发育局限，沉积较薄，新近系裂后海相很发育且沉积巨厚，厚度超过10000 m，构成了盆地的沉积主体，第四系的厚度最大可达3700 m。因此，莺歌海盆地被称为“厚皮盆地”（朱伟林等，2007）。

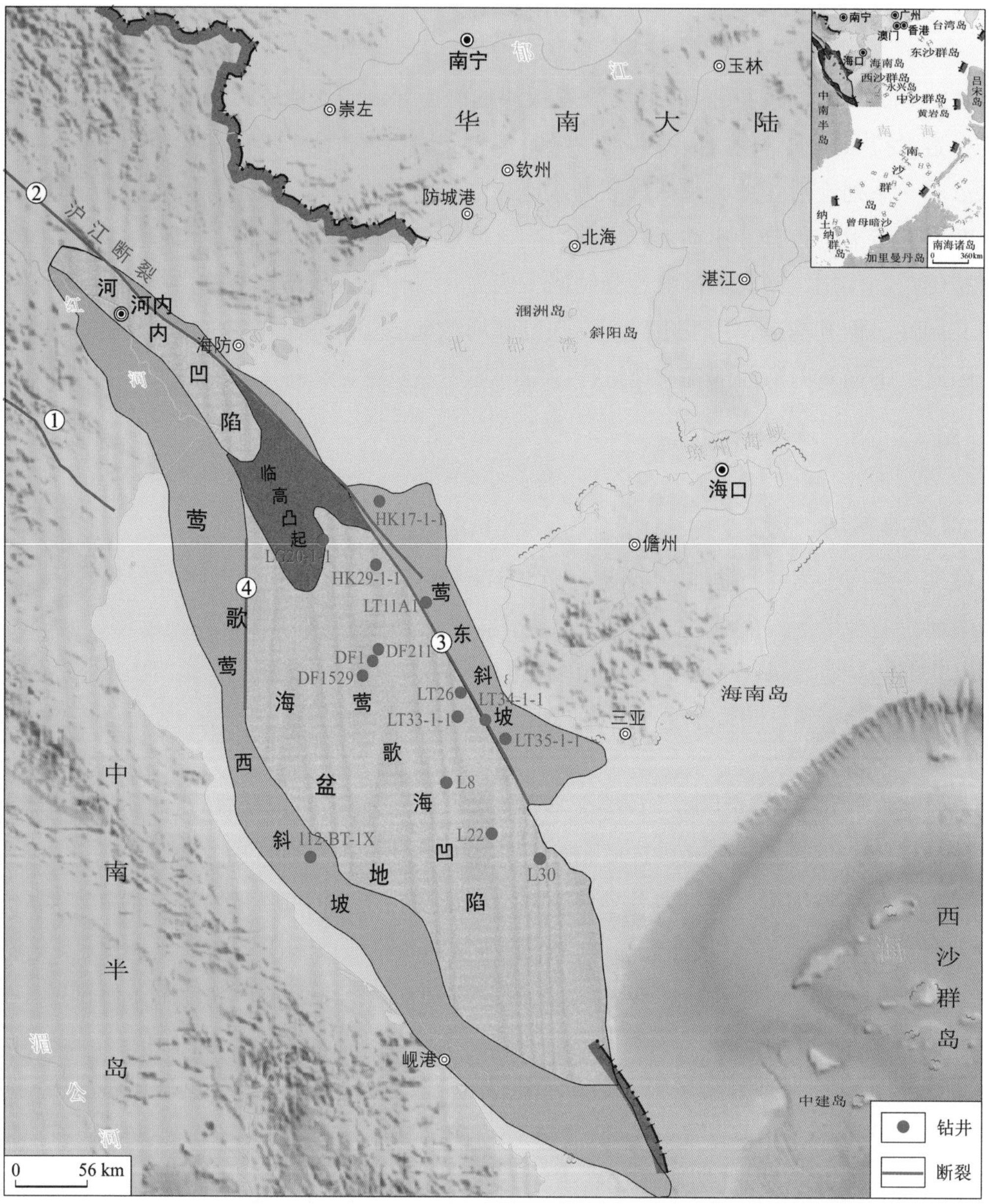


图5.1 莺歌海盆地位置及构造单元划分图（据尤龙等，2014；张道军等，2015；雷超，2015；修改）

①马江断裂；②红河断裂；③一号断裂；④莺西断裂

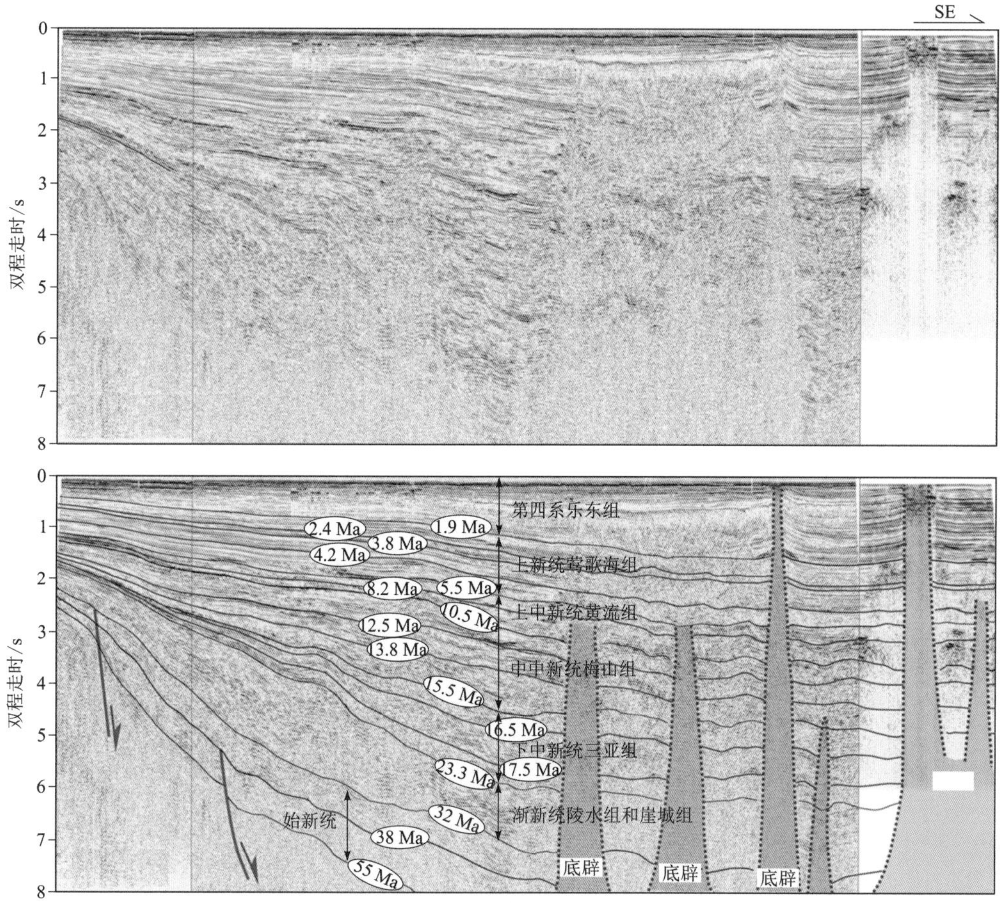


图5.2　莺歌海盆地中央拗陷地震界面与地层划分图（据Lei et al，2015）

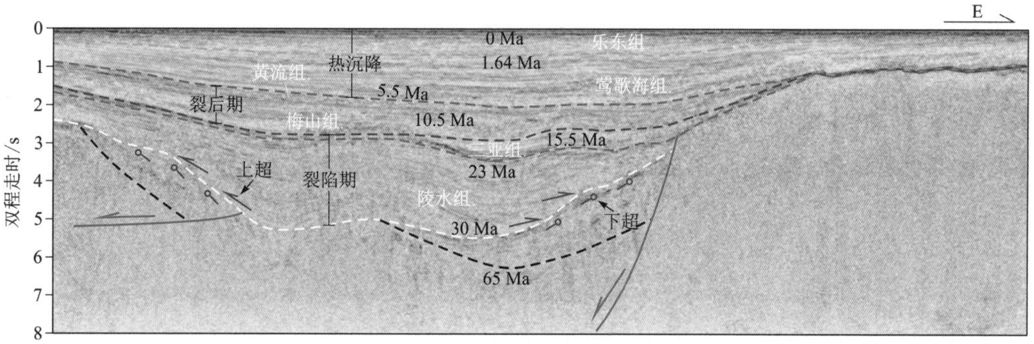


图5.3　穿过临高凸起-中央拗陷-莺东斜坡的地震剖面图（据Wang et al.，2019）

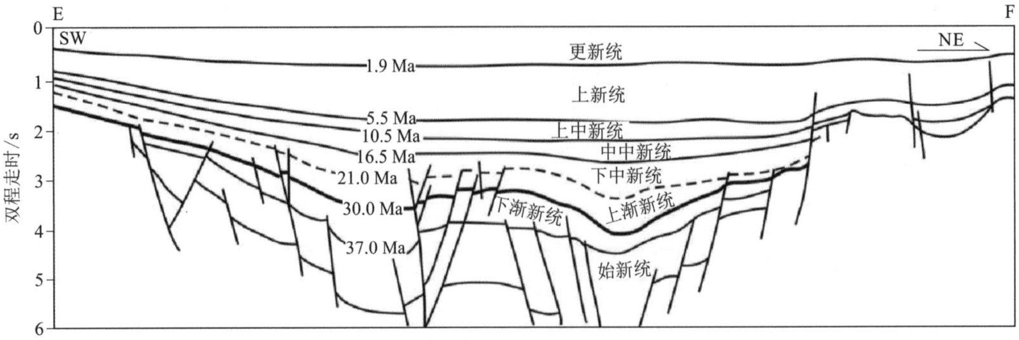


图5.4　莺歌海盆地地层剖面特征图（据王策，2016）

各个时代地层特征详细描述如下。

1. 前新生代基底

根据钻井和地震资料，莺歌海盆地前新生代基底埋深为12～17 km。莺歌海盆地内钻遇基底的钻井较少（表5.1），仅在莺东斜坡带钻遇中生代地层，岩性为混合岩（莺1井，钻井深度3070.4～3071.4 m）（何家雄等，2008）、三叠纪的花岗岩（岭头35-1-1井和崖13-1-1井）（孙晓猛等，2014）和白垩纪的凝灰质砂岩、安山岩（莺6井），同位素年龄为68～224 Ma。

表5.1　莺歌海盆地部分钻遇前新生代基底井

（据龚再升等，1997；刘昭蜀等，2005；何家雄等，2008；尤龙等，2014；孙晓猛等，2014）

| 序号 | 构造单元 | 井号 | 揭示岩性 | 时代和年龄 |
|---|---|---|---|---|
| 1 | 莺东斜坡 | 莺 1 | 杂色变质岩 | 早古生代 |
| 2 | | 莺 2 | 杂色变质岩 | 早古生代 |
| 3 | | 莺 3 | 变质砂岩 | 中寒武世 |
| 4 | | 莺 4 | 石英岩 | 早古生代 |
| 5 | | 莺 5 | 凝灰质砂岩 | 白垩纪，97.21 Ma |
| 6 | | 莺 6 | 陆相红色泥质砂岩与砂质泥岩、安山岩 | 白垩纪 |
| 7 | | 莺 7 | 黑云母花岗岩 | 白垩纪，90.41 ～ 95.51 Ma |
| 8 | | 莺 8 | 花岗岩 | 三叠纪，224±2 Ma |
| 9 | 河内东斜坡 | 莺 9 | 碳酸岩 | 晚古生代 |
| 10 | 莺西斜坡 | 未知 | 花岗岩 | 燕山期 |
| 11 | | 未知 | 花岗岩 | 燕山期—印支期 |
| 12 | 河内凹陷 | 未知 | 红层 | 白垩纪 |

尤龙等（2014）综合钻井、地震及重力异常资料解释，得出了莺歌海盆地前新生代基底地质图（图5.5），认为莺歌海盆地前新生代基底由前震旦系、寒武系—上三叠统下部、上三叠统上部—白垩系三个构造层构成。基底沿红河断裂呈北西向带状分布，中间老（前震旦纪为中–高级变质岩）、两侧新（向西为中生代沉积岩，向东为古生代浅变质岩、灰岩），印支期和燕山期的火成岩零星分布。

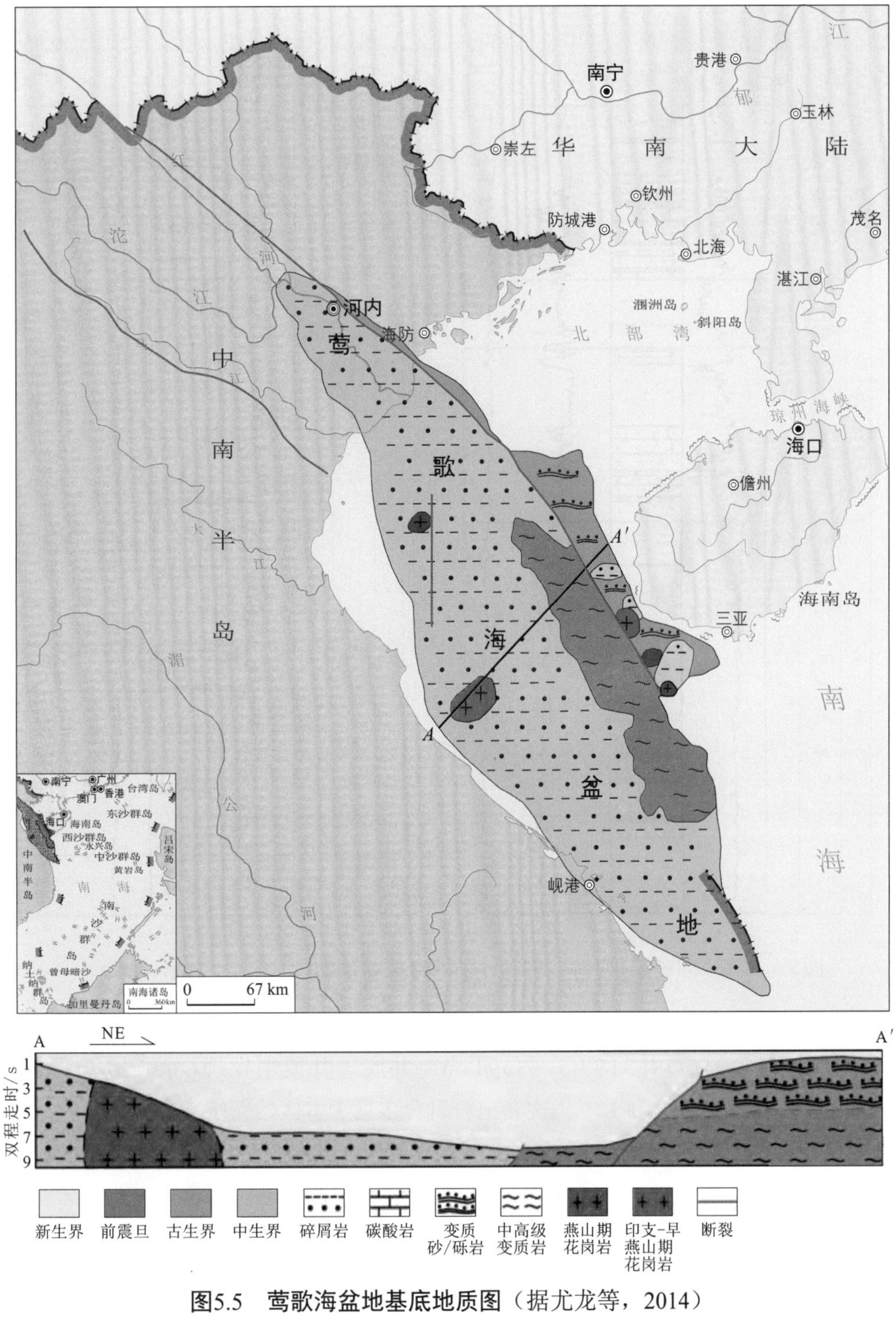


**图5.5　莺歌海盆地基底地质图**（据尤龙等，2014）

2. 新生界

1）古近系

早期的莺歌海盆地仅在盆地东北边缘莺东斜坡带的HK30-1-1A井、LT35-1-1井及YIN1井钻遇古近系，该盆地其他区域由于新近系海相沉积巨厚，基底尚未揭示。1995年12月至1996年6月相继在LT1-1-1井和LT9-1-1井钻遇古近系（图5.6）。通过生物地层学、岩电特性对比、地震追踪及层序界面分析、岩性与地震表定等综合研究工作，分析了古近系地层特征。

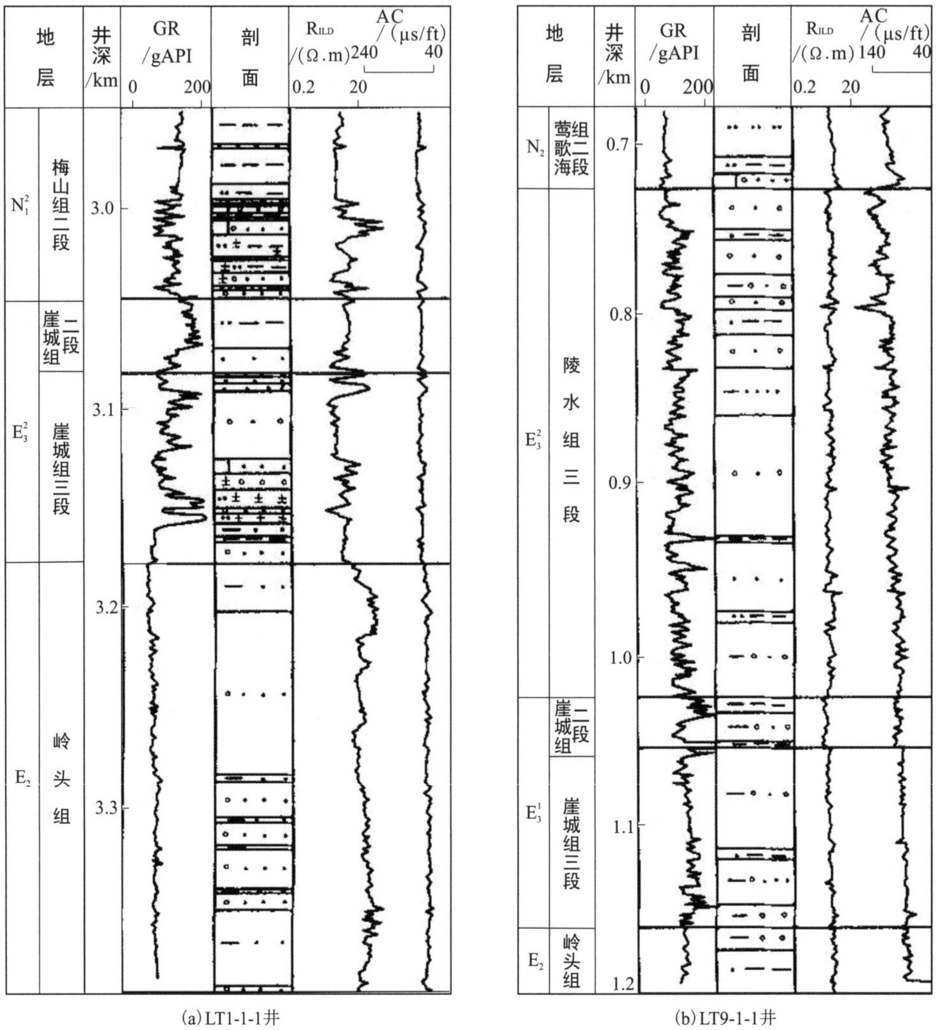


**图5.6　LT1-1-1井与LT9-1-1井古近系综合柱状剖面图**（据李明兴，1999）

### A. 始新统岭头组

李明兴（1999）在LT1-1-1井3177.5～3391 m（井底）井段中发现*Quercoidites microhenrici-Ulmipollenites* sp.孢粉组合［图5.7（a）］，这套孢粉组合多见于本区始新统，如北部湾盆地流沙港组、珠江口盆地文昌组，也多见于华北渤海湾地区的始新统沙河街组三、四段，亦见于东海陆架盆地始新统温州组，茂名盆地油柑窝组、黄牛岭组、尚村组等；将该段地层命名为始新统岭头组。本井岭头组沉积时处于一种稍为偏干热的气候条件，该井段的红层应与此有关。相应的层位发现于LT9-1-1井1160～1200 m井段［图5.7（b）］，该井段不仅岩、电特征与LT1-1-1井岭头组相同，而且还发现了相同的孢粉组合。

钻井显示上部为浅灰色、浅棕红色泥质砂岩及厚层含砾砂岩，下部浅棕红色含砾砂岩与浅棕红色、棕红色泥质砂岩呈不等厚互层。含丰富的小型三孔粉，缺乏海相化石，是一种陆相洪冲积环境。根据构造发育和沉积演化史，认为地震剖面上盆地底部具楔状发散、强–中振幅、连续–较连续地震相，上超现象明显的一套反射波组所代表的、与前古近系基底呈不整合接触的充填型沉积，在沉积环境和沉积年代上与北部湾盆地始新统流沙港组相似，为一套以断陷湖盆沉积为主的地层。

### B. 下渐新统崖城组

由于在LT1-1-1井3043.5～3177.5 m井段与LT9-1-1井1025～1160 m井段（图5.7）发现了*Trilobapollis* *ellipticus -Alnipollenites* spp. -*Verrucatosporites usmensis*孢粉组合（图5.3），前两者见于北部湾盆地涠洲组，后者见于琼东南盆地崖城组，且该井段高伽马梳状层电性特征见于琼东南盆地崖城组二、三段，因而该井段应为崖城组二、三段（李明兴，1999）。

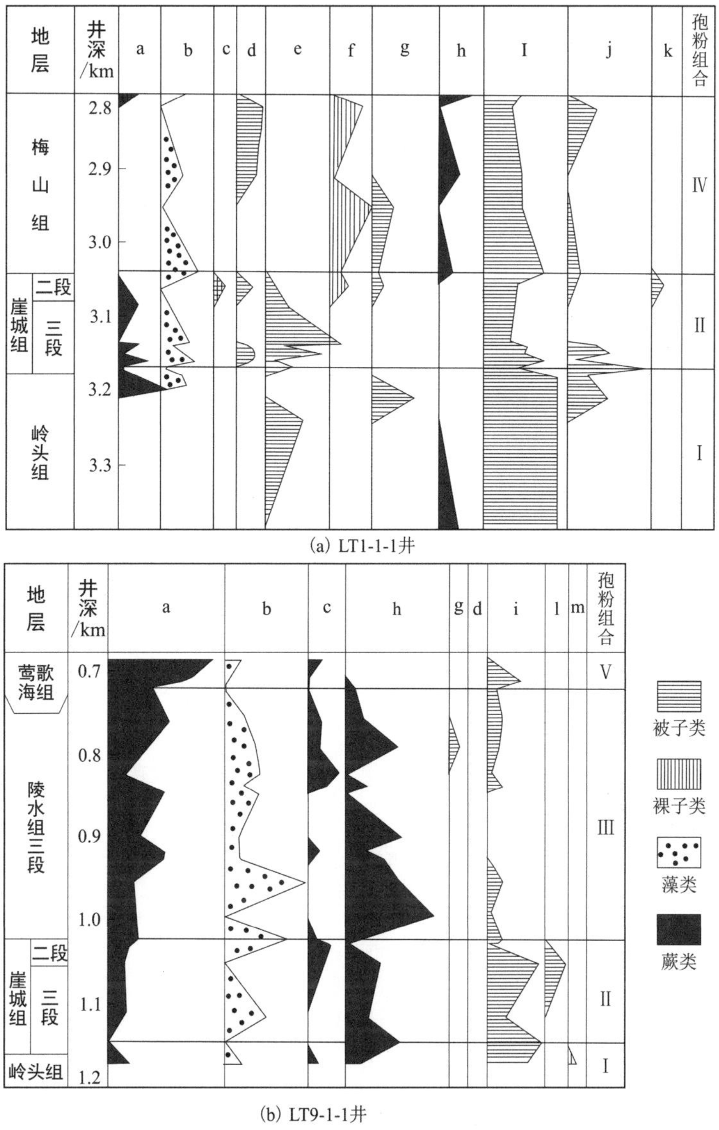


**图5.7 LT1-1-1井（a）与LT9-1-1井（b）古近系主要孢粉化石分布图**

a.哈氏水龙骨单缝孢；b.松粉多种；c.乌斯曼瘤面单缝孢；d.桤木粉；e.椭圆三瓣粉；f.沟鞭藻；g.榆粉；h.三缝多种；i.小亨氏栎粉；j.栗粉；k.克氏脊榆粉；l.三瓣粉；m.盘星藻

该套地层最厚可达910 m，岩性以深灰色、灰黑色泥岩为主，有灰白色、浅灰色砂岩、砾岩夹层，夹暗紫色、浅棕色、灰褐色薄层泥岩、薄煤层或煤线。岩性特征为粒度由下往上为粗–细–粗组合。地层中有孔虫以底栖类为主，为*Florilus*下花虫组合和*Ammonia tepida*暖水卷转虫组合，并见有浮游有孔虫*Globigerina ciperoensis*、*G. praebulloides*、*G. opimanana*等。该组不整合覆盖在前古近系老地层之上，未见到始新统，属冲积、河流、湖泊沉积体系。

### C. 上渐新统陵水组

LT9-1-1井726～1025 m井段地层发现了松粉含量高及三缝孢含量高的孢粉组合（图5.7），前者见于琼东南盆地陵水组，后者见于北部湾盆地涠洲组。松粉、三缝孢、哈氏水龙骨单缝孢、乌斯曼瘤面单缝孢含量较多，LT9-1-1井726 m以下地层地震测井速度均高于盆地中所有井同一深度段的速度，表明该套地层比较老，通过古生物、岩性、电性、地震速度等对比确定LT9-1-1井726～1025 m井段地层属于上渐新统陵水组三段（李明兴，1999）。

该套地层最厚可达816 m，为灰白色、浅灰色厚层状砂岩、含砾砂岩与深灰色泥岩，页岩不等厚互层，下部砂岩发育，为厚层砂岩夹深灰色泥岩，砂岩中含炭屑。莺9井底部为浅紫褐色、棕红色生物灰岩及生物碎屑泥灰岩，上部为深灰色泥、页岩夹砂岩及含砾砂岩。层中生物化石以底栖有孔虫为主，为*Gaudryina*高德虫组合和*Asterigerina tentoria-Ammonia indica*组合。该套地层与下伏崖城组为不整合接触，上超与界面$T_7$（图5.3）。

**D. 新近系**

新近纪以来，莺歌海盆地沉积了下中新统三亚组、中中新统梅山组、上中新统黄流组和上新统莺歌海组四套地层，以莺歌海盆地和琼东南盆地（莺–琼盆地）之间的乐东30-1-1A（LD30-1-1A）井、崖19-1-1井、崖13-1-4井、崖21-1-14井（图5.8）的微体古生物化石、岩性、测井和部分地震资料为基础，以东方211（DF211）井和岭头11A1（LT11A1）井井震结合为例（图5.9）为例，可见莺歌海盆地地层层序划分以及莺–琼盆地之间的互通性。莺歌海盆地在古近纪时，印度板块向保山–印支地块俯冲，开始俯冲倾角较小，使软流圈以上的岩石圈松动而裂开。在海南、保山–印支地块存在两个比重轻的硅铝山根向上漂浮，从而形成莺歌海盆地古近系构造层反翘式的箕状断陷。在新近纪时，由于印度板块俯冲倾角加大造成岩石圈受挤压形成新近系构造层的碟形拗陷，由于来自印度板块的挤压力大，不但形成万米以上沉积的新近系拗陷，而且使盆地反转（图5.10），在盆地西南部边界形成逆冲断裂地质构造（杨克绳，2000）。

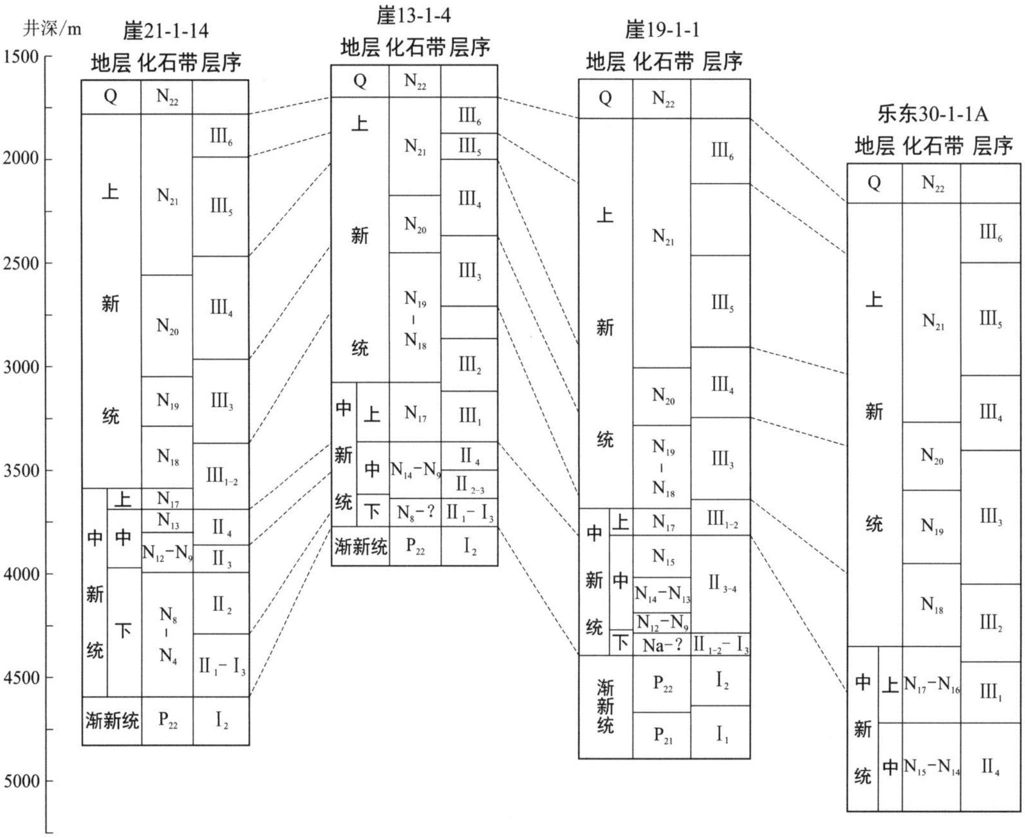

图5.8 莺–琼盆地新近纪层序地层划分及对比图（据郝诒纯等，2000，修改）

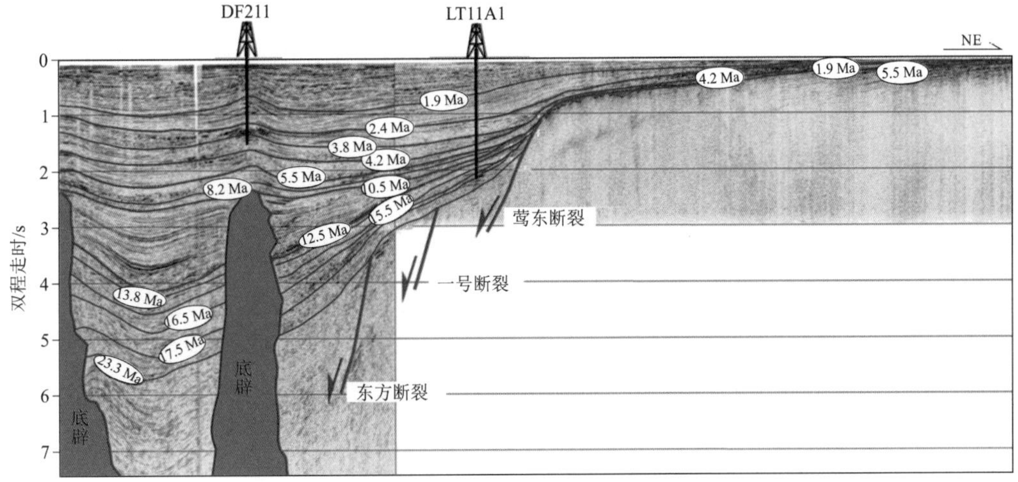


图5.9　莺歌海盆地过井地震剖面特征显示图

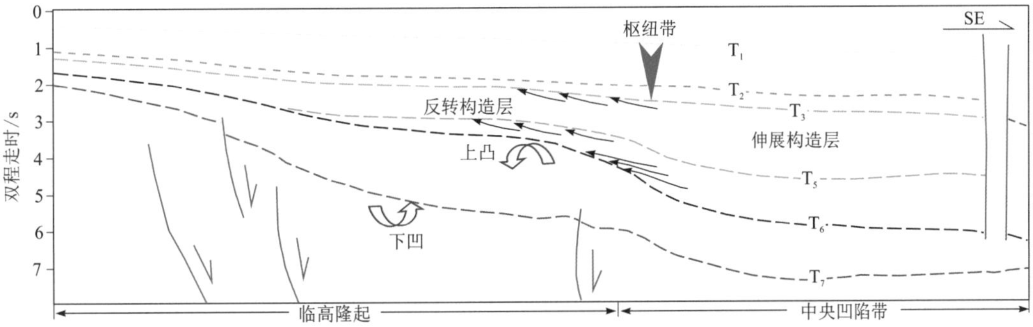


图5.10　莺歌海盆地界面发生构造反转示意图

**E. 下中新统三亚组**

该套地层在莺歌海盆地分布较广泛，钻厚地层450 m，地震剖面揭示地层平均厚2750 m（邱燕等，2016），为一套滨海–浅海相沉积。三亚组可分为两段或三段。按两段划分，下部为灰白色、灰色粗砂岩、含砾砂岩，与灰色泥岩呈不等厚互层，夹灰黑色煤层或煤线；从崖8-2-1井向东至莺9井，岩性为绿灰色泥岩夹灰白色砂岩，含砾砂岩；上部为灰白色、浅灰色钙质粉砂岩、含陆屑生物白云化灰岩。地层中含有孔虫化石为*Miogypsina-Austortrilina-Nephrolepidina*组合，属底栖有孔虫。

从地震剖面上可看出三亚组与下伏地层呈角度平行不整合，$T_6$呈连续强反射，表现出明显的破裂不整合面特征，是除基底面外特征最明显的区域不整合界面，界面下发生削截现象，之上发育上超沉积，上下反射层以明显的角度不整合接触（图5.11）。

**F. 中中新统梅山组**

该套地层以普含灰质为特征，厚181～578.2 m，为浅海相，局部为半深海相沉积，岩性为灰白色至浅灰色灰质砂岩、砂岩、砾岩、灰色生物碎屑灰岩、含陆屑生物白云化灰岩等，夹灰色泥岩。在盆地北部的莺6井岩性为大套浅灰色砂岩、砂质灰岩、灰岩。盆地东北部莺9井一带岩性为含砾砂岩、砂岩、砾岩，夹灰岩、灰质砂岩、砂岩及泥岩。地层中浮游有孔虫为*Turborolalia siakensis-Orbulinasuturalis*组合，底栖有孔虫为*Cycloclypeus-Nephrolepidina*组合。

该套地层与下伏三亚组呈不整合接触（图5.12）。是一套半封闭浅海及半深海砂泥岩地层。向陆方向常夹煤层或碳屑，向盆地方向变细，为泥岩与灰质粉砂岩、泥质粉砂岩互层。梅山组二段发育时期，海盆范围缩小，半深海仅限于泥底辟背斜带，东北海岸向南推进，滨浅海沉积范围则相对增加。此时东北海岸向西南伸出一个规模较大的脊状隆起，将盆地分为东、西两部分，半深海仅限于盆地东部。梅山组一段沉积时期，盆地范围自北向南收缩，东北岸线的南段也向西推进。泥底辟上拱活动进一步加剧，中心泥拱上拱最高，发育成一个自东向西延伸的水下隆起，其上发育较粗的滨海相沉积，将盆地分隔为南、北两个部分（徐兆辉等，2010）。

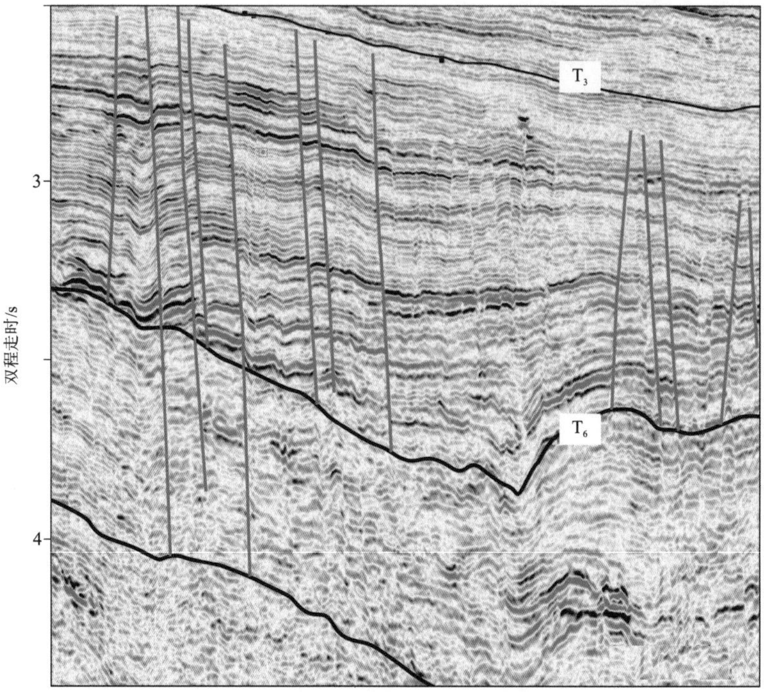


图5.11　中央拗陷界面$T_6$地震反射特征图

### G. 上中新统黄流组

该套地层厚度可达46～657 m，岩性为一套绿灰色、深灰色泥岩、粉砂质泥岩及灰色泥质粉砂岩互层，属于半深海相沉积，据钻井资料分析，莺1井和莺6井为白云质泥岩、白垩质泥岩。崖13-1-1井及乐东30-1-1井一带，下部为一套灰色、深灰色泥岩、页岩、粉砂质泥岩等，并夹有煤线或炭屑。地层中化石以浮游有孔虫占优，主要有*Globorotalia tosaensis*、*Golboquadrina alitispria*、*Globorotalia tumida*和*Sphaeroidinella dehiscens*等。该套地层与下伏梅山组呈平行不整合接触。顶界与莺歌海组无明显岩性界线，但在地震测线上有明显反射约相当地震$T_2$反射层。

### H. 上新统莺歌海组

该套地层钻遇厚度达209～1499.5 m，岩性主要为灰色泥岩夹砂岩，属于浅海–半深海相沉积。上新统莺歌海组下部岩性为泥岩夹厚层块状中细砂岩，局部含砂砾岩，上部为灰色泥岩夹灰白色砂砾岩、粉砂岩，夹水道砂、陆架砂。含丰富的有孔虫、介形类、双壳类、腹足类和孢粉化石，与上中新统呈平行不整合接触。在岩性上与其下的黄流组无明显的岩性界线。莺一段与莺二段之间界面上下地层厚度存在“跷跷板”式变化（图5.13）：界面以下的地层（包括三亚组、梅山组、黄流组）厚度“西厚东薄”；而界面之上的地层（莺歌海组上段）则是“西薄东厚”，剖面上表现为“跷跷板”式特征。

L8井钻遇了莺歌海盆地莺歌海组上段水道砂岩，发育递变层理、丘状层理、平行层理、变形层理及碟状构造等（图5.14）；岩性以灰色泥质粉砂岩、粉砂岩为主，夹泥质条带；粉砂岩以石英为主，次为高岭石，少量暗色矿物、长石，偶见黄铁矿；相对于其他层段粒度偏细，代表鲍马序列C、D、E段的沉积构造更为发育。

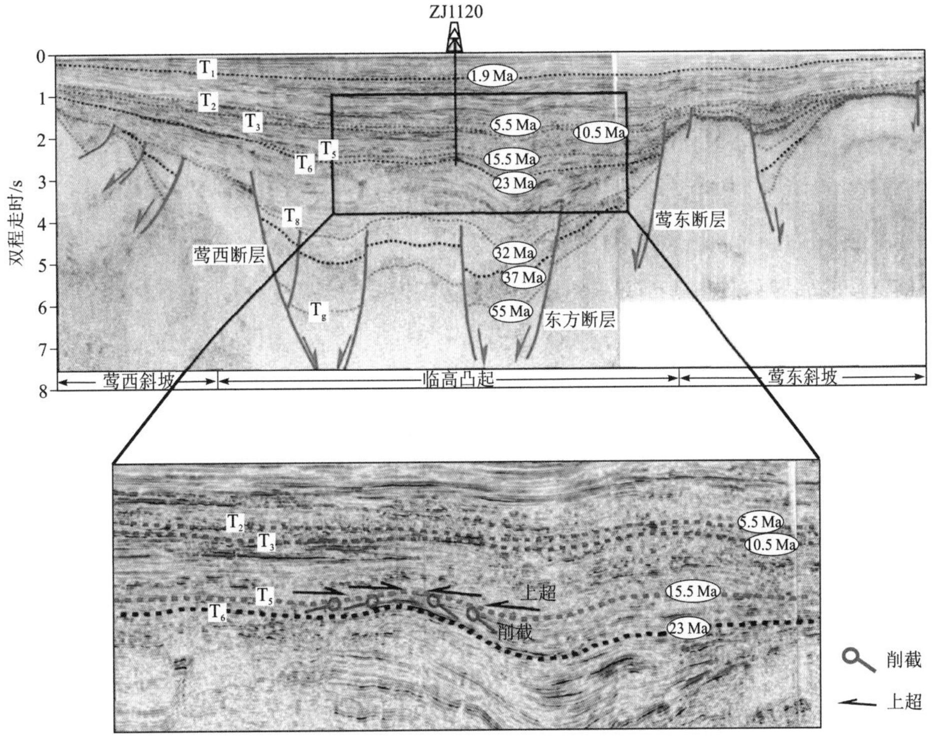


图5.12　莺歌海盆地临高凸起井震对比及不整合界面$T_5$特征图（据雷超，2012，修改）

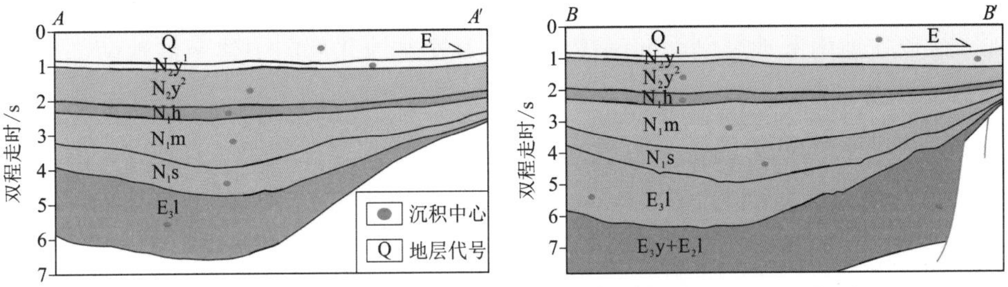


图5.13　莺歌海盆地“跷跷板”式地层厚度变化特征图（据杨东辉等，2019）

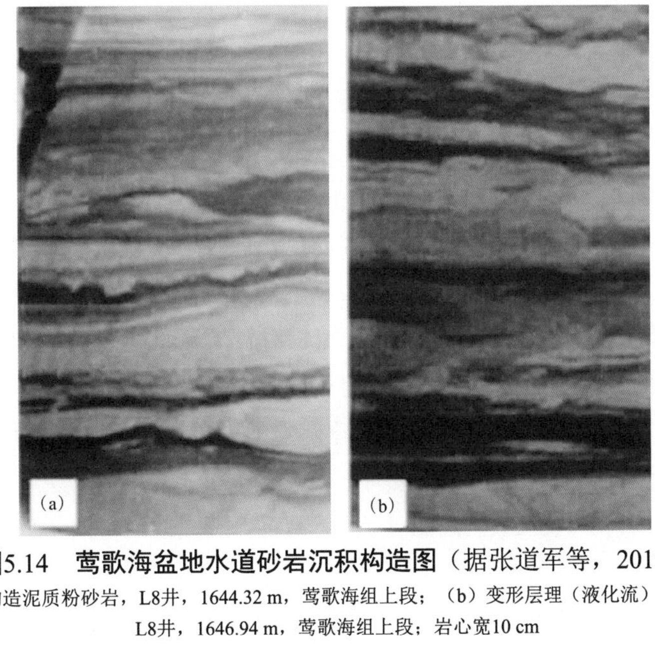


图5.14　莺歌海盆地水道砂岩沉积构造图（据张道军等，2015）

（a）碟状构造泥质粉砂岩，L8井，1644.32 m，莺歌海组上段；（b）变形层理（液化流）泥质粉砂岩，L8井，1646.94 m，莺歌海组上段；岩心宽10 cm

I. 第四系

该套地层钻厚1049～2178 m，属滨–浅海相，上部为浅灰色、灰色软泥与砂层、砂、砂砾互层，富含贝壳碎片；下部为厚层灰色软泥、砂质软泥夹灰色钙质砂层或粉砂层、泥质粉砂层。据钻井资料分析，莺1井主要为一套粉砂质软泥与泥质粉砂、钙质砂互层。莺9井为一套灰色软泥夹生物碎屑砂层及钙质砂层。该套地层中含丰富有孔虫化石，尤其以底栖有孔虫占优势。底栖有孔虫以假轮虫、星轮虫为主，常见有施罗德假轮虫（*Pseudorotalia schroeteriana*）、新竹假轮虫（*P. tikutoensis*）等。浮游有孔虫为截锥圆辐虫–红拟抱球虫（*Globorotalia truncatulinoides-Globigerinoides ruber*）组合。主要分子有圆口拟抱球虫（*G. cyclostoma*）、伸长拟抱球虫(*G. sacculifere*)、厚形圆辐虫（*Globorotalia crassaformis*）等。根据地层中所含截锥圆辐虫确认地层时代为第四纪。该组与下伏上新统莺歌海组为整合或假整合接触。

综上，莺歌海盆地地层发育综合特征自下而上见表5.2和图5.15。

## （二）中建南盆地

中建南盆地位于莺–琼盆地南部、万安盆地北侧（图5.16），是南海西部大陆边缘的一个新生代走滑伸展盆地，近北南走向，呈隆凹相间的构造格局，面积为7.22万$km^2$，衔接了南海北部海域和南部海域沉积盆地。新生代期间，中建南盆地一直处于大陆边缘发育阶段，始新世—早渐新世，由于陆缘的裂陷和南海西缘断裂带的左旋走滑作用，形成了一些彼此分割和相互独立的小断陷，奠定了盆地的雏形。

我国在该盆地内还未有公开发表的钻井数据，所以对盆地的地层划分主要依据我国在盆内的二维地震剖面、越南在盆地西部陆架区的钻井资料与地震剖面联合标定，同时利用相邻的莺–琼盆地、万安盆地的钻井数据，再将莺–琼盆地南部地震剖面向南拉测线、万安盆地北部向中建南盆地南部拉测线进行对比，划分出中建南盆地新生代地层。

越南在中建南盆地西部的西缘断裂带附近，已做地震测线，并在陆架区有钻井，揭示了渐新世以来的地层。通过公开发表的文献收集到124-CMT-1X井、120-CS-1X井和124-HT-1X井的井震标定地震剖面及相关的信息（图5.17～图5.19）。

其中121-CM-1X井钻遇渐新统上部，目的层是中新统碳酸盐塔礁储集层，如图5.17所示的地震剖面，西部是莺歌海盆地，东侧是中建南盆地，可进行地层对比，121-CM-1X钻井上厘定出E是渐新世地层，属于断陷期沉积，多发育断裂，而使地层破碎、变形；上部C、D是下中新统和中中新统，发育碳酸盐台地和生物礁，局部可见有少量小断裂；B是晚中新世地层，局部呈弱反射；A是上新世以来地层，可见下切谷充填和前积结构反射。

120-CS-1X井和124-CMT-1X井两口井钻遇下中新统碳酸盐岩顶部（图5.18、图5.19），这两口井地层完全不同。120-CS-1X井在广乐隆起区边缘，碳酸盐台地发育时间长，占据了早中新世和中中新世的大部分时间，主要沉积碳酸盐岩，上中新世以来，岩性以泥岩黏土为主，局部夹杂薄层的灰岩和碳酸盐岩。而124-CMT-1X井在西部斜坡带上，碳酸盐台地发育时间相对较短，只在南海西缘碳酸盐台地的鼎盛时期发育，早—中中新世，发育灰质白云岩灰岩和碳酸盐岩；上中新世以来，岩性为泥岩黏土。

根据不整合面划分依据和地震反射特征，在中建南盆地内识别了$T_g$、$T_8$、$T_7$、$T_6$、$T_5$、$T_3$、$T_2$、$T_1$、$T_0$九个明显的地震反射界面，划分出八个地震层序，包括层序A、层序B、层序C、层序D、层序E、层序F、层序G和层序H。其中，$T_3$、$T_5$、$T_6$、$T_7$和$T_g$这五个界面为区域性的重要不整合界面，对应于南海主要的构造运动。

在区域地质调查基础上，参照万安盆地、曾母盆地就地命名的原则，即利用附近岛屿名称命名，并与邻区莺歌海盆地、琼东南盆地和万安盆地的地层进行对照。首次对中建南盆地新生代地层自下而上进行命名（图5.20）：中—下始新统西卫组（地震界面$T_g$～$T_8$，层序H）、上始新统—下渐新统崖城组（地震界面$T_8$～$T_7$，层序G）、上渐新统陵水组（地震界面$T_7$～$T_6$，层序F）、中新统三亚组（地震界面$T_6$～$T_5$，层序E）、中中新统日照组（地震界面$T_5$～$T_3$，层序D）、上中新统重云组（地震界面$T_3$～$T_2$，层序C）、上新统中建组（地震界面$T_2$～$T_1$，层序B）以及第四系（地震界面$T_1$～$T_0$，层序A）。

**表5.2　莺歌海盆地主要地层简表**

| 年代地层 | | | | 岩石地层 | | | | |
|---|---|---|---|---|---|---|---|---|
| 界 | 系 | 统 | | 组 | 地震界面 | 厚度/m | 岩性描述 | 沉积相 |
| 新生界 | 第四系 | | | 乐东组 | | 1049～2178 | 上部浅灰色、灰色软泥与砂层、砂、砂砾互层，富含贝壳碎片；下部为厚层灰色软泥、砂质软泥，夹灰色钙质砂层或粉砂层、泥质粉砂层，富含有孔虫化石 | 滨海－浅海相 |
| | | | | | $T_1$ | | | |
| 新生界 | 新近系 | 上新统 | | 莺歌海组 | | 209～1499 | 以深灰色、灰色泥岩为主，局部含砂、砾岩、煤层 | 浅海－半深海相 |
| | | | | | $T_2$ | | | |
| | | 中新统 | 上 | 黄流组 | | 46～657 | 灰色泥岩、粉砂质泥岩与粉砂岩厚层 | 半深海相 |
| | | | | | $T_3$ | | | |
| | | | 中 | 梅山组 | | 181～578 | 灰白色至浅灰色灰质砂岩、砂、砾岩、灰色生物碎屑灰岩、含陆屑生物白云化灰岩等，夹灰色泥岩 | 浅海－半深海 |
| | | | | | $T_5$ | | | |
| | | | 下 | 三亚组 | | 0～498.5 | 下部为灰白色、灰色粗砂岩、含砾砂岩，与灰色泥岩呈不等厚互层，夹灰黑色煤层或煤线；上部为灰白色、浅灰色钙质粉砂岩、含陆屑生物白云化灰岩 | 滨海－浅海相 |
| | | | | | $T_6$ | | | |
| | 古近系 | 渐新统 | 上 | 陵水组 | | 0～816 | 上部为灰白色、浅灰色厚层状砂岩、含砾砂岩与深灰色泥岩、页岩不等厚互层；下部砂岩发育，为厚层砂岩夹深灰色泥岩，砂岩中含有炭屑 | 滨海相 |
| | | | | | $T_7$ | | | |
| | | | 下 | 崖城组 | | 0～910 | 以深灰色、灰黑色泥岩为主，与灰白色、浅灰色砂岩、砂、砾岩互层，夹暗紫色、浅棕色、灰褐色薄层泥岩、薄煤层或煤线 | 海陆过渡相 |
| | | | | | $T_8$ | | | |
| | | 始新统 | | 岭头组 | | | 浅棕色泥质砂岩和浅灰色含砾砂岩 | 冲积－河湖相 |
| | | 古新统 | | | | | | |
| | | | | | $T_g$ | | | |
| 前新生界 | | | | | | | 花岗岩、白云岩、混合岩、凝灰质砂岩、流纹岩和安山岩等 | |

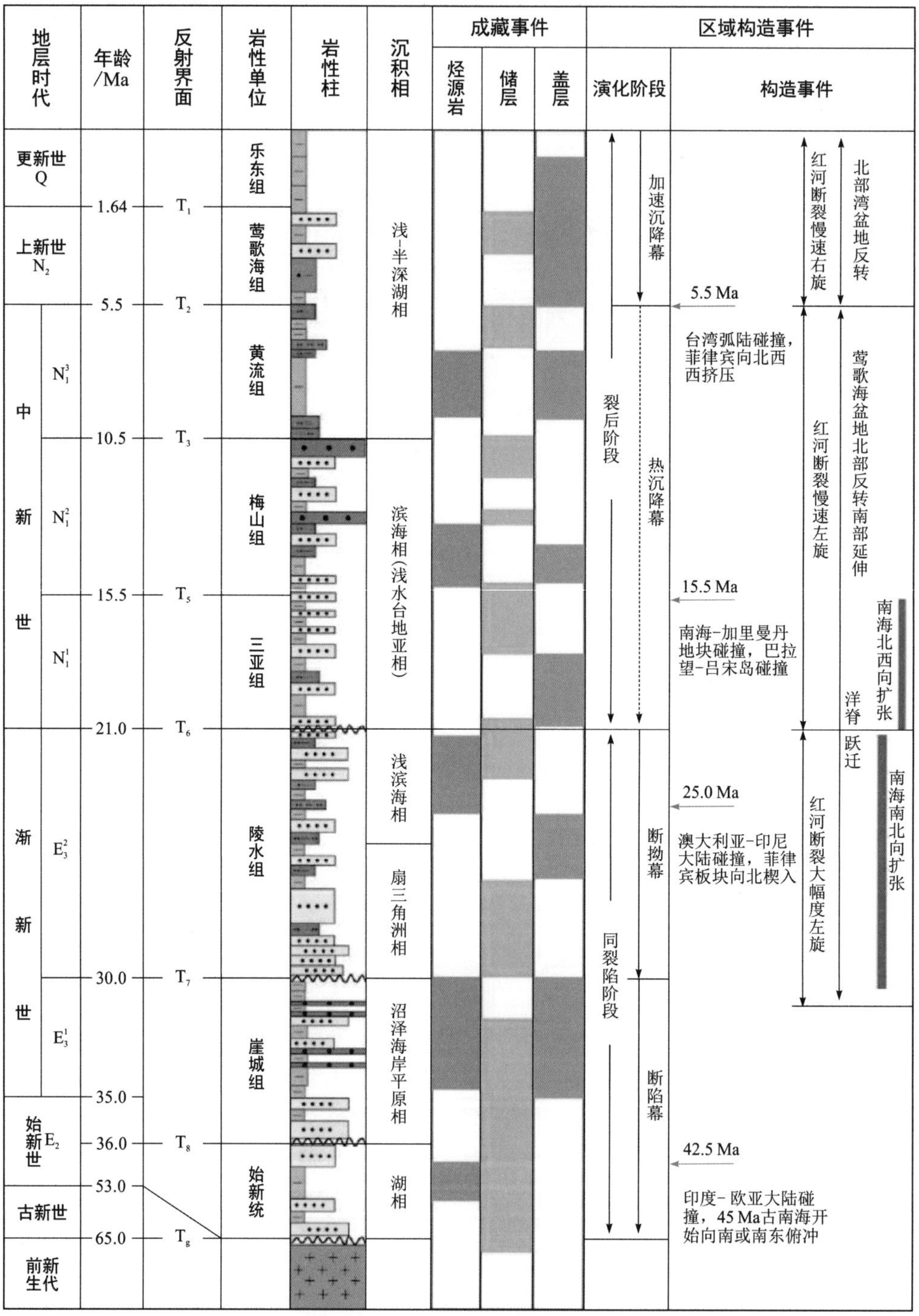


**图5.15　莺歌海盆地综合地层柱状图**（据王策，2016）

岩性图例见附录，下同

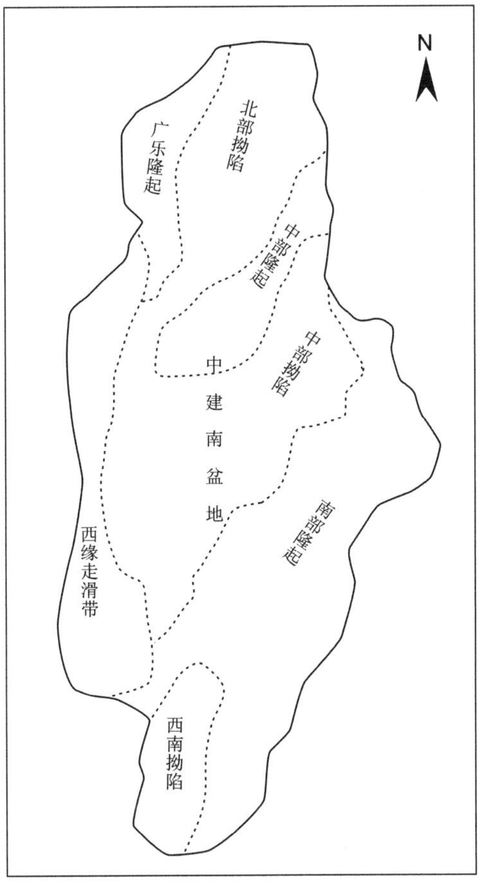


图5.16　中建南盆地构造区划图（据钟广见和高红芳，2005，修改）

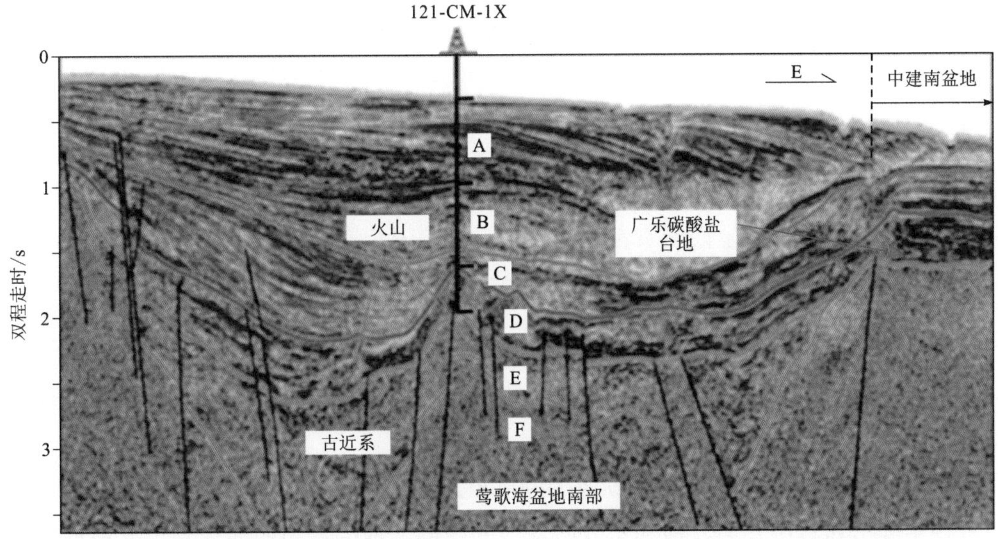


图5.17　越南在南海西部陆架区井震对比剖面图（据Fyhn et al.，2009，修改）

A. 上新统及以上；B. 上中新统；C. 中中新统；D. 下中新统；E. 渐新统；F. 中生代花岗岩基底

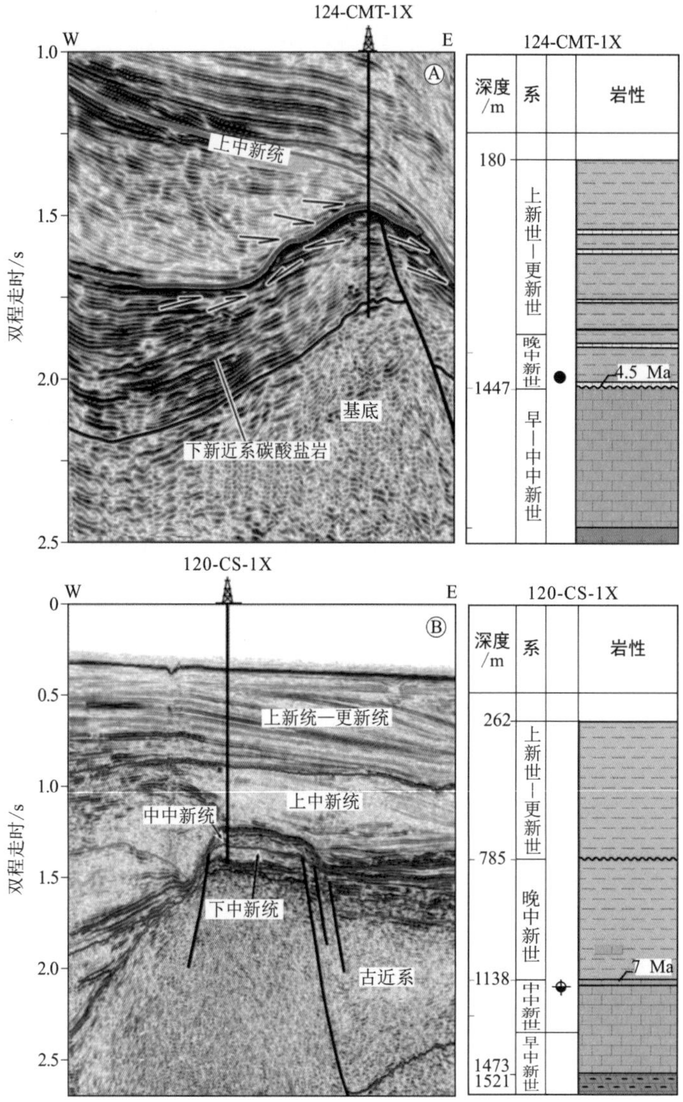


**图5.18　越南在南海西部陆架区井震对比剖面图**（据Fyhn et al.，2009，修改）

1. 前新生界基底

中建南盆地西北部隆起区（Da Nang陆架区）121-CM-1X井揭示了中生界花岗岩基底，综合邻区钻井资料认为中建南盆地基底为前新生代变质岩、花岗岩、花岗闪长岩等。

2. 新生界

根据现有的地层钻井记录，基于大陆边缘区沉积格局，根据新生代地层的发育特征，在中西部大陆边缘区，主要发育一套由陆至海具有大陆边缘盆地演化过程的新生代地层系统，下面将详细描述该套地层系统的发育特征。

新生代地层厚度变化大，一般厚度为500～10000 m，总体具有西厚东薄的特征，呈隆拗相间的沉积格局，巨厚的沉积主要分布在中建南盆地和莺歌海盆地的南部，地层分布明显受到近北南向南海西缘断裂带和北东—北北东向断层的控制作用，发育两个北东向和一个近北南向共三个沉积中心，最大沉积厚度位于中建南盆地西南部的中部拗陷内，厚度超过10500 m。

1）古近系

中建南盆地古近纪地层厚度为0～2500 m，具有明显的西厚东薄的特征，呈隆拗相间的格局，沉积和沉降中心位于中建南盆地和莺歌海盆地的南部，古近系分布明显受到近北南向南海西缘断裂带和北东—北北东向断层的控制作用，发育两个北东向和两个北北西向共四个沉积中心，最大沉积厚度位于中建南盆地西南部的中部拗陷，超过2500 m。

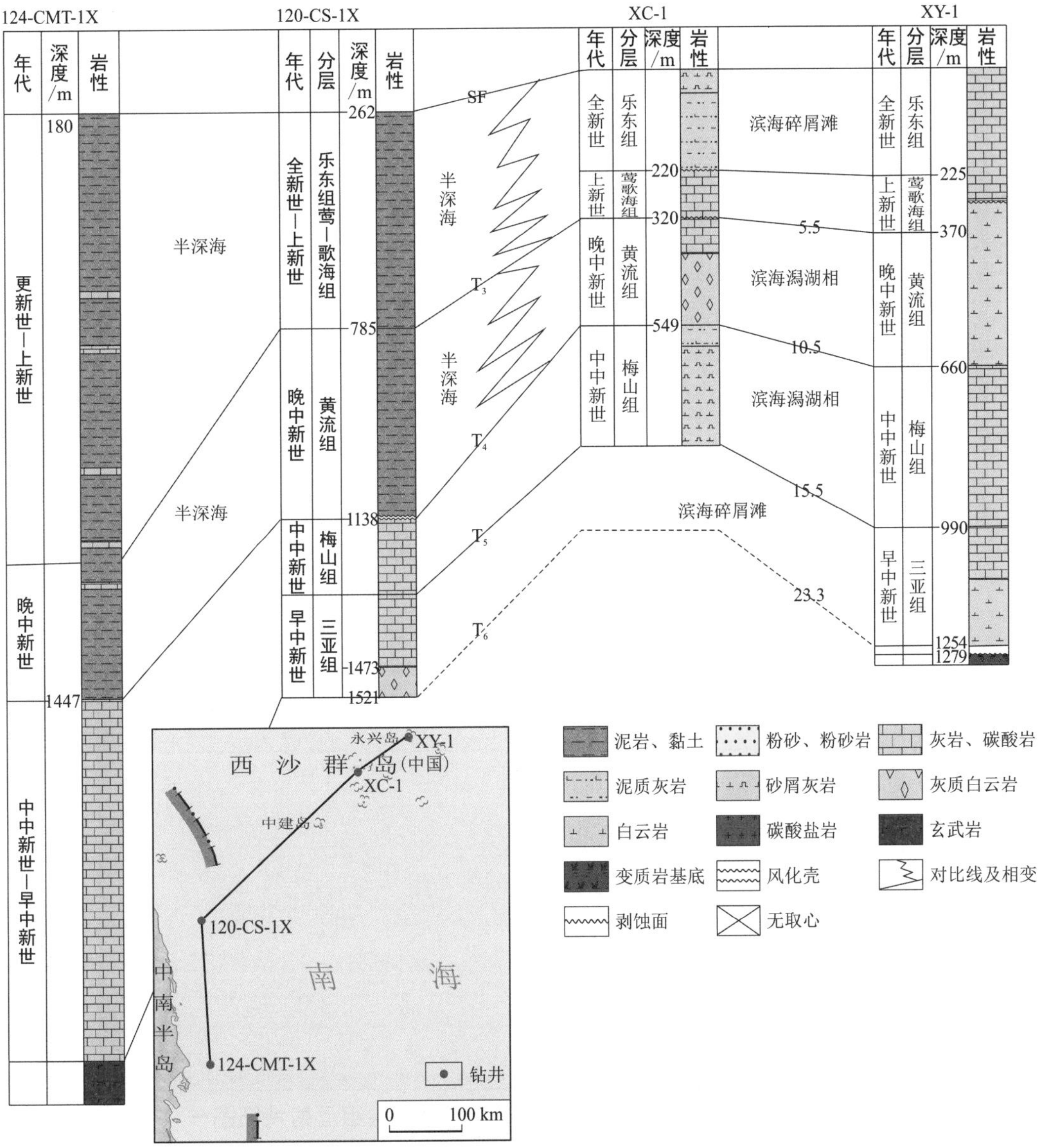


**图5.19　南海西部连井综合地层对比图**

## A.中—下始新统（西卫组）

中—下始新统在中建南盆地称作西卫组，目前无钻井钻遇始新统，主要依据地震资料解释，推测存在此时期发育地层。早—中始新世时期是盆地初始裂陷期，地层分布范围局限，平面上以北东—北北东向的带状分布，仅存在于盆地部分深拗陷内，隆起区域缺失，具有沉积厚度较小、埋藏深的特点，一般厚度小于1000 m，从盆地中部往南，地层褶皱变形越来越强烈。

新生代的底界为地震反射界面$T_g$，对应南海北部的神狐运动，即对应南海南部的礼乐运动，一般具有风化剥蚀面的反射特征，为非常典型的张裂不整合面，界面之下可见倾斜地层，呈角度不整合接触；西卫组顶界为界面$T_8$，对应南海南部的西卫运动，该界面以超覆不整合为主，表现为盆地初始裂陷特征。该组在地震剖面上显示（图5.21、图5.22），以中–弱振幅、低连续为主，局部为杂乱或空白反射，亦有中连续反射，在底界附近可见前积和充填反射，反射波中-高振幅，连续性差。推测西卫组的岩性为砂岩、泥质砂岩、泥岩、砂砾岩、含砾砂岩、粗砂岩等相对粗粒沉积物（Nguyen et al.，2012；图5.23）。

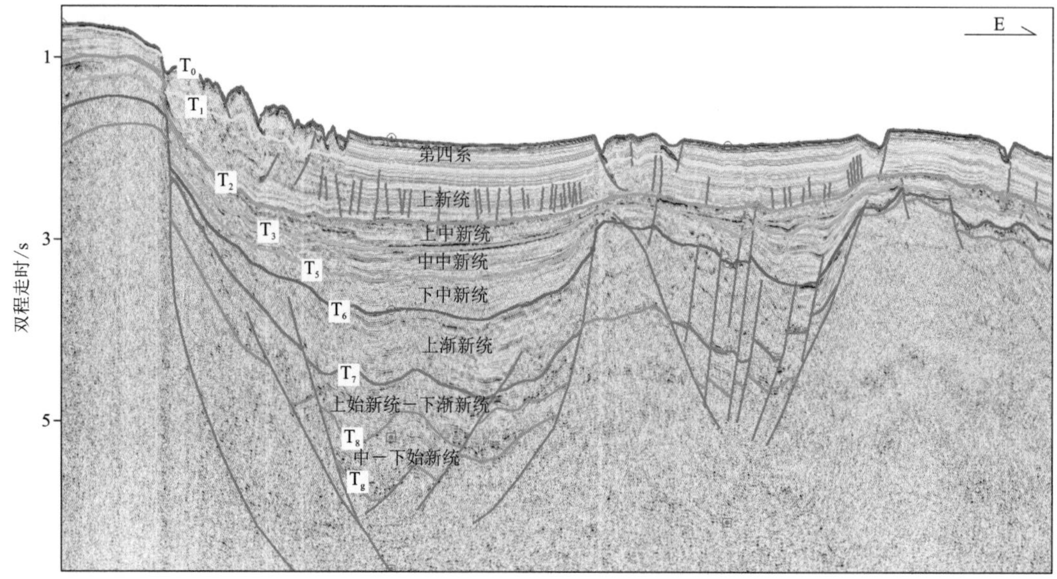


图5.20　中建南盆地层序地层的划分图

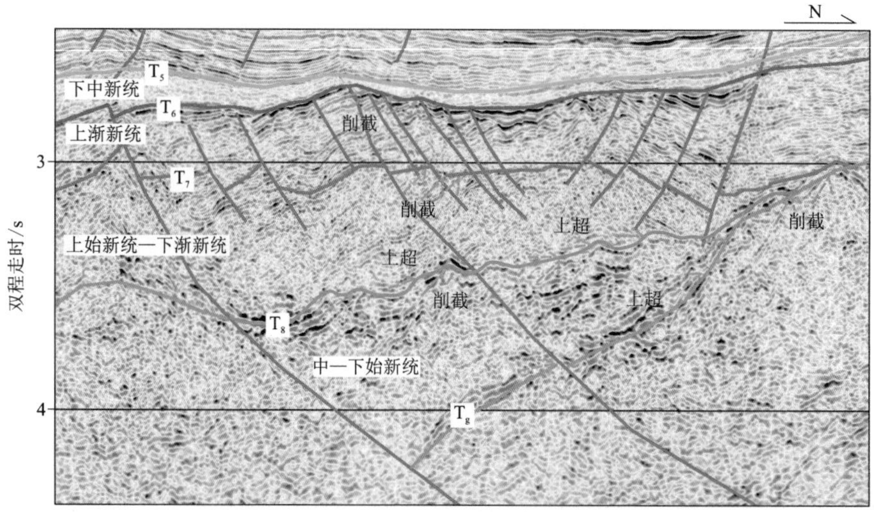


图5.21　中建南盆地始新统－下中新统地层层组反射特征图一

### B.上始新统—下渐新统（崖城组）

上始新统—下渐新统在中建南盆地称为崖城组。在上始新世—早渐新世时期，盆地继续张裂，分布范围较下部中—下始新统有所扩大，平面上呈北东—北北东向的条带状分布，仅在东部陆坡区局部范围缺失，沉积厚度一般由边缘的几百米逐渐向盆地中心增厚至上千米，主体沉积中心分布在中部坳陷。沉积物源多方向，一般是由周边隆起区提供。

崖城组的底界为界面$T_8$，顶界为$T_7$，对应南海运动产生的破裂不整合面，是该区最大的不整合面，界面粗糙、起伏大。地震剖面上显示出，崖城组下部反射波连续性中等-较差，向上连续性变好，呈中振幅、低频，局部呈杂乱反射，顶部发生削截现象（图5.21），与上伏地层呈不整合接触，在盆缘，可见楔状发散结构反射特征。沉积岩性主要为含有泥岩、黏土、煤层和火山物质的细粒沉积物（图5.23），沉积物粒度逐渐变细，富含有机质的泥岩是盆地潜在的良好烃源岩。

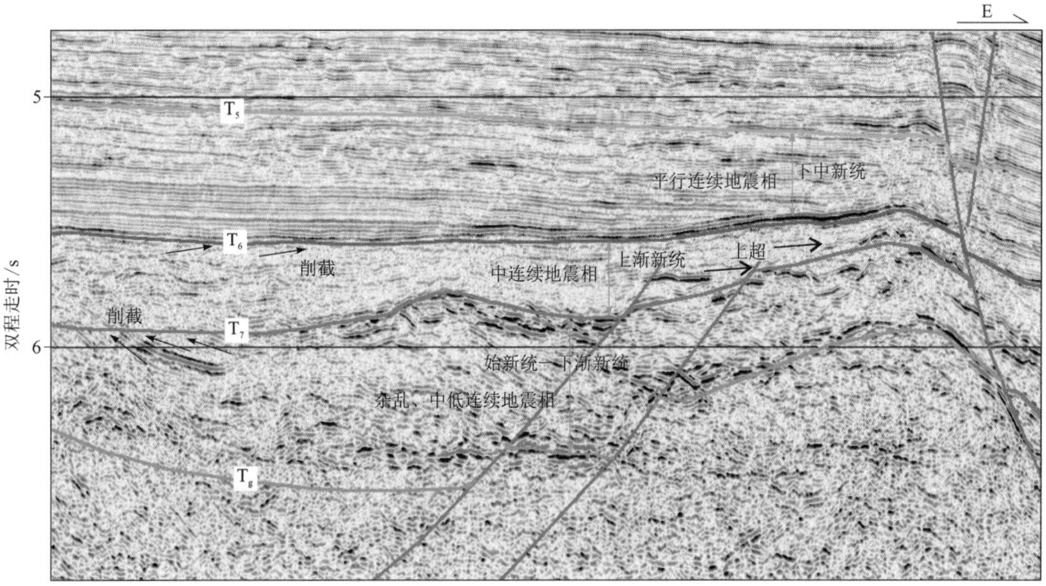


图5.22　中建南盆地始新统—下中新统地层层组反射特征图二

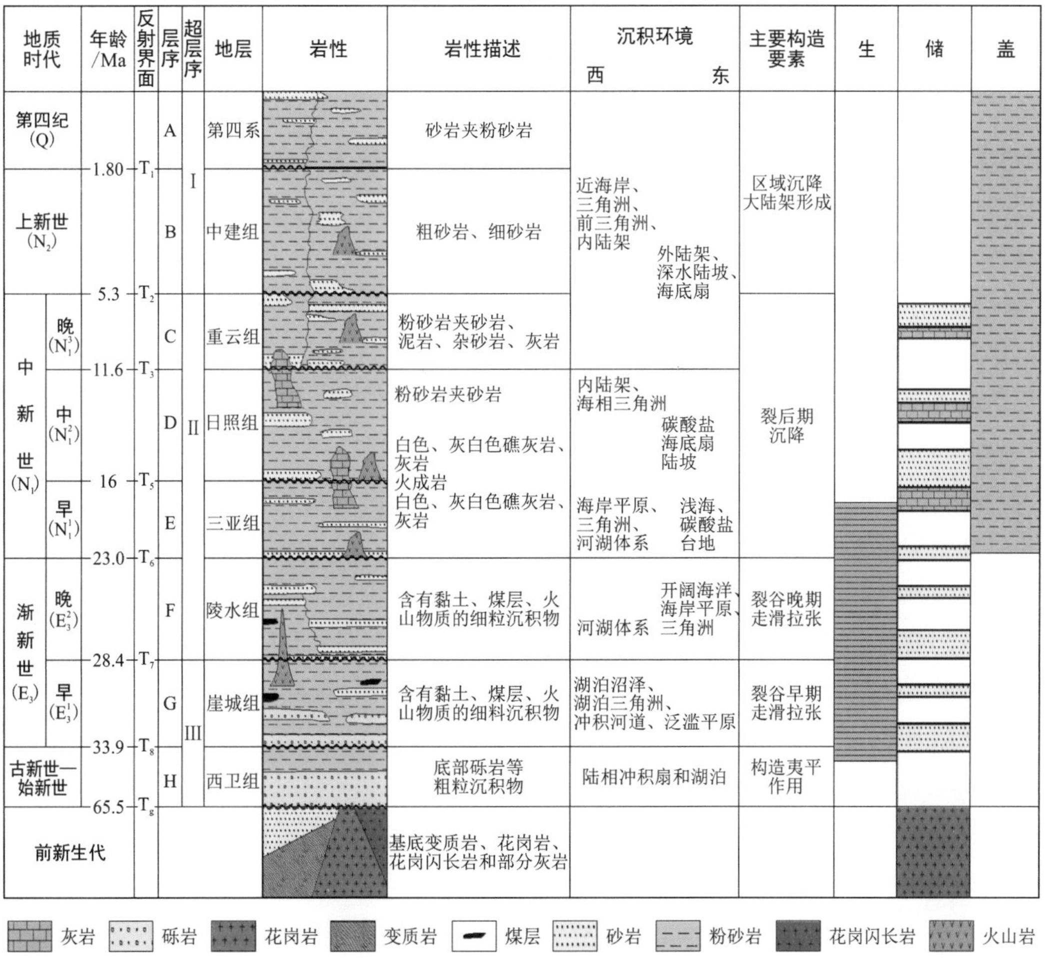


图5.23　中建南盆地地层综合柱状图

## C.上渐新统（陵水组）

中建南盆地的上渐新统称为陵水组。晚渐新世为盆地裂陷晚期，基本继承了始新统—下渐新统的地层格局，分布范围明显扩大，沉积物源主要来自西部的中南半岛，近源沉积较厚。

陵水组的底界为界面$T_7$，界面之上具明显上超，界面之下强烈削截（图5.21）；顶界为界面$T_6$，对应南海北部的白云运动不整合面。该组呈断续-中低连续地震反射，地层均已变形、断层错断和褶皱，而且大部分断层活动都终止在界面$T_6$上，局部也有发育平行-亚平行连续反射特征（图5.22）。到晚渐新世，由于受到南海西缘断裂带左旋走滑作用，地壳减薄，火山活动微弱，海水开始从东南部侵入，以粗、细碎屑的频繁互层为特征，发育典型的前积结构和发散结构地震相。岩性主要包括砂岩、粉砂岩、泥岩、黏土和煤层等（图5.23）。

2）新近系

中建南盆地的新近纪地层分布广，但隆拗相间的特征不明显，基本继承了古近系分布格局，沉积厚度很大，一般分布在500～8100 m，总体呈西厚东薄的特征，沉积和沉降中心向西迁移，位于109°～111° E中建南盆地和莺歌海盆地的南部，整体近北南走向，最大沉积厚度位于中建南盆地西南部的中部拗陷，超过8000 m，反映了南海西缘断裂带强烈控制盆地新进系的展布，而北东—北北东向伸张断层的作用逐渐弱化。

中新世时期，中建南盆地属于裂后期沉降阶段，地层分布较广泛，局部缺失中中新统，沉积沉降中心呈北东-南西向展布，地层厚度在沉降中心部位可达2000 m以上，总体呈西厚东薄的特点，表明沉积物源主要来自西部的中南半岛。根据地震层序发育特征，可划分下中新统三亚组、中中新统日照组和上中新统重云组。地震反射较连续，成层性较好，较下部始新统—渐新统连续性明显变好。

西琛1井和西永1井分布在中建南盆地北部的台地上，分析认为至少在早中新世开始接受浅海相沉积，水体环境适宜碳酸盐岩-生物礁生长。西琛1井钻井显示（图5.24），晚中新世—早更新世早期属于潟湖相，沉积岩性有藻屑灰岩、泥粒灰岩、粒泥灰岩；早更新世中晚期—更新世为礁坪相，发育岩性有生物砾屑灰岩、泥粒灰岩、礁格架灰岩、黏结灰岩等；全新世为砂岛相，岩性主要为生物砂屑、灰泥等。再北侧的西永1井钻井显示（图5.25），中新世—上新世主要发育珊瑚贝壳灰岩，上新统中上部有发育珊瑚贝壳碎屑灰岩和珊瑚礁灰岩，总体为碳酸盐岩沉积；第四系发育珊瑚贝壳砂岩，属于碎屑岩和碳酸盐岩混杂沉积。

**A.下中新统（三亚组）**

中建南盆地下中新统称为三亚组，最厚沉积达2000余米，在盆地局部隆起区缺失（图5.26）。三亚组的底界为界面$T_6$、顶界为界面$T_5$，对应南海南部的沙巴运动。三亚组总体呈亚平行-平行结构、中连续反射特征，并超覆到渐新统顶部不整合面上，较下部地层反射连续性明显变好。海侵逐渐向盆地北部推进，发育岩性主要为砂岩、粉砂岩和泥岩，并夹有礁灰岩、灰岩，沉积的湖相、海湾相煤与页岩和泥岩是盆地烃源岩（图5.23）。

**B.中中新统（日照组）**

中中新统在中建南盆地称为日照组，广泛分布。日照组的底界为界面$T_5$、顶界为界面$T_3$，对应南海南部的南沙运动、南海西部的万安运动，亦是南海北部的东沙运动，它是区域性大规模的海平面下降背景下的一个重要的不整合面。界面$T_3$之下的下中新统和中中新统均可见地层变形，而形成一定角度倾斜地层（图5.27）。中中新统总体呈平行-亚平行结构，中频率、低-高振幅、中连续地震反射特征，见上超、下超等接触关系。中建南盆地总体为浅海环境，西部、北部大陆架局部区域为陆相沉积；北部台地区广泛发育碳酸盐岩-生物礁，该盆地中中新世时期为碳酸盐岩发育的最鼎盛时期（Fyhn et al.，2013）。主要沉积岩性为砂岩、粉砂岩和泥岩，并夹有礁灰岩、灰岩（图5.23）。

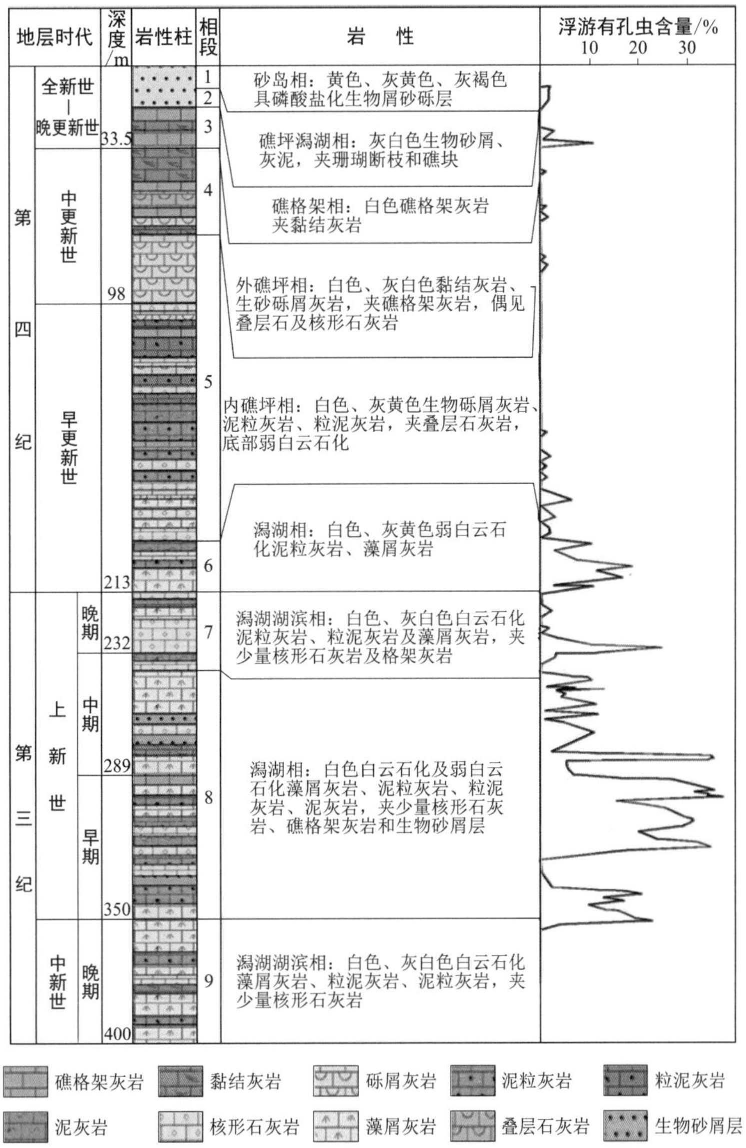

图5.24　西琛1井综合地层柱状图（据魏喜等，2008）

### C.上中新统（重云组）

中建南盆地的上中新统称为重云组，分布范围更加广泛。该组的底界为界面$T_3$、顶界为界面$T_2$，主要发育一套平行-亚平行结构、弱-中振幅的反射层组，中部地区局部沉积很稳定，发育席状外形、平行结构、高连续的反射层组，为半深海相沉积（图5.28）。晚中新世，盆地整体进入海相环境，在经历了中中新世水体变浅、局部发生沉积间断后，盆地继续沉降，陆源物质供给丰富。局部高地地震反射呈强振幅、低频、高连续、斜交前积结构地震相，分析是受海平面升降的影响，沉积物在海平面下降过程中发生了进积现象，形成台地增生。重云组岩性总体为粉砂岩、砂岩、杂砂岩和泥岩，并夹有灰岩（图5.23）。始新世—上新世，各个时期均有出现特殊性的强振幅呈连续或是杂乱反射特征（图5.29），主要分布于火成岩体周围或是上部，是火山岩浆流入盆地沉积地层之上或顺着断层裂隙或是地层薄弱带，侵入沉积层中而形成的。

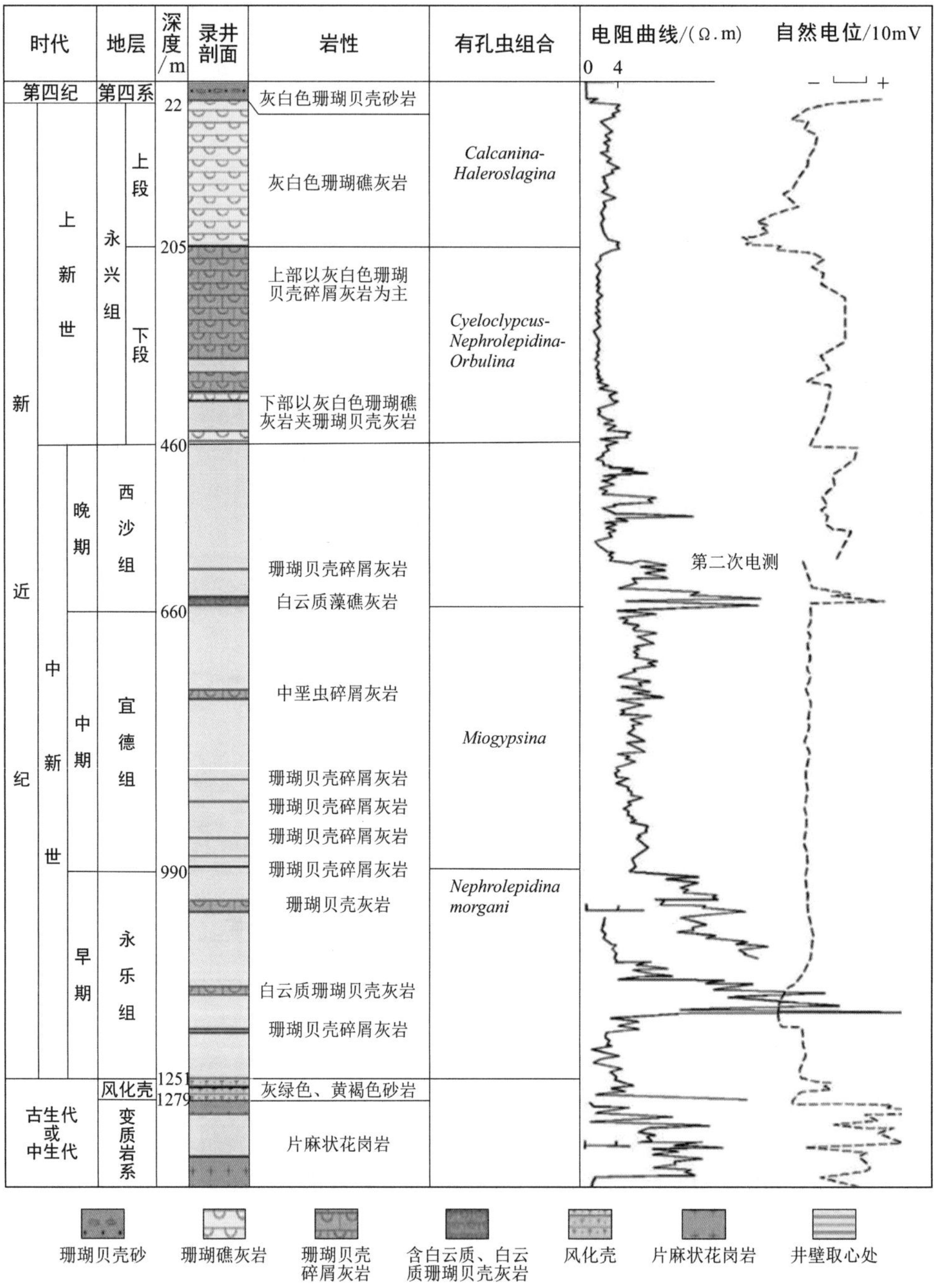


**图5.25　西永-1井综合地层柱状图**（据王崇友等，1979，修改）

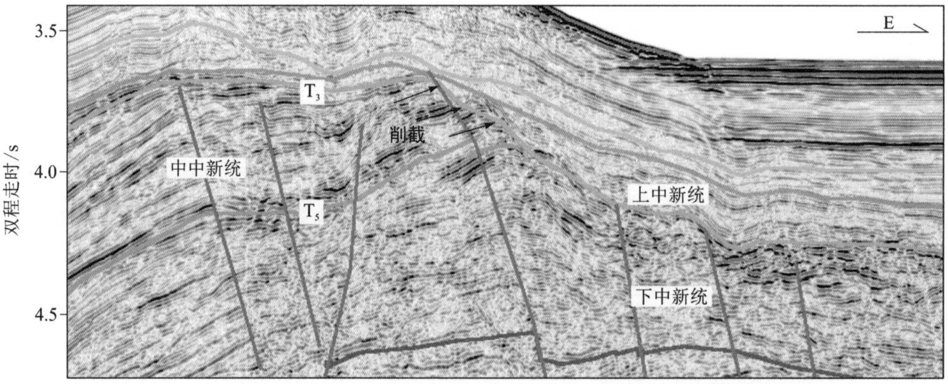


**图5.26　中建南盆地界面$T_5$被削截和中中新统缺失地震发射特征图**

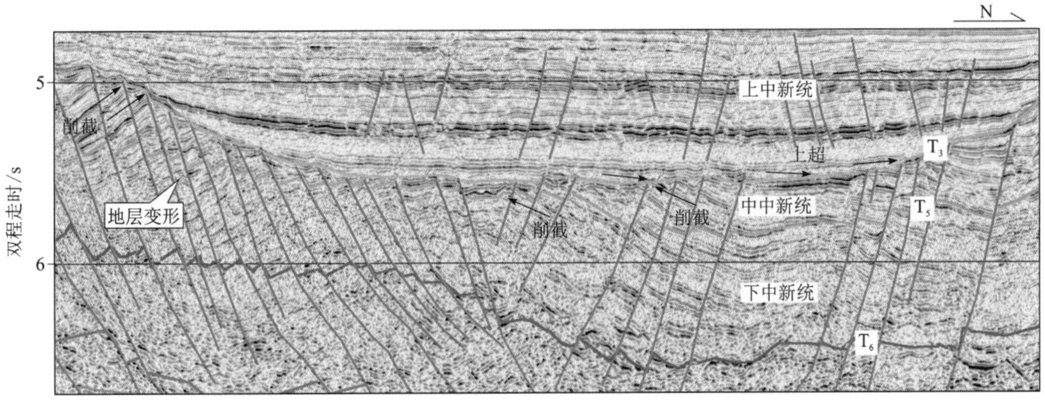


图5.27　中建南盆地下－中中新统地层倾斜变形图

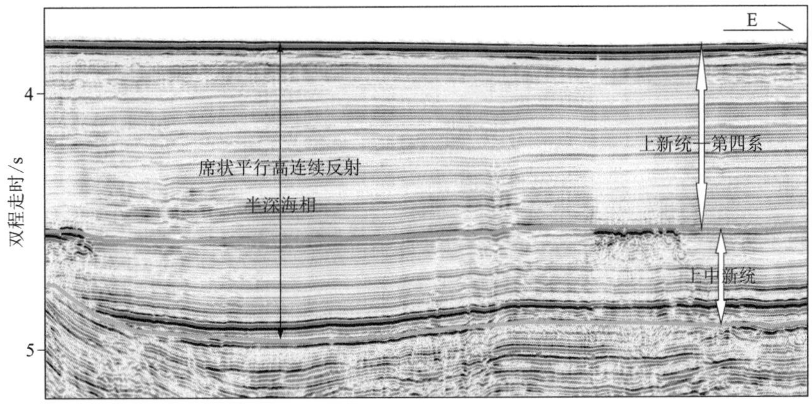


图5.28　中建南盆地上中新统－第四系高连续平行结构地震反射特征图

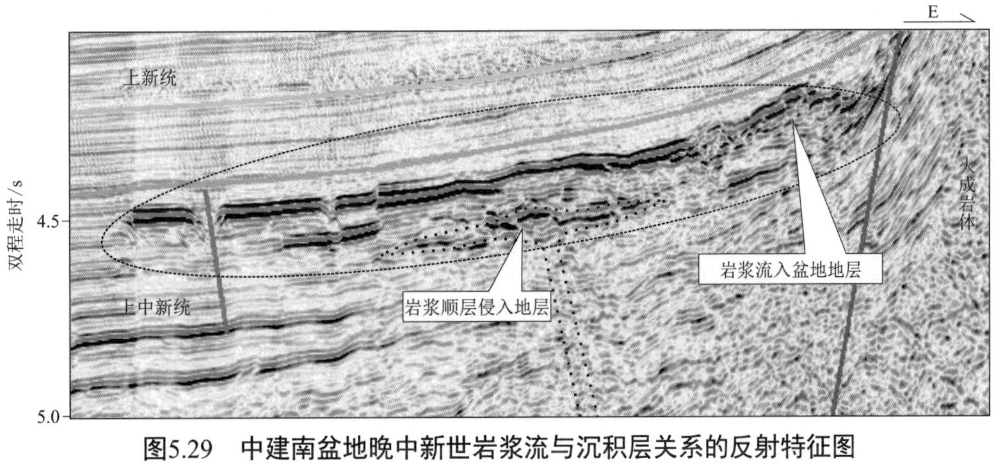


图5.29　中建南盆地晚中新世岩浆流与沉积层关系的反射特征图

**D.上新统（中建组）**

中建南盆地的上新统称为中建组，与中新统的地层格局基本相同，总体上都是自西向东地层厚度逐渐减薄的趋势。上新世以来，该盆地为区域热沉降阶段，地层分布广泛，沉积相对稳定，局部凹陷区沉积厚度达3000 m。其底界为界面$T_2$、顶界为界面$T_1$。在地震剖面上以中–强振幅、中–高连续、平行–亚平行结构反射为主（图5.28），上下地层多呈平行不整合接触，局部盆缘位置可见上超接触（图5.30）。上新世时为海相环境，沉积岩性主要为海相砂岩、粉砂岩和泥岩（图5.23）。

3）第四系

中建南盆地第四纪地层厚度为0～1500 m，其地层展布特征与新近系具有一定的继承性和延续性，总体呈西厚东薄的特征，但隆拗相间的沉积格局较明显，发育近北南和北东向两条沉降带和三个沉积中心，厚度等值线主要呈近北南向和北东向展布，第四系最大沉积厚度位于中建南盆地西南部的中部拗陷区，超过1500 m。因此，南海西缘断裂带控制了西部近北南向的第四系沉积。

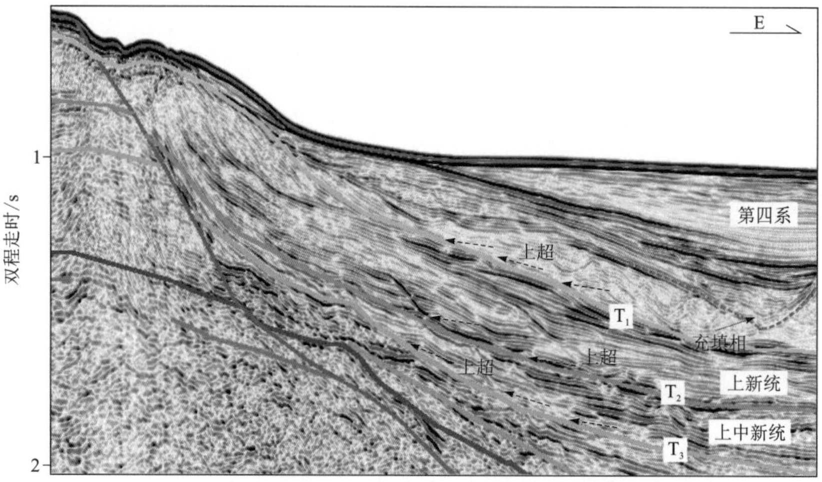

图5.30　中建南盆地地震反射界面$T_1$和$T_2$上下地层接触关系图

第四系地震剖面上显示以中-弱振幅、中-高连续、平行-亚平行结构地震反射为主（图5.28），局部为充填相、楔状地震反射特征，并与下伏地层多呈平行不整合接触，主要沉积岩性为砂岩、粉砂岩和泥岩（图5.23）。西部靠近越南陆地的陆架浅海区资料显示，更新统厚30～260 m，由水平纹理发育的粉砂和黏土组成，包括部分河口湾相与湖泊相，反映海退时期部分陆架暴露于海平面之上。全新统厚30～90 m，分布于水深70～90 m的区域内，由复屑细砂、粉砂和黏土组成，有时直接覆盖于早更新世玄武岩之上。

综合以上分析认为，整体上中建南盆地最大沉积沉降中心长期稳定在西南部的中部拗陷区，呈北东向展布；位于盆地北部拗陷的沉积沉降中心主要发育在古近纪，呈北北东向展布，新进纪—第四纪不明显。

### （三）万安盆地

万安盆地位于南海西南部陆架，属于新生代走滑拉张盆地性质，是南沙海域重要的含油气盆地之一。该盆地位于南沙海域西南部万安走滑断裂西侧，东界是两条呈雁行排列的北北东向断裂，大地构造上属于印支地块上的昆嵩地块南缘（刘海龄，1999；姚伯初和刘振湖，2006；刘宝明等，2006）。盆地主要经历了三期构造运动：中生代末—始新世断陷造就了盆地构造格局的雏形；渐新世—中中新世转化为断拗沉积；中中新世早期走滑拉张，晚期走滑挤压。晚中新世，盆地构造方向以北东向正断层为主，少量北西向或北北西向断层（邱燕和王英民，2001），具有隆拗相间的构造格局（图5.31），盆地面积为8.5万 km$^2$（杨楚鹏等，2011），主体水深小于500 m，最大水深为1800～2000 m。

万安盆地位于中建南盆地南部，呈北东走向，最大沉积厚度超过12000 m。在盆地内的构造高位上油气勘探的数十口钻井中，钻穿了新近系较完整的地层层序，钻遇最早的地层时代为始新世晚期（如大熊1井、大熊3井等）。

根据地震数据和国外研究资料，在盆地内的深拗陷中，在渐新统之下还存在一套反射层组。在万安盆地西北侧的湄公盆地，有学者研究其最早沉积地层，如Nguyen和吴进民（1994）孢粉研究发现有厚800 m的始新统砾岩出露在湄公盆地西缘的越南南部海岸茶句附近，证实湄公盆地存在始新统；Le Van Khy也介绍，在越南南部陆架区呈北西向延伸的窄长地堑（深2～4 km，长20～50 km，宽10～15 km）中充填有晚始新世粗屑磨拉石堆积，厚度超过3000 m，称为宗岛组（陈玲和彭学超，1995）。由此推断万安盆地局部可能存在始新世地层。

结合钻井和地震剖面资料，万安盆地沉积的主体是渐新世—第四纪地层。大多数学者认为，纳土纳群岛以东或以西地区，大规模盆地的形成均是始于晚始新世—渐新世，如周围的苏门答腊岛、爪哇岛、中南半岛、巽他陆块及巴拉望盆地等。说明大规模的盆地形成与构造活动机制相关。在50 Ma前印度板块与欧亚板块碰撞、42 Ma前太平洋板块运动方向改变促使东南亚大陆裂解并形成裂谷盆地，裂谷盆地形成时间大致与断裂活动开始时间（38 Ma）一致。因此认为万安盆地开始形成大规模盆地是晚始新世—渐新世时期。界面$T_8$之下的一套反射层组，可能就是局限区域分布的中—下始新统粗粒碎屑岩。

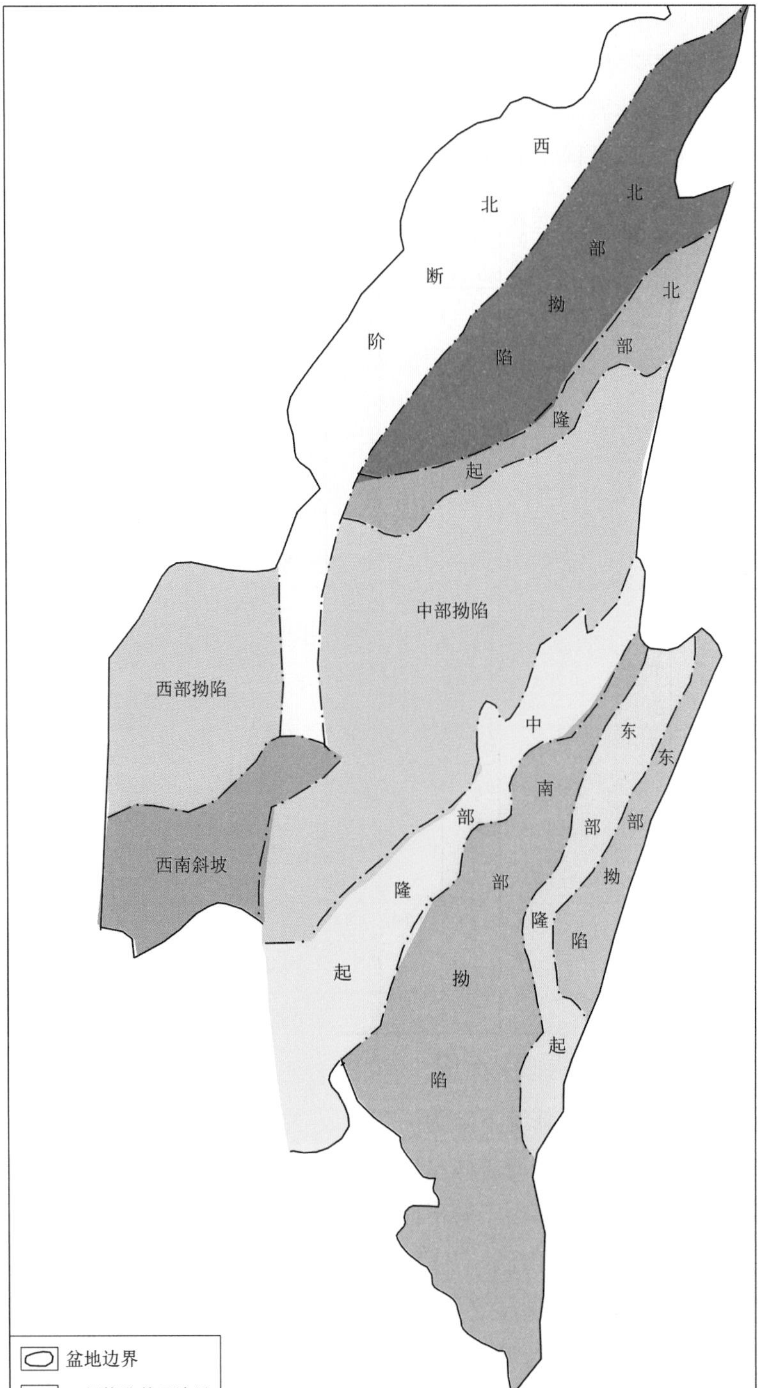


图5.31　万安盆地构造区划图

据万安盆地AM-1X井，渐新统—下中新统岩性主要为砂岩夹薄层泥岩，属于三角洲相沉积；到中中新世早期和晚期，有沉积灰岩与薄层泥岩互层，为碳酸盐台地相，中间时期发育砂岩和泥岩互层沉积，为滨浅海环境；上中新统沉积厚度较薄，下部以泥岩为主，上部有薄层砂岩，属于滨浅海相，呈倒粒序沉积；上新统与下伏上中新统类似，下部以泥岩为主夹薄层砂岩，上部发育砂岩夹薄层泥岩，属于滨浅海环境沉积，呈倒粒序；到第四纪以砂岩沉积为主，偶见薄层泥岩，为三角洲相。渐新世—晚中新世早期沉积地层中，含浮游有孔虫，下部为N14带或是更老，上部为N14～N16带。

部分特征地震界面的识别可依据测井曲线的突变面，即对应岩性突变面。例如，万安盆地AM-1X井，上中新统为大段泥岩，具有高GR、低RILD的特征，下中新统为碳酸盐台地相，GR值较低、RILD值较高，由此确定它们之间的重要分界面。11-D1X井（图5.32）显示，中中新世沉积早期为一套滨岸台地相碳酸盐岩沉积，GR曲线变化显示其为进积-加积-进积的沉积过程，晚期显示的GR曲线为退积-进积的沉积过程，为滨浅海-碳酸盐岩沉积过程（吴冬等，2015）。

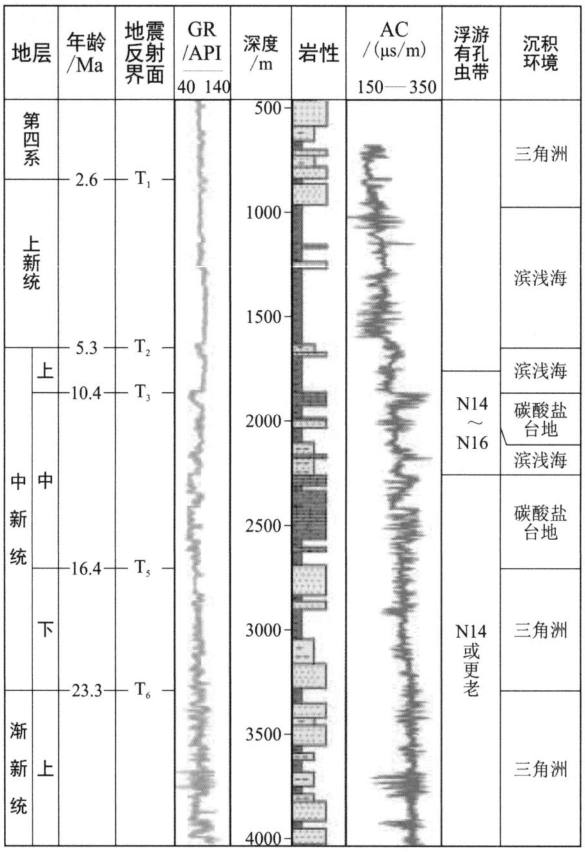


**图5.32　万安盆地11-D1X井单井层序划分图**（据匡立春和吴进民，1998；吴冬等，2015，修改）

万安盆地Dua-1X井（图5.33）中中新统下部为一套完成的连续碳酸盐台地沉积旋回，其包含了低位域的一套进积、加积型碳酸盐台地准层序组，海进体系域的一套退积型薄层灰岩与泥岩互层准层序组，以及高位域的一整套较纯的碳酸盐岩沉积。而上部由于海平面相对下降，沉积环境改变，主要为一套进积型的滨浅海砂泥岩互层沉积，而碳酸盐岩沉积主要发育于高位域中，且灰岩中泥质含量明显增多（杨楚鹏等，2011）。

不整合面的存在意味着界面上、下地层之间存在冲刷侵蚀或重要的沉积间断，往往对应于区域构造运动，如板块的俯冲碰撞和海盆的扩张闭合等。万安盆地主要依据二维地震剖面和九口钻井资料等进行地震反射界面的识别，共追踪出$T_g$、$T_8$、$T_7$、$T_6$、$T_5$、$T_3$、$T_2$和$T_1$共八个明显的地震界面（图5.34）。

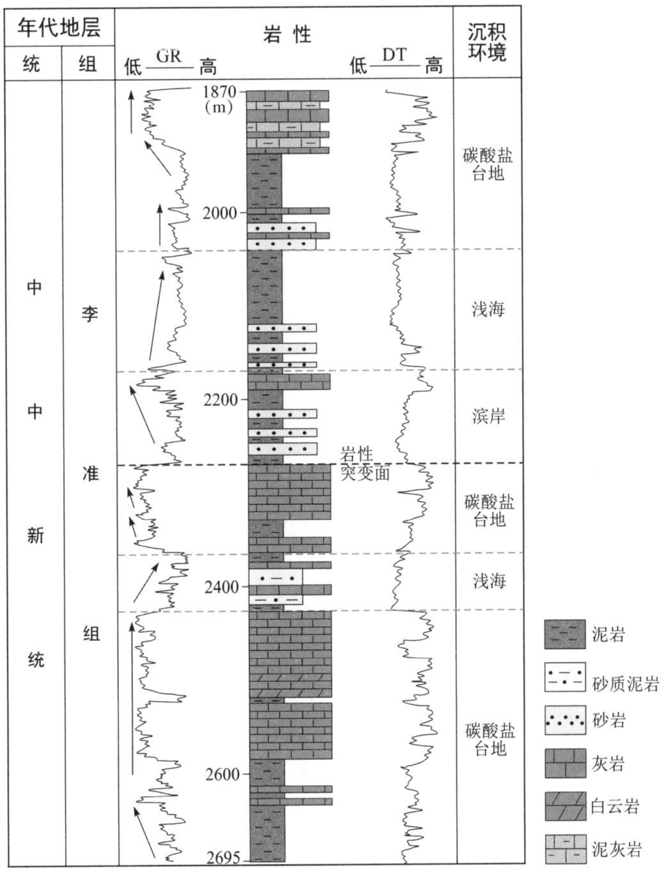


图5.33　万安盆地Dua-1X李准组岩性及测井曲线特征图（据杨楚鹏等，2011，修改）

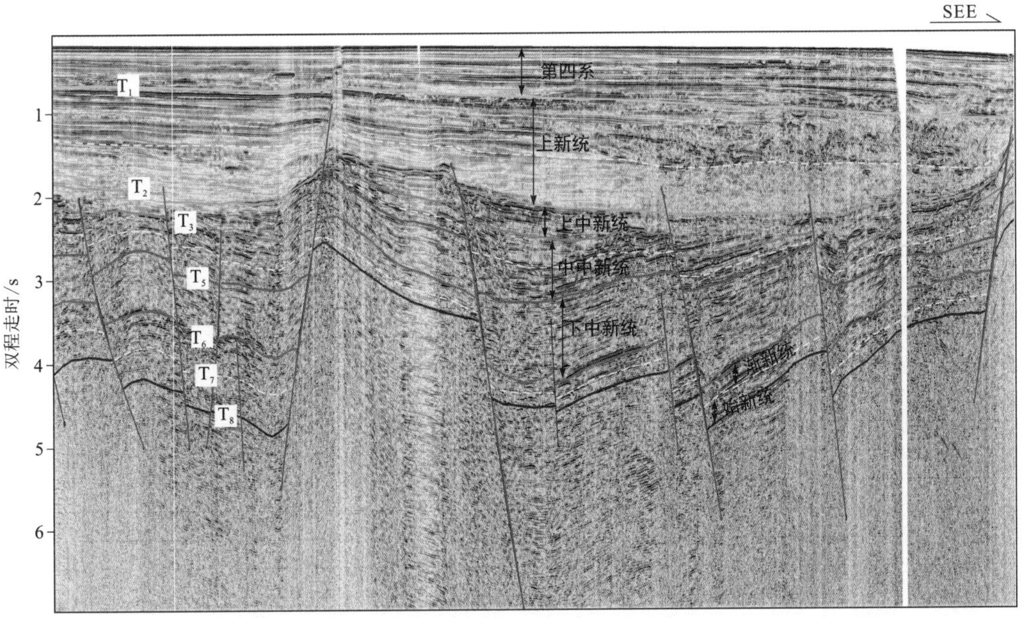


图5.34　万安盆地主要地震界面反射特征图（据杨楚鹏等，2011，修改）

1. 前新生界基底

万安盆地的基底为中生代晚期岩浆岩、火山岩以及前始新世沉积变质岩（杨木壮和吴进民，1996）。

2. 新生界

万安盆地新生代主要发育了始新世—第四纪地层，厚度最厚处超过万米。自下而上划分为中—下始新统人骏群、上始新统—渐新统西卫群、下中新统万安组、中中新统李准组、上中新统昆仑组、上新统广雅组及第四系（图5.35）。对万安盆地新生代厘定出不同层组，下面详细论述各个组的地层特征。

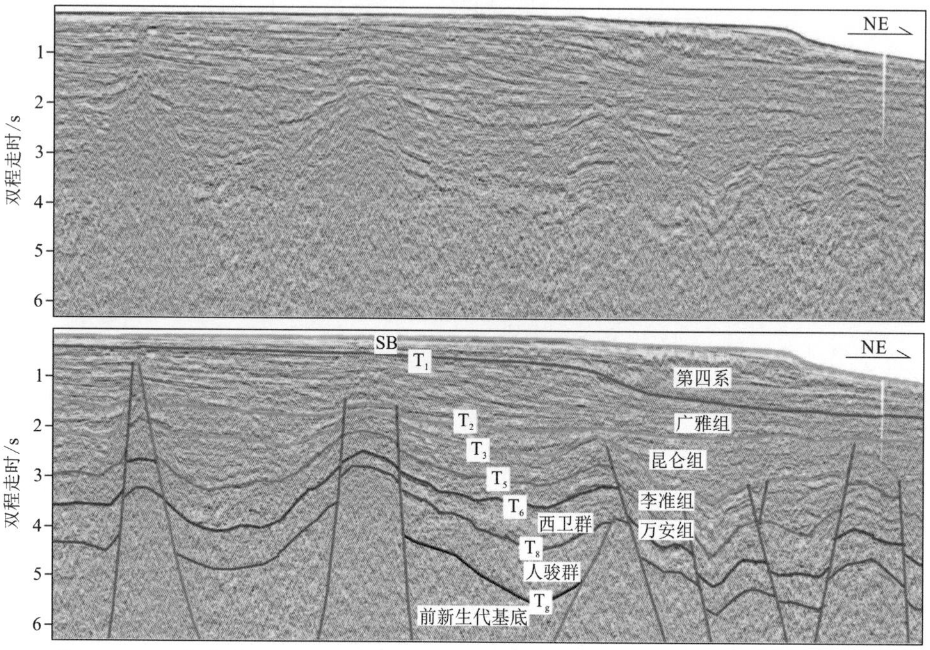


**图5.35　万安盆地主要界面地震反射特征图**（据姚永坚等，2018，修改）

1）古近系

### A.中—下始新统（人骏群）

万安盆地的中—下始新统称为人骏群，该时期属于盆地初始断陷阶段，地层分布局限（图5.36），仅在东部北西向狭窄断陷中有分布，隆起上大多缺失，厚度一般小于1000 m，局部超过2000 m，是在中生代基底之上沉积。

新生代底界为地震反射界面$T_g$，对应南海南部的礼乐运动，即是南海北部的神狐运动，具有风化剥蚀面的反射特征，为燕山运动末期形成的剥蚀不整合，钻井揭示基底至少有43 Ma的地层剥蚀期；人骏群的顶界为界面$T_8$，对应南海南部的西卫运动，为中—晚始新世间的最大海平面下降，从构造机制上看，界面以下为孤立窄盆沉积。由于埋藏深，反射特征往往不明显，总体为中-低频率、变振幅、中连续-断续反射，呈平行-亚平行、发散或乱岗状-杂乱结构，席状、楔状外形，局部振幅较强，连续性较好；在拗陷底部以低频率、中-弱振幅、低连续、亚平行结构为特征，显示了盆地早期充填沉积特点。该层序隆拗分隔格局明显，受后期构造运动强烈作用，断层十分发育。

早—中始新世多为局限型河湖体系近源粗碎屑沉积，堆积速度快，发育冲积扇、扇三角洲及泥石流等（金庆焕，2001）。由下而上，主要岩相为冲积相砂砾岩、扇三角洲砂岩、砂泥岩及深湖相砂泥岩等（图5.37）。

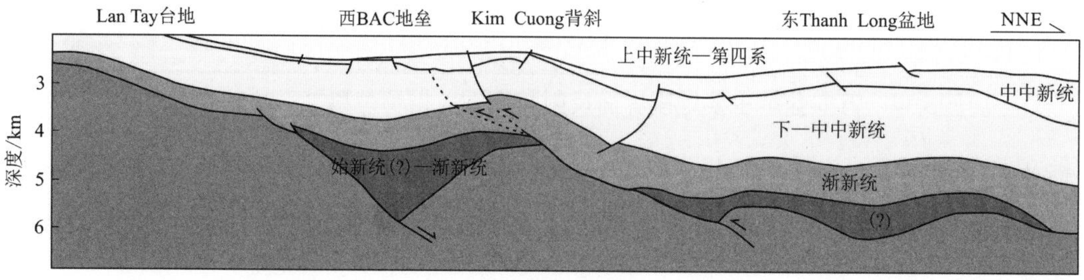


**图5.36　万安盆地东部拗陷东侧地层剖面图**（据Matthews et al.，1997）

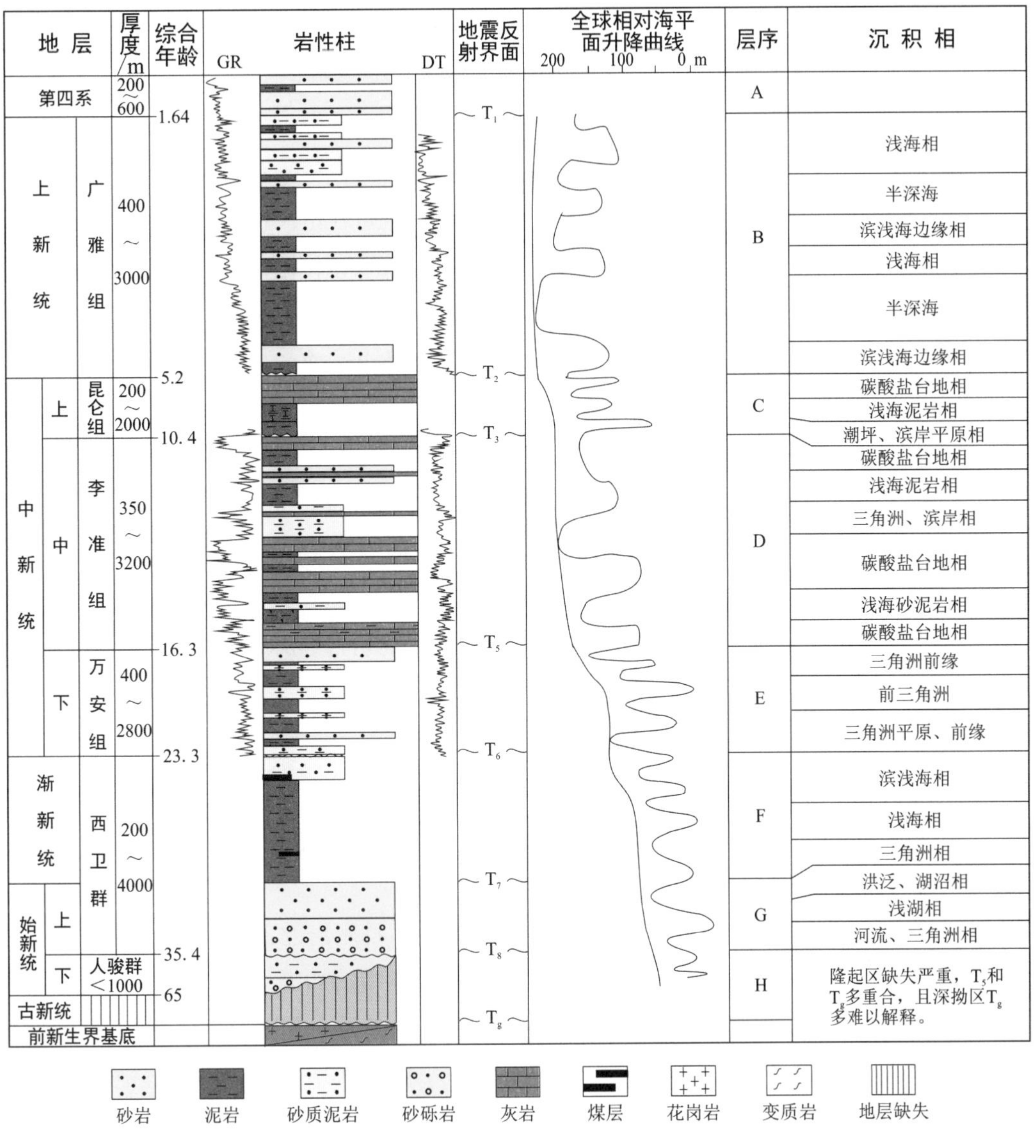


**图5.37　万安盆地地层综合柱状图**（据杨木壮等，2003，修改）

### B.上始新统—渐新统（西卫群）

万安盆地上始新统—渐新统称为西卫群，一般厚1000～2000 m，最厚达3000 m以上。因断层错断和褶皱变形，其厚度变化大，中部拗陷较厚，为1000～3500 m，北部和南部较薄，一般为500～1500 m，西南斜坡局部缺失。

西卫群的底界为界面$T_8$，其顶界是界面$T_7$，对应南海北部的白云运动，与上覆地层呈整合或上超接触。在万安盆地西部及南部，总体为中–低频率、中–强振幅、中连续–断续及杂乱反射层组。岩性总体以砂岩为主，沉积物粒度自西向东逐渐变细，含煤碎片和有孔虫（彭学超和陈玲，1995）。垂向上包括三个岩性段：砂砾岩、砂泥岩和泥岩段。底部一般为100 m左右的含炭屑、褐煤夹层的砂砾岩，属于湖泊环境沉积；中部为几个显示正粒序的砂泥岩序列的叠加；上部为砂质泥岩与泥岩互层段，夹砂岩层，为河流–湖泊环境沉积。

晚始新世时期，万安盆地四周环陆，随着断陷进一步发育，湖面上升，成为广阔的湖泊环境，发育大段泥岩（图5.37），沉积物源主要来自西北侧的昆仑隆起和南部的纳土纳隆起，到渐新世晚期从东部向西开始发生海侵，局部发育海陆过渡相。钻井揭示渐新统底部为砂岩、砾岩，与基底花岗岩直接接触，砂砾岩层之上是一套含碳质碎屑的砂岩和含褐煤薄层的泥页岩、砂质泥岩沉积。

2）新近系

### A.下中新统（万安组）

万安盆地下中新统称为万安组，分布较广泛，厚度为400～2800 m，总体上北厚南薄，中部、东部和北部坳陷深2000～2800 m，在隆起、斜坡和断阶上一般为400～800 m，西部斜坡局部缺失。构造高部位的钻井揭示，西卫群与万安组间有4 Ma的沉积间断。

万安组的底界为界面$T_4$、顶界为界面$T_3$，对应南海南部的南沙运动，与上覆地层呈不整合接触，隆起上削截特征明显，连续性变差。该组总体呈中振幅、中连续地震反射，具平行或发散结构，楔状外形，自东向西，反射波振幅变弱，连续性变差。

早中新世早期，由于西南海盆的张裂运动，万安盆地进一步沉降，海水进一步由东向西侵入万安盆地。万安组最下部为海侵砂和海相泥岩，含超微化石带NN2，揭示早中新世沉积。万安组下段沉积物粒度偏粗，主要为砂岩和粉砂岩，有泥岩夹层；上段沉积物偏细，泥页岩增多。从中部开始向上，沉积物粒度呈现细粒–粗粒的反韵律变化规律（图5.38），岩性为泥岩–含砂泥岩–粉砂和砂岩，或页岩–含粉砂泥岩–砂岩的递变（杨楚鹏等，2011）。

### B.中中新统（李准组）

万安盆地的中中新统称为李准组，分布广泛，厚度变化大，一般为400～2400 m，其中北部坳陷为400～1200 m，中部坳陷为800～2400 m，南部坳陷为400～1600 m，东部坳陷为800～1600 m，在隆起区和斜坡带上厚度较小，为400～800 m。

李准组的底界为界面$T_5$、顶界为界面$T_3$，对应万安运动，即是南海北部的东沙运动，为中中新统与上中新统间的最大海平面下降面，万安运动在盆地中表现为一次典型的褶皱运动，形成一系列背斜构造（姚伯初等，2004a），与上覆地层呈不整合接触。$T_3$之下的中中新统为一套已发生不同程度变形且被断层错断，具有较大倾角的反射层组；$T_3$之上的上中新统为一套水平或近水平、未变形或轻微变形的反射层组。中中新统主要为一套中–高频率（局部低频率）、中–弱振幅、中–高连续（局部低连续），具微发散–平行结构的反射层组，在台地上振幅变弱、连续性变差。

万安盆地中中新世早期发生一次快速海侵，高海平面延续时间较长，沉积粗–细粒碎屑岩和碳酸盐岩（图5.37）。李准组底部沉积碎屑岩，中下部为碳酸盐岩和碎屑岩，中上部为陆架碎屑和碳酸盐岩，顶部为深水碎屑岩（杨楚鹏等，2011）。在盆地中部和南部主要发育灰岩沉积，夹泥质灰岩、泥岩，顶部甚至有褐煤夹层，总体厚度超过300 m，同时在碳酸盐台地形成发育阶段，有多次淹没事件发生，至晚期才暴露出水面。

### C.上中新统（昆仑组）

万安盆地上中新统称为昆仑组，分布稳定，一般小于1000 m，中部坳陷和北部坳陷最厚可达2000 m。据超微化石和有孔虫定年，昆仑组形成时代为晚中新世（Matthews et al.，1997）。

昆仑组的底界为界面$T_3$、顶界为界面$T_2$，对应南海南部的广雅运动。盆地中部和东部，表现为中–弱振幅、中连续反射；北部及南部呈中振幅、连续反射。坳陷区连续性较好，隆起和台地连续性变差，多具平行结构，席状外形，局部见微发散结构。

万安盆地晚中新世早期开始海平面由缓慢上升最终转为缓慢下降，沉积的地层厚度较大，呈加积或进积结构，S形前积特征明显，由三角洲间湾和滨岸沉积物组成（杨楚鹏等，2011）。上中新统昆仑组下部为广泛分布的陆架碳酸盐岩，浅水碎屑岩主要分布在西南部，在碳酸盐岩建隆间分布有深水泥岩和半远洋沉积；上部，在盆地西部为陆架、斜坡碎屑岩及部分碳酸盐岩，盆地东部主要为深水泥岩密集段，局部夹砂质浊积岩。据超微化石和有孔虫定年，昆仑组形成时代为晚中新世（Matthews et al.，1997）。盆地中南部的东西向连井剖面（图5.38）显示，自西向东上中新统沉积厚度减薄，岩性由粗变细，西部为台地灰岩夹泥岩组合，向东是泥页岩夹灰岩，至盆地东南侧岩性为泥页岩，表明了晚中新世沉积环境由滨浅海–浅海，逐步向东部进入半深海环境的过渡变化过程。

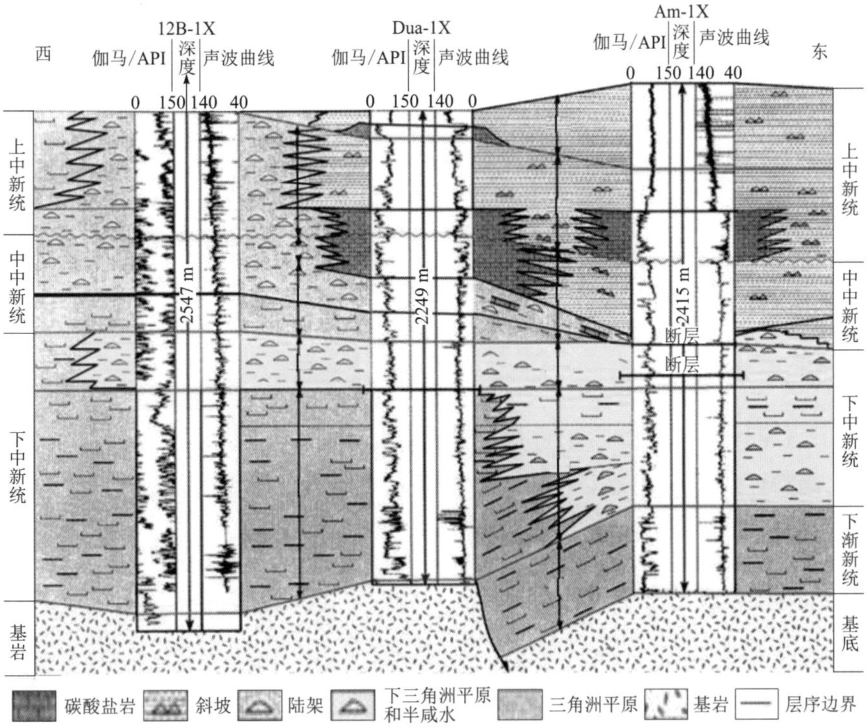


**图5.38　万安盆地钻井地层剖面**（据Matthews et al.，1997）

**D.上新统（广雅组）**

大多数情况下上新统—第四系在地震剖面上合称为层序A+B，厚度较稳定，为区域沉降阶段产物。万安盆地上新统—第四系厚度为400～3600 m，北部隆起厚度为1200～2200 m，中部拗陷是盆地的沉积中心，厚度为1200～3000 m，中部隆起厚度为600～2500 m；横向变化较大，南部拗陷厚度为400～2400 m，东部隆起和东部拗陷厚度小，一般为200～1000 m。

万安盆地上新统称为广雅组，它的底界为界面$T_2$、顶界为界面$T_1$。上新统分布稳定，未变形或轻微变形，在层序下部局部断层发育。层序反射特征自下而上有所差异，下部呈中–弱振幅、中连续–断续，局部空白反射，反映了一套低能环境下的海进细粒沉积体系；中部和上部呈中–高频率、中–强振幅或强弱振幅相间、连续反射。上新世为盆地整体沉降阶段，发育滨浅海–半深海相细粒沉积，岩性以厚层泥岩为主，夹砂岩和粉砂岩，含海绿石和有孔虫（彭学超和陈玲，1995），自下而上岩性由细变粗，盆地自西向东地层加厚。在盆地西部和中部的地震剖面上显示有较多的三角洲前积S形结构，表明这一时期物源供给充足，沉积物不断向海推进，盆地东部为半深海的黏土沉积（杨楚鹏等，2011）。

3）第四系

万安盆地第四系全区分布，基本继承上新统沉积特征，两者呈整合接触。第四系基本未变形，少见断层，厚度为200～2000 m，陆架区横向变化小，一般为几百米。在地震剖面上为一套中-弱振幅或强弱振幅相间、连续-断续、平行-亚平行、席状披盖外形的反射层组。沉积岩性主要为滨-浅海砂泥岩（图5.37），含丰富的软体动物贝壳碎片（彭学超和陈玲，1995）。

综合以上分析，根据钻井数据和地震剖面，结合区域地质、构造特征，建立起万安盆地地层综合柱状图，如图5.37所示。万安盆地由下而上依次发育冲积相厚层砂、砾岩—湖相泥页岩夹砂岩—浅海相泥页岩—台地灰岩—浅海相、半深海相砂页岩互层。其地层沉积序列为下—中始新统分布局限，厚度零到几百米，局部超过2000 m。以沉积粗碎屑岩为主，由下而上，主要岩相为冲积相砂砾岩、扇三角洲砂岩、砂泥岩，滨浅湖相砂泥岩等。上始新统—渐新统一般厚1000～2000 m，最厚达3000 m，局部缺失。主要岩性为砂砾岩-砂泥岩、泥岩段。其中底部一般为100 m左右的含炭屑、褐煤夹层的砂砾岩，下部为几个显示正粒序的砂泥岩序列的叠加；上部为砂质泥岩与泥岩互层段，夹砂岩层。下—中中新统厚度一般为5000 m左右。沉积岩性为粗-细粒碎屑岩及其互层到碳酸盐岩段。滨海相以细、粉砂为主，含粉砂质泥岩。浅海相则以粉砂质泥岩占优势，夹风暴、浊流砂层。碳酸盐岩层，下部夹白云岩、白云质灰岩和白云质泥岩，顶部有时夹薄煤线。上中新统厚度一般小于1000 m，发育粗碎屑岩及碳酸盐岩段。上新统—第四系厚2000 m左右，盆地内主要发育滨、浅海相沉积环境，以细粒沉积为主。

## 二、南海西部地层对比

南海西部地层分区整体是受南海西缘断裂带走滑拉张应力作用，该断裂带从北向南主要为南海西部红河-莺歌海断裂、南海西缘断裂和万安东断裂，沉积区的形成、沉积演化等受到构造活动的控制，它们的发育具有一定相似性，又有一定的差异性，下面我们将这三个盆地构造活动影响下的地层特征进行对比分析。

莺歌海盆地的初始裂陷，学者认为是白垩纪末期至古新世时期，由于印度板块向北运动及太平洋板块向西运动速率的减慢，使东南亚地区处于伸展环境，软流圈上涌，地幔柱上拱，地壳松动而裂开，发育冲积和洪积砾岩、砂岩等。

中建南盆地是在晚白垩世末—古近纪早期南海中南部的一次张性构造运动——礼乐运动作用所致，中—晚始新世之间的西卫运动造成盆地的区域性抬升，使前新生代地层遭受变形、隆升和剥蚀，因此现今钻井钻遇的最老新生代地层为始新统。

万安盆地在始新世（约43 Ma），印度板块与欧亚板块碰撞，引起欧亚大陆之下地幔向东南方向的蠕动，印支地块及其南部块体沿北西-南东向红河断裂带、近北南向南海西缘断裂带和万安断裂带等主要走滑断裂带向东南挤出几百千米，在被挤出的同时印支地块发生顺时针旋转，万安盆地正是在这种块体旋转和欧亚板块向东南产生的区域拖曳力作用下形成一些初始小裂谷，发育粗粒的河流-湖泊相沉积（姚永坚等，2018）。

这三个盆地初始张裂的时间从北向南逐渐变晚，莺歌海盆地和中建南盆地是晚白垩世末—古近纪早期构造作用下开始张裂；万安盆地据推断在始新世时期开始张裂。莺歌海盆地可以在陆上找寻到白垩系红层（夏戡原等，1998），孔媛等（2012）认为白垩纪时期，存在有滨岸-陆相沉积；中建南盆地和万安盆地揭示的最老新生代地层为始新统，发育冲积扇、河流、湖泊等较粗粒的砂岩、砾岩等。

莺歌海盆地新生代以来，演化经历了左旋走滑-伸展裂陷阶段（53～21 Ma）以及裂后阶段（21～0 Ma）两个大的发展阶段（孙向阳和任建业，2003；孙珍等，2007），裂陷阶段又分为断陷期（53～30 Ma）和断坳期（30～21 Ma），裂后阶段又分为热沉降期（早—晚中新世，21～5.5 Ma）和加速热沉降期（上新世以来，5.5～0 Ma）。莺歌海盆地在新近纪时，由于印度板块俯冲倾角加大造成岩石圈受挤压形成新近系构造层的碟形拗陷，由于来自印度板块的挤压力大，形成新近系万米以上沉积拗陷，使盆地早—中中新世发生地层反转（杨克绳，2000），为盆地地层发育的典型特征。

中建南盆地早始新世—中中新世为裂陷阶段，晚中新世—第四纪为裂后阶段。而裂陷阶段又分为早始新世—早渐新世的断陷期和晚渐新世—中中新世的断拗期，此时强烈的水平伸展作用和差异升降运动，为盆地提供了巨大的可容纳空间，形成了大型沉积盆地，沉积了巨厚沉积物（高红芳和陈玲，2006）。晚中新世以来为拗陷期，盆地发生整体热沉降。在中中新世末期中建南盆地南海西部断裂带走滑方向改变，发生万安运动，盆地应力场由拉张转为压扭，发生隆升剥蚀、褶皱变形，地层遭受构造反转，该构造活动只是在中中新世末期短时期发生，之后的晚中新世—第四纪，以伸展为主，盆地整体沉降，发育一套稳定的席状沉积层（高红芳，2011）。

万安盆地始新世—中中新世是裂陷阶段，晚中新世—第四纪为裂后阶段。其中裂陷阶段又分为早始新世—晚渐新世为断陷期和早—中中新世为断拗期；晚中新世—第四纪为裂后拗陷期，可分为晚中新世的裂后初始热沉降期；上新世—第四纪，基底断裂基本停止活动，盆地整体进入加速热沉降期。万安盆地在中中新世末因万安运动的影响，产生局部侵蚀削截、构造反转和褶皱变形等现象，直到上新世地层亦有褶皱变形特征（姚永坚等，2018）。

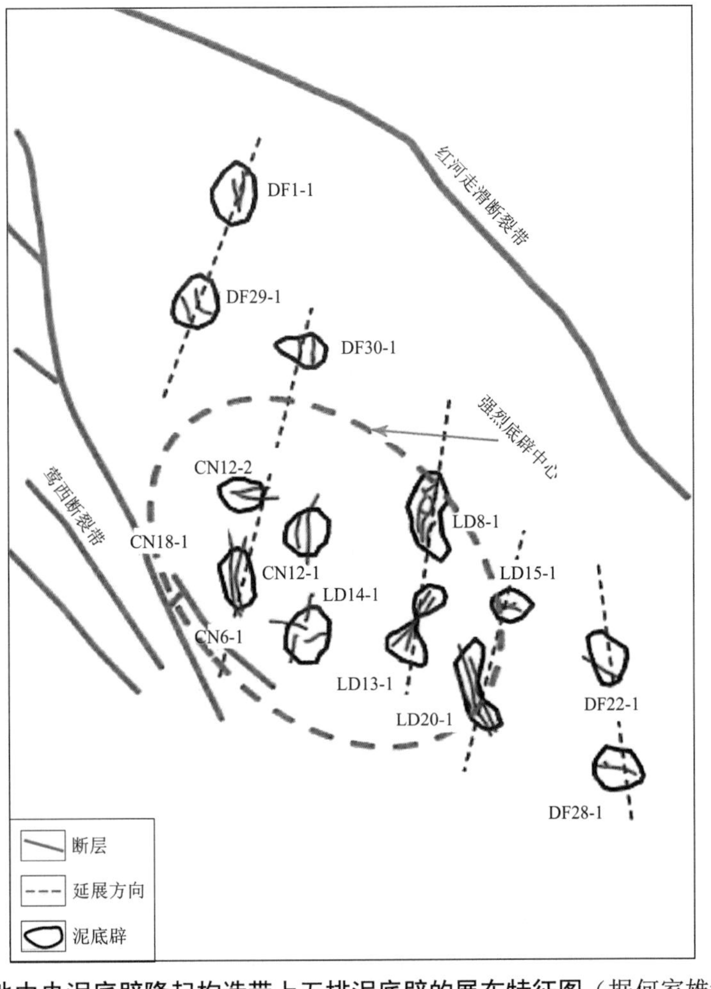


图5.39　莺歌海盆地中央泥底辟隆起构造带上五排泥底辟的展布特征图（据何家雄等，2019，修改）

这三个盆地构造演化时间对比可知，莺歌海盆地因印度板块的挤压力大，在早—中中新世发生地层反转；中建南盆地南部和万安盆地因万安运动的影响，在中中新世末发生地层褶皱、变形和构造反转等，中建南盆地南部只是影响中中新世末地层，而万安盆地不但影响中中新世末地层，上新世地层亦有轻微褶皱变形。

莺歌海盆地、中建南盆地和万安盆地均有碳酸盐岩–生物礁沉积发育，其中莺歌海盆地碳酸盐岩发育较少、规模小，而中建南盆地和万安盆地是非常典型的碳酸盐岩–生物礁发育区。莺歌海盆地的碳酸盐岩一般是早—中中新世有局限分布；中建南盆地北部的广乐隆起区晚渐新世晚期开始有碳酸盐岩局部小范围的发育，早—中中新世为主体发育期，中中新世时生物礁的生长达到最鼎盛期，到晚中新世发生大规模的海平面下降，碳酸盐岩–生物礁萎缩直至台地消亡；万安盆地中—晚中新世有发育碳酸盐岩，其中以晚中新世为特别发育，此时生物礁的生长也达到鼎盛。

莺歌海盆地泥底辟及气烟囱异常发育且展布规模大，最为典型。渐新世以来，中新世晚期莺歌海盆地受1号断裂带右旋走滑作用的影响，盆地中央出现雁行排列的南北向剪切断裂及地层薄弱带，因此在盆地东南部诱发了深部巨厚海相超压泥质岩类的大规模塑性流动，形成了展布规模达2万$km^2$，且由众多不同类型泥底辟所组成的盆地东南部中央泥底辟隆起构造带（图5.39），在晚新近纪—第四纪一直处于活动状态（何家雄等，2019）。泥底辟及热流体上侵活动非常强烈，在地震剖面上显示呈模糊反射。在中建南盆地中西部陆坡区发育广泛的海底麻坑，推测是下部气烟囱或是水合物分解后泄漏，造成地层向下塌陷，而形成海底负地形。

综上分析，以区域地质背景为依托，利用南海西部的盆内及周缘钻井数据和地震剖面，进行井震结合对比，无钻井可依据的，多参考地震剖面特征，形成南海西部地层对比和综合柱状图（图5.40、图5.41）。其中南海西部地层分区中，识别出五个重要的区域性不整合界面：$T_g$为新生代的底界，对应南海南部的礼乐运动，即南海北部的神狐运动，是张裂不整合面，构造活动使得盆地开始张裂；$T_8$为中–上始新统的分界面，对应南海南部的西卫运动、南海北部的珠琼运动，致使中建南盆地抬升，早期地层剥蚀；$T_7$为下渐新统内部界面，对应南海中央海盆扩张——南海运动，产生的破裂不整合面（大约32 Ma），使得莺歌海盆地、中建南盆地和万安盆地的构造格局发生重大变化，对地层发育产生重大影响；$T_6$为古近系与新近系的分界面，对应南海北部的白云运动，莺歌海盆地$T_6$之上基本无大型基底断裂影响，全面进入拗陷期，沉积巨厚新近纪—第四纪地层；$T_3$为中–上中新统的分界面，对应南海南部的南沙运动或万安运动，即是南海北部的东沙运动，造成中建南盆地和万安盆地中中新世地层褶皱变形。

| 界 | 系 | 统 | 厚度/m | 地震界面 | 莺歌海盆地 | 中建南盆地 | 万安盆地 | 沉积相 | 重大地质事件 北部 | 重大地质事件 南部 |
|---|---|---|---|---|---|---|---|---|---|---|
| 新生界 | 第四系 | 全新统、更新统 | 250～3000 | | 乐东组 | | | 浅海相、浅海-半深海相 | | |
| | | | | $T_1$ | | | | | | |
| | 新近系 | 上新统 | 50～3000 | | 莺歌海组 | 中建组 | 广雅组 | 浅海-半深海相、半深海相 | | |
| | | | | $T_2$ | | | | | | 广雅运动 |
| | | 中新统 上 | 50～2000 | | 黄流组 | 重云组 | 昆仑组 | 半深海相、滨海-浅海相、台地相、三角洲相 | | |
| | | | | $T_3$ | | | | | 东沙运动 | 万安运动（南沙运动） |
| | | 中新统 中 | 0～3200 | | 梅山组 | 日照组 | 李准组 | 滨海-浅海相、台地相、三角洲相 | | |
| | | | | $T_5$ | | | | | | |
| | | 中新统 下 | 0～2800 | | 三亚组 | 三亚组 | 万安组 | 浅海相、三角洲相 | | |
| | | | | $T_6$ | | | | | 白云运动 | |
| | 古近系 | 渐新统 上、下 | 0～4000 | | 陵水组 | 陵水组 | 西卫群 | 滨海相、海陆过渡相、河湖相 | | |
| | | | | $T_7$ | | | | | 南海运动 | 南海运动 |
| | | 始新统 上 | ＜1000 | | 崖城组 | 崖城组 | | | | |
| | | | | $T_8$ | | | | | 珠琼运动 | 西卫运动 |
| | | 始新统 中、下 | | | 领头组 | 西卫组 | 人骏群 | 河湖相、扇三角洲相、冲积扇沉积 | | |
| | | 古新统 | | | | | | | | |
| | | | | $T_g$ | | | | | 神狐运动 | 礼乐运动 |
| 前新生界 | | | | | | | | | | |

图5.40　南海西部地层分区各盆地地层划分对比图

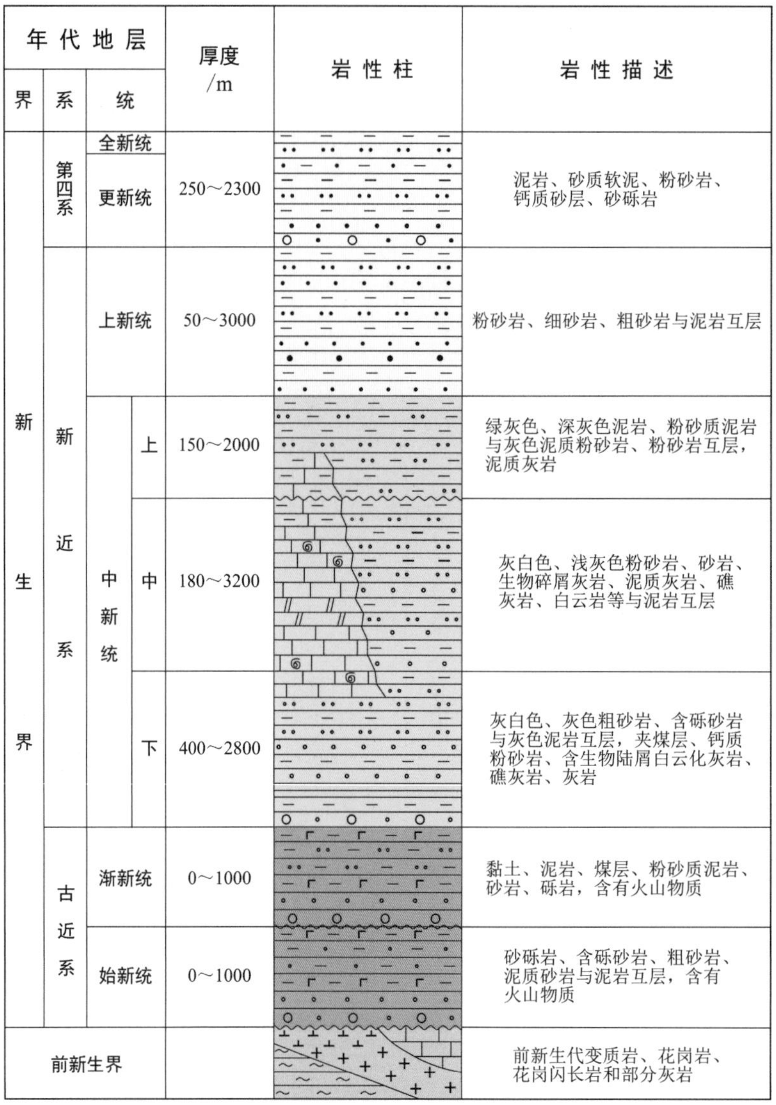
年代地层
界
系
统
厚度/m
岩性柱
岩性描述
全新统
第四系
更新统
250～2300
泥岩、砂质软泥、粉砂岩、钙质砂层、砂砾岩
上新统
50～3000
粉砂岩、细砂岩、粗砂岩与泥岩互层
新生界
新近系
中新统
上
150～2000
绿灰色、深灰色泥岩、粉砂质泥岩与灰色泥质粉砂岩、粉砂岩互层，泥质灰岩
中
180～3200
灰白色、浅灰色粉砂岩、砂岩、生物碎屑灰岩、泥质灰岩、礁灰岩、白云岩等与泥岩互层
下
400～2800
灰白色、灰色粗砂岩、含砾砂岩与灰色泥岩互层，夹煤层、钙质粉砂岩、含生物陆屑白云化灰岩、礁灰岩、灰岩
古近系
渐新统
0～1000
黏土、泥岩、煤层、粉砂质泥岩、砂岩、砾岩，含有火山物质
始新统
0～1000
砂砾岩、含砾砂岩、粗砂岩、泥质砂岩与泥岩互层，含有火山物质
前新生界
前新生代变质岩、花岗岩、花岗闪长岩和部分灰岩

图5.41　南海西部地层综合柱状图

# 第二节　主要盆地沉积特征

南海西部地层区盆地沉积特征主要论述莺歌海盆地、中建南盆地和万安盆地等新生代的沉积特征，它们均属于南海西部大陆边缘的走滑拉张盆地，经历了从河湖环境–海陆过渡环境–海相环境呈水体总体加深的沉积演化过程。古新世—早渐新世为盆地的初始断陷阶段，沉积层多被断层错断，发生褶皱变形，发育深湖相、滨浅湖相、冲积扇相、扇三角洲相等粗碎屑沉积；晚渐新世开始发生海侵，以陆相及海陆过渡相（三角洲和湖沼沉积）为主；晚渐新世—晚中新世，碳酸盐台地和生物礁发育，晚中新世，因南沙运动–万安运动的影响，万安盆地挤压反转，遭受严重的剥蚀，主要发育碳酸盐岩沉积；晚中新世以来，属于拗陷阶段的区域热沉降，沉积厚度大，中建南盆地西北部发育大量水道和浊积扇。

## 一、古近纪

### （一）古新世—早渐新世

在前新生代基底上，伴随着南海西缘断裂带左旋走滑活动和南海陆缘的伸张，中建南盆地西部发育小规模北东向始新世—早渐新世的地堑和半地堑，形成了中建南盆地和莺歌海盆地的雏形。

莺歌海盆地白垩纪末期至古新世时期，由于印支板块向北运动及太平洋板块向西运动速率的减慢，使东南亚地区处于伸展环境，软流圈上涌、地幔柱上拱、地壳松动裂开，形成盆地的初始裂陷，沉积了一套磨拉石冲积和洪积砾岩、砂岩等，沉积厚度约3000 m。与此对应的是南海第一期扩张。仅在盆地西部及陆上延伸部分的河内凹陷中钻遇花岗岩及白垩系红层（夏戡原等，1998），与Song Da带内广布的白垩系红色碎屑岩进行对比，孔媛等（2012）也认为白垩纪时期，该区存在有滨岸-陆相沉积。始新世至渐新世早期为盆地裂陷发育期，以强烈断陷为特征，沉积了冲积相、河流湖泊相和海陆交互相的砾岩、砂岩、泥岩和煤层等，厚度约4000 m。红河断裂的左旋应力已经影响到莺歌海盆地，形成盆地的左旋走滑。

中建南盆地在始新世—早渐新世时期，发育多种沉积体系。在小断陷湖盆中，分布局限且分割性强，在地震剖面上表现为上超充填、较连续的中振幅席状地震反射，为中-深湖相；四周发育大面积的滨-浅湖相和碎屑滨岸相；东部和西部隆起区是主要物源区，中部和北部的隆起区是次要的物源区，在近物源的部位，发育扇三角洲体系，具有楔状外形，内部为发散结构，从湖盆边缘向盆地中心，呈杂乱-低连续逐渐变化为中连续的反射特征（图5.42）；在湖泊周缘包括西部陆架区均有分布冲积平原相；东部向陆坡过渡区域发育小型的河流相（高红芳等，2000）。

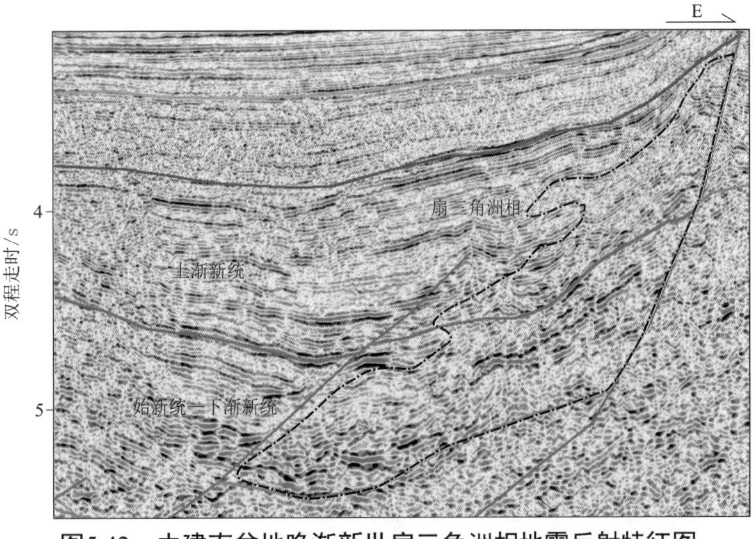


**图5.42　中建南盆地晚渐新世扇三角洲相地震反射特征图**

万安盆地始新世为初始断陷阶段，据地震资料解释，该时期沉积堆积在近东西向的半地堑内，上超于基底上，分布局限（图5.43），推测其沉积环境以河流和冲积平原为主，在断裂带附近发育构造湖泊，山麓边缘为洪积扇（Matthews et al.，1997）（图5.44）。在构造高部位钻遇到西卫群（上始新统—渐新统），含*Florschuetzia Trilobata*孢粉带。西卫群总体以砂岩为主，岩性自西而东由粗变细，孢粉和沉积学数据显示，它们沉积于有微弱潮汐影响的河流三角洲环境。下渐新统较下部始新统地层分布范围有所扩大，从东部开始向盆地中部发生湖侵，发育滨浅湖-半深湖相，北部、西部和南部的盆缘位置发育半环带状的冲积平原、三角洲相沉积，此时期物源是来自西部的陆区。

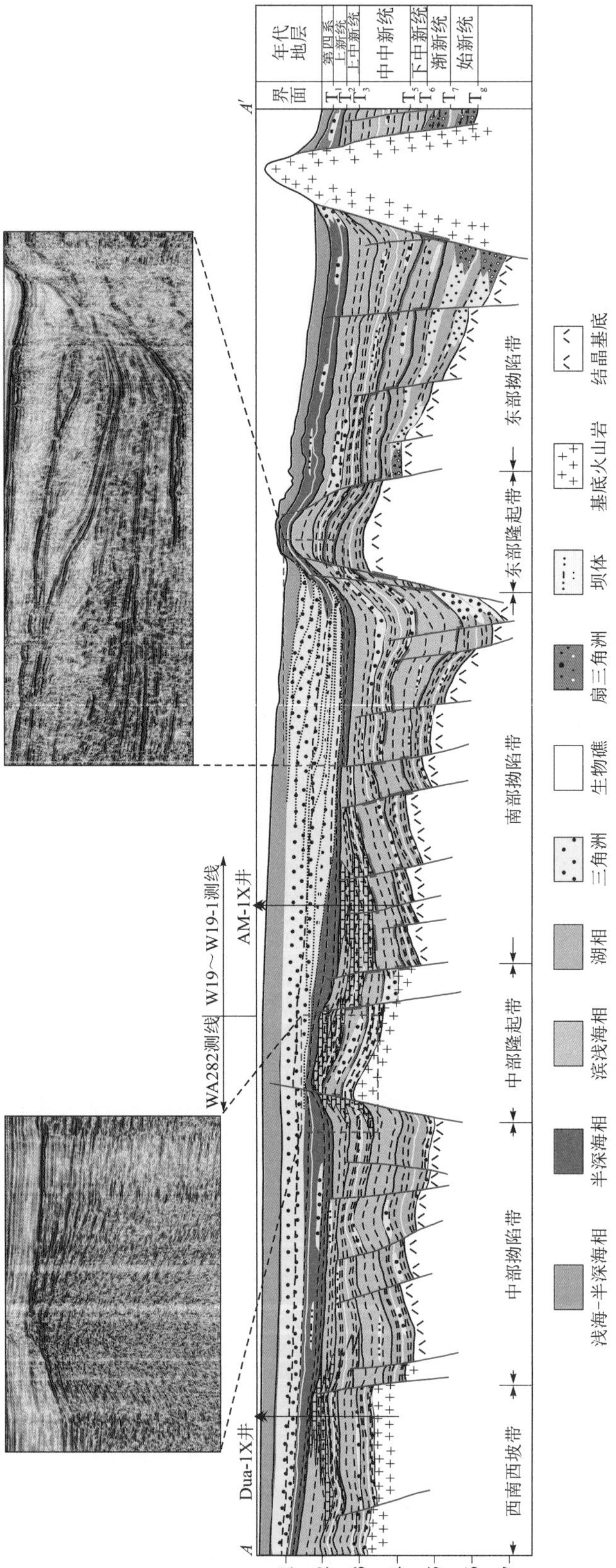


图5.43　万安盆地新生代地层沉积充填特征图（据杨楚鹏等，2011，修改）

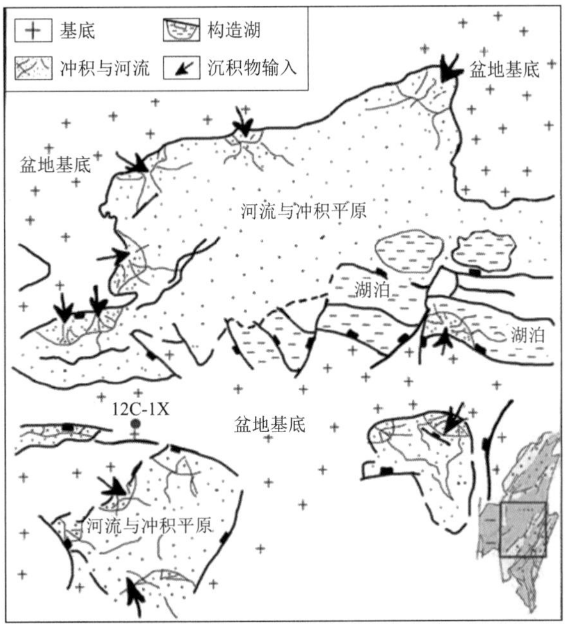


**图5.44　万安盆地始新世沉积相分布示意图**（据Matthews et al.，1997，修改

## （二）晚渐新世

莺歌海盆地渐新世中期到末期为裂陷萎缩期，主要沉积了滨浅海环境的砾岩、砂岩、泥岩等，沉积厚度约2500 m。与裂陷发育期、萎缩期相对应的是南海第二期扩张。晚渐新世陵水组沉积环境属浅海环境，在乐东背斜带–保亭断阶带为两个大型的滨海浅滩，其上应有较好的海滩砂。莺歌海盆地的西北部主要海区为浅海环境，在临高长垣背斜带上，为一巨型三角洲和大片的滨海相，反映此时临高长垣已具雏形，并将盆地分隔。围绕盆地的西北边缘，巨型三角洲比较发育，来自红河水系的长源三角洲，分布在盆地北部和西部，东北缘的为短源扇三角洲，以高水位扇为特征。

晚渐新世，由于受到南海西缘断裂带左旋走滑作用，中建南盆地一直处于伸张状态和陆缘裂谷的后期，地壳减薄，火山活动微弱，海水开始从东南部侵入，整体以陆相沉积为主，南海西缘走滑断裂带和古地貌控制沉积相的空间展布，沉积相类型多样化，总体是由湖泊环境向海陆过渡环境转变过程。靠近断裂带西侧发育滨岸滩坝和扇三角洲相沉积；在断裂带以东和112° E以西海区，以14° N为界，北部大部分地区以大型断陷湖盆滨浅湖–半深湖–深湖相沉积为主；南部主要为海陆过渡潮坪相和潟湖相沉积，以粗、细碎屑的频繁互层为特征。向东部的陆坡地区，以近物源的河流冲积平原和三角洲相沉积体系为主，沉积物粒度相对较粗。因此，该时期西侧的中南半岛和东北部高地是中建南盆地的主要物源区。

万安盆地上始新统—渐新统，底部属于湖泊环境沉积；中部为几个显示正粒序的砂泥岩序列的叠加，主要发育冲积扇–河流沉积体系；上部为砂质泥岩与泥岩互层段，夹砂岩层，为河流–湖泊环境沉积。

晚始新世时期，万安盆地四周环陆，随着断陷进一步发育，湖面上升，成为广阔的湖泊环境，发育大段泥岩，沉积物源主要来自西北侧的昆仑隆起和南部的纳土纳隆起。渐新世时期，湖水面达到最高位置，过12C-lX、12B-lX、Dua-lX、Am-lX连井剖面（图5.38）揭示盆地发育多期进积型三角洲，沉积物呈叠瓦状不断向拗陷推进，到晚渐新世发生海侵，盆地东南部已有海水进入成为海湾环境，发育海湾相砂泥质沉积（杨楚鹏等，2011）。在构造高部位钻遇到西卫群，含*F. Trilobata*孢粉带（Bat et al.，1993），该沉积层属于有微弱潮汐影响的河流三角洲环境。

万安盆地晚渐新世湖侵范围继续扩大，中西部地区为半深湖–深湖相，北部、西部和南部环绕湖相沉积的冲积平原相范围缩小，局部有河流沉积，盆地总体为湖泊环境。此时期沉积物源亦是来自西侧的昆仑隆起和南部的纳土纳隆起。

## 二、新近纪

### （一）中新世

莺歌海盆地从中新世开始，进入裂后沉降阶段，沉积了滨海或三角洲到陆缘浅海砂岩、泥岩、煤层等，盆地中央及南部变为完全的海相泥岩，沉积厚度约6000 m，为底辟形成提供了丰富的物质基础。由于印度–欧亚板块碰撞的加剧导致红河断裂由左旋走滑变成右旋走滑，莺歌海盆地的走滑应力场也随之改变，导致了底辟活动的发生（图5.45）。晚中新世地层沉积整体以泥岩为主，该段地层广泛发育多种成因的水道砂体（图5.46），该类水道储层特征复杂，有的以砂岩充填为主，有的以泥岩充填为主，也有的为砂泥岩互层充填沉积；盆地中心发育盆底扇，水道充填砂，陆架区夹薄层陆架席状砂。

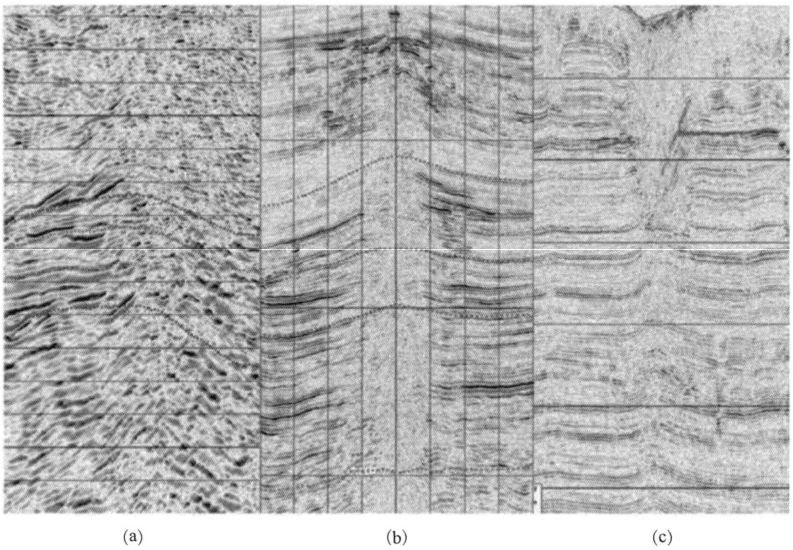


图5.45　莺歌海盆地中央凹陷泥底辟发育特征之典型地震地质解释剖面图（据何家雄等，2010）

（a）深埋型低幅度弱–中能量泥底辟（b）浅埋型高幅度中–强能量泥底辟；（c）柱状喷口型特强能量泥底辟

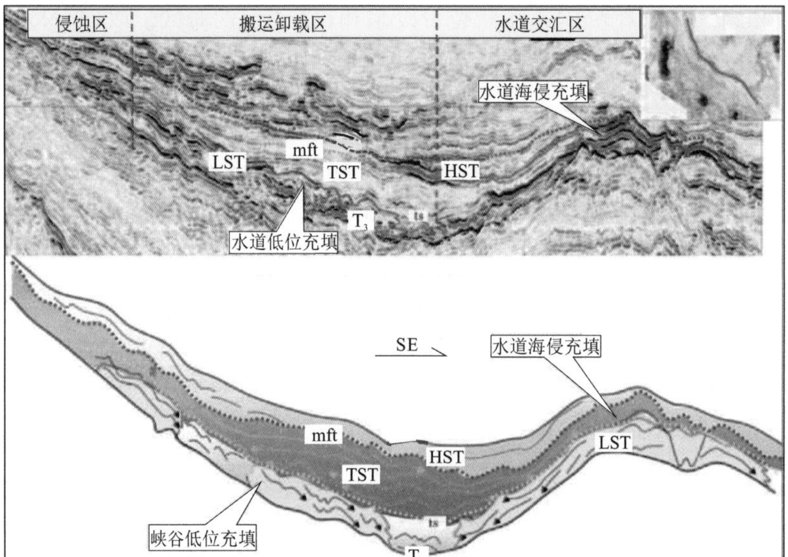


图5.46　莺歌海盆地乐东区晚中新世沿峡谷水道地震–地质充填特征图

早中新世，中建南盆地海平面快速上升，南海西缘断裂两侧逐渐被海水淹没，处于滨浅海环境，开始大规模发育碳酸盐台地，由于受到火山作用较小，碳酸盐岩的沉积横向连续性较好；中中新世时，随着海平面持续上升，广乐隆起区完全没入水下，碳酸盐台地范围较早期更加广泛，生物礁开始发育。西部陆架120-CS-1X井和124-CMT-1X井两口井均钻遇下—中中新统的浅水碳酸盐岩。Fyhn等（2013）详细研究南海西缘碳酸盐岩的生长发育过程，在南海西缘断裂带西侧，从岘港（Da Nang）至芽庄（Nha Trang）发育北南向绥和（Tuy Hoa）碳酸盐台地，该台地一直延续发育到中新世早期，此后由于区域性的抬升暴露地表而停止发育，并形成卡斯特地貌。在断裂带东侧，从早中新世广乐隆起区（越南称为知尊地垒，Triton Horst）开始发育碳酸盐台地，中中新世早期达到鼎盛，巨厚的碳酸盐序列覆盖了广乐隆起区和归仁（Qui Nhon）隆起区。在中中新世晚期，部分台地开始淹没，广乐碳酸盐台地肢解（图5.47）。在广乐隆起区四周发育了与碳酸盐台地相关的沉积体，如碳酸盐台地斜坡和台缘坡积裙。到晚中新世广乐隆起区被多次的局部淹没事件影响，促使台地后撤，规模逐渐缩小，并最终被彻底淹没而停止了台地的发育。因此，中建南盆地该时期以碳酸盐台地和活跃的火山活动为主要特征，主要物源来自西部中南半岛，北部海南岛、中–西沙隆起区和广乐隆起区等。

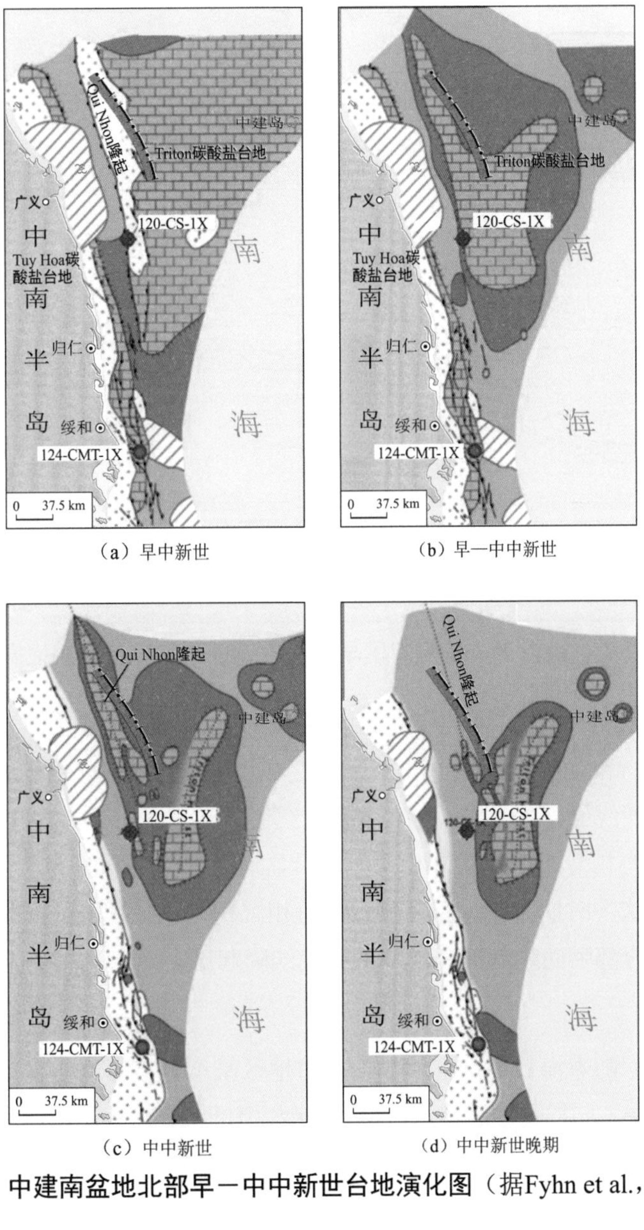


图5.47　**中建南盆地北部早—中中新世台地演化图**（据Fyhn et al.，2013）

1. 早中新世

中建南盆地早中新世，海侵范围不断扩大，该时期沉积相类型多样。盆地总体为滨浅海–半深海的沉积，发育浅水滨岸滩坝、浅海相碳酸盐岩及深水水道、深水扇和浊积扇等。在中南半岛的东侧陆架区，沿着西缘断裂带发育冲积平原–滨海相，近北南向展布；向东侧水体加深，逐渐进入浅海–半深海环境；在北部的广乐隆起区，发育台地相，以高振幅或中–高振幅为主（图5.48），形成碳酸盐岩沉积；盆地西南部的中部拗陷区水体较深，形成该盆地最大沉积中心和堆积区，显示高振幅的席状反射特征，为发育深水扇相；中部拗陷区亦可见前积反射结构地震相、充填相等，分析是发育的三角洲和水道沉积。

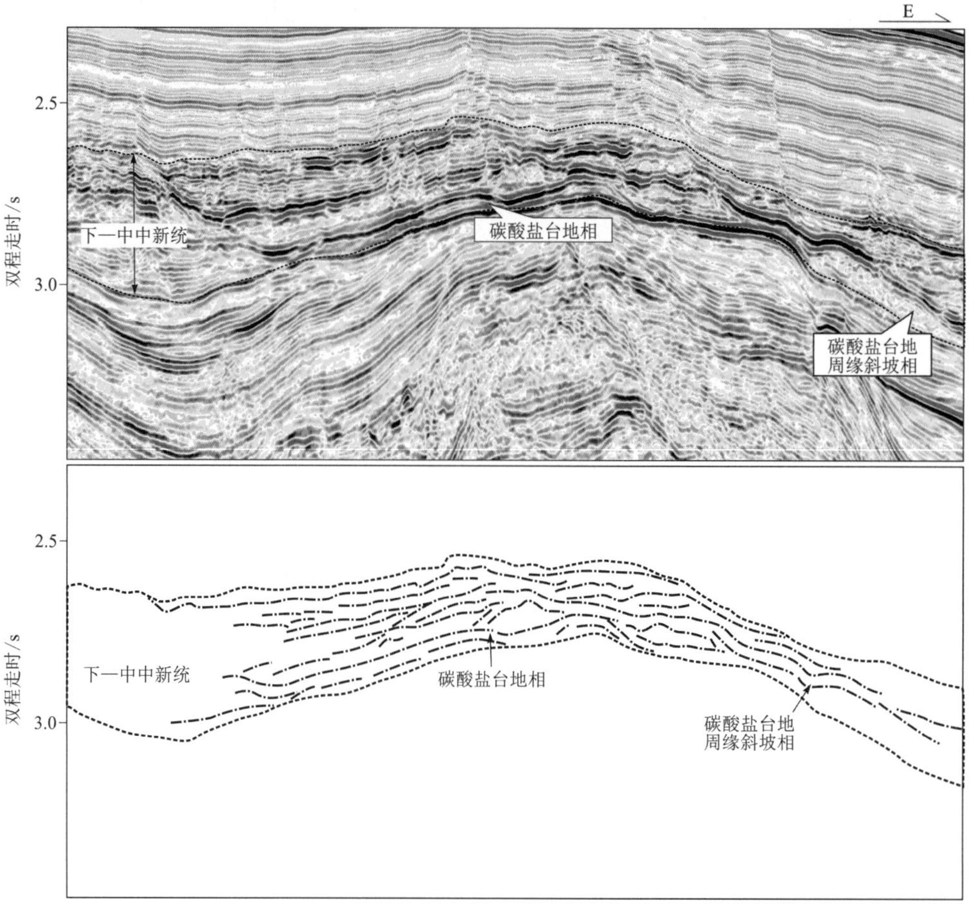


图5.48　中建南盆地北部广乐隆起区早－中中新世碳酸盐台地相地震反射特征图

万安盆地在晚渐新世末期—早中新世早期，由于西南海盆的张裂运动，万安盆地进一步沉降，海水由东向西开始侵入。据古生物和沉积学分析，早中新世主要为海陆交互相沉积环境。下中新统分五个沉积相区，三角洲相占据盆地中西缘大部分区域；海岸平原相零星分布于西南角，大部分地区被浅海砂泥相和外部浅海偏泥相所占据；滨海相分布于三角洲相两侧，沿盆地西缘呈带状分布。连井剖面（图5.40）揭示下中新统发育多期三角洲，这一时期主要为沼泽相、浅海相沉积（杨楚鹏等，2011）。早中新世，沉积物源包括西北侧的昆仑隆起、西部呵叻隆起区和南部的纳土纳隆起区。

2. 中中新世

中建南盆地中中新世，随着海侵范围继续扩大，盆地区基本都被海水淹没。该时期沉积相类型与早中新世相似，有很好的继承性。同样盆地总体为滨浅海–半深海的沉积，发育浅水滨岸滩坝、浅海相碳酸盐岩及深水水道、深水扇和浊积扇等。中中新世达到碳酸盐台地–生物礁发育的鼎盛时期，在北部的广乐隆起区发育典型的台地相–生物礁，台地周缘主要形成台地斜坡和台缘坡积裙沉积。在中建南盆地中南部区域从中中新世—第四纪发育一条大型峡谷，它从盆地东部上陆坡向东南方向延伸，进入西南次海盆（罗伟东等，2018），成为一个重要的中南半岛陆源物质输送到深海盆的通道，根据大洋钻探结果认识到西南次海盆发育典型的浊流沉积，为峡谷的沉积物搬运与海盆浊流沉积之间沉积关系模式的建立提供依据。

万安盆地中中新世在逐渐海侵背景下，基本都被海水淹没，盆地主要发育浅海环境沉积。盆地西部为三角洲和滨岸沉积；中部、南部发育碳酸盐台地，在台地边缘及盆地西南交发育生物礁相；东部为浅海相。中中新世晚期，有多次淹没事件发生，至晚期才暴露出水面，盆地西部为滨岸沉积，东部为半深海沉积（杨楚鹏等，2011）。三角洲相岩性主要为席状细粒岩–粉砂岩；滨岸相以细砂岩、粉砂岩为主，含粉砂质泥岩；浅海相以粉砂质泥岩占优势，夹风暴、浊流砂层；碳酸盐岩层的下部夹白云岩、白云质灰岩和白云质泥岩，顶部有时夹薄煤线；半深海相沉积厚层泥岩、粉砂质泥岩。中中新世的沉积物源主要是由西北部的昆仑隆起区提供。

3. 晚中新世

晚中新世时期，中建南盆地基本继承了下部的下—中中新统西高东低的沉积古地理格局，随着海平面不断上升，海水逐渐加深，陆坡深水沉积范围向西扩大，由于受南海西缘断裂带的控制，陆坡坡折线位置变化不大，陆架较窄。陆架区主要沉积窄条形的冲积平原–滨海相，向东部逐渐过渡为浅海–半深海–深海环境，还发育有碳酸盐台地、三角洲、深水水道和深水扇等特征性沉积相。

中建南盆地的中部拗陷四周发育海底的深水扇沉积，其物源主要来自中南半岛。在中南半岛的边缘发育了较宽的滨浅海的碎屑滨岸沉积。盆地东部陆坡区主要为深水沉积，发育三角洲、水道、碳酸盐岩碎屑滑动和浊流等重力流和深水扇沉积，该时期最典型是中部陆坡区发育一个大型中建水道和深水扇，从北部11° 30′ 一直向南延伸到13° 30′ 附近（图5.42）。

中建南盆地北侧局部高地地震反射呈低频率–强振幅–高连续–斜交前积结构地震相（图5.49），分析是受海平面升降的影响，沉积物在海平面下降过程中发生了进积现象，形成台地增生（图5.50），为碳酸盐岩沉积。广乐隆起区被多次的局部淹没事件促使台地后撤，台地规模缩小，并最终被彻底淹没而停止了台地的发育（图5.51）。现代碳酸盐继续在这些孤立的台地上生长，并向东延伸到西沙群岛，台地周边未发现下切水道。

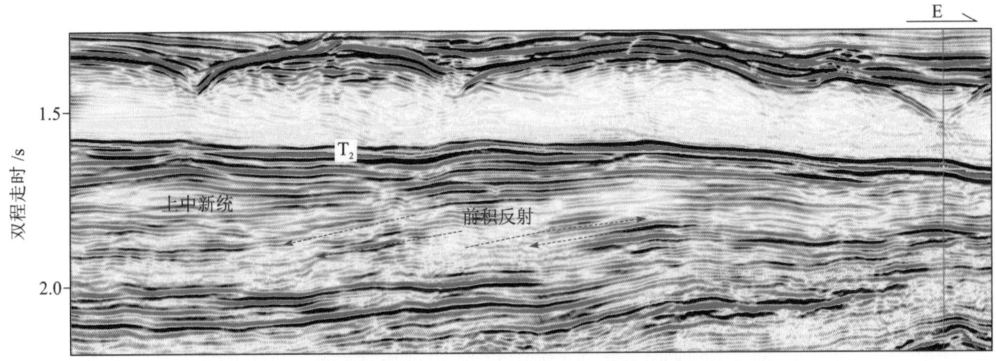


**图5.49　中建南盆地晚中新世前积结构地震反射特征图**

万安盆地晚中新世早期开始，海平面由缓慢上升最终转为缓慢下降。在盆地西南部的大面积区域，呈现加积或进积结构、S形前积结构的地震反射特征，为大型三角洲沉积，伴随水道发育，三角洲从陆架区向东南拗陷中心方向推进，水体逐渐变深向浅海–半深海环境过渡。晚中新世出现了比较特征的生物礁相，主要生长在台地相的边缘。盆地南部有大面积浅海泥灰岩相，主要围绕碳酸盐台地发育。万安盆地晚中新世发育生物礁，主要分布于南部隆起、西南斜坡的南部、东南拗陷的次级凸起构造带上，主要在断裂的上升盘上，呈北北东向分布，礁体覆于中—晚中新世的碳酸盐岩之上。生物礁的分布离盆地北部和西北部岸线较远，达120 km，故该区生物礁为远岸礁带。晚中新世时，沉积物源主要是由西北部的昆仑隆起区提供。

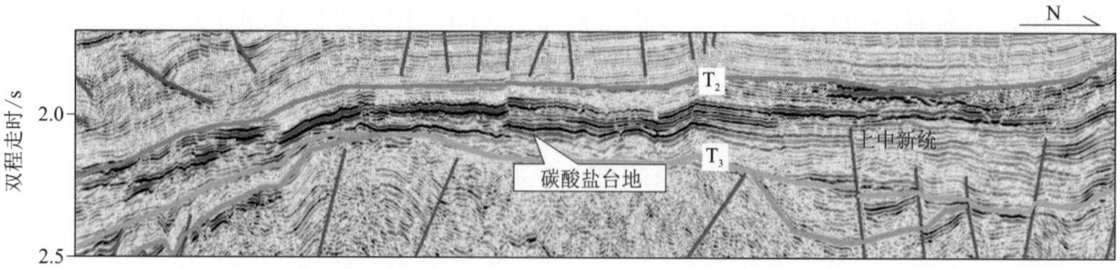


图5.50　中建南盆地北部晚中新世碳酸盐台地相增生的反射特征图

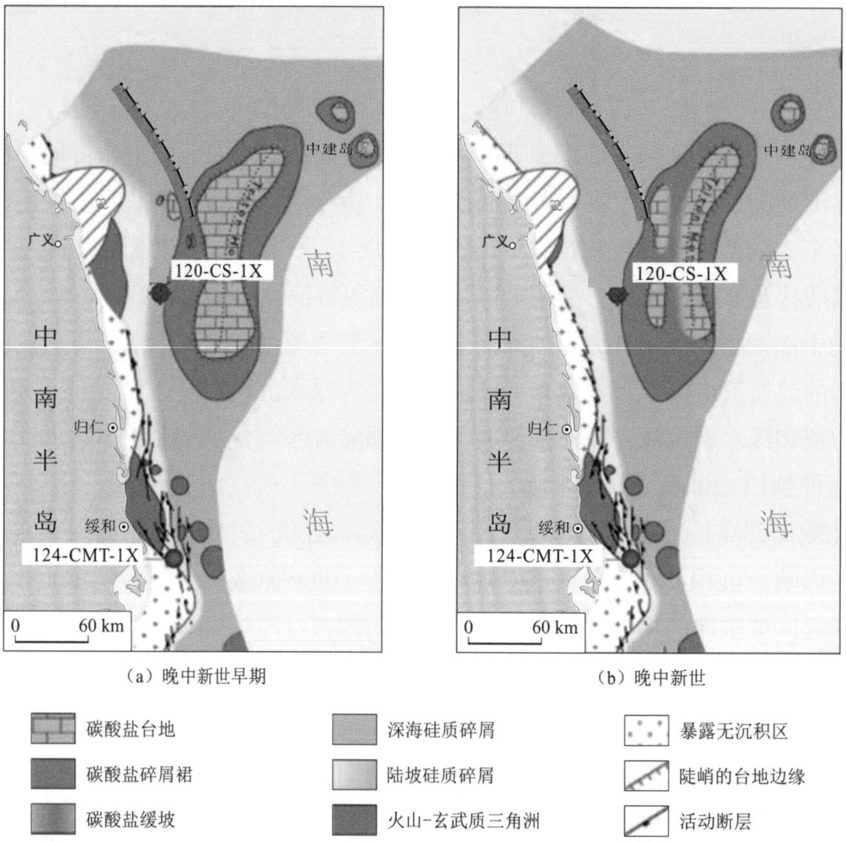


图5.51　中建南盆地北部晚中新世台地演化图（据Fyhn et al.，2013）

## （二）上新世

莺歌海盆地上新世时期为大片深海盆地占据，属浅海-半深海相。接近海南岛陆地，发育两处三角洲，南部三角洲为早期高水位三角洲，明显具浪控特征，北部的三角洲发育时间长。在盆地的北部东斜坡上还发育一系列的低水位盆底扇、陆坡扇，它们互相叠置（徐兆辉等，2010）。

中建南盆地上新世沉积相展布特征与晚中新世相似，沉积相类型复杂多样，深水覆盖的范围继续向西拓宽。本区深水水道、深水扇-浊积扇和重力流非常发育。盆地西部狭窄陆架区发育冲积平原-滨海相，较下部范围更加缩小；向东部逐渐过渡为浅海-半深海-深海环境。盆地北部局限区域发育碳酸盐台地，在其台地的生物礁周缘形成水道，水道下切侵蚀作用明显（图5.52）；在中建南盆地中部拗陷汇聚了北、东和西三个方向的沉积物，而东南为一个溢出口，发育两个比较大的扇体，与晚中新世扇体具有一定的继承性，形成西侧大陆边缘的深水扇裙，表明来自中南半岛的物源也有所增强。

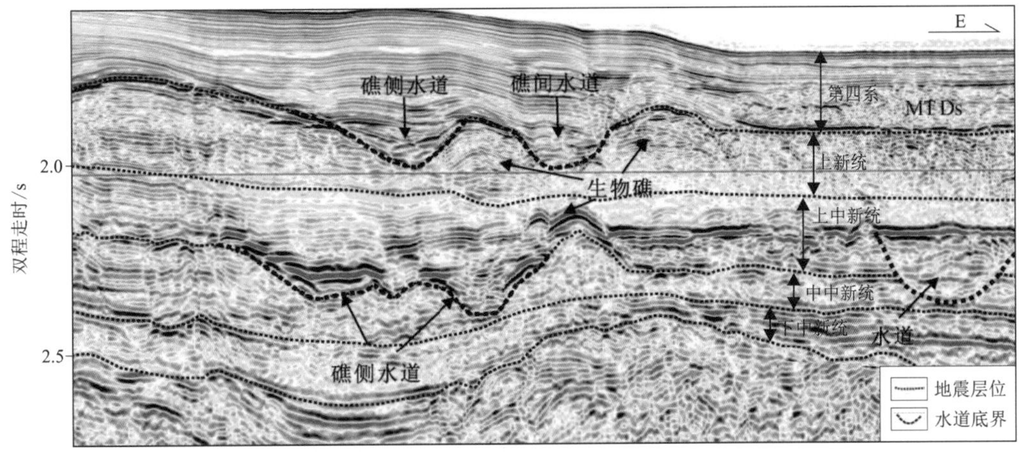


图5.52　中建南盆地广乐碳酸盐岩地的台礁缘水道的剖面特征图（据田洁等，2016，修改）

中建南盆地上新世总体体现出大陆架沉积体系特征，中部和西部以连续、平行结构反射特征主要，属于浅海、半深海和深海相；在盆地东部大陆坡区域常发育前积结构楔状反射层组，为三角洲沉积（图5.53）；在盆地北部广泛发育冲刷水道及部分充填，表现出侧向向上迁移演化的特征（图5.54），局部区域可见大套的中–强振幅、亚平行结构、低连续–杂乱反射地震相（图5.55），分析是由于三角洲向东部推进时发生侵蚀、冲刷作用，携带的大量沉积物沿斜坡重力下滑形成浊流沉积，岩性为中细砂岩。

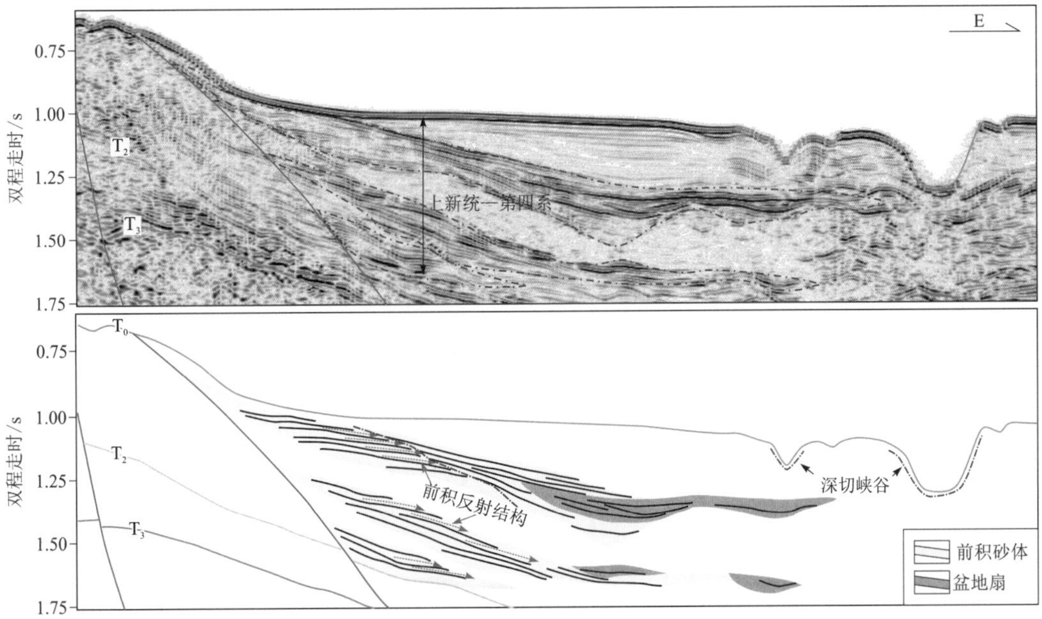


图5.53　中建南盆地北部陆坡区上新世以来前积结构地震反射特征图

万安盆地上新世为盆地整体沉降阶段，属于滨浅海–半深海环境。在盆地西部和中部的地震剖面上显示有较多的前积结构反射，分析为三角洲相沉积，表明这一时期物源供给充足，沉积物不断向海推进，盆地东部为半深海的黏土沉积（杨楚鹏等，2011）。广雅组平面上划分为浅海偏泥相、陆坡浊积岩相、半深海偏泥相。浅海偏泥相分布于盆地西半部，南北走向，自西而东岩性具有由粗变细的趋势；陆架边缘相在盆地中部呈条带状分布；陆坡浊积岩相大致分布于陆架边缘相的东部，由低能浊流或低速水流半远洋沉积作用形成；半深海偏泥相分布于盆地东部，以泥岩或半深海黏土沉积为主。

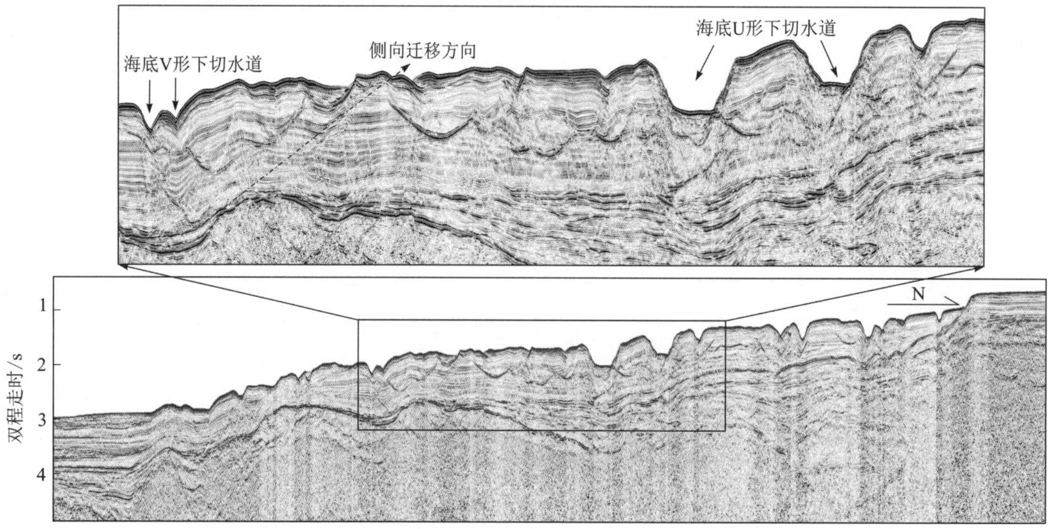


**图5.54　中建南盆地北部陆坡区晚中新世以来水道群地震反射特征图**

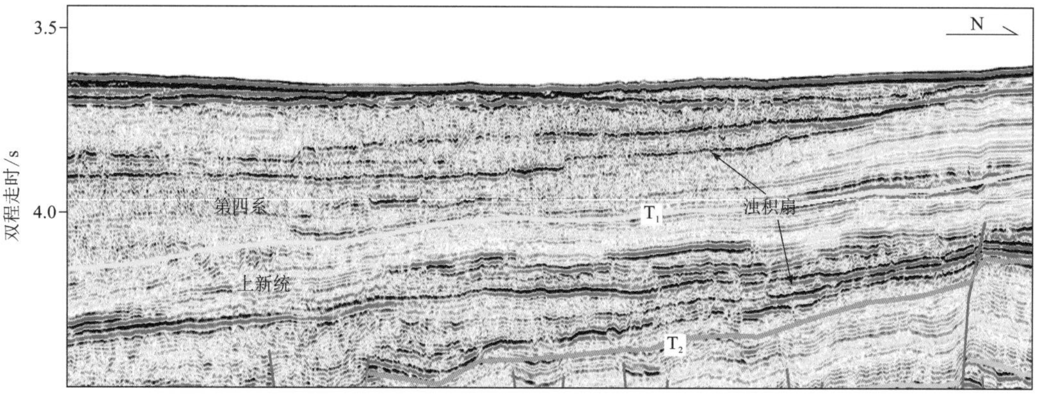


**图5.55　中建南盆地中部拗陷区上新世以来浊流沉积地震反射特征图**

## （三）第四纪

第四纪时期，莺歌海盆地南部进入一个新的快速沉降期，沉积了浅海–半深海砂岩、泥岩等，沉积厚度约2000 m。伴随着强烈的热事件，沿岸大规模玄武岩喷发。第四系为一套海相拗陷沉积，盆地主体部分为外陆架浅海环境成岩性差或未固结成岩。广州海洋地质调查局在莺歌海盆地靠近海南岛西南海域发现了一套晚更新世埋藏古三角洲，为典型的陆架边缘三角洲，将其命名为“琼西南三角洲”（黄文凯等，2015），三角洲地震反射特征为高频、中–强振幅、高连续，内部结构为切线斜交型前积结构，外部形态为席状（图5.56）。

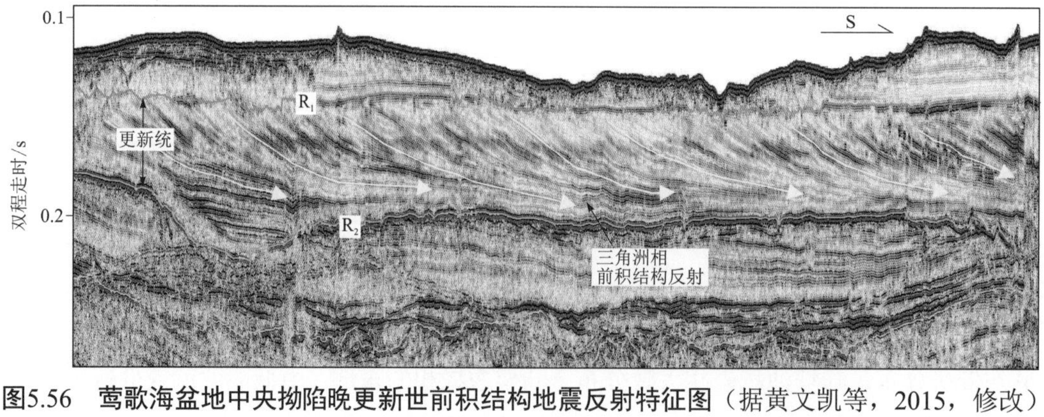


**图5.56　莺歌海盆地中央拗陷晚更新世前积结构地震反射特征图**（据黄文凯等，2015，修改）

中建南盆地第四纪时盆地主体为浅海–半深海环境，中部拗陷区局限范围为深海环境。其中盆地北部的广乐碳酸盐台地的东部和南部发育大量下切水道（图5.54），侵蚀能力强，呈V形、U形下切谷，部分底部可见沉积物充填，周缘区域亦有发育大套浊流沉积（图5.55），它形成可能是等深流的搬运、沉积作用相关；同时北部盆地边缘可见发散结构楔状外形反射层组，分析为三角洲相（图5.57）；南海西缘断裂南部地区发育至西向东堆积的大型海底扇体；沉积物源主要是来自西部中南半岛的陆地区或是西部浅水区。

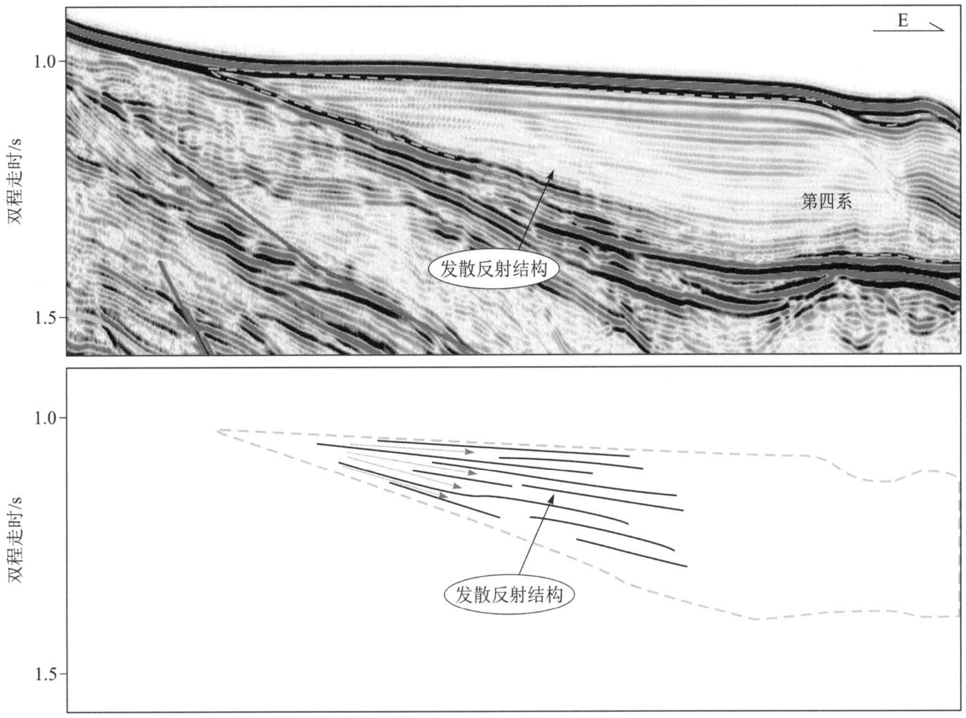


**图5.57　中建南盆地第四纪发散结构反射特征图**

万安盆地第四系由滨–浅海砂泥岩组成，表现为几次突发性陆架向东进积与间歇性暴露事件。西部为过路沉积或被侵蚀，东部发育水下扇。

通过以上综合分析，南海西部地层分区新生代受走滑拉张构造作用的影响，呈现由陆到海的海进沉积充填序列，发育了陆相、海陆过渡相和海相沉积，南海西缘走滑断裂带、古地貌和岩浆活动控制了不同时期地层沉积。

早渐新世—始新世，南海西部地层分区主要处于湖泊环境，其中早渐新世时期，本区广泛分布冲积平原相（图5.58），总体围绕中南半岛，从南到北呈条带状分布，西部分区的中北部区域，在冲积平原中部呈条带环状分布有湖泊相，南部局部区域亦发育湖泊相，中部靠近东侧零星发育河流沉积。晚渐新世以来，从东南向西北方向海水逐渐入侵，本区从陆相开始向海相过渡，到中中新世南海西部地层分区全部为海相环境。晚中新世时期，南部近岸大范围发育三角洲相，向东南方向水深增大的海域延伸，中北部区域围绕近岸发育条带状的扇三角洲相，全区再向东推进为浅海环境、半深海环境，中部局部区域达到深海环境，有发育深水扇相，中北部特定区域碳酸盐台地很发育，该相周缘伴生水道沉积。上新世以来，南海西部地层分区整体属于加速热沉降阶段，沉积环境相对稳定，沉积巨厚地层。

南海西部地层分区不同区域又有独特的沉积特征，如下论述。

南海西部分区的北部沉积区整体呈对称型拗陷，古近系发育简单的不对称地堑，盆地内地层不受断裂的控制，地层整体向盆地两侧超覆。在盆地短轴方向三角洲沉积富集，呈现出莺东斜坡小而多、莺西斜坡大而少，前者呈扇形，后者呈朵叶形，三角洲形态明显受地形坡度与海平面升降控制的特点。新近纪莺歌海盆地完全为拗陷沉积，断裂不发育，海侵规模进一步扩大，主要沉积滨浅海相、三角洲、浊积扇、滑塌体，以及半深海-深海、海岸平原。整体上莺歌海盆地构造作用相对平缓，湖-海平面起伏波动不大，湖平面上升与物源供给强度都比较稳定，多形成对称型的层序发育模式（图5.59）。早渐新世，源于越南方向的红河开始为该区供源，由于物源供给充足，加之河道摆动频繁，在南北方向形成大范围的红河三角洲相带，在三角洲下方的斜坡上常伴生水下扇与深水重力流沉积（于兴河等，2016）。

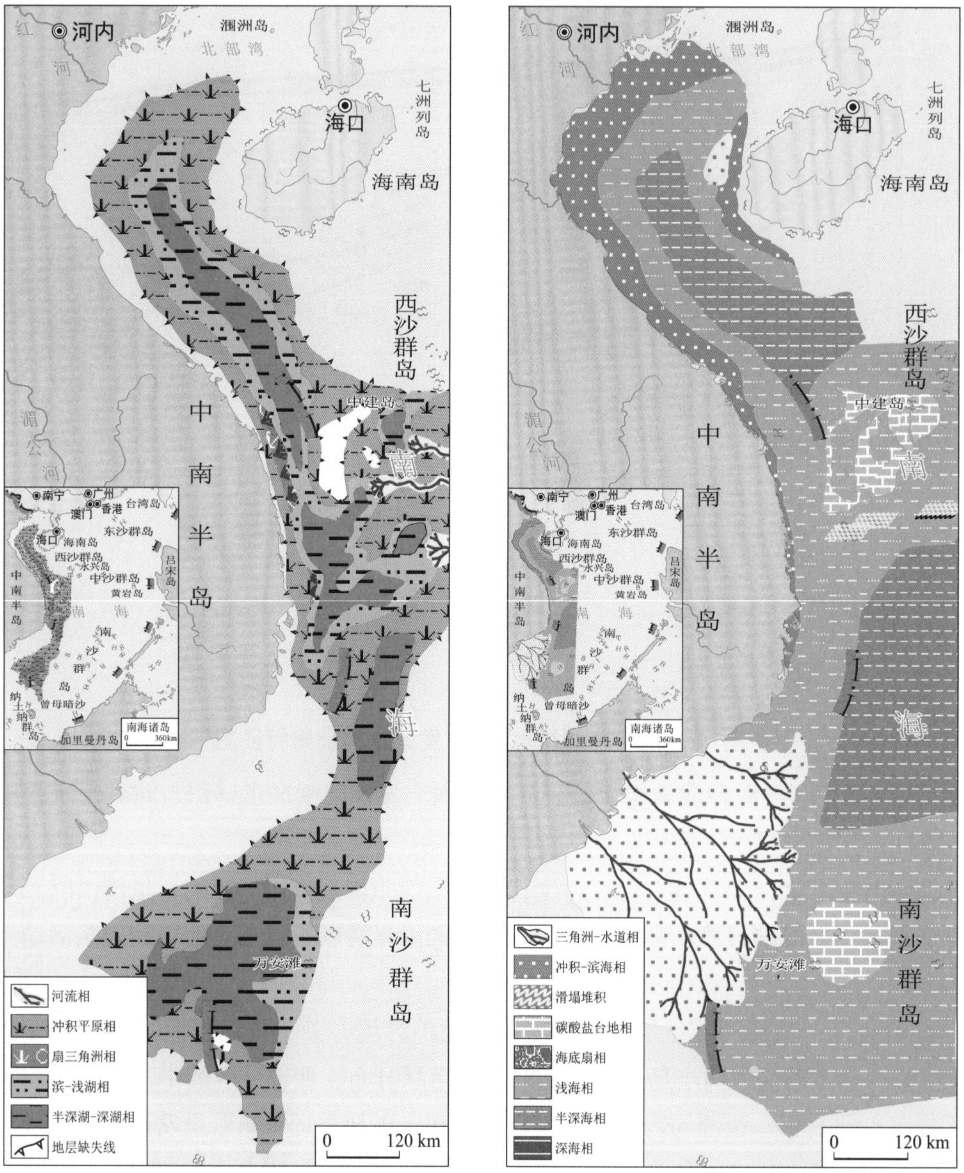


**图5.58　南海西部地层分区早渐新世（左图）和晚中新世（右图）沉积相平面分布图**

南海西部分区的中部沉积区在古近纪主要为陆相、多方向近源的沉积，其中始新世—早渐新世处于裂谷阶段的断陷期，因盆地张裂多发育基底大断裂，地层褶皱变形强烈，并伴随岩浆活动频发，地层多受此影响，成层性变差，呈杂乱-中差连续地震反射特征，发育中深湖相、滨浅湖相、冲积扇相和扇三角洲相等粗碎屑沉积，晚渐新世开始进入断拗期，沉积层较下部地层连续性变好，从东南方向开始发生海侵；早—中中新世，地层沉积相对稳定，可容纳空间扩大，大断裂活动减少，此时期以发育碳酸盐台地-生物礁为典型特征，总体为浅海-半深海相沉积，亦有发育浅海相、三角洲相和浊积扇相等；晚中新世—第四纪为裂后区域热沉降期，基底断裂基本停止活动，沉积相对稳定开阔，厚度大，总体为浅海-半深海环境，在中北部发育大量海底冲刷谷和水道充填、大套浊积扇沉积。其中岩浆侵位发育在各个时期，在中中新世因西南次海盆停止扩张，陆坡沉积区侵位最显著。

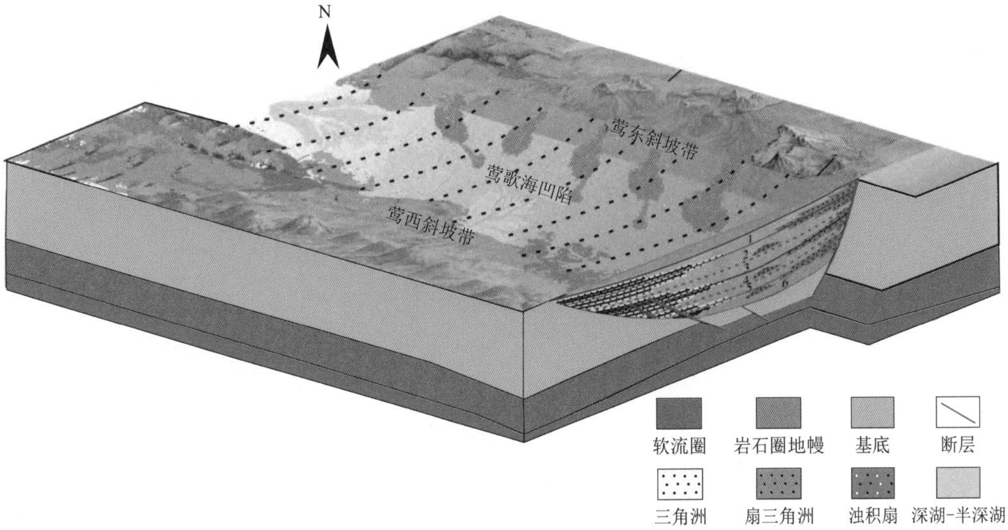


**图5.59　莺歌海盆地新生代沉积充填模式**（据于兴河等，2016）

南海西部分区的南部沉积区，基底主要为前新生代的变质岩和花岗岩。早—中始新世为盆地的裂谷初始拉张阶段，盆地处于过补偿状态，以粗碎屑沉积为主；晚始新世—晚渐新世时，盆地已广泛张裂，发育大量基底大断裂，地层被切割变形、破碎，主要发育了冲积扇、滨浅湖相、半深湖相及扇三角洲相等，在晚渐新世末期开始东部开始发生海侵；早—中中新世对应盆地断拗期之走滑挤压阶段，海侵逐渐向西部推进扩大范围，主要为海陆过渡和滨海、浅海环境，以三角洲、滨海、浅海沉积为主，晚期发育碳酸盐岩；晚中新世为盆地裂后早期的区域沉降阶段，以碳酸盐岩特别发育为明显特征，生物礁的生长达到鼎盛期，同时三角洲沉积体系与碳酸盐台地沉积体系互为消长；上新世—第四纪为裂后的整体加速热沉降期，沉积物供应相对稳定，盆内主要发育滨海、浅海相沉积。

第/六/章

# 南海南部地层分区

第一节　主要盆地地层属性与对比

第二节　主要盆地沉积特征

南海南部新生代陆缘盆地主要位于加里曼丹地块的北侧，西南次海盆和中央海盆的南侧，西以万安东断裂为界，东以马尼拉海沟俯冲带的南延部分及卡拉棉群岛与民都洛岛之间的断裂带为界。

# 第一节　主要盆地地层属性与对比

## 一、主要盆地地层性质厘定

### （一）曾母盆地

曾母盆地主体位于南海南部陆架之上，是被走滑断裂复杂化的新生代前陆盆地，盆地演化经历了东西、南北不均衡的发展，构成东西“两台夹深拗和南挤北张”的构造格局，可划分为西部斜坡、康西拗陷、南康台地、东巴林坚拗陷、索康拗陷、拉奈隆起、塔陶垒堑和西巴林坚隆起，位于盆地北部的康西拗陷面积最大，是盆地的新近纪以来的沉积中心和沉降中心（图6.1）。

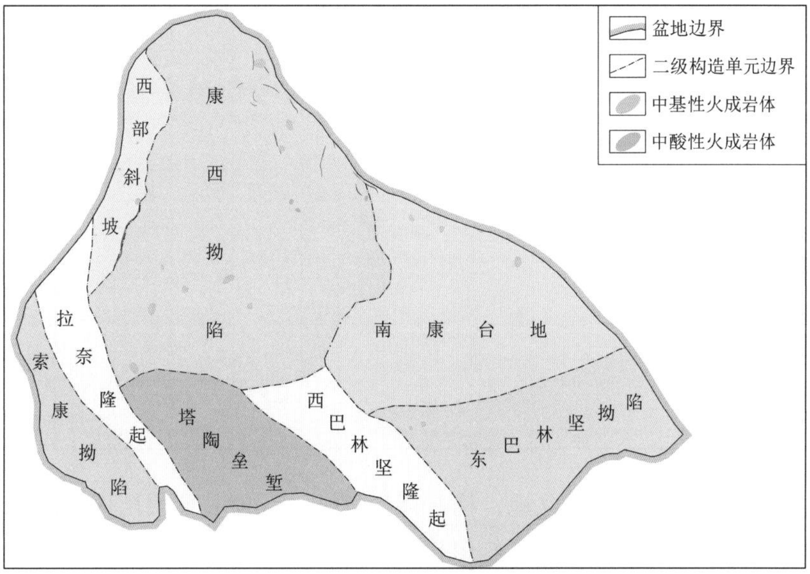


**图6.1　曾母盆地构造区划图**

1. 前人地层性质研究

关于曾母盆地的地层划分，国内外不同学者有不同的划分方案。周蒂等（2011）根据界面时代并系统地与其他学者的分层系统进行对比，如表6.1所示。关于曾母盆地的地层划分历史基本上如下。一开始国外多以壳牌公司的沉积旋回系统作为标准（Ho，1978），以罗马字Ⅰ-Ⅷ表示（表6.1）。在该套标准中，单个旋回从快速海侵阶段形成的最大海泛面作为起始，其后为一套缓慢海退阶段形成的海退层系。利用测井曲线能够轻易辨识旋回界面，该界面是海相页岩与下伏河湖相粗粒沉积的界面。整体上，盆地内沉积物在空间分布具有较大的厚度和岩相学变化特征。盆地南部主要发育有旋回Ⅰ和Ⅱ，以三角洲相和河流相的砂夹黏土和煤为主，局部地区厚度可达数千米，北部则逐渐变为海相页岩夹灰岩（Bois，1985）。旋回Ⅲ至Ⅴ时期的沉积中心向北移动，南部地区缺失海岸平原至河相地层或者相对较薄，中新世中晚期北部地区发生海侵规模较大，形成了一套含礁灰岩浅海沉积。上新世至第四纪盆地缺失，沉积中心移动至中北部，局部地区厚度超过2 km。盆地中部的地层基本连续，而南部局部地区缺失中新统及渐新统上部等地层（Ho，1978）。

表6.1　曾母盆地地层划分方案对比（据周蒂等，2011）

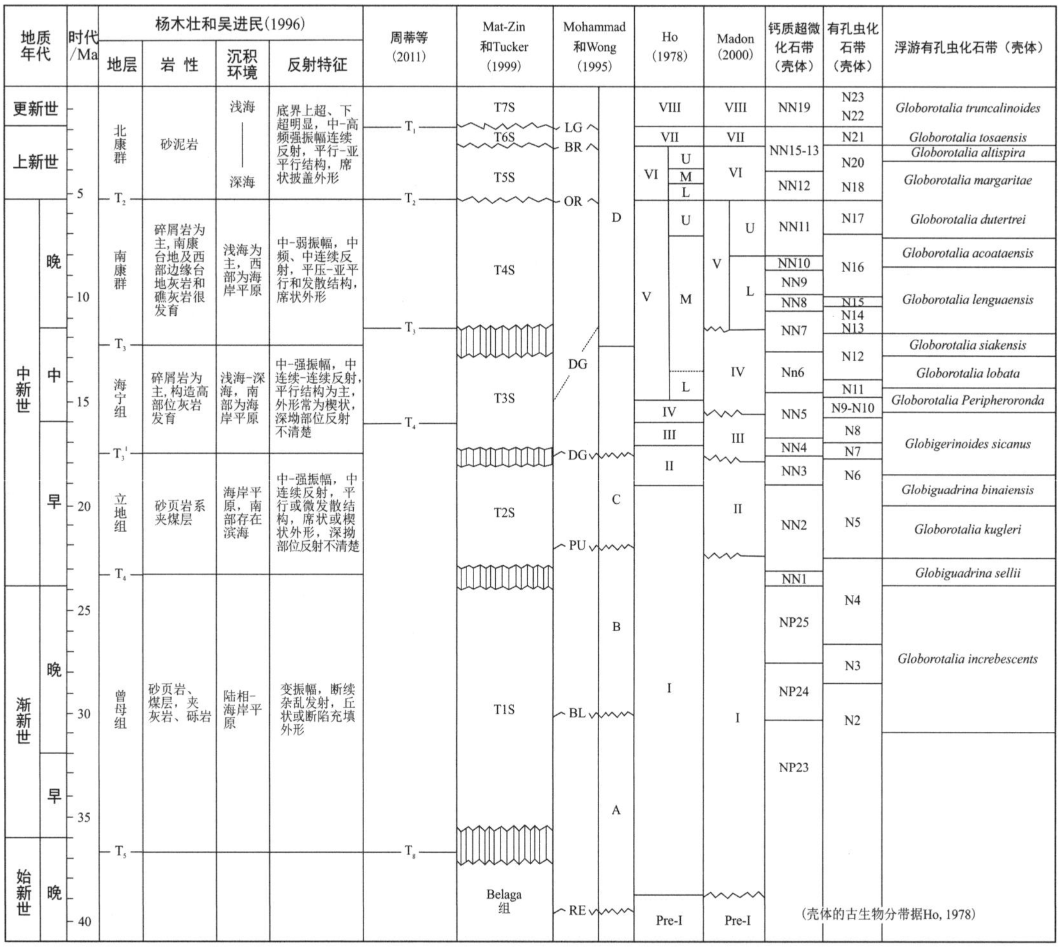
地质年代
时代/Ma
杨木壮和吴进民(1996)
地层
岩 性
沉积环境
反射特征
周蒂等(2011)
Mat-Zin和Tucker(1999)
Mohammad和Wong(1995)
Ho(1978)
Madon(2000)
钙质超微化石带(壳体)
有孔虫化石带(壳体)
浮游有孔虫化石带（壳体）
更新世
上新世
中新世
晚
中
早
渐新世
晚
早
始新世
晚
5
10
15
20
25
30
35
40
T₂
T₃
T₃¹
T₄
T₅
北康群
砂泥岩
浅海
深海
底界上超、下超明显，中-高频强振幅连续反射，平行-亚平行结构，席状披盖外形
南康群
碎屑岩为主，南康台地及西部边缘台地灰岩和礁灰岩很发育
浅海为主，西部为海岸平原
中-弱振幅，中频、中连续反射，平压-亚平行和发散结构，席状外形
海宁组
碎屑岩为主，构造高部位灰岩发育
浅海-深海，南部为海岸平原
中-强振幅，中连续-连续反射，平行结构为主，外形常为楔状，深坳部位反射不清楚
立地组
砂页岩系夹煤层
海岸平原，南部存在滨海
中-强振幅，中连续反射，平行或微发散结构，席状或楔状外形，深拗部位反射不清楚
曾母组
砂页岩、煤层，夹灰岩、砾岩
陆相-海岸平原
变振幅，断续杂乱发射，丘状或断陷充填外形
T₁
T₂
T₃
T₄
Tg
T7S
T6S
T5S
T4S
T3S
T2S
T1S
Belaga组
LG
BR
OR
DG
DG
PU
BL
RE
D
C
B
A
VIII
VII
VI
U
M
L
V
U
M
L
IV
III
II
I
Pre-I
VIII
VII
VI
V
U
L
IV
III
II
I
Pre-I
NN19
NN15-13
NN12
NN11
NN10
NN9
NN8
NN7
Nn6
NN5
NN4
NN3
NN2
NN1
NP25
NP24
NP23
N23
N22
N21
N20
N18
N17
N16
N15
N14
N13
N12
N11
N9-N10
N8
N7
N6
N5
N4
N3
N2
Globorotalia truncalinoides
Globorotalia tosaensis
Globorotalia altispira
Globorotalia margaritae
Globorotalia dutertrei
Globorotalia acoataensis
Globorotalia lenguaensis
Globorotalia siakensis
Globorotalia lobata
Globorotalia Peripheroronda
Globigerinoides sicanus
Globiguadrina binaiensis
Globorotalia kugleri
Globiguadrina sellii
Globorotalia increbescents
(壳体的古生物分带据Ho, 1978)

曾母盆地为走滑断裂复杂化的前陆盆地，构造背景复杂，致使其地层层序之间的关系较其他盆地更加繁复。部分学者认为旋回层序系统在该区使用起来存在问题，这是由于该分区以最大海泛面作为分区标志，导致不易将海相地层与陆相地层进行对比，也不便与地震反射界面对比（Mat-Zin and Tucker，1999）。因此，根据层序地层学的概念提出了一个新的地层划分系统，即基于不整合面划分地层，同时参考岩性、海退、测井曲线、古生物等资料，将曾母盆地沉积地层划分为七个层序（T1S～T7S）。

中国科学院南海南部综合科学考察队20世纪80年代末在曾母盆地共划分出反射界面$T_g$～$T_1$。马来西亚石油公司的Mohammad和Wong（1995）根据深水区的钻孔和地震资料划分出八个界面，与前述地层划分存在差异：无$T_3$的界面，在30 Ma多一个BL界面，BL界面以下还有RE和Pink两界面。Ismail等（1995）根据Mohammad和Wong（1995）的资料将DG界面上移到15～11.6 Ma，作为与$T_3$相当的中中新世内的不整合面。

杨木壮和吴进民（1996）利用国外钻井资料，综合地震剖面、化石及区域地质资料，明确各分层的地震界面和层序、反射特征、岩性和沉积环境，划分曾母盆地的地层，该分层方案，一直为广州海洋地质调查局所采用。但该分层系统与Ho（1978）的沉积旋回系统的对应关系及马来西亚石油公司的资料略有不同。

前人对$T_8$、$T_6^1$、$T_6$、$T_2$时代的认识基本一致（Mohammad and Wong，1995；李唐根等，1998；黄永祥等，1999；梁金强等，1999；白志琳等，2000；王嘹亮等，2003；姚永坚等，2013），$T_6^1$为早渐新世末与晚渐新世的界面，时代为30.0 Ma，对应南海运动；反射界面$T_8$为中始新世与晚始新世之间的界面，时代为40.4 Ma，对应西卫运动；$T_2$为中新世与上新世之间的界面，时代为5.2 Ma；$T_1$为新近纪与第四纪之间的界面，时代为1.8 Ma。

结合国内外众多学者的研究基础以及广海局现有的地质地球物理资料，综合分析划分出$T_g$、$T_8$、$T_7$（前人划为$T_6^1$）、$T_6$、$T_3$、$T_2$、$T_1$等七个层序界面（图6.2～图6.4）。曾母盆地由下而上依次为南薇群（G层序，古新统？—中始新统）、曾母组（F层序，上始新统—下渐新统）、立地组（E层序，上渐新统—下中新统）、海宁组（D层序，中中新统）、南康组（C层序，上中新统）和北康群（A+B层序，上新统—第四系），其中中中新统海宁组在部分地区被剥蚀。

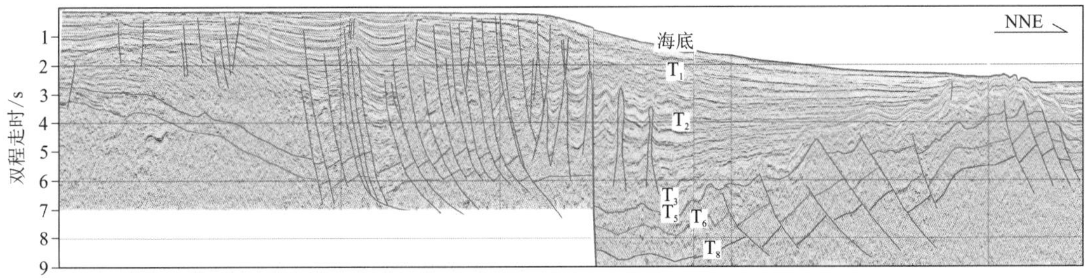


图6.2　曾母盆地近东西向地层界面反射特征图（$T_6$为下渐新统内的界面）

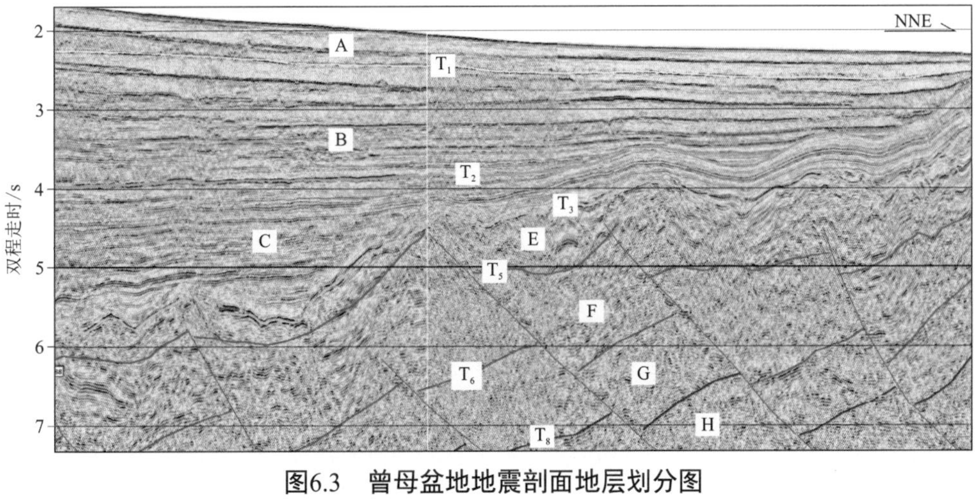


图6.3　曾母盆地地震剖面地层划分图

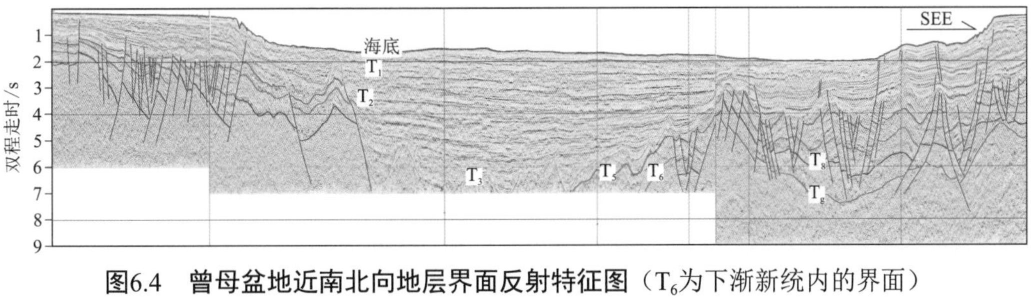


图6.4　曾母盆地近南北向地层界面反射特征图（$T_6$为下渐新统内的界面）

2. 地层特征

古新统（？）—中始新统（南薇群）未有钻井揭示，岩性特征尚不明确。曾母盆地的基底（康西凹陷下部基底不明）$T_g$在南部和西北部钻遇，除西北部可能属东亚中生代火山弧以外，大部分属古南海向加里曼丹岛俯冲形成的增生楔，即加里曼丹岛陆上西布带的白垩纪—晚始新世拉让群增生浊积岩向海域的延伸，包括Lupar组和Belaga组（Leong，2000）。其西段多经受浅变质成为千枚岩或板岩。东段在巴林坚地区的塔陶（Ta Tau）区井中发现沟鞭藻*Apectodinum hyperacanthum-Thalassiphora pelagica*生物群和稀少浮游有孔虫*Morozovella velascoensis*及*Acarinina bullbrooki*指示时代为晚古新世—中始新世（Williams and Bujak，1985）。杨木壮和吴进民（1996）推测南康台地之基底可能为陆上米里带的延伸，可与隆巴望（Long Bawan）组的晚白垩世晚期至早始新世含盐红层对比。盆地西北部见晚中生代中酸性深成岩类，如AP-1x井钻遇晚白垩纪闪长岩，K-Ar年龄为79.3 ± 4.7 Ma（表6.2），与越南南部陆架基底中的成分相似。$T_g$作为本区的声波基底，时代厘定参考Mohammad和Wong（1995）以及姚永坚等（2013），为58.7 Ma，为早古新世与中古新世之间的不整面，对应礼乐运动，与$T_8$不整合面在图幅西部、南部及北部隆起区归二为一，推测只分布于北部拗陷区局部。吴进民等（1994）推测在曾母盆地北部可能存在中南半岛呵叻盆地最上部沉积，即白垩末期—始新世早期的Maha Sarakham组和Phu Tok组含盐红色地层。

**表6.2 曾母盆地基底钻井一览表**（据周蒂等，2011）

| 井名 | 经度（°E） | 纬度（°N） | 样深 / m | 岩性 | 时代 / Ma |
|---|---|---|---|---|---|
| AY-1x | 109.469 | 5.619 | 2811 | 火山集块岩 | 54.6±2.7 |
| AP-1x | 109.617 | 5.517 | 4199 | 闪长岩 | 79.3±4.7 |
| Paus-2 | 108.933 | 4.454 | 1426 | 千枚岩、板岩 | K–$E_2$（?） |
| Paus-1 | 108.896 | 4.139 | 2564 | 黑云母千枚岩 | K–$E_2$ |
| Ranai-1 | 109.097 | 3.932 | 2335 | 千枚状页岩、凝灰质粉砂岩，不整合面以下 | $E_2$ |
| Panda-1 | 109.276 | 3.594 | 2456 | 片岩 | Mz、$E_2$? |
| SE Tuna-1 | 109.509 | 3.666 | 2590 | 千枚岩 | $E_2$ |
| BM-1 | 111.336 | 5.028 | 3062 | 碎屑岩 | $E_3$ |
| KM-1 | 111.395 | 4.359 | 3304 | 碎屑岩 | $E_3$ |
| TM-1 | 111.146 | 3.996 | 2864 | 碎屑岩 | $E_2$ |
| J-5-1 | 111.278 | 3.823 | 2054 | 千枚岩 | $E_2$ |

上始新统—渐新统（曾母组），以低频、变振幅、中-低连续，亚平行-杂乱结构，断陷充填外形或楔状外形为特征。层内断层错动强烈，局部变形明显。其厚度变化较大，一般为2000～3500 m，最厚可达5000 m，在盆地西部和北部一般在500～2000 m。含N4及以下浮游有孔虫化石带（P15～P22和N4）及钙质超微化石带（Madon et al.，2013）。

下中新统（立地组），以中频、变振幅、连续-中连续反射为主，亚平行-微发散结构，席状或楔状外形。其厚度为500～5000 m，在盆地中部一般为2000～3500 m，最大可达5000 m以上；盆地西部、西南部和北部，一般为500～2000 m，局部达3500 m。含N5～N8浮游有孔虫化石带。

中中新统（海宁组），呈西薄东厚、北薄南厚，具明显继承性。其地震反射特征为中-低频、变振幅、连续–中连续，具平行–亚平行结构，局部为发散或前积结构，上超充填及席状外形。该层序厚度变化较大，一般为3000～5000 m；盆地北部、西部和西南部厚度明显减小，一般为500～1500 m。含N9～N12浮游有孔虫化石带（Iyer et al.，2012；Madon et al.，2013）。

上中新统（南康组），为一套中–高频、变振幅、连续反射层组，在西部斜坡和南康台地顶部呈铁轨状反射，内部为弱反射或空白反射；北部坳陷因大规模泥底辟和火成岩体作用而呈杂乱反射；该层序受差异沉降影响，厚度变化大，总体趋势表现为西部、南部薄，向东和向北变厚。含N13～N17浮游有孔虫化石带。$T_3$为南沙海域特征表现最为明显的区域不整合面，国内外学者均有论述，认识已趋于统一。Clift等（2008）在万安盆地和南沙海槽盆地的解释方案中识别的DRU不整合面为中中新世底，其年代约为16.4 Ma，即与本研究定义的界面$T_3$相当。Madon等（2013）基于Bako-1井和Mulu-1井的微体古生物数据，将EMU不整合面年代定义为16 Ma，对应于界面$T_3$。Hutchison（2004）通过对过MULU-1井和BAKO-1井的地震剖面的解释，将最明显不整合面定义在中中新统底。国内学者姚永坚等（2013）重新解释的曾母盆地区地层划分方案中也将最明显不整合界面$T_3$定义为16 Ma。Madon等（2013）认为MMU（$T_3$）不整合面的时间跨度为10～15 Ma，即约5 Ma沉积间断。Iyer等（2012）提出MMU不整合面由东向西、由南向北剥蚀量增大，即由曾母盆地向万安盆地、向北部沉积间断跨度增大，间断时间跨度为2～8.5 Ma。通过跨盆地地震剖面解释成果（图6.3、图6.4），并综合上述分析，界面$T_3$作为南沙海域表现最为强烈的不整合面，它是变形前后两大套地层的分界，界面表现为强烈削蚀、起伏大，同相轴粗糙、扭曲；在曾母盆地区其地质年代为16.4 Ma，为中中新统底界。

上新统—第四系（北康群），地层厚度为500～4500 m，总体趋势自西向东、由南至北厚度增大。盆地沉积中心迁移至东北部。曾母盆地不同构造部位不整合面$T_2$特征变化较大，在盆地西部、西南部陆架区一般为中–强振幅、双相位、高连续反射，界面之上反射层上超明显，在台地高部位$T_2$与$T_3$合并。在盆地北部、西北部深水区，反射波振幅明显减弱，界面连续性因泥底辟作用干扰而变差。

### （二）北康盆地

北康盆地则位于南部中部海域，北以断层和岛礁区与南薇西–南薇东盆地相隔，于白垩纪末—古近纪早期由于地壳拉伸、裂陷而形成的一个陆缘张裂盆地，其内部划分为西部坳陷、中部隆起、东南坳陷、东部隆起、东北部隆起及东北部坳陷六个二级构造单元。北康盆地新生代地层发育齐全，广泛发育晚白垩世以来地层（图6.5）。

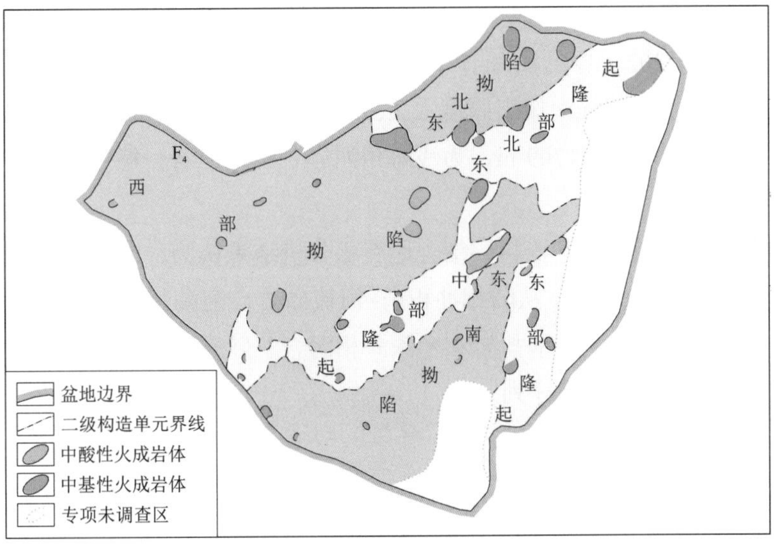


**图6.5　北康盆地构造分区图**

1. 地层性质厘定

北康盆地内的钻探活动起步晚，到目前为止，只报道在盆地南部和东南部钻探出五口钻井。A井布设在北康暗沙北端，东部隆起200 m水深线附近，钻遇渐新统日积组下部（旋回Ⅰ），为全海相内浅海砂泥岩互层为主的沉积，由下而上，砂岩含量减少，下部300 m可划分为五个向上变粗的粒级旋回，每个旋回厚度为50～70 m。B井位于A井西南约55 km的东部隆起南部，揭露的地层较全，其中渐新统为海岸-下海岸平原砂岩与砂质泥岩互层，未见底，揭露厚度210 m。B井渐新统可划分为五个向上变粗的海退旋回（Mohammad and Wong，1995），本段砂岩含量较高，下部砂体单层厚度较小，但层数多，往上砂体厚度增大（图6.6）。

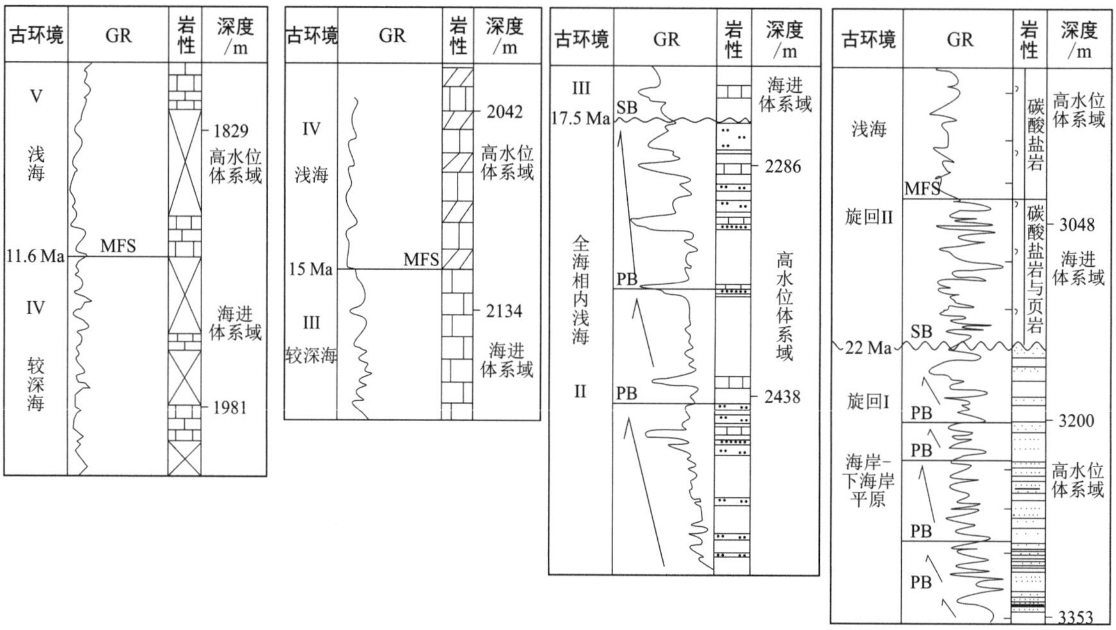


图6.6　北康盆地东南部B井综合柱状图（据Mohammad and Wong，1995）

B井揭露的日积组上部下中新统厚度为1055 m，其中下段（旋回Ⅱ）为900 m，上段（旋回Ⅲ）为155 m。旋回Ⅱ下部为97 m厚的碳酸盐岩和页岩，中下部为155 m厚的碳酸盐岩，中部为528 m浅海相泥岩，夹薄层砂岩，偶有灰岩，上部为120 m厚的砂岩、灰岩和泥岩互层。旋回Ⅲ为155 m的较深海相碳酸盐岩，底部为泥岩夹灰岩。

B井揭露中中新统海宁组202 m厚的浅海-较深海相灰岩。该组岩性稳定，在测井曲线上，为小幅锯齿状，不见明显的跳跃突变。上中新统南康组厚度大于389 m，为岩性均一的浅海相灰岩，上部为碳酸盐岩滩。上新统—第四系北康群厚度大于1709 m，为浅海相泥岩、砂质泥岩，稳定，在测井曲线上表现为幅值较高，但较平稳的箱形。

综合北康盆地内东南缘的四口钻井资料，结合地震相分析结果认为，北康盆地的新生代沉积充填序列由下而上分为五个岩石组合（图6.7），从陆相冲积扇-河流砂岩、河湖相泥岩过渡到海陆交互相滨浅海砂泥岩，再过渡到浅海相泥岩、灰岩、碳酸盐岩和半深海相泥岩、砂质泥岩，形成了一组海平面逐渐上升，水体不断加深的沉积环境下的沉积充填序列。

2. 地层特征

新生代沉积具有早期以海陆过渡相碎屑岩、晚期以海相碎屑为主，碳酸盐岩为辅的沉积充填特征，最大沉积厚度可超过12000 m。根据前人的研究以及井资料的揭示，新生代地层自下而上依次为古新统和早—中始新统南薇组（G层序）、晚始新统—早渐新统南通组（F层序）、晚渐新统—早中新统日积组（E层序）、中中新统海宁组（D层序）、晚中新统南康组（C层序），以及上新统和第四系北康组（A+B层序），其中，中中新统海宁组在部分地区被剥蚀（图6.8）。

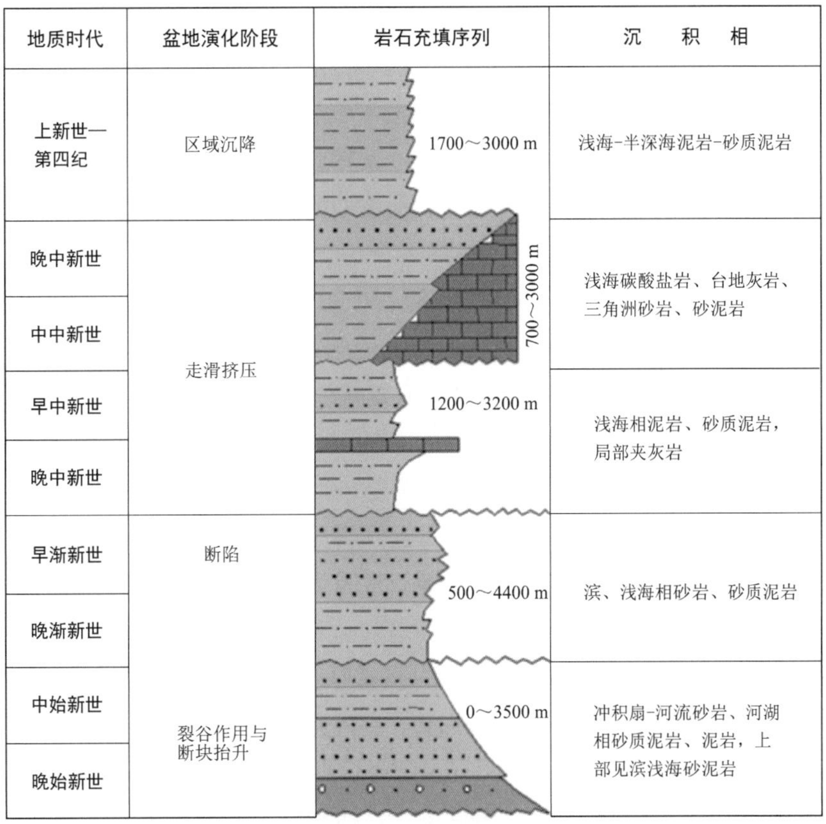
地质时代
盆地演化阶段
岩石充填序列
沉　积　相
上新世—第四纪
区域沉降
1700～3000 m
浅海-半深海泥岩-砂质泥岩
晚中新世
中中新世
走滑挤压
700～3000 m
浅海碳酸盐岩、台地灰岩、三角洲砂岩、砂泥岩
早中新世
1200～3200 m
浅海相泥岩、砂质泥岩，局部夹灰岩
晚中新世
早渐新世
断陷
500～4400 m
滨、浅海相砂岩、砂质泥岩
晚渐新世
中始新世
0～3500 m
冲积扇-河流砂岩、河湖相砂质泥岩、泥岩，上部见滨浅海砂泥岩
裂谷作用与断块抬升
晚始新世

图6.7　北康盆地新生代沉积充填序列图

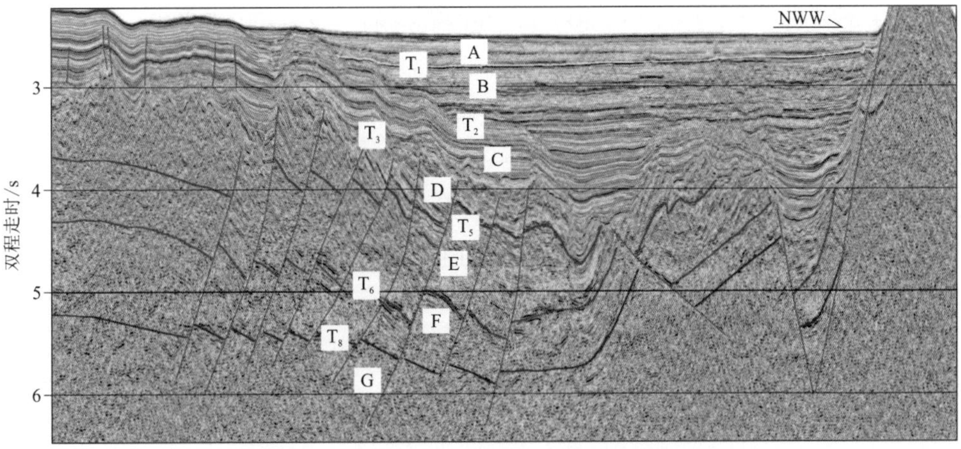


图6.8　北康盆地南部地震剖面地层划分图

上古新统—中始新统目前尚未被钻井揭露（南薇群），在地震剖面上显示为地堑-半地堑内的断陷沉积，最大沉积厚度达3500 m以上。$T_g$界面多为中振幅，低频，中-低连续反射波组；界面之上为一套中振幅、中-低连续反射层组，界面之下为杂乱反射。北康盆地内的界面$T_g$特征与Schlüter和Hinz等（1996）在该区地震剖面上识别的V界面、中国科学院南海海洋研究所解释的界面Th极为相似，定为新生界底面。这一认识与Hutchinson（1989，1992）和Hamilton（1979）认为的晚白垩世末加里曼丹岛逆时针旋转，古南

海洋壳沿卢帕尔线俯冲，在区域上形成不整合面的结果吻合。

上始新统—下渐新统（南通组）钻井揭露到一部分，在东部隆起上的中上部层段夹多层灰岩。该套地层由多个退积层序组成，旋回性明显。以低频率、变振幅、中–低连续，亚平行–杂乱结构，断陷充填或楔状外形为特征。层内断层错动强烈，局部变形明显。厚度总体表现为南厚北薄、东厚西薄，钻井揭露厚度大于280 m，最大厚度可达4400 m。界面$T_8$由1～3个相位组成，在拗陷内以低频率、中–强振幅、中–高连续为特征；在隆起部位以低频率、强振幅、中–低连续为特征。界面$T_5$之下一般为中–低频率、中–强振幅、低连续或杂乱反射地震相，具亚平行–发散结构，席状或楔状外形；其上部为中频率、中–强振幅、中–高连续反射波组，亚平行–平行结构，席状外形，斜坡处上超明显。北康盆地内局部见上覆地层顺界面$T_5$滑脱。

上渐新统—下中新统（日积组）有两口钻井揭露，在东部隆起区夹多个灰岩层。该套地层为一套倾斜反射层，岩性较单一，沉积旋回性不明显，反射特征变化大，多为中频率、变振幅、中–低连续反射波组，亚平行–微发散结构，局部为乱岗状结构，席状或楔状外形。地层厚度表现为南厚北薄，钻井揭示厚度为1200 m，最大厚度可达3200 m。东北部拗陷为500～1000 m，西部拗陷为1000～1500 m，南部拗陷为1000～3000 m，；中部隆起区为250～1000 m，厚度大于2000 m的沉积凹陷毗邻东部隆起分布，为东断西超的半地堑，最大厚度为3200 m。不整合面$T_4$多为一套倾斜地层的底界，上下反射层均已变形，且以不同角度接触，较易识别，界面倾角较大，且被断层错断，常因削蚀而缺失，局部因岩浆活动干扰，反射波组杂乱，振幅弱。

中（海宁组）—上中新统（南康组）隆起区内钻井揭露厚度700 m，地震剖面显示最大厚度达3000 m。其中，中中新统地层厚度总体表现为南厚北薄、西厚东薄，在隆起区一般小于400 m，东北部拗陷为0～400 m，西部拗陷为400～800 m，南部拗陷为400～2600 m。因受后期构造运动影响，在西部拗陷、东部拗陷、北部隆起及中部隆起上曾经大面积遭受剥蚀而部分缺失，在褶皱隆升强烈区甚至全部缺失，推测最大剥蚀厚度达到1500 m以上。上中新统具厚度较小，从东部、东北部向西南部逐步增厚，在东北部隆起、东南部隆起、中部拗陷以及中部隆起一带，厚度小于200 m，在西部拗陷一般为400～2000 m，在东北部拗陷厚度大多小于400 m，在南部拗陷厚度为400～1000 m，西南部局部厚度大于1600 m，但分布非常局限。界面$T_5$在构造高部位削截明显，斜坡处上超明显，一般为变振幅、中–低连续反射；在隆起上和拗陷内界面$T_3$普遍表现为强烈削截面，上、下反射层以较大角度不整一接触，下部层序发生强烈褶皱、错断、掀斜及被岩浆侵入，上部层序连续性较好，呈水平状披覆，在凹陷处上超现象清晰。

上新统—第四系钻井揭露厚度为1700 m，地震剖面上显示最大厚度为3000 m，基本继承了上中新统的发育特征。泥质沉积占优势。钻井揭露厚度1700 m，基本继承了上中新统的发育特征。北康盆地西南部$T_2$一般表现为中–高频率、中振幅、中连续反射，界面之上，上超现象较曾母盆地的更加明显，局部区域不整合面特征突出。

### （三）南薇西盆地

南薇西盆地主体位于南海南部中部海域陆坡区，其西侧紧邻万安走滑大断裂，东北侧为西南次海盆。其为陆缘张裂盆地，其构造演化与北康盆地相似，历了多次区域构造运动，其突出的特征是岩浆活动强烈，盆地范围内岛礁林立，浅滩暗沙遍布。盆地内新生代地层总体具南厚北薄、西厚东薄的特征（图6.9），与北康盆地类似，最大沉积厚度达11000 m。分为北部拗陷、北部隆起、中部拗陷、中部隆起、南部拗陷五个二级构造单元。

1. 地层性质厘定

南薇西盆地目前尚没开展钻探工作，新生代地层界面的识别只能通过与相邻曾母盆地和北康盆地进行对比，通过对比发现，南薇西盆地的地震反射特征与北康盆地更为相似。依据曾母盆地与北康盆地的地震地层对比，在南薇西盆地识别出$T_g$、$T_8$、$T_6$、$T_3$、$T_2$五个层序界面，界面$T_g$上下地震反射特征差异明显，上部连续下部杂乱，界面$T_8$在拗陷区的连续性较隆起区更强，在隆起上和拗陷内界面$T_3$普遍表现为强烈削截面，上、下反射层以较大角度不整一接触，下部层序发生强烈褶皱、错断、掀斜及被岩浆侵入，上部层序连续性较好，呈水平状披覆，在凹陷处上超现象清晰。

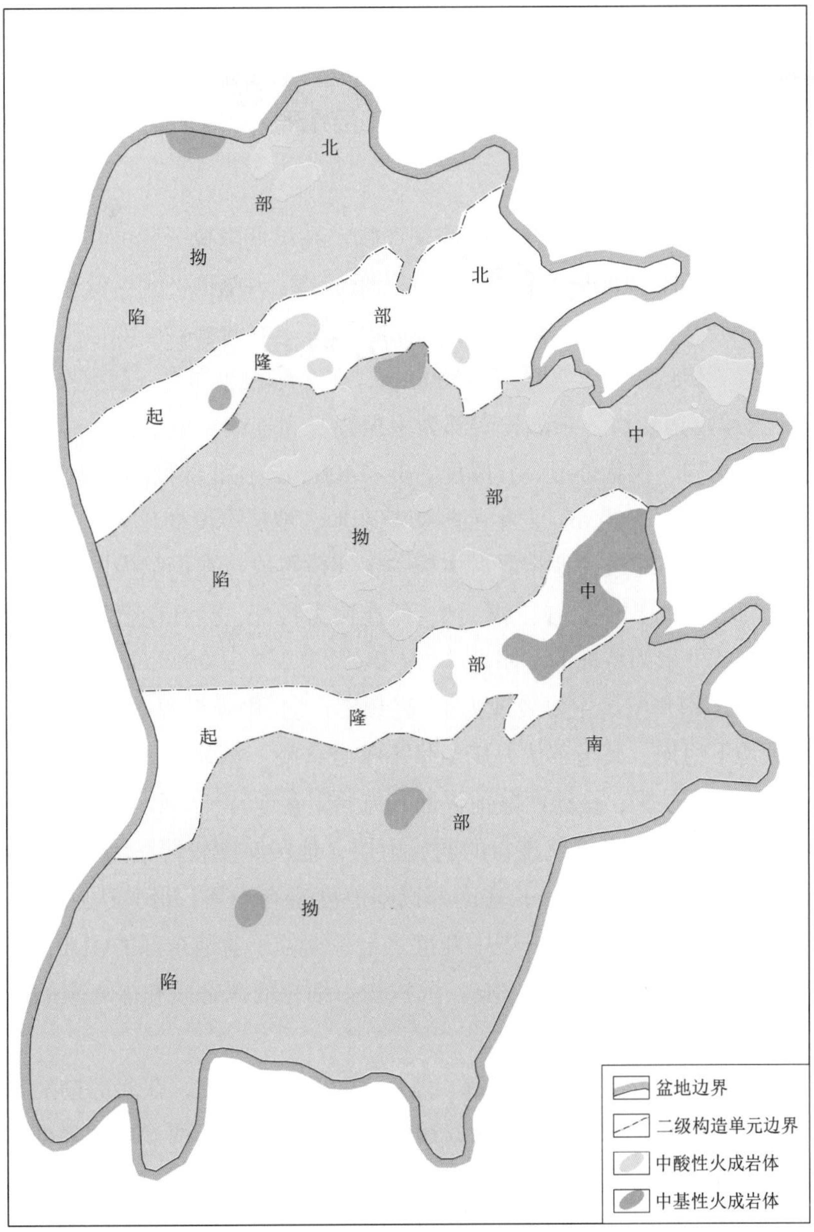


图6.9　南薇西盆地构造区划图

南薇西盆地与北康盆地的沉积、构造特征基本相似，经历了从陆相、海陆过渡相到海相的沉积旋回，但南薇西盆地位于北康盆地北部，早期陆相沉积更为广泛，总体构成了一个进积的沉积序列。根据北康盆地的地层划分，依次划分了五套地层，分别古新统—中始新世南薇群（F）、上始新世—下渐新世尹庆组（E）、上渐新世—中中新世南华组（D）、上中新世永暑组（C）和上新世—第四系康泰群（A+B）（图6.10）。

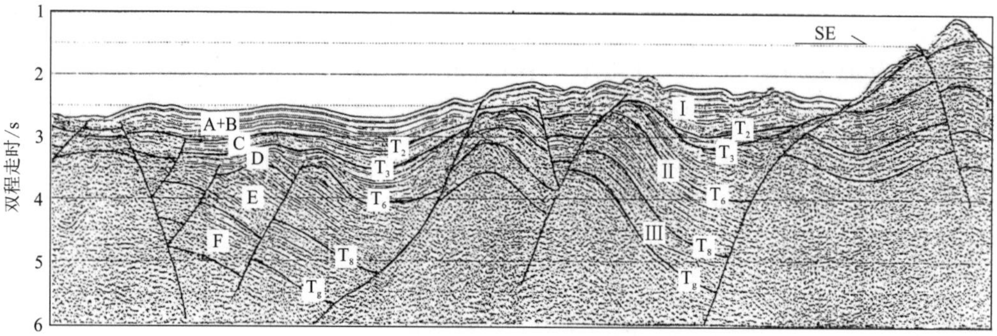


图6.10 南薇西盆地中部地层界面反射特征图

2. 地层特征

古新统—中始新统（南薇群）为盆地早期断陷期产物。在早期隆拗分隔的格局中厚薄不匀，最厚可达3500 m。南薇西盆地内的界面$T_g$与北康盆地类似，多为低频率、中振幅、中–低连续反射波组；界面之上为一套中振幅、中–低连续反射层组，界面之下为杂乱反射。

上始新统—下渐新统（伊庆组）最大厚度为5000 m，在北部和西部为一套变振幅、低连续反射层组，中部为中–弱振幅、中连续反射层组，东部和南部为中振幅、高连续反射层组，总体上以平行结构、席状外形为主，局部呈微发散结构，楔状外形。其厚度为0～2400 m，在北部拗陷为400～1600 m，中部拗陷为400～2400 m，南部拗陷为800～2000 m。发生强烈褶皱变形，地层厚度变化大，沉积中心位于中部拗陷和南部拗陷。南薇西盆地界面$T_8$与北康盆地相似，由1～3个相位组成，在拗陷内以低频率、中–强振幅、中–高连续为特征；在隆起部位以低频率、强振幅、中–低连续为特征，但在南薇西盆地拗陷内$T_8$界面以下发育一套以杂乱反射机构楔状外形为特征的层序。

上渐新统—中中新统（南华组）主要表现为中–高频率、弱–中强振幅、低–中连续反射，多表现为一套斜层，振幅和连续性均不稳定。其与下伏尹庆组呈不整合接触，拗陷基本连成一片。地层受后期抬升剥蚀的影响，在隆起部位上局部缺失，南薇西盆地界面$T_7$与北康盆地特征一致。

上中新统（永署组）表现为一套席状披盖的弱反射层，地层厚度较薄，为0～1000 m，在北部和中部拗陷，厚度一般为200～600 m，局部缺失；在南部拗陷厚度略有增加，最大达到1000 m，表明南部拗陷仍为盆地沉积中心。其不整合在上渐新世—中中新世之上，据位于盆地东部的ODP深海钻井（ODP1143站位）钻探成果，井底年龄为晚中新世，约11 Ma。沉积物为细粒陆源物质和深海碳酸盐岩。南薇西盆地界面$T_3$与北康盆地特征一致。

上新统—第四系与下伏上中新统呈整合接触，厚度为200～2000 m，在北部拗陷和中部拗陷，一般为200～600 m；南部拗陷厚度为600～2000 m，为盆地的沉积中心。南薇西盆地的界面$T_2$在中北部地区，因岩浆活动，局部绕射波发育，呈弱振幅、低连续反射（图6.11）。

## （四）礼乐盆地

礼乐盆地位于南海南部的大陆坡上，是一个中、新生代叠合盆地。根据周边陆区及海区有限钻井、地震资料反映，礼乐盆地的发育具有多期次、多旋回性，其分为西北拗陷、中部隆起、南部拗陷和东部拗陷四个二级构造单元（图6.12）。

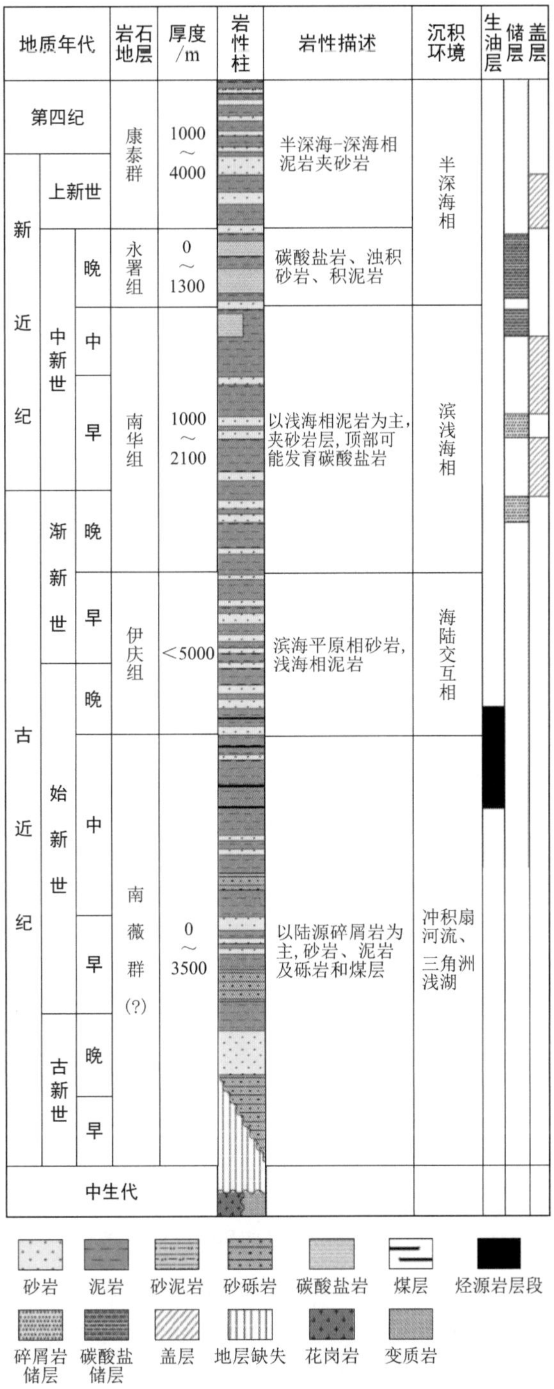

地质年代
岩石地层
厚度/m
岩性柱
岩性描述
沉积环境
生油层
储层
盖层
第四纪
上新世
新近纪
中新世
晚
中
早
渐新世
古近纪
始新世
古新世
中生代
康泰群
1000～4000
半深海–深海相泥岩夹砂岩
半深海相
永署组
0～1300
碳酸盐岩、浊积砂岩、积泥岩
南华组
1000～2100
以浅海相泥岩为主，夹砂岩层，顶部可能发育碳酸盐岩
滨浅海相
伊庆组
＜5000
滨海平原相砂岩，浅海相泥岩
海陆交互相
南薇群(?)
0～3500
以陆源碎屑岩为主，砂岩、泥岩及砾岩和煤层
冲积扇河流、三角洲浅湖
砂岩
泥岩
砂泥岩
砂砾岩
碳酸盐岩
煤层
烃源岩层段
碎屑岩储层
碳酸盐储层
盖层
地层缺失
花岗岩
变质岩


图6.11　南薇西盆地地层综合柱状图

1. 地层性质厘定

目前已有钻井10多口，其中桑帕吉塔-1井钻探深度最大、揭露地层最完整，钻深为4201 m（Taylor and Hayes，1980，1983），揭露到674 m厚的下白垩统，但未见底。根据地震地层、国外钻井及拖网资料所揭示的化石带、岩性和沉积环境等综合分析，礼乐盆地主要沉积了一套以三角洲相–滨、浅海相–半深海相碎屑岩和碳酸盐岩沉积序列为特征的中、新生代地层。多道地震剖面中，识别出晚白垩世与晚渐新世形成的两个区域性不整合面$T_{MZ}$和$T_6^1$（图6.11），将沉积层分为三套地震层序：下构造层为离散的、弱的低

频反射，速度超过5.0 km/s，解释为中生代沉积岩和变质岩并混合有酸性到基性的喷出岩和侵入岩；中构造层为一套广泛分布、厚度连续的近海相碎屑沉积，层理较为清楚，属于中频率、中振幅反射，速度为3.8～4.5 km/s；上构造层为一套浅海相碎屑和碳酸盐沉积（图6.13），沉积厚度稳定，反射轴较为连续，速度低于3.0 km/s。桑帕吉塔-1井资料揭示，礼乐盆地新生界不整合覆于下白垩统边缘海相的含煤碎屑岩和火山碎屑岩之上（图6.14）。

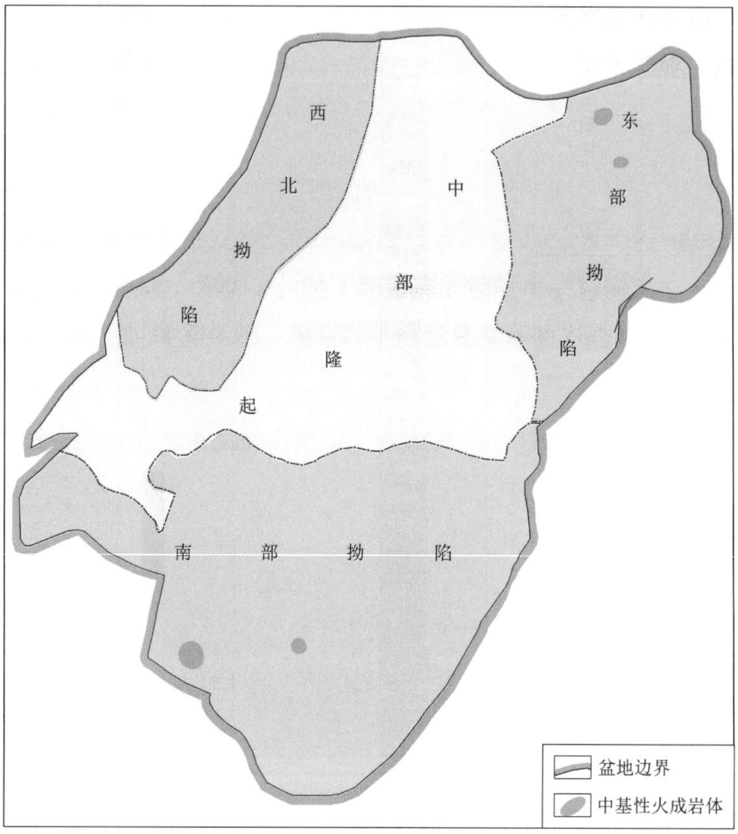


图6.12　礼乐盆地构造区划图

从区域上看，在南海北部陆缘区中生界普遍发育，闽粤沿海陆区有上三叠统—下侏罗统海陆过渡相煤系地层多处出露；在台湾岛西南海区，钻井发现该区存在白垩系滨-浅海相含煤碎屑岩系；现今南海南部现有钻井（桑帕吉塔-1井、A-1井）（图6.15）和海底拖网取样资料表明（表6.3），礼乐盆地包括上侏罗统—下白垩统的滨-浅海相含煤碎屑岩或半深海相页岩、上三叠统—下侏罗统三角洲-浅海相砂泥岩和中三叠统深海硅质页岩等三套地层。桑帕吉塔-1井在大约3400 m处所钻遇的早白垩世含煤碎屑岩系，其上部由带一些褐煤层的砂质页岩和粉砂岩组成，下部由集块岩、砾岩和偶尔含有粉砂岩互层的分选差的砂岩组成，地层岩性变化大（钻遇厚度约700 m）。可见，南海北部和南部中生界具有可对比性。

综合分析钻井资料以及前人的研究，将礼乐盆地新生界划分为东坡组、阳明组、忠孝组、仙宾组、礼乐群（图6.16）。

2. 地层特征

古新统（东坡组）不整合覆盖于下白垩统之上，由含砾砂岩、粉砂岩和泥岩组成，碎屑成分为石英岩、凝灰岩、放射虫泥岩和燧石。“Sonne”号船在盆地西南侧仙娥礁西南斜坡上采到灰绿色粉砂岩和细砂岩，其中含大量晚古新世浮游有孔虫和颗石藻，底栖有孔虫组合（Midway动物群）表明为外浅海沉积环境。在隆起或构造高部位可能缺失该套地层，如礼乐滩A-1井早—中始新世地层不整合于下伏白垩统上。桑帕吉塔-1井古新统砂岩段（3150～3160 m）已获天然气（10.471万$m^3$/d）和凝析油，虽然钻遇地层厚度不大，但向邻近凹陷则厚度加大，岩性变细，含大量生物化石（图6.16）。礼乐盆地内，界面$T_g$下伏高角度反射层组，界面$T_g$粗糙，由1～2个相位组成，削截明显。

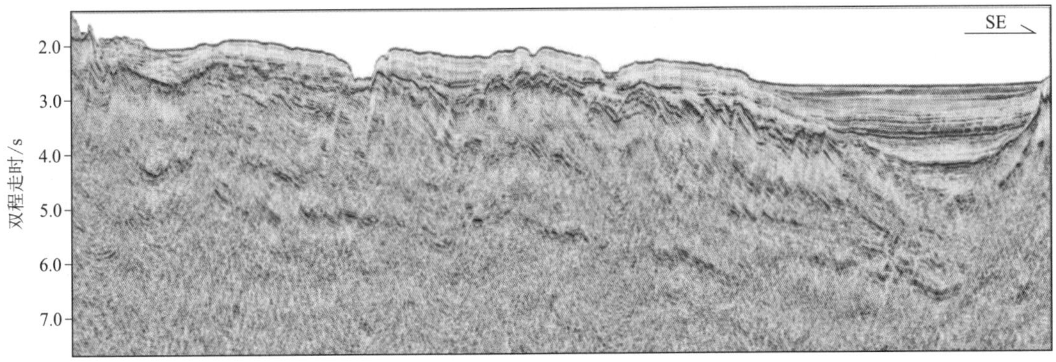


(a)

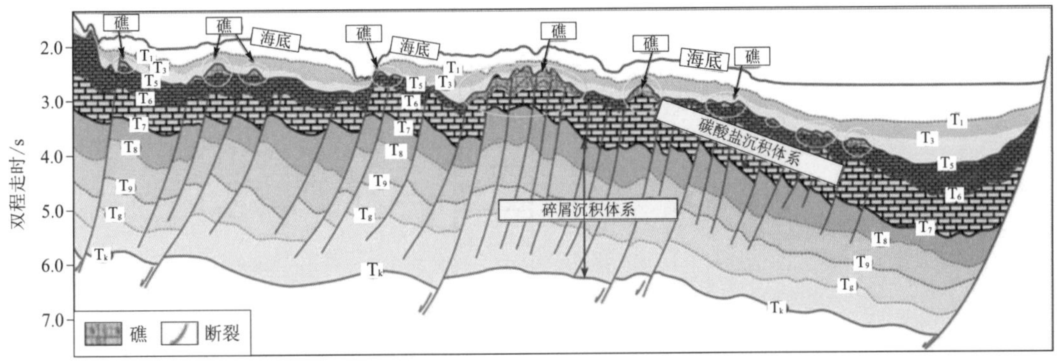


(b)

**图6.13　礼乐盆地中部地层界面反射特征图**

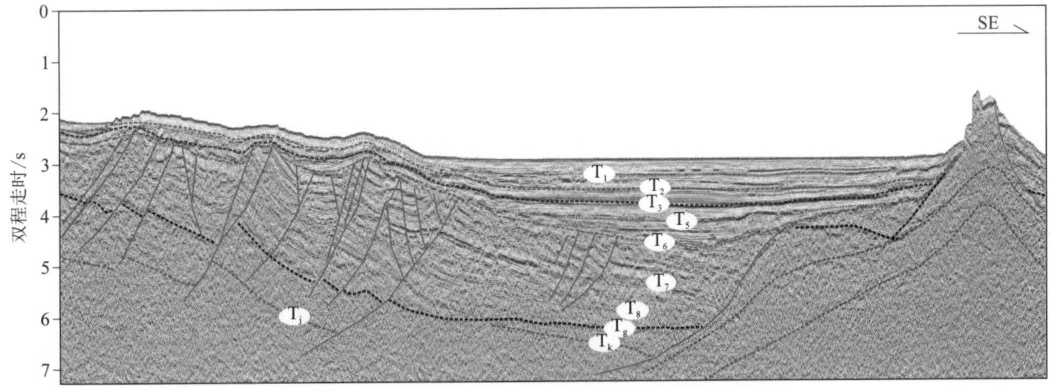


**图6.14　礼乐盆地南部地层界面反射特征图**

下—中始新统（阳明组）在桑帕吉塔-1井剖面上假整合于下伏古新统（东坡组），岩性为半深海环境沉积的灰绿色、褐色含钙页岩、含微量海绿石和黄铁矿，偶见粉砂岩、砂岩，钻厚约502 m，（图6.16）。

上始新统—下渐新统（忠孝组）岩心反映了该套地层为海退型沉积。在桑帕吉塔-1井剖面上不整合覆于下伏地层之上，由灰绿色至红色的泥岩、砂质泥岩及松散砂岩组成，动植物群化石稀少，钻遇厚度为476 m。该套地层由于受到多期构造运动的影响，地层发生不同程度的褶皱变形，尤其是盆地南部拗陷中、东部地区，褶皱变形明显强烈，在隆起区局部甚至遭受剥蚀而缺失（图6.16），其地震反射特征为中频率、中振幅、中–低连续反射层组，具平行–亚平行、微发散结构，席状或楔状外形。隆起部位受上覆碳酸盐岩层的屏蔽效应影响多呈断续–杂乱反射。该层序的沉积厚度为0～2000 m。在隆起上沉积厚度一般小于800 m，在拗陷区沉积厚度一般为400～1600 m。沉积中心位于礼乐盆地南部拗陷南部，最厚可达2000 m。界面$T_8$由1～3个相位组成，为中–低频率、中–强振幅、低连续反射波。界面$T_5$以下为中–低频率、中–弱振幅、低连续，平行–亚平行结构，席状外形的反射层组；其上为中–强振幅、中频、中连续，亚平行–平行结构，席状外形的反射层组。

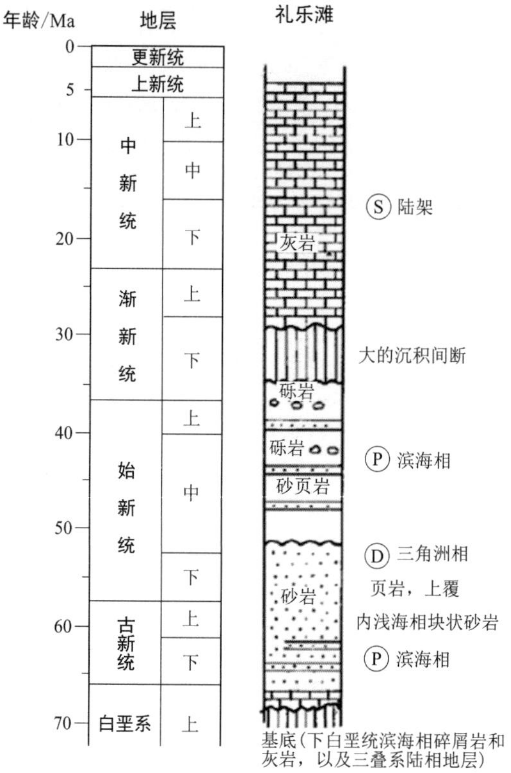


图6.15　桑帕吉塔-1井岩性柱状图（据Taylor and Hayes，1980）

表6.3　礼乐盆地前新生代钻井或拖网采样数据表（据Kudrass et al.，1986）

| 钻孔或采样站位 | 取样深度/m | 岩性 | 年龄/Ma | 地层代号 | 备注 |
| --- | --- | --- | --- | --- | --- |
| A-1 | 2155 | 浅海碎屑岩 | | $K_1$ | 礼乐滩 |
| 桑帕吉塔-1 | 3353 | 浅海碎屑岩 | | $K_1$ | 礼乐滩 |
| SO23-36 | 2373 | 角砾岩、变质沉积岩、玄武岩 | 146 | $J_3$ | 礼乐滩西北 |
| SO23-37 | 3227～3043 | 泥灰岩、玄武岩、石榴云母片岩 | 113 | $K_1$ | 礼乐滩西北 |
| SO23-23 | 1900～1700 | 砂和粉砂岩、页岩、蚀变橄榄辉长岩和火山岩 | 258～341 | $T_3$—$J_1$ | 礼乐滩西南 |
| SO27-21 | 2040～1877 | 副片麻岩、石英千枚岩 | 113～124 | $K_1$ | 礼乐滩西南 |
| SO27-24 | 2100 | 蚀变闪长岩、硅质页岩、流纹质凝灰岩 | | $T_2$ | 礼乐滩西南 |

拖网取样资料表明上渐新统—下中新统（仙宾组）在礼乐盆地南部仙宾礁西北斜坡处为浅灰绿色粉

砂岩，其中含丰富硅质海绵骨针和少量放射虫、浮游有孔虫等超微化石，经鉴定属NP24带。在礼乐滩周围的礁滩、暗沙斜坡上拖网显示为含大量有孔虫等浅水动物群组合的碳酸盐岩。桑帕吉塔-1井也有相同揭示，为白色、浅黄色灰岩，厚度约200 m。由于受到后期构造运动，尤其是南沙运动的改造，地层抬升褶皱变形明显，在不同构造部位遭受不同程度的剥蚀、甚至缺失（图6.16）。在礼乐滩地区，界面$T_7$为两套特征不同反射层的分界，之下为低连续–断续、杂乱反射层组，其上为中–高连续性反射层组，钻井已证实该界面是浅海–半深海碎屑岩与碳酸盐岩的分界面。界面之下地层局部削截，在凹陷边缘及古隆起上或被断层错断，呈波状起伏，或与界面$T_8$合二为一。

礼乐群（$T_5$以上）为中中新统到现在发育的海相地层。在礼乐滩周围的礁滩、暗沙斜坡上“Sonne”号船拖网采集到浅水碳酸盐岩，其中部分发现有N3～N5带的有孔虫化石，属早中新世早期沉积（Kudrass et al., 1986），上中新统半深海相泥岩直接覆盖在碳酸盐岩之上，采集到上新统—第四系浅棕色、灰绿色黏土，表明晚中新世以来盆地凹陷地区以较深水碎屑岩沉积为主。桑帕吉塔-1井上渐新统—第四系未分，不整合于下伏地层上的内浅海–亚滨海潮滩相白色、浅黄色碳酸盐岩，自上而下由灰岩、白云岩化灰岩过渡到底部的白云岩，白云岩呈砂糖状，孔隙度很大，当钻井通过时曾遇到漏失现象，钻遇厚度约2164 m。界面$T_3$在拗陷内为变形前后两大套反射层的分界；而在北部广大台地区，因大套碳酸盐岩屏蔽，导致反射模糊。桑帕吉塔-1、A-1井揭示晚渐新世至第四纪为内浅海潮滩相巨厚灰岩，内部不整合特征不明显。$T_2$为中–高频率、中–弱振幅、连续反射，在局部深凹区为低连续，在拗陷边缘，上超清楚；在隆起上，同相轴扭曲、不整合特征明显。

## （五）巴拉望盆地

巴拉望盆地位于南海东南部，菲律宾巴拉望岛西北侧，又可分为北巴拉望盆地和南巴拉望盆地。南、北巴拉望盆地的基底特征有所不同。北巴拉望盆地的基底与菲律宾群岛的民都洛地块的基底性质相似，而南巴拉望盆地的基底则与南海南部群岛一带的基底性质相同（何廉声等，1987）。但是盆地上覆的沉积地层却基本一致。两盆地位于水深50～2000 m处，大部分区域水深超过1000 m。盆地总体呈北东向展布，面积为39880 km$^2$。

西北巴拉望盆地白垩系主要为浅海相地层，古新统和始新统沉积碎屑岩，渐新统—中中新统发育尼多灰岩，中中新世以后为浅海相和滨海相沉积（表6.4）。新生界以$T_g$、$T_7$、$T_5$三个大的不整合面为界，划分出三个超层序超层序Ⅰ（$T_g$～$T_7$）、超层序Ⅱ（$T_7$～$T_5$）、超层序Ⅲ（$T_5$～$T_0$）和七个层序组SSQ1、SSQ2、SSQ3、SSQ4、SSQ5、SSQ6、SSQ7（图6.17）。

### 1. 地层性质厘定

巴拉望盆地中有数口井钻遇侏罗系—下白垩统（$T_{Mz}$以下），位于盆地西北部Cadlao-1井（表6.4）中发现最老的岩石为上侏罗统—下白垩统，中下部为灰岩与页岩互层，夹火山岩、粉砂岩和砂岩，上部为含凝灰质灰岩，沉积环境为浅海–外浅海。在Destacado A-1X井中发现最老的岩石为上侏罗统—下白垩统，中下部为灰岩与页岩互层，夹火山岩、粉砂岩和砂岩，上部可能为下白垩统的碎屑岩系。在盆地中部Penascosa-1井（图6.18）发现最老的岩石为上侏统—下白垩统，中下部为灰岩与页岩互层，夹火山岩、粉砂岩和砂岩，上部钻遇早白垩世晚期黑灰色页岩。$T_6$与$T_{Mz}$层位之间为下渐新世裂谷系列与始新统—下渐新统前尼多灰岩层的下部，$T_6$与$T_5$之间为前尼多灰岩层的上部与上渐新统—下中新统尼多组，$T_5$与$T_3$之间为下—中中新统帕加萨（Pagasa）组，$T_3$之上为中—上中新统马丁洛克（Matinloc）组与上新统—第四系卡卡（Carcar）组（图6.19）。

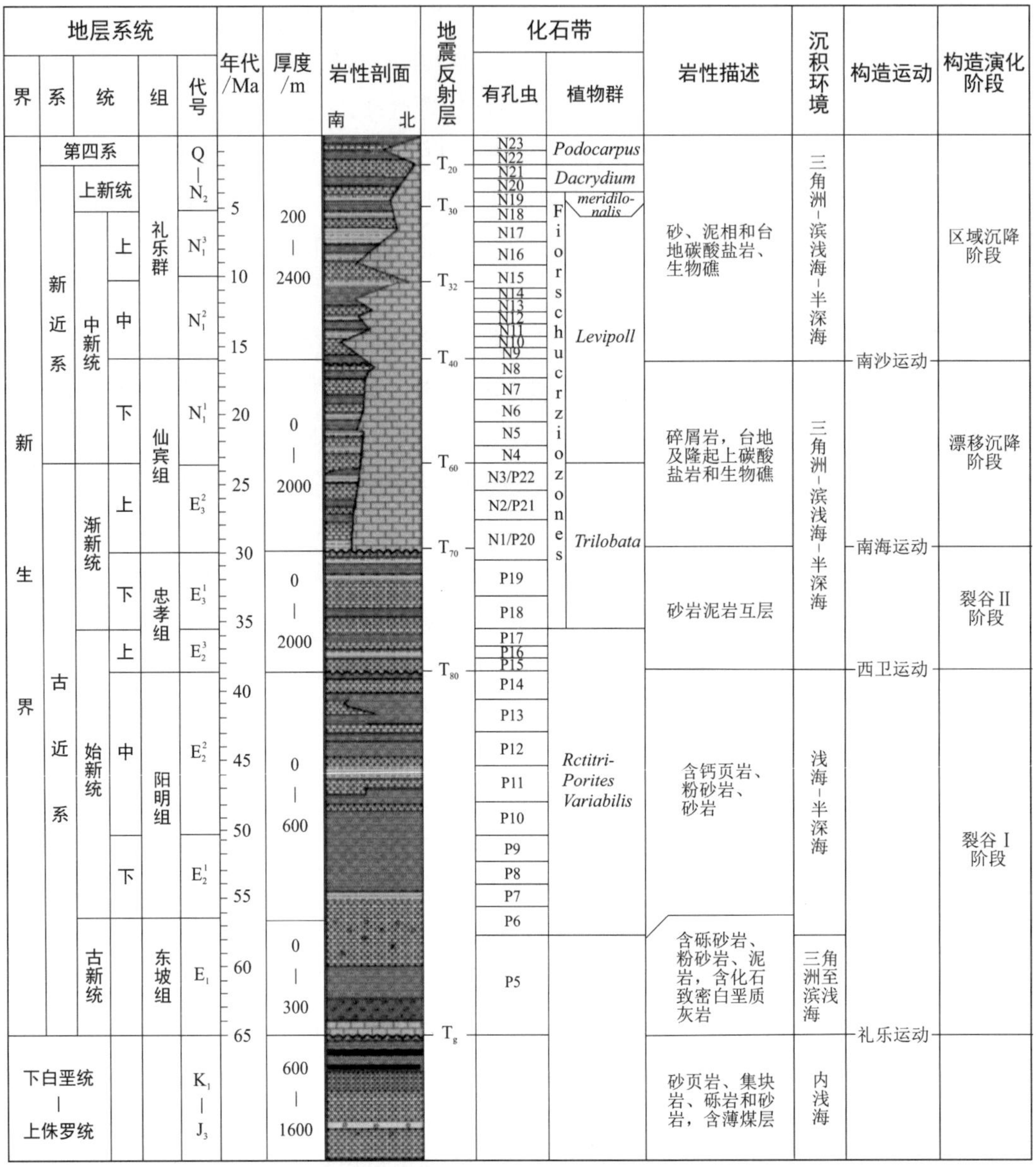


**图6.16　礼乐盆地地层综合柱状图**（化石带据Taylor and Hayes，1980）

综上所述，西北巴拉望盆地发育的地层主要为中生界侏罗系—白垩系、古近系、新近系和第四系（图6.20）。盆地中生界的构造和地层特点与越南和华南大陆架中生代盆地相似；上覆古近系为海相碎屑岩与碳酸盐岩。

2. 地层特征

上侏罗统—白垩系仅见于西北巴拉望盆地北部，为一套深海相灰岩和海相碎屑岩，夹火山碎屑岩，中下部为灰岩与页岩互层，夹火山岩、粉砂岩和砂岩，上部为凝灰质页岩，地层最大厚度为3000 m。到目前为止，只有Galoc-1、Cadlao-1、DestacadoA-1X、Guntao-1、Catalat-1和Penascosa-1等井钻遇该套地层。其中偏南的Penascosa-1井仅钻到下白垩统上部地层。

古新统—始新统主要沉积在地堑中，其中Nido-1、Cadlao-1、Malajon-1三口井钻遇古新统由页岩、钙质页岩和煤组成。中—下始新统尚未确认，已有资料表明上始新统不整合覆盖在古新统之上。海上Cadlao-1井见到细–极细粒砂岩夹少量页岩、泥岩和粉砂岩，含货币虫和植物化石，属浅海沉积，厚182 m。Nido-1井则为暗灰色泥岩，粉砂岩和极细粒-中粒砂岩，均属上始新统，为近滨岸外侧-近海环境。

上始新统—下中新统发育尼多灰岩，尼多灰岩在西北巴拉望陆架广泛分布，主要发育生物礁相、台地相和深水-半深水相碳酸盐岩三种沉积类型，具有良好的储集性能，为主要勘探目的层。四口钻井资料揭示，该地层厚度为828～1219 m，由下部台地灰岩和上部礁灰岩组成，为藻滩相或内陆架环境沉积，是骨屑有孔虫灰岩或白垩状重结晶泥粒灰岩，厚211～386 m。礁灰岩为珊瑚、红藻、大有孔虫组成的骨屑泥粒灰岩、微晶灰岩、粒状灰岩等，部分再造礁相还有陆源物质夹层，厚610～1064 m。在布桑加岛、龟良岛以西的盆地背部为深水相灰岩，在Malajon-1井和Galoc-1井已钻遇为白色、褐色微晶泥质灰岩，厚1308.5 m，上部为外浅海-半深海沉积环境。晚渐新世—早中新世，盆地缓慢下沉，发育了大量补丁礁、塔礁、环礁和滩缘礁；中中新世晚期，巴拉望岛抬升，使北部碳酸盐台地向海倾斜，礁停止生长。

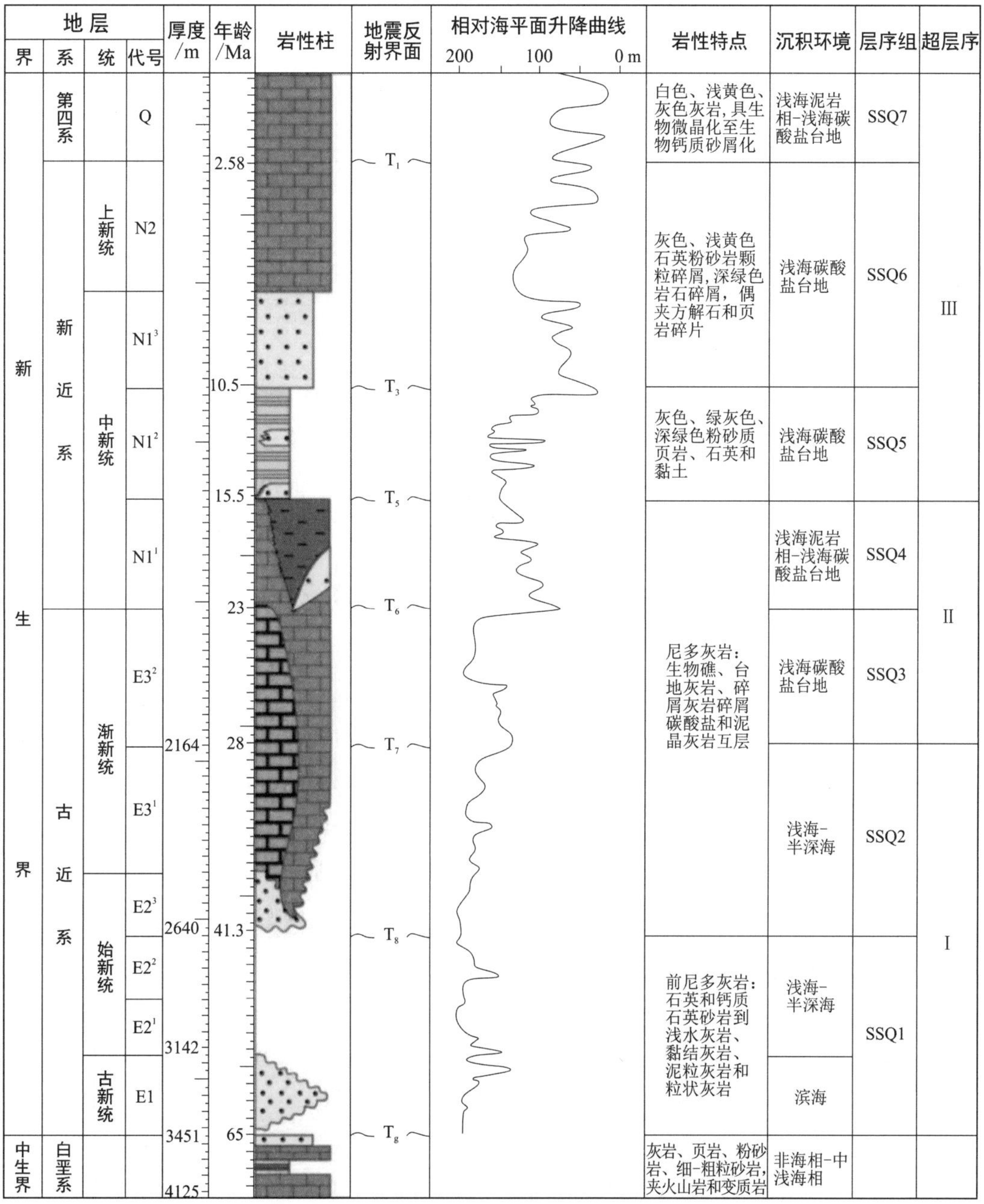


图6.17　巴拉望盆地层序地层划分方案图

表6.4 巴拉望盆地钻井一览表

| 井名 | 尼多组深度/m | 尼多组上限 | 尼多组上限时代/Ma | 尼多组基底深度/m | 尼多组下限 | 尼多组下限时代/Ma | 终井深度/m | 备注 |
|---|---|---|---|---|---|---|---|---|
| Busuanga | 1600 | 渐新世晚期 | 26.00 | 1857 | 渐新世早期 | 32.4 | 1857 | |
| Busuanga-1（尼多生物礁） | 1341 | 中新世早期 | 17.00 | | | | | |
| Nalaut-1 | 1410 | 渐新世晚期 | 22.50 | 1524 | 渐新世晚期 | 24.3 | 1524 | |
| Galoc-1 | 2357 | 中新世早期 | 16.40 | 3634 | 渐新世晚期 | 24.7 | 3700 | 钻遇基底 |
| Cadlao-1 | 2298 | 中新世早期 | 22.60 | 2634 | 渐新世晚期 | 25.7 | 3295 | 钻遇基底 |
| Cadlao-1A（尼多生物礁） | 1750 | 中新世早期 | 16.40 | | | | | |
| Enterprise Point A-1X | 2222 | 中新世中期 | 14.50 | 2598 | 中新世早期 | | 2598 | |
| Catalat-1 | 2631 | 中新世早期 | 19.00 | 4037 | 渐新世晚期 | 25.0 | 4362 | 钻遇基底 |
| P_296 西北巴拉望陆架 | 2868 | 中新世早期 | | 3025 | 中新世早期 | | 3025 | |
| Penascosa-1 | 3215 | 中新世早期 | 15.20 | 3709 | 中新世早期 | | 4267 | 钻遇基底 |
| Anepahan | 2603 | 中新世早期 | 16.40 | 2743 | 中新世早期 | | 2743 | |
| AboAbo A1-x | 1252 | 中新世晚期 | 7.45 | 1445 | 中新世晚期 | 9.2 | | |
| Kamonga-1 | 840 | 中新世晚期 | 7.34 | 1045 | 中新世晚期 | 9.2 | | |
| Murex-1 | 979 | 中新世晚期 | 5.50 | 1169 | 中新世晚期 | 6.8 | | |
| Paz-1 | 728 | 更新世 | 4.60 | 1057 | 中新世晚期 | 9.2 | | |
| Likas-1 | 740 | 更新世 | 4.35 | 1137 | 中新世晚期 | 7.8 | | |

下—中中新统由于巴拉望岛及其西部陆架发生了朝西方向的大规模的倾斜运动，形成了浅海性的台地，沉积了中新世底部的灰岩。早中新世后期，盆地大部分地区迅速下降，沉积了厚的海相页岩和粉砂岩以及部分浊流沉积。但仍保留有很厚的灰岩–白云岩之类的浅海相沉积，形成多孔质的礁。尼多等构造的储集岩就属于这类地层。早中新世末期—中中新世发生强烈的区域构造运动（南沙运动），巴拉望地块大面积隆升，导致向西的海退。帕加萨组整合于尼多组之上，由厚层浅海–半深海相泥岩夹少许浊积粉砂岩和砂岩组成。加洛克（Galoc）油田储集在该套浊积砂岩中。

中中新统—上新统由于巴拉望陆架再次下降，被海水覆盖，沉积了大量的浅海碳酸盐岩和碎屑岩。在中中新世，下部形成的褶皱和断层构造上部也发生了沉积，但由于海水过浅，中新世上部的部分地层仍遭受剥蚀，出现了缺失现象。马丁洛克组为内–外浅海砾状砂岩、不纯灰岩、燧石与页岩互层，与下伏地层为不整合接触。

上新统—第四系处于区域沉降期，盆地再次发生海进，在浅的陆架上沉积了碳酸盐岩。该沉积环境自更新世一直到持续现在。卡卡组由灰岩组成，部分为礁灰岩或砂屑灰岩，孔隙发育。

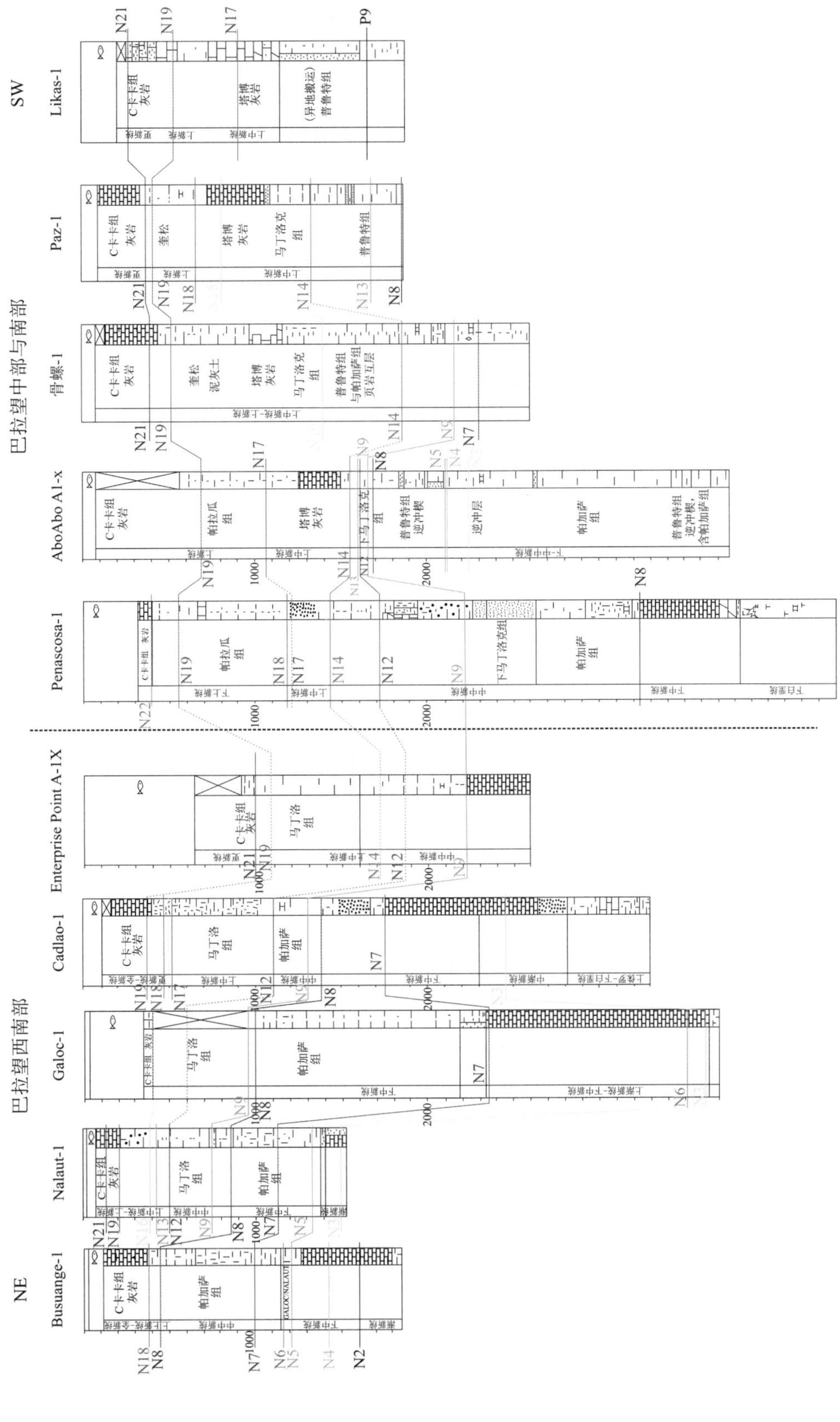


图6.18　巴拉望盆地连井剖面图（据Steuer et al.，2013）

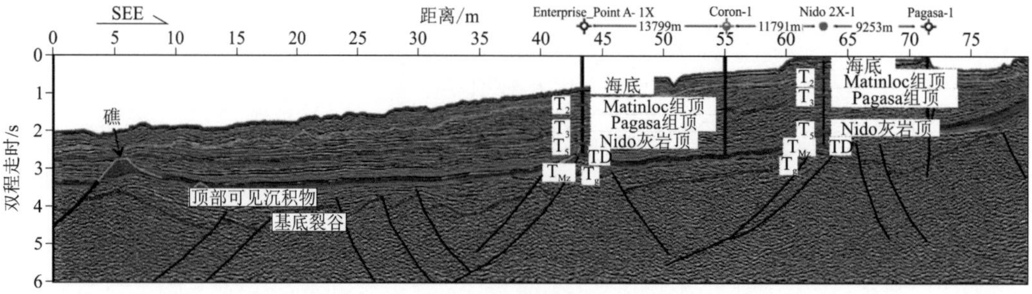


图6.19　西北巴拉望陆架过井地震剖面解释图（据Steuer et al.，2013）

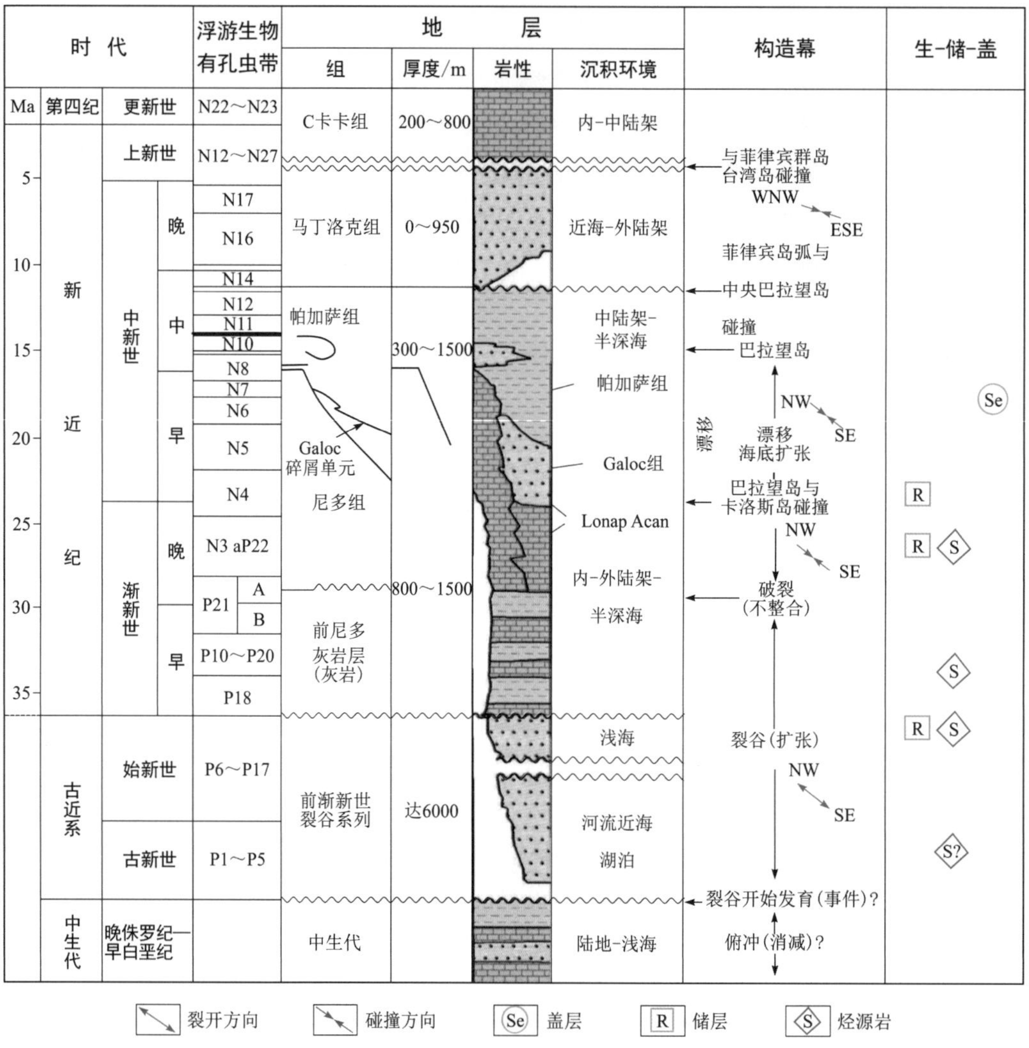


图6.20　西北巴拉望盆地地层综合特征图

## 二、盆地地层对比

经过国内外几十年的勘探实践，南海南部主要沉积盆地的地层逐步被认识，其中曾母盆地、北康盆地、礼乐盆地和巴拉望盆地内有钻井资料对地震剖面的标定，地震层序划分方案已趋统一，南薇西盆地及周围的小盆地地层划分依靠区域构造背景分析和地震界面对比综合研究确定，整体的底层分布以新生界为主，基底隆起区发育碳酸盐岩，拗陷区以碎屑岩沉积为主，局部地区发育有中生代地层，主要为滨浅海相碎屑岩、灰岩和深海沉积。

曾母盆地新生代地层发育较齐全，始新世—第四纪地层厚2000～16000 m，总体具有北厚南薄特征，康西坳陷是盆地主体沉积中心；北康盆地沉积厚度具有北厚南薄、西厚东薄的特点，沉积、沉降中心位于西部坳陷和东南部坳陷。

根据本次研究以及众多国内外学者的研究成果，南海南部海域的新生代地层存在八个不整合界面，由上而下依次划分为$T_1$、$T_2$、$T_3$、$T_5$、$T_6$、$T_7$、$T_8$和$T_g$（表6.5）。

$T_5$为地层变形前后的分界面，分隔上部的未变形–微变形沉积与下部的变形沉积；$T_8$为破裂不整合面，除曾母盆地外，它分隔同张裂期沉积与后张裂期沉积；$T_g$为新生代盆地的基底面，分隔新生代沉积与前新生代地层。这三个界面之下具有明显的削截现象，界面之上上超、下超等充填现象明显，是三次大的构造运动在地层中的反映，$T_5$对应南海南部（万安运动），$T_8$对应西卫运动，$T_g$对应礼乐运动（北康盆地、南薇西盆地、礼乐盆地、巴拉望盆地的$T_g$为礼乐运动引起的区域性不整合面，而曾母盆地$T_g$的形成与曾母地块同加里曼丹地块的碰撞有关，其在不同的构造单元内由于递进式的碰撞，为穿时的界面）。这三个界面标志着盆地三个大的构造发展阶段，除曾母盆地外，$T_g$为盆地初始张裂不整合面，$T_5$为盆地从断陷转入坳陷的构造转换面，$T_3$为盆地从坳陷转入区域沉降的构造转换面。其他界面也与不同的构造运动相对应，但相应的构造运动没有对盆地造成变革性的影响。

上述地震反射界面的形成除受构造运动影响外，多数界面还同时受全球及南海的相对海平面变化影响。$T_5$和$T_6$分别对应中中新世末和早渐新世末的全球最大海平面下降；$T_6$、$T_3$、$T_2$对应南海次一级海平面下降（杨少坤等，1996；王嘹亮，1996；图6.21）。结合曾母盆地、北康盆地和礼乐盆地的少量国外钻井资料（古生物、地球化学、岩性等）进行了地层划分，以便沉积盆地地层沉积和周缘区域对比研究。

### （一）中生代地层对比

通过钻井、拖网、地震、重磁资料综合解释及中生界地层对比认为，南海南部中生界发育于文莱–沙巴盆地、南海南部群岛礼乐盆地、巴拉望西南近海以及中建南–万安–南薇西盆地等区域。根据钻遇的资料可知，其总体为滨、浅海相碎屑岩、灰岩和深海页岩沉积。

文莱–沙巴盆地钻遇文莱次盆晚白垩世末期的深海复理石沉积，礼乐盆地桑帕吉塔-1井大约在3400 m处钻遇下白垩统（郑之逊，1993；龚再升等，1997），其岩性可与巴拉望西北陆架区钻遇的下白垩统对比。下部为集块岩和砾岩，偶有分选差的砂岩组成的巨厚岩段，局部与粉砂岩为互层，常见碳质物和煤质细脉；上部由含褐色煤层砂质页岩和粉砂岩组成，钻厚520 m左右。推测下白垩统沉积环境为浅海相。上侏罗统—白垩系仅见于巴拉望盆地北部，为一套深海相灰岩和海相碎屑岩夹火山碎屑岩，中下部为灰岩与页岩互层，夹火山岩、粉砂岩和砂岩，上部为凝灰质页岩，地层最大厚度为3000 m。微生物化石和孢粉组合特征揭示其沉积环境属半深海沉积。Galoc-1、Cadlao-1、DestacadoA-1X、Guntao-1、Catalat-1和桑帕吉塔-1等井钻遇该套地层。其中位于北巴拉望盆地Galoc-1井钻遇的侏罗纪变质砂岩；Cadlao-1井揭示的最老岩石属晚侏罗世—早白垩世，Destacado A-1X井也钻遇可能为下白垩统的碎屑岩系；南巴拉望盆地Penascosa-1井仅钻遇下白垩统上部地层，岩性为半深海相黑灰色页岩（郑之逊，1993）。

### （二）新生代地层对比

古新世—中始新世地层为成盆初期形成的地层，曾母盆地该时期断层不发育，隆拗现象不突出，其断层的形成主要受到晚始新世—早中新世构造活动的影响，盆地内地层大部分缺失，南部的沉积已变质，康西坳陷内可能未变质，厚度较大；由于受到张裂作用的影响，北康盆地的断层发育，形成一系列断陷，地层具有明显的席状、楔状外形，分布在北部与南部坳陷、北康暗沙北东部、东北隆起带以及盆地中北部隆起带，厚度较大；南薇西盆地早期范围较小，基底起伏大，张性正断层发育，但该套地层还受到了后期岩浆活动的剧烈影响，褶皱变形强烈；礼乐盆地于晚白垩世—古新世早期没入水下，中始新世继续沉降，水体进一步加深，该时期地层为一套平缓褶皱的倾斜地层。巴拉望盆地整体特征与礼乐盆地类似，但其地层沉积的厚度较薄。

表6.5 南海南部地层划分和对比表

| 年代地层 界 | 年代地层 系 | 年代地层 统 | 地震层序划分 地震界面 | 地震层序划分 厚度/m | 主要盆地地层划分 曾母盆地 | 北康盆地 | 南薇西盆地 | 文莱沙巴盆地 | 礼乐盆地 | 巴拉望盆地 | 主要沉积相 | 构造演化阶段 南海海盆 | 构造演化阶段 南海陆缘盆地 |
|---|---|---|---|---|---|---|---|---|---|---|---|---|---|
| 新生界 | 第四系 | | $T_1$ | 500~5000 | 北康群 | 北康群 | 康泰群 | 利昂群 | 礼乐群 | 卡卡组 | 半深海-深海相 | 南海扩张后期 | 扩张后快速沉降阶段 |
| | 新近系 | 上新统 | $T_2$ | | | | | | | | | | |
| | | 中新统 上 | $T_3$ | 1000~5000 | 南康组 | 南康组 | 永署组 | 诗里亚组 | | 马丁洛克组 | 三角洲相、碳酸盐台地相、生物礁相、滨浅海-半深海相 | | 扩张后缓慢沉降期 |
| | | 中新统 中 | $T_5$ | 700~2000 | 海宁组 | 海宁组 | 南华组 | 米里组、兰比尔组 | | 帕加萨组 | | 扩张终结 | |
| | | 中新统 下 | $T_6$ | 520~5600 | 立地组 | 日积组 | | 塞塔普组 | 仙宾组 | 尼多组 | 碳酸盐台地相、三角洲相、滨浅海相 | 南海同扩张期 | 同扩张裂陷期 |
| | 古近系 | 渐新统 上 | $T_7(T_6^1)$ | 200~3200 | | | | 坦布伦组 | | 前尼多灰岩层 | 河流相、三角洲相、滨浅海相 | | |
| | | 渐新统 下 | | | | | | | | | | 扩张开始 | |
| | | 始新统 上 | $T_8$ | 0~4000 | 曾母组 | 南通组 | 伊庆组 | 未划分 | 忠孝组 | 前渐新世裂谷系列 | 河流相、三角洲相、滨浅海相、湖湘、扇三角洲相 | 南海扩张前期 | 扩张前初始裂陷期 |
| | | 始新统 中 | | 0~4000 | 南薇群(?) | 南薇群(?) | 南薇群(?) | | 阳明组 | | | | |
| | | 始新统 下 | $T_9$ | | | | | | | | | | |
| | | 古新统 上 | | | | | | | 东坡组 | | 河流相、冲积扇相、湖相、内浅海相 | | |
| | | 古新统 下 | $T_g$ | | | | | | | | | | |
| 中生界 | 白垩系 | 上白垩统 | | 0~520 | | | | 钻遇(未划分) | 钻遇(未划分) | 钻遇(未划分) | 浅海相、半深海相 | | |
| | | 下白垩统 | | | | | | | | | | | |
| | 侏罗系 | 下侏罗统 | | | | | | | | | | | |

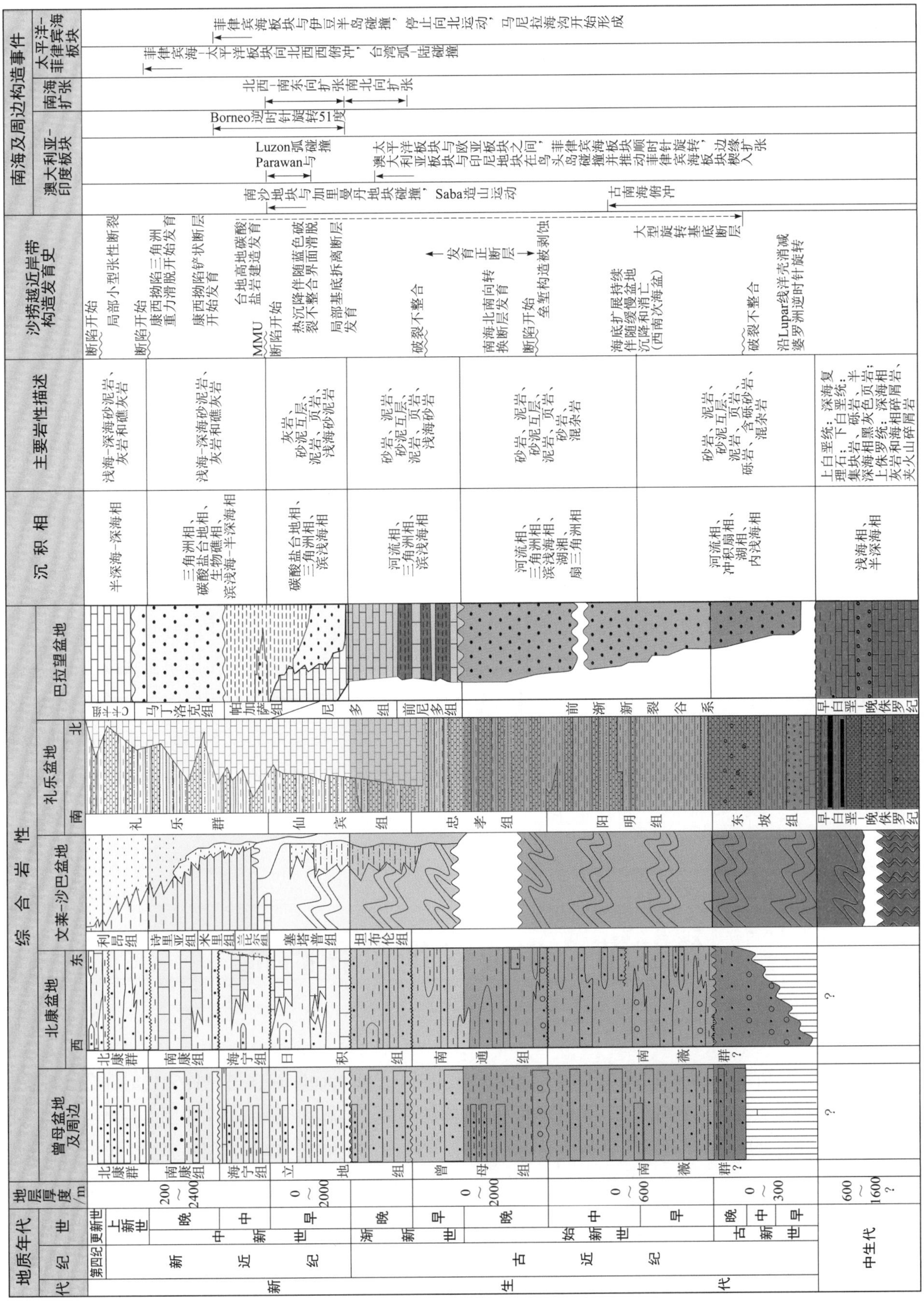


图6.21　南海南部地层综合柱状图

晚始新世—中中新世，曾母盆地开始进入断拗的发育阶段，形成一些箕状凹陷、地堑，中中新世在南沙运动和盆地东北部北西走向廷贾断裂的右旋走滑挤压作用下，曾母盆地表现为强烈的隆升和剥蚀，使中中新统及以下地层发生剧烈的块断掀斜和褶皱变形，盆地的西部与南部具有明显的断陷-凹陷的特征，下部为断陷式，上部为席状沉积地层厚度变化大。北康盆地与南薇西盆地为拗陷阶段的沉积，北康盆地经短暂抬升和剥蚀，沿袭前期的构造格局，沉积范围和沉降速率加大，一般为一套倾斜地层，南薇西盆地受西卫运动的影响，盆地发生隆升，沉积间断，部分地区遭受剥蚀，随后在拉张应力作用下，盆地迅速下降，构造沉降速率明显加大，张性断层强烈活动，地层具有明显的楔状外形。礼乐盆地晚始新世—早渐新世逐渐由断陷型沉积转为断拗型沉积，地层遭受过剥蚀并发生了不同程度的变形。晚渐新世—早中新世，礼乐盆地远离大陆而处于非补偿性沉积状态，沉降缓慢，东北部和西南部发生沉积分异，东北部礼乐滩台地由于断层的强烈活动而逐渐隆升，开始发育碳酸盐岩，西南部断陷发育范围较前期扩大，东北部地层具有台-滩状、丘状地震相等碳酸岩地层发育特征，西南部以席状外形为主。巴拉望盆地的地层发育特征与礼乐盆地类似，整体以席状外形为主，局部有台-滩状、丘状地震相。

晚中新世—第四纪，曾母盆地北部拗陷内发育刺穿结构杂乱反射地震相，为泥底辟侵入体。曾母盆地进入填平补齐和随后区域沉降阶段，由于廷贾断裂再次发生走滑活动，盆地差异沉降突出，形成南北不对称结构，盆地沉降和沉积中心明显向北、东迁移，地层发育较为平缓；北康盆地进一步拉张并发生差异沉降，自东北向西南明显加厚，与中中新世之前的沉积层形成了“跷跷板”式结构，盆地的沉降和沉积中心从东北部向西南部转移，西南部沉积了巨厚的地层；上新世后，区域应力场逐渐进入平静松弛状态，发生区域性沉降，形成了一套早期充填后期披覆加积的地层，这一时期盆地断层活动明显减弱，仅有少数断层一直活动至第四纪。南薇西盆地地层特征基本与北康盆地一致，但晚中新世以后，南薇西盆地沉降、沉积中心无明显的移动，张裂作用逐渐停止，断层基本不再活动，构造对沉积的控制作用明显减弱，盆地整体沉降，地层较为平缓。礼乐盆地在拗陷中早期地层为填平补齐、后期发育披盖沉积地层。该阶段总的地震相特征为中-高连续、中-高频、中-强振幅或强-弱振幅相间，席状-披覆外形；下部具填平补齐的充填特征，在礼乐盆地、曾母盆地和北康盆地，该超层序中部广泛发育台滩状地震相，反映为台地或生物礁相碳酸盐岩沉积。

# 第二节　主要盆地沉积特征

## 一、中生代地层沉积特征

礼乐盆地南部拗陷的地震剖面及其北部15 km处桑帕吉塔-1（Sampaguita-1）井钻探资料的综合分析表明（图6.22），该区中生界确实上白垩统，早白垩世为滨浅海相环境。地震资料解释结果表明，在地震剖面上划分出$T_g$、$T_k$、$T_j$和$T_m$四个反射界面和三大构造层$T_g \sim T_k$、$T_k \sim T_j$、$T_j \sim T_m$；$T_g \sim T_k$构造层顶界为角度不整合面，底界可见削截现象，上白垩统剥蚀严重。内部地震反射特征为低频、中弱振幅、中差连续，含杂乱反射，厚度稳定，地震相显示为大倾角、已变形的平行反射结构；$T_k \sim T_j$构造层顶界为角度不整合面，底界可见削截现象，内部地震反射特征为中频率、中-强振幅、中连续，亚平行、杂乱反射结构；$T_j \sim T_m$构造层顶界为角度不整合面，底界呈断续的波阻抗差异界面。内部地震反射特征为低-中频率、弱-中振幅、中差连续，亚平行、杂乱反射结构。中生界整体向南—东南倾斜，被一系列新生界反向伸展正断层掀斜（鲁宝亮等，2014）。

中生代期间，南沙地块和礼乐-北巴拉望地块的物源来自华南陆地，物源充足。该时期三角洲建设性极强，砂体稳定，波浪破坏作用小，砂质纯净，但在地质演化过程中受多期构造运动影响，仅局部残留。两支鸟足状三角洲，分布于中业群礁及周边区域、九章盆地、安渡北盆地北部、礼乐盆地Sampaguita-1井区以及西北巴拉望盆地Paragua-1井区、Signal-1井区、Nido-B1井区，平面范围延伸较远，直至伸入古南海斜坡区底部，发育三角洲平原、三角洲前缘亚相。海区东南部和西南部受古南海影响，在西北苏禄海盆地发育滨海相、浅海相和深海-半深海相，安渡北盆地南部发育碳酸盐台地，边缘小范围发育生物礁（图6.23）。

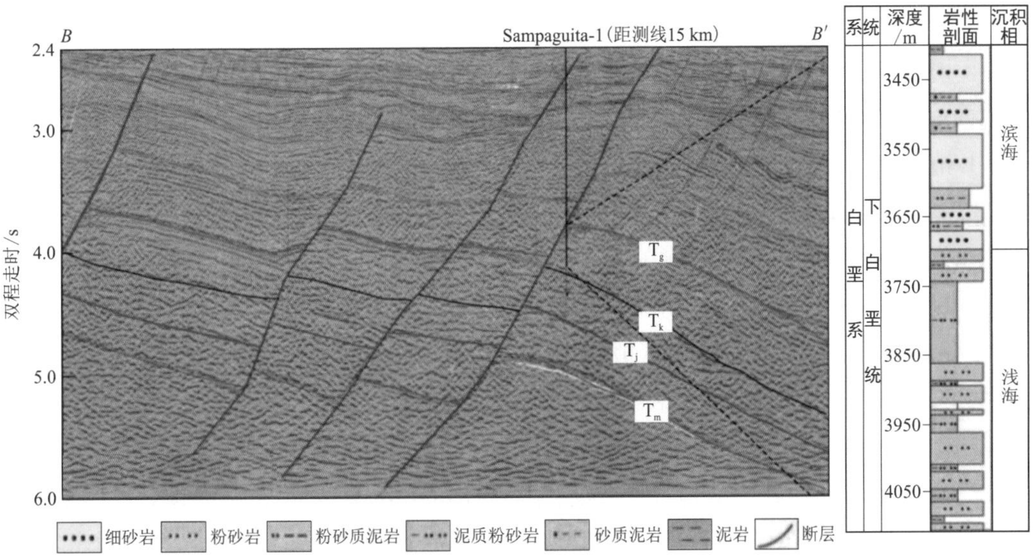


图6.22　礼乐盆地中生界地震反射特征及岩性地层特征（据鲁宝亮等，2014）

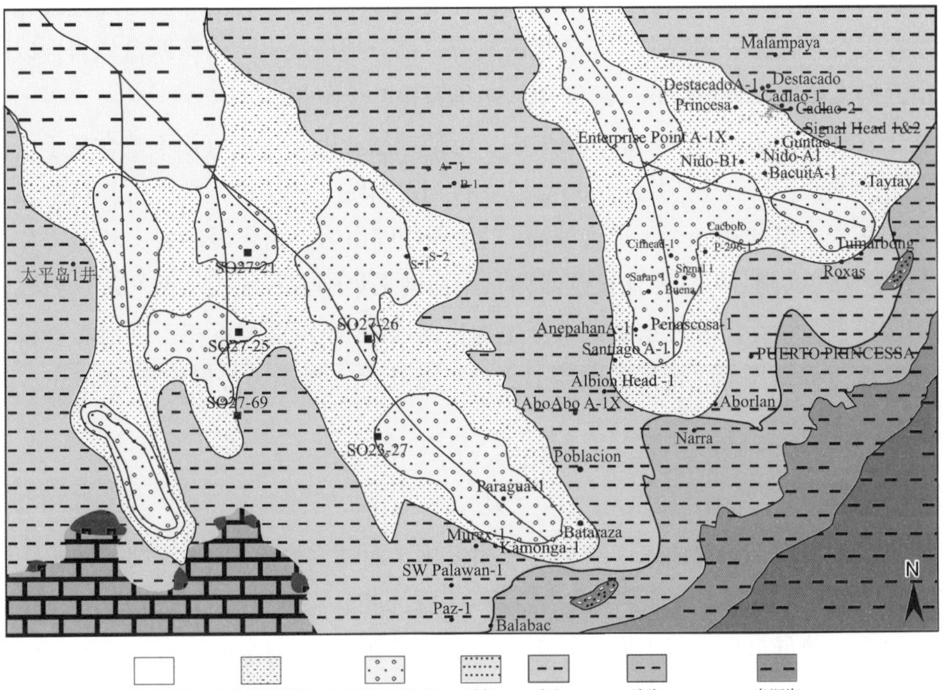


图6.23　礼乐-巴拉望盆地中生代沉积相分布图

## 二、新生代地层沉积特征

南海南部海域构造和沉积环境变化大，钻井资料少，不同类型的基底之上发育着一系列的新生代盆地，在盆地内广泛地沉积了一套新生代地层。利用覆盖全区的地震调查测线及其相应的地勘成果，建立了新生代地震反射层序和区域性的不整合面。并经地震地层学和层序地层学的解释，分析了南海南部主要盆地内的地层层序及其沉积充填特征。

### （一）古新统（$E_1$）

该套地层是发育于古南海被动大陆边缘上的沉积物。由南往北，自西向东，在不同地区的盆地中发育不同的沉积相，海侵发生的时间也有先后。

曾母盆地西南部拉奈隆起多口钻井（如CC-1X井、CC-2X井、CB-1X井、Paus S-1井、Paus NE-2井、Rannai-1井等）钻遇晚白垩世至始新世浅变质岩（主要为千枚岩、板岩）。南部奠基于上白垩统–始新统拉让群之上，主要由古新世—始新世的浅变质、高变形的类复理石的浊流沉积，该套地层为深海复理石相，盆地南侧已发生褶皱变质，构成盆地的基底，据各种文献资料分析，南康台地区可能是一个大陆碎块（Hutchison，1992，1996，2005，2010），推测其基底可能由前新生代变质岩、沉积岩和火山岩组成；向东文莱–沙巴盆地其基底可能也是由该套地层组成。向南的沙捞越、沙巴陆地分别称为拉让群和克罗克群，由下部的燧石–细碧岩和上部的浊积岩组成，厚度巨大超过10000 m，并已发生浅变质和强烈的褶皱变形，为南海南部地块南部中新生代增生褶皱带的组成部分。南沙海槽盆地主要为半深海相的砂泥岩。西南巴拉望岛西侧岛上陆架上的桑帕吉塔-1井及巴拉巴克岛西南的Lircas-1井均钻遇深海页岩。而在西南巴拉望岛陆地，则为古南海洋壳在向南俯冲过程中加积到岛上，构成了蛇绿岩增生体。

古新世时北康盆地区发生基底断裂，盆地进入初始发育阶段。南薇西盆地与北康盆地的该套地层称为南薇群（组），为砂岩和砂泥岩互层。两盆地沉积环境类似，由底部的陆相至海陆过渡相，向上过渡为滨浅海相。地层厚度变化大，分割较强，向隆起区减薄，部分地段缺失。南薇西盆地岩性以陆源碎屑岩为主，沉积环境由西向东依次为冲积扇相、河流相、三角洲相、浅湖相。

最东端的礼乐盆地古新统称为东坡组，缺失中、下部地层，上部层位直接不整合复于下白垩统之上。在盆地内东坡礁上的桑帕吉塔-1井，井深2600 m以下打到古新统上部层位，缺失古新统中、下部层位。上古新统下部为陆架灰岩，厚约30 m。上部为滨海–三角洲相碎屑岩，由含砾砂岩、粉砂岩和泥岩组成，厚约280 m。另外，德国“太阳号”船在仙娥礁西侧，用拖网采集到古新统胶结差的灰色粉砂岩和砂岩，内含软体动物壳和印摸及大量浮游有孔虫和颗石藻生物。属浅海–半深海相沉积。据地震资料，礼乐盆地内的沉积地层分布和厚度受断层和古地形控制明显，厚度变化大，拗陷内最厚可达1080 m，向隆起部位减薄，部分地段甚至缺失。

### （二）始新统（$E_2$）

中始新世时期，南海南部自西向东由陆相向海相变化，西部发育深湖–半深湖、冲积平原相、扇三角洲相等，东部的礼乐盆地与巴拉望盆地主要发育深海–半深海相、海陆过渡的三角洲相（图6.24）。

中始新世及以前，曾母盆地位于南海北部南缘，由于受到北西–南东向拉张、伸展作用，成盆初期主要接受来自华南陆缘的碎屑物质，为早期裂陷阶段的产物，主要发育于盆地北部；盆地南部（西部沙捞越）拉让群即为这套层序，其下部为粉砂岩和极细砂岩，中部为板岩，局部为粉砂岩和极细砂岩互层，中上部为灰岩和页岩，最上部为变质页岩和砂岩夹板岩。这套层序可能为海陆交互相的浅变质沉积岩。盆地其他大部分地区缺乏该层序的资料。从沉积充填来看，曾母盆地帕乌斯–拉奈脊一带为造山带的高部位，将索康拗陷与巴林坚区分隔开来。索康拗陷沉积了来自纳土纳隆起的扇三角洲，在西部斜坡、巴林坚发育了扇三角洲沉积；盆地东北部为深湖–半深湖沉积。

古新世到早始新世，北康盆地位于华南大陆南缘，主要表现为地块的隆升与张裂。中始新世，开始沉积物大量充填，盆地进入早期发育阶段。晚始新世，印度板块与欧亚板块发生碰撞，印支地块向东南方向挤出，南沙地块与华南大陆分离，向东南运动。北康盆地在其南移过程中，海侵范围不断扩大，除西北部尚有陆相环境外，盆地主体为海相环境。物源来自华南大陆，北康盆地中部和南部为滨浅海沉积。

始新世早期南薇西盆地基底产生一系列北东—北北东向断裂，形成一些彼此分割的断陷，开始了裂谷早期的发育阶段。由于南薇西盆地位于古南海西北缘，紧邻珠江口盆地和琼东南盆地，故推测其也为近源陆相沉积，没有海水侵进，构造运动直接控制盆地的沉积格架和沉积作用，地层厚度变化大。盆地沉积物主要来自华南大陆以及盆地内隆起，且以多向物源为特征。在上述分析的基础上，根据地震相标志的地质属性和断陷湖盆早期沉积模式，结合区域地质特征将地震相转化为沉积相，推测盆地中部至东南部以滨–浅湖和半深湖相沉积为主。

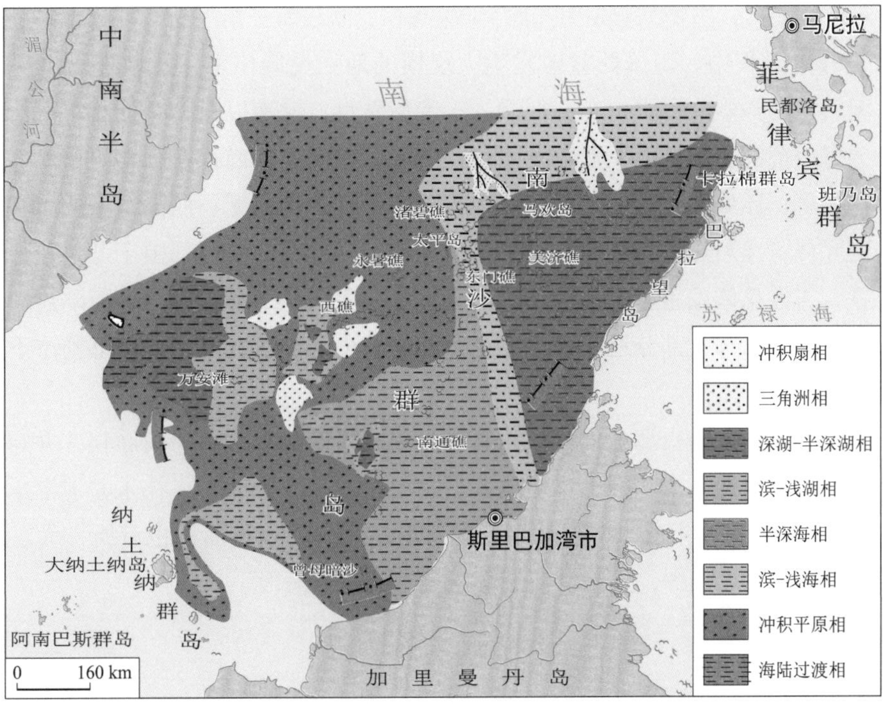


**图6.24　南海南部中始新世沉积相图**

早—中始新世，礼乐盆地沉积水体明显加深，主要为滨海–浅海沉积，局部为半深海沉积，沉积范围扩大。该时期地层具有南厚北薄、西厚东薄的特点，沉积中心位于南部拗陷和西北拗陷，为烃源岩发育最有利的时期。晚始新世盆地仍位于华南陆块的东南缘，为张裂二期发育阶段，沉积中心仍位于南部拗陷和西北拗陷，此时期三角洲分流河道、三角洲河道间都较下部古新统—始新统时期有所萎缩，以滨海–浅海相砂页岩沉积为主。

## （三）渐新统（$E_3$）

该套地层发育于古南海被动陆缘的晚期。由于南海西南海盆的产生，南海南部地块与西北加里曼丹地块发生碰撞，构造格局发生了改变，水体变浅、沉积速率降低、地层厚度减小。但在南海南部海域各盆地仍有分布，由东部的海相地层，向西、北逐渐转变为海陆过渡相至陆相。海相地层厚度变化较小，全区较为稳定。陆相地层厚度变化大，分割性强，相变频繁。

早渐新世，曾母地块裂离华南陆缘向南漂移，随古南海洋壳俯冲消减于加里曼丹地块之下，最终于晚渐新世与加里曼丹地块拼贴、碰撞。曾母盆地在靠近造山带的南部发育一系列北西向正断层，使得地层分割明显。此时，碰撞产生的构造负载和沉积负载成为盆地沉降的主要因素，控制着盆地持续稳定的发展。盆地边缘为海岸平原和滨海相，往盆地中部渐过渡为浅海–深海相。巴林坚沿岸露头显示，尼亚劳组（$E_3$—$N_1^1$）以砂岩占优势，为浅海或非海相沉积，西巴林坚区为河流相–海岸平原相。

早渐新世北康盆地接受海侵，中东部普遍成为海相环境，西部的陆相环境分布区较始新世时明显减小。沉积环境由东往西依次为浅海–半深海、滨海–浅海、三角洲和冲积平原。晚渐新世时，北康盆地沉积中心在中东部区，呈北东向展布，多为东断西超的半地堑。地堑内发育两套沉积层，下部岩性较均匀，以粗粒沉积为主，上部岩性不均匀，粗细交替，浊积砂岩发育，产状较稳定。半深海环境以泥质沉积为主，地层厚度薄而稳定，间有浊积砂岩发育。盆地西北部滨–浅海环境有次级沉积中心，具双向上超特征，多为继承性沉积凹陷。晚渐新世—早中新世，北部物源对本区的影响减弱，中南半岛南部和巽他陆架成为主要物源区。海水自东向西侵入，主要沉积相为浅海–半深海相、滨浅海三角洲相、滨岸沼泽、冲积平原相。

在南沙地块南移的过程中，南薇西盆地发生大规模的地壳拉伸作用，盆地进入主裂解张裂期，开始断陷发育阶段，断块活动强烈，海水由东南部漫入。晚始新世，盆地以海陆交互相沉积为主。早渐新世，随着海平面上升，海侵范围不断扩大，盆地发生快速沉降，除西北部尚存有陆相环境外，盆地主体逐渐进入海陆交互相和海相沉积环境。在这一时期，盆地古地貌呈现北高南低、西高东低的沉积格局。推测盆地由晚始新世海陆交互环境逐渐过渡为早渐新世开阔海环境，并且在凹陷底部由于低水位体系域发育而形成加积到退积的叠置，岩性总体偏粗、富含砂。早渐新世末，除西北部和西部尚存海陆过渡的滨岸平原环境外，滨海和浅海占据中、东部大部分地区，仅在东北部隆起内局部发育潟湖，南部断层下降盘一侧还零星分布扇三角洲。

晚渐新世开始，随着南海中央海盆的扩张，礼乐地块从华南陆缘裂离向南漂移，并定位于现今的南海东南部，沉积物源主要在盆地东南部的巴拉望地区，物源较为缺少。此时，礼乐盆地继承了前期的沉积格局，以一套滨海–浅海相沉积为主，半深海环境面积有所扩大，浊积岩面积也有所扩大。之前萎缩的三角洲河道已复苏，形成鸟足状三角洲，这是盆地储集层发育的主要阶段。

### （四）中新统（$N_1$）

中中新世是南海南部陆缘碳酸盐岩最为发育时期，曾母盆地碳酸盐岩主要发育于南康台地及西部斜坡区，形成逆冲顶部台地、前隆台地以及孤立海隆台地（图6.25），礼乐盆地碳酸盐台地和生物礁主要发育于中部隆起，发育时间早，晚渐新世开始发育，且持续到中中新世（图6.26）。

#### 1. 下中新统（$N_1^1$）

早中新世时期，该套地层与南海中央（东部）海盆形成同期产物，因此，在南海南部海域既继承了古南海被动陆缘上相稳定的沉积格局，又有新南海在形成过程中引发的新的沉积特征。随晚渐新世海平面的上升，海水不断向西北、西部推进，至早中新世早期，海侵抵达最西部的万安盆地，南海南部海域已全部被海水淹没。在南海南部海域的各盆地内沉积了一套海进体系域的浅海–半深海相的砂泥岩。同时，在沉积剖面中碳酸盐岩的成分增加是这一时期的又一重要特征，并且产出的层位由东向西抬高，与海侵的方向是一致的。

曾母盆地总体显示了碳酸盐台地和拗陷相间分布的格局。自西向东，依次发育纳土纳台地、康西拗陷、南康台地、西巴兰三角洲。这种分布格局体现了沉积环境在时空上的差异性。曾母盆地早中新世时期仅在南康台地发育零星孤立碳酸盐台地和生物礁［图6.25（a）］。

早中新世，随着南海南部地块的进一步迁移，北康盆地距离华南古陆母岩区越来越远，碎屑物供应逐渐不足，三角洲沉积体也不断退积，最终从盆地内部消失。该时期北康盆地四周环海，北部为新生的南海，南部则为逐渐消亡的古南海，在此构造–沉积背景之下，北康盆地全区发育滨海–浅海相泥岩。

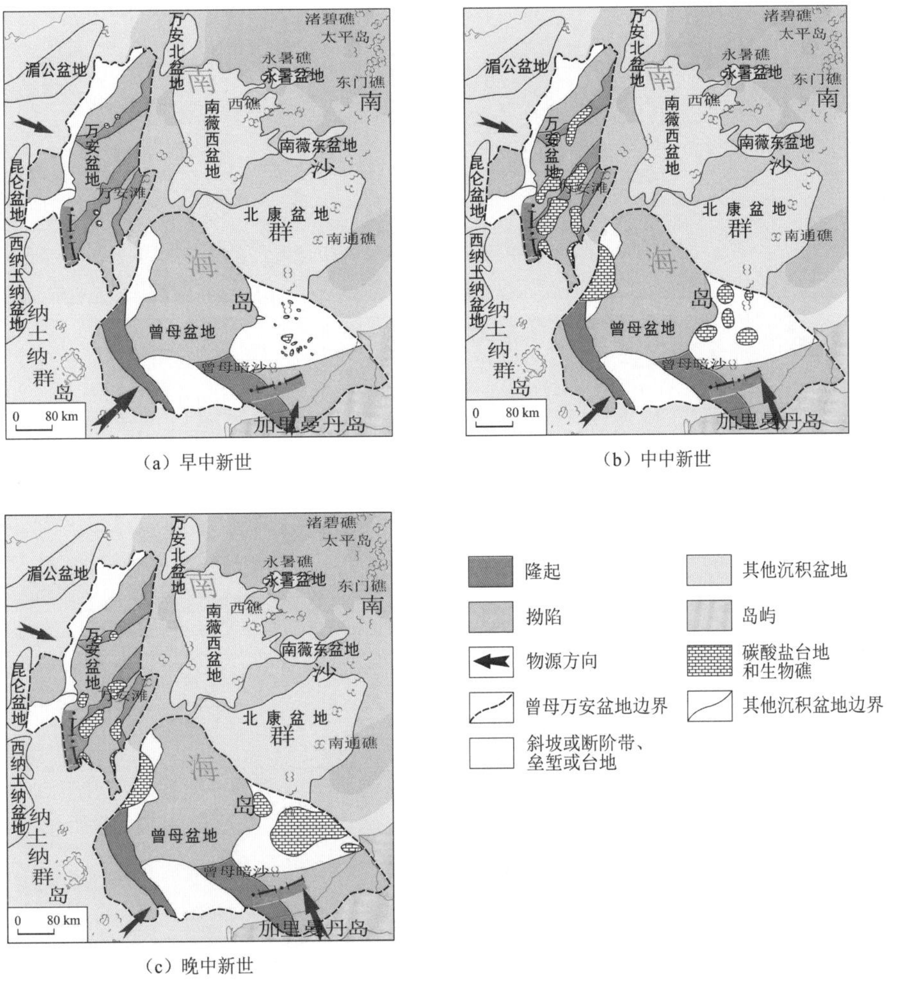


（a）早中新世　（b）中中新世　（c）晚中新世

**图6.25　曾母、万安盆地主要碳酸盐岩时空分布图**

早中新世，南薇西盆地已基本移至现今位置。此期间，盆地进入主裂解扩张的断拗发育阶段，断裂活动减弱，随着海平面大规模上升，海水由东往西侵进，盆地整体位于海相沉积环境，沉积范围也随之扩大。

晚渐新世到早中新世是礼乐盆地碳酸盐岩的主要发育时期，该时期的构造作用、沉积环境以及相对海平面变化等因素都有利于形成碳酸盐台地和生物礁，主要分布于中部隆起［图6.27（a）］。

2. 中中新统（$N_1^2$）

曾母盆地、万安盆地和北康盆地早、中中新世之间发育的局部不整合（$T_5$），将该套地层分成了两部分。该地层的厚度一般在800～2500 m，并向西和西南增厚，在曾母盆地和万安盆地凹陷内最厚可达4500 m。但在南海南部海域中南部中中新统上部地层被强烈剥蚀。

中中新世时期，曾母盆地的西部斜坡和南康台地发育大量隆起构造，在隆起背景上发育大量的碳酸盐台地和生物礁［图6.25（a）、图6.28、图6.29］。

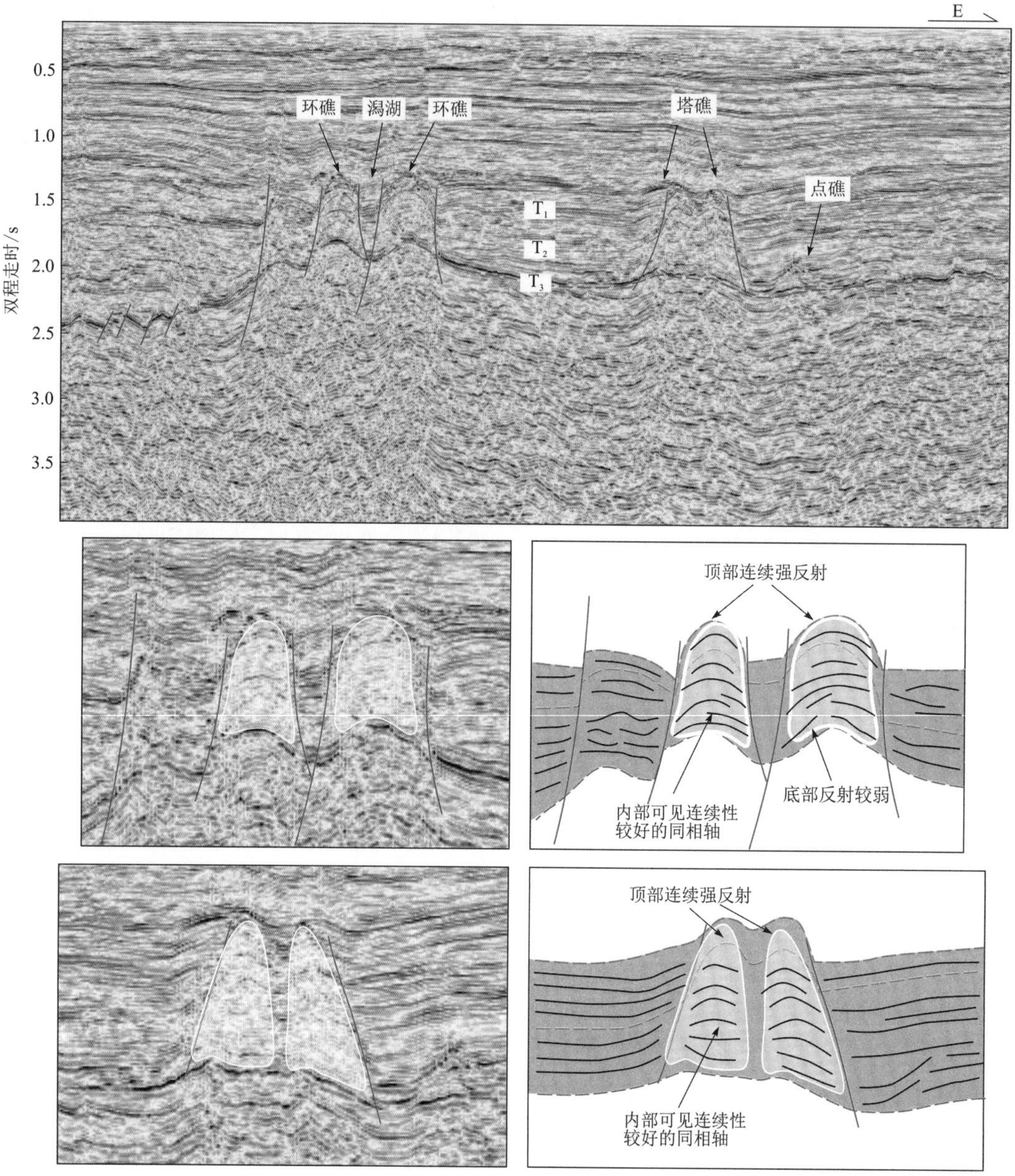


**图6.26　曾母盆地环礁、塔礁典型地震剖面图**

中中新世，北康盆地基本延续了早中新世的沉积面貌，但随着中中新世末期南海南部地块与南部加里曼丹岛碰撞，以及东部菲律宾海板块往西挤压作用增强，北康盆地东部隆起区开始供源，自东往西在东南拗陷北部发育了三角洲砂体，三角洲砂体的前端常常由于失稳而滑塌，在西部拗陷沉积下来形成重力流砂体。在东南拗陷南部，由于陆源碎屑物供给不足，局部古隆起供源距离极其有限，发育碳酸盐台地。在从相对高海平面到大的海退背景下，在先前浅水台地及隆起高地发育碳酸盐沉积。在盆地南部及北部中央区发育浅海泥灰岩及泥岩相沉积—局部区段内发育生物礁相沉积。但因整体水体较深，又缺乏足够的台滩构造，碳酸盐的分布不普遍。主体以陆源碎屑沉积为主。盆地内发育有浅海-半深海偏泥相、浅海-半深海砂泥相、浅海偏砂相等。另外，在盆地东北部发育火山碎屑岩相沉积。北康盆地近曾母盆地一侧发育碳酸盐台地沉积，在盆地北部水体较深，为半深海沉积。

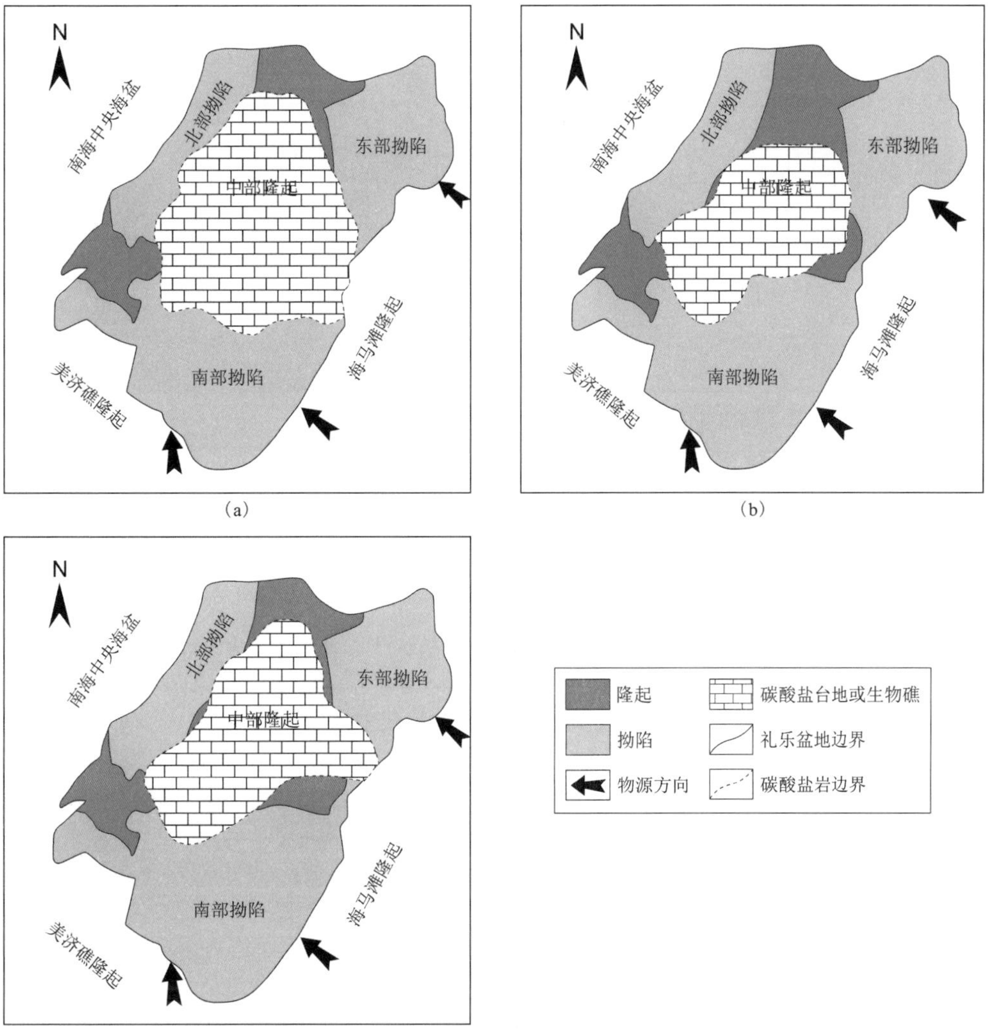


**图6.27　礼乐盆地碳酸盐岩时空分布图**

（a）晚渐新世—早中新世；（b）中—晚中新世；（c）上新世至今

中中新世末发生的南沙运动使南薇西盆地全面隆升并发生局部反转，盆地从相对高海平面进入低海平面，遭受强烈剥蚀和改造作用，盆地内的一系列构造圈闭也是在该时期定型。南薇西盆地北部发育三角洲沉积，南部为浅海–半深海沉积。

中中新世到晚中新世时期，礼乐盆地虽然沉积中心和沉降中心没有明显迁移，生物礁和碳酸盐台地仍然主要分布于中部隆起，但其分布范围明显萎缩变小［图6.25（b）］。

3. 上中新统（$N_1^3$）

上中新世时期，南海南部全部为海相沉积，主要发育三角洲相、碳酸盐台地相、生物礁相、深海–半深海相（图6.30、图6.31）。

从沉积相的发育来看，晚中新世为曾母盆地和北康盆地的走滑改造阶段，以海平面持续下降为特征。与中中新世相比较，曾母盆地西部斜坡上的生物礁和碳酸盐岩的规模变小，而南康台地之上则分布面积则有明显扩大［图6.25（c）］，该时期三角洲尤为发育。在曾母盆地南部隆起部位发育三角洲（图6.32），该区沉降量相对较小，形成了陆架三角洲沉积，与上中新统两个三级层序一致，发育两期以陆架三角洲沉积为特色的大型三角洲复合朵体，地层厚度为1500～5000 m。

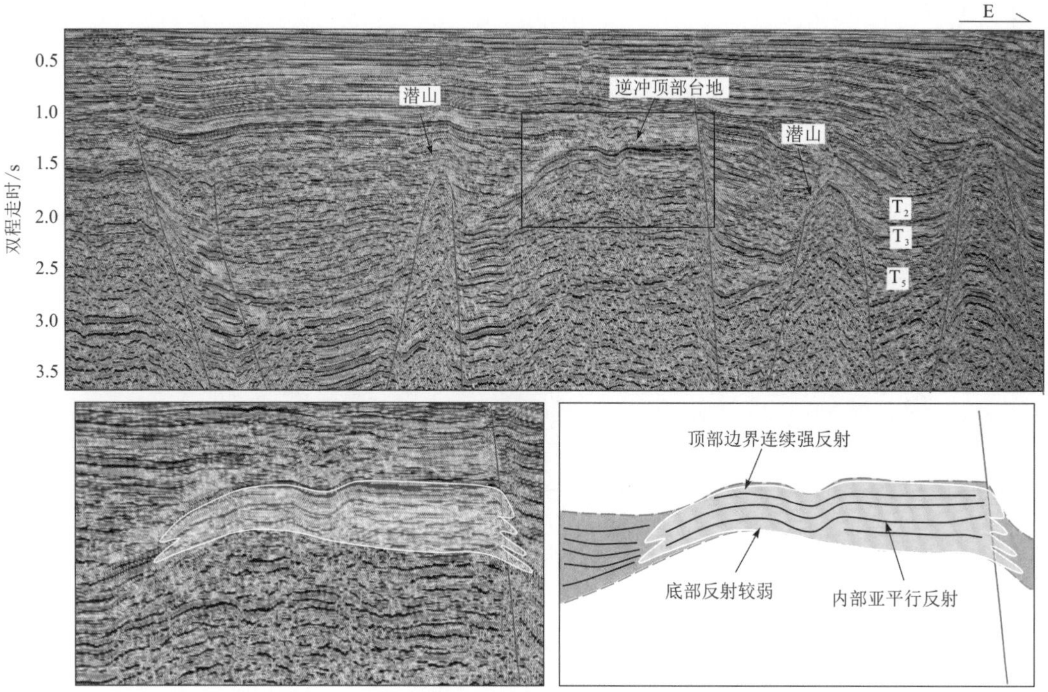


图6.28　曾母盆地逆冲顶部台地典型地震剖面图

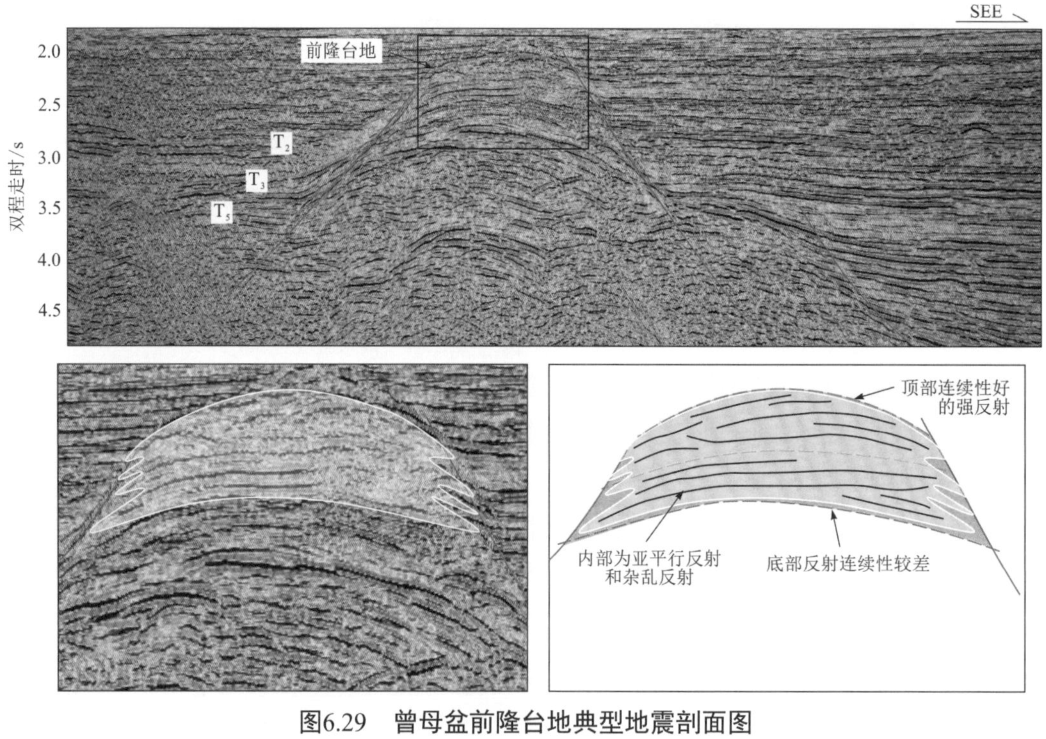


图6.29　曾母盆前隆台地典型地震剖面图

此时期，东部的礼乐盆地继承中中新世沉积格局，沉积、沉降中心没有发生明显迁移。整个盆地主要发育一套浅海–半深海砂、泥相和台地碳酸盐岩、生物礁相沉积相。而此时期来自海马滩隆起的三角洲规模有所扩大，东南角发育较大区域三角洲分流河道和三角洲河道间。受到后期构造运动，尤其是南沙运动的改造，地层抬升褶皱变形明显，在不同构造部位遭受不同程度的剥蚀、甚至缺失。晚中新世以来，盆地沉积与沉降中心一致，均位于南部坳陷，但盆地沉降沉积速率相对缓慢。

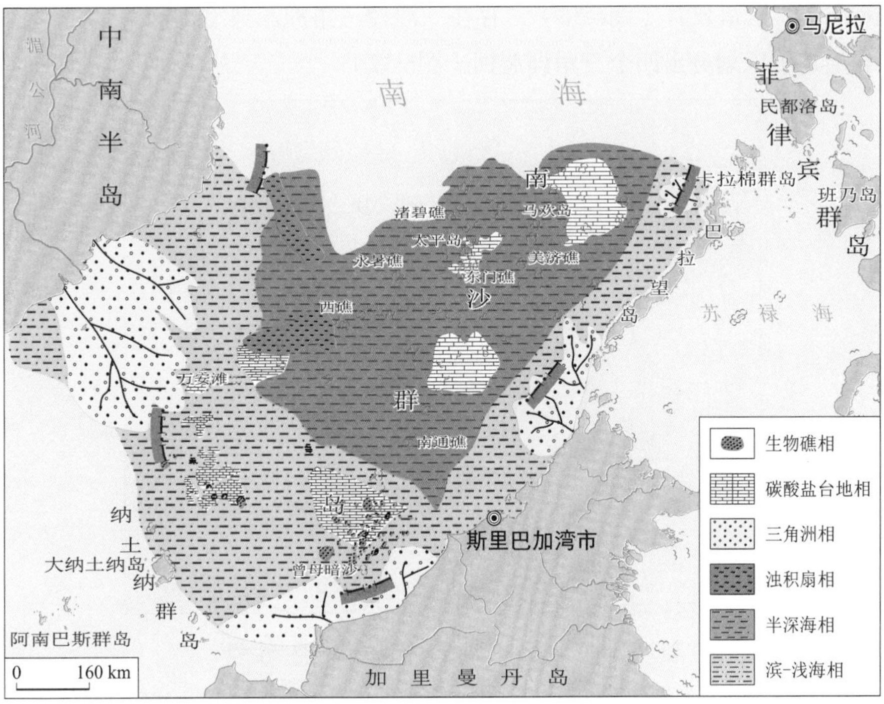


图6.30　南海南部晚中新世沉积相图

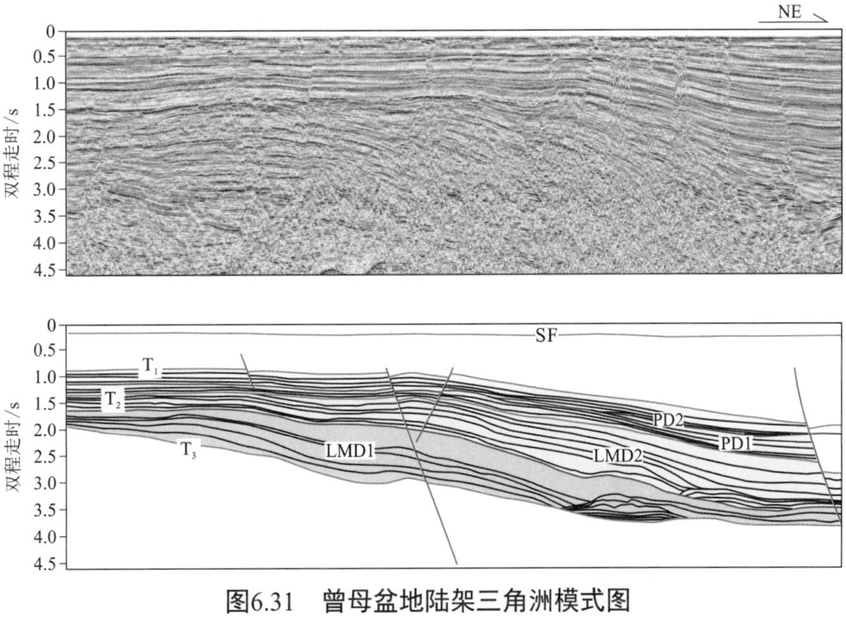


图6.31　曾母盆地陆架三角洲模式图

### （五）上新统—第四系（$N_2$—Q）

该套地层是在南海中央海扩张停止后，在热沉降过程中形成的一套相对稳定的沉积地层，覆盖南海南部海域全区，由陆架区的滨浅海相至陆坡区浅海–半深海相，在海盆内为深海相，表现为由陆及海，沉积物由粗变细，以泥质沉积物为主的特征。在隆起部位和拗陷内的高部位或海山上，常由珊瑚礁等成因的碳酸盐类沉积。地层厚度一般在陆架、陆坡区的沉积盆地中较大，在500～2500 m，第四系的厚度最厚可达2500 m。

上新世—第四纪时期，曾母盆地主要为浅海–深海砂泥岩，地层厚500～5000 m。上新世期间，三角洲进一步向曾母盆地康西拗陷推进（图6.33）。第四纪时期，曾母盆地三角洲进一步向康西拗陷推进，形成大规模且厚度很大的三角洲进积楔状体（图6.34），此外，通过地震剖面可以得出，曾母盆地西南部具有前积地震相（图6.35），水道发育（图6.36），存在一河控三角洲。典型剖面解剖显示，第四系可划分为四个三级层序，相应地可以划分出四个三角洲旋回（图6.37）。

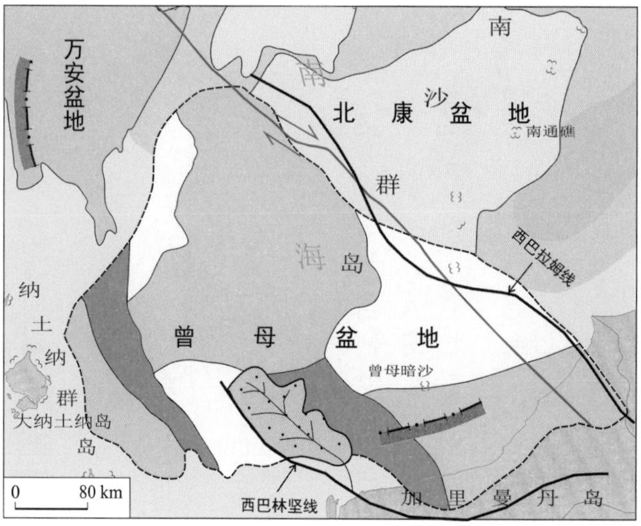


图6.32　曾母盆地晚中新世主要三角洲平面分布图

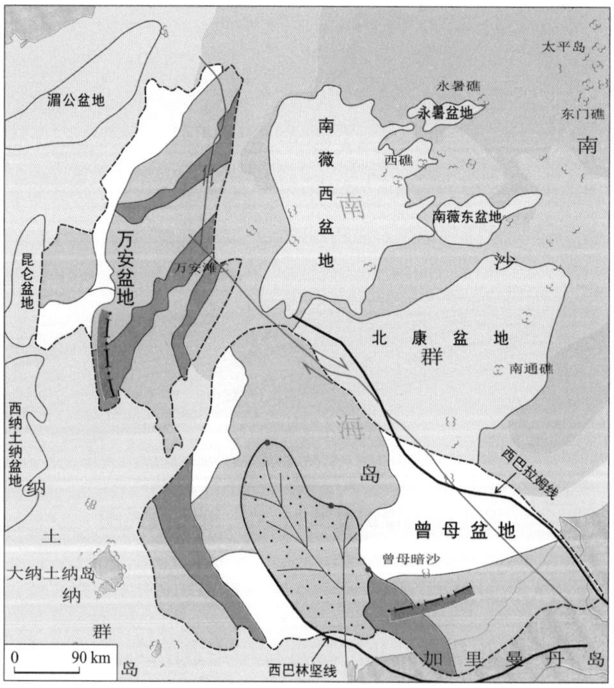


图6.33　曾母盆地上新世主要三角洲平面分布图

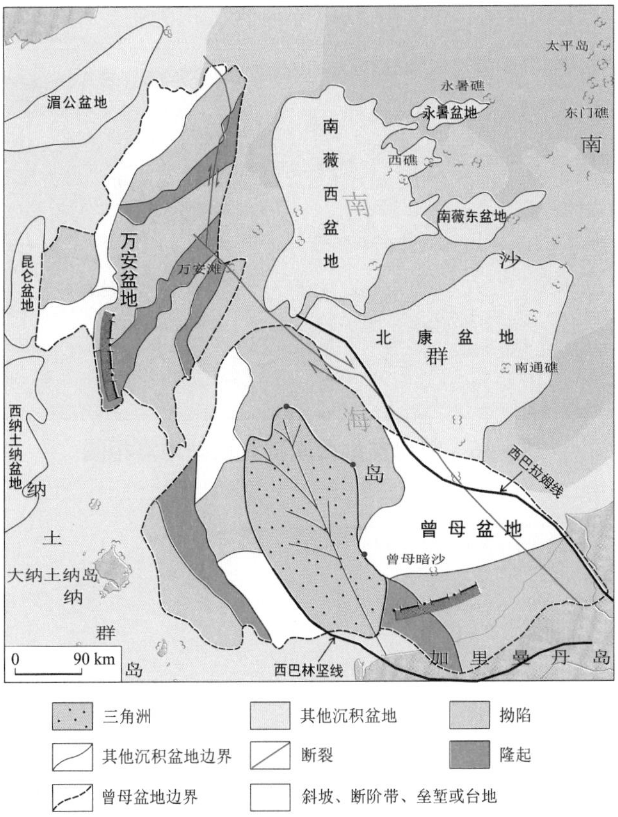


图6.34　曾母盆地第四纪主要三角洲平面分布图

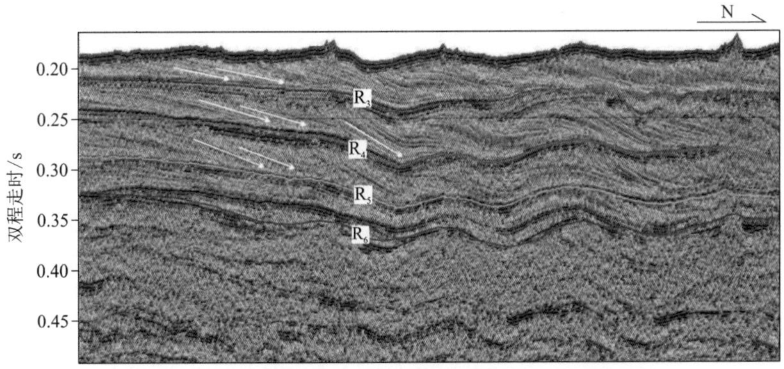


图6.35　曾母盆地西南部前积型反射地震相图

北康盆地晚中新世以来水体进一步加深，海侵方向主要来自于西北部的南海，在西部坳陷沉积了海相泥岩，南海南部地块与加里曼丹岛碰撞形成的褶皱冲断带为盆地东南坳陷提供了近源碎屑物，发育三角洲砂体，而东南坳陷南部的碳酸盐台地则由于万安运动造成的盆地回返、地层剥蚀而逐渐减少。第四纪以来，北康盆地稳定、持续性下沉，海侵范围逐步扩大，在盆内大部分地区沉积了厚层泥页岩，主要为滨浅海-半深海-深海沉积，局部发育三角洲前缘沉积。

上新世—第四纪时期，南薇西盆地整体进入区域热沉降阶段，处于浅海至半深海陆坡环境。地震剖面主要为中频、强弱振幅交替、连续地震相或弱振幅、连续-断续地震相，呈现加积披盖的沉积特点。主要为滨浅海-半深海-深海沉积，局部发育三角洲前缘沉积。

上新世以来，东部的礼乐盆地物源仍来自海马滩隆起方向，西北方向的南海的中央海盆发育于深海相和半深海相，而整个区域多发育滨浅海相。只在盆地东南角发育三角洲分流河道和三角洲河道间。此时期隆起区仍以碳酸盐岩和生物礁沉积为主，凹陷区则以碎屑岩沉积为主。

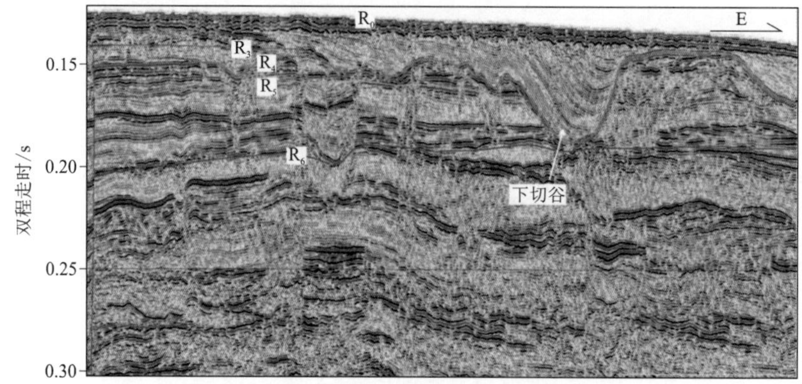


图6.36　曾母盆地西南部充填型地震相图

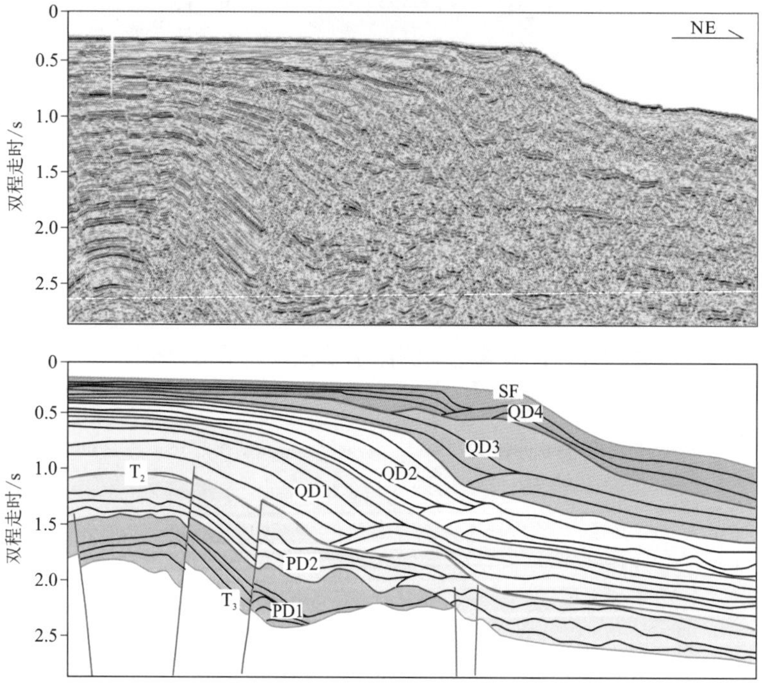


图6.37　曾母盆地陆架边缘三角洲模式图

## 三、主要盆地充填演化

### （一）中生代

南海南部上三叠统—下侏罗统分布较广，为三角洲和滨浅海相砂页岩，上侏罗统—下白垩统主要为浅海-半深海相砂岩、砾岩、页岩、黏土岩和灰岩。Sampagita-1井在大约3400 m处所钻遇的早白垩世含煤碎屑岩系（图6.38），其上部由带一些褐煤层的砂质页岩和粉砂岩组成，下部由集块岩、砾岩和偶尔含有粉砂岩互层分选差的砂岩组成，地层岩性变化大（钻遇厚度约700 m，未钻穿），礼乐盆地三叠系-下白垩统，主要为河流-浅海相碎屑岩，属稳定陆缘盆地沉积。晚白垩世区内抬升剥蚀。

### （二）古新世—始新世

古新世—始新世，曾母盆地处于古南海的浅海-半深海环境，沉积砂质泥岩和泥岩。

北康盆地底部由低水位体系域、湖进体系域和高水位体系域构成。低水位体系域完全分布在地堑内，由冲积沉积体系构成，分布局限，最大沉积厚度超1000 m，沉积物源来自上升盘及邻近山地。冲积扇沉积物以粗粒为主，只在扇尾有相对细粒的砂泥质沉积；中始新世中期，随盆地沉降范围的逐渐扩大形成湖泊，盆地的可容空间迅速扩大，原来的邻近高地逐渐夷平，物源供给相对减少，产生了湖进体系域。在陡岸与断裂带发育扇三角洲沉积；在深水期形成近岸浊积扇；在缓坡区发育河流三角洲沉积。早期湖泊水体较浅，晚期水体加深，由过补偿状态逐渐演变为欠补偿状态。水进体系域下部，在湖岸附近形成各种粗碎屑沉积，沉降中心发育浅湖相沉积，上部以深湖相和各种重力流沉积发育为特征。盆地湖进阶段由于可容空间的快速增大，盆地大部分地区为饥饿沉积，晚期细粒泥质沉积发育。至中始新世晚期，盆地东南面发生海侵，湖水面（或海水面）逐渐达到最大高度，盆地内开始发育进积准层序组，上部河流沉积和冲积平原沉积发育。高水位体系域早期阶段沉积缓慢，盆地大部分地区发育泥质沉积。晚期湖进体系域泥岩与早期高水位体系域泥岩共同构成盆地内早期烃源岩。该套烃源岩主要由深湖相泥岩、沼泽泥岩及少量浅海相泥岩组成。晚始新世末，全球范围内较大海平面下降，北康盆地内形成Ⅰ型层序界面。

礼乐盆地该时期主要为断陷充填沉积，古新统不整合覆于下白垩统之上，古新统东坡组由砂质页岩、砂岩、粉砂岩及黏土组成，底部为致密白垩质灰岩，为内浅海-滨海相沉积。下—中始新统阳明组由软质页岩和粉砂岩组成，往底部砂质增多，其沉积环境为外浅海。

### （三）渐新世—中中新世

渐新世—早中新世，曾母地块向南俯冲，与纳土纳隆起汇聚挤压，古南海逐渐消亡，古新统—始新统海相沉积褶皱变质，产生以拉奈隆起为主，包括塔陶垒堑区一部分的拉让造山带。在曾母地块与加里曼丹地块间形成前陆式拗陷，在东巴林坚拗陷（包括康西拗陷东部）形成4000 m厚的渐新世—早中新世早期沉积。这一时期，拉奈隆起处于新南海的西南边缘，海岸线为北西走向，海水自东北往西南入侵，物源区为西雅隆起、拉奈隆起和加里曼丹地块。据国外资料，在拉奈隆起西南面的索康拗陷区为残余古南海，处于浅海-半深海环境。在中中新世末期，万安运动在曾母盆地中表现非常强烈，不仅使当时的沉积发生断裂与块断活动，而且还使地层发生倾斜和抬升，此后其顶部地层遭受剥蚀，导致了南康拗陷中的构造反转和泥底辟刺穿。晚中新世，盆地沉积相序从南向北发育海岸平原相、三角洲相、滨海相、浅海半深海相。尤其是三角洲主体由南向北的快速沉积和快速推进，导致盆地内形成大型重力滑脱断裂系统及泥底辟构造。曾母盆地西部、东部为隆起或斜坡区，在中—晚中新世时期发育碳酸盐台地或生物礁。此时南康拗陷北部生长断裂发育，形成大量的掀斜断块，构成一系列由多种类型组合而成的局部构造。中中新世—晚中新世，曾母地块向东南挤压，形成巴林坚拗陷褶皱构造，海岸线转为近北东向，与此同时，受南海扩张后热沉降影响，曾母盆地东北部大幅度沉降，西加里曼丹地块不断抬升，卢帕尔河和拉让河等河流带来大量碎屑物质，通过塔陶垒堑区进入康西拗陷，形成巨厚的三角洲沉积。这一时期，南康台地碳酸盐岩继续发育，且面积扩大，而西部斜坡碳酸盐岩较先前有所萎缩，面积减小，主要物源区为纳土纳隆起区和加里曼丹岛。

早渐新世为持续高海平面时期，北康盆地内发育低水位体系域、海进体系域和高水位体系域。低水位体系域由一套加积-进积准层序构成，主要为滨海和三角洲相砂泥质沉积。海进体系域和高水位体系域，以加积沉积为主，泥质沉积发育。早渐新世末，北康盆地海退，在断块高处、隆起部位都发生明显的剥蚀，形成强烈的不整合界面，在盆地低凹部位发育了早期低水位体系域。低水位体系域分布局限，大部分地区与海进体系域都以三角洲相、滨海相沉积为主，局部有水下扇沉积。晚渐新世—中中新世为拗陷阶段的广盆型沉积。从剖面地震相的分布特征分析，北康盆地西部以中频率、中振幅、断续反射地震相和中弱振幅、杂乱反射地震相为主，盆地东缘以低频率、弱振幅、低–中高连续反射地震相分布最为普遍。地震相特征反映北康盆地中南部水体开阔稳定，东缘水体相对宁静的水动力特征。北康盆地沿北康暗沙往北延有一向北变窄的杂乱反射地震相分布带，对应盆地中的隆起高地，为水体动荡环境。晚渐新世，受全球平面上升最大，受此影响，古南海海平面升高，北康盆地接受海侵，中东部普遍成为海相环境，沉积环境由西往东依次为滨–浅海、浅海–半深海、深海沉积。沉积相带呈北东向–南北向展布。盆地内大部分地区形成了浅海相的凝缩段，厚度可达200 m以上。该套细粒沉积也是盆地内重要的生烃源岩。早中新世末，北康盆地西南部及其他隆起高地都经历了剥蚀，形成了不整合面或假整合界面。在继承性凹陷内形成了低水位体系域。低水位体系域分布范围小，主要为滨海砂泥质沉积及三角洲相沉积。中中新世，海进体系域比较发育，以滨、浅海砂质和砂泥质沉积为主。高水位体系域分布广泛，但厚度较薄，由三角洲、滨海砂、泥岩，浅海相泥岩组成，局部可能存在碳酸盐岩。

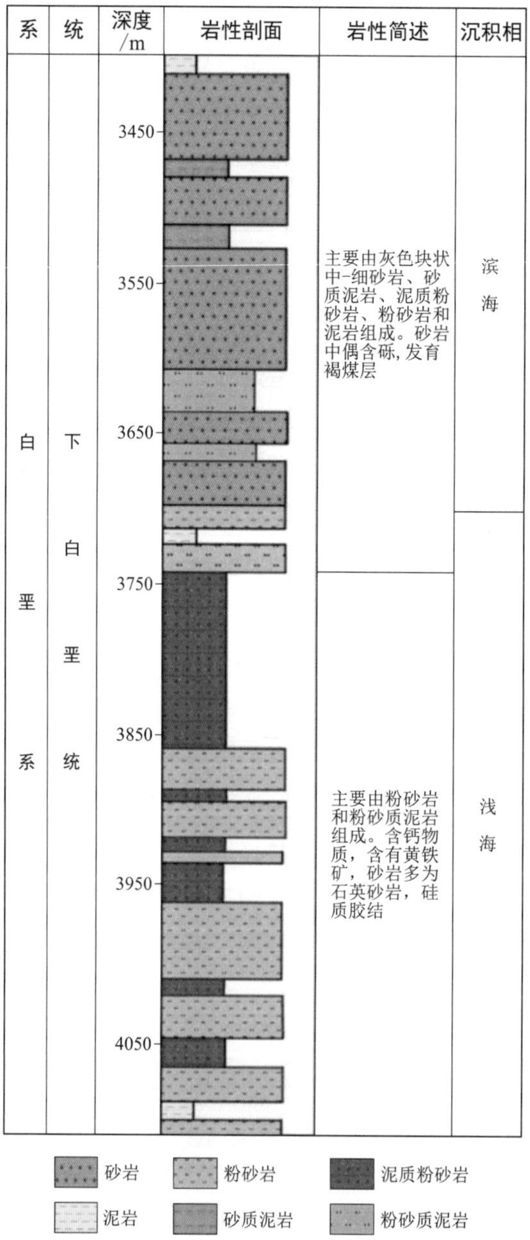


图6.38　Sampagita-1井中生代岩性柱状图

礼乐盆地早渐新世为滨、浅海环境，发育灰绿色、红色黏土、砂质黏土、松散砂岩，越往下部层序，砂质页岩和粉砂岩成分越多。地层中含极少量的植物与动物化石，沉积环境由北往南依次为滨海、内部浅海和外部浅海，主要物源区仍在北部，但西南部的隆起部位也提供部分物源。晚渐新世—中中新世，礼乐盆地远离大陆，沉积物源主要为盆地内的局部隆起、生物碎屑、火山物质和远源悬移碎屑物质。因其独特的地理条件和水文因素，在盆地中部，生物灰岩持续发育，邻近区域灰质泥岩发育。总体上，礼乐盆地的沉积相带由北往南依次发育浅海泥岩-灰质泥岩、台地碳酸盐岩与生物礁灰岩、浅海砂泥岩。在构造高部位，早中新世至现代碳酸盐岩不整合覆于始新统碎屑岩上（图6.39）。底部的碳酸盐岩由灰岩、白云质灰岩和致密白云岩组成，属内浅海沉积环境产物。碳酸盐岩为糖粒状高孔隙，发育溶洞。在拗陷区内，早中新世以来为浅海-半深海砂泥岩相和泥岩相。

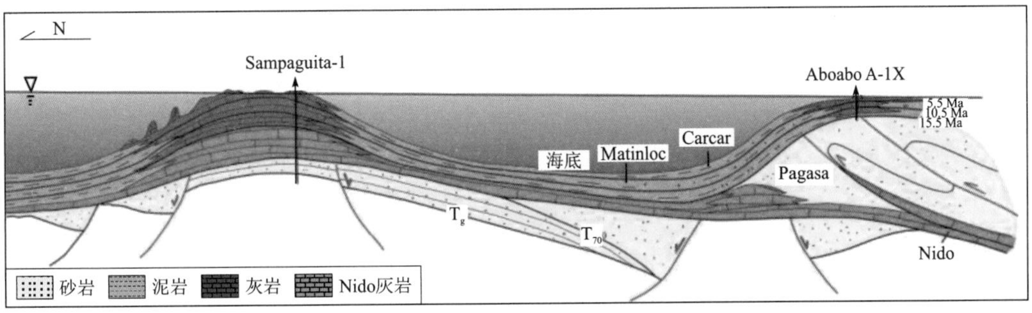


图6.39　过礼乐滩近南北向地质剖面图

## （四）晚中新世—第四纪

晚中新世以来，各盆地进入区域沉降阶段。盆地内隆拗格局不分明，总体呈向南海深海盆倾斜的陆架与陆坡盆地，盆地的沉积相带的分布主要受海平面变化控制，以浅海砂泥沉积为主。曾母盆地北部、北康盆地大部分区域、礼乐盆地东南部及中建南盆地东部处于半深海-深海环境。

第 / 七 / 章

# 南海海盆地层分区

第一节　海盆地层属性及对比

第二节　海盆沉积作用及充填演化规律

# 第一节　海盆地层属性及对比

南海海盆位于南海中部深海平原区，水深为3500～4600 m，以中南海山链及往北的延长线为界，南海海盆可分为西北次海盆、东部次海盆和西南次海盆（图7.1）。海盆地壳厚度为6～8 km，其性质为洋壳。

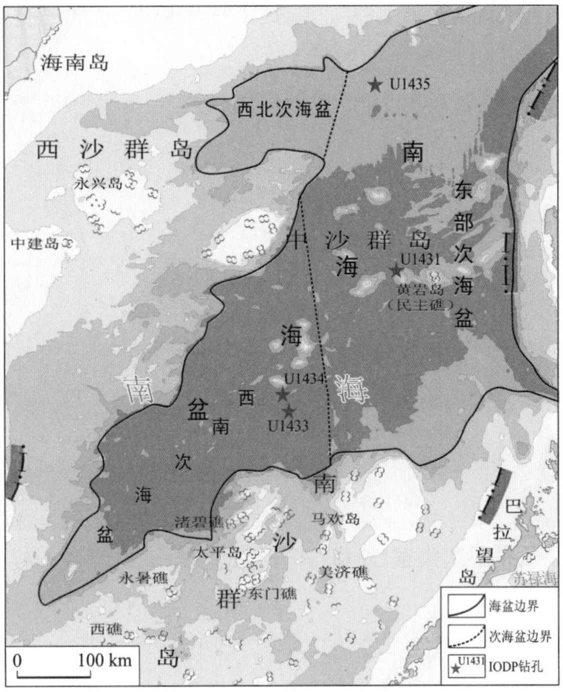


图7.1　南海海盆次级海盆单元划分示意图

## 一、地层属性厘定及特征

根据磁条带资料，南海海盆从早渐新世开始扩张，中中新世停止扩张，形成海盆雏形。地层以渐新统到第四系为主，具有大洋沉积特色。

“海洋地质保障工程”（729专项）2008～2014年间采集了近10000 km的多道地震、近25000 km的高分辨率单道地震以及近千个沉积物表层-近表层地质取样，通过地震-地质综合解译，对南海海盆地层架构和沉积作用有了整体的认识。2014年实施的综合大洋计划IODP349航次，在东部次海盆西北部、东部次海盆近洋中脊和西南次海盆近洋中脊分别实施了四个站位深海钻探，共完成钻探深度4317 m，其中沉积岩取心1503 m，玄武岩取心近200 m，最大井深为1008 m。成功完钻的U1431井和U1433井钻遇下中新统—第四系沉积，印证了海盆以往的工作成果，并为海盆地层厘定和对比提供了实物资料。据IODP349航次钻取的岩心分析，各地震层序对应的地层均为海相沉积，第四系为深海沉积（Li et al.，2014）；比较特殊的现象是浊积岩沉积常见，几乎每十几或几十厘米就有粉砂和黏土组成的沉积旋回，沉积物颗粒从底部向上变细。沉积物中含有大量石英、长石等矿物，化石丰富，但是化石的年代比较混乱，显示出浊积沉积物来源比较杂乱、堆积迅速所固有的特征。

## （一）基底地层

南海海盆是一个具有与正常洋壳相似的地壳结构的洋盆，是新生代扩张活动形成的产物，沉积基底就是海盆基底洋壳。东部次海盆和西部次海盆的海盆基底为玄武岩质洋壳，已经被IODP349航次的U1431、U1433两口钻井所证实，钻井揭示东部次海盆中部和西南次海盆中部沉积年龄较新，分别钻遇早中新世玄武岩和中中新世玄武岩，主要发育中新世以来的地层。U1431井位于南海东部次海盆具最小磁异常条带的残留扩张脊北侧，采集到大约900 m厚的沉积物（13.5 Ma以来）以及100 m厚的下覆基底玄武岩（图7.2）（Li et al.，2014）；U1433井在西南次海盆古扩张脊龙南海山南侧，采集到798.5 m沉积物和60.81 m玄武岩洋壳基底（典型的大洋玄武岩），得到了中中新世以来完整的地层结构。西北次海盆没有井钻遇基底，根据地球物理资料推测其基底为玄武岩。

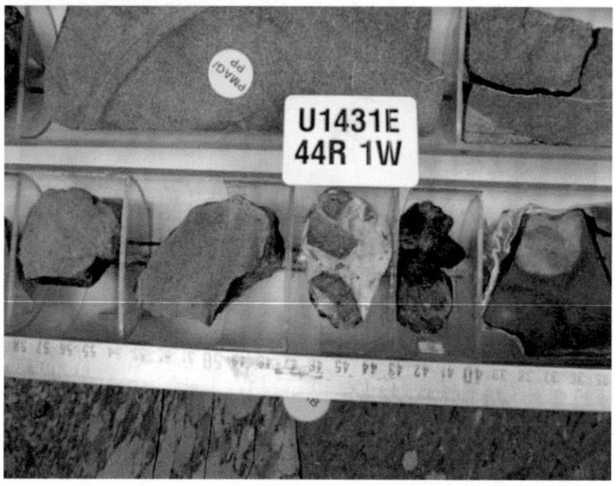


图7.2　东部次海盆U1431井获取的基底玄武岩岩石样品图

## （二）渐新统

南海海盆渐新世地层非常局限，分布不均匀，地层厚度与沉降量的大小和物源的远近关系密切，一般包括下渐新统上部和上渐新统。该套地层一般在0～1000 m变化，局部可达到1200 m。在西北次海盆，渐新统分布在海盆南北部大部分区域，厚度一般为240～1200 m，近中央方向薄，向南北两侧加厚。东部次海盆区渐新统主要分布在南北两侧，属于海盆扩张初期的沉积物，厚度主要在0～1600 m，大部分不超过1000 m（图7.3）；在中沙海台南部海盆区局部少量发育，沉积厚度为0～520 m，根据多道地震资料解释的结果，由两个小的地堑组成，面积很小，沉积厚度分别为0～410 m和0～520 m。西南次海盆区南北两侧存在较老地层，如中业盆地，下部地层呈大角度掀斜状，与上部地层以角度不整合相接触，但无明确证据判断其地层时代，可能为古近系，也有人推测为中生代地层（姚伯初等，1994）。

渐新统总体地震特征为平行-亚平行结构，席状-席状披盖外形；低-中频率、中振幅、中-高连续，局部为中频率、高连续；显示出沉积环境较稳定，水体较开阔，距离物源较远，水动力条件较弱；推测为半深海相。根据西北巴拉望Malajon-1、Galoc-1等钻井资料，下渐新统为一套细-极细粒砂岩夹少量页岩、泥岩和粉砂岩，属浅海陆棚至半深海相沉积。上渐新统主要发育尼多组，可分为深水相沉积环境和浅水相沉积环境两类。深水相灰岩可见于最北部的Galoc-1井，该井钻遇深水相灰岩（白色、褐色微晶泥质灰岩），厚1308.5 m，为外浅海-半深海环境沉积。浅水相沉积环境发育碳酸盐岩建造，在生物礁之间发育有深海相的浊积岩、碎屑流沉积。

图7.3　东部次海盆南部地层分布图

## （三）下中新统

下中新统以西北次海盆沉积厚度最大，部分区域可超过2000 m；沿西南次海盆和东部次海盆扩张中心地带无下中新统沉积，其他大部分区域厚度为0～300 m，其间分布多个厚度达500～800 m的小洼陷。海盆扩张中心两侧沉积厚度为0 m区域多为后期火成岩体分布区，早中新世时期沉积的地层受后期强烈岩浆活动的影响，被侵染、吞噬或破坏，致使很多区域下中新统分布范围变小、厚度变薄，并且很多大洼陷被分割为多个小型洼陷。

下中新统岩性以深海–半深海沉积碎屑岩为主。岩性主要为黏土岩和粉砂岩，在下中新统碳酸钙含量可达35%，而在中中新统碳酸钙含量略有降低，约为30%。U1431井钻遇少量下中新统（图7.4），为U1431E-45R岩性单元。钻孔U1431中，该沉积层位于玄武岩之间。

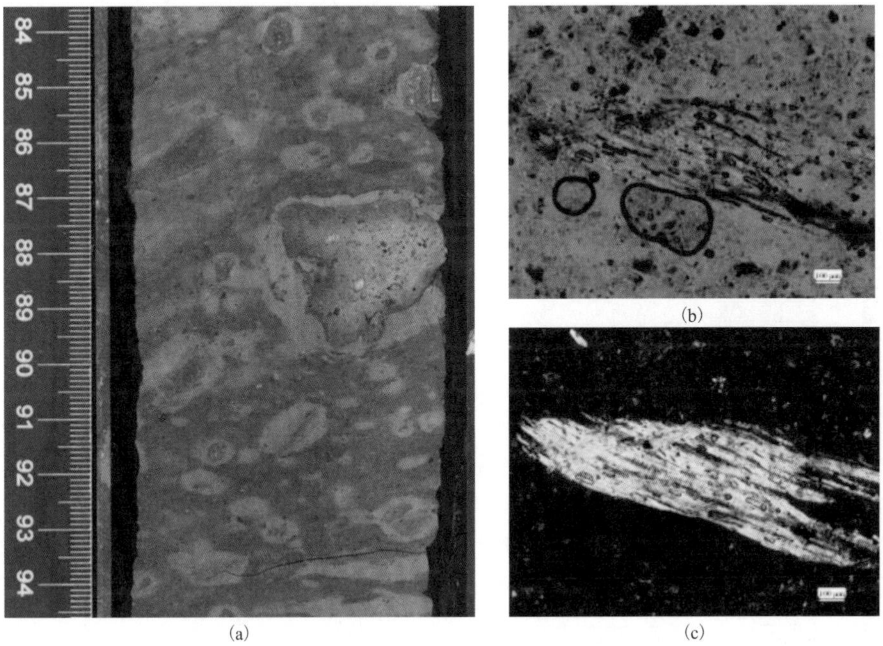


图7.4　U1431E-45R岩心沉积特征及镜下照片

（a）岩心照片；（b）镜下单偏光；（c）镜下正交偏光

## （四）中中新统

中中新统在海盆全区普遍分布，厚度总体为0～1280 m。东部次海盆东南部地层厚度大，一般在400～800 m，最大值可超过1200 m；东北部厚度偏小，一般小于200 m；其他大部分区域厚度为0～400 m，其间穿插多个厚度大于400 m的小洼陷。其地层属性根据地震剖面与IODP349航次钻井对比可以厘定（图7.5、图7.6）。中中新统，在地震剖面上主要表现为以平行结构为主，局部区域为平行–

亚平行结构；总体呈现席状外形，推测为深海平原相；海盆边部及中部局部区域发育前积结构、斜交结构地震相，推测为浊积扇沉积体。

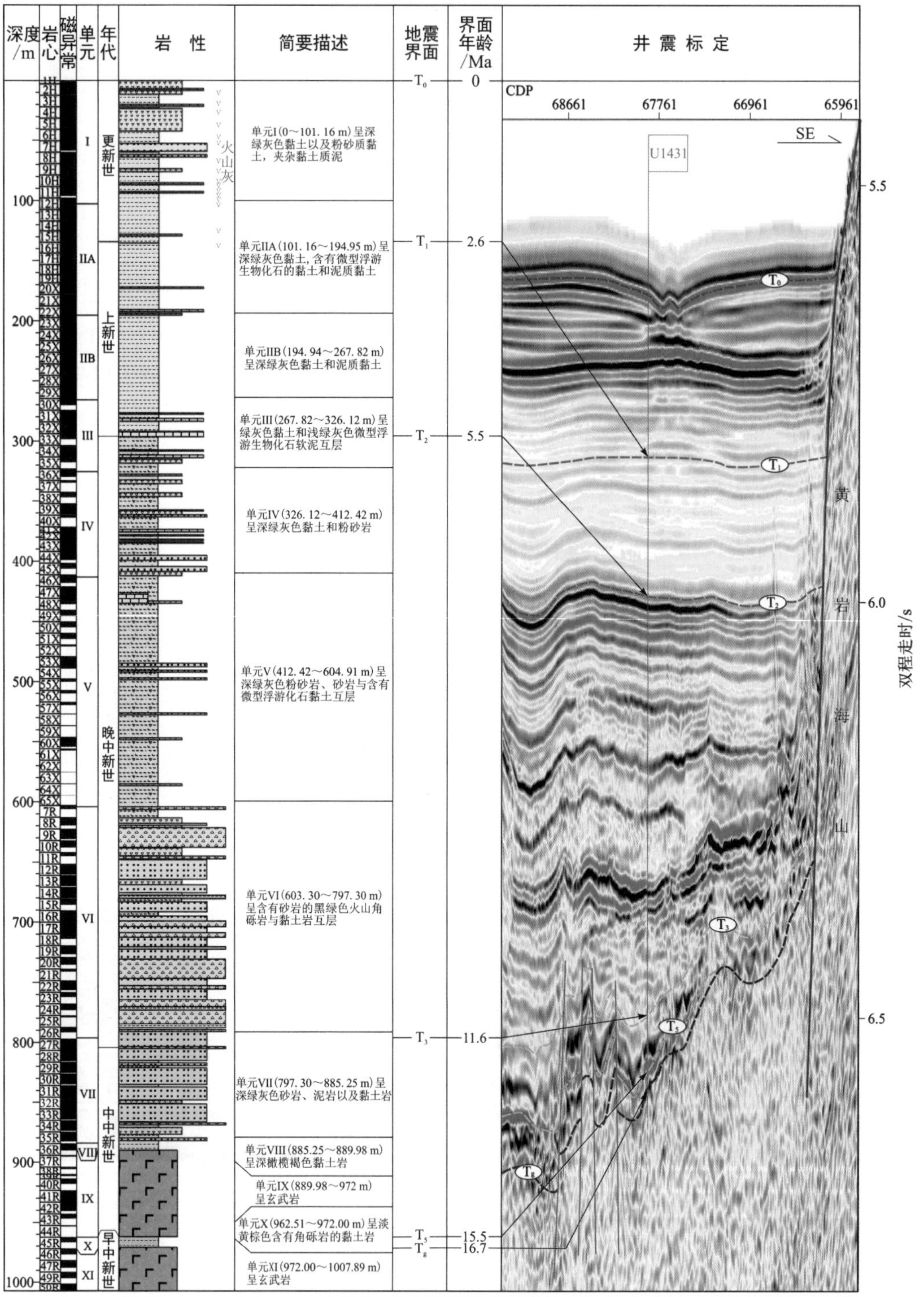


**图7.5 东部次海盆U1431井重要年龄的井震标定图**

岩性图例见附录，下同

中中新统，岩性以沉积碎屑岩为主（图7.7），根据钻井资料揭示，西南次海盆和东部次海盆区地层主要岩性为泥岩、黏土岩，夹砂岩和粉砂岩，总体为深水的远洋沉积。此外在洋中脊最底层还钻遇红层，岩性为红棕色泥岩，厚度为10～40 m，成因尚不明确。

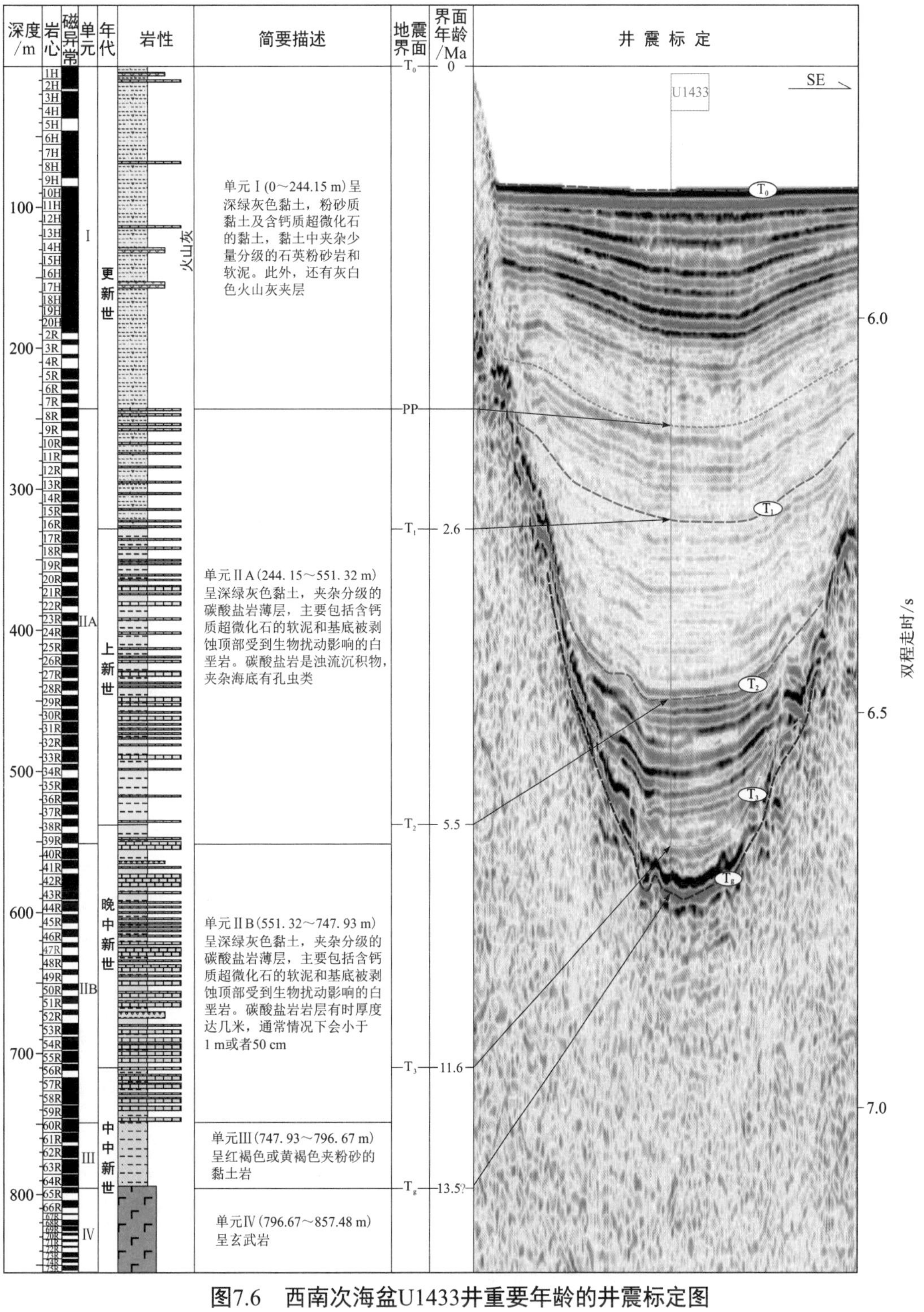


图7.6　西南次海盆U1433井重要年龄的井震标定图

岩性图例见附录，下同

## （五）上中新统

上中新统在南海海盆内基本上全区分布，一般仅火山发育区地层发育不全，各次海盆内地层分布不太均匀。在西南次海盆区古扩张脊内，晚中新世地层厚度一般在200 m左右，向南北两侧方向，地层厚度总体呈现减薄趋势，而至洋陆转换带附近，地层厚度转为加厚趋势，可超过300 m。东部次海盆古洋中脊带多为后期火山占据，晚中新世地层最厚处都不超过150 m，其两侧地层厚度分布具有不对称性。东部次海盆扩张脊北侧的东部厚度偏薄，一般小于150 m，西部厚度较大，一般在250～400 m；扩张脊南侧上中新统厚度分布比较均一，大部分在125～250 m，西部局部区域厚度可达400 m。两个次海盆之间的区域上中新统厚度分布变化不大，一般在125～250 m。西北次海盆厚度为100～300 m，三个小洼陷位于中东部，西南方向厚度减薄。

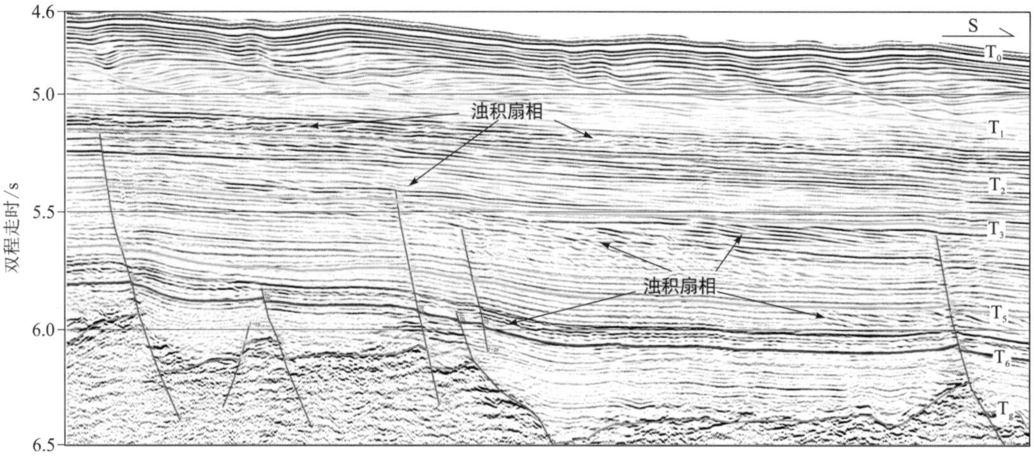


图7.7　东部次海盆东北部地震相反射特征图

上中新统在东部次海盆沉积环境发生过多次变化，沉积面貌多样，根据钻井U1431岩心特征可分为三个地层单元：下部为含有砂岩的黑绿色火山角砾岩与黏土岩的互层；中部为呈深绿灰色的粉砂岩或砂岩与含有微型浮游化石的黏土的互层；上部为深绿灰色的黏土和粉砂岩。从地震剖面上可看见，在东部次海盆北部和海盆南部多个区域都有发育透镜状杂乱结构地震相，认为水流动力条件局部较强，推测为由火山碎屑物质组成的水下扇相（图7.8）。

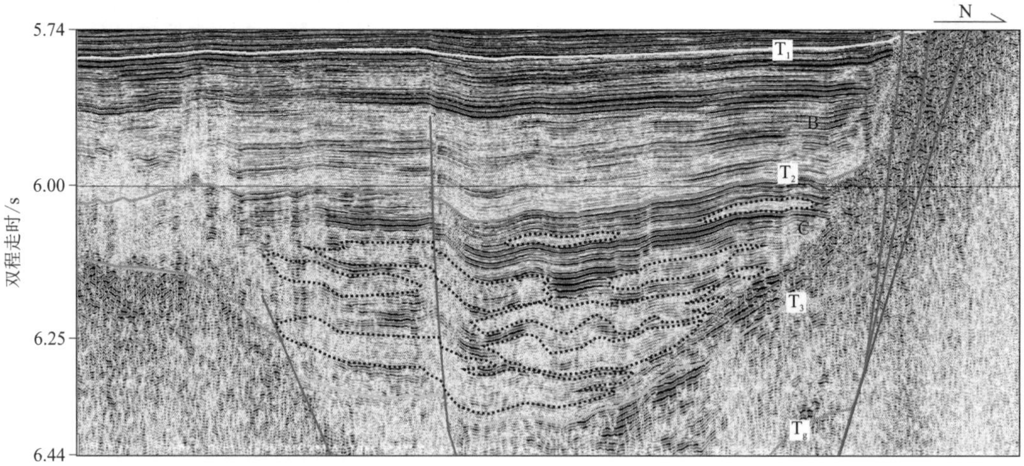


图7.8　东部次海盆中部上中新统浊流沉积（黑色虚线所示）地震反射特征图

## （六）上新统

上新统基本上全海盆都有分布。总体地层厚度在0～520 m，大部分地层厚度为100～250 m。在东部偏北区域厚度较薄，大部分仅为0～150 m。在南部略偏东区域地层厚度最大，在300～520 m。多个厚度大于250 m的小型洼陷点缀于海盆中，一般被大型火成岩体分隔。厚度等值线在古扩张脊北边区域为近东西走向，在古扩张脊南边区域以北西走向为主，局部为团块状，无明显方向性。在西南次海盆区古扩张脊内，上新世地层厚度一般为100～150 m，向南北两侧方向，地层厚度变化不大，一般在100～2000 m变化，而至洋陆转换带附近，地层厚度略有加厚的趋势，可超过200 m。东部次海盆古洋中脊带多为后期火山占据，地层厚度一般不超过100 m，其两侧地层厚度分布变化不大，大部分在100～250 m。在两个次海盆之间的区域，上新统厚度相对较大，一般都大于200 m。

在地震剖面上上新统显示为高频率、中–弱振幅、中–高连续反射层组，平行结构，席状外形，总体属典型的深海平原相（图7.9、图7.10）。其岩石组成在西南次海盆和东部次海盆有所不同。东部次海盆上新统分三部分组成：下部为呈绿灰色的黏土和呈浅绿灰色的微型浮游生物化石软泥的互层；中部为呈深绿灰色的黏土以及泥质黏土；上部为呈深绿灰色的黏土、含有微型浮游生物化石的黏土以及泥质黏土。西南次海盆上新世地层岩性剖面总体变化不大，一般为呈深绿灰色的黏土，夹杂着分级的碳酸盐岩薄层，主要包括含钙质超微化石的软泥和基底被剥蚀顶部受到生物扰动影响的白垩岩。西南次海盆的碳酸盐岩据钻井U1433井资料是浊流沉积物（图7.6），夹杂着海底有孔虫类，推测物源来自南部礼乐滩和南沙岛礁区。上新世地层岩石组成的差异，同样反映出调查区不同地理区域沉积环境、水动力条件、物源条件等的不均一性。

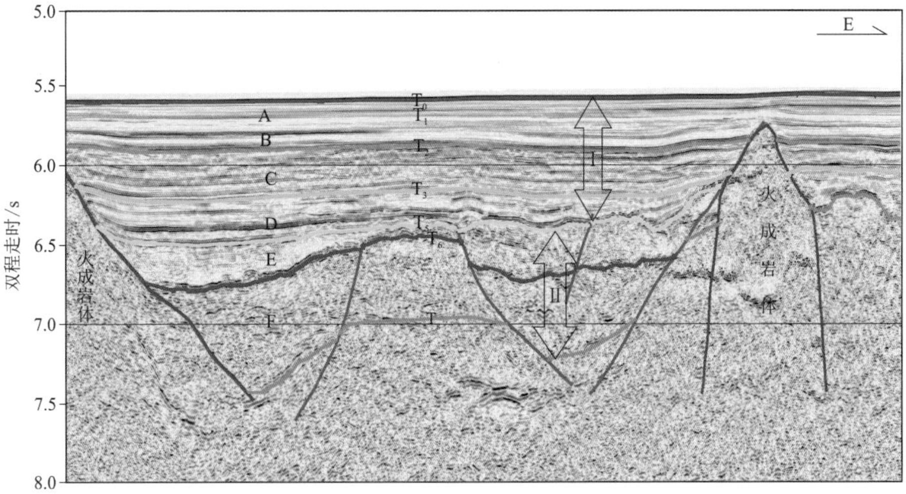

图7.9　东部次海盆中西部上新统地震相反射特征图

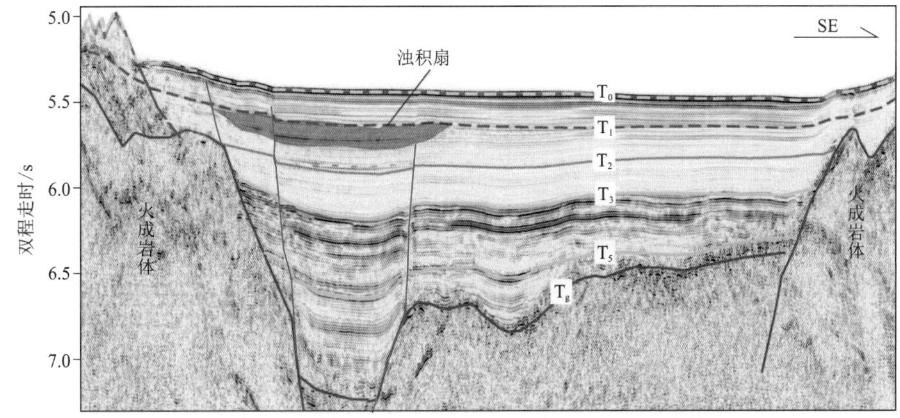

图7.10　西南次海盆上新统地震相反射特征图

## （七）第四系

第四系在海盆区内除少量火山发育区外全区都有分布。地层总体厚度为0～370 m，大部分地层厚度为100～200 m，地层分布总体比较均匀，厚度变化不大。东部次海盆地层厚度最大，为150～370 m。西北部次海盆厚度均匀，普遍为125～175 m。西南次海盆区古扩张脊内，第四系厚度一般为100～150 m，南部局部区域地层厚度略有加厚趋势，可超过200 m。东部次海盆古洋中脊区受到后期火山活动的影响，第四纪地层最厚处都不超过130 m，其两侧地层厚度分布具有不对称性，但总体为厚度加大的趋势。东部次海盆扩张脊北侧地层厚度较南侧小，一般小于150 m；扩张脊南侧第四系厚度较大，大部分为100～160 m。

第四系在地震剖面上显示为以平行结构为主；席状外形；以高频率为主，局部出现中频率反射；振幅总体为中–弱，但可见强振幅夹层；连续性非常好，为高连续（图7.11）。反映出一种水体非常开阔，构造活动稳定，沉积基底平坦，距离物源远，水动力条件弱的沉积环境，推测为深海平原相。其岩石组成主要以黏土为主。东部次海盆第四系底部为呈深绿灰色的黏土、含有微型浮游生物化石的黏土以及泥质黏土；上部为呈深绿灰色的黏土、粉砂质黏土，夹杂黏土质泥，并且其中泥质较丰富，根据其内部结构解释为浊流（图7.12），在整个更新统的地层中还分散着0.5～5 cm厚的火山灰层。西南次海盆第四系主要为呈深绿灰色的黏土、粉砂质黏土及含钙质超微化石的黏土，黏土中夹杂少量分级的石英粉砂岩和软泥，从地震剖面上可见丘状或透镜状地震反射。U1433井揭示西南次海盆第四系是以大套更新世沉积为主，厚度约330 m，岩性为厚层状黏土、泥岩与薄层粉砂岩、碳酸盐岩互层。

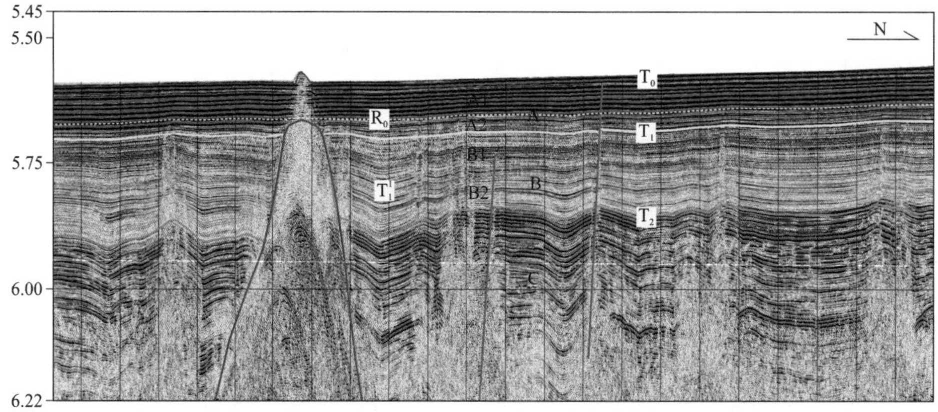


图7.11　东部次海盆区第四系（层序A）地震相反射特征图

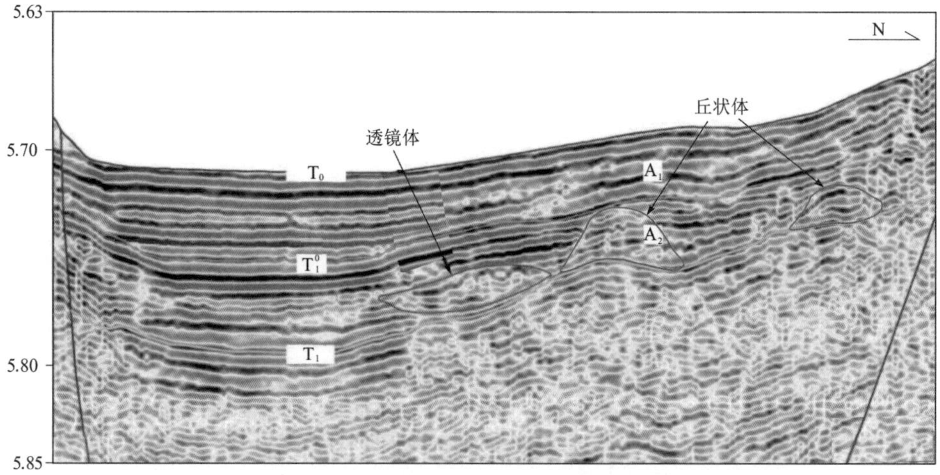


图7.12　西南次海盆区第四系丘状或透镜状地震反射特征图

## 二、地层对比

据上文分析可知，南海海盆基底为玄武岩质洋壳，主要发育渐新世以来的地层，为一套半深海–深海相沉积。全区地震反射特征基本一致在声波基底面$T_g$，将海盆基底与海相沉积层区分开来，并可以全海盆区域对比，奠定了海盆地层对比的基础。地震层序C及顶部反射界面$T_3$是海盆相对海平面较低时期形成的，多数区域充填、上超、下超、削截、水道下切等特征明显，易于识别及区域对比。其他几个地震层序及地震界面也具有其独有的特征（见第三章第一节），因此，西北次海盆、东部次海盆、西南次海盆三个次海盆的地震层序和地震界面大都可以相互比对和综合分析，具有可对比性（表7.1，图7.13）。但由于三个次海盆所处的地理位置和构造背景的差异，扩张历史、沉积物源等都略有差异，致使地层特性和沉积充填既有一致性，又有所不同。

表7.1　南海海盆地层划分表

| 年代地层：界 | 年代地层：系 | 年代地层：统 | 地震层序界面 | 地震层序 | 厚度/m | 岩性特征：西北次盆地 | 岩性特征：东部次盆地 | 岩性特征：西南次盆地 | 沉积环境 | 重大地质事件 | |
|---|---|---|---|---|---|---|---|---|---|---|---|
| 新生界 | 第四系 | 全新统、更新统 | $T_1$ | A | 0～500 | 以黏土、粉砂为主 | 黏土、粉砂质黏土，夹黏土质泥 | 黏土、泥、粉砂与薄层碳酸盐互层 | 深海相 | 扩张期后 | 台湾运动 |
| 新生界 | 新近系 | 上新统 | $T_2$ | B | 0～600 | 粉砂、黏土及少量砂层 | 黏土、含微型浮游生物化石黏土 | 黏土夹薄层碳酸盐，含超微化石或有孔虫 | 深海相 | 扩张期后 | 流花运动 |
| 新生界 | 新近系 | 中新统 上 | $T_3$ | C | 0～1000 | 以黏土为主，其次为粉砂 | 黏土、粉砂岩、少量砂、火山角砾岩与黏土岩互层 | 黏土夹杂碳酸盐岩薄层 | 深海相 | 扩张期后 | 万安运动 |
| 新生界 | 新近系 | 中新统 中 | $T_5$ | D | 0～1300 | 以黏土岩、粉砂岩为主 | 砂岩、泥岩、黏土岩 | 黏土岩、粉砂岩 | 半深海-深海相 | 扩张期后 | |
| 新生界 | 新近系 | 中新统 下 | $T_6$ | E | 0～700 | 砂岩、泥岩、黏土岩 | 黏土岩、粉砂岩 | 黏土岩夹粉砂岩 | 半深海-深海相 | 扩张期 | |
| 新生界 | 古近系 | 渐新统 上 | $T_g$ | F | 0～1500 | 砂岩、粉砂岩、泥岩、火山碎屑岩 | 泥岩、粉砂岩及火山碎屑岩 | 砂岩、泥岩、粉砂岩及火山碎屑岩 | 浅海-半深海 | 扩张期 | 南海运动 |
| 新生界 | 古近系 | 渐新统 下 | | | | 玄武岩 | 玄武岩 | 玄武岩 | | 扩张期 | |

南海海盆在发育演化过程中，来自海盆南北两侧的沉积物源比较丰富，致使洋壳之上的沉积层具有一定的规模，除了火成岩出露的地方基本上无沉积外，新生界整体厚度为200～4800 m，海盆各区地层厚度分布有较大差异。西北次海盆新生界厚度较均匀，为200～3800 m；东部次海盆和西南次海盆新生界厚度变化大，普遍为400～1800 m，东部次海盆南部厚度可达4500 m左右，西南次海盆南部厚度可达4000 m。各时期地层分布略有不同。渐新世地层分布局限，主要分布在现今海盆的边缘地带，如西北次海盆南北两侧、东部次海盆南侧的礼乐斜坡带以及西南次海盆南边的中业盆地；早中新世地层在南海海盆大部分区域都有分布，仅古扩张中心带无地层分布；中中新世以来，南海海盆中中新统—第四系广泛分布，地层厚度一般可超过500 m。

南海海盆物源为多物源，主要源于其形成以来独有的菱形状周缘高地的地形特征。西北次海盆物源物质以南海北部和西北部砂泥等碎屑物为主，东部次海盆物源则以南海南部、北部以及台湾岛砂泥碎屑岩为主，辅以来自中沙群岛、东沙群岛、巴拉望岛的灰岩、碳酸盐岩类物质以及海盆内部和周边的火山碎屑。西南次海盆则除了其周边的砂泥碎屑岩以及火山碎屑岩物源外，还有来自于周边高地的大量碳酸盐岩类物质。因此，南海海盆三个次海盆的地层岩性有所差异，主要体现在以下两个方面。

第一方面是火山碎屑岩。总体上东部次海盆火山碎屑岩最为发育，其次为西南次海盆，西北次海盆火山碎屑岩不太发育。火山碎屑岩发育的时期也揭示了构造环境的转换，渐新世时期，三个次海盆都有火山碎屑分布，显示出扩张初期构造活动强，岩浆作用活跃；早—中中新世，火山碎屑岩不太发育，反映海盆扩张中、晚期构造环境相对稳定；晚中新世以后，地层中火山碎屑物质明显增多，从侧面揭示出海底扩张作用停止后，岩浆作用的再度活跃。

第二方面是地层中碳酸盐岩的含量。海盆停止扩张后，即晚中新世以来，西南次海盆地层中含超微化石和有孔虫的碳酸盐岩夹层明显较多，而东部次海盆和西北次海盆较少（表7.1），这个特点已经被IODP349航次钻井所证实。

| 地层 界 | 系 | 统 | | 岩性柱 | 厚度/m | 岩性描述 |
|---|---|---|---|---|---|---|
| 新生界 | 第四系 | 全新统 | | | 0～50 | 呈深绿色黏土、粉砂质黏土及含钙质超微化石的黏土，黏土中夹杂少量分级的石英粉砂岩和软泥，局部有火山灰 |
| | | 更新统 | | | 0～500 | |
| | 新近系 | 上新统 | | | 0～600 | 呈深绿色黏土和泥质黏土，夹杂分级的碳酸盐岩薄层，主要包括含钙质超微化石的软泥和基底被剥蚀顶部受到生物扰动影响的白垩岩 |
| | | 中新统 | 上 | | 0～1000 | 总体上，东部次海盆和西南次海盆岩性差异较大，西北次海盆与东部次海盆北部岩性相似；东部次海盆上部为深绿色黏土和粉砂岩，中部主要为深绿色粉砂岩-砂岩和含微型浮游化石的黏土互层，下部为含有砂岩的黑绿色火山角砾岩与黏土岩互层；西南次海盆主要为呈深绿色黏土，夹杂分级的碳酸盐岩薄层，主要包括含钙质超微化石的软泥和基底被剥蚀、顶部受到生物扰动影响的白垩岩，碳酸盐岩层有时厚度达几米，通常情况下会小于1 m或者50 cm |
| | | | 中 | | 0～1300 | 主要为红褐色或黄褐色夹粉砂的黏土岩，含绿灰色砂岩、泥岩层，含有玄武岩夹层 |
| | | | 下 | | 0～700 | 主要为淡黄棕色含有角砾岩的黏土岩，夹砂岩、粉砂岩等薄层，含玄武岩夹层 |
| | 古近系 | 渐新统 | 上、下 | | 0～1500 | 粉砂质黏土、粉砂与火山碎屑、玄武岩互层 |
| 前渐新统 | | | | | | 灰色、深灰色玄武岩 |

**图7.13　南海海盆综合柱状图**

岩性图例见附录，下同

由于物源、周缘环境以及内部构造环境的差异，不管是地层厚度、地层岩石组合，还是沉积充填速率，东部与西部、南部与北部都有较明显差异，揭示出周缘环境、水动力条件、自身构造动力场、物源差异对南海海盆地层发育的影响。

# 第二节　海盆沉积作用及充填演化规律

## 一、沉积发育特征

### （一）渐新世沉积发育特征

该时期在海盆内沉积范围非常局限，沉积作用主要发生在几个边部小洼陷内，为一套细-极细粒砂岩夹少量页岩、泥岩、灰岩和粉砂岩。其总体沉积环境为半深海相，东南角局部发育浅海陆棚相沉积。早期相对海平面较低，水动力条件较强，在盆地底部和边部发育含火山碎屑物质的碎屑岩组分为主的盆底扇和斜坡扇等沉积体系；中晚期海平面上升，沉积水动力条件逐渐稳定，沉积物粒度变细，在东南角发育深水灰岩相（图7.14层序F）。根据海盆南部Cadlao-1井和Nido-1井等钻井资料，该深水灰岩为砂屑灰岩、碎屑碳酸盐岩和泥晶灰岩互层，一般发育在裂谷半地堑的深盆中，为尼多灰岩向半深海的延伸。

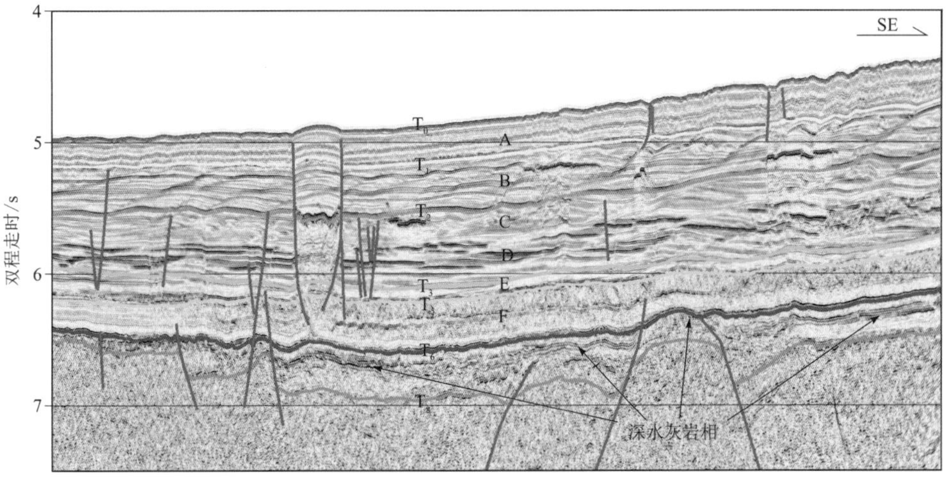


**图7.14　南海海盆南部地震层序反射特征图**

## （二）早中新世沉积发育特征

早中新世沉积环境较稳定，大部分区域水体较深，相对海平面以升高为主，总体为深海相，西北部和东南部局部区域为浅海–半深海相。盆地局部小范围水动力条件异常，靠近海山或局部高地区发育斜坡扇和盆底扇等海底扇，中部、南部发育浊积扇沉积体。盆底扇呈丘形或楔形，大多覆盖于层序底部，边部被后期火成岩体拱起，状似斜坡扇（图7.15），其沉积物质以碎屑岩为主，包括部分早期基底火山碎屑岩经剥蚀后再搬运沉积的物质。在海盆中西部区域早期火山顶部和海盆东南部区域的小型台地和斜坡区，水深较浅，发育碳酸盐岩礁滩相，海盆东南角靠近北巴拉望岛的Malajon-1、Galoc-1井钻遇深水相灰岩，主要为白色–褐色微晶泥质灰岩。

## （三）中中新世沉积发育特征

该时期海盆总体沉积环境稳定，沉积基底起伏很小，在地震剖面上主要表现为以平行结构为主，局部区域为平行–亚平行结构；总体呈现席状外形，海盆开始形成深海平原的地形地貌。局部水动力条件异常。西北部发育盆底扇；西北次海盆西部和北部、东部次海盆北部和南部都有浊积扇和块体流（图7.16）等沉积。近火山发育地带常有火山碎屑物质组成的近源水下扇，形成火山碎屑角砾岩。在海盆中西部和东南部台地和斜坡区，水深较浅，继承性发育碳酸盐岩礁滩相。因此，总体上中中新世在深海沉积环境下发育一系列的深水重力流沉积体系，以浊积扇和块体流为主，揭示出中中新世时期相对海平面变化继承了早中新世的沉积特点，相对海平面以升高为主，但升降幅度变化不大。

块体流沉积体是海盆南部中中新世沉积的重要特色，主要发育在东南部的斜坡区，在地震剖面上表现为弱振幅、连续性较差的杂乱反射特征，并且夹杂在两个强振幅、连续性较好的反射界面$T_3$和$T_5$之间（图7.16）。在内部结构上可以将其划分为上斜坡伸展部分和下斜坡挤压部分，其中上斜坡部分在块体流沉积过程中受到张性应力作用，因此内部发育了许多小型正断层，而下斜坡部分在沉积过程中，由于坡度变缓，受到挤压应力的作用，进而发育一系列的小型逆冲构造。此外，块体流沉积前端厚度逐渐减薄，地震相上则由杂乱反射逐渐过渡为平行-连续反射的深海静水沉积，因此可以判断出块体流的运动方向为从东南向西北。

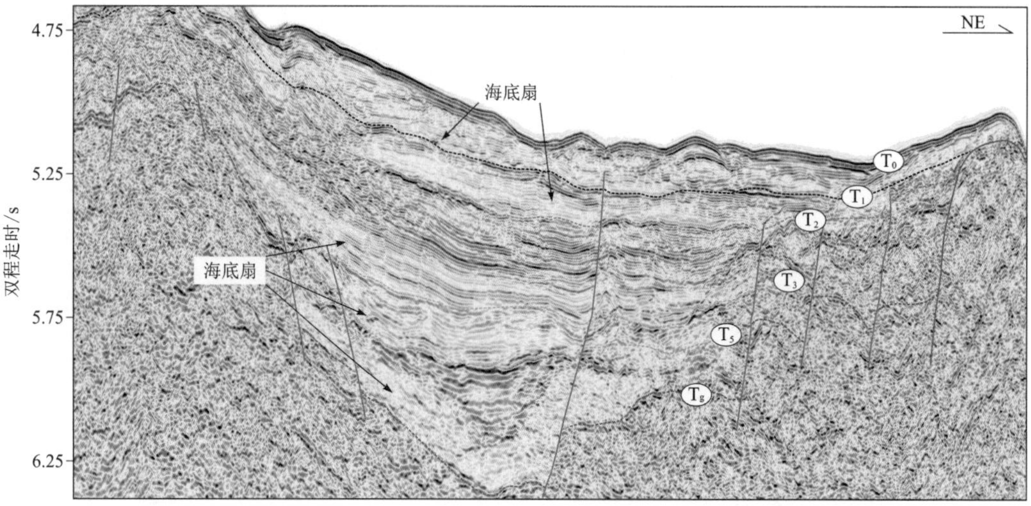


图7.15　东部次海盆南部下中新统—更新统海底扇地震反射特征图

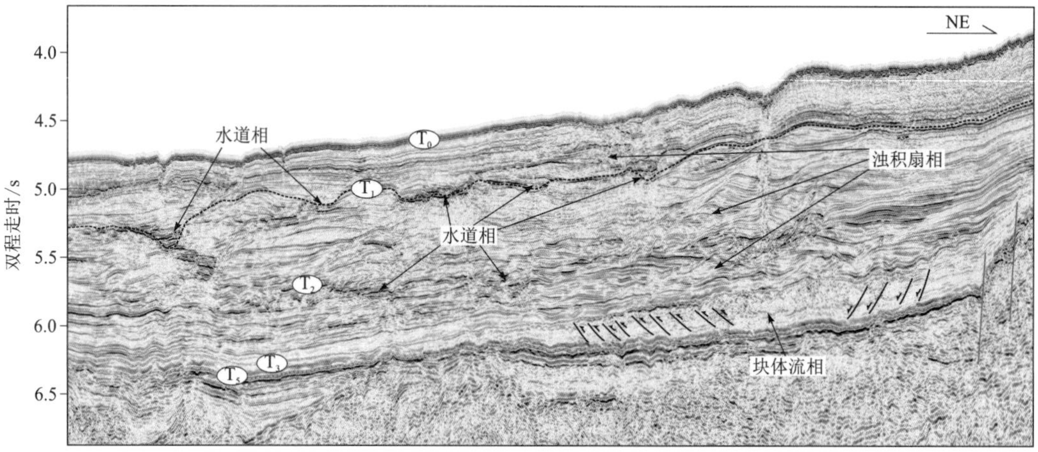


图7.16　海盆东南部中中新统至更新统浊流沉积体地震相特征图

通过对U1431钻井岩心（349-U1431E-34R岩段）照片观察及镜下矿物鉴定分析可知，在中中新世，站位附近发育了砂质浊流沉积，发育深度在钻井865.2～873.8 m段。该段岩心表现为暗灰绿色泥岩与灰白色砂岩互层，通常砂层或粉砂层较薄，发育平行层理，泥岩层较厚，具有火焰状构造和生物扰动构造，总体以细粒砂质沉积物为主；向上砂质减少、泥质增多，呈正粒序；砂岩与底部泥岩成侵蚀接触关系；在偏光显微镜下可见自形程度较好的长石，显示钠长石双晶，可见长度超过1 mm的大颗粒，部分区域矿物密度较小，零星分布一些石英颗粒，方解石可见两组斜交解理，自形程度一般，高级白干涉色；矿物含量为长石30%、石英20%、方解石30%、铁锰黏土15%，该砂岩层解释为浊流沉积。主要分布于珍贝-黄岩海山链以北地区，其内部沉积物类型均一，偶尔夹杂少量火山碎屑角砾岩。

### （四）晚中新世沉积发育特征

晚中新世，整个南海海盆大的沉积古地理环境已经全部演化为深海平原沉积地貌；中中新世末期—晚中新世早期，海平面处于一个相对低的水平面上。整个晚中新世期间，南海总体上为一个大的海进旋回，可容纳空间大，但物源相对较远，海盆处于欠补偿沉积阶段。在这种沉积背景下，沉积作用异常活跃，在多个区域，重力流等非正常流发育，尤其在海盆北部、南部岛坡区、中部近洋中脊区域、西北部和海山及海台发育的区域，局部水动力条件强，可见水道沉积体、浊流沉积体、火山碎屑岩等多种沉积体（图7.17）。该时期海盆最大的沉积特色是远源的浊积扇体和近源的火山碎屑物质组成的水下扇体十分发育，各个次海盆扇体发育特色有所不同。

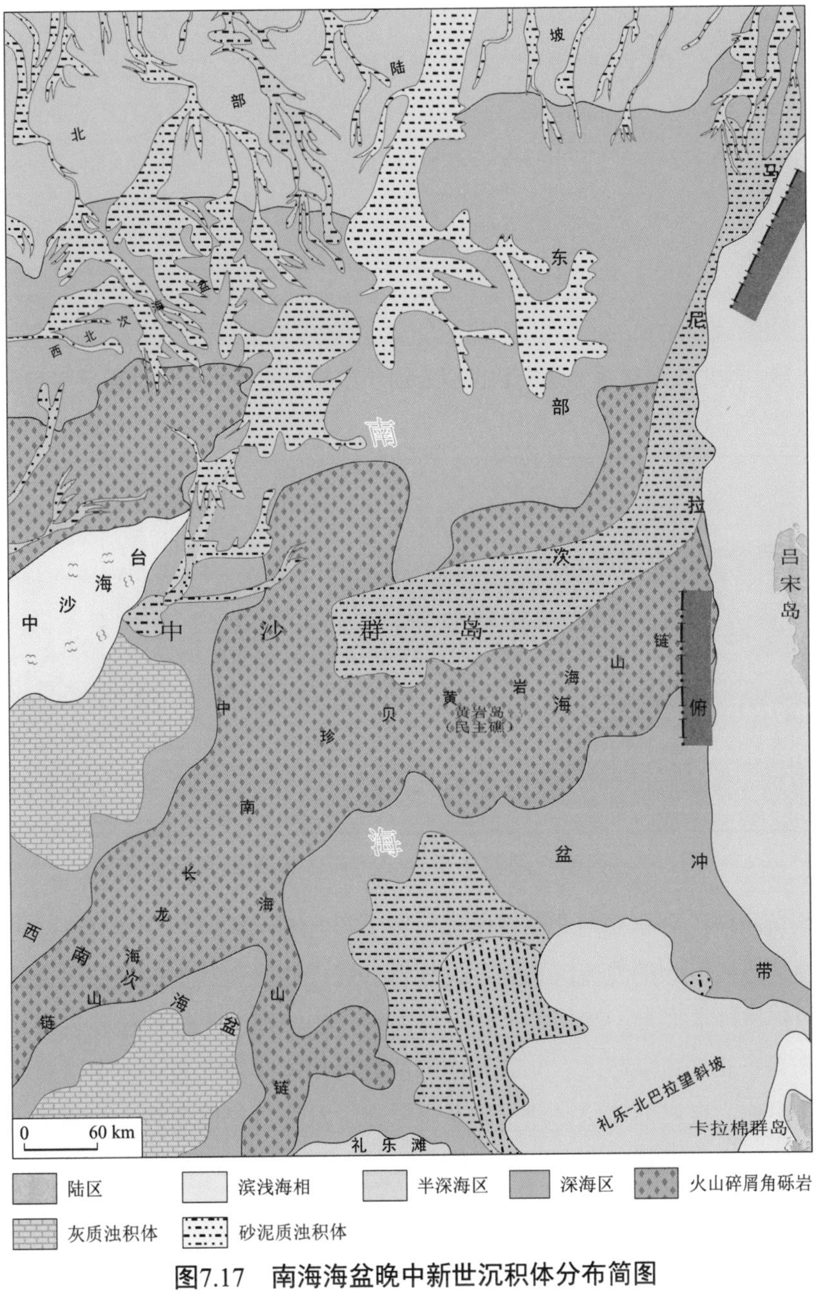


**图7.17　南海海盆晚中新世沉积体分布简图**

西北次海盆由于紧靠物源，周缘西沙海槽、珠江海谷、神狐峡谷群等物源通道十分发育，使得西北次海盆西部和北部浊积扇和浊积水道也十分发育（图7.18）。这些水道充填体和浊积扇体层层叠置，扇体内部结构和充填方式存在较大差异，显示出海盆的多物源特性和不同方向物源物质的差别。

西南次海盆浊积扇沉积主要分布在中东部，U1433井钻遇上中新统远洋黏土与碳酸盐岩交互成层（图7.19），大量的碳酸盐岩夹层形成于浊流沉积中，为异地搬运的沉积物，并带来了不同时代的微古化石和超微化石。碳酸盐岩岩层有时厚度达几米，通常情况下会小于1 m或者50 cm。从图7.17可见这套碳酸盐岩灰质浊流沉积主要分布在西南次海盆北部和东部次海盆西部，靠近中沙海台和南沙群岛、礼乐滩区域最为发育。

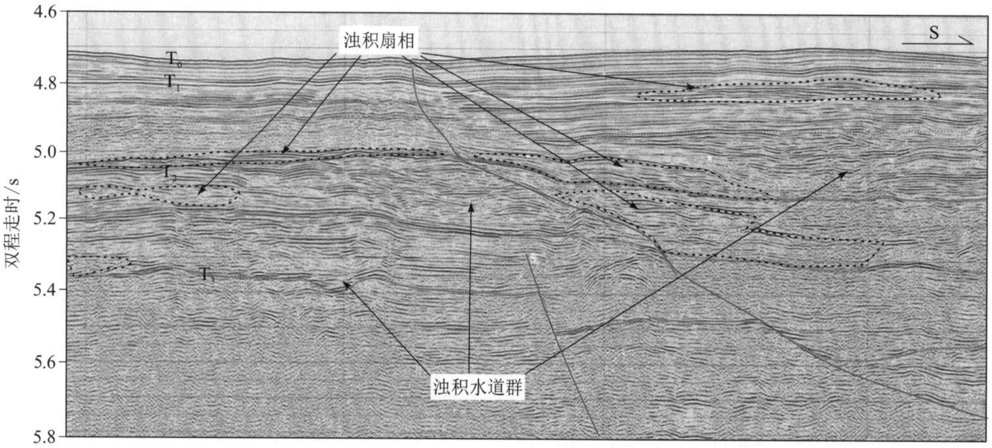


图7.18　西北次海盆西部晚中新世以来浊积扇相、浊积水道群地震反射特征图

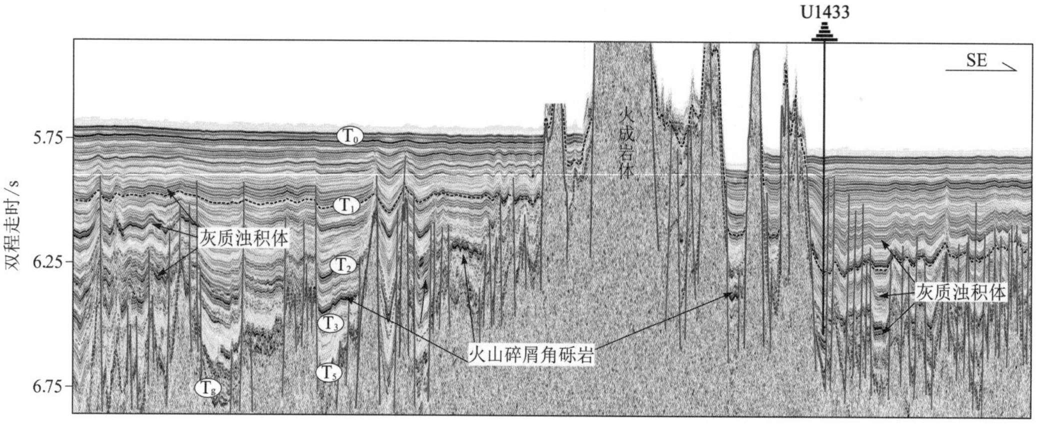


图7.19　西南次海盆中部浊流沉积体地震剖面特征图

东部次海盆浊流沉积广泛分布在南北部及中部区域（图7.15～图7.17），IODP349航次钻井U1431在海盆中部上中新统中钻遇厚度巨大的浊流沉积体，发现粉砂岩、砂岩和黏土的互层组成的深水浊积层序（综合大洋钻探IODP349初始科学报告，2014年），下部夹有分选较好的中细粒粉砂岩层，代表了深水动荡沉积环境，物源推测来自东北部古隆起区。北部和南部浊流沉积体非常发育，多个透镜状浊积体叠层发育，形成了厚层的砂体，可作为良好的储层。浊积体系层层叠置发育，规模非常大，物源来自于北部陆坡、台湾岛和南部礼乐滩及北巴拉望区域，沉积物质供应量相对充足，浊积体呈现出向北部海盆延伸的趋势，东部部分浊积体沿海沟发育，延伸超过400 km，抵达海盆古洋中脊。大部分浊积体呈扇形向海盆中部伸展，伸展规模在100～300 km。

钻井岩心非常清晰地揭示了浊流沉积体系和火山碎屑角砾岩为主组成的碎屑流沉积体系的特征。现以349-U1431E-27R和349-U1431E-17R两岩心单元段进行说明。

349-U1431E-17R：深度为700.3～709.93 m，年代为晚中新世，该段岩心以大规模、厚层状的墨绿色火山碎屑角砾岩为主，向上逐渐变为黑色块状，粒度范围从底部向上由粗砂级到细砂级均有发育，分选较差，该段岩心顶部发育一系列深灰色砂岩与泥岩的旋回互层，分选磨圆较好，泥岩内出现白色潜穴构造，表明强烈的生物扰动特征，火山碎屑角砾岩和砂岩包含无气孔隐晶质玄武岩、粗粒隐晶质玄武岩、玻璃质多孔状玄武岩和泥岩碎屑等［图7.20（a）］，解释为火山碎屑流沉积物；在偏光显微镜下可见长石、石英、方解石、辉石、云母和暗色矿物，其中长石颗粒以半自形为主，分布较分散，长度几百微米不等，偶尔可见方解石和具二级蓝绿干涉色的辉石，石英颗粒在小范围内聚集分布，矿物含量为长石5%、石英25%、方解石8%、辉石2%、云母1%、暗色矿物10%、铁锰黏土49%［图7.20（b）］，解释为火山碎屑角砾岩层为碎屑流沉积、砂岩层为浊流沉积，而泥岩为静水深海沉积（综合大洋钻探IODP349初始科学报告，2014年）。

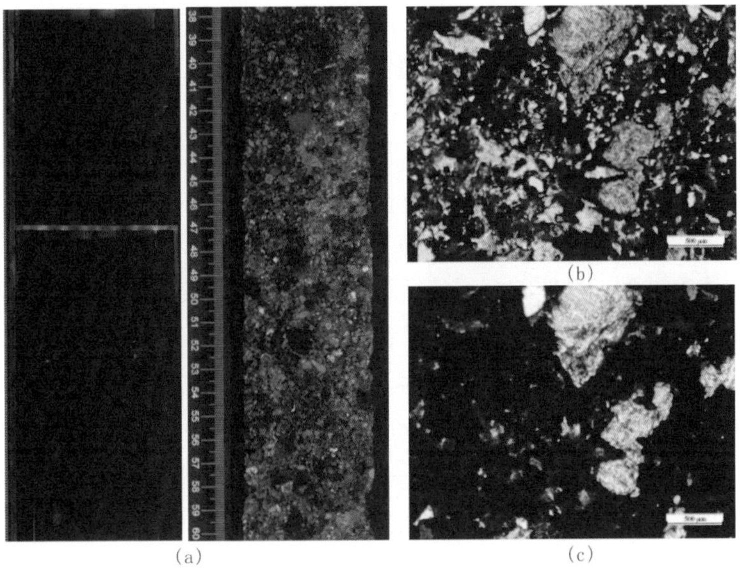

**图7.20　349-U1431E-17R岩心和镜下照片**

（a）岩心照片；(b)镜下单偏光照片；(c)镜下正交偏光照片

349-U1431E-27R：深度为797.3～807.3 m，年代为晚中新世，该岩心位于两薄层火山碎屑角砾岩之间，岩性以深灰绿色砂岩、暗黑色泥岩和黏土为主，偶尔夹杂火山碎屑岩，单层砂岩厚度为4～135 cm，常见平行层理和交错层理，泥岩中发育生物扰动构造，火山碎屑角砾岩支撑基质为碎屑支撑，砂岩和火山碎屑岩向上粒度变细，底界多为侵蚀接触，表现为浊积岩特征［图7.21（a）］；在偏光显微镜下，可见长石、石英、方解石和角闪石等矿物颗粒，其中角闪石具两组斜交解理，干涉色二级橙红，粒径200 μm，此外还含有较多铁锰黏土，还可见少量云母碎片，矿物含量为长石15%、方解石25%、石英5%、角闪石2%、生物碎屑1%、铁锰黏土52%［图7.21（b）］，判断火山碎屑角砾岩为碎屑流沉积，而砂岩为浊流沉积，泥岩为深海沉积。

**图7.21　349-U1431E-27R岩心照片及镜下特征**

（a）岩心照片；（b）镜下单偏光照片；（c）镜下正交偏光照片

这些浊流沉积体系的发育除了与水动力条件相关外，还与海盆内部以及周缘的地形地貌关系密切。海盆内部的浊流沉积体发育于东部次海盆古扩张脊北侧和中沙海台南侧，多与古潜山相伴生，沉积碎屑物多为沉积物与火山碎屑混杂物或中沙海台边缘滑塌物质。南北部浊流沉积一般伴随水道发育，其形成原因主要是边缘陆坡或岛坡地形略高，呈斜坡形微微抬升，向海盆方向逐渐降低；进入海盆，地形忽然变缓，致使局部水动力条件发生变化，形成不同规模的水下扇体。上中新统在西南次海盆和东部次海盆浊积物质组成、地层组构存在差异，揭示出它们虽然在地形地貌上以深海平原区为主，但沉积环境、水动力条件和物源还是存在较为明显的多样性。

### （五）上新世沉积发育特征

上新世，海盆总体沉积古地理环境为坡度更加平缓的深海平原。沉积体系主要有浊积体、水道砂体、天然堤、沉积物波沉积体等类型。总体的沉积特征为东部沉积体系较西部发育，南部、北部沉积作用比中部活跃，中部沉积环境相对稳定。

沉积物波在海盆南北部都有分布，一般在晚中新世开始初步发育，上新世—第四纪大规模发育。在南海海盆东南部的斜坡区，沉积物波沉积体以一个火成岩隆起为界，分别在东、西两侧各自发育。从地震剖面上可以看出，隆起西部发育的沉积物波在形态上近似为正弦曲线，并且表现为向上坡迁移，地震同相轴连续性较好，并且向海逐渐过渡为平行反射的深海沉积（图7.22），该沉积体下部表现为弱振幅特征，而上部具有强振幅反射特征，这反映出沉积物类型发生了改变。东部沉积物波也具有正弦曲线并向上坡迁移的特征，但是其波长明显高于东侧沉积物波；在地震反射上，该沉积体的同相轴连续性较好，具有强、弱振幅水平交替出现的特征，这反映了该时期沉积物波的物源不稳定，或者为多物源供给。对于沉积物波的形成机制，很多学者提出了多种观点，主要包括浊流成因、内波成因、滑塌成因和等深流成因等。根据地震剖面沉积物波发育特征分析认为，南海海盆沉积物波的形成应该是浊流和等深流共同作用的结果。

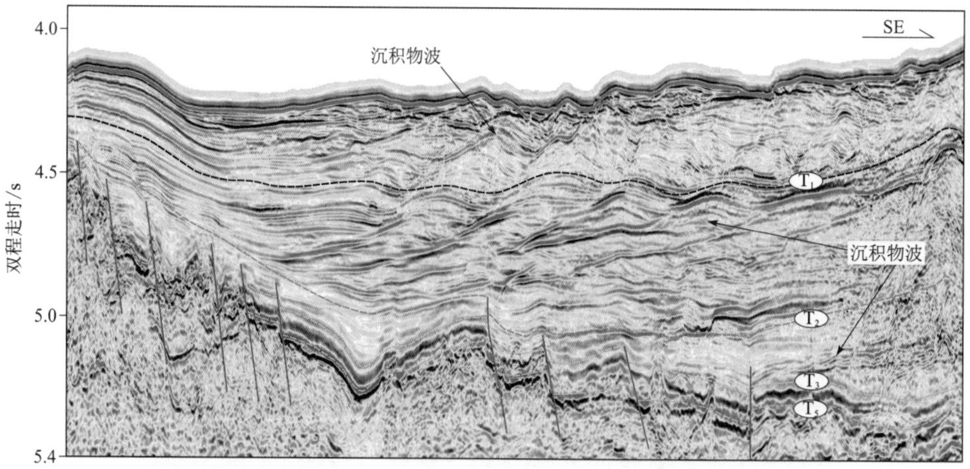


**图7.22　东部次海盆东南部晚中新统—上新统—更新统沉积物波地震相特征图**

浊流沉积继晚中新世后，依然是海盆的重要特色（图7.23），IODP349航次钻井证实了这一特征。岩心349-U1431D-22X段特征最为明显。岩心深度为188.1～197.9 m，年代为上新世，该段岩心主要为灰绿色黏土和粉砂质黏土，其中粉砂质黏土层厚1～3 cm，内部发育有大量生物扰动构造，此外该段内发育的钙质软泥与下部沉积层呈侵蚀接触；在偏光显微镜下可见石英、长石、隐晶质方解石、生物碎屑、矿物碎屑等，还可见少量由辉石变质形成的滑石颗粒，长石以细长针状形态为主，而石英相对破碎，直径一般小于50 μm，矿物含量为石英10%、长石5%、隐晶质方解石5%、矿物碎屑35%、生物碎屑20%、滑石3%、铁锰黏土22%，判断该段岩心内发育有粉砂质黏土型浊流沉积和碳酸盐型浊流沉积。

上新世沉积古地理面貌基本继承了晚中新世时期的格局。中西部围绕中沙海台发育浊流沉积体，该浊流沉积体在靠近海台一侧往往和滑塌体相伴生，物源主要来自于中沙隆起区。中部古扩张脊北侧浊流沉积体发育，以中薄层泥质粉砂和粉砂层为主，下部频繁出现钙质超微化石软泥层，发育的粉砂层一般都具有底部冲刷面，总体为正粒序的特征。浊积体呈现为北东走向，物源主要来自于东北部，发育规模较晚中新世时期明显偏小。北部和东南部依旧是水下三角洲、浊积体、水道砂体、沉积物波等沉积体的频繁发育区域（图7.24），水下三角洲S形高角度前积层发育，由南向北推进，规模为8～10 km。透镜状浊积体在上新统中下部垂向上层层叠置，成群发育，形成厚层的浊积砂体，可作为良好的储层；水道砂体和天然堤相伴生发育，成群展布，相互叠置，主要分布在海盆西北部和中南部区域，形成了厚层水道砂体，也可作为良好的储层。总体形成了北部浊流沉积体由北至南，东南部沉积体总体上由南向北，总体由海盆边部向海盆中央，呈扇形推进，推进距离一般约为200 km，在东部，浊流沉积体汇入海沟，和来自台湾岛和吕宋岛弧的沉积汇合在一起，沿海沟向北推进，延伸超过400 km，甚至越过了古扩张脊。

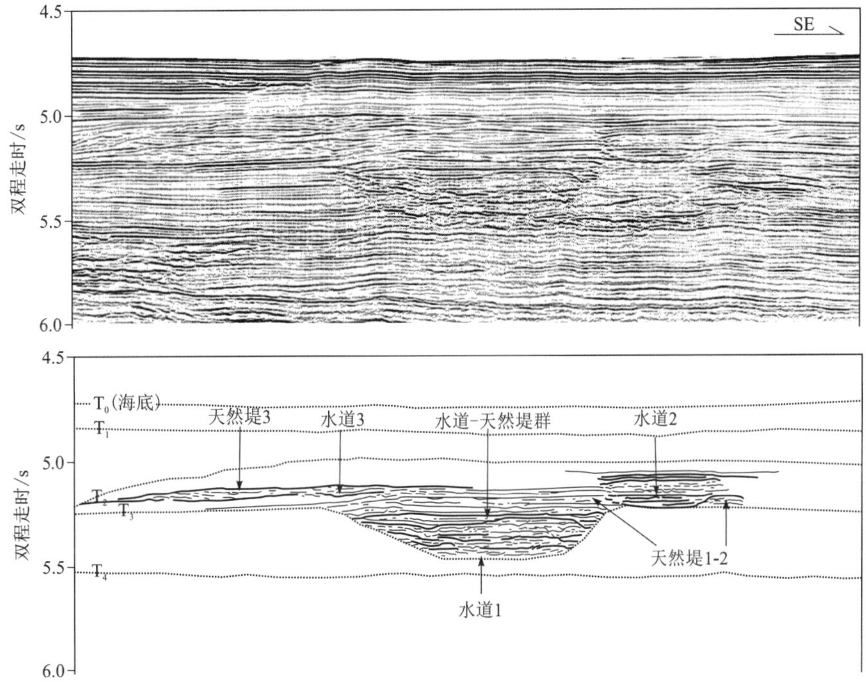


图7.23　西北次海盆西部水道充填相地震反射特征图

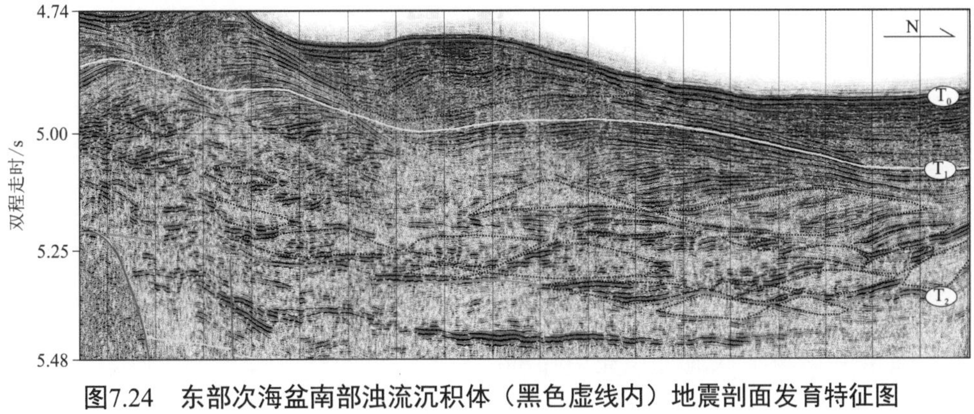


图7.24　东部次海盆南部浊流沉积体（黑色虚线内）地震剖面发育特征图

### （六）第四纪沉积发育特征

第四纪，海盆沉积古地理格局和沉积活动依旧基本继承了上新世的沉积特征，总体沉积背景为典型的深海平原，以深水沉积为主，沉积作用活跃；北部和东南部浊流沉积体发育，中部和西部水动力条件依旧相对平静。

中沙海台周缘滑塌沉积体非常发育，同时伴生发育多条峡谷水道，沉积物沿这些峡谷水道向海盆中运载，在海盆中成扇形展开，物源相对单一，主要来自于中沙隆起，延伸不超过50 km，规模不大。东部次海盆古扩张脊北侧，浊流沉积体小范围发育，以薄层泥质粉砂和粉砂层为主，具有底部冲刷面，主要发育在第四系下部及顶部。该浊积体依旧继承性呈现为北东走向，物源主要来自于东北部，发育规模较上新世明显偏小。东北部和东南部依旧是浊流沉积体、水道砂体、沉积物波等沉积体（图7.22）的频繁发育区域，透镜状浊积体在第四系下部垂向上层层叠置发育，形成厚层的浊积砂体；水道砂体底部呈V形展布（图7.16），主要分布在北部和东南端，形成了厚层水道砂体，这些区域地层中上部都有沉积物波沉积体发育，大多呈披覆状，覆盖在底部浊积砂体和水道砂体之上。在海底可见水道十分发育，可以揭示物源的方向。海盆西北和西南部沉积体继承上新世的沉积格局，总体上浊积扇由海盆边部向海盆中央，呈扇形推进，推进距离一般约为200 km，在东侧；海盆东南部增加了吕宋增生楔的物源供应，浊流沉积体规模加大。

## 二、沉积充填序列

沉积充填类型及其特征不但能够反映出海盆沉积环境，同时在构造活动区域的沉积充填过程也能够对其所经历的构造事件产生响应。U1431、U1433和U1434等三个站位共八个钻孔取心资料及其地球物理测井，很好地揭示了南海海盆的地层特征及其沉积环境演变，为海盆沉积充填序列研究提供了直接的证据。同时，南部北巴拉望盆地的钻井资料为南部早期沉积充填分析提供了支撑，主要分为三个沉积充填序列。

### （一）渐新世浅海–半深海沉积充填序列

该阶段沉积范围非常局限，沉积充填作用主要发生在几个相互连接的小洼陷内；早期相对海平面较低，水动力条件较强，盆地底部充填海进初期形成的近源粗粒碎屑岩，发育盆底扇和斜坡扇，沉积充填物质中包括大量再沉积的火山碎屑物质；往上随着相对海平面的升高，逐渐远离物源区，充填一套细粒砂岩夹少量页岩、泥岩、灰岩和粉砂岩。沉积环境由浅海相过渡为半深海相，局部发育浅海陆棚相沉积，充填互层状砂屑灰岩、碎屑碳酸盐岩和泥晶灰岩。

### （二）早中新世半深海–深海沉积充填序列

早中新世，沉积范围迅速扩大，至末期沉积充填作用已经基本覆盖至海盆全部范围。沉积环境稳定，大部分区域水体很深，相对海平面以升高为主，总体为深海相，局部区域为半深海相。西北部和东南部极小区域残留浅海相。

位于南海东部次海盆的U1431站位底部玄武岩中还夹有两层深褐色泥岩，最底部沉积层年代初步鉴定为早中新世（17.5 Ma），这两层深褐色泥岩（第Ⅷ和Ⅹ单元）取心长度分别为4.63 m和3.83 m，为成分均一的黏土沉积，最底部的泥岩中还夹有玄武岩砾石，代表典型的远洋深水沉积环境。

### （三）中中新世—第四纪深海沉积充填序列

该阶段沉积充填作用在区内广泛发育，沉积基底相对平坦，沉积层变形小，沉积物质总体以席状披盖的形式分布在海盆范围内。沉积充填类型十分丰富，总体沉积环境远为洋深水沉积环境，局部发育为深水动荡环境。

1. 钻井揭示东部次海盆沉积充填环境

东部次海盆钻井岩心资料共七个沉积岩性单元共揭示了以下四类深水沉积充填环境。

（1）岩心603～885 m的第Ⅵ～Ⅶ沉积单元由厚层的火山角砾岩夹有砂岩和泥岩构成，下部主要是砂泥岩互层，沉积物已完全固结成岩，火山角砾岩的分选差、磨圆差，反映了近源沉积的特点，其中夹层的砂泥岩内也有火山碎屑物质，频繁发育浊积层序，代表海底近源火山活动、碎屑流和浊流沉积环境；说明海底扩张活动停止后，中中新世火山活动活跃，沉积充填作用伴随火山作用同时进行，火山活动为沉积作用提供了大量物质。

（2）岩心中部326～603 m的第Ⅳ～Ⅴ单元为中厚层粉砂和泥质互层组成的深水浊积层序，代表了晚中新世浊流发育的动荡的深水沉积环境；下部频繁夹有分选较好的厚层中细粒粉砂层，说明物源较远。

（3）岩心101～326 m的第Ⅱ～Ⅲ沉积单元以厚层泥质为主，并夹有中薄层泥质粉砂和粉砂层，下部频繁出现钙质超微化石软泥层，发育的粉砂层一般都具有底部冲刷面，正粒序的特征，钙质超微化石软泥底部多发育有孔虫沙层，生物扰动发育，为上新世半远洋沉积环境，并伴有远源浊流活动；

（4）岩心顶部101 m以内，的第Ⅰ单元是由多个旋回的中薄层粉砂和泥质互层的深水浊积层序组成的，每个浊积层中的粉砂层底部发育侵蚀界面，粒度向上变细并逐渐过渡到泥质中，单个浊积层序厚度在15～30 cm，最大厚度约50 cm，生物扰动发育，代表第四纪深水动荡的浊流环境。

2. 钻井揭示西南次海盆沉积充填环境

U1433站位位于西南次海盆洋中脊的南侧，位于Briais等（1993）所解释的磁条带C5d处，共有A、B两个钻孔，钻探至672.4 m的玄武岩基底，平均钻探取心收获率为71.1%。总体上可以划分为四个岩性单元，包括三个沉积地层单元和一个玄武岩地层单元。

（1）沉积单元Ⅲ直接覆盖在基底玄武岩之上，为早中中新世的褐红色含粉砂黏土岩，偶尔出现有薄层的粉砂质浊流沉积层，生物扰动发育。

（2）沉积单元Ⅱ主要为深绿灰色黏土夹大量中厚层绿灰色钙质超微化石软泥，并且根据钙质超微化石软泥的厚度又可进一步划分为ⅡA和ⅡB两个亚单元，其中ⅡA主要发育于上新世和更新世，钙质超微化石软泥厚度相对较薄，而ⅡB层序中发育多层厚–巨厚层状钙质超微化石软泥，最大单层厚度可达8 m左右，其底部由于受成岩作用影响，已经固结成岩，成为钙质超微化石白垩，每个单层钙质超微化石软泥或白垩一般具有底部冲刷接触的特征，而且冲刷面之上还常发育有孔虫软泥，具正粒序特征，在其顶部生物扰动发育，渐变过渡到远洋黏土岩沉积中，反映了这些钙质超微化石软泥并不是原地沉积的，而是经过了浊流搬运异地沉积形成。

（3）沉积单元Ⅰ厚度244.15 m，主要由含钙质超微化石的绿灰色黏土、粉砂质黏土构成，代表了更新世的远洋沉积环境，值得注意的是，与U1431站位该时期的沉积特征不同，该沉积单元很少发育浊流沉积，并且具有非常快速的沉积速率，约20 cm/ka，可能代表了该沉积时期内，西南次海盆与东部次海盆的沉积物源供给有明显不同。

根据这三个分布在东部次海盆和西南次海盆所揭示的沉积充填序列可以看出，虽然由于其所处位置不同，物源不同，导致沉积速率、沉积体系以及岩性差别较大，但有些共性的充填发育特征：

（1）在钻孔基底之上都发育了一定厚度的褐红色黏土岩，其中并没有明显的重力流沉积，反映了构造稳定的深水沉积环境；

（2）自晚中新世开始，区域构造活动活化，火山和地震频繁，组成成分各异的重力流沉积物广泛发育，已经停止扩张的中脊再次有岩浆活动，可能反映了马尼拉俯冲过程的强化；

（3）第四纪以来有小规模的远源浊流沉积以及火山灰沉积，可能与吕宋岛弧上的火山喷发和台湾隆升剥蚀提供远源重力流沉积物有关。

综合以上各项地层、沉积分析结果所示，结合钻井微体古生物年代地层学研究成果，从沉积充填的时间演化序列来看，南海海盆自南海扩张停止之后经历了早中中新世的远洋环境、中晚中新世的火山活动环境、晚中新世的动荡深水环境、上新世至早第四纪的半远洋环境以及第四纪的深水沉积环境等的沉积环境演变，其中，大量发育的重力流、浊流沉积的触发机制可能与火山作用和构造活动相关。

第/八/章

# 花东海盆地层分区

第一节　地层属性及对比

第二节　花东海盆沉积特征及充填演化

台湾岛以东海域构造上属于菲律宾海板块，地层发育演化与南海差别较大，属于西菲律宾海板块地层区，西菲律宾海板块地层区进一步划分为花东海盆地层分区和西菲律宾海盆地层分区，本文重点介绍花东海盆地层分区。

# 第一节　地层属性及对比

台湾岛以东海域地质构造异常复杂，处于多个构造块体的交接带上，各构造块体的地层发育背景不一，致使该区地层分布和发育特征差异很大，同一时代地层的地震反射特征在不同区块差异较大。

台湾岛以东海域地层区划分将在各构造块体发育演化的基础上，结合地质特征及分区划分原则，进行地层分区划分，主要包括花东海盆地层分区、西菲律宾海盆地层分区、四国–帕里西维拉海盆地层分区和马里亚纳海盆地层分区。鉴于资料所限，本节重点介绍目前调查程度较高的花东海盆地层分区、西菲律宾海盆地层分区西部及其相邻海域，花东海盆和西菲律宾海盆地层分区的相邻海域主要指台湾岛南部的北吕宋海槽区和台湾岛东北部的琉球海区。由于台湾岛以东海域地层区钻井资料较为缺乏，主要以地震反射特征进行分析。

## 一、地层属性及对比

### （一）台湾岛南部北吕宋海槽区

北吕宋海槽区主要的沉积地层分布在北吕宋海槽弧前盆地和马尼拉俯冲带增生楔中。本区目前尚无钻井，且与西部的台西南盆地、笔架南盆地和东部的花东盆地均无地层直接相连。只有南部的卡加延盆地新近系的部分地层可延伸至北吕宋海槽弧前盆地中，卡加延盆地有钻井（图8.1）钻遇全部地层，陆地露头也有地层出露，地层时代属性已经探明。因此，通过地震层序对比，结合北吕宋海槽弧前盆地的构造演化特征，厘定了该盆地的地层时代属性（图8.2），认为该弧前盆地主要发育新近纪到第四纪的沉积地层。地层厚度为200～2000 m，以砂泥碎屑岩为主。

马尼拉俯冲带增生楔部位发育巨厚沉积地层，该部分西部地层主要为南海中新世以来的地层，虽经褶皱变形，但大部分仍可识别。增生楔东部至北吕宋海槽西缘地层为东西向挤压与南北向碰撞的复合体，成层性差，地震剖面上难以识别各级层序。马尼拉俯冲带增生楔向北延伸和恒春海脊相连，并向北延至恒春半岛。恒春半岛地层属于脊梁山脉地层小区。底部地层为庐山组黑色、深灰色泥质板岩、千枚岩和变质砂岩互层，与上部地层呈角度不整合接触关系；上覆中新世晚期—上新世早期牡丹组（$N_{1\text{-}2}m$）的互层页岩和薄砂页岩，夹有厚层的砂砾岩透镜体，厚600～2500 m，含钙质超微和有孔虫化石。牡丹组上部为中新世晚期—更新世早期垦丁岩组（$N_2Qp_1k$），呈断层接触，由成层性很差的深灰色泥质–粉砂质沉积物组成，含许多大小不等的外来岩块。恒春半岛地层特征与马尼拉俯冲带增生楔部位东部地震反射特征蕴含的地质信息吻合。综合各因素认为马尼拉俯冲带增生楔部位东部沉积地层可与恒春半岛地层相类比。

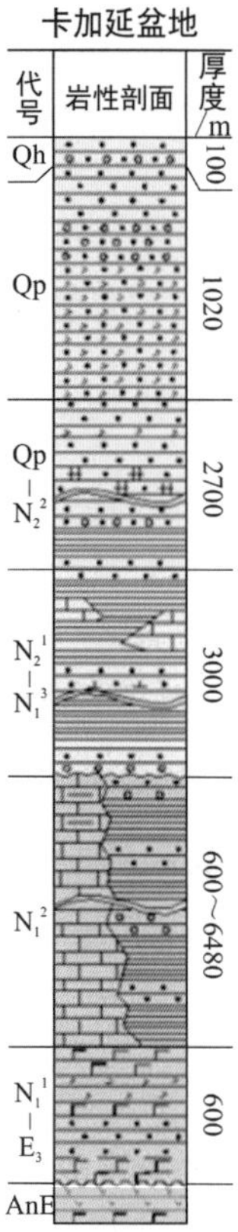


图8.1　卡加延盆地综合柱状图

岩性图例见附录，下同

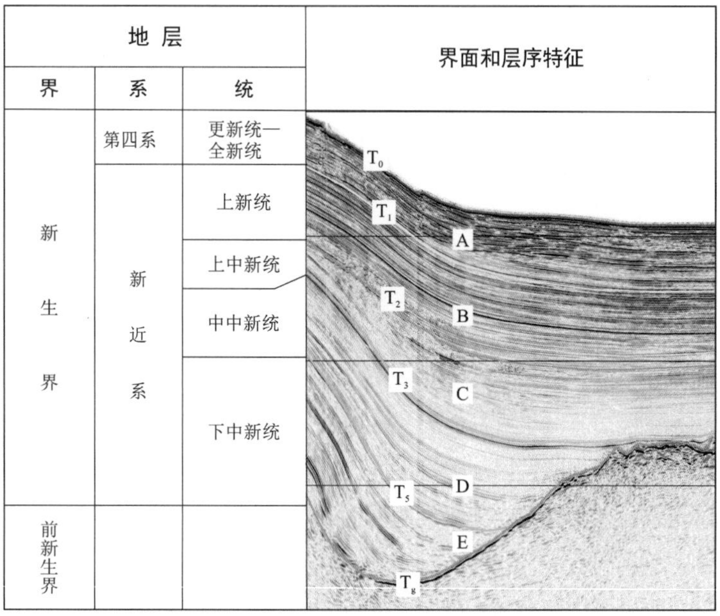


图8.2　吕宋岛弧区地质属性图

## （二）花东海盆和西菲律宾海盆

DSDP第31和第58航次在西菲律宾海盆钻遇了洋壳枕状玄武岩。DSDP31航次的DSDP290、DSDP291、DSDP292、DSDP293、DSDP295、DSDP296等站位，以及DSDP58航次的DSDP445站位和DSDP446站位处于西菲律宾海盆东北部，钻孔岩性分析显示，岩石由上、下两部分组成，上部为深海段，下部为火山碎屑浊流沉积物以及碎屑流砂岩和砾岩，最老沉积物的年龄约为60 Ma（Hilde and Lee，1984）。K-Ar法和Ar-Ar法的测年结果显示，基底岩石在55～61 Ma，这些岩石站位位于菲律宾海板块西北端，基本可以代表海盆发育的最早年龄。

西菲律宾海盆东北部的大东海岭区域，日本株式会社地球科学综合研究所的Osamu等（2015）利用2007年采集的长排列多道地震剖面与DSDP58航次的DSDP445站位进行了井震对比（图8.3）。据对比结果，界面$T_8$与下图中地震层组Ⅱ和Ⅲ之间的分界面可对比，为晚始新世晚期的一个界面，结合上下层序特征的明显差异和区域构造事件，认为界面$T_8$为海盆停止扩张而形成的，初始地质时间约为35 Ma。

花东海盆原为西菲律宾海盆地的一部分，但35 Ma海盆扩张停止后，由于加瓜海脊的分割作用，沉积物的来源被分割，沉积物的厚度及沉积体系有所差别，但演化历史类似。

据DSDP 293等站位信息，海盆岩石由两部分组成，上部为深海段（层序A～E），下部（层序F）为火山碎屑浊流沉积物及碎屑流砂岩和砾岩，并有多层岩床侵入，界面$T_8$作为上下两部分的分界面，其地质属性尤为重要。DSDP293站位位于西菲律宾海盆南部，钻遇地层厚度544.5 m，未钻至界面$T_8$，距此50～80 m。根据超微化石分析的结果，DSDP293站位钻遇地层时代为中中新世到全新世，未钻穿地震层序D，下部极薄的层序E的特征同层序D类似，两者间为整合关系，据此推断层序E为早中新世沉积。厘定界面$T_8$为35 Ma（图8.4），对应于海盆扩张停止的时间。

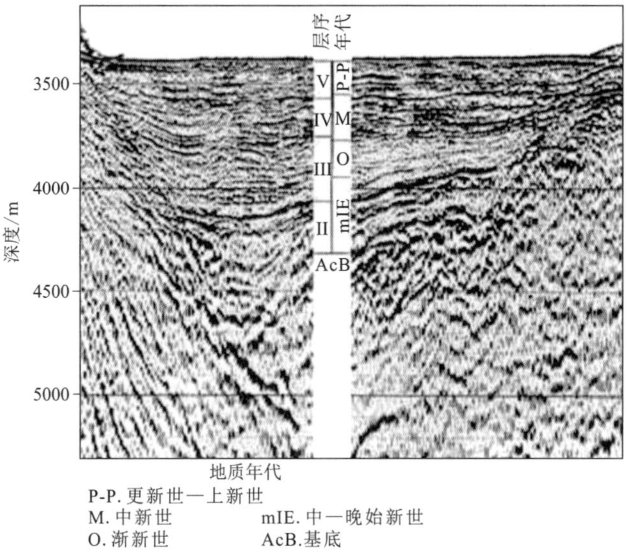


图8.3　西菲律宾海盆东北部大东海岭井震对比剖面图（Osamu et al.，2015）

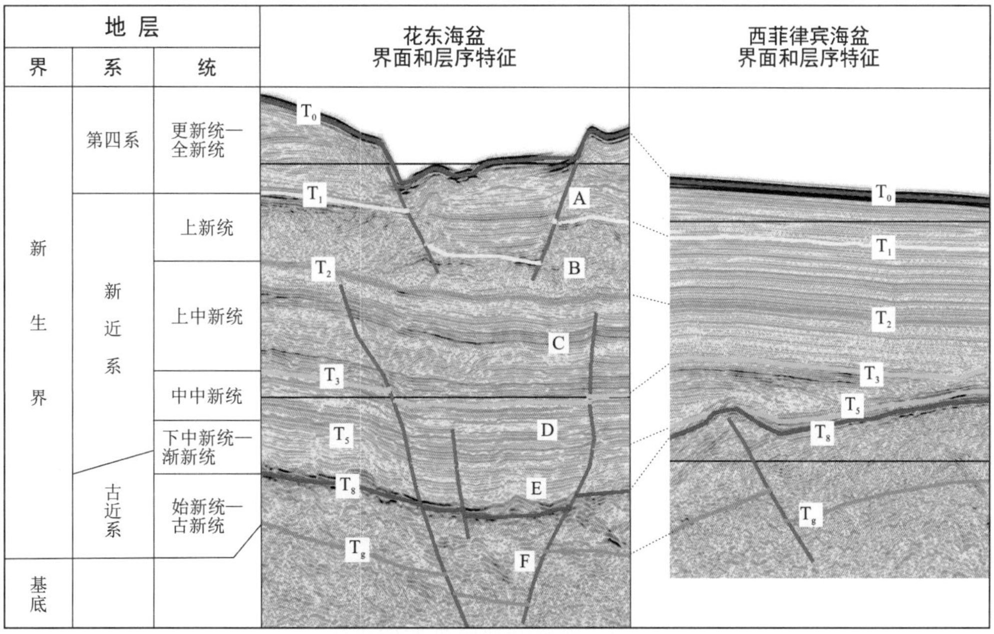


图8.4　花东海盆和西菲律宾海盆地质属性图

如图8.5所示，层序F为古新世—始新世沉积，内部地层受到侵入的岩床和岩脉等影响，一般不能进一步识别；层序E对应于下中新统—渐新统，层序D对应于中中新统；层序C对应于上中新统，层序B对应于上新统，层序A对应于第四系。台湾岛受到9 Ma以来强烈的构造活动，不断隆升的影响，晚中新世以来沉积厚度较大，花东海盆重力流沉积很发育。

## （三）琉球海区

琉球构造区域的主要沉积活动发生于南澳盆地和东南澳盆地，对该区域地震层序地质属性进行厘定，如图8.6所示。南澳盆地和东南澳盆地的地层发育主要由上下两部分组成，上部分为盆地的主体部分，为上中新统—第四系（层序C～A组成），是弧前盆地期间形成的；下部为弧前盆地的基底，其沉积物的组成与盆地北侧南琉球群岛一致。南琉球群岛地层主要由始新统和下中新统组成，渐新世晚期有少量沉积，中中新世处于剥蚀期，地层不太发育（唐木田芳文和沈耀文，1994）。而西菲律宾海盆在早中新世时期，由于太平洋板块向欧亚板块俯冲方向由北西西向北西向的改变，菲律宾海板块向南琉球岛弧的俯冲活动开始活跃，弧前盆地开始形成，发育中中新统—第四系。

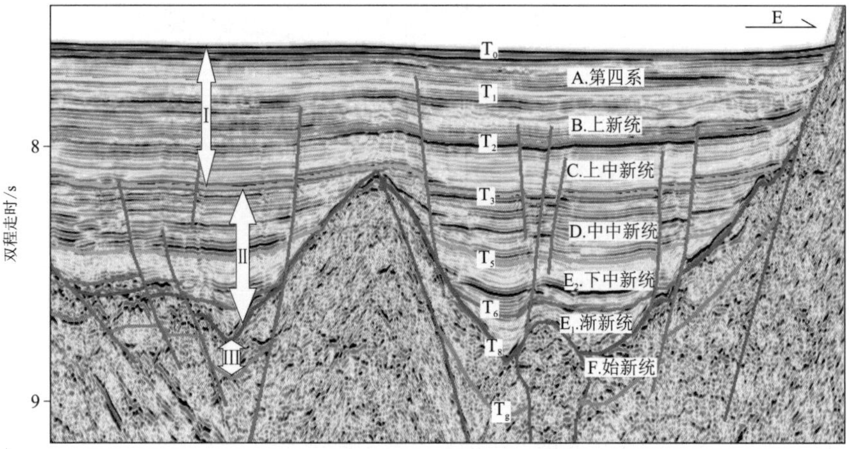


图8.5　西菲律宾海盆地震地层划分图

| 年代地层 | | | 琉球岛弧区界面和层序特征 |
|---|---|---|---|
| 界 | 系 | 统 | |
| 新生界 | 第四系 | 更新统—全新统 | |
| | 新近系 | 上新统 | |
| | | 上中新统 | |
| | | 中中新统 | |
| | | 下中新统—上渐新统 | |
| | 古近系 | 始新统 | |
| 中生界—古生界 | | | |

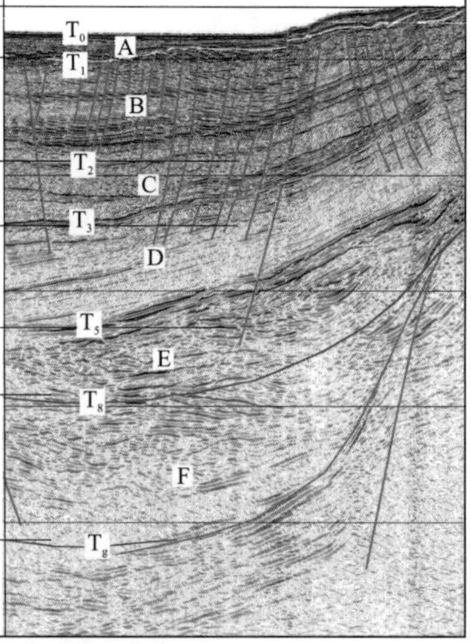


图8.6　琉球岛弧区地质属性图

台湾岛以东海域地层区钻井资料较为缺乏，主要以地震反射特征进行分析，以总体分析对比为主，如表8.1和图8.7所示，在台湾岛以东海域自海底$T_0$，向下识别出$R_1$、$T_1$、$T_1^1$、$T_2$、$T_2^1$、$T_3$、$T_5$、$T_6$、$T_8$、$T_g$十个地震反射界面，其中$R_1$、$T_1^1$、$T_2$是中间界面仅是局部区域发育，$T_6$界面在多地发生剥蚀无法追踪，划分出六个地震层序，包括层序A、层序B、层序C、层序D、层序E和层序F。

## 二、地层特征

### （一）前新生界基底

在花东海盆与菲律宾海盆地区前新生界基底为玄武岩。根据已有的琉球岛弧上八重山岛露头地层观测资料，台湾岛以东海域靠近北部的南澳盆地和东南澳盆地的前新生界基底，主要为中生代—古生代八重山变质岩（唐木田芳文和沈耀文，1994），包括千枚岩、灰岩、片岩等。

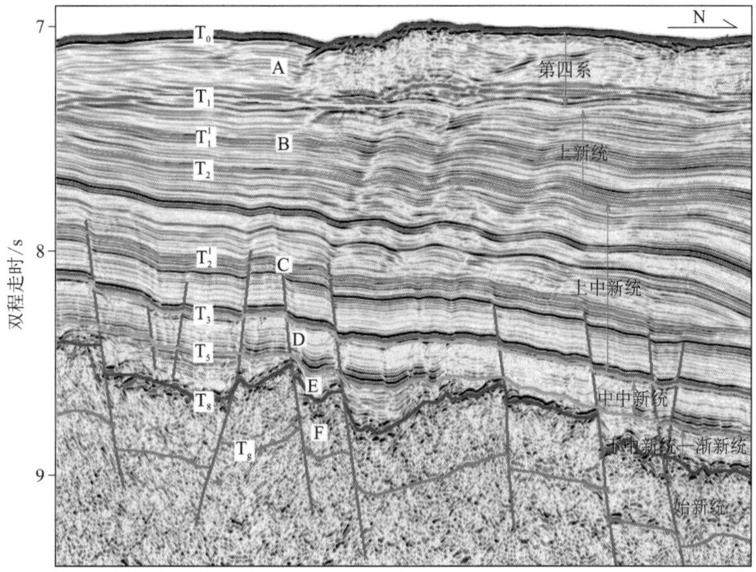


图8.7　花东海盆地震界面、层序及年代地层划分的地震剖面图

## （二）新生界

台湾岛以东海域全区都有发育新生代沉积地层，其包括未变形沉积地层和明显变形地层两类。未变形沉积地层主要分布在海盆和弧前盆地中，即南部的北吕宋海槽-岛弧，东部的花东海盆、西菲律宾海盆，以及北侧的南澳盆地、东南澳盆地等弧前盆地中。变形地层主要分布在马尼拉俯冲带增生楔和琉球增生楔中，是先期沉积地层经俯冲推覆、碰撞刮擦等构造活动改造而形成的。本书重点分析未变形沉积地层的分布及特征。

新生代地层岩性上总体以碎屑岩为主，包括砂岩、泥岩、黏土岩和火山碎屑岩，少量灰岩等。地层厚度在200～10000 m，分布很不均衡，总体上为东厚西薄、北厚南薄的分布趋势。沉积总厚度最大区在东南澳盆地，厚度最厚处可达上万米；其次为南澳盆地、花东盆地西部、琉球海沟和北吕宋海槽盆地，地层厚度一般在3000～5000 m，局部最厚处可达6000 m；西菲律宾海盆地层厚度较小，一般在200～1000 m，西南部最厚区域局部可超过1500 m，东部大部分区域地层总厚度小于250 m。

古近纪地层除了在吕宋岛弧和北吕宋海槽盆地区不发育外，其他大部分区域都有分布。根据293等钻井资料分析，花东海盆和西菲律宾海盆区的古近纪沉积时期，主要发育半深海-深海相、火山碎屑岩相、浊积扇，沉积有火山碎屑浊流沉积物及碎屑流砂岩和砾岩，并伴有岩浆侵入。

### 1. 古新统

在本区是否有古新统发育，目前尚无资料支撑，根据地震资料，在西菲律宾海盆北部局部洼陷带，可能有古新统发育。

### 2. 始新统

根据现有资料分析，始新统在区内分布较广泛，除吕宋岛弧和北吕宋海槽盆地区外，其他大部分区都有发育。如图8.8所示，花东海盆始新统普遍发育，岩性以砂泥质、火山碎屑质组成的碎屑岩为主，地层厚度在200～2500 m，大部分区域厚度都小于1000 m；西菲律宾海盆始新统发育普遍，为海盆扩张期间形成的，岩性以含粉砂质泥岩、黏土岩、火山碎屑岩为主，地层厚度在200～500 m，大部分区域厚度都小于

表8.1　台湾岛以东海域地层划分对比表

| 界 | 系 | 统 | | 年龄/Ma | 厚度/m | 界面 | 层序 | 吕宋岛弧-海槽区 沉积相 | 吕宋岛弧-海槽区 构造属性 | 花东海盆-西菲律宾海盆区 沉积相 | | 花东海盆-西菲律宾海盆区 构造属性 | 琉球构造区 沉积相 | | 琉球构造区 构造属性 | 对应南海北部重大地质事件 |
|---|---|---|---|---|---|---|---|---|---|---|---|---|---|---|---|---|
| 新生界 | 第四系 | 全新统 | | | 40～1000 | $R_1$ | A | 半深海–深海相 | 吕宋岛弧与台湾岛拼贴碰撞 | 深海相 | 重力流、沉积物波、水道体系、浊积扇、水下扇、深水扇 | 海盆热沉降期 | 深海相 | 重力流、沉积物波、水道体系、浊积扇、水下扇、深水扇 | 弧前盆地形成 | |
| | | 更新统 | | 2.59 | | $T_1$ | | | | | | | | | | |
| | 新近系 | 上新统 | | 5.33 | 80～1500 | $T_1^1$ | B | | 吕宋岛弧向南海仰冲 | | | 远洋沉积、浊流沉积、冲积沉积形成 | | | | 台湾运动 |
| | | 中新统 | 上 | 11.63 | 150～3000 | $T_2$、$T_2^1$、$T_3$ | C | | | | | | | | | 东沙运动 |
| | | | 中 | 15.97 | | $T_5$ | D | 浅海相 | 弧前盆地形成 | | | 菲律宾海板块向琉球岛弧俯冲 | 半深海–深海相 | | 菲律宾海板块向琉球岛弧俯冲 | |
| | | | 下 | 23.03 | 0～700 | $T_6$ | E | | | | | | | | | 白云运动 |
| | 古近系 | 渐新统 | 上 | 28.1 | 0～200 | | | | | | | | | | | |
| | | | 下 | 33.9 | | $T_8$ | | | | | | 海盆停止扩张面 | | | 太平洋板块向欧亚板块俯冲 | 南海运动 |
| | | | | 35 | | | | | | 半深海–深海相 | | | | | | |
| | | 始新统 | 上 | 37.2 | 200～5500 | | F | | | | | | | | 南琉球岛弧隆起遭受剥蚀 | |
| | | | 中 | | | | | | | | | 海盆扩张期 | | | | |
| | | | 下 | 55.8 | | $T_g$ | | | | | | | | | | |
| | | 古新统 | | 65.5 | | | | | | | | | | | | 神狐运动 |

250 m；北部琉球构造带区域始新统沉积作用稳定，沉积活动与台湾岛北部地区类似，岩性以粗粒砂泥质碎屑岩为主，地层厚度一般在200～3500 m，局部最厚可超过5500 m。

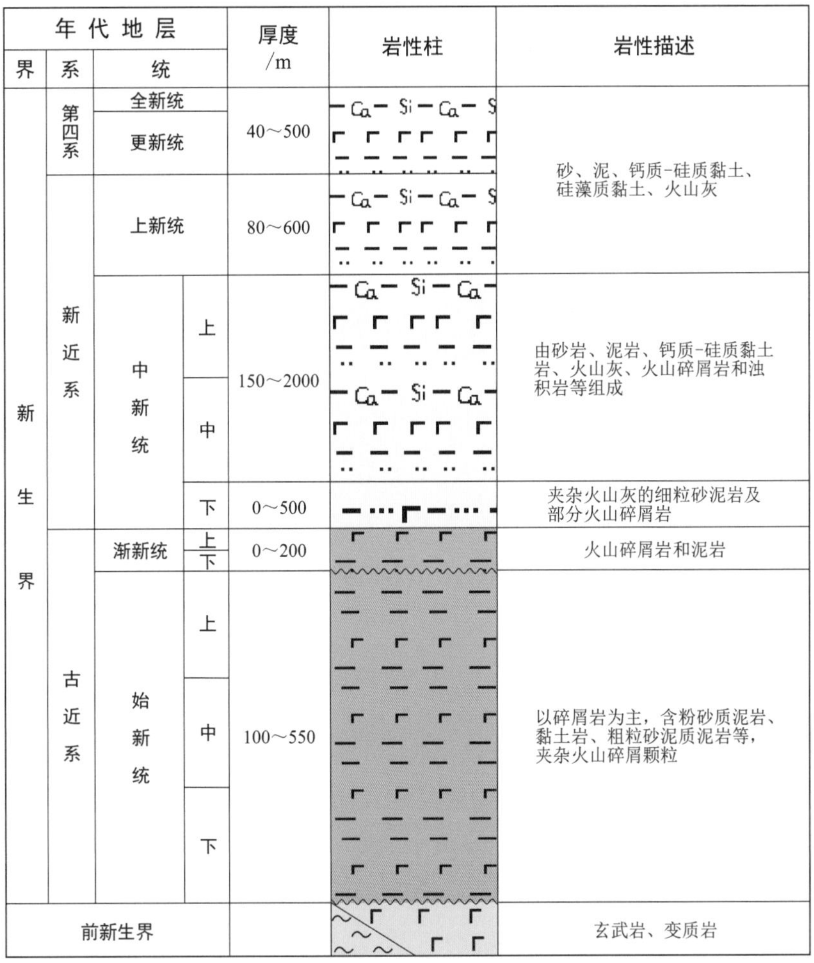
年代地层
界
系
统
厚度/m
岩性柱
岩性描述
新生界
第四系
全新统
更新统
40～500
砂、泥、钙质-硅质黏土、硅藻质黏土、火山灰
新近系
上新统
80～600
中新统
上
中
下
150～2000
由砂岩、泥岩、钙质-硅质黏土岩、火山灰、火山碎屑岩和浊积岩等组成
0～500
夹杂火山灰的细粒砂泥岩及部分火山碎屑岩
古近系
渐新统
上
下
0～200
火山碎屑岩和泥岩
始新统
上
中
下
100～550
以碎屑岩为主，含粉砂质泥岩、黏土岩、粗粒砂泥质泥岩等，夹杂火山碎屑颗粒
前新生界
玄武岩、变质岩

**图8.8　台湾岛以东海域地层综合柱状图**

新生界的底界为界面$T_g$，在全区均有分布。在花东海盆、西菲律宾海盆、东南澳盆地和南澳盆地区域，该界面之上为一套中连续的反射层组，存在上超、下超现象；界面之下反射层主要为低连续或杂乱反射，可见对下伏地层的削截作用。该界面反射同向轴较粗糙，是风化剥蚀的典型特征，也是明显的削截不整合界面（图8.9）。界面$T_8$为始新统内部界面，与海盆重大构造事件——海盆停止扩张相关，地质时间约为35 Ma，是本区最明显的区域不整合面，与下伏地震反射层组主要为削截关系，与上覆地震反射层组呈上超、下超或平行接触（图8.9、图8.10）。在花东海盆、西菲律宾海盆区域，界面$T_g$～$T_8$的F层序地震反射特征为中-低频率、强振幅、低连续-杂乱反射，呈杂乱结构，席状披盖或不规则外形，成层性较差（图8.11）。

3. 渐新统

渐新统在花东海盆和西菲律宾海盆区的局部低洼处沉积少量地层（界面$T_8$～$T_6$），厚度一般不超过200 m，地震剖面上显示为杂乱反射（图8.11），岩性以火山碎屑岩和泥岩为主。琉球岛弧区在渐新世晚期有少量沉积（唐木田芳文和沈耀文，1994），在八重山岛露头上可以观测到，地震剖面上不能识别。海域其他区域渐新统不发育。

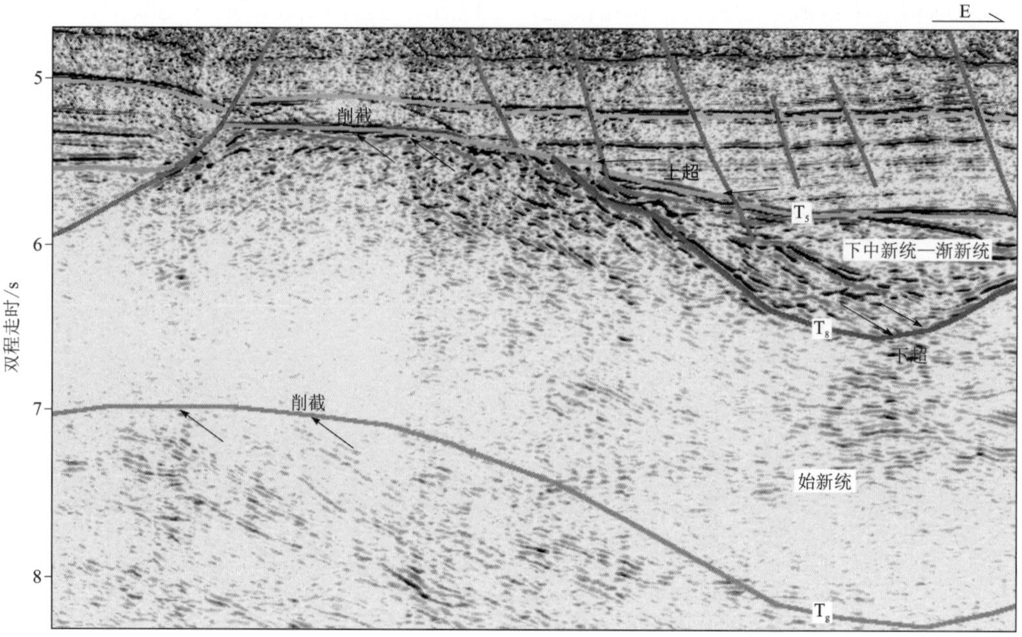


图8.9　东南澳盆地$T_5$、$T_6$和$T_g$典型地震反射特征图

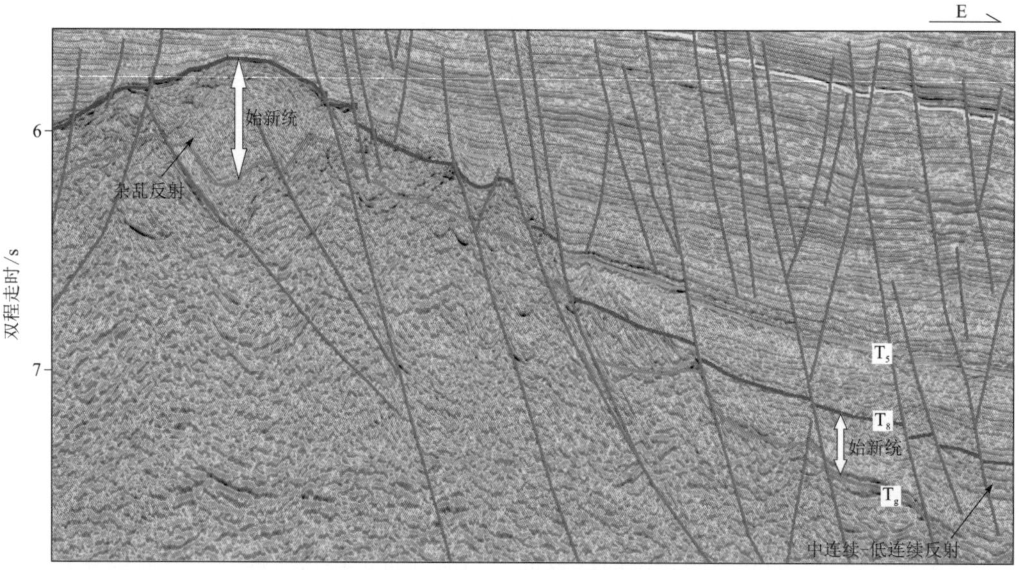


图8.10　台湾岛南部区域F层序地震反射特征图

4. 中新统

1）下中新统

下中新统除在北吕宋岛弧-海槽区和琉球构造带不发育外，其他大部分区域都有分布。地层厚度在50～700 m，最大厚度分布在花东海盆东部区域，最薄地层分布在西菲律宾海盆中东部广大区域，地层厚度一般小于100 m。属于深海相、半深海-深海相沉积，局部亦有火山碎屑岩相沉积。岩性主要为夹火山灰的细粒砂泥岩以及部分火山碎屑岩（图8.8）。

下中新统为反射界面$T_6$～$T_5$，主要为层序E。其分布范围较局限，不同区域该界面的特征有所差异。如在西菲律宾海盆区及花东海盆局部区域有分布，与上下地层呈平行接触关系。以盆缘周围的不整合现象最为明显，$T_5$上超到$T_6$界面上，而逐渐被尖灭。南澳盆地地区界面上下反射层特征明显不同，上覆中中新统为一套连续的平行或波状地震反射层组，上超现象明显；下伏中中新统是一套亚平行-杂乱反射层组，多见削截现象。在东南澳盆地中，上覆中中新统反射层为平行或低角度斜交其上，与下伏下中新统反射层组呈平行或低角度削截接触（图8.9）。下中新统在地震剖面上显示，如图8.11所示，总体上为一套中频率、中-强振幅、中-高连续，平行-亚平行反射结构，席状披盖外形的反射层组；东南澳弧前盆地在盆缘位置发现楔状外形、内部呈前积结构的反射层组（图8.12）。

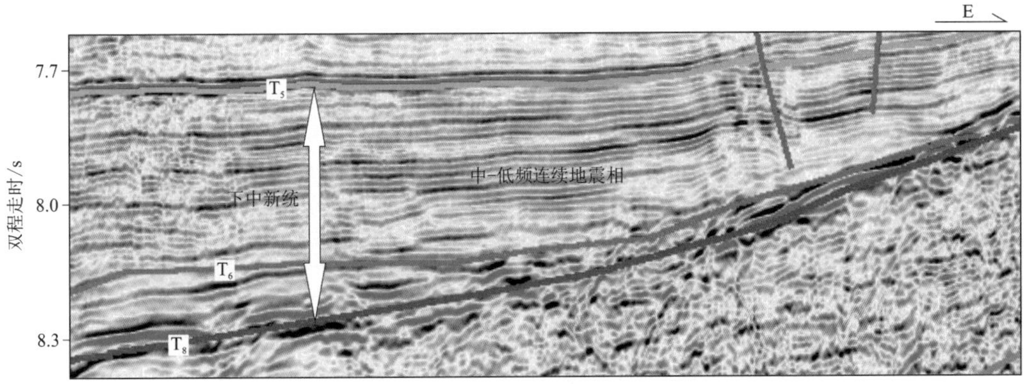


图8.11　花东海盆区下中新统中-低频连续地震反射特征图

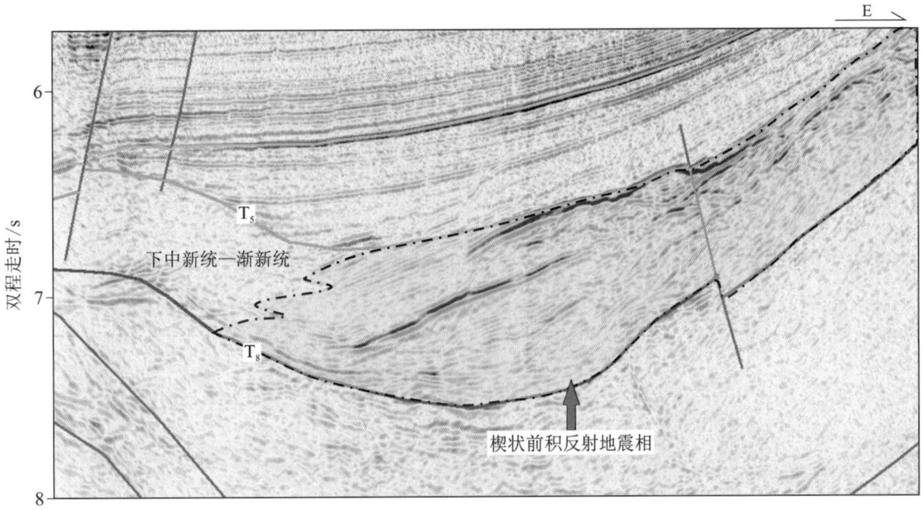


图8.12　东南澳盆地下中新统楔状前积反射特征图

2）中—上中新统

中中新统在台湾岛以东海域大部分区域均有发育，仅在南澳盆地发育相对局限，有缺失，而上中新统的分布更加广泛。弧前盆地和花东海盆东部地层发育最厚，西菲律宾海盆中西部地层发育最薄。地层厚度主要分布在150～3000 m，其中厚度大于2000 m的区域主要集中在弧前盆地中；花东海盆中—上中新统厚度在200～1500 m，总体呈现西厚东薄的趋势；西菲律宾海盆地层厚度在200～500 m，厚度大于300 m的区域位于加瓜海脊东部南北向条状分布的低洼和南部靠近吕宋岛的小洼陷中，其他大部分区域中—上中新统厚度变化不大，在150～250 m。中—晚中新世为深海相及半深海-深海相沉积，岩性是由砂岩、泥岩、钙质-硅质黏土岩、火山灰、火山碎屑岩、浊积岩等组成（图8.8）。

上—中中新统的分界为界面$T_3$，中中新统的底界为界面$T_5$，上中新统的顶界为界面$T_2$。中—晚中新世地层总体为一套中-高频率、强振幅、高连续，平行-亚平行反射结构，席状-席状披盖的外形特征的地震反射层组（图8.13）。

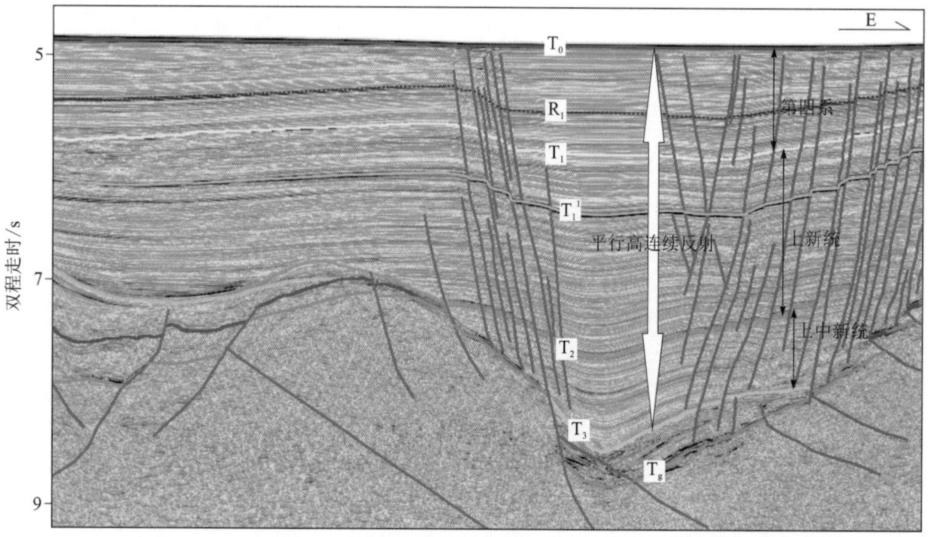


**图8.13　南澳盆地上中新统－第四系平行高连续反射特征图**

中中新统为界面$T_5$～$T_3$，对应层序D。在花东盆地，局部受基底火成岩影响，呈波状-杂乱结构、低连续反射特征；西菲律宾海盆的局部区域可见双向下超或杂乱内部反射结构，并具有丘状或楔状外形特征。

上中新统为界面$T_3$～$T_2$，对应层序C，不同分区地震反射特征存在差异，如在花东海盆、西菲律宾海盆和南澳盆地中，该层序的地震反射特征较相似，总体为中-高频率、强振幅、高连续的反射，以平行-亚平行反射结构为主，具有席状-席状披盖外形特征。在花东海盆中北部、东南澳盆地的局部区域，可见以中频率、弱-中振幅、低连续反射为主，显示出短波状结构或杂乱反射结构，整体具有块状外形特征。

在花东海盆北部上中新统内部存在两套不同特征地层，因此在界面$T_2$与$T_3$之间识别出界面$T_2^1$。例如，南北向剖面显示界面$T_2^1$之上是一套波状强振幅、连续地震反射层组，之下是一套高频率、中振幅、连续反射层（图8.14）；东西向剖面如图8.15显示，界面$T_2^1$之上是一套杂乱地震反射层，之下是一套中-高频率、中-强振幅、连续反射层，与上覆地层呈不整合接触。

5. 上新统

上新世地层在全区都有分布。弧前盆地地层发育最厚，西菲律宾海盆中西部地层发育最薄。地层厚度在80～1500 m；厚度大于1000 m的区域主要位于南澳盆地和东南澳盆地中；花东海盆上新统厚度在100～300 m，呈现西厚东薄的分布特征；西菲律宾海盆地层厚度在80～200 m，大部分区域上新统厚度变化不大，在80～120 m；北吕宋海槽弧前盆地上新统发育，厚度一般为300～700 m。上新世属于深海相和半深海-深海相沉积。岩性是由砂岩、泥岩、钙质-硅质黏土岩、硅藻质黏土、火山灰、火山碎屑岩、浊积岩等组成（图8.8），西部以陆缘沉积为主，东部以远洋沉积和自生沉积为主。

上新统的底界为界面$T_2$，对应台湾运动；顶界为界面$T_1$。在地震剖面上，界面$T_2$～$T_1$（层序B）总体为一套中-高频率、强振幅、高连续，平行结构，席状外形的地震反射层组。其中在花东海盆中部上新统为波状反射层组，与下伏的杂乱反射层组呈不整合接触（图8.15）；亦有呈强振幅、高连续波状反射，与上下地层呈平行接触。在东南澳盆地的局部地区，上新统上部为一套平行、高连续地震反射，下部为短波状-杂乱反射层组，下伏的上中新统为一套平行、高连续的地震反射层组，为不整合接触。西菲律宾海盆和南澳盆地区域，上新统与上中新统以平行接触为主。

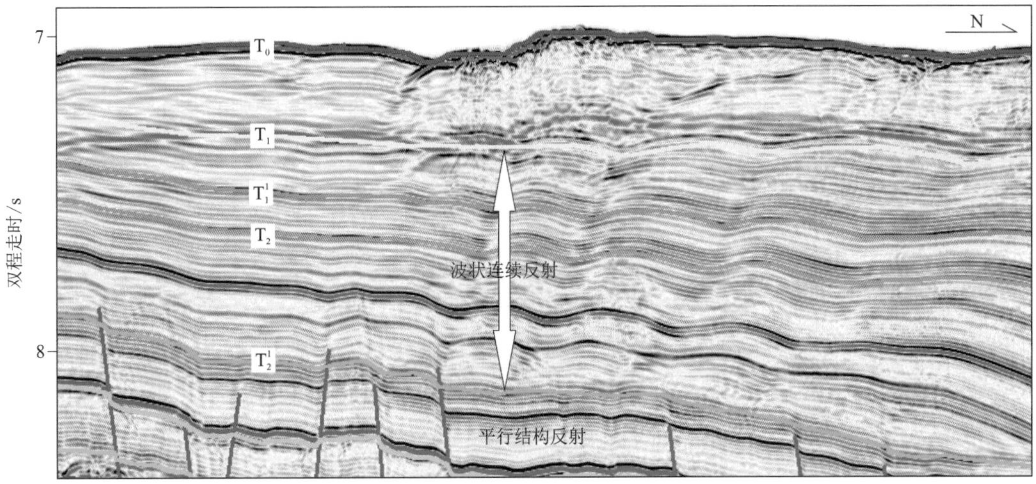


图8.14　花东海盆北部界面$T_2^1$上下地层地震反射特征对比图

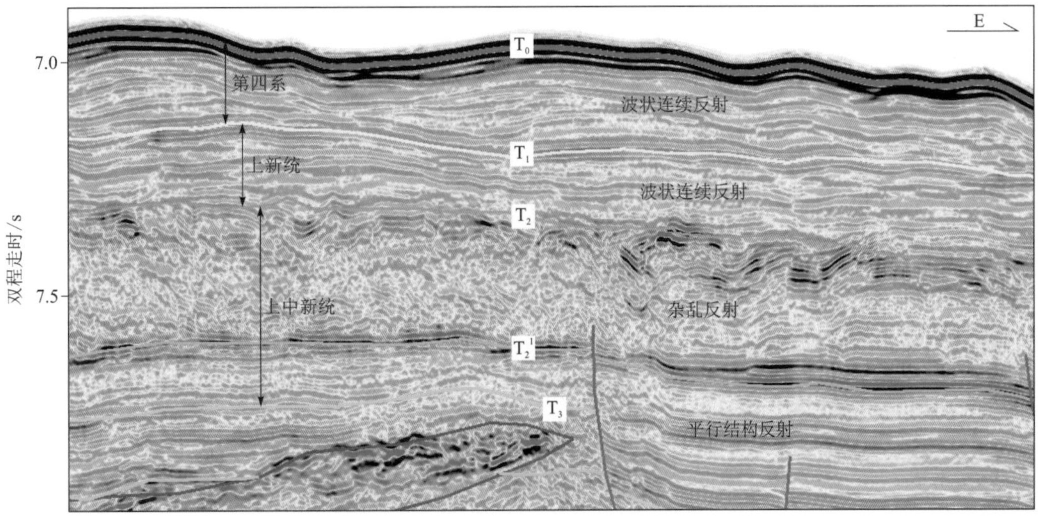


图8.15　花东海盆上中新统－第四系地震反射特征对比图

在花东海盆北部和北吕宋海槽的小范围区域及南澳盆地、东南澳盆地中，上新统内部识别出界面$T_1^1$。例如，花东海盆北部界面$T_1^1$上下主要有两种反射特征地层，其一如图8.16（a）所示，界面$T_1^1$之上（亚层序$B_1$）是平行结构高连续反射层组，之下（亚层序$B_2$）局部呈杂乱反射层组，周缘被平行结构高连续反射地层包围；其二如图8.16（b）所示，界面$T_1^1$的上下均为波状反射层组，它们呈平行接触关系。

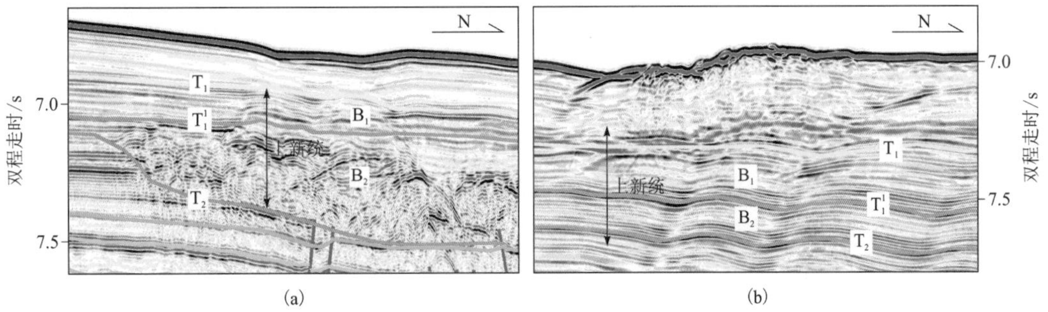


图8.16　花东海盆中北部界面$T_1^1$上下反射层组接触关系图

### 6.第四系

第四系在台湾岛以东海域均有分布。以弧前盆地地层发育最厚，西菲律宾海盆中西部地层发育最薄，地层厚度在40～1000 m，厚度大于500 m的区域主要集中于弧前盆地。花东海盆区第四系厚度在40～220 m，总体呈现西厚东薄的趋势；西菲律宾海盆地层厚度为40～200 m，呈现西厚东薄的特点，中东部大部分区域第四系厚度小于50 m；弧前盆地第四系厚度大多在300～1000 m，东南澳弧前盆地沉积中心区地层厚度超过1000 m。岩性上与上新统类似，总体以砂岩、泥岩、钙质-硅质黏土岩、硅藻质黏土、火山灰、火山碎屑岩、浊积岩等组成（图8.8），西部以陆缘沉积为主，东部以远洋沉积和自生沉积为主，属于深海相沉积。

第四系是从海底到界面$T_1$，对应层序A。地震剖面上显示为一套高频率、中-强振幅、高连续，平行结构，席状外形反射层组。北吕宋海槽附近很小范围区域及南澳盆地、东南澳盆地局限区域中，在第四系内部识别出界面$R_1$，界面之上是一套杂乱反射层组，局部可见下切谷；界面之下是部分杂乱反射层组、部分平行的连续反射（图8.17），总体呈不整合接触。

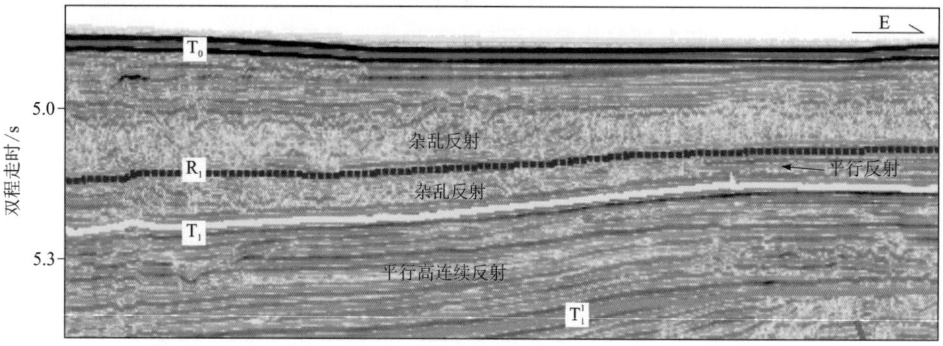


图8.17　北吕宋海槽地区界面$R_1$上下地层反射特征对比图

综上所述，台湾岛以东海域地层以新生界为主，分布极不均衡。受构造作用的影响，以吕宋构造带、琉球构造带和加瓜海脊为界，多区域地层发育自成体系，前陆盆地、弧前盆地、深海堆积型盆地、海沟拗陷盆地地层发育和各层组的分布各具特色，地层厚度和沉积类型都有较大差异。同时，地层的分布受到沉积物源影响也很明显，台湾岛是本海区最大的物源区，其次为吕宋岛弧和琉球岛弧，近物源区地层厚度明显较厚，远离物源区地层厚度明显变薄，新生界总厚度的区域差距可达到5000 m以上，总体形成了西厚东薄、北厚南薄的地层分布特征。

# 第二节　花东海盆沉积特征及充填演化

花东海盆新生代沉积期，主要发育始新世—第四纪地层，整体属于海相充填沉积。沉积相的发育受到海平面的变化、气候等影响，最主要的受到构造活动的绝对控制作用。花东海盆呈现出半深海到深海，水体逐渐加深的演化过程，形成了花东海盆区典型的沉积特征和独特的充填演化规律。

## 一、始新统

在始新世沉积期（主要指界面$T_g$～$T_6$之间的沉积），花东海盆沉积充填范围局限，地震反射特征为中-低频率、强振幅、低连续-杂乱反射，呈杂乱结构，席状披盖或不规则外形，成层性较差。总体为半深海-深海环境沉积，堆积有火山碎屑浊流沉积物及碎屑流砂岩和砾岩沉积，因大量岩浆侵入沉积层的影响，地震剖面的反射层变得杂乱、连续性差（图8.11、图8.18），无法更详细地识别出其内部典型沉积体。

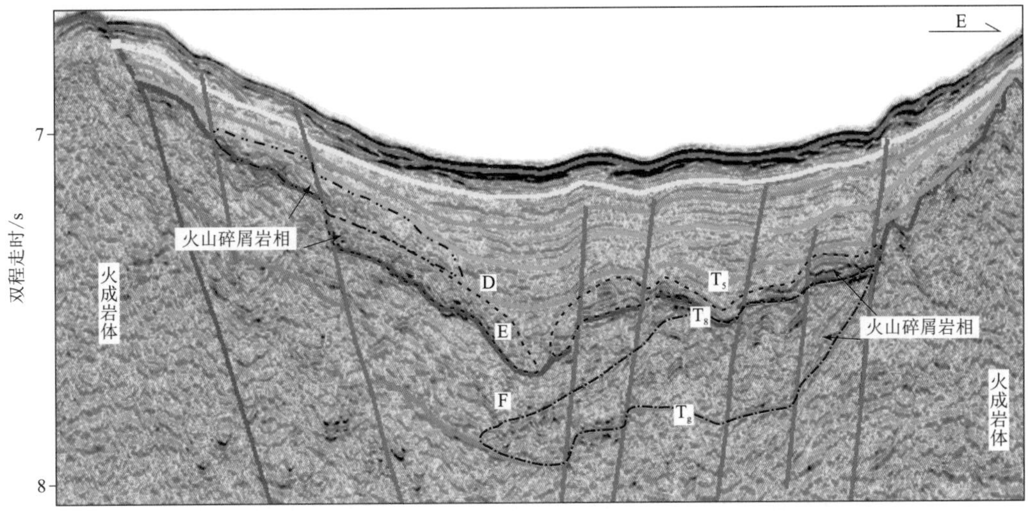


图8.18　花东海盆区始新统－中中新统的火山碎屑岩相反射特征图

## 二、渐新统—上中新统下部

渐新世—中新世较底部古新世—始新世沉积变得相对稳定，可容纳沉积空间增大，水体逐渐加深，由半深海-深海环境过渡到深海环境，总体为平行中-高连续地震反射特征。其中，渐新世—早中新世地层（对应层序E）依然受到岩浆侵入的影响，局部沉积层的地震反射连续性较差-断续，发育有火山碎屑岩相（图8.18）；中中新世—晚中新世早期（层序D～层序C下部），水体变得较开阔，主要为平行高连续反射地震特征，沉积层稳定性变好，发育很稳定的深海相沉积。

## 三、上中新统上部—第四系

晚中新世晚期—第四纪时期，伴随西菲律宾海板块向西北方向运动使得吕宋岛弧与欧亚大陆板块的碰撞（距今6.5 Ma左右），造成台湾岛持续隆升（Huang et al.，2001），至今仍处于活跃状态。陆源沉积物供应充足、构造与断裂活动发育、海山阻挡效应、地震活动等因素对此时花东海盆区沉积充填演化起到重要的控制作用。此时期花东海盆区海平面又进一步上升，全面进入开阔、足够大可容纳空间的深海环境。花东海盆属于东部岛坡外缘深海盆地，地形呈西高东低，沟谷体系发达，来自东部台湾岛及吕宋岛北部的充足陆源碎屑物，经峡谷等沟谷通道的搬运，在该海盆内发育了多样、典型的沉积充填，如深海相、块体流沉积、峡谷-水道等沟谷体系、沉积物波、深水扇及浊积扇等。

可将晚中新世—第四纪的沉积演化过程划分为三个阶段：块体流冲蚀阶段，海底峡谷侵蚀-沉积物失稳-峡谷充填-再侵蚀阶段，以及浊积扇、沉积物波、深水扇发育阶段。

### （一）块体流冲蚀阶段

伴随台湾岛快速隆升（约6.5 Ma），东侧陆地沉积物快速、大量地向东部海域花东海盆区输送和卸载，即在上中新统内部发育了最为明显特征的界面$T_2^1$，即块体流沉积体系的底界。块体流沉积体内部反射杂乱，表现出强烈的挤压特征，顶部局部显示水道充填的形态，与周围稳定的半深海-深海相沉积之间地震反射特征有显著差异，其“蚕食”围区连续地层，呈独立的孤岛状（图8.19）。表明块体流对已形成沉积地层产生强烈的冲蚀作用，使得原有的沉积层遭受侵蚀、冲刷；除此之外，块体流沉积的顶面形态通常也较为粗糙，这种微地貌形态对“后生”沉积物的展布和捕获也有一定的控制作用。

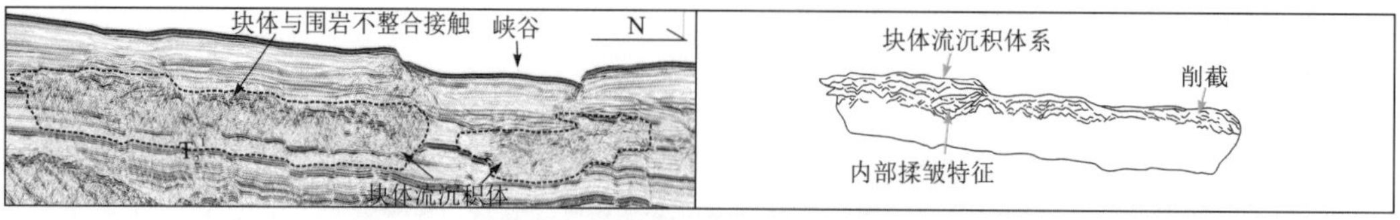


图8.19　花东海盆区上中新统块体流反射特征图

晚中新世晚期—上新世，从台湾岛东侧陆坡区延至花东海盆的东部，均有块体流沉积体分布（图8.19）。晚中新世晚期，沉积范围相对较小，主要分布在盆地中北部，沉积物源主要是台湾岛东侧陆区，该沉积体系厚度有350 m，延伸距离超过43 km，贯穿盆地东西走向，直至东缘被加瓜脊带的海山阻挡而停止；到上新世时期，沉积范围向南部推移并扩大，沉积物来源可能包括台湾岛东侧和北吕宋岛，两者兼有。

### （二）海底峡谷冲刷-沉积物失稳-峡谷充填-再侵蚀阶段

因花东海盆区东侧边缘岛坡具有非常陡峭的地形特征，较大地形落差增强了沉积物流侵蚀下伏沉积层的能力，加之块体流裹挟充足的碎屑沉积物，具有强烈的冲蚀能力，使得在地层脆弱位置形成海底峡谷。晚中新世晚期-第四纪沉积时期，在台湾岛东侧岛坡上分布有众多规模大小不一的水道-海底峡谷等沟谷体系，并不断向花东海盆和琉球海沟蜿蜒（图8.20）。由北向南主要发育花莲峡谷、秀姑峦峡谷、台东峡谷等大型峡谷。其中规模最大的是台东峡谷，它从晚中新世晚期开始发育，侵蚀底界到块体流搬运沉积层下部，到现今仍处于下切和充填中，其平面延伸总长超过160 km，下切深度一般为300～600 m，充填厚度为150～200 m。

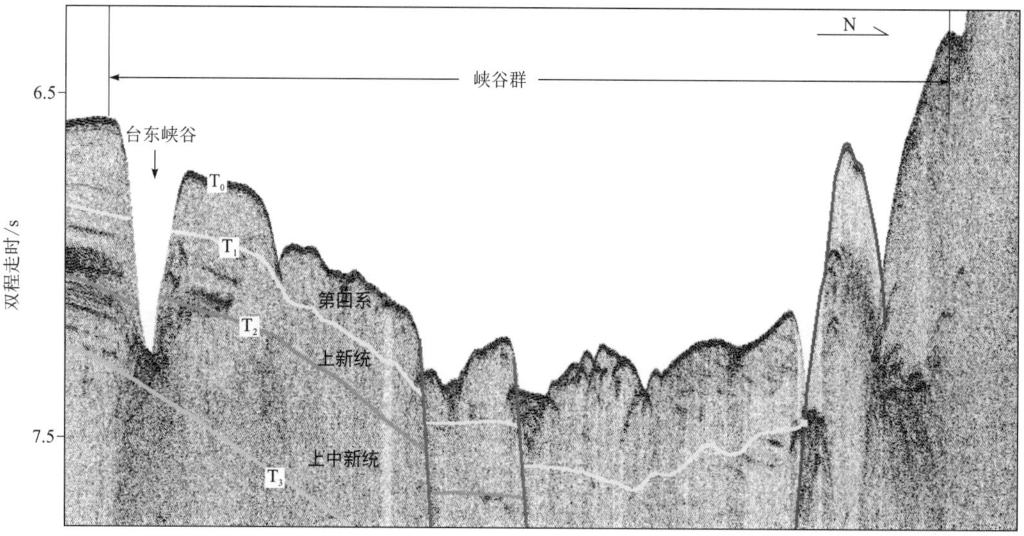


图8.20　花东海盆区海底峡谷群侵蚀的单道地震特征图

峡谷的冲刷下切与沉积物失稳滑塌、沉积充填、再侵蚀作用相伴生。在峡谷的强烈冲刷作用下，峡谷侧壁地形坡度较陡，谷壁出现沉积物沿着斜坡向下滑移，滑移断层清晰可见，有明显的阶梯状滑塌现象（图8.21）。两岸呈不对称状，峡谷由北东走向转为北东东走向的转折拐点位置，北侧谷壁处于“凹岸”，受到更强劲水流冲刷，谷壁很陡，沉积地层出现高角度的侵蚀垮塌现象；而南侧谷壁处于“凸岸”一侧，具有多级滑塌构造或冲刷阶地，总体宽缓，周缘沉积地层的垮塌分布面积较大，沉积较厚，呈楔状向峡谷的中心区延伸。由于峡谷不断地侵蚀，会再继续诱发谷壁沉积物变形滑塌，向下移动到峡谷边缘呈杂乱状堆积充填。峡谷底部充填厚度为150～250 m，分为两套不同沉积特征的地层，下部为与块体流沉积体同期杂乱薄层沉积充填；上部为相对稳定的深海浊流沉积。峡谷至今仍处于充填未满状态。峡谷内部已充填的沉积物仍受到侵蚀作用影响，海底被冲刷出新的各个小型的“谷内谷”（图8.22）。

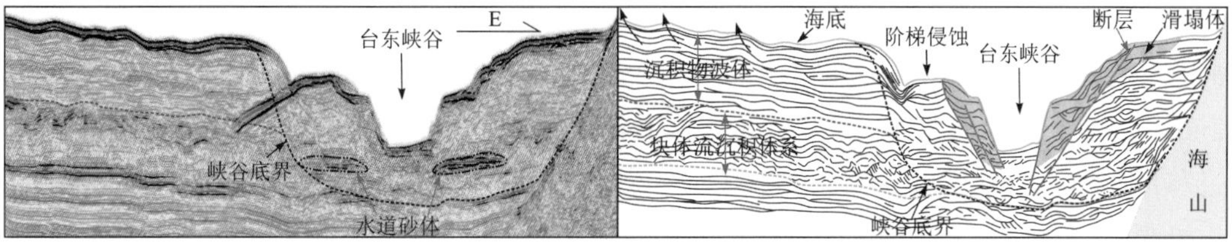


**图8.21　花东盆地台东峡谷及周缘沉积相特征图**

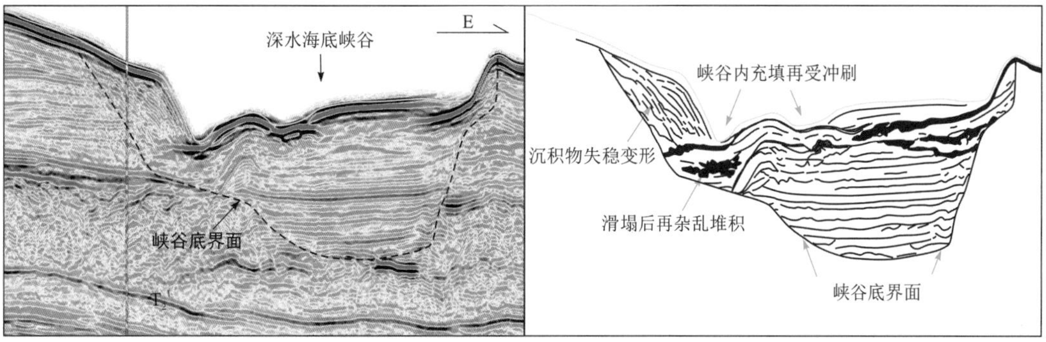


**图8.22　花东海盆区台东峡谷地震反射与沉积特征图**

晚中新世晚期—第四纪，持续有发生峡谷下切作用，谷顶宽度继续扩大，并发育峡谷周缘的伴生沉积，如沉积物失稳滑塌再堆积、峡谷内沉积充填及充填体再被侵蚀。峡谷群平面上从东侧岛坡开始广泛发育，呈多源头、多分支、蜿蜒盘桓状，并不断向花东海盆东北部构造低部位深水区延伸，到加瓜脊北部的琉球海沟内汇聚一处，后继续延伸至逐渐消失［图8.23（a）、（b）］。

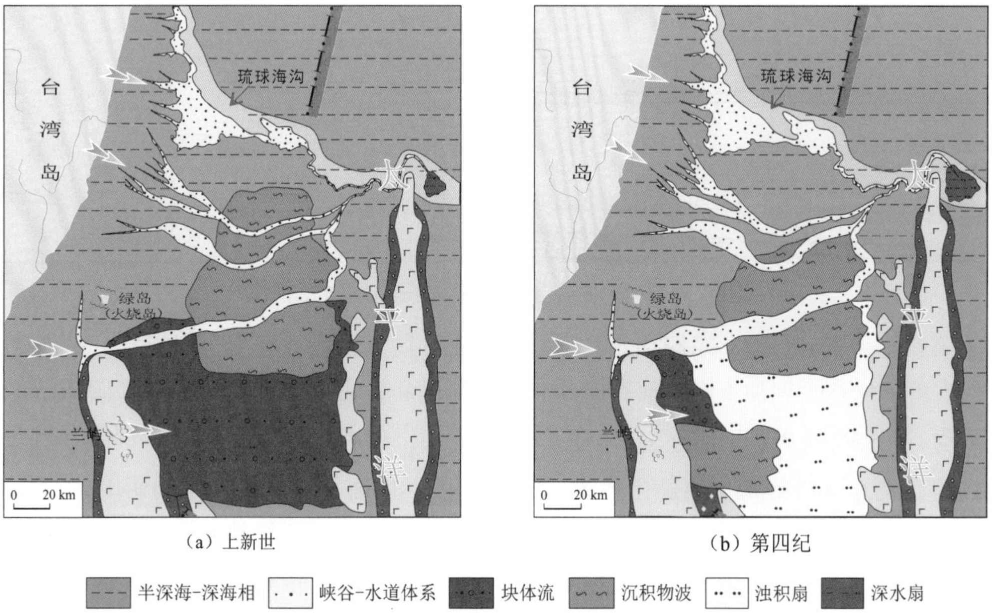


**图8.23　花东海盆区沉积相平面展布示意图**

## （三）浊积扇、沉积物波、深水扇发育阶段

伴随花东海盆区块体流搬运沉积体系、峡谷-水道沉积体系的发育，亦有浊积扇、沉积物波、深水扇

等伴生沉积。

上新世—第四纪（层序B～A），在花东海盆秀姑峦峡谷和花莲峡谷汇聚区域，亚层序S31的块体流沉积层之上，分布有大型波状沉积，其波脊线近垂直于峡谷–冲沟系的走向，呈近北北东–南南西向或近南北向展布，向东一直延伸到加瓜脊西部的海山附近，被阻挡而停止。沉积物波域内单个波形的波长（WL）为0.8～7.2 km，波高（WH）为24～200 ms左右（18～150 m），WL/WH＝44～96，波脊具有向其上坡方向即西侧迁移的特点（图8.24），单个波形的逆坡翼具有短而厚的特征，顺坡翼长而薄，波谷常遭受侵蚀厚度减薄，沿斜坡向下随着沉积物供给减弱，沉积物波域的厚度、波长和波高也相应减薄和减小。在台东峡谷相对平直段的沉积物波规模明显小于高弯曲段，显示出远离峡谷沉积物波长和波高都减小的特征，分析认为沉积物波是浊流沉积物在峡谷–冲沟的嘴部等地形限制性降低的位置卸载堆积或在峡谷–冲沟的转向处漫溢出而形成的沉积，为浊流溢出的成因。

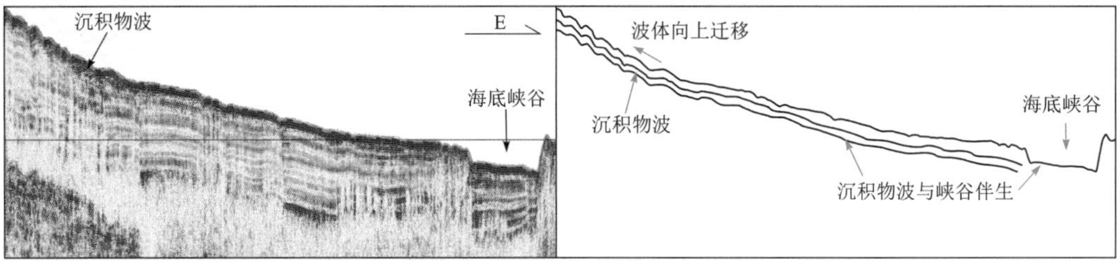


**图8.24　花东海盆区上新世－第四纪沉积物波反射特征图**

第四纪沉积期，块体流影响减弱，浊流作用成为主导，在花东海盆的中南部发育浊积扇沉积（图8.25）。其物源主要来自于台湾岛东侧陆区和北吕宋岛。靠近西部物源区内部反射褶皱变形明显，表明在此沉积物快速堆积的证据，向东侧地震反射连续性逐渐变好，内部可见小型下切水道充填。浊积扇东西向延伸长度超过57 km，沉积较厚位置有200～250 ms（双程反射时间），由西向东厚度有减薄趋势，水体动能减弱，沉积亦趋向于稳定。

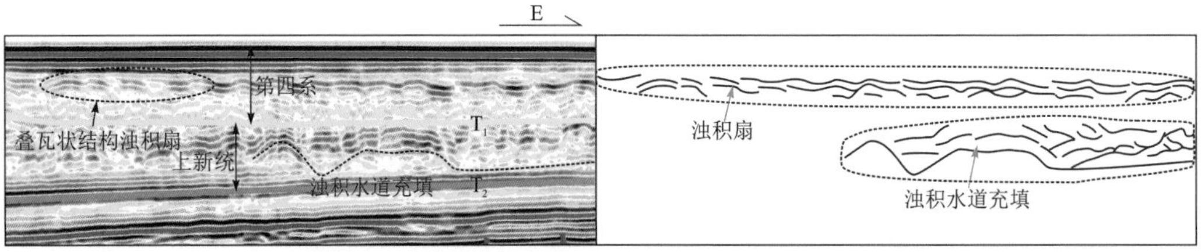


**图8.25　花东海盆区第四纪浊积扇反射特征图**

上新世—第四纪，来自台湾岛东侧和北吕宋岛的陆区碎屑沉积物，经由台东峡谷、三仙峡谷、花莲峡谷等一系列沟谷群的搬运，到加瓜脊北部靠琉球海沟一侧的峡谷嘴部，为“喇叭状”地形，峡谷群携带的碎屑物摆脱了沟谷的侧向约束，平面上呈“扇形”卸载出来，形成大型深水扇沉积（图8.26）。

综上所述，台湾东部海域地层以新生界为主，分布极不均衡。受构造作用的影响，以吕宋构造带、琉球构造带和加瓜海脊为界，多区域地层发育自成体系，前陆盆地、弧前盆地、深海堆积型盆地、海沟拗陷盆地地层发育和各层组的分布各具特色，地层厚度和沉积类型都有较大差异。同时，地层的分布受到沉积物源影响也很明显，台湾岛是本海区最大的物源区，其次为吕宋岛弧和琉球岛弧，近物源区地层厚度明显较厚，远离物源区地层厚度明显变薄，新生界总厚度的区域差距可达到5000 m以上，总体形成了西厚东薄、北厚南薄的地层分布特征。海域新近纪以来主要发育了浅海相、浅海–半深海相、半深海–深海相、深海相、火山碎屑岩相、水下扇、重力流沉积、峡谷–水道充填、沉积物波、深水扇和浊积扇等多种沉积相组合（图8.23），构成本区丰富的沉积相类型。其以晚中新世—第四纪时期沉积水体最开阔、沉积体系发育最广泛、多样化。

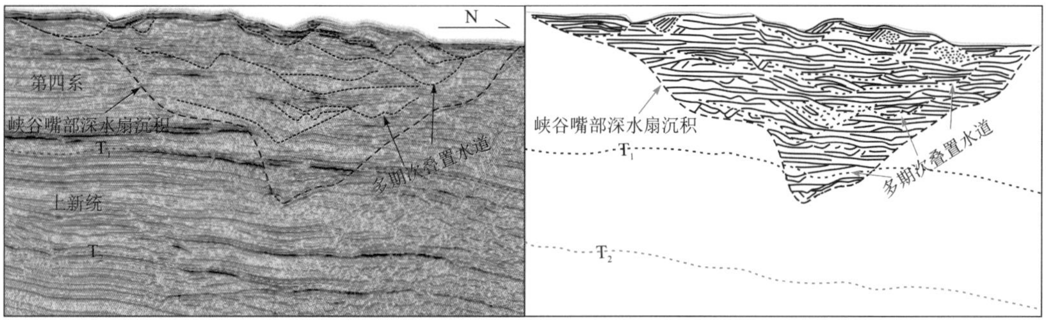


图8.26　花东海盆区上新世－第四纪深水扇反射特征图

第/九/章

# 南海新生代地层格架及展布规律

# 第一节　新生代地层分布特征及展布规律

新生界在南海全区广泛分布，发育齐全，主要分布在南海海域周缘的二十多个沉积盆地中，以北部、西部和南部陆架–陆坡区地层分布最全。沉积盆地地层时代主要为始新世—第四纪，古新世地层在珠江口盆地、礼乐盆地、西北巴拉望盆地等地区局部有所揭示。南海中部地层主要发育在海盆区，地层形成时代较新，主要以晚渐新世以来的地层为主。

南海新生界总体厚度在200～17000 m（图9.1），沉积盆地内地层厚度较大，一般为2000～17000 m，沉积厚度最大的区域位于莺歌海盆地和曾母盆地深凹陷中，局部厚度最大可达到近20000 m，油气资源潜力十分巨大；

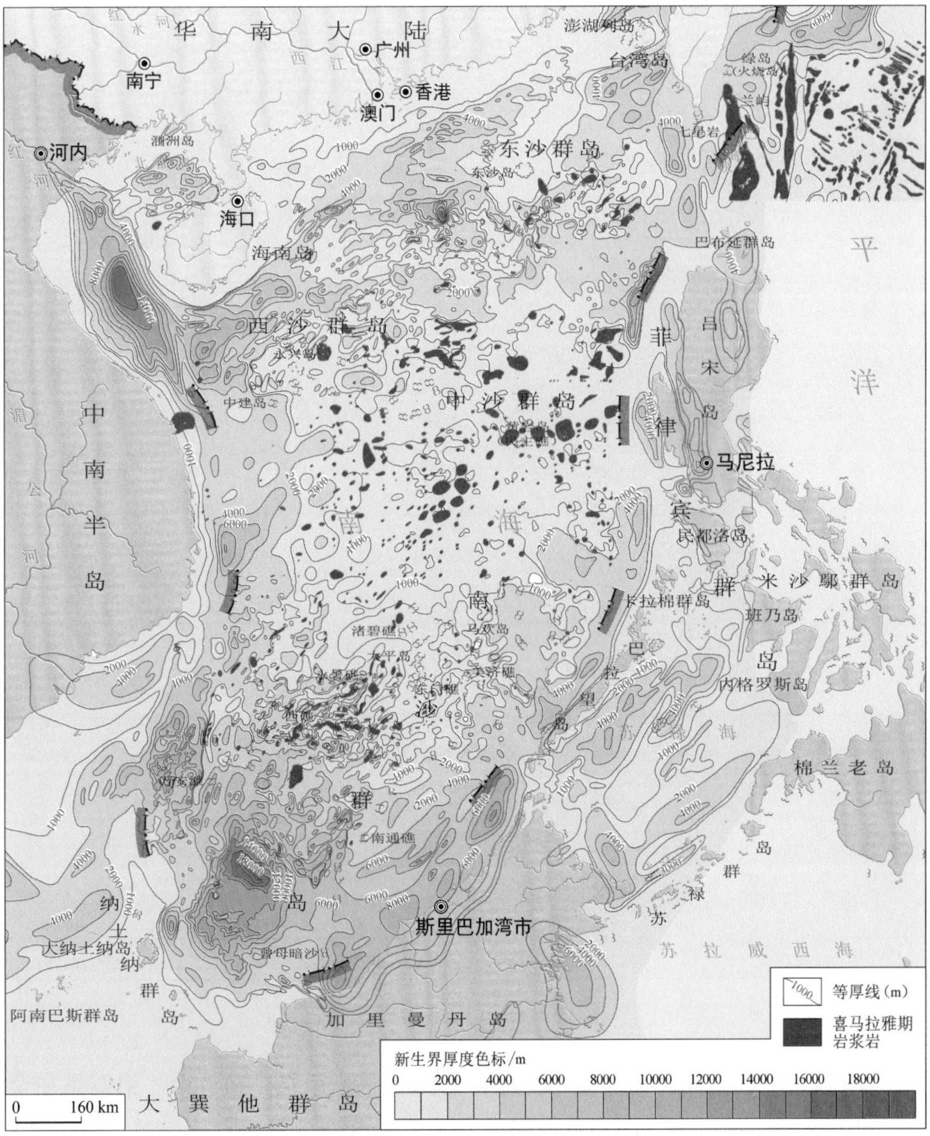


图9.1　南海新生界厚度图

在盆地外缘隆起和岛礁等区域，新生界厚度小，一般小于2000 m，而且被隆起分割成小块；中部海盆区地层沉积厚度大部分在500～3000 m，在海盆东部马尼拉海沟区域，构造沉降量大，形成局部沉积中心，地层厚度较大，最厚可超过6000 m。

古近系是南海烃源岩的主要发育层组，以陆相河湖沉积地层为主，主要分布在沉积盆地中。地层厚度大部分在0～8000 m（图9.2），地层发育变化较大，分布较为分散，在盆地凹陷区沉积物厚度最大，地层厚度大部分在2000～7000 m，曾母盆地局部区域可超过10000 m；其他盆地斜坡和低隆起区域古近纪地层一般小于2000 m。岛礁、火山和隆起区分布较少，或为剥蚀区。

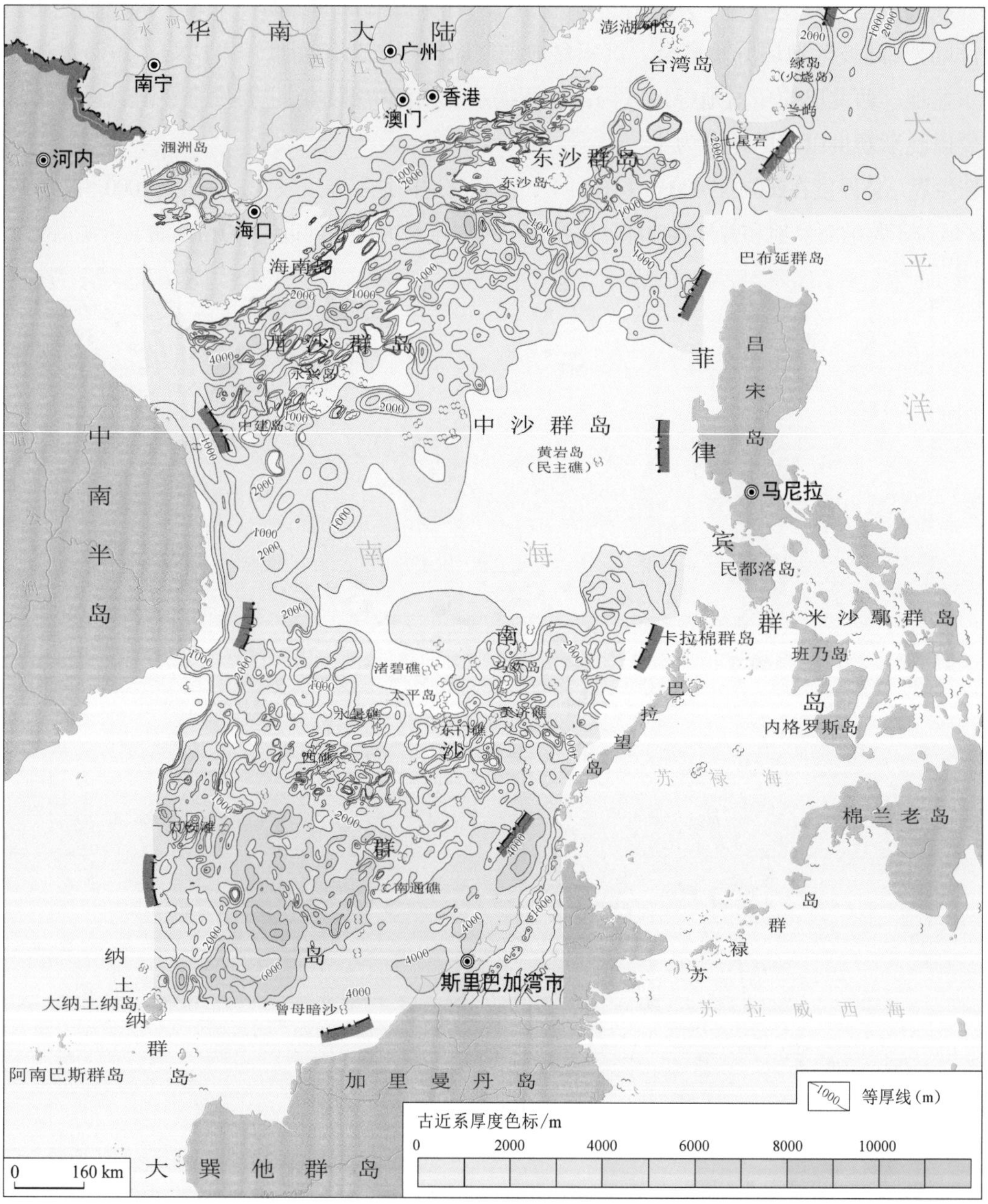


图9.2 古近纪地层厚度图

新近纪以来，南海完成了全面海侵，基本上全部为海相沉积地层，新近系—第四系在全区广泛分布，是主要的储层和盖层，以及部分烃源岩的发育层组。地层厚度变化较大，一般在0～10000 m，具有西厚东薄、海盆厚岛礁薄的展布特征（图9.3）。总体上，沉积中心还在沉积盆地中，以盆地区域地层厚度较大，以南海西北部的莺歌海盆地，西南部的曾母盆地、北康盆地新近系—第四系厚度最大。

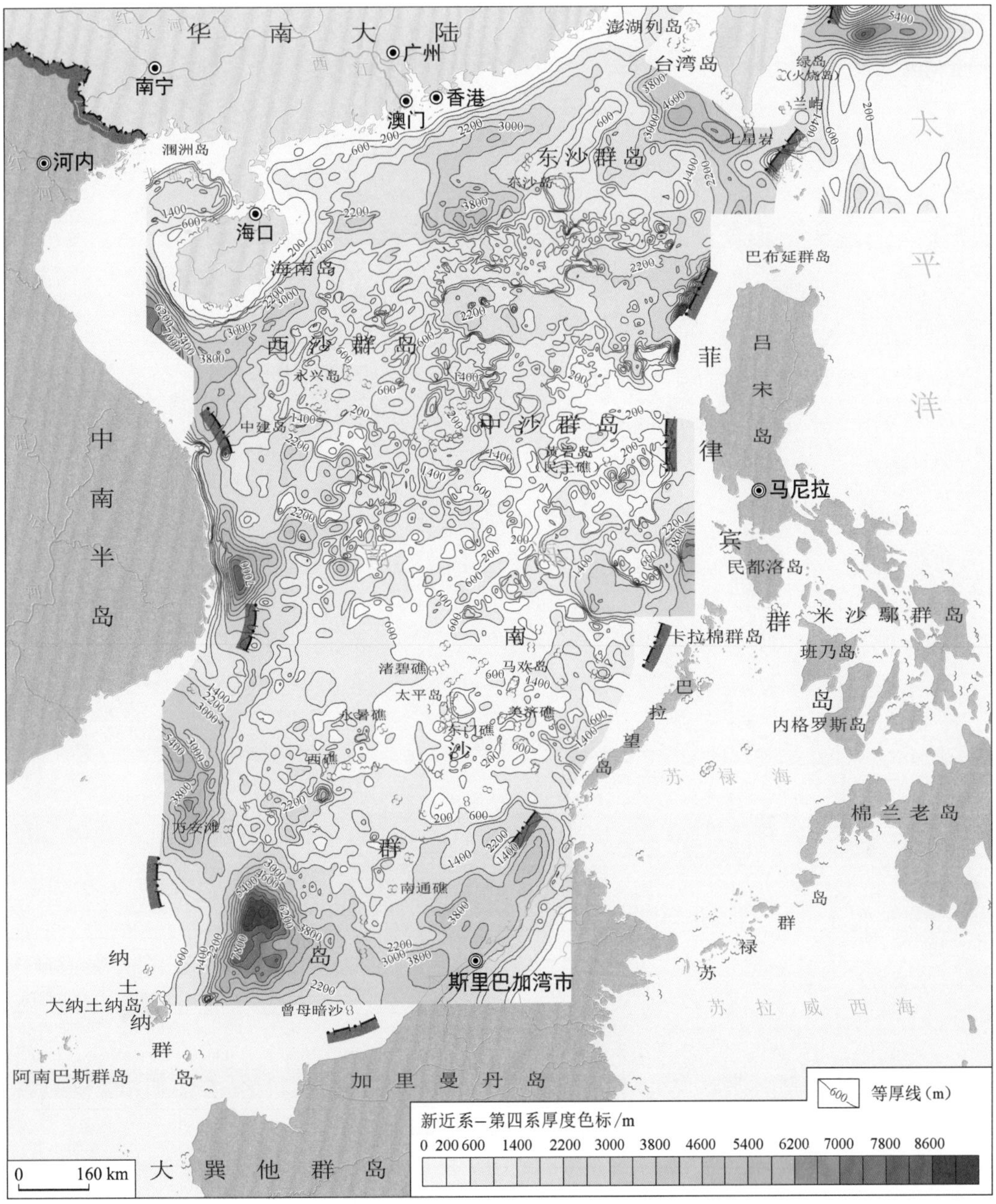


图9.3 新近系—第四系地层厚度图

第四系在南海全区广泛分布，是良好的区域盖层。地层厚度变化较大，一般在0～2200 m（图9.4）；继承了新近系的发育特征，具有西厚东薄、海盆厚岛礁薄的展布特征；沉积中心从新近纪时期位于各个沉积盆地中，第四纪逐渐转移到海盆和南海西北、西南区域；区域上海盆沉积厚度呈增大的趋势，南海西部莺歌海-琼东南盆地、万安盆地、曾母-北康盆地的局部凹陷区等局部区域第四系厚度较大。

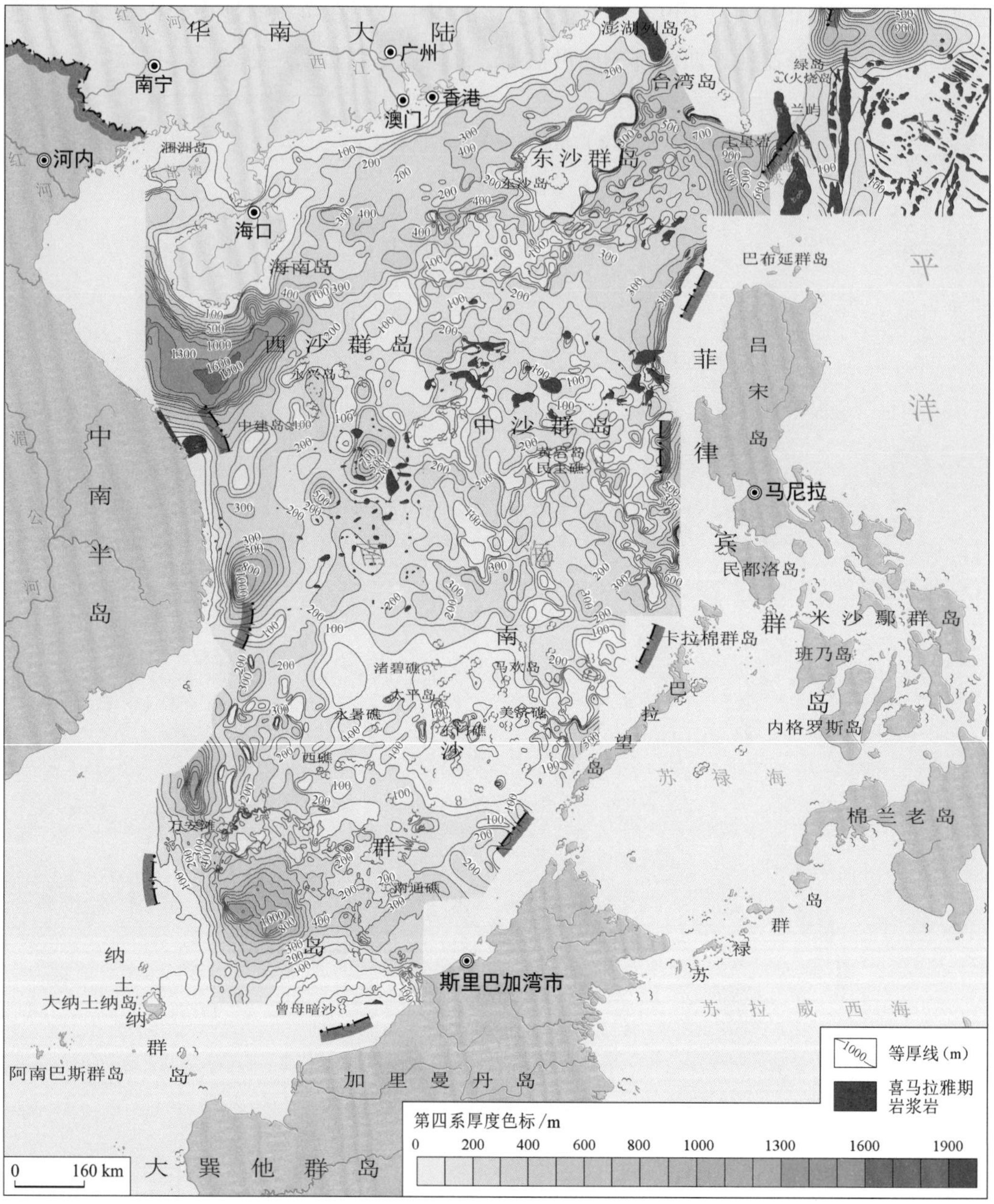


图9.4　第四系厚度图

# 第二节　南海海域地层属性分析对比

地层是最基本的地质单元，是地质历史的记录，地层的属性反映了其所处区域的构造背景和沉积环境的总体特征。海域各地层分区地层发育各有特点，他们属性和分布的差异性说明它们处于不同的构造位置以及具有各自特有的充填演化历史。

通过上面各章节分区地层的分析，南海海域地层属性可总结为以下几点。

（1）南海沉积基底承接周缘陆缘地层和自身岩浆作用的特征，具有中部新、四周老，北部西老东新，南部西新东老，陆壳洋壳共存的特点。

南海的基底既承接了华南地块、华夏地块、印支地块等基底的特征，又因为南海张裂、海底扩张，形成了部分新的洋壳基底。在南海北部的东沙以西区域、南海西部陆架区、南海东南部，分布元古宇、古生界变质岩，与华南地块和印支地块具有可对比性。而南海北部珠江口盆地及以东的大部分区域则为与华夏陆缘相似的中生代中晚期中酸性火成岩体，南海西南部的湄公盆地、万安盆地等都为中生代中晚期中酸性火成岩体。南海海盆为新生的渐新世—早中新世基性玄武岩，为洋壳性质，厚度为8～12 km。海盆四周的南海陆架-陆坡主要为陆壳-过渡壳，厚度为16～26 km。由此构成了南海沉积基底中部新、四周老，北部西老东新，南部西新东老，陆壳洋壳共存的特点（图9.4、图9.5）。

（2）中生代残余地层具有东部发育、南北对称的特点。

南海中生界经过燕山运动末期和喜马拉雅运动早期构造事件的改造、隆升剥蚀和岩浆作用混染，地层变形、剥蚀明显，沉积盆地的原始面貌已经基本上不复存在，现有地层在南海南北两部分都主要存在于东部区域。在南海北部主要分布在潮汕凹陷、台西南盆地及其周边邻近区域，在南海南部主要发育在礼乐盆地、西北巴拉望盆地及其相近区域，南北部相隔南海海盆基本对称发育，南海中生代残余地层的这种分布特征从侧面反映了南海海盆海底扩张的影响效应。

（3）古近纪地层具有南北西周缘地堑发育、西陆东海的特征。

南海古近纪早期构造应力主要以伸展作用为主，发育大量彼此分割、发散发育的地堑、半地堑，古新统—下渐新统主要发育于这些局限地堑中，晚渐新世末期到新近纪早期才逐渐开始联通起来。在南海北部珠江口盆地以西、南海西部各盆地、南海南部北康盆地以西，渐新世以前以河湖相沉积环境为主；南海东部台西南盆地大部分区域、礼乐盆地、北康盆地东部、西北巴拉望盆地及其西部和西北部大部分区域，古新世—早始新世频繁遭受海侵。总体上，古近纪时期地层沉积环境主要为近海的滨浅海、内浅海、三角洲沉积环境，南海总体表现为西陆东海的沉积特征。

（4）新近纪—第四纪海相地层全南海广泛发育。

渐新世早期，南海海底开始扩张，南海发生大规模沉降，海水开始由东向西逐渐海侵；渐新世末期到中新世早期，南海全面海侵，绝大多数区域都处于海相沉积环境；新近纪—第四纪，海相地层在全南海广泛发育。

（5）晚中新世构造事件频繁，海平面变化大，深水扇广泛发育。

中中新世末期到晚中新世早期，南边和东边板块向南海方向运动加剧，南海构造活动频繁，南海扩张作用停止，海盆关闭，海盆开始大规模向吕宋岛弧俯冲，又值全球海平面大幅下降，深水陆坡-海盆发生构造沉降和热沉降，陆架-上陆坡变形并微微隆升，致使海岸向海方向迁移，重力流、峡谷发育，深水陆坡和海盆区深水扇广泛发育。

（6）碳酸盐岩（生物礁）发育东早西晚，早—中中新世最为繁盛。

南海地层岩性以砂泥质碎屑岩为主，碳酸盐岩类为辅。碳酸盐岩及生物礁的发育与南海海侵的时期和构造运动息息相关。碳酸盐岩（生物礁）的发育与南海新生代海水由东向西逐渐海侵的特点相对应，最早始于南海东部西北巴拉望盆地，在渐新世早期即发育了前尼多灰岩，一直延续发育到中新世；其次在礼乐滩地区，渐新世中晚期开始发育生物礁，在东沙岛礁区域，渐新世中晚期也开始大量发育碳酸盐岩。早—中中新世，南海构造活动相对稳定，海平面缓慢稳定上升，南海全面海侵，碳酸盐岩（生物礁）在南海南北部广泛发育，主要以琼东南盆地南部、中建南盆地北部、西沙群岛、中沙海台、万安盆地、曾母盆地、北康盆地南部、礼乐滩、西北巴拉望盆地等区域最为发育。晚中新世早期，构造抬升频发，海平面下降，大量陆源物质进入海洋，碳酸盐岩（生物礁）的发育大规模停止，并且抬升，遭受溶蚀。上新世—第四纪，生物礁主要发育在台地、岛礁区域。

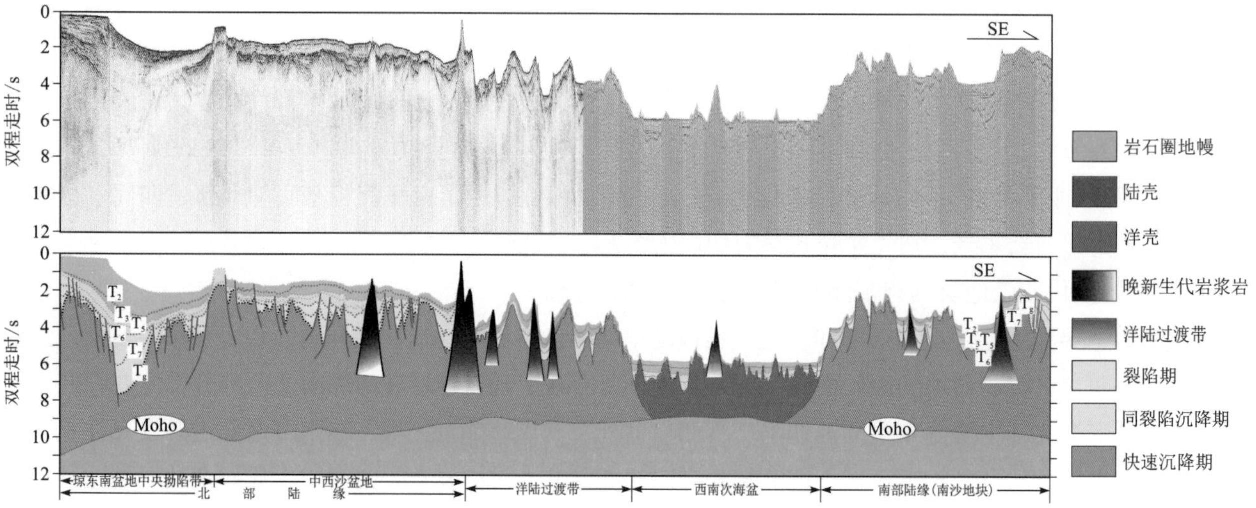


图9.4　南海西部南北大剖面对比及解译图

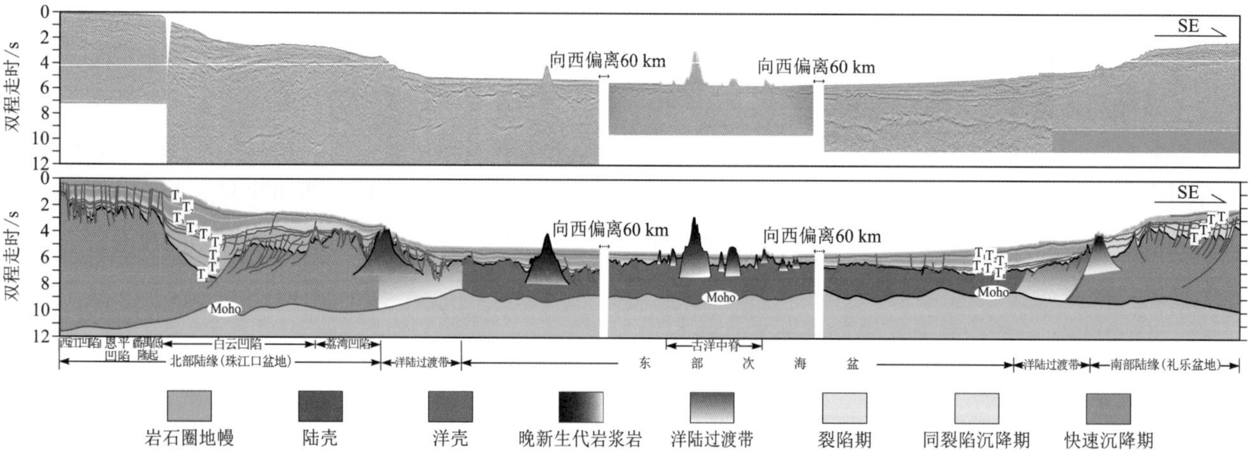


图9.5　南海东部南北大剖面对比及解译图

第 / 十 / 章

# 南海新生代沉积体系及主要模式

# 第一节　南海新生代沉积模式及环带状分布规律

## 一、南海典型地震相–沉积相特征

南海海域宽阔，物源丰富多样，沉积盆地厚度大，矿产资源丰富，不同区域和不同时代沉积环境多变，沉积体系多种多样，致使地震相组合变化大。本书选取同南海油气、水合物等矿产资源密切相关的典型地震相–沉积相进行分析，各分区详细的沉积环境和沉积体系说明见海区分区章节部分。

1. 陆架边缘三角洲

主要分布在南海北部陆架和南海西南部巽他陆架边缘。一般以中–高频率、弱–中振幅、中–高连续为主；大型前积反射结构，外形为楔状，反映出水动力条件相对较强，沉积物供应充足，并不断由陆架区向坡折带推进（图10.1）。主要由海进体系域（TST）、高位体系域（HST）、强制海退体系域（FSST）组成。顶部下切谷发育，反映出陆架边缘三角洲体系形成后曾经遭受强烈剥蚀，反映出相对海平面的变化。

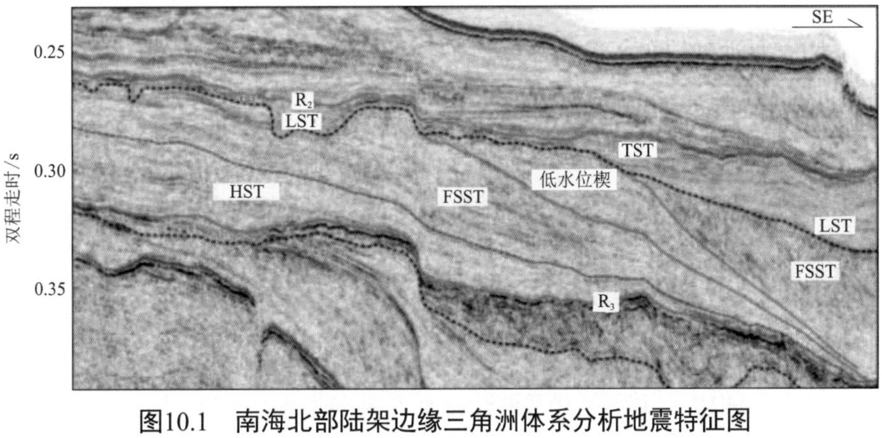


图10.1　南海北部陆架边缘三角洲体系分析地震特征图

2. 下切水道

南海全区发育下切水道。在南海北部陆架和南海西南部巽他陆架多期次频繁发育，陆坡次之，海盆区下切谷主要发育在边部。地震相特征一般为中–低频率、变振幅、低–中连续，斜交、平行或杂乱反射结构，谷形充填外形（图10.2）。其下切深度从内陆架往外陆架逐渐增加；陆坡一般下切深度大，局部区域重复多期次下切侵蚀，形成大型埋藏海谷；海盆边缘下切谷规模大而深，可深达300 m，向海盆中部方向，下切谷规模变小，甚至不发育。

3. 碳酸盐台地–生物礁

除南海海盆外，在南海北部、西部、南部都有发育，以中–西沙群岛区、礼乐滩区、西北巴拉望区、广雅隆起等区域最为发育。主要发育于地震超层序Ⅱ中，即早中新世—中中新世，渐新世、晚中新世—上新世局部区域也有发育。一般为台状、滩状外形，内部呈中–高频率、中振幅、中连续；或者为丘状外形，顶部强反射，内部高频率、弱-中振幅，为中连续反射（图10.3）。

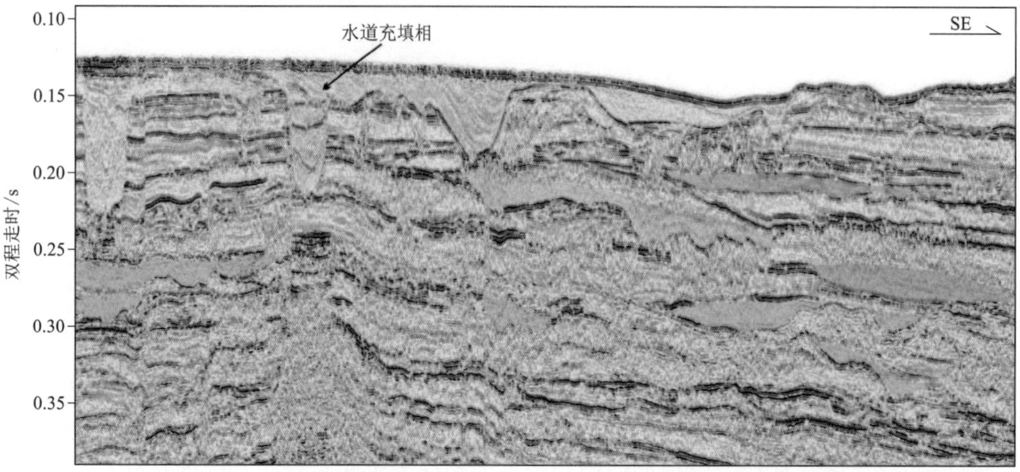


图10.2　南海南部巽他陆架第四系典型下切水道地震特征图

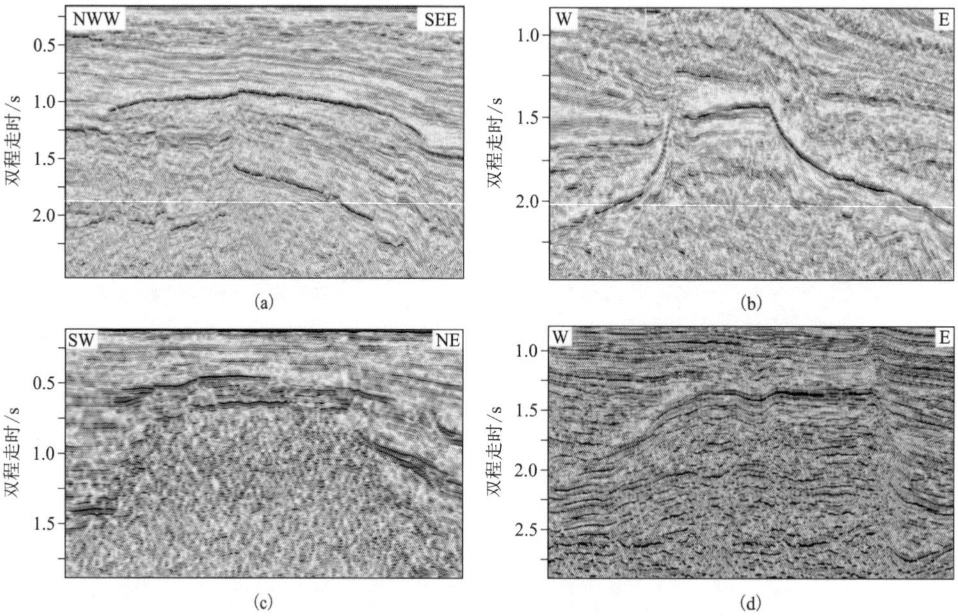


图10.3　南海典型碳酸盐台地-生物礁地震反射特征图

4. 深水扇

发育于陆坡和海盆中，在晚中新世—第四纪最为发育，以晚中新世发育规模最大。陆坡部分中下陆坡较为发育，南海北部陆坡比南部发育更为广泛；在海盆中主要分布在北部、西部和中沙海岭北部，东南部局部发育。海盆中表现为丘状中-强振幅地震相、透镜状中振幅地震相、楔状前积结构地震相、斜交结构地震相；陆坡深水扇一般表现为楔状前积结构地震相、斜交结构地震相、谷状结构强振幅地震相和丘状杂乱地震相（图4.23）。地震相为丘状外形、叠瓦状结构，中频率、中-强振幅、中连续，显示出一种海平面相对降低或局部水体剧烈变化的沉积环境，周缘沉积稳定，表现出水动力条件增强。透镜状中振幅地震相，为透镜状外形，斜交结构，中-低频率、中振幅、中连续，局部振幅忽然变弱或加强；楔状前积结构地震相，为前积结构，总体为楔状外形（图10.4），中频率、中振幅、中连续，局部为强振幅、中高连续反射特征，该地震相周围地震反射特征表现水体相对开阔，显示出局部水动力条件较强，与水下三角洲相类似。斜交结构地震相，一般规模不大，为丘状外形，斜交结构，中频率、中振幅、中连续地震反射特征。丘状杂乱地震相一般发育低水位体系域中，丘状外形，杂乱结构，低频率、变振幅、低连续，显示出物源近，局部水体动荡的沉积环境。此外充填状地震相一般伴随深水扇地震相发育，内部结构以斜交或双向上超形为主，局部为空白反射，外形为充填状，一般为中–低频率、中振幅（局部弱振幅）、中–低连续。

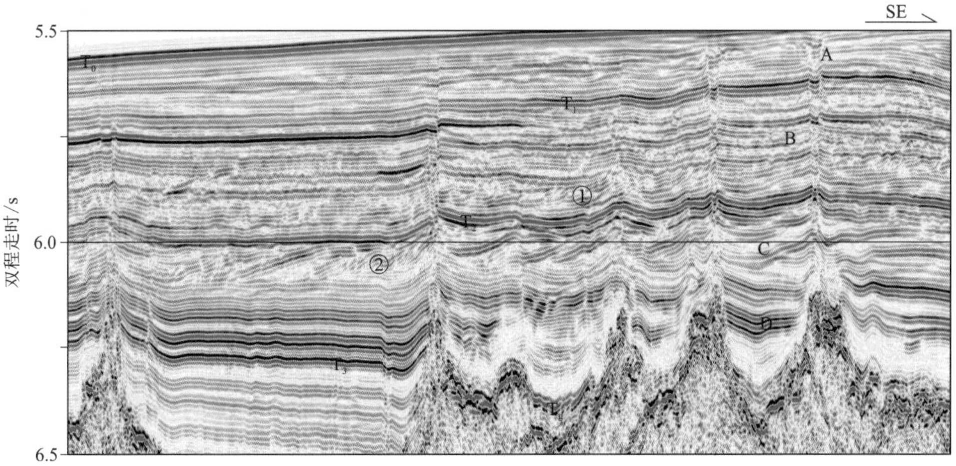


**图10.4　南海海盆典型深水扇地震反射特征图**（标识①②的区域）

5. 沉积物波

沉积物波地震相在陆坡和海盆边缘多个区域发育，一般与浊流有关，往往与峡谷伴生。一般为波状–亚平行–平行结构，多组同相轴呈波浪状同时起伏（图10.5），席状外形，为中–高频率、中振幅、中–高连续，反映出水动力条件较强。一般分为对称浊流沉积物波、不对称浊流沉积物波、变形沉积物波三类（王海荣等，2008）。

（1）对称浊流沉积物波：在深水峡谷（沿峡谷的顺流方向看）右侧的局限区域内发育。单一的对称积物波波翼两侧相对整一，内部成层性好，波翼两侧的波形特征可以对比、追踪，以“平行–半平行、连续的强振幅”反射为主。波形的内部无明显的侵蚀、削截现象产生，也无明显的“上坡”或“下坡”迁移。反映为在相对平缓地形下有浊流形成的对称沉积物波。

（2）不对称浊流沉积物波：在深水峡谷的右侧（沿峡谷的顺流方向看），规模宏大，厚度为210～390 ms（双程反射时间），波状地层之下为平行反射的层状地层，两套地层截然不同。其上坡一翼较之下坡一翼要厚许多，波形呈现向上坡方向的规律性迁移。远离峡谷（水道），沉积物波或规模缩小甚或消失。

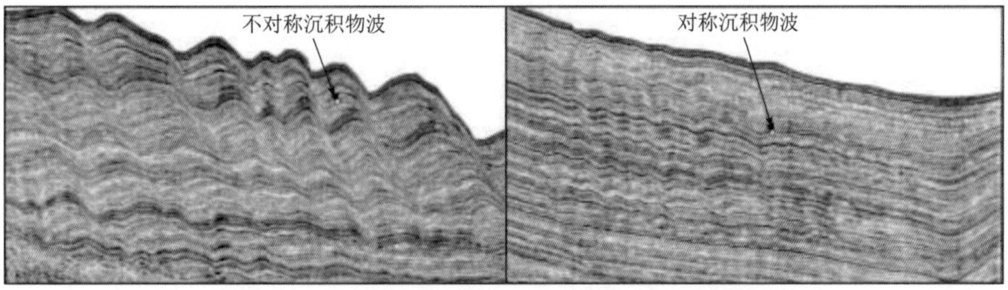


**图10.5　南海典型沉积物波地震相特征图**

（3）变形沉积物波：由于气体渗漏、底辟活动以及富含水层等因素的存在，沉积地层在重力作用下会发生变形，以致形成“似波状”的海底底形，又称沉积变形的沉积物波。在波形特征上，上陆坡翼长而平缓、下陆坡翼短而陡峭；空间上，波形变化总体上不具有规律性，这显然不同于对称浊流沉积物波和不对称沉积物波。 此外，值得注意的是波谷和地层中的滑动面呈逐一对应的关系，这暗示了该波域的重力变形成因。因此，尽管该波域似乎依然具有向上陆坡方向迁移的特征，但实质上是沉积地层在气体渗漏、软弱层等因素配合下，由重力作用导致的变形特征（王海荣等，2008）。

这三种沉积物波在南海北部、西部、南部都有分布，以不对称浊流沉积物波最为发育；对称浊流沉积物波只是局部发育，一般在强水动力环境背景下，水动力相对稳定的区域分布；变形沉积物波主要发育在南海北部神狐海域、南海西部中建北海域、南海西南部和东南部（图7.22）局部海域。

## 二、南海新生代孤立湖盆周缘近源和海相环带型远源分布规律

南海新生代沉积发育主要分两大阶段，即古近纪湖相为主的沉积阶段及新近纪海相为主的沉积阶段，综合各种因素，区域上总体建立了两种沉积模式，即古近纪孤立湖盆型周缘近源沉积模式和新近纪以来海相多环远源沉积体系模式，现分别叙述如下。

1. 古近纪陆相孤立湖盆型周缘近源沉积模式

晚渐新世以前，南海尚未海底扩张，海盆还没有形成，沉积盆地在张裂的构造背景下，发育以分散、孤立的地堑和半地堑为主（图4.7、图4.15、图4.20、图4.36、图4.38、图5.20、图6.10），主体以湖相浅湖-半深湖沉积环境为主，东南部局部区域发育中生代继承性的残留海相沉积盆地，主要为滨海-浅海相。盆地周缘沉积体系以河流、冲积扇、扇三角洲为主，一般物源较近，沉积物主要来自于盆地周边高地或低隆起区。在这种构造-沉积环境下，形成了孤立湖盆型周缘近源沉积模式（图10.6）。

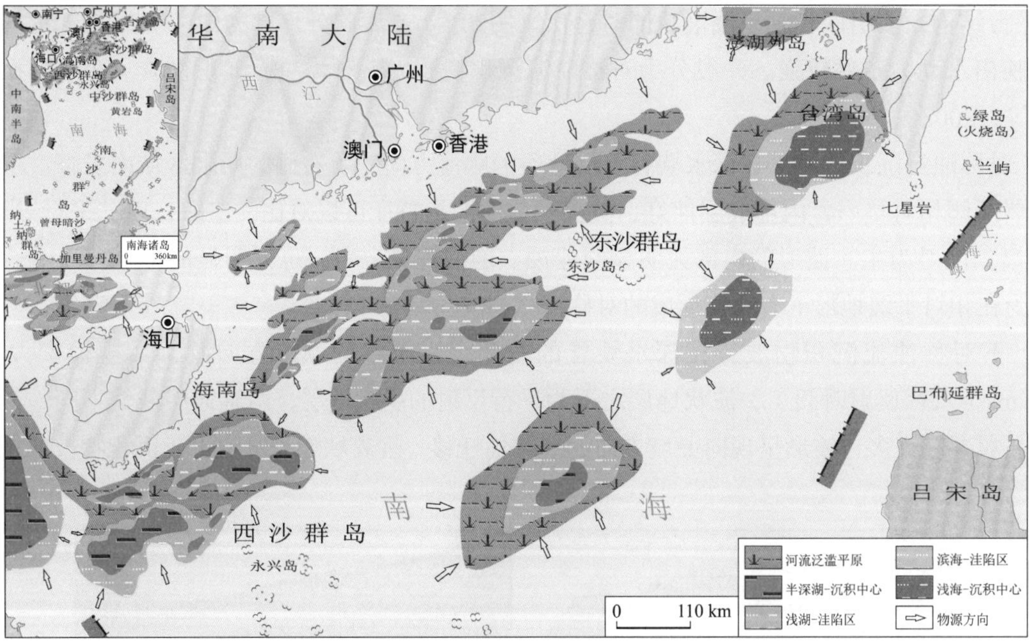


图10.6　南海新生代沉积盆地古近纪中期孤立湖盆型周缘近源沉积模式图

2. 新近纪以来海相环形多环远源型沉积体系模式

1）三维模式

### A. 碎屑岩沉积模式

新近纪以来，受到早渐新世到早中新世南海海底扩张的影响，南海地壳大范围发生拉张减薄，沉积盆地构造格架发生了很大变化，地层-沉积形式相应发生了明显改变。地形地貌上开始形成陆架-陆坡-海盆，总体呈阶梯状过渡，表现为大部分区域陆架陆坡范围大、孤立台地发育。南海北部陆坡和南部陆坡都

十分宽广，可以达到200 km（杨胜雄等，2015），形成了最适宜水下扇发育的地理环境。而南海周围大型水系十分发育，北部主要有珠江、红河，南部主要有湄公河、拉让河、红河等，这些河流入海后，在周缘陆架上形成了大型三角洲。

但是，陆架、陆坡都不是沉积物的稳定沉积区和最终汇集地，新近纪以后南海的总体沉降中心和沉积中心都逐渐转移到海盆中，必然会有部分不稳定沉积物要沿着峡谷或海谷，以重力流的形式向海盆中汇集，在海盆中形成浊积扇，由此，陆架、陆坡、海盆三个台阶都有扇体发育，形成浅海三角洲–半深海（深海）水下扇–海盆浊积扇的三段式沉积模式。同时，部分陆块受到海底扩张的影响，长期（可超过10 Ma）漂离陆地，他生物源缺失，主要以自生沉积为主，致使部分区域碳酸盐台地–生物礁发育，如西沙群岛、东沙群岛、中沙群岛、礼乐滩、广雅台地等区域，形成陆坡碳酸盐岩发育区带。因此，本书对南海碎屑岩沉积体系和碳酸盐岩沉积体系分别建立了模式，分述如下。

南海新近纪以来碎屑岩沉积体系，即浅海（半深海）三角洲–半深海（深海）水下扇–海盆浊积扇三段式模式。该模式大型三角洲沉积体系广泛发育于浅海陆架或浅海–半深海陆架–陆坡环境下；水下扇主要发育在上陆坡（半深海）或下陆坡（深海）环境中；浊积扇一般发育在海盆边缘或再次迁移至海盆中部。根据南海陆缘分布特征，可划分为伸展、走滑和碰撞三种陆缘背景，北部为伸展背景，南部为伸展、走滑和碰撞共存的构造背景，西部为走滑构造背景。这种不同的构造背景，使得沉积体系的发育有所差异，又可分为北部模式（图10.7）和西南部模式（图10.8）。

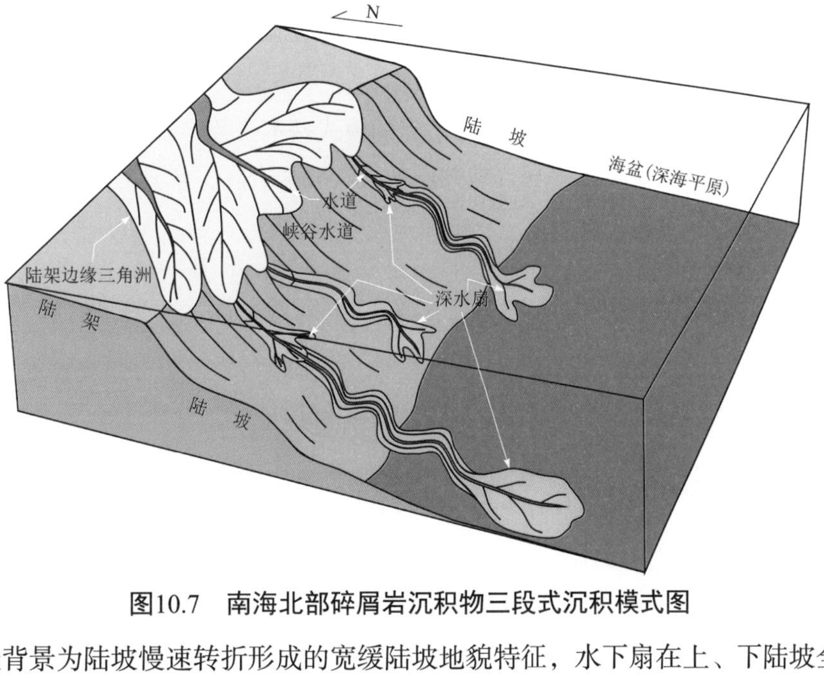


**图10.7　南海北部碎屑岩沉积物三段式沉积模式图**

北部伸展构造背景为陆坡慢速转折形成的宽缓陆坡地貌特征，水下扇在上、下陆坡全区都比较发育，海盆区浊积扇也非常发育，形成浅海（半深海）三角洲–半深海（深海）水下扇–海盆浊积扇三个阶段都充分发育的三段式模式。而南部和西部走滑和碰撞构造背景都表现为陆坡快速转折的构造地貌特征，表现为在陆架和上陆坡区域三角洲非常发育、下陆坡水下扇不太发育的模式；同时南海西南部区域，受到陆坡边缘台地、海山等分布的影响，基本未直面海盆，隔海山、大型滩地或台地与海盆相隔，在礼乐滩及其以西的大部分区域都阻挡了沉积物进一步的迁移，绝大多数没有再继续往海盆迁移，除了东南部和大型沟谷处例外，其他大多仅滑塌块体发育。海盆滑塌体和海盆边缘初入海盆的浊积扇都往往要经二次或多次搬运，在海盆中部以浊积扇的形式保存下来，这种沉积模式已经被IODP349航次的U1431站位和U1433站位证实。

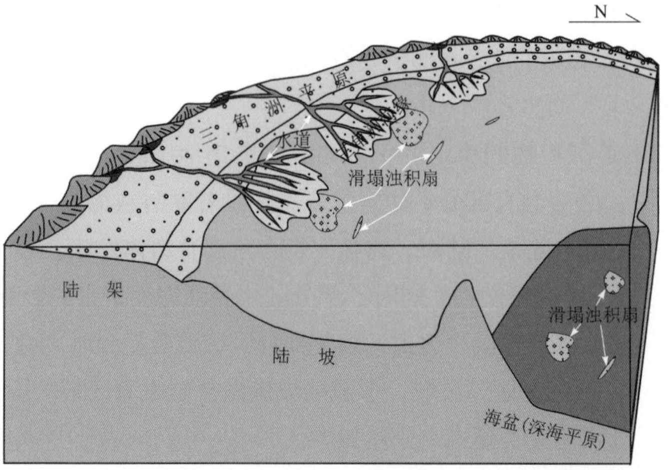


**图10.8 南海西南部碎屑岩深水扇沉积物三段式沉积模式图**

南海东南部，处于礼乐滩与吕宋岛弧之间，陆架、陆坡狭窄，形成陆架边缘三角洲和深海水下扇不太发育，但海盆内浊积扇却异常发育，向海盆中部方向延伸的规模很大，其沉积模式相似于北部模式，但又有所差别，在本章第二节南海海盆东南部大型深水浊积扇实例部分将有详细的描述和分析。

### B. 碳酸盐岩沉积模式

南海海底扩张以来，南北部共轭边缘发育了一系列的碳酸盐台地，是南海沉积充填的一大特色。碳酸盐岩沉积从渐新世早期开始发育，中中新世达到鼎盛。依据南海陆缘发育演化特点，将碳酸盐岩发育划分为两大类，即碳酸盐台地类和生物礁类。

南海主要盆地碳酸盐台地-生物礁发育模式与塔克的模式基本一致，划归盆地-较深水斜坡区。生物礁滩常发育在盆地碳酸盐岩上及盆地边缘，与台地共同构成碳酸盐岩隆，常具有明显的双层岩性结构，下部为台地灰岩，上部为礁灰岩（图10.9）。

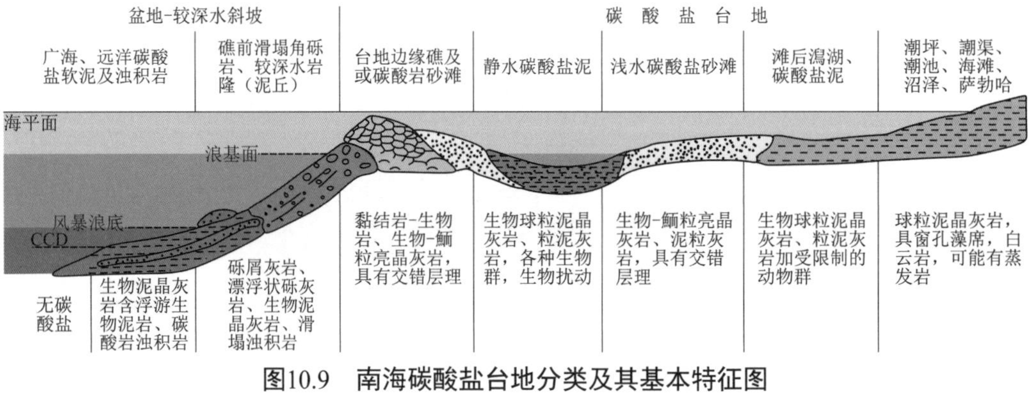


**图10.9 南海碳酸盐台地分类及其基本特征图**

生物礁划分为点礁、塔礁、环礁和台地边缘礁（图10.10）。碳酸盐台地划分为伸展背景和挤压背景碳酸盐台地两类，包括陆架台地、陆架边缘台地、孤立海隆台地、逆冲顶部台地、前隆台地五类台地（图10.11）。多数生物礁发育在碳酸盐台地之上，如台地边缘礁、点礁或环礁。

以万安盆地为例，伸展背景下盆地碳酸盐岩多发育为孤立的陆架台地和陆架边缘台地。孤立的陆架台地多发育于构造断块之上，台地边缘多以断层陡坡为主，走向主要为北南、北东-南西向。碳酸盐岩沉积初始形成于早中新世末，到中新世—晚中新世呈快速发展时期，到上新世早期结束。台地边缘受同沉积断层控制总体表现为加积到退积的特征，台地的形成与深部断裂作用密切相关的隆升块体相关。识别出的生物礁类型主要包括点礁和台地边缘礁。点礁礁体近似圆形，或呈不规则状，规模较小，外形呈丘形，两翼近对称，顶部为连续的强反射，内部反射杂乱，底部反射较弱。台地边缘礁多发育在碳酸盐台地的边缘，规模相对较大，从台地顶部向边缘斜坡部位生长。顶部反射较强、连续性较好，内部为亚平行的强弱相间反射，礁体周缘的地层具有明显的上超。

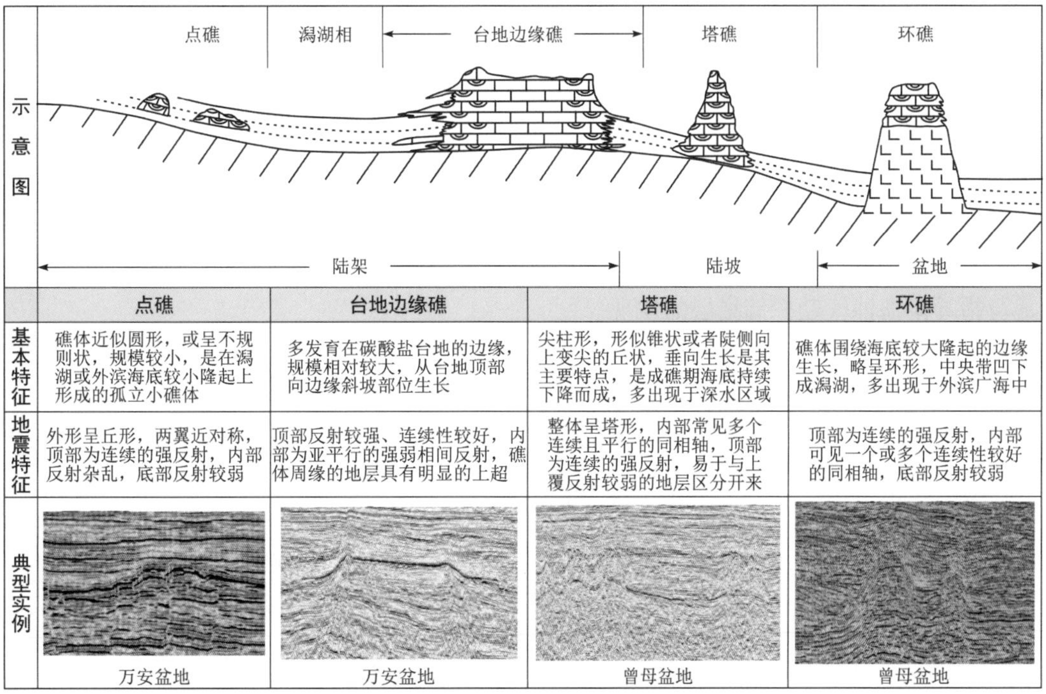


图10.10　南海生物礁分类及其基本特征图

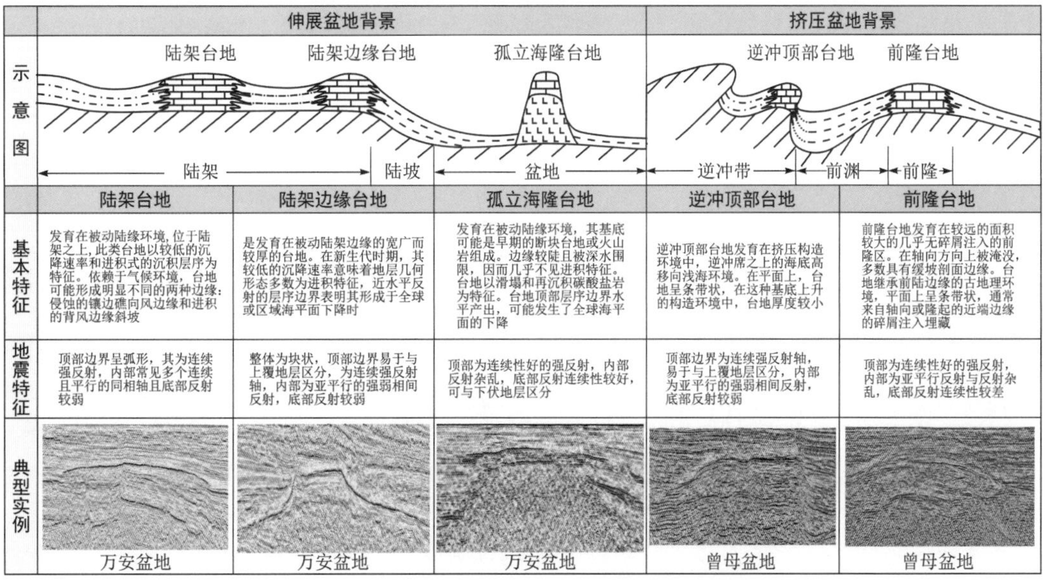


图10.11　碳酸盐台地-生物礁沉积模式图

碳酸盐台地发育的构造背景是在南海扩张过程中微板块的断裂、碰撞、拼接的构造背景下形成的，以曾母盆地为例，中新世以来盆地发育碳酸盐台地及生物礁，总体发育于构造高部位，台地形态特征很大程度上受同沉积构造变形的影响。台地类型包括逆冲顶部台地和前隆台地。逆冲顶部台地发育在挤压构造环境中，逆冲席之上的海底高移向浅海环境；在平面上，台地呈条带状，在这种基底上升的构造环境中台地厚度较小。前隆台地发育在几乎无碎屑注入的前隆区；在轴向方向上被淹没，多数具有缓坡剖面边缘；

台地继承前陆边缘的古地理环境，平面上呈条带状。识别出的生物礁类型包括塔礁和环礁。塔礁形似锥状或者陡侧向上变尖的丘状，垂向生长是其主要特点，是成礁期海底持续下降而成，多出现于深水区域；整体呈塔形，内部常见多个连续且平行的同相轴，顶部为连续的强反射，易于与上覆反射较弱的地层区分开来。环礁礁体围绕海底较大隆起的边缘生长，略呈环形，中央带凹下成潟湖；顶部为连续的强反射，内部可见一个或多个连续性较好的同相轴，底部反射较弱。

2）平面沉积模式

从早中新世开始，陆架和陆架边缘主要发育三角洲体系，陆坡以水道、碳酸盐台地–生物礁和水下扇体系为主，海盆区以浊积扇体系为主，总体呈环形展布（图10.12）。总体可分为三大环带，分别为陆架大型三角洲发育区带、陆坡峡谷水道水下扇–碳酸盐岩发育区带、海盆浊积扇发育区带。这种综合沉积模式的建立，可指导南海油气勘探储集层的发现。

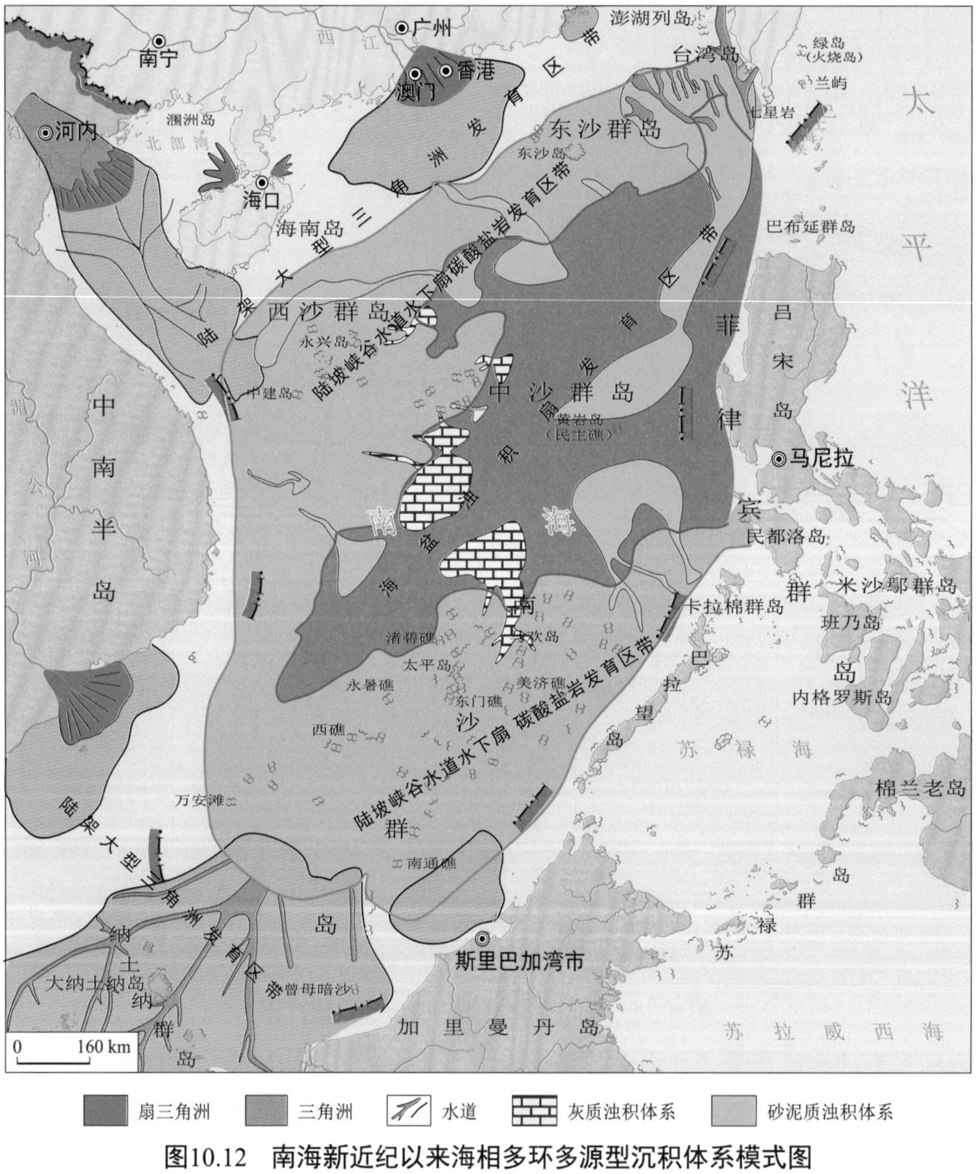


图10.12　南海新近纪以来海相多环多源型沉积体系模式图

# 第二节　海盆大型浊积扇体及“渠–汇”系统

“源–渠–汇”系统的研究是国际地质领域的重大前沿科学问题，强调从物源地貌、搬运通道及沉积体系的分布、耦合及演化规律分析地质历史过程中的沉积作用与机理，为油气生–储–盖及岩性–地层油气藏的分布预测提供重要依据，可有效指导油气勘探（Moore，1969；Anthony and Julian，1999；Sømme et al.，2009，2013）。该系统将地球表面的物源–汇聚沉积过程作为整体来研究，成为油气勘探中重要的预测理论与方法技术，在国际多类型沉积盆地及中国渤海湾盆地、珠江口盆地沉积体系研究与勘探工作应用成效明显，为地质学领域重要的研究方向（庞雄等，2007a；林畅松等，2015；徐长贵等，2017）。海洋是研究“源–渠–汇”沉积过程的最佳实验室（汪品先，2009），海盆作为陆源沉积物的最终汇聚地，其沉积作用受控于沉积物源、沉积物的输送体系、相对海平面变化、沉积古地理面貌和沉积过程等（Richards et al.，1998）。沉积物输送体系及其变化也控制着沉积的分布，古地理面貌也必然控制沉积作用和分布（Richards et al.，1998），深水沉积的流态形式更使得深水扇的岩石学和储层性质有很大的不同。突破单纯研究汇聚区域扇体沉积形式的分析方法，全面考虑深水沉积的沉积物来源、输送渠道和沉积形式等诸因素，即“源–渠–汇”的综合研究，能更加清楚地认识深水扇系统（庞雄等，2007b）。

深水浊积扇沉积是发育在大陆坡和深海盆地平原间、由再沉积作用形成的锥状和扇状堆积体，主要由浊流沉积、块体流和深海远洋沉积组成。浊流沉积是浊流沉积作用形成的沉积物，浊流多发生于大陆边缘地区，是将陆源物质由浅海输送到深海的重要机制（Shanmugam，2000；Stow and Johansson，2000），可在大陆边缘或洋盆区形成浊流沉积。强大的浊流可折断海底电缆而造成危害（Anthony and Julian，1999），近数十年来，人们广泛运用浊流理论解释海底峡谷、海底扇和深海砂质沉积物的成因。地质时期形成的古浊流沉积物常成为石油的储集层（Moore，1969；Shanmugam，2006；林畅松等，2015）。随着深水油气的不断发展，深水扇及其相关的深水重力流沉积体系一直是国际海洋地质研究的前沿课题（Stow and Johansson，2000；Shanmugam，2006；Kolla et al.，2007），是大陆架至深海平原的深水沉积活动扩散系统中重要的一个沉积环节。因此，浊流沉积作为一种独特的沉积类型受到广泛重视。

近十年来，在南海海盆的西北部、东北部和东南部都发现了大型浊积扇体系的存在。其中，西北次海盆发育晚中新世—第四系浊积扇体系，物源来自青藏高原和华南陆地，沉积物从西部西沙海槽和北部陆坡峡谷输送入海盆中，埋藏古水道、朵叶体叠置发育（林畅松等，2001；彭大均等，2006；庞雄等，2007c；刘睿等，2013；苏明等，2014；王亚辉等，2016）。东部次海盆东北部发育大型第四系浊积扇，物源主要来自台湾岛及其西部陆架，陆源物质从台湾峡谷、澎湖峡谷群输送入海盆中，下切水道、沉积物波十分发育（王海荣等，2008），海盆东南部中中新世—第四纪多套大型浊积扇体系块状下切水道、沉积物波发育，物源主要来自南部巴拉望岛和吕宋岛等（高红芳等，2020）。同时，IODP349航次的U1431、U1433、U1434站位钻井也证实了南海海盆中部浊流沉积物的发育（Expedition 349 Scientists，2014年），东部次海盆U1431站位钻井岩心非常清晰地揭示了中中新世到上新世浊流沉积物和火山碎屑角砾岩为主组成的碎屑流沉积体，可见交错层理，粉砂岩、砂岩和黏土的互层组成的深水浊积层序；西南次海盆U1433、U1434站位钻井发现多层厚–巨厚层状钙质超微化石软泥，最大单层厚度可达8m左右，每个单层钙质超微化石软泥具有底部冲刷接触的特征，冲刷面之上发育有孔虫软泥，具正粒序特征，其顶部生物扰动发育，渐变过渡到远洋黏土岩沉积中，反映了这些钙质超微化石软泥并不是原地沉积的，而是经过了浊流搬运异地沉积形成。这些前人成果和钻井资料揭示了南海海盆大范围发育浊流沉积体。

现以南海北部珠江海谷-西北次海盆第四纪深水浊积扇（高红芳等，2021）和南海海盆东南部大型深水浊积扇体系（高红芳等，2020）为例，对海盆浊积扇发育特征以及南海陆源物质陆坡到海盆从范围的“渠-汇”系统进行说明。

## 一、南海北部珠江海谷-西北次海盆第四纪深水浊积扇

南海北部陆坡珠江深水扇的研究，目前已经比较成熟，但对于深水扇的研究主要集中在珠江口盆地珠二拗陷内，即陆坡的局部范围内，时间层段集中在21～10.5 Ma，以寻找油气储层为目的（彭大均等，2006；庞雄等，2007a，2007b）。LW3-1-1钻井重大天然气的发现，已经证实深水扇砂体蕴含的巨大油气潜力（施和生等，2010；李云等，2010；王昌勇等，2011；朱伟林等，2012；李胜利等，2012）。但是对于南海北部陆坡区深水重力流沉积体系整体性的研究，尤其是下陆坡至海盆区深水重力流沉积体系研究还非常缺乏，目前的研究大多集中在莺琼盆地中央峡谷和西北次海盆西部（林畅松等，2001；刘睿等，2013；苏明等，2014；王大伟等，2015；何小胡等，2015；王亚辉等，2016；王振峰等，2016）。因此，为了深入认识陆坡大型峡谷至海盆大区域深水扇的结构及发育特色、探讨其成因、指导南海超深水油气勘探工作，非常有必要对第四纪珠江海谷-西北次海盆深水重力流沉积体系，以“源-渠-汇”耦合研究的方式进行整体性、系统性研究。完整系统地研究南海北部第四纪深水重力流沉积体系，可以更好地了解这类沉积体系的几何形态、生长模式、发育演化过程，为沉积物“源-渠-汇”研究提供素材，可以为晚新生代浊积体研究提供思路，为建立更新型、更完整、更系统、更适用的浊积砂体类油气藏模型提供基础研究数据。

### （一）地形地貌和地质背景

南海北部陆坡区十分宽阔，峡谷、谷地发育，主要包括一统峡谷群、神狐峡谷群、台湾峡谷、澎湖峡谷群和珠江海谷、东沙海谷。南海海盆处于南海中部，可分为西北次海盆、东部次海盆、西南次海盆三部分，为广阔的深海平原，其间发育有众多海山和海丘。海盆水深一般为3500～4200 m，东部海沟区水深可超过4800 m（杨胜雄等，2015）。研究区地形变化大，水深为300～3700 m，高差将近3200 m。珠江海谷是南海现今规模最大的海底水道，西北部与陆架相接，东南端融入西北次海盆深海平原区（杨胜雄等，2015）。从三维地形图上可以清楚见到，海谷走向大致为北西-南东向（图10.13），长约258 km、宽10～65 km，贯穿了整个南海陆坡，成为南海北部珠江口周缘陆缘物质进入海盆的主要通道。珠江海谷不同区段宽度变化较大，北端和南端较窄，中部较宽，以中下部最宽。海谷东北侧峡谷发育，其中著名的神狐东峡谷群就是其中的一部分，这些峡谷和峡谷群在陆坡中段和珠江海谷相连，构成了南海北部重力流沉积物质的次要通道。珠江海谷南端至西北次海盆深海平原，地形较为平缓，水深3500～3700 m，在海谷入海口外缘可见3700 m水深线呈扇形展布并向南展开，海底扇体的形貌略有体现，展示出现今时期重力流沉积远端扇体的大致轮廓。

研究区地层以新生界为主，从古新统—第四系都有发育，第四系厚度一般在90～250 m。基底以火成岩为主。新生代断裂发育，包括北东向和北西向两组，主要为张性断裂。北东向断裂被北西向断裂错开，显示出北西向断裂发育时间晚于北东向断裂（庞雄等，2007c；鲁宝亮等，2015）。

### （二）结构单元

整个重力流沉积体系总体由珠江海谷陆坡重力流沉积水道沉积体和西北次海盆深海平原海底扇体两个结构单元组成，这两大沉积结构单元构成深水浊积扇体系。按照Walker在1978年发布的浊积扇体系模式，珠江海谷重力流沉积体构成浊积扇体系的供应水道部分，西北次海盆深海平原重力流沉积体构成浊积扇体

系的扇叶部分，由于所处的地质背景、地形地貌单元的差异，两部分沉积组构各具特色，现分述如下。

1. 珠江海谷供应水道

陆坡水道重力流沉积体总体沿珠江海谷发育，总体呈北西方向展布，延伸超过250 km。根据其沉积体展布形态、侵蚀状况、地貌差异等特征，将珠江海谷供应水道重力流沉积体系分为上、中、下三段，或称为北、中、南三段。北段位于1000 m水深以浅的上陆坡，北西-南东走向，主要以过路侵蚀和狭窄下切水道沉积为主；中段为1000～2500 m水深区，前半部近东西走向，后半部逐渐转为北西-南东走向，以下切水道和天然堤沉积为主；南段为2500～3200 m水深区，北西-南东走向为主，在西北次海盆入口处转为近南北向，以下切水道-天然堤沉积和朵叶体沉积共存为特征。

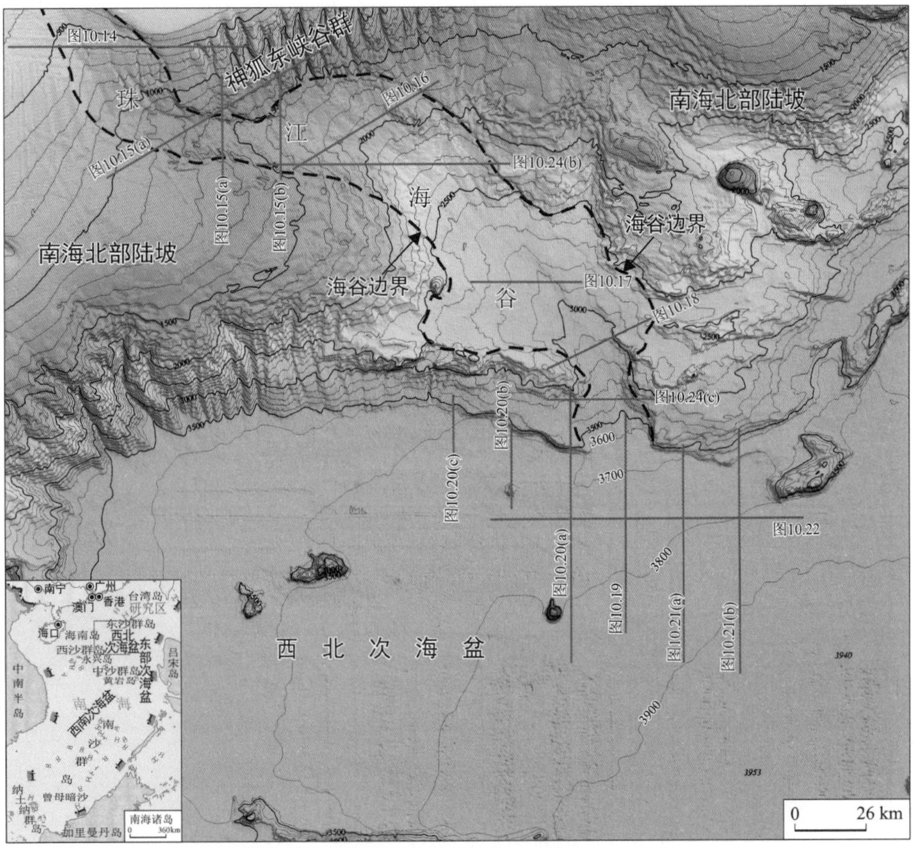


**图10.13　研究区三维地形图及文中测线位置（紫红线）示意图**

黑色虚线为珠江海谷的边界，右上角为研究区在南海的位置

1）北段（上段）

该段紧接南海北部大陆架，处于陆架和陆坡的转折衔接部位，坡度较陡。总体以侵蚀为主，包括珠江海谷冲刷段和海谷东侧侵蚀峡谷段（图10.14）。海谷主道宽约24 km，深50～150 m，以过路侵蚀为主，大部分区域都没有充填沉积物，局部区段第四纪晚期有少量沉积物充填。海谷东侧多个侵蚀峡谷发育，即神狐东峡谷群，重力流携带大量陆架沉积物从此峡谷群流过，汇入珠江海谷中上段，并对所经区域进行了强烈的冲刷和下切侵蚀。受到重力流作用的影响，多处区域出现明显剥蚀现象，珠江海谷北段及东侧地层发育很不完全，第四纪和上新统上部地层间断性出现缺失。

2）中段

珠江海谷中段海底地形坡度从前端到中、后端逐渐变缓，重力流流速开始降低，经海谷北段和神狐东峡谷群而来的沉积物物源充足，部分沉积物逐渐留存下来。因该段前端海底地形较陡，海谷外部形态深而窄，冲刷剥蚀明显，底部可见V形水道，沉积薄，仅为两侧第四系厚度的三分之一（图10.15）；海谷中后端地形变缓，致使海谷中段中部及后部水道砂体十分发育（图10.16），底部主要发育U形下切水道。这些重力流沉积砂体可分为三个期次，发育特征各有差异。

中段前端海谷走向近东西向，缺失早期第一期和第二期重力流沉积，只有最新的第三期重力流沉积保存下来［图10.15（a）］。至中段中部海谷走向由转为北西–南东向，并逐渐变得宽缓，沉积物厚度变大，三期重力流沉积都有保存［图10.15（b）、图10.16］。中段中部是珠江海谷东北部神狐东峡谷群的主要物质输出地，从北部峡谷来的重力流沉积和从西北部珠江海谷流入的重力流沉积在此汇合，形成了不同组构水道沉积物的叠置。在地震剖面横切面上重力流沉积体形状有两种，既有近水平滩状，又有透镜状，内部充填结构有明显差异，印证了沉积物的多物源性和不同流体的汇聚特征（图10.16）。

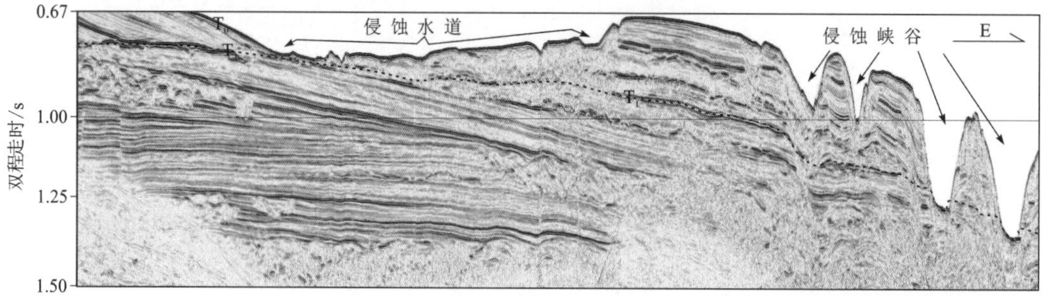


**图10.14　珠江海谷上段重力流沉积地震反射特征图**（测线位置见图10.13）

$T_0$代表海底；$T_1$代表第四系底界

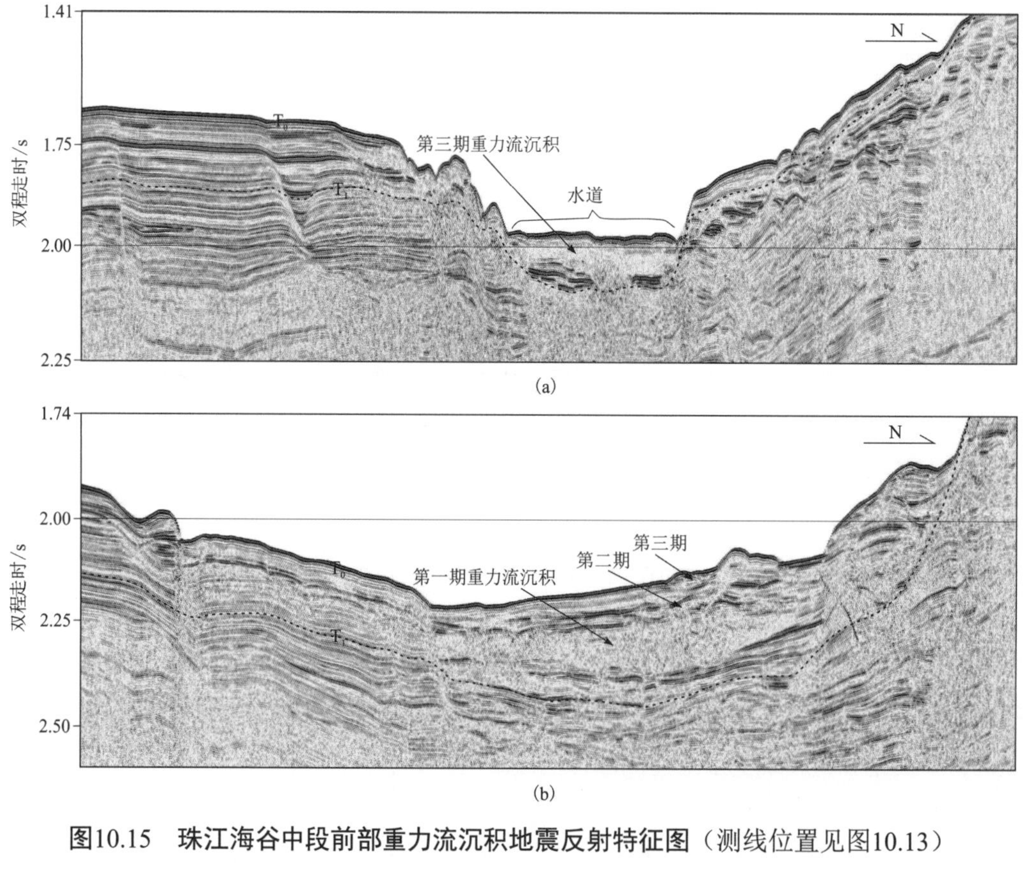


**图10.15　珠江海谷中段前部重力流沉积地震反射特征图**（测线位置见图10.13）

中段中部及后部三期重力流沉积体更加发育，特征如下。

第一期重力流沉积主要为U形下切水道充填而形成的充填沉积复合体，由侧向加积沉积物和垂向加积沉积物复合叠合构成，底部发育明显的冲刷侵蚀面。地震剖面上观察，底部侵蚀面之上可见明显强振幅波组，相邻琼东南盆地中央峡谷的钻探实践已经证明，该类型强振幅单元是储集性能良好的砂体（林畅松等，2001；刘睿等，2013；王亚辉等，2016）。在第一期砂体内部可见次一级的侵蚀面，其上部也可见强振幅波组，为典型的高振幅反射（high amplitude reflections，HARs），在沉积复合体内部形成多期叠加的厚层强振幅波组组合体，构成复合厚层水道充填砂体（图10.16）。

第二期重力流沉积呈扁平滩状覆盖在第一期重力流沉积物之上。该期沉积作用底部下切侵蚀作用弱，横向分布范围较广，在该段海谷的大部分区域都有分布，显示出珠江海谷中段中后部区域是第二期重力流沉积物重要的倾卸地。海谷两侧沉积体地震相特征显示以侧向加积为主；海谷中部内部结构较为杂乱，揭示出水动力强而急的重力流携带沉积物骤然减速，沉积物快速堆积形成内部结构紊乱的沉积体。总体上该区域重力流沉积物主要为宽缓水道砂体和天然堤沉积体的复合体。

第三期重力流沉积，在珠江海谷中段前部分为以垂向加积沉积为主的充填复合体，几乎覆盖了整个海谷主水道区域；在珠江海谷中段后部分为以侧向加积沉积为主的水道复合体，主要分布在珠江海谷的西部，呈楔形体展布；局部区域发育泛滥漫滩沉积。

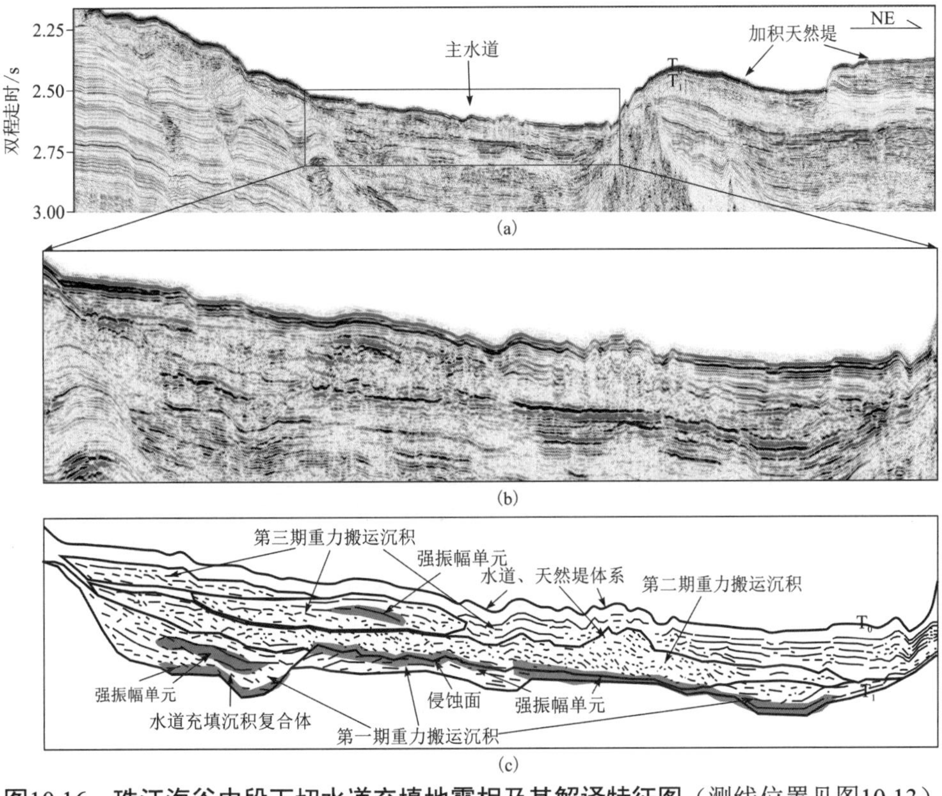


**图10.16　珠江海谷中段下切水道充填地震相及其解译特征图**（测线位置见图10.13）

（a）跨海谷剖面；（b）为（a）图红框范围放大；（c）为（b）的地质解译。$T_0$海底；$T_1$第四系底界

3）南段（下段）

南段呈北北西–南南东向，近北部部分地形较为宽缓，是珠江海谷最宽的区域，致使重力流在该区流域变大，流速降低，重力流沉积物厚度不大，但分布的范围变宽（图10.17）。水道侵蚀不太发育，仅在海谷中心区域局部发育，沉积体以沉积朵叶体为主，局部发育水道–天然堤和泛滥漫滩沉积；该段南边部分为深海平原的入海口，珠江海谷在此段忽然变窄，海谷两侧发育低隆起，形成“咽喉状”谷口地形，重

力流到此流速加快，形成大量下切水道（图10.18），重力流沉积体系以水道-天然堤沉积体为主。重力流沉积三期次特征依旧明显。

第一期重力流沉积作用由北向南强度逐渐增大，水道下切深度由浅变深，沉积体分布范围相对较窄。在北部主要为沉积朵叶体，呈扁平楔状体，底部仅见弱侵蚀现象，内部反射结构以弱叠瓦状-弱杂乱状为主，频率低、振幅总体较弱、连续性中-差（图10.17），以泥质沉积为主，重力流沉积体分布于海谷两侧。南部主要为水道-天然堤沉积，水道下切现象十分显著（图10.18），最深可至150 m，内部频率低、反射振幅较弱、连续性中-差，以杂乱结构为主，显示出沉积物的快速堆积。

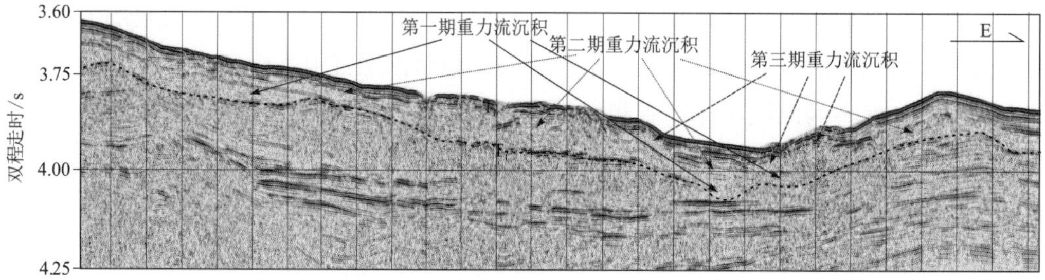


**图10.17　珠江海谷下段中部宽缓段重力流沉积展布地震特征图**（测线位置见图10.13）

$T_0$海底；$T_1$第四系底界

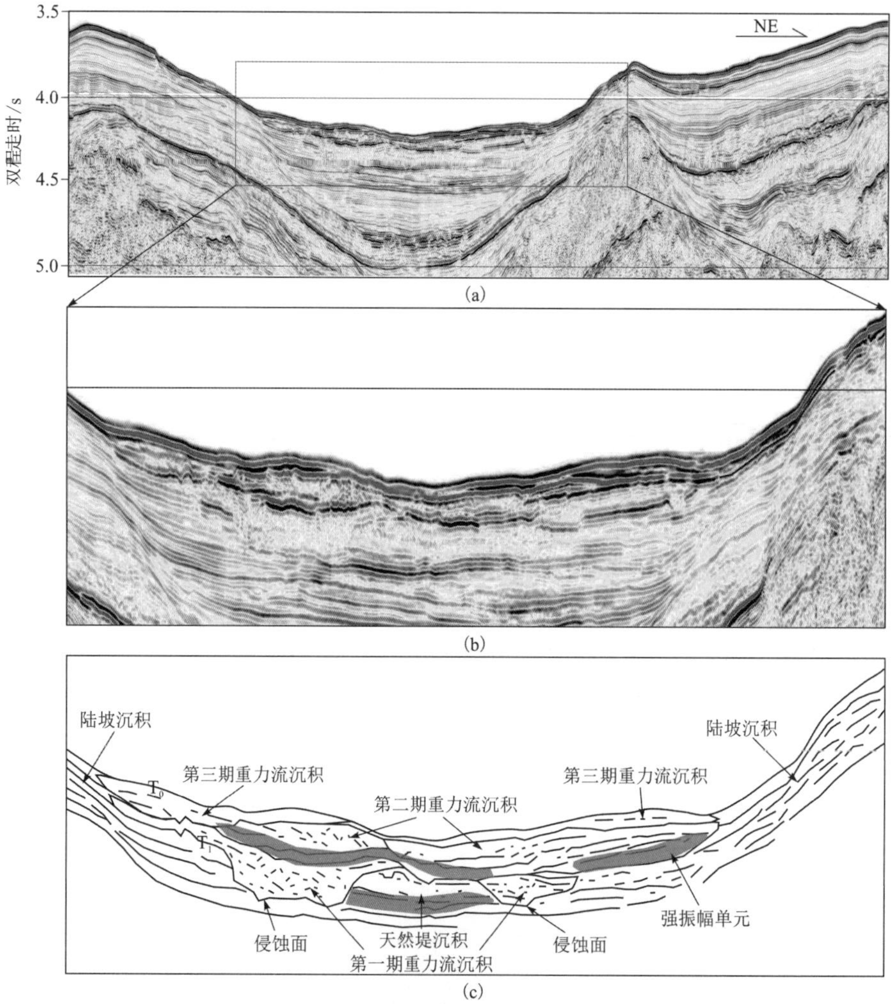


**图10.18　珠江海谷下段下切水道及砂体展布特征图**（测线位置见图10.13）

（a）跨海谷剖面；（b）为（a）图红框范围放大；（c）为（b）的地质解译。$T_0$海底；$T_1$第四系底界第二期重力流沉积作用在南段南北部表现出更大的差异，沉积体分布范围比第一期宽。在北部表现为泛滥漫滩沉积，呈扁平滩状，频率中–高、振幅总体较弱、连续性中等（图10.17），内部反射结构为弱叠瓦状–波状。南部水道下切现象较第一期减弱，总体为透镜状砂体的叠合，透镜体反射振幅底部较强，内部振幅较弱，连续性中等，频率低，以叠瓦状结构为主（图10.18）。

第三期重力流沉积作用明显变弱，沉积物主要集中在海谷中部水道中，沉积体分布范围再度变窄。沉积体以楔形为主。在北部表现为近水平状水道充填，频率高、振幅中等、连续性好（图10.17）。南部以侧向加积的水道–天然堤沉积为主，西侧水道下切现象较强，东侧水道下切现象不明显，地震反射频率中–低、振幅较强、连续性中等，内部多为低角度叠瓦状结构（图10.18）。

2. 浊积扇体系之西北次海盆深海平原扇叶

通过对不同方向地震剖面的地震反射特征进行分析，可以勾画出珠江海谷重力流沉积物进入西北次海盆深海平原后，平面和垂面上的结构及演化特征。

第四纪重力流沉积物沿珠江海谷进入西北次海盆深海平原后，以舌状体向前推进，呈扇形展布，形成海盆深水扇叶。图10.19是南北纵向切过扇体正中部的一条地震剖面及其解译图，可以看出扇体主要分为三期，可以和珠江海谷的三期重力流沉积作用相对应，以第一期规模最大，发育时间最早。从剖面上分析，扇体第一期，舌状体向外延伸可达70 km，厚度最大约120 m；底部有几处较明显的宽缓下切侵蚀，以近陆坡处下切侵蚀最深；地震相以中–低频率、弱振幅、中–低连续为主，内部结构为混杂结构和斜交结构，外形呈楔形，远离陆坡扇体振幅变强，连续性变好；扇体第二期规模较第一期小，向南蔓延最远约50 km，最大厚度约40 m，由靠近陆坡和远离陆坡的两个透镜体组成；靠近陆坡的透镜体地震反射特征以中频率、中–弱振幅、中–低连续为主，内部结构为混杂结构和斜交结构，底部下切侵蚀现象不明显；远离陆坡的透镜体为中–高频率、中–强振幅、中连续为主，内部结构以斜交结构为主，可见小规模的V形下切；第三期重力流沉积扇体在海盆中规模最小，向南延伸最远约25 km，最大厚度约40 m，下切侵蚀基本不发育，呈楔形，地震相以中频率、弱振幅、中–低连续为主，内部结构以斜交结构为主。

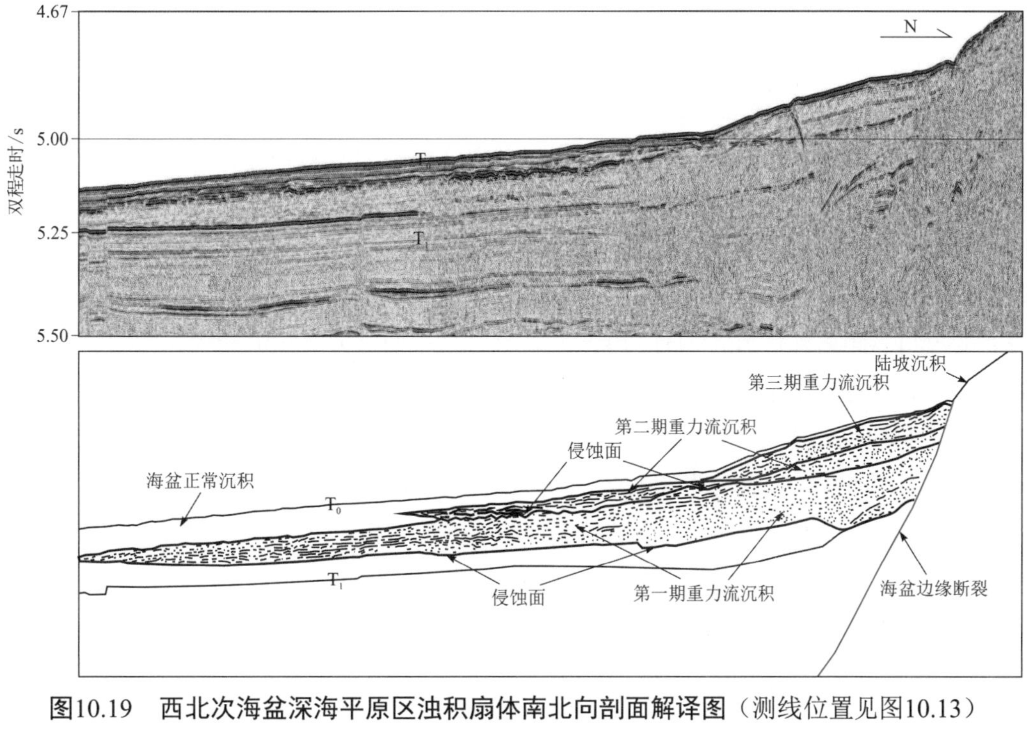


图10.19　西北次海盆深海平原区浊积扇体南北向剖面解译图（测线位置见图10.13）

从中部向东西两侧方向，扇体规模呈现逐渐变小的趋势（图10.20、图10.21）。

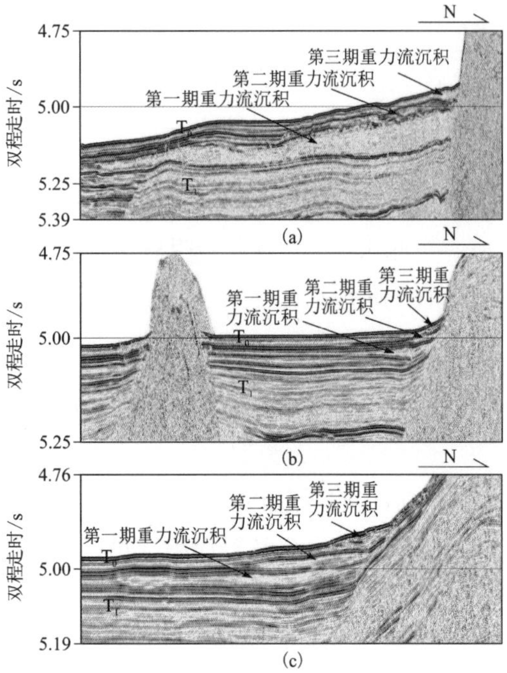


图10.20 西北海盆西侧舌状体变化特征图
（测线位置见图10.13）

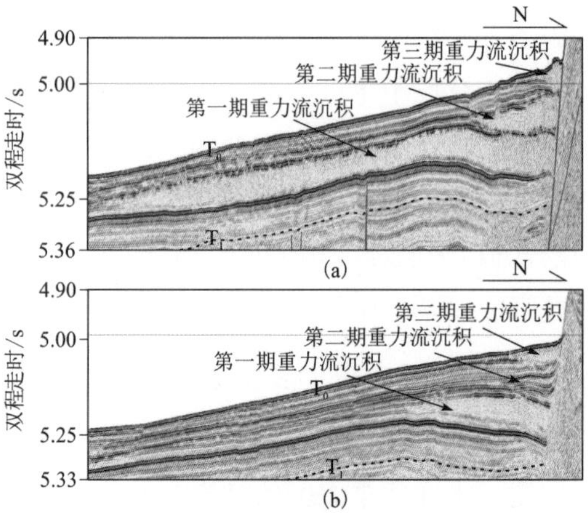


图10.21 西北次海盆东侧舌状体特征图
（测线位置见图10.13）

以图10.19所示剖面为中心，向西40 km处［图10.20（a）］，扇体向南延伸以第一期最大，约为35 km，延伸幅度较中部70 km的扇体直径明显变小，其他两期也都相应略有变小；再向西40 km，扇体规模急剧变小［图10.20（b）］，舌状体向南延伸最远不足4 km，每期厚度最大不超过20 m；再向西40 km，至扇体西端，舌状体略有变大［图10.20（c）］，向南延伸最远可至5 km，该舌状体延伸变化的原因从地形图上已有显示，为珠江海谷的分支水道携带沉积物进入海盆所致。剖面地震相反映出从扇体中心向边部，振幅增强、连续性变好。

图10.19所示剖面往东，距离约40 km处［图10.21(a)］，扇体向南延伸幅度三期都略有变小，以第一期最远，约38 km；再向东40 km，扇体规模逐渐变小［图10.21（b）］，舌状体向南延伸最远约为16 km，扇体厚度从中部向两侧逐渐变薄。东边受到屏南海山的阻隔（图10.13），浊积扇体未再向东发育，折而向南发展。

在东西向横截面（图10.22）上，扇体为透镜状，以第一期重力流沉积体系规模最大，透镜体横切面宽度可超过90 km，厚度最大处约为100 m。地震反射特征以杂乱反射结构为主，揭示出在该剖面所示区段，扇体以快速堆积为主。扇体底部可见U形和V形的小规模冲刷槽，这些冲刷槽发育于透镜体中部，正对着珠江海谷的出口，距离珠江海谷约有30 km，显示出第一期重力沉积流能量非常大，冲出海谷30 km后，依然对下部基底有侵蚀作用。第二期重力流沉积规模变小，从横截面可见宽度不超过10 km，厚度最大不超过30 m，底部可见轻微的侵蚀作用，显示出第二期重力沉积流流至该区域，能量已经较弱。第三期重力流沉积体呈扁平滩状，宽度约为20 km，厚度不足10 m，底部基本无侵蚀现象，显示重力流能量很弱。扇体两侧地震剖面显示为连续性好、高频、平行结构的地震相，揭示出扇体周缘为稳定的深海沉积。

3. 珠江海谷–西北次海盆深水浊积扇体系区域结构剖析

根据以上典型剖面的剖析和重力流沉积物的运行轨迹，形成了珠江海谷–西北次海盆深水浊积扇体系区域结构图（图10.22），发现该第四纪重力流沉积构建了一个完整的深水扇沉积体系，位于陆坡的珠江海谷沉积体构成了深水扇的水道部分，西北次海盆深海平原的沉积体构成了深水扇的扇体部分，形成了珠江海谷-西北次海盆深水扇体系。

按照Walker等建立的深水扇经典沉积模式分析（Walker，1978；Shanmugam，2000；Lopez，2001），珠江海谷-西北次海盆深水扇沉积体系的上扇部分为珠江海谷陆坡水道重力流沉积体系的上段（又称北段）和中段的近东西走向狭窄海谷的区段，以发育限制性水道为主，早期和中期为侵蚀区，晚期部分区域发育限制性水道砂体；中扇部分为珠江海谷陆坡水道重力流沉积体系变宽的中段和南段区域，主要发育水道-堤坝复合体和水道-朵叶复合体；下扇为西北次海盆沉积体，主要以大型朵叶体为主。

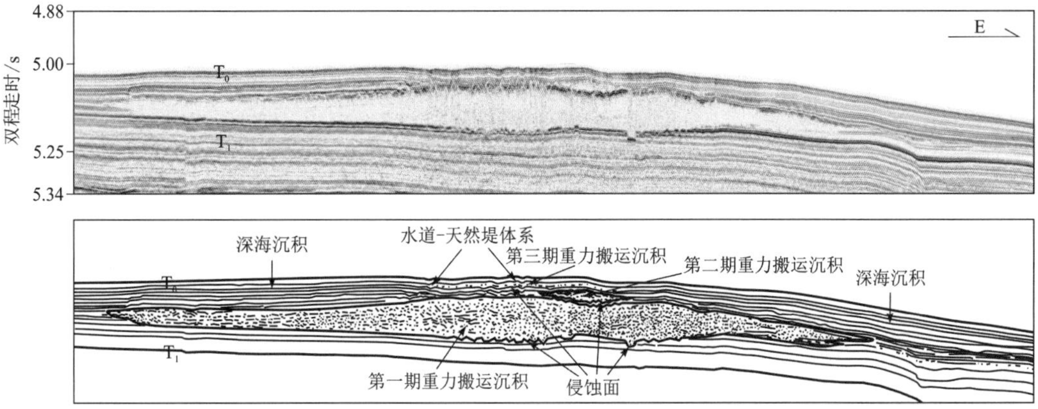


**图10.21　西北次海盆区域浊积扇体横剖面及三期扇体解译图**（测线位置见图10.13）

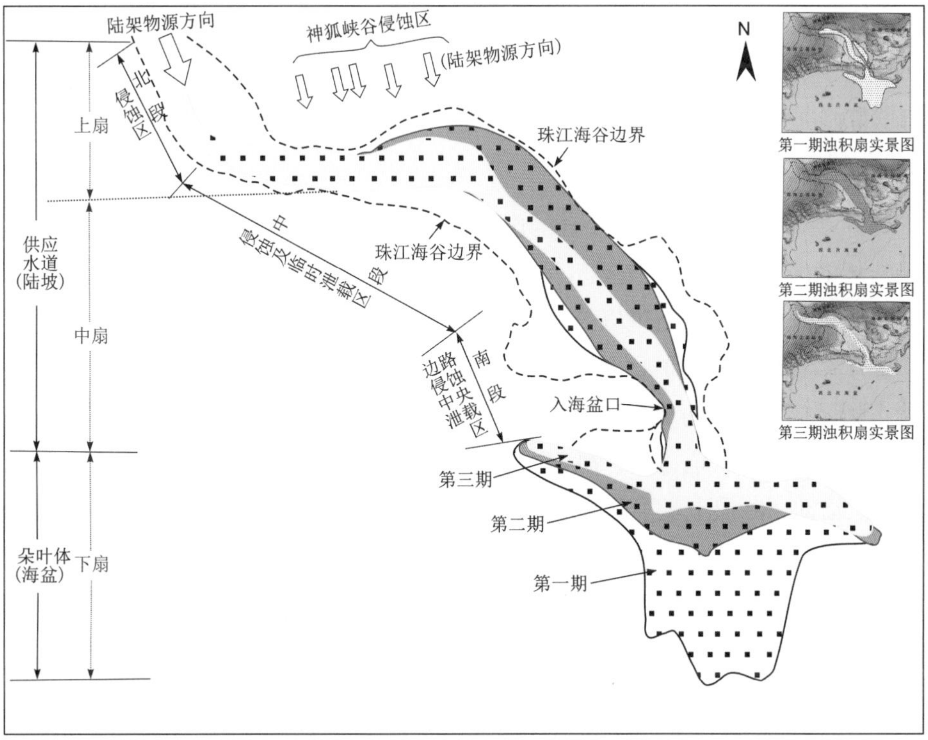


**图10.22　珠江海谷-西北次海盆深水扇体系区域结构组成示意图**

在平面上，早、中、晚三期重力流沉积体的分布略有差异，沉积中心并未完全吻合。早期第一期沉积砂体在上扇区域基本无沉积，沉积体主要集中分布在中扇和下扇区；水道沉积部分较为狭长，在珠江海谷的南段分为左右两个水道沉积体；进入西北次海盆后，向正南方向和东、向延伸，东南向和西南向不太发育。第二期沉积体也是主要集中分布在中扇和下扇区，在珠江海谷中重力流沉积物的分布较第一期宽，在海谷的南段水道沉积体没有分成左右两个；进入西北次海盆后，扇体中间部分略向南延伸，大部分扇体主要沿海谷出口附近的海盆北缘分布。晚期第三期重力流沉积体在上扇、中扇、下扇都有分布，在珠江海谷中段北部区域沉积体较宽，海谷其他区域沉积体发育明显变窄，不足该段第二期砂体的三分之一；进入西北次海盆后，扇体基本上发育均匀，都是沿海谷出口附近的海盆北缘分布，呈东西向线形展布，东侧向南延伸宽度大于西侧。

因此，珠江海谷–西北次海盆重力流沉积体系形成的深水浊积扇体系的供应水道部分和扇体部分两部分沉积特征差异较大，供应水道部分的北段和中段的前端构成深水浊积扇的上扇，以侵蚀作用为主；中段的其他部分为重力流沉积物的临时卸载区，南段基本上为边路侵蚀、中央卸载，这两部分构成了深水扇的中扇。海盆为沉积物的最终汇集区，形成了深水扇的下扇部分。

### （三）控制因素

目前，对深水浊积扇体系的发育及空间展布控制因素的研究较多（Reading and Richards，1994；Gervais et al.，2006；Deptuck et al.，2007），除了物源沉积物质本身的属性外，一般主要有地形和构造两种控制因素，对于南海北部陆坡–海盆区域，相对海平面变化也是重要的控制因素之一。

#### 1. 地形的控制作用

地形对珠江海谷–西北次海盆深水扇体各部分的控制作用十分明显。总体地形北高南低，重力流沉积体系由北向南发育。上扇区域处于陆架和陆坡转折带下方，地形坡度大，重力流动力强劲，水道大面积冲刷，主要以侵蚀为主，沉积物较难赋存。中扇区地形坡度由陡变缓，流体动能逐渐减弱，重力流沉积物沉积规模逐渐变大，从水道–天然堤沉积体逐渐变化为水道–朵叶体复合沉积体。下扇区位于西北次海盆中，为深海平原地貌，地形非常平缓，从狭窄的珠江海谷奔涌而出的高动能流体受此地地形骤然变平缓的影响，流速下降，重力流沉积物大量沉积下来，形成以朵叶体发育为主的深水扇下扇。

#### 2. 断裂的控制作用

构造对珠江海谷–西北次海盆深水扇发育的影响，主要表现在断裂对珠江海谷发育的控制。珠江海谷为什么没有依照陆坡的地形由北至南直接贯穿进入海盆，而是呈北西方向数次弯转才转而向南进入海盆呢？根据地震剖面解译分析，晚中新世以来南海北部陆坡大量发育的北西向断裂（庞雄等，2007c；鲁宝亮等，2015）对重力流沉积作用有重要的控制作用。

单向阶梯状正断裂或相向发育的正断裂组合形成构造洼地，重力流体沿低洼地由高向低顺流而下。以珠江海谷中段北部近东西向水道为例，海谷西南侧的北西西向阶梯状正断裂［图10.23（a）］从晚中新世到第四纪期间多次活动，断层上盘下降，下降盘地层发生倾斜，北东方向为陆坡高地形区，由此在断裂和高地间形成了北西西向带状低地。受此影响，沿珠江海谷北段北北西方向而来的重力沉积流并未直接向南奔流，而是转而向西，沿北西西向带状构造低洼地流动。珠江海谷其他区域的沉积发育受到断裂活动的控制作用也十分明显。以珠江海谷中段南部和珠江海谷南段南端为例，相向发育的阶梯状正断裂组合［图10.23（b）、（c）］从晚中新世开始继承性活动，控制了珠江海谷的发育。到上新世，构造对海谷沉积活动的控制作用更加明显，从地震剖面上可见，多期发育的透镜状砂体层层叠置在海谷中，致使断层下降盘的海谷内地层厚度大，海谷外面两侧的断层上升盘地层薄。第四纪时期，重力流活动更加显著，下切侵蚀现象明显，在珠江海谷南端向海盆的出口处，在东侧阶梯状正断层上盘，海底可见明显的冲刷沟槽，沟槽深度大于100 m，第四纪早期地层遭到了侵蚀。

3. 相对海平面变化的控制作用

根据图10.23珠江海谷–西北次海盆深水重力流沉积体系的整体区域结构和早、中、晚三期沉积体的分布可以看出：该深水扇体进入海盆后的扇体规模由老到新逐渐变小，第一期扇体规模明显偏大，第二期和第三期扇体规模变小，展示出明显向陆方向后退的趋势；在珠江海谷北段和中段前端，第二期砂体和第三期砂体都有向陆架方向迁移的趋势，尤其以第三期砂体最为明显，较第二期砂体向陆向迁移近60 km。从以上深水扇多期砂体的沉积变化趋势，揭示出沉积体系随海平面的变化而变化的地质演化历程。第四纪时期相对海平面总体呈现上升趋势，是导致珠江海谷–西北次海盆深水扇沉积体系早、中、晚多期沉积体不断向陆迁移的主要原因。

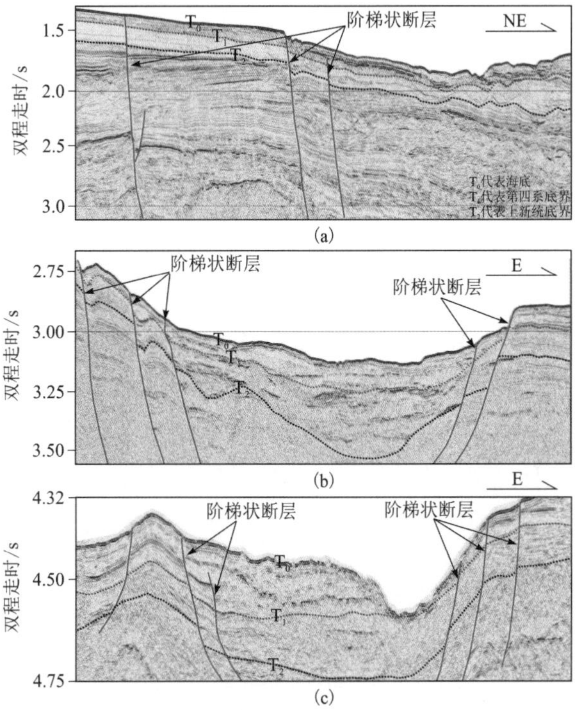


**图10.23　海谷两侧断裂特征图**

通过对近年来采集的高分辨率地震剖面的精细解析，揭示了珠江海谷–西北次海盆第四纪深水重力流沉积体系的整体结构特征和活动规律，全面呈现了该重力流体系形成的第四纪深水浊积扇体的平面展布和空间形态，主要有以下几点结论。

（1）该沉积体系以北西–南南东方向贯穿整个北部陆坡后进入海盆，进入海盆后呈扇形大规模展开。供应水道部分为北、中、南三段式展布，北段主要以水道下切和过路侵蚀为主，中段以水道充填和天然堤沉积为主，南段以水道–天然堤沉积和朵叶体沉积共存为特征。扇叶部分总体以朵叶体发育为特色，呈扇形展布，大规模水道下切基本不发育。

（2）从早到晚可分为三期沉积体，第一期扇体规模明显偏大，第二期和第三期扇体规模变小，展示出向陆方向后退的趋势，揭示出第四纪相对海平面的上升控制了该深水重力流沉积体系的分布和演变。

（3）南海北部陆坡晚中新世以来发育的大量北西走向断裂对重力流沉积作用有重要的控制作用。从晚中新世到第四纪期间多次活动的北西走向单向阶梯状正断裂或相向发育的正断裂组合形成构造洼地，通过控制珠江海谷的发育演化，控制了深水扇沉积体展布。

（4）对珠江海谷–西北次海盆第四纪深水浊积扇体系区域结构的分析，完整呈现了陆坡–海盆砂体展布的规律。这种现今深水扇发育演化的深刻剖析，可为南海北部新近纪早期深水扇研究提供生成发育模式，有助于指导深水油气勘探。

（5）珠江海谷–西北次海盆深水重力流沉积作用完美地诠释了南海“源–渠–汇”过程中从渠到汇的沉积过程，形成了局部区域三级次“源–渠–汇”的完整体系，记录了南海海盆作为限制性盆地接收陆源沉积物的全过程，为“源–渠–汇”的研究构建了一个完美的范例。

## 二、南海海盆东南部大型深水浊积扇体系及其成因的构造控制

目前对南海海盆北部和西北部的深水沉积体系研究比较深入（林畅松等，2001；彭大均等，2006；庞雄等，2007a，2007c；苏明等，2014；王亚辉等，2016），对海盆南部尤其是东南部深水沉积的研究基本处于空白状态。本书运用近年来采集的地质地球物理数据，分析了南海海盆东南部浊积扇体系的发育演化、空间结构、控制因素等，对研究海盆的物源、浊流沉积作用和构造对沉积活动的控制等有重要的科学意义。

### （一）地质背景

本部分目标研究区位于南海海盆东南部（图10.24），处于东部次海盆及其东南边下陆坡上，其东部为马尼拉海沟，南部为巴拉望岛架。南海海盆为海底扩张形成，海盆磁条带对比（Briais et al.，1993）和IODP349航次钻探结果（Li et al.，2014）表明，海盆在早渐新世早期（34～32 Ma）开始扩张，早中新世末期到中中新世早期停止扩张（16 Ma左右）。早中新世开始，吕宋–菲律宾岛弧向南海仰冲，南海海盆向东俯冲，马尼拉海沟开始形成。地层主要包括渐新统到第四系，厚度为1000～4500 m。区内断层和火成岩体发育，断层包括正断层、逆冲断层和走滑断层三种类型，火成岩以中新世中晚期到第四纪的喷发岩和浅层侵入岩为主。

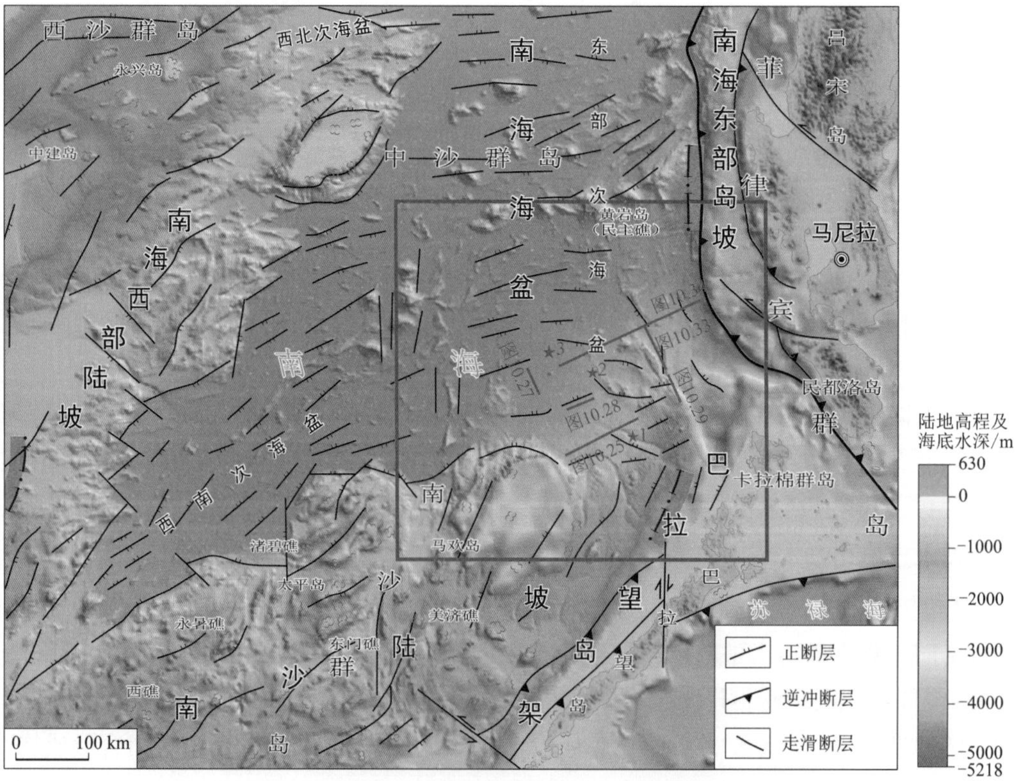


图10.24 研究区位置（蓝框范围）及区域地质简图

红色星形为柱状样测站位置；红色线条为剖面图位置

## （二）南海海盆东南部浊积扇体系的识别和空间结构

根据高分辨率地震剖面解译的结果，南海海盆东南部的浊积扇从中中新世开始，一直到第四纪都有发育，各时期浊积扇的特征和空间结构都有所不同，现分述如下。

1. 中中新世块体流为主的沉积体系

中中新世，海盆总体沉积环境稳定，沉积基底起伏较小，海盆已经基本形成深海平原的地形地貌。东部次海盆南部水动力条件异常，块体流发育。

块体流是东部次海盆南部重要的沉积特色，主要发育在东南部的斜坡区。在地震剖面上表现为变振幅、连续性中–差的杂乱反射特征，该层序组发育于$T_3$和$T_5$两个强振幅高连续性的反射界面之间（图10.25）。在结构上，该块体流呈楔形，并发生了明显的变形，靠近陆坡的上斜坡部分，在沉积过程中受到张性应力作用，在层内发育许多小型阶梯状正断层，断层倾向为海盆方向；块体流中部发生褶皱变形，发育层内小型逆断层；下斜坡部分在沉积过程中，由于坡度变得平缓，受到重力滑脱形成的挤压应力的作用，发育一系列的小型逆冲构造，可见微挤压褶皱和一系列向海盆中央逆冲的叠瓦状逆断层。根据块体流变形特征，可以划分为上斜坡伸展段、中部滑脱褶皱段和下斜坡挤压段三部分。此外，块体流沉积前端厚度逐渐减薄，地震相则由杂乱反射逐渐过渡为平行、连续反射的深海远洋沉积，由此可以判断出块体流的运动方向为从东部和南部向西部和北部延伸。

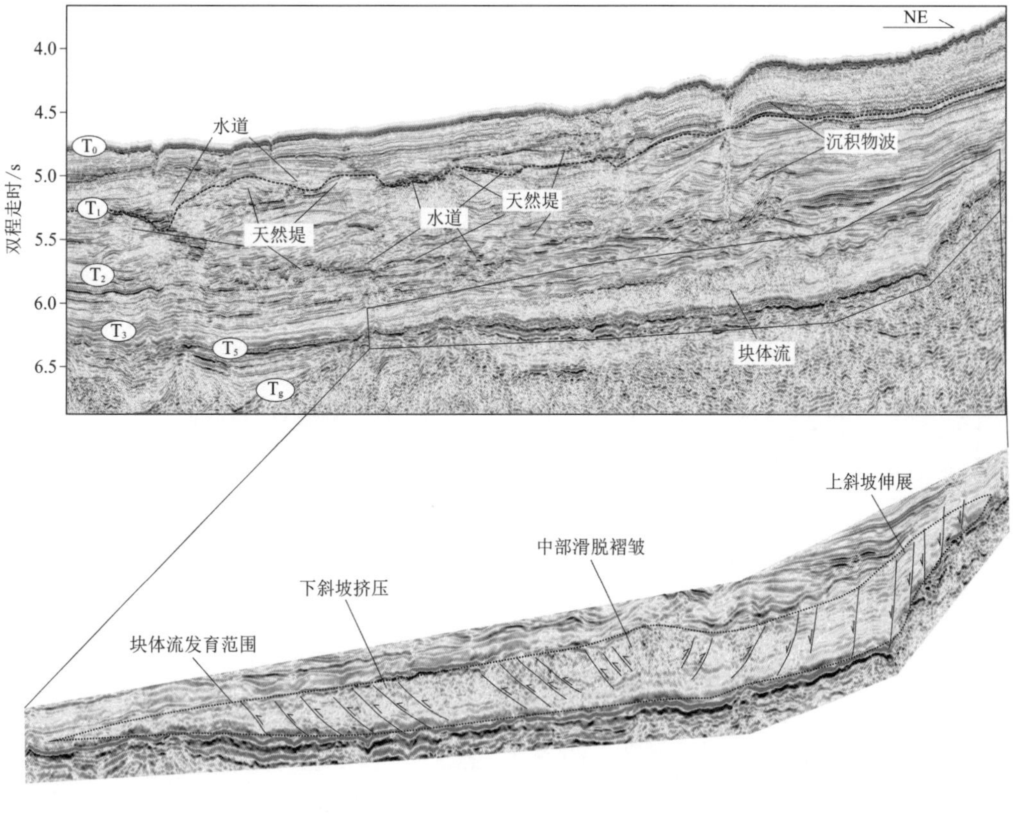


**图10.25　南海海盆东南部地震相及中中新统块体流放大解译图**（剖面位置见图10.24）

中中新世，海盆块体流沉积体分布在南海南部陆坡和海盆的转换带上，主体发育在海盆内（图10.26），长约170 km、宽约80 km，总体展布格局为从东南到西北方向延伸。

2. 晚中新世沉积物波和海底扇为主的沉积体系

晚中新世，南海海盆的沉积古地理环境已经完全演化为深海平原沉积地貌，其海平面处于一个相对低的水平面上，海盆处于欠补偿沉积阶段。在这种沉积背景下，水动力条件相对活跃，浊流非常发育，东部次海盆东南部发育海底扇、沉积物波等多种浊流沉积体系。

海底扇主要分布在靠近东部次海盆中央的区域，水道不太发育。在地震剖面上，以前积结构地震相为主，显示为S形前积反射结构，局部显示为高角度叠瓦状，斜交结构；以中–低频率、中–强振幅、中–高连续性为主，成组出现（图10.27），总体反射特征显示出局部区域水动力条件较强。同相轴组合表现为多个下超反射层的叠合，显示为退积现象，揭示出相对低海平面的逐步上升。

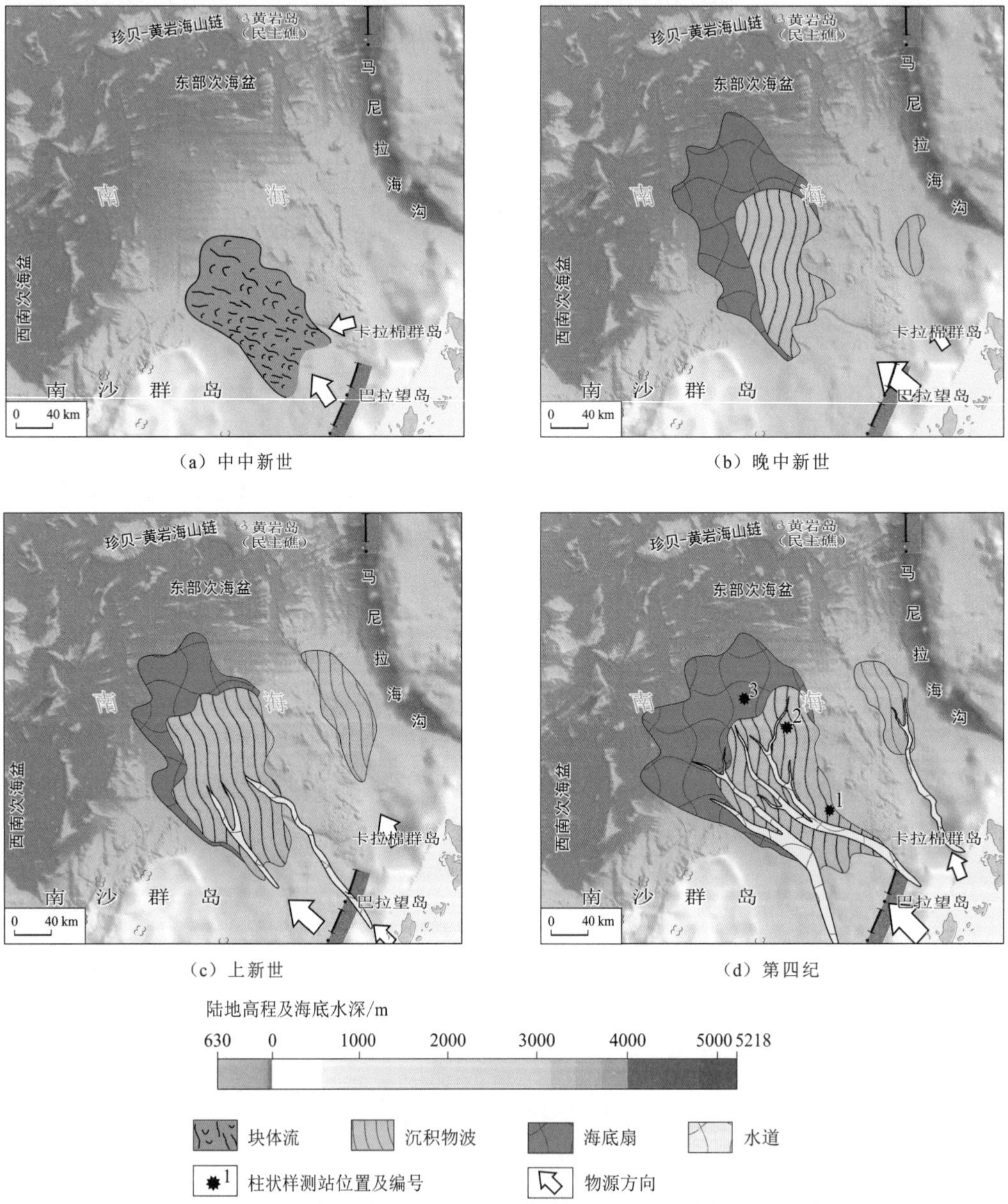


**图10.26　中中新世—第四纪浊积扇分布图**（底图为晕渲地形图）

沉积物波主要发育在靠近陆坡的区域，以中部的低隆起隔开，分东西两侧发育，西侧规模大，东侧规模很小（图10.26）。在地震剖面上表现为波状亚平行结构地震相，多组同相轴互相平行并呈波浪状起伏，波形起伏较小，不对称，波脊向东南部地形高方向迁移（图10.28）；为中–高频率、中等振幅（局部强振幅）、中–高连续，反映水动力条件较强。对于沉积物波的形成机制，很多学者提出了多种观点，主要包括浊流成因、峡谷水道成因、内波成因、滑塌成因和等深流成因等，由于在上中新统沉积物波周缘未发现大型水道，推测可能为等深流和浊流共同作用的结果。

在平面图上，晚中新世沉积物波和海底扇组成的浊流沉积体，分东、西两部分。东部浊积体规模较小，延伸长约50 km、宽约20 km；西部浊积体规模较大，呈扇形向海盆中部伸展，伸展长度约210 km、宽约130 km（图10.26）。浊积体呈透镜状展布，叠层发育，形成了厚层的砂体，可作为良好的储层。物源来自于南部礼乐滩及北巴拉望区域，沉积物质供应量较充足，浊积体呈现出向海盆中部延伸的趋势。

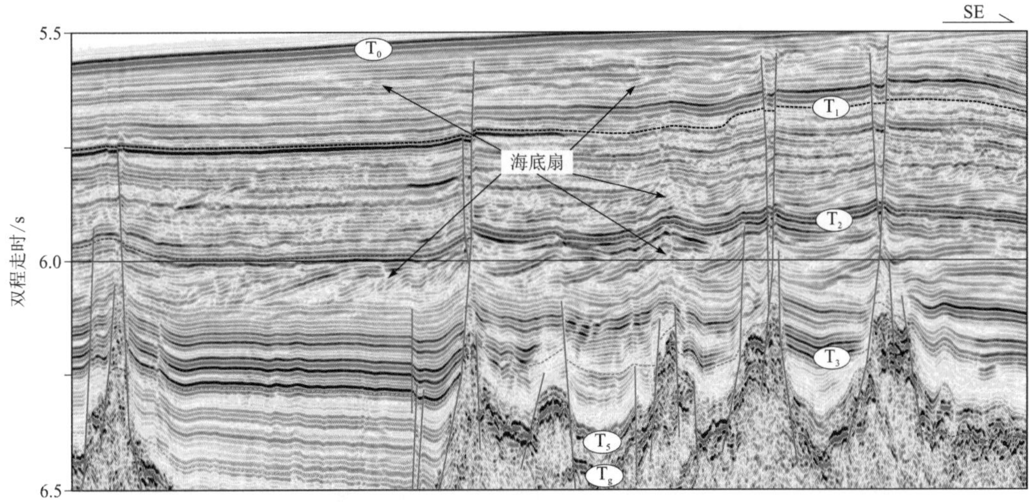


**图10.27　晚中新世以来海底扇沉积体发育特征图**（剖面位置见图10.24）

3. 上新世沉积物波、水道、天然堤和海底扇为主的沉积体系

上新世时期，浊积扇发育依然是南海海盆东南部的重要沉积特色，主要包括海底扇、水道、天然堤、沉积物波等沉积体（图10.25、图10.27）。

水道和天然堤在上新世十分发育，两者往往相伴发育，主要分布在海盆东南部斜坡上。水道地震剖面上显示为谷形充填状变振幅地震相，为谷状外形，充填状结构；底部振幅强，往上逐渐变弱；以中频率、中连续反射为主。水道下切深度可超过200 m，以V形下切为主。从巴拉望岛向海盆方向延伸，趋势为南东到北西方向，长度可超过200 km。水道砂体和天然堤相伴生发育，成群展布，相互叠置，形成了厚层水道砂体，可作为良好的储层。

沉积物波在该时期非常发育。上新世和晚中新世发育的沉积物波的共同点是分布位置都位于南海海盆东南部的斜坡区，并且以地形隆起为界，分别在东、西两侧各自发育，但发育规模明显比晚中新世大。从地震剖面上可以看出，隆起西部发育的沉积物波在形态上近似为正弦曲线，呈波浪状起伏，起伏幅度较晚中新世时期更大，不对称发育，波脊向上坡方向迁移（图10.28）。地震同相轴连续性较好，向海盆方向逐渐过渡为平行反射的深海远洋沉积。该沉积体下部表现为弱振幅特征，而上部具有强振幅反射特征，反映了沉积物类型发生了改变。东部沉积物波也具有似正弦曲线并向上坡迁移的特征（图10.29），但是其波长明显大于西侧沉积物波，同相轴连续性较好，具有强、弱振幅上下交替出现的特征，这反映了该时期沉积物波的物源不稳定，或者为多物源供给。根据沉积物波地震剖面特征分析，结合该时期下切水道十分发育，认为上新世沉积物波的形成应该是浊流作用的结果。

该时期海底扇发育于上新统下部（图10.27），可见S形高角度前积层发育，地震剖面上显示为前积结构地震相，以中–低频率、中振幅、中–高连续为主。前积层成组出现，表现为多个下超反射层的叠合，显示出退积现象，震相组合结构揭示出物源来自东南方向。

在平面上，上新世浊积体在地层中下部垂向上层层叠置，成群发育，形成厚层的浊积砂体，可作为良好的储层。物源主要来自南吕宋岛弧、北巴拉望及礼乐滩局部区域。东南部沉积体总体上由南向北、由海盆边部向海盆中央，呈扇形推进，推进距离约为240 km（图10.26）。

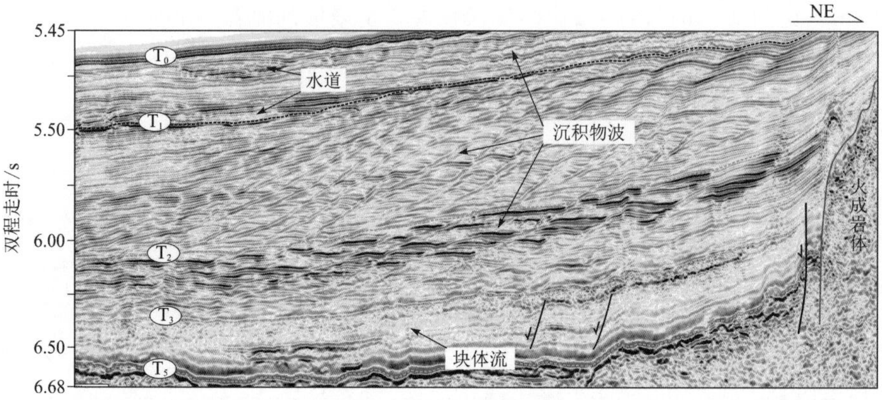


图10.28 晚中新世以来西侧沉积物波沉积体发育特征图（剖面位置见图10.24）

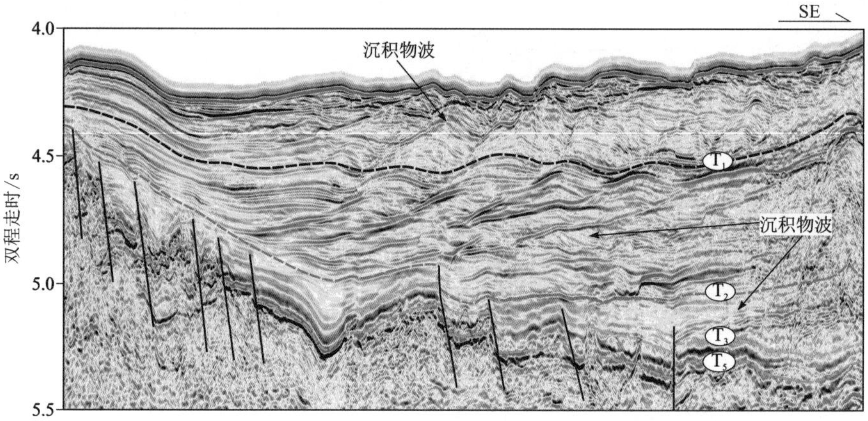


图10.29 上新世以来东侧沉积物波地震相特征图（剖面位置见图10.24）

4. 第四系以沉积物波和水道为主、海底扇为辅的沉积体系

该时期海盆为深海平原沉积背景，以深水沉积为主，东南部沉积作用活跃，依旧是水道、沉积物波、海底扇等浊流沉积体的频繁发育区域。

1）浊积扇的地震反射特征

第四系浊积扇由沉积物波、海底扇、水道和天然堤组成，以沉积物波和水道为主，海底扇在浊积扇体周缘发育。

在海盆东南部的大部分区域，第四系中上部都有沉积物波沉积体发育（图10.28、图10.29），大多呈披覆状，覆盖在底部浊积体和水道之上。海底扇的结构与早期完全不同，显示为低角度扁平叠瓦状结构，显示出沉积环境水动力条件的变化。第四系下部浊积体一般为透镜状，在垂向上层层叠置发育，形成厚层的浊积体。水道十分发育，底部呈V形展布（图10.25），边部有天然堤伴生发育。在海底地形图上（图10.24）可见明显的下切水道，由南向北延伸，揭示出主物源来自南部礼乐滩及北巴拉望区域。东南部沉积体继承上新世的沉积格局，总体上由南向北、由海盆边部向海盆中央，呈扇形推进，推进距离为200～260 km（图10.26）。

2）第四纪浊积扇的柱状样变化特征

海底柱状样测站的沉积物粒度分析结果证实了海盆东南部浊流沉积体的存在。

柱状样测站1位于海盆东南部下陆坡上，水深为2695 m，柱长为865 cm。岩性为土黄色、灰色、灰白色、青灰色、灰黑色、褐灰色粉砂、泥，夹薄层砂质粉砂、砂质泥和含砾泥等（图10.30），根据沉积物岩性和粒度垂向变化特征可分为A、B、C、D、E共五层，颜色多变，相互过渡和渗透，粒级以粉砂组分占明显优势，其次为黏土组分，且以细粉砂和粗黏土为主。频率曲线多次出现双峰或多峰，概率累积曲线由多段悬浮组分组成，表明其物质组成和来源较为复杂；中间多处出现薄层状和团块状砂质沉积物，说明其沉积环境并不稳定，多次出现了水动力较强的沉积环境。揭示该柱状样在沉积时期内多次出现非正常浊流沉积。

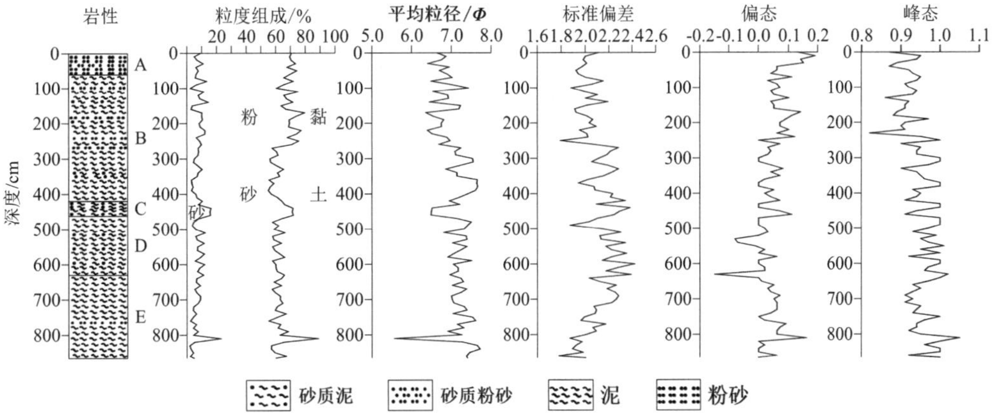


**图10.30　柱状样测站1粒度分析结果图**（测站位置见图10.24和图10.26）

柱状样测站2位于海盆中，水深为3733 m，柱长为420 cm。岩性为黄褐色、灰黄色、灰色、灰黑色、深灰色、青灰色砂质粉砂、硅质黏土、含硅质含钙质黏土、含硅质钙质黏土、含钙质硅质黏土、硅质钙质黏土等。根据沉积物岩性和粒度以及$CaCO_3$和硅质生物含量的垂向变化特征可分为A、B、C共三层（图10.31）。A层从上往下岩性无明显变化，粒度普遍较粗，以砂质粉砂为主，跳跃组分相对较高，水动力较强，其颜色极为杂乱，变化较大，多次出现颜色界线明显的现象；B层岩性为细粒的硅质钙质黏土夹薄层砂质粉砂，颜色杂乱多变，A、B层均见有较硬的半固结的泥砾出现；C层为较粗的砂质粉砂，跳跃组分亦相对较多，水动力较强。表明A、B、C层在沉积过程中其沉积环境较为动荡，A、C层水动力相对较强，B层相对较弱，总体为非正常的浊流沉积所致。

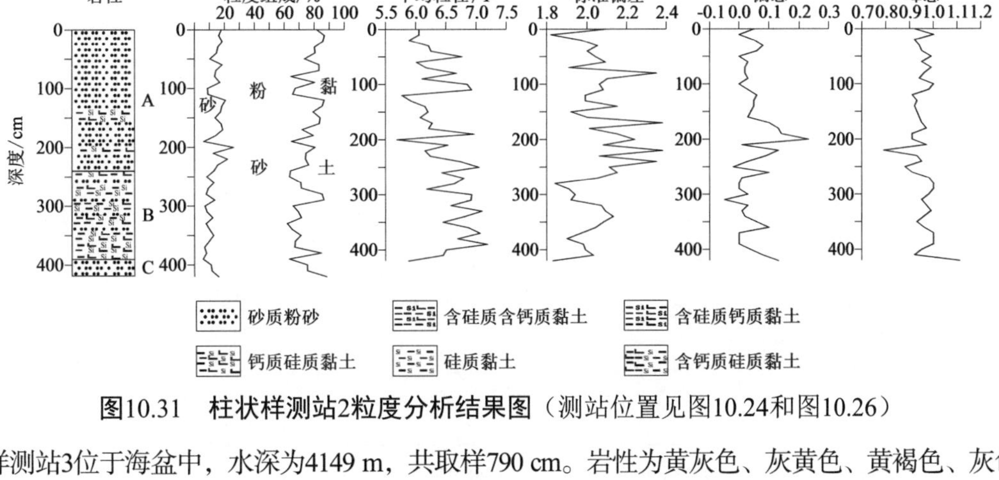


**图10.31　柱状样测站2粒度分析结果图**（测站位置见图10.24和图10.26）

柱状样测站3位于海盆中，水深为4149 m，共取样790 cm。岩性为黄灰色、灰黄色、黄褐色、灰色和青灰色砂质粉砂、砂质泥、含硅质黏土、硅质黏土、含硅质含钙质黏土、含硅质钙质黏土等（图10.32）。根据沉积物岩性和粒度以及$CaCO_3$和硅质生物含量的垂向变化特征可将该柱状样分为A、B、C共三层。A层粒度普遍较粗，以砂质粉砂为主，跳跃组分相对较高，水动力较强，其颜色极为杂乱，多次出现颜色界线明显的现象；B层岩性为粗粒的砂质粉砂和细粒的含硅质含钙质黏土互为交错出现，A、B层均见有较硬的半固结的泥砾出现，表明A、B两层在沉积过程中水动力较强，其沉积环境多次发生改变，较为动荡，为非正常的浊流沉积所致。

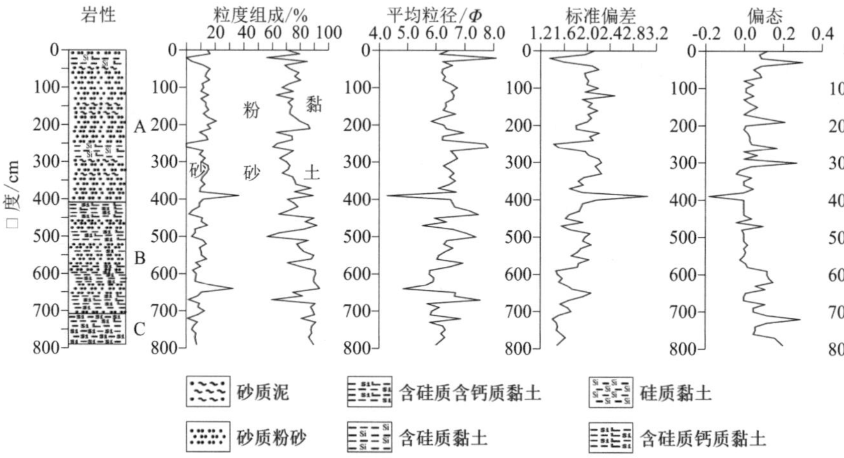

图10.32　柱状样测站3粒度分析结果图（测站位置见图10.24和图10.26）

由陆坡到海盆的三个柱状样测站，描述了浊积扇不同位置的浊流沉积物特征，证实了浊积扇沉积体系的存在，显示了从南海海盆东南部陆坡到海盆浊积扇发育的轨迹，很好地揭示了研究区的沉积环境演变，为海盆沉积充填序列研究提供了直接的证据。

### （三）控制因素和深水扇形成演化讨论

构造隆升和岩浆活动控制了南海海盆东南部浊积扇体系的发育。

早中新世晚期—中中新世早期，南部礼乐滩和巴拉望岛持续上升，菲律宾岛弧逐渐向北移动（Briais et al.，1993），南海海盆开始向东南部菲律宾岛弧发生俯冲活动，致使马尼拉海沟开始形成，海盆东南部形成北北西–南南东向低隆起（图10.33），南部陆架–陆坡与海盆的高差加大，阶梯状正断层发育。该构造活动极大改变了原有平缓的沉积古地理环境，水动力条件发生变化，对深水扇影响很大，中中新世到上新世的断层为同沉积断裂，控制了洼陷，诱发了浊流等的发育。因而，中中新世块体流开始发育，形成快速堆积的块体流沉积，物源来自东部低隆起带和南部巴拉望岛方向。

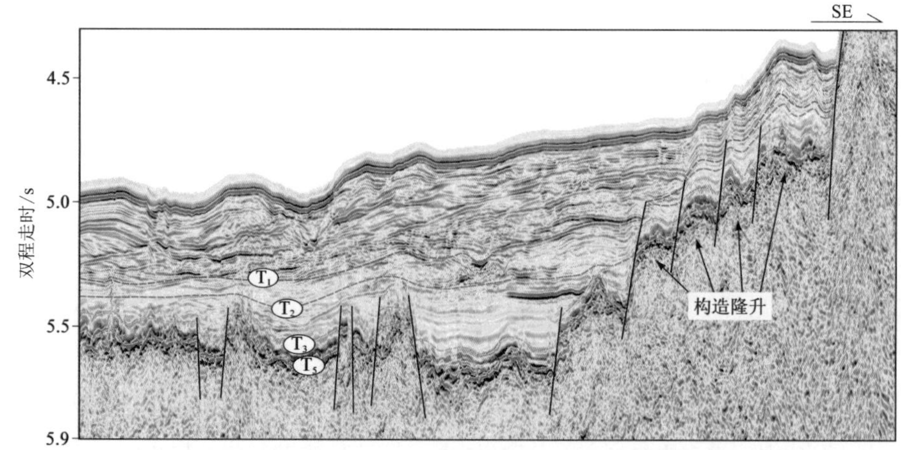

图10.33　构造隆升对浊积体发育的控制图（剖面位置见图10.24标识）

晚中新世—上新世，南海海盆向东持续俯冲，东南部地壳发生明显的变形挠曲（图10.34），北北西-南南东向低隆起继续发育，隆起带两侧岩体发育，同时南部还存在持续上升的礼乐滩-巴拉望岛架，引发该区域水动力异常，浊流发育，以低隆起带为界，东西两侧发育大规模浊积扇沉积体。

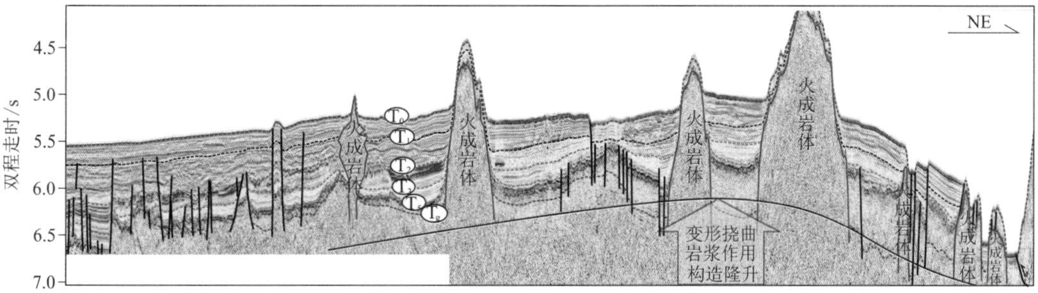


**图10.34　构造挠曲和岩浆作用对浊积体发育的控制图**（剖面位置见图10.24标识）

上新世—第四纪，南海海盆向东俯冲活动加强，地壳的变形挠曲持续增加，南部和东部岛弧继续抬升，浊流继续发育。同时，海盆东南部的岩浆作用开始沿着低隆起带活动（图10.34），加剧了区域构造隆升作用，使得从上新世开始，研究区水道、天然堤十分发育，水道作为物质运输的通道，将陆源物质从较远的巴拉望岛等物源区，搬运至海盆中。

由以上分析可知，在南海海盆深水沉积环境下，受到早中新世到第四纪礼乐滩-巴拉望岛架抬升、南海海盆向东俯冲活动的影响，致使海盆东南部低隆起形成、火成岩体发育，触发了块体流和浊流等异常水动力的发生，形成深水动荡环境。

中中新世—第四纪，发育多期大型浊积扇沉积体系，揭示了南海南部深海沉积作用及沉积演化过程。该浊积扇体系以沉积物波、水道充填、海底扇、块体流等沉积体为主，总体上由海盆东南部向海盆中央呈扇形推进，推进距离一般为150～260 km。早期以近源、快速堆积的块体流沉积为主；晚期以水道为“渠”，以远源沉积物为主。从老到新浊积扇的规模和结构不断变化，显示出海平面总体上升的趋势，揭示了丰富的海平面变化信息。垂向上浊流沉积层层叠置发育，形成厚层的浊积砂体，可作为良好储集层。上新世—第四纪水道十分发育，水道砂体底部呈V形展布，由南向北延伸，揭示出物源主要来自礼乐滩及北巴拉望区域。

## 三、“源-渠-汇”系统讨论

珠江海谷北端接南海北部陆架的中部区域，是珠江三角洲发育区。珠江是中国第三大河流，是南海北部最大的河流，仅次于长江，物质运输量很大。这些物资首先在南海陆架区以三角洲形式堆集，之后继续向前延伸，为研究区输送了丰富的沉积物，而珠江海谷则构成了大陆架-深海平原深水沉积扩散系统的汇聚性通道。从三级次“源-渠-汇”体系的角度来看，在南海北部“陆架-陆坡-西北次海盆”这个特定的区域内，陆架物质为物源，构成体系中的“源”单元结构；珠江海谷为主要物源通道，构成体系中“渠”结构单元；海盆为沉积物质的最终汇集之所，珠江海谷-西北次海盆深水扇下扇的大规模发育证明了物质在海盆中的汇集，因此西北次海盆构成了体系的“汇”结构单元。由此，珠江海谷-西北次海盆深水重力流沉积作用完美地诠释了南海“源-渠-汇”过程中从渠到汇的沉积过程，形成了局部区域三级次“源-渠-汇”的完整体系，其三期区域结构记录了南海海盆作为限制性盆地接收陆源沉积物的全过程。陆坡区珠江海谷的发育过程及沉积物组构，记录了重力流沉积物从侵蚀区到侵蚀及临时卸载区再到边路侵蚀中央卸载区沉积活动和充填演化历史，为“源-渠-汇”的研究构建了一个完美的范例。

南海海盆东南部浊流发育位置处于南海东南部陆缘和深海平原之间，陆架陆坡区域窄小，陆源物质经由峡谷和水道快速向海盆区运移，陆源物质在，陆架陆坡区域沉积较少，大部分直接进入海盆中以浊积扇的形式沉积下来，并不断向海盆推进，是一种不同于南海北部的“源-渠-汇”沉积体系，是一种新的物质从浅海输送到深海平原的重要机制。南海海盆东南部浊积扇体系的发育演化，再现了“渠”相对短的区域物质从陆地到最终汇集地——海盆的快速沉积过程和动力机制，构成了南海“源-汇”沉积体系的重要环节。

珠江海谷-西北次海盆第四纪深水扇沉积体系区域结构的分析，完整呈现了砂体展布的平面和空间结构，揭示出陆坡三段式三期发育、海盆扇形三期演化以及随相对海平面变化而迁移的独特特征。这种现今深水扇发育演化的剖析，可为南海北部新生代较早期深水扇的研究提供生成发育模式，有助于深水油气勘探中深水扇砂体的预测和成藏规律的认识。

根据南海形成演化过程，随着32 Ma左右海底扩张开始，南海限制性海盆开始发育，南海北部“源-渠-汇”体系发育的地质背景条件即开始形成；至约23.8 Ma，在白云运动的作用下，南海陆坡步入深水沉积环境，至此三级次“源-渠-汇”的结构更趋成熟；到晚中新世及第四纪时期，“源-渠-汇”更加完善，为深水扇的发育奠定了基础。渐新世到第四纪期间多次大幅度的相对海平面变化为深水扇多旋回发育创造了条件，使得深水扇多时期多旋回砂体叠置发育成为可能，为南海北部深水-超深水区油气勘探中储层预测提供支撑。

第/十一/章

# 南海海侵过程及沉积充填演化史

第一节　南海海侵过程及轨迹

第二节　南海地层发育和沉积充填演化史

# 第一节　南海海侵过程及轨迹

根据海域钻井和地震资料对新生代以来沉积环境的分析，结合周边陆域地层发育情况，对海侵的方向、规律和轨迹（图11.1）有比较清晰的认识。

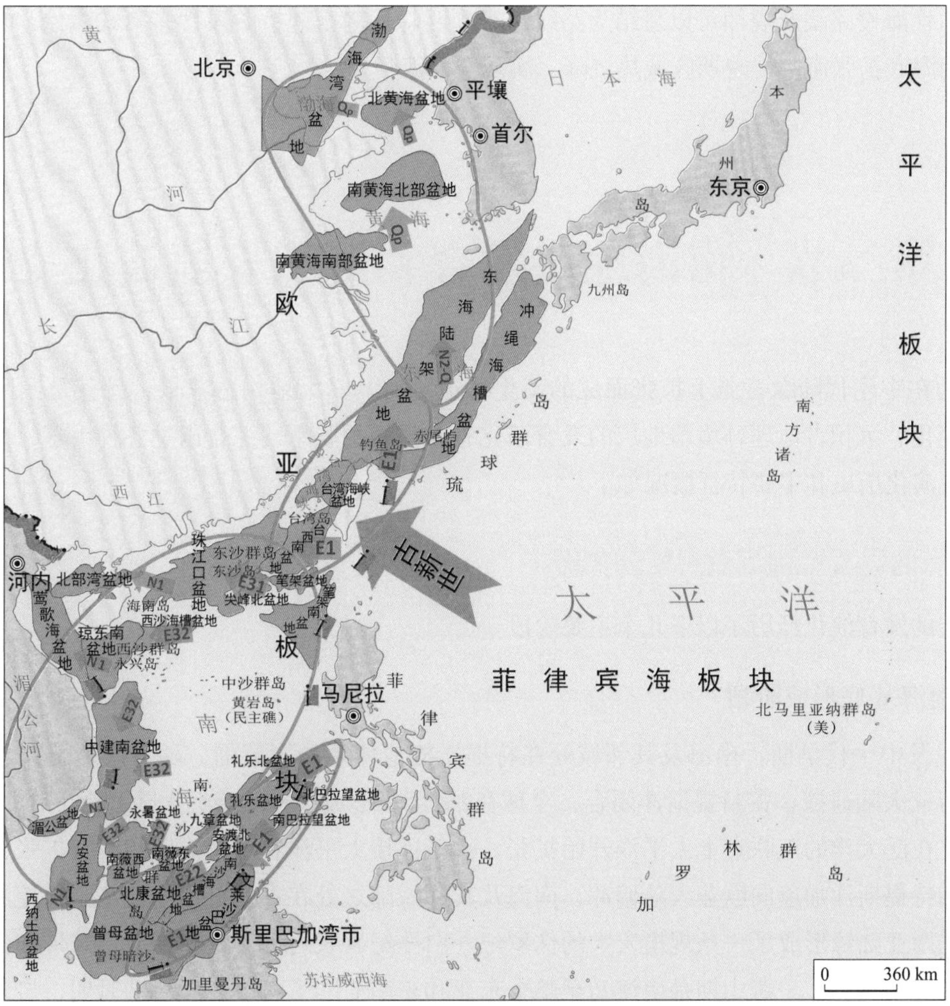

图11.1　中国海域新生代海侵轨迹图

不同颜色的椭圆形代表不同的海侵阶段，箭头内的地质年代代号代表该区海侵开始的时间

根据钻井信息可知，海侵源头在南海的东南部。从白垩纪到古新世时期，位于东南部的台西南盆地（以及台西盆地、东海陆架盆地的南部区域）、北巴拉望盆地和礼乐盆地发育内浅海–滨浅海相的海相沉积环境，而同时期其他的珠江口盆地、琼东南盆地、北康盆地等则为陆相湖泊环境，说明海洋的源头在南海东南部。曾母盆地南部及文莱–沙巴盆地部分构造单元，白垩纪—中始新世地层为变质的海相类复理石，推测中生代末期—新生代早期该区局部区域存在残留海相沉积。这些地块在中始新世末期抬升，转为陆相河流沉积为主，直至早中新世基本上为剥蚀区。

始新世晚期—早渐新世，北康盆地、曾母盆地北部区域以及珠江口盆地南部部分区域开始出现海陆过渡相的沉积环境，揭示出海水向陆挺进，完成第一次海侵活动。

早渐新世末期，随着海底扩张作用的逐渐进行，大陆地壳拉张减薄，洋壳生成，南海构造格局发生翻天覆地的变化，地貌出现了明显差异，大规模海侵开始发生，南海的陆缘沉积盆地依次被海侵，珠江口盆地、琼东南盆地、中建南盆地和万安盆地都进入海陆交互相沉积环境。

至早中新世，南海西北部和西南部的盆地也全部被海侵，主要包括北部湾盆地、莺歌海盆地、湄公盆地和纳土纳盆地等。到晚中新世时期，南海发生区域热沉降，进一步海侵，海水深度加大。

上新世—第四纪，中国大陆南部和东部发生全面海侵，海水逐渐向东海陆架盆地北部区域以及南黄海盆地、北黄海盆地、渤海湾盆地挺进，实现了中国全海域海侵完成。

总体新生代海侵路线及规律可以总结为路线从东到西、从南至北；阶段性多幕式海侵，早期继承性发育为主、中期海底扩张海侵、晚期区域热沉降，实现全面海侵。

# 第二节　南海地层发育和沉积充填演化史

南海作为在中生代陆缘背景上扩张而成的新生代边缘海，其大地构造背景，尤其是围区板块构造活动、海平面变化、沉积古地理环境与地层的发育演化有着密切的联系，综合以上各种因素，南海的地层发育和沉积充填演化历史和主要特征概况如下。

## 一、南海地层发育和沉积充填演化历史

南海地层的发育演化经历了以下几个主要阶段。

### （一）南海基底形成阶段

晚古生代及中生代早期，南海及其邻域处在特提斯构造体系作用范围，随着冈瓦纳大陆解体形成的大陆碎块与劳亚大陆碰撞，古特提斯洋闭合，全球在2亿年前形成了Pangea泛大陆和泛大洋。约在185 Ma（中侏罗世）在泛大洋的三联点上太平洋开始扩张，一条连接太平洋和中特提斯的洋脊扩张，使库拉等古太平洋板块和特提斯洋加速向欧亚大陆俯冲，南海及其邻域随之处在古太平洋构造体系域控制之下，沿中国东部乃至东南亚陆缘形成了一条规模宏大的侏罗纪—白垩纪岩浆岩带、断裂带、褶皱带和变质带等构造系统（郭令智等，1983）。燕山期是南海乃至整个东亚和东南亚陆缘岩浆强烈活动时期，岩浆岩有多种类型，各种类型的岩石都与活动边缘的构造环境有关，其中酸性岩类占绝大多数。除华南陆区外，大量钻井资料以及拖网样揭示在海区也广泛分布，从珠江口盆地、琼东南盆地、中西沙地区到万安盆地、湄公盆地、曾母盆地形成一条北东向的岩浆岩带，以钙碱性喷出岩和中酸性侵入岩为主（Hamilton，1979），构成南海多个盆地的沉积基底。

### （二）中生代地层由老到新，由海相过渡到陆相的发育阶段

三叠纪在地史上是一个大的转折时期，在地层发育上，中、上三叠统与下三叠统呈不整合接触，下三叠统与古生界往往连续沉积，为一套海相砂、页岩及泥质条带灰岩沉积。上三叠统与下侏罗统构成一个沉

积旋回，在华南地区，这是一套由海相到海陆交互相的碎屑岩沉积，在中南半岛，这套地层中有大量的基性和酸性火山岩，反映出强烈的构造–岩浆活动特征。中、晚侏罗世，在华南大陆和中南半岛均发育了一套陆相火山碎屑岩沉积建造。在华南陆区，白垩系主要发育于中生代小型断陷盆地内，为一套陆相红色碎屑岩夹基性火山岩。海区，据中德联合调查，在中沙群岛东坡（KD27）站拖到了黑云母石英闪长岩，云母和斜长石的K-Ar测年值分别为126.63 Ma和119.32 Ma，相当于早白垩世，是燕山期中酸性岩浆活动在海区的反映。在南海东北部和东南部的台西南盆地、潮汕凹陷、礼乐盆地、西北巴拉望盆地都已有钻井中生界地层的存在。台西南盆地CFC、A-1B井等多口钻井证实中生界为一套晚侏罗世到早白垩世的陆缘海沉积体系，LF35-1井在潮汕凹陷北部钻遇超过2000 m厚的晚侏罗世到早白垩世深海–浅海的海相碎屑岩，在礼乐盆地已有桑帕吉塔-1井等多口钻井证实发育早白垩世内浅海相碎屑岩，北巴拉望盆地中生界的年代范围为三叠纪—早白垩世，沉积环境为内浅海–深海相，三叠纪以发育碳酸盐岩为主，晚侏罗世—早白垩世以碎屑岩为主。晚白垩世，转为河湖相等陆相沉积环境。

#### （三）新生界由老到新，由陆相地层到海相地层的发育阶段

1. 古新世—始新世陆相断陷湖盆地层发育阶段

晚白垩世—早始新世，随着古太平洋板块由北西西向变为向北运动，以及运动速率的骤然降低，对东亚大陆的挤压缓解，产生应力场松弛，引起东亚大陆边缘发生广泛的地壳裂解作用。在福建东南沿海，这一时期的伸展活动表现为大量的A型花岗岩和双峰式火山岩的侵入和喷发，南海地区以及台湾海峡发生广泛的断陷裂谷作用，形成一系列呈北东向、北北东向展布的裂陷槽，以台湾浅滩–东沙–中西沙构成的北东向隆起带为界，其北侧的断陷中充填了古新世—始新世陆相碎屑岩，而以东的台西南、礼乐滩等地则处在古南海边缘，发育了浅海–半深海相碎屑沉积，并由此奠定了南海及其周缘盆地的雏形。

2. 渐新世海陆过渡地层发育阶段

渐新世南海发生海侵，原陆相湖盆区逐渐开始变成海陆过渡相沉积环境。南海洋盆扩张，扩张作用推动着永暑、太平、曾母、礼乐–北巴拉望等小地块向南运动，南海微板块南北各地块发生分离，南海北部海陆过渡相地层将各断陷湖盆基本联通起来，沉积物以碎屑岩为主，南部地区处于漂移阶段，普遍发育了晚渐新世—早中新世碳酸盐岩。

3. 新近纪—第四纪全南海海相地层发育阶段

早中新世南海全面海侵，海盆发育，海相地层普遍发育，沉积范围广泛，南海各盆地沉积层已基本连成一片。随着隆起区逐渐被淹没，碳酸盐岩和生物礁比较发育。早中新世末期，海盆扩张的停止，随着吕宋岛弧向北移动过程中伴随的逆时针旋转，将南海洋盆封闭起来，形成了一个发育有洋壳结构的成熟的边缘海。

中中新世末期的构造运动，在南海沉积地层内留下了深刻的烙印，中中新世及其以前地层普遍发生褶皱变形和断裂作用，在中—晚中新世之间则形成了一个全区性的不整合面。此后，南海及其周缘发生广泛的热沉降，以开阔海沉积为主，发育一套披覆型的沉积盖层，其沉降量达数千米。

## 二、南海及相邻海域地层特征总结

南海地层主要可总结为以下几个特点。

（1）南海作为在中生代陆缘背景上扩张而成的新生代边缘海，地层的发育与构造活动、海平面变

化、沉积古地理环境与演化有着密切的联系。南海基底承接周缘陆缘地块和自身岩浆作用的特征，以元古宇、古生界变质岩、中生代中晚期中酸性火成岩体、基性玄武岩为主。海盆为洋壳性质，其四周陆架-陆坡为陆壳性质，构成了中部新、四周老，北部西老东新，南部西新东老，陆壳洋壳共存的特点。

（2）南海中生界经过燕山运动末期和喜马拉雅运动早期构造事件的改造、隆升剥蚀和岩浆作用混染，原始面貌已经基本上不复存在，现有残余地层在南海南北两部分都主要存在于东部区域，相隔南海海盆基本对称发育，从侧面反映了南海海盆海底扩张的影响效应。三叠纪以发育碳酸盐岩为主，晚侏罗纪—早白垩纪以碎屑岩为主，厚度可超过6000 m，晚白垩世转为河湖相等陆相沉积环境。由老到新，由海相过渡到陆相沉积环境。

（3）南海新生界全区广泛发育，沉积盆地发育，主要沉积盆地超过20个，分布在南海北部、西部和南部，油气资源丰富，地层厚度较大，一般为2000～16000 m，古近纪地层主要发育在盆地中，新近纪和第四纪地层基本披覆于整个南海海区之上。岩性以碎屑岩和碳酸盐岩为主；碎屑岩分布广泛，为南海主要沉积物类型；碳酸盐岩及生物礁一般在早—中中新世，发育在琼东南盆地南部、中建南盆地北部、西沙群岛、万安盆地、曾母盆地、北康盆地南部、礼乐滩、西北巴拉望盆地等区域。考虑到基底属性、构造区划、应力机制等构造因素引起地层的差异以及物源、岩相古地理的不同，将南海海域地层区划分成南海北部地层分区、南海西部地层分区、南海海盆地层分区、南海南部地层分区四个地层分区。各分区地层分布各有特色，总体上海盆地层较新，两侧分区地层较老；西部地层分区盆地地层北西向到近南北向展布，南部地层分区和北部地层分区盆地地层一般北东向展布。新生代地层演化经历了古新世—始新世陆相断陷湖盆地层发育、渐新世海陆过渡地层发育、新近纪—第四纪全南海海相地层发育的演化阶段，由老到新，由陆相到海相环境逐渐演变。

（4）台湾岛以东海域地层以新生界为主，以吕宋构造带、琉球构造带和加瓜海脊为界，多区域地层发育自成体系，弧前盆地、深海堆积型盆地、海沟坳陷盆地地层发育，地层的分布受到沉积物源影响也很明显，台湾岛是本海区最大的物源区，其次为吕宋岛弧和琉球岛弧，近物源区地层厚度明显较厚，远离物源区地层厚度明显变薄，新生界总厚度的区域差距可达到5000 m以上，总体形成了西厚东薄、北厚南薄的地层分布特征。

# 参 考 文 献


曹昌桂, 翁荣南, 杨肇穆, 等. 1992. 台南盆地中生界油气潜能研究与应用. 矿冶, 36: 32-45.

陈国达. 1997. 东亚陆缘扩张带—— 一条离散型大陆边缘成因的探讨, 21(2): 117-123.

陈玲, 彭学超. 1995. 南沙海域万安盆地地震地层初步分析. 石油物探, 34(2): 57-70.

陈斯忠, 张明辉, 张俊达. 1991. 珠江口盆地东部油气生成与勘探. 石油与天然气地质, 12(2): 95-107.

程裕淇. 1994. 中国区域地质概论. 北京: 地质出版社.

党皓文, 翦知湣, Bassinot F. 2009. 西菲律宾海末次冰期以来的浊流沉积及其古环境意义. 第四纪研究, 29(6): 1078-1085.

邓晋福, 赵海玲, 吴宗絮, 等. 1992. 中国北方大陆下的热幔柱与岩石圈运动. 现代地质, 6(3): 267-274.

邓晋福, 刘厚祥, 赵海玲, 等. 1996. 燕辽地区燕山期火成岩与造山模型. 现代地质, 10(2): 137-148.

丁清峰, 孙丰月, 李碧乐. 2004. 东南亚北加里曼丹新生代碰撞造山带演化与成矿. 吉林大学学报(地球科学版), 34(2): 193-200.

杜海燕, 郑卓. 2012. 广东地质新论. 北京: 地质出版社.

杜家元, 陈维涛, 张昌民. 2014. 珠江口盆地新近系地层岩性圈闭形成条件及发育规律分析. 石油实验地质, 36(5): 555-561.

福建省地质矿产局. 1992. 台湾省区域地质志. 北京: 地质出版社.

高红芳. 2008. 南海北部陆缘东、西部新生代沉积盆地基底特征对比分析. 南海地质研究, (1): 23-34.

高红芳. 2011. 南海西缘断裂带走滑转换特征及其形成机理初步研究. 中国地质, 38(3): 537-543.

高红芳. 2012. 南海西北海盆晚中新世以来浊积体地震相特征及海平面变化. 热带海洋学报31(3): 113-119.

高红芳, 陈玲. 2006. 南海西部中建南盆地构造格架及形成机制分析. 石油与天然气地质, 27(4): 512-516.

高红芳, 白志琳, 郭依群. 2000. 南海西部中建南盆地新生代沉积相及古地理演化. 南海地质研究, 14(6): 411-416.

高红芳, 曾祥辉, 刘振湖. 2005. 南海礼乐盆地沉降史模拟及构造演化特征分析. 大地构造与成矿学, 29(3): 385-390.

高红芳, 钟和贤, 孙美静, 等. 2020. 南海海盆东南部大型浊积扇体系及其成因的构造控制. 中国地质, 47(5): 1395-1406.

高红芳, 聂鑫, 罗伟东. 2021. 海盆沉积“源-汇”系统分析: 南海北部珠江海谷-西北次海盆第四纪深水浊积扇. 海洋地质与第四纪地质, 41(2): 1-11.

龚再升, 王国纯. 1997. 中国近海油气资源潜力新认识. 中国海上油气(地质), 11(1): 1-12.

龚再升, 李思田, 王善书, 等. 1997. 南海北部大陆边缘盆地分析与油气聚集. 北京: 科学出版社.

广东省地质矿产局. 1985. 广东省区域地质志. 北京: 地质出版社.

郭飞飞, 王韶华, 孙建峰, 等. 2009. 北部湾盆地涠西南凹陷油气藏条件分析. 海洋地质与第四纪地质, 29(3): 93-98.

郭令智, 施央申, 马瑞士. 1983. 西太平洋中、新生代活动大陆边缘和岛弧构造的形成及演化. 地质学报, 57 (1): 11-21.

郭令智, 钟志洪, 王良书, 等. 2001. 莺歌海盆地周边区域构造演化. 高校地质学报, 7(1): 1-12.

郝诒纯, 陈平富, 万晓樵, 等. 2000. 南海北部莺歌海-琼东南盆地晚第三纪层序地层与海平面变化. 现代地质, 14(3): 237-245.

何春荪. 1975. 台湾地质概论: 台湾地质图说明书. 台北: “经济部中央”地质调查所.

何春荪. 1982. 台湾地体构造的演变: 台湾地体构造说明书. 台北: “经济部中央”地质调查所.

何春荪. 1986. 台湾地质概论: 台湾地质图说明书(第二版). 台北: “经济部中央”地质调查所.

何家雄, 夏斌, 陈恭洋, 等. 2006. 台西南盆地中新生界石油地质与油气勘探前景. 新疆石油地质, 27(4): 398-402.

何家雄, 陈胜红, 刘海龄, 等. 2008a. 南海北部边缘莺-琼盆地油气资源前景及有利勘探方向分析. 天然气地球科学, 19(4): 492-498.

何家雄, 刘海龄, 姚永坚, 等. 2008b. 南海北部边缘盆地油气地质及资源前景. 北京: 石油工业出版社.

何家雄, 祝有海, 翁荣南, 等. 2010. 南海北部边缘盆地泥底辟及泥火山特征及其与油气运聚关系. 地球科学——中国地质大学学报, 35(1): 75-86.

何家雄, 万志峰, 张伟, 等. 2019. 南海北部泥底辟-泥火山形成演化与油气及水合物成藏. 北京: 科学出版社.

何起祥, 等. 2006. 中国海洋沉积地质学. 北京: 海洋出版社.

何小胡, 钟泽红, 董贵能, 等. 2015. 莺-琼盆地新近纪海流的研究新进展及深水油气勘探的启示. 天然气勘探与开发, 38(1): 5-8.

黄奇瑜, 闫义, 赵泉鸿, 等. 2012. 台湾新生代层序: 反映南海张裂, 层序和古海洋变化机制. 科学通报, 57(20): 1842-1862.

黄文凯, 陈泓君, 邱燕. 2015. 南海西北部莺歌海盆地晚更新世三角洲地震地层反射特征. 海洋地质前沿, 31(8): 14-19.

黄正吉, 朱伟林, 吴国瑄. 1996. 珠江口盆地(西部)早第三纪古环境分析. 中国海上油气(地质), 10(4): 215-220.

黄正吉. 1998. 珠江口盆地陆相烃源岩与油气生成. 中国海上油气(地质), 12(4): 255-260.

金庆焕. 1989. 南海地质与油气资源. 北京: 地质出版社.

金庆焕. 2001. 海底矿产. 北京: 清华大学出版社.

金庆焕, 李唐根. 2000. 南沙海域区域地质构造. 海洋地质与第四纪地质, 20(1): 1-8.

孔媛, 许中杰, 程日辉, 等. 2012. 南海围区中生代构造古地理演化. 世界地质, 31(4): 693-703.

匡立春, 吴进民. 1998. 万安盆地新生代地层划分及含油气性. 海洋地质与第四纪地质, 18(4): 59-60.

雷超. 2012. 南海北部莺歌海-琼东南盆地新生代构造变形格局及其演化过程分析. 武汉: 中国地质大学(武汉).

李春荣, 张功成, 梁建设, 等. 2012. 北部湾盆地断裂构造特征及其对油气的控制作用. 石油学报, 33(2): 195-203.

李家彪, 丁巍伟, 高金耀. 等, 2011. 南海新生代海底扩张的构造演化模式: 来自高分辨率地球物理数据的新认识. 地球物理学报, 54(12): 3004-3015.

李明兴. 1999. 莺歌海盆地下第三系研究的新认识. 石油勘探与开发. 26(6): 23-11.

李平鲁. 1992. 珠江盆地新生代构造运动与盆地演化. 南海东部石油, 2: 33-46.

李平鲁, 梁慧娴, 代一丁, 等. 1999. 珠江口盆地燕山期岩浆岩的成因及构造环境. 广东地质, 1: 1-34.

李前裕, 郑洪波, 钟广法, 等. 2005. 南海晚渐新世滑塌沉积指示的地质构造事件. 地球科学——中国地质大学学报, 30(1): 19- 24.

李胜利, 于兴河, 刘玉梅, 等. 2012. 水道加朵体型深水扇形成机制与模式: 以白云凹陷荔湾3-1地区珠江组为例. 地学前缘, 19(2): 32-40.

李思田, 林畅松, 张启明, 等. 1998. 南海北部大陆边缘盆地幕式裂陷的动力过程及10Ma以来的构造事件. 科学通报, 43 (8): 797-810.

李旭, 杨牧. 2002. 加里曼丹及邻区壳体的运动与演化. 大地构造与成矿学, 26(3): 235-239.

李学杰, 王哲, 姚永坚, 等. 2017. 西太平洋边缘构造特征及其演化. 中国地质, 44(6): 1102-1114.

李学杰, 王哲, 姚永坚, 等. 2020. 南海成因及其演化模式探讨. 中国地质, 47(5): 1310-1322.

李云, 郑荣才, 高博禹, 等. 2010. 深水扇沉积研究现状和展望——以珠江口盆地白云凹陷珠江深水扇系统为例. 地质论评, 56(4): 549-560.

李云, 郑荣才, 朱国金, 等. 2011. 珠江口盆地荔湾3-1气田珠江组深水扇沉积相分析. 沉积学报, 29(4): 665-676.

李振雄, 马俊荣. 1992. 珠江口盆地恩平组孢粉组合及其地质时代. 石油学报, 13(2): 258-266.

林畅松, 刘景彦, 蔡世祥, 等. 2001. 莺-琼盆地大型下切谷和海底重力流体系的沉积构成和发育背景. 科学通报, 46(1): 69-72.

林畅松, 夏庆龙, 施和生, 等. 2015. 地貌演化、源-汇过程与盆地分析. 地学前缘, 22(1): 9-20.

林鹤鸣, 郝沪军. 2002. 珠江口盆地东部和台湾西部海域中生界地质构造特征. 中国海上油气(地质), 16(4): 231-237.

刘宝明, 夏斌, 李绪宣, 等. 2006. 红河断裂带东南的延伸及其构造演化意义. 中国科学D辑: 地球科学, 36 (10): 914-924.

刘恩涛, 王华, 林正良, 等. 2012. 北部湾盆地福山凹陷构造转换带及其油气富集规律. 中南大学学报(自然科学版), 43(10): 3946-3953.

刘恩涛, 王华, 李媛, 等. 2013. 北部湾盆地福山凹陷构造转换带对层序及沉积体系的控制. 中国石油大学学报(自然科学版), 37(3): 17-29.

刘海龄. 1999. 南沙超壳层块边界断裂的运动学与动力学特征. 热带海洋, 18(4): 8-16.

刘明辉, 梅廉夫, 杨亚娟, 等. 2015. 珠江口盆地惠州凹陷北部裂陷期与拗陷期沉降作用时空差异及主控因素. 地球科学与环境学报, 37(2): 31-43.

刘睿, 周江羽, 张莉, 等. 2013. 南海西北次海盆深水扇系统沉积演化特征. 沉积学报, 31(4): 706-716.

刘晓峰, 孙志鹏, 刘新宇, 等. 2018. 南海北部深水区LS33a钻井微体古生物年代地层格架. 沉积学报, 36(5): 890-898.

刘以宣, 詹文欢. 1994. 南海变质基底基本轮廓及其构造演化. 安徽地质, 4(1-2): 82-90.

刘昭蜀. 2000. 南海地质构造与油气资源. 第四纪研究, 20(1): 69-77.

刘昭蜀, 黄滋流, 杨树康, 等. 1988. 南海地质构造与陆缘扩张. 北京: 科学出版社.

刘昭蜀, 赵焕庭, 范时清, 等. 2002. 南海地质. 北京: 科学出版社.

刘志峰, 刘志鹏, 肖伶俐, 等. 2013. 珠三坳陷北部珠海组—韩江组沉积演化及储盖组合. 海洋地质前沿, 29(9): 25-31.

柳保军, 申俊, 庞雄, 等. 2007. 珠江口盆地白云凹陷珠海组浅海三角洲沉积特征. 石油学报, 28(2): 49-57.

鲁宝亮, 王璞珺, 吴景富, 等. 2014. 南海陆缘盆地中生界分布特征及其油气地质意义. 石油勘探与开发, 41(4): 497-503.

鲁宝亮, 王璞珺, 张功成, 等. 2015. 南海区域断裂特征及其基底构造格局. 地球物理学进展, 30(4): 1544-1553.

罗伟东, 周娇, 李学杰, 等. 2018. 南海海盆盆西峡谷的形态与结构及形成演化. 地球科学, 43(6): 360-371.

马力, 陈焕疆, 甘克文. 等. 2004. 中国南方大地构造和海相油气地质. 北京: 地质出版社.

庞雄, 陈长民, 施和生, 等. 2005. 相对海平面变化与南海珠江深水扇系统的响应. 地学前缘, 12(3): 167-177.

庞雄, 陈长民, 彭大钧, 等. 2007a. 南海珠江深水扇系统及油气. 北京: 科学出版社.

庞雄, 陈长民, 彭大钧, 等. 2007b. 南海北部白云深水区之基础地质. 中国海上油气, 20(4): 215-222.

庞雄, 彭大钧, 陈长民, 等. 2007c. 三级“源-渠-汇”耦合研究珠江深水扇系统. 地质学报, 81(6): 857-864.

彭大均, 庞雄, 陈长民, 等. 2006. 南海珠江深水扇系统的形成特征与控制因素. 沉积学报, 24(1): 10-18.

彭学超, 陈玲. 1995. 南沙海域万安盆地地质构造特征. 海洋地质与第四纪地质, 15(2): 5-48.

邱燕, 王英民. 2001. 南海第三纪生物礁分布与古构造和古环境. 海洋地质与第四纪地质, 21(1): 65-73.

邱燕, 王立飞, 黄文凯, 等. 2016. 中国海域中新生代沉积盆地. 北京: 科学出版社.

任纪舜. 1990. 论中国南部在大地构造. 地质学报, 4: 275-281.

任纪舜, 肖藜薇. 2001. 中国大地构造与地层区划. 地层学杂志, 25(增刊): 361-369.

任建业, 李思田. 2000. 西太平洋边缘海盆地的扩张过程和动力学背景. 地学前缘, 7(3): 203-213.

邵磊, 李献华, 汪品先, 等. 2004. 南海渐新世以来构造演化的沉积记录——ODP1148 站深海沉积物中的证据. 地球科学进展, 19(4): 539-544.

邵磊, 庞雄, 陈长民, 等. 2007a. 南海北部渐新世末沉积环境及物源突变事件. 中国地质, 34(6): 1022-1030.

邵磊, 尤洪庆, 郝沪军, 等. 2007b. 南海东北部中生界岩石学特征及沉积环境. 地质论评, 53(2): 164-169.

施和生, 柳保军, 颜承志, 等. 2010. 珠江口盆地白云-荔湾深水区油气成藏条件与勘探潜力. 中国海上油气, 22(6): 369-374.

施和生, 何敏, 张丽丽, 等. 2014. 珠江口盆地(东部)油气地质特征、成藏规律及下一步勘探策略. 中国海上油气, 26 (3 ): 11-22.

石彦民, 刘菊, 张梅珠, 等. 2007. 海南福山凹陷油气勘探实践与认识. 华南地震, 27(3): 57-68.

宋晓晓, 李春峰. 2016. 西太平洋科学大洋钻探的地球动力学成果. 热带海洋学报, 35(1): 17-30.

苏明, 张成, 解习农, 等. 2014. 深水峡谷体系控制因素分析——以南海北部琼东南盆地中央峡谷体系为例. 中国科学: 地球科学, 44(8): 1807-1820.

孙美静, 高红芳, 李学杰, 等. 2018. 台湾东部海域台东峡谷沉积特征及其成因. 地球科学, 43(10): 3709-3718.

孙美静, 高红芳, 李学杰, 等. 2020. 花东盆地晚中新世以来沉积演化特征. 海洋学报, 42(1): 154-162.

孙向阳, 任建业. 2003. 莺歌海盆地形成与演化的动力学机制. 海洋地质与第四纪地质, 23(4): 45-50.

孙晓猛, 张旭庆, 张功成, 等. 2014. 南海北部新生代盆地基底结构及构造属性. 中国科学: 地球科学, 44(6): 1312-1323.

孙珍, 钟志洪, 周蒂. 2007. 莺歌海盆地构造演化与强烈沉降机制的分析和模拟. 地球科学——中国地质大学学报, 32(3): 347-356.

孙珍, 赵中贤, 李家彪, 等. 2011. 南沙地块内破裂不整合与碰撞不整合的构造分析. 地球物理学报, 54(12): 3196-3209.

唐木田芳文, 沈耀龙. 1994. 日本九州和琉球群岛地质概述. 海洋地质译丛, 2: 1-21.

田洁, 吴时国, 王大伟, 等. 2016. 西沙海域碳酸盐台地周缘水道沉积体系. 海洋科学, 4(6): 101-109.

汪品先. 2009. 深海沉积与地球系统. 海洋地质与第四纪地质, 29(4): 1-11.

王策. 2016. 莺歌海盆地上中新统—更新统储层物源识别: 来自碎屑锆石U-Pb年代学和地球化学制约. 广州: 中国科学院大学广州地球化学研究所.

王昌勇, 杨宝泉, 高博禹, 等. 2011. 荔湾3-1井区珠江组深水扇高分辨率层序分析及应用. 沉积学报, 29(6): 1122-1129.

王崇友, 何希贤, 裘松余. 1979. 西沙群岛西永一井碳酸盐岩地层与微体古生物的初步研究. 石油实验地质, 1: 23-39.

王大伟, 吴时国, 王英民, 等. 2015. 琼东南盆地深水重力流沉积旋回. 科学通报, 60(10): 933-943.

王海荣, 王英民, 邱燕, 等. 2008. 南海东北部台湾浅滩陆坡的浊流沉积物波的发育及其成因的构造控制. 沉积学报, 26(1): 39-45.

王鸿祯. 1987. 论中国地层分区. 地层学杂志, 2(2): 81-103.

王鸿祯. 1995. 地层学学科发展的回顾. 武汉: 中国地质大学出版社.

王鸿祯. 2006. 地层学的几个基本问题及中国地层学可能的发展趋势. 地层学杂志, 30(2): 97-100.

王鸿祯, 莫宣学. 1996. 中国地质构造述要. 中国地质, (8): 4-9.

王家豪, 刘丽华, 陈胜红, 等. 2011. 珠江口盆地恩平凹陷珠琼运动二幕的构造-沉积响应及区域构造意义. 石油学报, 32(4): 8.

王嘹亮. 1996. 曾母盆地新生代沉积发育史与充填模式. 海洋地质, 1: 28-38.

王亚辉, 张道军, 赵鹏肖, 等. 2016. 南海北部琼东南盆地中央峡谷成因新认识. 海洋学报, 38(11): 97-124.

王振峰, 甘华军, 王华, 等. 2014. 琼东南盆地深水区古近系地层特征及烃源岩分布预测. 中国海上油气, 26(1): 9-16.

王振峰, 孙志鹏, 张迎朝, 等. 2016. 南海北部琼东南盆地深水中央峡谷大气田分布与成藏规律. 中国石油勘探, 21 (4): 54-64.

魏喜, 贾承造, 孟卫工, 等. 2008. 西沙海域西琛1井生物礁性质及储层岩石学特征. 地质通报, 27(11): 183-188.

吴冬, 朱筱敏, 朱世发, 等. 2015. 南沙万安盆地新生界层序特征和主控因素. 岩性油气藏, 27(2): 46-54.

吴进民. 1999. 南沙万安盆地新生代构造运动和构造演化. 海洋地质, 2: l-11.

吴世敏, 丘学林, 周蒂. 2005a. 南海西缘新生代沉积盆地形成动力学探讨. 大地构造与成矿学, 29(3): 346-353.

吴世敏, 杨恬, 周蒂. 2005b. 南海南北共轭边缘伸展模型探讨. 高校地质学报, 11(1): 105-110.

夏戡原, 周蒂, 苏达权, 等. 1998. 莺歌海盆地速度结构及其对油气勘探的意义. 科学通报, 43(4): 361-367.

谢锦龙, 余和中, 唐良民, 等. 2010. 南海新生代沉积基底性质和盆地类型. 海相油气地质, 15(4): 35-47.

谢文彦, 王涛, 张一伟, 等. 2009. 琼东南盆地西南部新生代裂陷特征与岩浆活动机理. 大地构造与成矿学, 33(2): 199-205.

徐建永, 张功成, 梁建设, 等. 2011. 北部湾盆地古近纪幕式断陷活动规律及其与油气的关系. 中国海上油气, 23(6): 362-368.

徐行, 姚永坚,, 王立飞. 2003. 南海南部海域南薇西盆地新生代沉积特征. 中国海上油气地质, 17(3): 23-28.

徐义刚, 黄小龙, 颜文. 2002. 南海北缘新生代构造演化的深部制约(I): 幔源包体. 地球化学, 31(3): 230-242.

徐长贵, 杜晓峰, 徐伟, 等. 2017. 沉积盆地“源-汇”系统研究新进展. 石油与天然气地质, 38(1): 1-11.

徐兆辉, 王露, 江青春, 等. 2010. 莺歌海-琼东南盆地对比研究. 内蒙古石油化工, 36(17): 105-108.

许浚远, 张凌云. 2000. 西北太平洋边缘新生代盆地成因（中）：连锁右行拉分裂谷系统. 石油与天然气地质, 21(3): 185-190.

颜佳新. 2005. 加里曼丹岛和马来半岛中生代岩相古地理特征及其构造意义. 热带海洋学报, 24(2): 26-32.

颜佳新, 周蒂. 2002. 南海及周边部分地区特提斯构造遗迹问题与思考. 热带海洋学报, 21(2): 43-49.

杨楚鹏, 姚永坚, 李学杰, 等. 2011. 万安盆地新生代层序地层格架与岩性地层圈闭. 地球科学, 36(5): 845-852.

杨东辉, 童亨茂, 范彩伟, 等. 2019. 莺歌海盆地构造转折界面的确定及其地质意义. 大地构造与成矿学, 43(3): 590-600.

杨海长, 梁建设, 胡望水. 2011. 乌石凹陷构造特征及其对油气成藏的影响. 西南石油大学学报(自然科学版), (3): 41-46.

杨克绳. 2000. 莺歌海盆地几个地质问题的探讨. 断块油气田, 7(2): 4-11.

杨木壮, 吴进民. 1996. 曾母盆地地层发育特征. 海洋地质与第四纪地质, 1(1 7): 18-27.

杨木壮, 王明君, 梁金强, 等. 2003. 南海万安盆地构造沉降及其油气成藏控制作用. 海洋地质与第四纪地质, 23(2): 85-88.

杨少坤, 黄丽芬, 李希宗, 等. 1996. 珠江口盆地特殊层序地层模式及其对勘探的指导意义. 中国海上油气(地质), 10(3): 137-143.

杨胜明, 寇新琴. 1996. 南海北部陆架第四纪地层. 海洋地质, (3): 14-27.

杨胜雄, 邱燕, 朱本铎. 2015. 南海地质地球物理图系(1: 200万). 天津: 中国航海图书出版社.

姚伯初. 1993. 南海北部陆缘新生代构造运动初探. 南海地质研究, (5): 1-12.

姚伯初. 1994. 南海南部地区的新生代构造演化. 南海地质研究, (6): 1-15.

姚伯初. 1998. 南海新生代的构造演化与沉积盆地. 南海地质研究, (10): 1-11.

姚伯初. 1999. 东南亚地质构造特征和南海地区新生代构造发展史. 南海地质研究, (11): 1-13.

姚伯初, 刘振湖. 2006. 南沙海域沉积盆地及油气资源分布. 中国海上油气, 18(3): 8-18.

姚伯初, 曾维军, Hayes D E, 等. 1994. 中美合作调研南海地质专报. 武汉: 中国地质大学出版社.

姚伯初, 万玲, 刘振湖, 等. 2004a. 南海南部海域新生代万安运动的构造意义及其油气资源效应. 海洋地质与第四纪地质, 24(1): 69-76.

姚伯初, 万玲, 吴能友. 2004b. 大南海地区新生代板块构造运动. 中国地质, 31(2): 113-122.

姚永坚, 杨楚鹏,, 李学杰, 等. 2013. 南海南部海域中中新世($T_3$界面)构造变革界面地震反射特征及构造含义. 地球物理学报, 56(4): 1274-1286.

姚永坚, 吕彩丽, 王利杰, 等. 2018. 南沙海区万安盆地构造演化与成因机制. 海洋学报, 40(5): 64-76.

姚哲, 王振峰, 左倩媚, 等. 2015. 琼东南盆地中央峡谷深水大气田形成关键要素与勘探前景. 石油学报, 36(11): 1358-1366.

易海, 钟广见, 马金凤. 2007. 台西南盆地新生代断裂特征与盆地演化. 石油实验地质, 29(6): 560-564.

尤龙, 王璞珺, 吴景富, 等. 2014. 莺歌海盆地前新生代基底特征. 世界地质, 33(3): 511-523.

于兴河, 李胜利, 乔亚蓉, 等. 2016. 南海北部新生代海陆变迁与不同盆地的沉积充填响应. 古地理学报, 18(3): 349-366.

臧绍先, 宁杰远. 2002. 菲律宾海板块与欧亚板块的相互作用及其对东亚构造运动的影响. 地球物理学报, 45(2): 188-197.

张佰涛, 唐金炎, 王文军, 等. 2014. 北部湾盆地北部坳陷构造-沉积特征及其演化. 海洋石油, 34(2): 7-12.

张道军, 王亚辉, 赵鹏肖, 等. 2015. 南海北部莺-琼盆地轴向水道沉积特征及成因演化. 中国海上油气, 27(3): 46-53.

张九园, 孙珍, 郑金云. 2016. 珠江口盆地白云凹陷裂陷期断裂结构与演化特点. 中国地质学会2015学术年会, 35(4): 82-94.

张莉, 沙志彬, 王立飞. 2007. 南沙海域礼乐盆地中生界油气资源潜力. 海洋地质与第四纪地质, 27(4): 97-101.

张莉, 张光学, 王嘹亮, 等. 2014. 南海北部中生界分布及油气资源远景. 北京: 地质出版社.

张莉, 徐国强, 林珍, 等. 2019. 南海北部陆坡及台湾海峡地层与沉积演化. 北京: 地质出版社.

张远泽, 漆家福, 景富. 2019. 南海北部新生代盆地断裂系统及构造动力学影响因素. 地球科学, 44(2): 603-625.

张智武, 刘志峰, 张功成, 等. 2013. 北部湾盆地裂陷期构造及演化特征. 石油天然气学报, 35(1): 6-10.

赵强. 2010. 西沙群岛海域生物礁碳酸盐岩沉积学研究. 北京: 中国科学院海洋研究所.

郑之逊. 1993. 南海南部海域第三系沉积盆地石油地质概况. 国外海上油气, 40(3): 124.
中国科学院南沙综合科学考察队. 1989. 南沙群岛及其邻近海区综合调查研究报告(一)上卷. 北京: 科学出版社.
钟广见, 高红芳. 2005. 中建南盆地新生代层序地层特征. 大地构造与成矿学, 29(3): 403-403.
钟广见, 吴世敏, 冯常茂. 2011. 南海北部中生代沉积模式. 热带海洋学报, 30(1): 43-48.
钟志洪, 王良书, 李绪宣, 等. 2004. 琼东南盆地古近纪沉积充填演化及其区域构造意义. 海洋地质与第四纪地质, 24(1): 29-36.
周蒂. 2002. 台西南盆地和北港隆起的中生界及其沉积环境. 热带海洋学报, 21(2): 50-57.
周蒂, 陈汉宗, 吴世敏, 等. 2005. 南海的右行陆缘裂解成因. 地质学报, (2): 180-190.
周蒂, 孙珍, 杨少坤, 等. 2011. 南沙海区曾母盆地地层系统. 地球科学, 36(5): 789-797.
朱伟林, 张功成, 杨少坤, 等. 2007. 南海北部大陆边缘盆地天然气地质. 北京: 石油工业出版社.
朱伟林, 钟锴, 李友川, 等. 2012. 南海北部深水区油气成藏与勘探. 科学通报, 57(20): 1833-1841.
祝彦贺, 徐强, 王英民, 等. 2009. 口盆地中部珠海组—珠江组层序结构及沉积特征. 海洋地质与第四纪地质, 29(4): 77-83.
Anthony E J, Julian M. 1999. Source-to-sink sediment transfers, environmental engineering and hazard mitigation in the steep Var River catchment, French Riviera, southeastern France. Geomorphology, 31(1-3): 337-354.
Aurelio M A, Peña R E. 2010. Geology of the Philippines (Second Edition). Philippines: Mines and Geosciences Bureau (MGB), Department of Environment and Natural Resources.
Aurelio MA, Peña R E, Taguibao K J L. 2012. Sculpting the Philippine archipelago since the Cretaceous through rifting, oceanic spreading, subduction, obduction, collision and strike-slip faulting: contribution to IGMA5000. Journal of Asian Earth Society, 72: 102-107.
Azhar H H. 1992. Large-scale collapses of the Late Jurassic-Cretaceous Pedawan Basin margin: evidence from the Batu Kitang-Siniawan area, Sarawak. Pahang: Geol Soc Malaysia Annual Geological Conference, Kuantan.
Barckhausen U, Roeser H A. 2004. Seafloor spreading anomalies in the South China Sea revisited. Geoph Monog Series, 149: 121-125.
Ben Avraham Z, Uyeda S. 1973. The evolution of the China basin and the Mesozoic paleogeography of Borneo, Earth planet. Journal of Materials Science Letters, 18: 365-376.
Bois E P D. 1985. Review of principal hydrocarbon-bearing basins around the South China Sea. Bulletin of the Geological Society of Malaysia, 18: 167-209
Bott M, Waghorn G, Whittaker A. 1989. Plate boundary forces at subduction zones and trench-arc compression. Tectonophysics, 170: 1-15.
Bourget J, Zaragosi S, Mulder T, et al. 2010. Hyperpycnal-fed turbidite lobe architecture and recent sedimentary processes: a case study from the Al batha turbidite system, Oman margin. Sedimentary Geology, 229(3): 144-159.
Briais A, Patriat P, Tapponnier P. 1993. Updated interpretation of magnetic anomalies and seafloor spreading stages in the South China Sea: implications for the Tertiary tectonics of Southeast Asia. Journal of Geophysical Research, 98(B4): 6299-6328.
Cai G Q, Li S, Zhao Li, et al. 2018. Geochemical characteristics of surface sediments from the middle deep-sea basin of South China Sea. Marine Geology and Quaternary Geology, 39(4): 23-3.
Clift P, Lee G H, Anh D N, et al. 2008. Seismic reflection evidence for a dangerous grounds miniplate: no extrusion origin for the South China Sea. Tectonics, 27: 1-16
Curtis A, Trampert J, Sneider R, et al. 1998. Eurasian fundamental mode surface wave phase velocities and their relationship with tectonic structures. Journal of Geophysical Researcn, 103: 26010-26947.
Deptuck M E, Sylvester Z, Pirmez C, et al. 2007. Migration-aggradation history and 3-D seismic geomorphology of submarine channels in the Pleistocene Benin-major Canyon, western Niger Delta slope. Marine and Petroleum Geology, 24(6-9): 406-433.

Deschamps A, Monié P, Lallemand S E, et al. 2000. Evidence for early cretaceous oceanic crust trapped in the Philippine Sea Plate. Earth and Planetary Science Letters, 179: 503-516.

Dewey J F. 1988. Extensional collapse of orogens. Tectonics, 7: 1123-1139.

ESCAP. 1990. Cooperation with the general department of mines and geology of Viet Nam, atlas of mineral resources of the ESCAP Region, Viet Nam. New York: Explanatory Brochure, United Nations.

Fowler C M R. 1990. The Solid Earth: An Introduction to Global Geophysics. Cambridge: Cambridge University Press.

Fyhn M B W, Boldreel L O, Nielsen L H. 2009. Geological development of the Central and South Vietnamese margin: implications for the establishment of the South China Sea, Indochinese escape tectonics and Cenozoic volcanism. Tectonophysics, 478: 184-214.

Fyhn M B W, Boldreel L O, Nielsen L H, et al. 2013. Carbonate platform growth and demise offshore central vietnam: effects of early Miocene transgression and subsequent onshore uplift. Journal of Asian Earth Sciences, 76(20): 152-168.

Galin T, Breitfeld H T, Hall R, et al. 2017. Provenance of the Cretaceous-Eocene Rajang Group submarine fan, Sarawak, Malaysia from light and heavy mineral assemblages and U-Pb zircon geochronology. Gondwana Research, 51: 209-233.

Gervais A, Savoye B, Mulder T, et al. 2006. Sandy modern turbidite lobes: a new insight from high resolution seismic data. Marine and Petroleum Geology, 23(4): 485-502.

Haile N S. 1970. Notes on the geology of the Tambelam, Annambas and Bunguran (Naruna) Islands, Sunda shelf, Indonesia, including radiometric age determination. CCOP Technical Bulletin, 3: 55-89.

Haile N S, Lam S K, Banda R M. 1994. Relationship of gabbro and pillow lavas in the Lupar Formation, West Sarawak: implication for interpretation of the Lubok Antu mélange and the Lupar line. Bulletin of the Geological Society of Malaysia, 36: 1-9.

Hall R. 1996. Reconstructing cenozoic SE Asia. In: Hall R, Blundell D (eds). Tectonic Evolution of Southeast Asia. Geophys Soc Spec Publ, (106): 153-184.

Hall R. 2013. Contraction and extension in northern Borneo driven by subduction rollback. Journal of Asian Earth Sciences, 76: 399-411.

Hall R, Blundell D J. 1996. Ectonic Evolution of SE Asia. Geological Society London Special Publication, 106(1): vii-xiii.

Hall R, Wilson M E J. 2000. Neogene sutures in eastern Indonesia. Journal of Asian Earth Sciences, 18: 787-814.

Hall R, Van Hattum M W A, Spakman W. 2008. Impact of India-Asia collision on SE Asia: the record in Borneo. Tectonophysics, 451: 366-389.

Hamilton W. 1979. Tectonics of the Indonesian region. Reston: US Geological Survey.

Hanski E, Walker R J, Huhma H, et al. 2004. Origin of the Permian-Triassic komatiites, northwestern Vietnam. Contributions to Mineralogy and Petrology, 147(4): 453-469.

Haq B, Hardenbol J, Vail P R. 1987. Chronology of flucturating sea levels since the Triassic. Science, 235: 1156-1167.

Harrisson T M, Chen W, Leloup P H, et al. 1992a. An early miocene transition in deformation regime within the Red River fault zone, Yunnan, and its significance for Indo-Asian tectonics. Journal Geophysics Research, 97: 7159-7182.

Harrisson T M, Copel P, Kidd W S F, et al. 1992b. Raising Tibet. Science, 255: 1663-1670.

Hazebroek P, Tan D. 1993. Tertiary tectonic evolution of the NW Sabah continental margin. Geological Society of America Bulletin, 33: 195-210.

Hilde T W C, Lee C S. 1984. Origin and evolution of the West Philippine Basin: a new interpretation. Tectonophysics, 102: 85-104.

Ho K F. 1978. Stratigraphic framework for oil exploration in Sarawak. Bulletin of the Geological Society of Malaysia, 10: 1-13.

Holloway N H. 1982. The north Palawan block, Philippines: its relation to the Asian mainland and its role in the evolution of the South

China Sea. Am Assoc Petrol Geol Bull,66(9): 1355-1383.

Huang, C Y, Yuan P B, Song S R, et al. 1995. Tectonics of short lived intra-arc basins in the arc-continent collision terrane of the Coastal Range eastern Taiwan. Tectonics, 14: 19-38.

Huang C Y, Wu W Y, Chang C P, et al. 1997. Tectonic evolution of accretionary prism in the arc-continent collision terrane of Taiwan. Tectonophysics, 281(1-2): 31-51.

Huang C Y, Yuan P B, Lin C W, et al. 2000. Geodynamic processes of Taiwan arc-continental collision and comparison with analogs in Timor, Apua New Guinea, Urals and Corsica. Tectonophysics, 325: 1-21.

Huang C Y, Xia K Y, Peter B, et al. 2001. Structural evolution from paleogene extension to latest miocene-recent arc-continent collision offshore Taiwan: comparison with on land geology. Journal of Asian Earth Sciences, 19(5): 619-639.

Huang C Y, Yuan P B, Tsao S J. 2006. Temporal and spatial records of active arc-continent collision in Taiwan: a synthesis. Geological Society of America Bulletin, 118: 274-288.

Huang C Y, Chi W R, Yan Y, et al. 2013. The first record of eocene tuff in a paleogene rift basin near Nantou, Western Foothills, central Taiwan. Journal of Asian Earth Sciences, 69: 3-16

Huang C Y, Shea K H, Li Q A. 2017. A foraminiferal study on middle eocene-oligocene break-up unconformity in northern Taiwan and its correlation with IODP Site U1435 to constrain the onset event of South China Sea opening. Journal of Asian Earth Sciences, 138: 439-465

Hutchison C S. 1989. The palaeo -tethyan and indosinian orogenic systerm of Southeast Asia//Tectonic Evolution of the Tethyan Region. The Netherlands: Kluwer Academic Publisher.

Hutchison C S. 1992. The eocene unconformity in Southeast Asia and East Sunda land. Geological Society of Malaysia Bulletin, 32: 69-88.

Hutchinson C S. 1996. The ragang accretionary prism and lupar line problem of borneo. In: Hall R, Blundell D (eds). Tectonic Evolution of Southeast Asian. Geological Special Publication, 106: 247-261.

Hutchison C S. 2005. Geology of North-West Borneo. Elsevier, 2005: 151-161.

Hutchison C S. 2010. Oroclines and paleomagnetism in Borneo and Southeast Asia. Tectonophysics, 496: 53-67.

Ishihara T, Kisimaoto K. 1996. Magnetic anomaly map of East Asia 1: 4000000. Bangkok: Geological Survey of Japan and Coordinating Committee for Costal and Offshore Geoscience Programs in East and Southeast Asia (CCOP).

Ismail M I, Eusoff A R, Mohamad A M. 1995. The geology of Sarawak deep-water and surrounding areas. Geological Society of Malaysia Bulletin, 37: 165-178.

Isozaki Y. 1997. Jurassic accretion tectonics of Japan. Island Arc, 6: 25-51.

Janvier P, Tong-Dzuy T, Ta H P, et al. 1997. The devonian vertebrates (placodermi, sarcopterygii) from central vietnam and their bearing on the devonian palaeogeography of Southeast Asia. Journal of Asian Earth Sciences, 15(4-5): 393-406.

Karig D E. 1971. Origin and development of marginal basin in the Western Pacific. Journal of Geophysical Research, 75(11): 2543-2561.

Kolla V, Posamentier H W, Wood L J. 2007. Deep-water and fluvial sinuous channels-characteristics, similarities and dissimilarities, and modes of formation. Marine and Petroleum Geology, 24(6-9): 388-405.

Kon' no E. 1972. Some Late Triassic plants from the southwestern border of Sarawak, East Malaysia. of SE Asia, 10: 125-178

Koopmans A. 1996. Structure Bandar Seri Begawan: The Geology And Hydrocarbon Resources of Negara Brunei Darussalam, 2nd Edition.

Kudrass H R, Werdicke M, Cepek H P, et al. 1986. Mesozoic and cenozoic rocks dredged from the South China Sea (Reed Bank area) and Sulu Sea and their significance for plate tectonic reconstructions. Marine and Petroleum Geology, 3: 19-30.

Kusznir N J. 1991. The distribution of stress with depth in lithosphere: thermo-rheological and geodynamic constraints. Philosophical Transactions of The Royal Society A-mathematical Physical And Engineering Sciences, 337: 95-110.

Lacassin R, Leloup P H, Tapponnier P. 1993. Bounds on strain in Large Tertiary shear zones of SE Asia from boudinage restoration. Journal of Structural Geology, 15: 677-692.

Le Van D. 1997. Outline of plate-tectionic evolution of continental crust of Vietnam. Bangkok: Proceedings of the International Conferences on Stratigraphy and Tectoinc Evolution of Southeast Asia and the South Pacific.

Lee G H, Lee K, Watkins J S. 2001. Geological evolution of the Cuu long and Nam Con Son Basins, offshore southern Vietnam, south China Sea. AAPG Bull, 85: 10551082.

Lee T Y, Lawver L A. 1995. Cenozoic plate reconstruction of Southeast Asia. Tectonophysics, 251(1-4): 85-138.

Lei C, Ren J Y, Pietro S, et al. 2015. Structure and sediment budget of Yinggehai-Song Hong Basin, South China Sea: implications for cenozoic tectonics and river basin reorganization in Southeast Asia. Tectonophysics, 655: 177-190

Leloup P H, Lacassin R, Tapponnier P, et al. 1995. The Ailao Shan-Red River shear zone (Yunnan, China), Tertiary transform boundary of Indochina. Tectonophysics, 251: 3-84.

Lepvrier C, Vuong N V, Maluski H, et al. 2008. Indosinian tectonics in Vietnam. Comptes Rendus Geoscience, 340(2-3): 1-111.

Letouzey J, Sage L. 1988. Geological and structural map of eastern Asia. Academia Sinica, (1): 51-82.

Li C F, Xu X, Lin J, et al. 2014. Ages and magnetic structures of the South China Sea constrained by deep tow magnetic surveys and IODP Expedition 349. Geochemistry Geophysics Geosystems, 15 (12): 4958-4983.

Liechti P, Roe F W, Haile N S. 1960. The geology of Sareawak, Brunei and the Western Part of Borneo. Geological Survey Departmen British Territiries in Borneo Bulletion, 3(1): 360.

Lopez M. 2001. Architecture and depositional pattern of the Quaternary deep-sea fan of the Amazon. Marine and Petroleum Geology, 18(4): 479-486.

Madon M. 2000. Tertiary stratigraphy and correlation schemes. In: Leong K M (ed). The Petroleum Geology And Resources of Malaysia. Kuala Lumpur: Petronas Petroliam Nasional Berhad.

Madon M, Kim C L, Wong R. 2013. The structure and stratigraphy of deep-water Sarawak, Malaysia: implications for tectonic evolution. Journal of Asian Earth Sciences, 76: 312-342.

Mario A, Aurelio, Taguibao K, et al. 2013. Structural evolution of Bondoc-Burias area (South Luzon, Philippines) from seismic data. Journal of Asian Earth Sciences, 65: 75-85.

Matthews R K, Frohlich C, Duffy A. 1997. Orbital forcing of global change throughout the phanerozoic: a possible stratigraphic solution. Geology, 25(9): 807.

Mat-Zin I C, Tucker M E. 1999. An alternative stratigraphic scheme for the Sarawak Basin. Journal of Asian Earth Sciences, 17(1): 215-232.

Metcalfe I. 1995. Gondwana dispersion and Asian accretion. Hanoi: Proceedings of the IGCP Symposium on Geology of SE Asia.

Metcalfe I. 1996. Pre-Cretaceous evolution of SE Asian terranes. In: Hall R, Blundell D J (eds). Tectonic Evolution of SE Asia. Geological Society London Special Publication, 106: 97-122.

Mohammad A M, Wong R H F. 1995. Seismic sequence stratigraphy of the Tertiary sediments, offshore Sarawak deepwater area, Malaysia. Geological Society of Malaysia Bulletin, 37: 345-361.

Moore G T. 1969. Interaction of rivers and oceans: pleistocene petroleum potential. AAPG Bulletin, 53(12): 2421-2430.

Müller C. 1991. Biostratigraphy and geological evolution of the Sulu sea and surrounding area. In: Silver E A, Rangin C, Breymann M T V (eds). Proceedings of the Ocean Drilling Program, Scientific Results, 124: 121-130.

Nguyen G, 吴进民. 1994. 南昆仑(万安)盆地石油地质. 海洋地质, 1: 52-56.

Nguyen H T, Trinh X C, Nguyen T T, et al. 2012. Modeling of petroleum generation in Phu Khanh Basin by Sigma-2D software. Petrovietnam, 10: 3-13.

Nguyen K O. 1979. Mot so y kien buoc dau ve nhung thanh tao phun trao Meso-Kainozoi o mien Nam VN. Ban d0 DC, 40: 30-38. Lien doan BDDC, Ha Noi.

Nguyen K Q. 1985. Hoat dong nui lua Mesozoi som o mien Nam Viet Nam. TTBC Hoi nghi KHKT DCVN lan 2, 3: 183-200. Tong cuc DC, Ha Noi.

Nguyen K Q, Ta H T, Tran T. 1982. Ve thanh tao tram tich-phun trao trung tinh he tang Dak Lin. Dia Chat, 156: 16-22.

Nguyen V P. 1998. Lower devonian graptolites from muong xen area (northwest part of central viet nam). Journal of Geology, Hanoi, Series B, 11-12: 29-40.

Nguyen X B, Tran T T. 1979. Dia tang Truoc Cambri o Viet Nam. Dia Chat KSVN, 1: 9-16.

Northrup C J, Royden L H, Burchfiel B C. 1995. Motion of the Pacific Plate relation to Eurasia and its potential relation to Cenozoic extension along the eastern margin of Eurasia. Geology, 23: 719-722.

Omang S, Barber A. 1996. Origin and tectonic significance of the metamorphic rocks associated with the Darvel Bay ophiolite, Sabah, Malaysia. In: Hall R, Blundell D (eds). Tectonic Evolution of Southeast Asia. Geological Society of London Special Publication, 106: 263-279.

Osamu I, Yasuhiko O, Makoto Y. 2015. Basin genesis and magmatism in the Philippine Sea. Journal of Geography, 124(5): 773-786.

Parkinson C D. 1998. Emplacement of the East Sulawesi Ophiolite: evidence from sub-ophiolite metamorphic rocks. Journal Southeast Asian Earth Sci, 16: 13-28.

Rangin C, Silver E A. 1991. Neogene tectonic evolution of the Celebes Sulu Basin; new insights from Leg 124 drilling. Proceedings of the Ocean Drilling Program Scientific Results, 124: 51-63.

Rangin C, Bellon H, Benard F, et al. 1990. Neogene arc-continent collision in Sabah, Northern Borneo (Malaysia). Tectonophysics, 183: 305-319.

Reading H G, Richards M. 1994. Turbidite systems in deep-water basin margins classified by grain size and feeder system. AAPG Bulletin, 78(5): 792-822.

Richards M, Bowman M, Reading H. 1998. Submarine-fan systems i: characterization and stratigraphic prediction. Marine and Petroleum Geology, 15(7): 689-717.

Schlüter H, Hinz K, Block M. 1996. Tectono-stratigraphic terranes and detachment faulting of the South China Sea and Sulu Sea. Marine Geology, 130: 39-78.

Shanmugam G. 2000. 50 years of the turbidite paradigm (1950s−1990s): deep-water processes and facies models-a critical perspective. Marine and Petroleum Geology, 17(2): 285-342.

Shanmugam G. 2006. Deep-water Processes and Facies Models: implications for Sandstone Petroleum Reservoirs. Amsterdam: Elsevier, 5: 10-98.

Shaw C L, Huang T C. 1996. Palynological biostratigraphy of the Cretaceous sediments in Taiwan. Petro Geol Taiwan, 30: 31-50.

Simon M S, Michael A C, Robert H, et al. 2014. South China continental margin signature for sandstones and granites from Palawan,

Philippines. Gondwana Research, 26(2): 699-718.

Sømme T O, Helland-Hansen W, Martinsen O J, et al. 2009. Relationships between morphological and sedimentological parameters in source-to-sink systems: a basis for predicting semi-quantitative characteristics in subsurface systems. Basin Research, 21(4): 361-387.

Sømme T O, Jackson C A L, Vaksdal M. 2013. Source-to-sink analysis of ancient sedimentary systems using a subsurface case study from the Mør-Trøndelag area of southern Norway: part 1-depositional setting and fan evolution. Basin Research, 25(5): 489-531.

Stern R J. 2004. Subduction initiation: spontaneous and induced. Earth and Planetary Science Letters, 226: 275-292.

Steuer S, Franke D, Meresse F, et al. 2013. Time constraints on the evolution of southern Palawan Island, Philippines from onshore and offshore correlation of Miocene limestones. Journal of Asian Earth Sciences, 76(25): 421-427.

Stow D A V, Johansson M. 2000. Deep-water massive sands: nature, origin and hydrocarbon implications. Marine and Petroleum Geology, 17(2): 145-174.

Suggate S M, Cottam M A, Hall R, et al. 2014. South China continental margin signature for sandstones and granites from Palawan, Philippines. Gondwana Research, 26: 699-718.

Sun Q L, Alves T M, Lu X Y, et al. 2018. True volumes of slope failure estimated from a Quaternary mass-transport deposit in the northern South China Sea. Geophysical Research Letters, 45(6): 2642-2651.

Suzuki S, Asiedu D, Takemura S, et al. 2000. Composition of sandstones from the Cretaceous to Eocene successions in Central Palawan, Philippines. Journal of The Geological Society of Philipp, 56: 31-42.

Tamayo R A, Maury R C, Yumul G P, et al. 2004. Subduction-related magmatic imprint of most Philippine ophiolites: implications on the early geodynamic evolution of the Philippine archipelago. Bulletin de la Société Géologique de France, 175(5): 443-460.

Tan D N K. 1979. Lupar vally, West Sarawak, Malaysia, explanation of sheets 1-111-14, 1-111-15, 1-111-16. Malaysia: Geological Survey of Malaysia, Report 13.

Tapponnier P, Peltzer G, Ledain A Y, et al. 1982. Propagation extrusion tectonics in Asia: new insights from simple experiments with plasticine. Geology, 22 (4): 611-616.

Tapponnier P, Peltzer G, Armijo P. 1986. On the mechanics of the collision between India and Asia. Geological Society of London Special Publication, 19: 115-157.

Tapponnier P, Lacassin R, Leloup P H, et al. 1990. The Ailao Shan-Red River metamorphic belt: Tertiary left lateral shear between Indochina and South China. Nature, 243: 431-437.

Tate R B, Hon V. 1991. The oldest rocks in Borneo; a note on the Tuang Formation, West Sarawak and its importance in relation to the presence of a "basement" in West Borneo. Warta Geologi, Geological Society of Malaysia Newsletter, 17: 221-224.

Taylor B, Hayes D E. 1980. The tectonic evolution of the South China Sea Basin. The tectonic and geologic evolution of Southeast Asian Seas and islands. America Geophysical Union Monograph, 23: 89-104.

Taylor B, Hayes D E. 1983. Origin and history of the South China Sea Basin. In: Hayes D E (ed). The Tectonic and Geologic Evolution of the Southeast Asian Seas and Islands: Part 2. AGU Geophys Monogr, 27: 23-56.

Tien P C. 1991. Geology of Combodia, Laos and Vietnam: explanatory note to the geological map of Combodia, Laos and Vietnam at 1: 1000000. Geological survey of Vietnam, 158(1): 112-145.

Ting C S. 1992. Geology of the Jagoi-Serikin area, Bau, Sarawak. Malaya: University of Malaya.

Tongkul F. 1994. The geology of Northern Sabah, Malaysia: its relationship to the opening of the South China Sea Basin. Tectonophysics, 235(1-2): 131-147.

Tran N N, Sano Y, Terada K, et al. 2001. Tirst SHRIMP U-Pb zircon dating of granulites from the Kontum massif (Vietnam) and tectonothermal implications. Journal of Asian Earth Sciences, 19: 77-84.

Vail P R, Hardenbol J. 1979. Sea level changes during the Tertiary. Oceanus, 22(3): 71-79.

Van Hattum M W A, Hall R, Pickard A L, et al. 2006. SE Asian sediments not from Asia: provenance and geochronology of North Borneo sandstones. Geology, 34: 589-592.

Vu Khuc, Dang T H. 1998. Triassic correlation of the Southeast Asian mainland. Palaeogeography, Palaeoclimatology, Palaeoecology, 143(4): 90-101.

Walker R G. 1978. Deep-water sandstone facies and ancient submarine fans: models for exploration for stratigraphic traps. AAPG Bulletin, 62(6): 932-966.

Wang C, Liang X Q, David A F, et al. 2019. Detrital zircon ages: a key to unraveling provenance variations in the easternYinggehai-Song Hong Basin, South China Sea. AAPG Bulletin, 103(7): 1525-1552.

Williams G L, Bujak J P. 1985. Mesozoic and Cenozoic dinoflagellates. In: Bolli H M, Saunders J B, PerelrNielsen K (eds). Plankton Stratigraphy. Cambridge: Cambridge University Press.

Wolfahrt R, Cepek P, Gramann F, et al. 1986. Stratigraphy of Palawan Island. Newsletter Stratigraphy, 16: 19-48.

Yumul G P, Dimalanta C. 1997. Geology of the southern Zambales ophiolite complex, (Philippines): juxtaposed terranes of diverse origin. Journal of Asian Earth Sciences, 15(4): 413-421.

Yumul G P, Dimalanta C B, Tamayo R A, et al. 2003. Collision, subduction and accretion events in the Philippines: a synthesis. Island Arc, 12(2): 77-91.

Yumul G P, Dimalanta C B, Maglambayan V B, et al. 2008. Tectonic setting of a composite terrane: a review of the Philippine island arc system. Geosciences Journal, 12(1): 7-17.

Zhang G, Qu H, Liu S, et al. 2016. Hydrocarbon accumulation in the deep waters of South China Sea controlled by the tectonic cycles of marginal sea basins. Petroleum Research, 1: 39-52.

Zhang G, Tang W, Xie X, et al. 2017. Petroleum geological characteristics of two basin belts in southern continental margin in South China Sea. Petroleum exploration and development, 44(6): 899-910.

Zhou D, Ru K, Chen H. 1995. Kinematics of Cenozoic extension on the South China Sea continental margin and its implications for the tectonic evolution of the region. Tectonophysies, 251: 161-177.

Zhou D, Chen H, Wu S, et al. 2002. Opening of the South China Sea by dextral splitting of the East Asian continental margin. Acta Geologica Sinica, 76 (2): 180-190.

# 附　　录

## 岩性柱状图图例

泥、黏土

含钙质

钙质-硅质黏土、硅藻质黏土

含生物碎片泥、黏土

砂质泥、砂泥岩

粉砂

细砂

粗砂

砂质砾

粉砂岩

粉砂质泥岩、泥质粉砂岩

砂岩

粗砂岩

含砾砂岩

砾岩

煤层、煤线

页岩

灰岩、礁灰岩

泥质灰岩

生物碎屑灰岩

珊瑚礁灰岩

白云岩

玄武岩、喷出岩、火山碎屑

含火山物质泥岩

含火山灰细粒砂泥岩

角砾岩

含角砾凝灰岩

花岗岩

花岗闪长岩

安山岩

流纹岩

细碧岩

变质岩

地层缺失